川菜

烹飪事典

上

為專業典籍登台穿針引線

　　人類各項活動隨著國際化的潮流或急或徐的發展著，在飲食圈，各種專業烹飪技藝的交流、會師、再精進，也在世界各地熙來攘往的熱絡進行著。台灣的飲食領域，經過多種文化的洗禮，原本就擁有與生俱來的吸納與釋放的能量，在這進化無疆界的世代，求進步是我們努力的方向，藉此飲食專業典籍的發行精神，讓我們一起窺探川菜烹飪事典，也期待本書為您創造一番新價值。與您分享本書的發行價值：

一、本書是兩岸三地唯一兼備川菜烹飪與文化內涵的專業書

　　內容介紹川菜完整的烹飪技藝、歷史典故與川譜名人、名菜名點、行話與職種、相關烹飪科學知識與法規（2008年適用）等，提供台灣餐飲領域師生、從業者對川菜及大陸餐飲市場一個全面性的參考價值。

二、本書原著集大陸專業廚界與學界共同編撰

　　本書為一本八十萬字的餐飲專業巨著，自1985年初版熱賣，至1999年續發行修訂版本並多次再刷，共發行超過十數萬本，堅強陣容的編撰群與四川烹飪高等專科學校等專業單位的協助，提供本書豐富的烹飪史料、實用的烹飪知識和技法，內容具備一定的權威性。

三、本書繁體版由台灣編輯團隊加註新編

　　本書不僅為修訂本的繁體字譯本，更加大版本，重新邏輯編輯層次，以提高閱讀與搜尋的效率，並適時加註適合台灣本土閱讀的說明與對照，以促進兩岸飲食產業血脈的交流、傳承與累積。

賽尚圖文編輯部謹上
二〇〇八年二月

【川菜烹飪事典】修訂版説明

一、《川菜烹飪事典》是中國大陸第一部全面介紹一個地方的烹飪文化、飲食歷史、烹調技藝和相關烹飪科學知識的工具書。初版發行十餘年來，以其豐富的烹飪史料、實用的烹調知識而深受廣大烹飪工作者和烹飪愛好者的喜愛。鑒於近年來川菜烹飪事業的迅猛發展和變化，《事典》內容應跟上時代前進的步伐，所以我們重新組織人員，對原書進行修訂，使之更好地滿足廣大讀者對川菜烹飪技術及相關知識的需求。

二、《川菜烹飪事典》（修訂本）擴大了知識容量，在實用性、史料性、可借鑒性上花了大量功夫；提高了知識的層次，增加了新知識、新內容；突出了知識的全面性和準確性，力求反映川菜烹飪的基本概貌。修訂本對於從事烹飪專業的技術人員、經營管理人員、教學工作者，可作爲川菜烹飪的小百科全書，會給工作帶來極大的方便。其他各界人士也可從這部書中得到有益的知識：研究民俗的人可以從中查到四川的飲食民俗材料；研究歷史的人可以從中找到四川飲食方物資料；從事文學藝術創作的人可以引證書中所收集的飲食詩賦、著述；旅遊人員可以翻閱四川飲食的掌故軼聞，並得到四川名菜名點名師名店的可靠資料；對於省外、海外川籍人士，這部書也許會勾起思念故鄉之情，效張翰「思鱸」而作故鄉之行。

三、修訂本在初版四部分內容的基礎上，調整擴充爲烹飪文化、名店名師、烹飪原料、技術用語、行業用語、炊餐用具、名菜名點、營養衛生、法律條規等九個方面內容。共收入詞目3890條。

修訂本對初版部分的詞條進行了適當的刪減合併，力求更加規範、準確；對近年來變化較大的初版詞條內容，在原有基礎上進行了補充和修訂，以適應當今讀者的需求。全書新增詞條，主要是近年來已爲行業普遍使用或已得到公認的烹飪技術知識以及反映川菜烹飪行業近期狀況的內容，以期對讀者有所幫助和啓迪。本書還根據近年來發掘收集的烹飪古籍資料，對原書這部分內容進行了新增、補充和修正。

烹飪文化：收入了與飲食有關尤其是與川菜烹飪相關的史料篇章及散於民間的筆記野史、傳說故事；收入了古今對川菜關係比較密切的書籍；在中國烹飪行業較權威或影響較大的書籍也酌情收入；收入了近半個世紀來出版印刷的反映川菜烹飪的食譜、菜譜；另外，還收入了四川烹飪社團、培訓教育機構、期刊雜誌、參賽獲獎等資料。

名店名師：收入了清末至二〇世紀八〇年代四川較有名氣的餐館和風味店，按開業先後排列。收入了近代著名廚師和當今特級廚師（麵點師、招待師）資料，其中刊載個人簡介的時限爲1985年底；個人名單收至1990年底以前，經四川省、成都市、重慶市考評委員會考核命名者。由於稱謂上的變化，書中對1990年前授予職稱人員，仍按紅案廚師、白案廚師、招待師稱之；對1990年後授予或晉級人員，則統一稱爲烹調師、麵點師、宴會設計師。

烹飪原料：收入了川菜常用的主料、輔料和調味品。個別外來原料，因近年川廚使用較廣泛，故也酌情收入。詞目分別按習慣稱謂、學名、特徵、適用範圍等項編寫。

　　技術用語：按川菜廚師的習慣叫法作爲詞條名。分類除參考有關資料及習俗外，適當兼顧其科學性。

　　行業用語：以四川飲食業慣用的詞語爲主，兼收近年飯店、酒樓所通用的詞語，如領班、餐飲總監等，以適應更廣泛的需要。

　　炊餐用具：爲突出實用性，該部分刪除了古餐具部分；較多地增加了現代炊餐用具的詞條內容，如微波爐、保鮮櫃、調料車等。

　　名菜名點：在基本保留原有詞目的基礎上，重點增加了菜品的詞條數量。目的是更充分地反映川菜的多樣性和全面性。

　　營養衛生：詞條的增刪，力求突出通俗、易懂、實用。將原有的藥膳部分，改爲食療，以符合有關規定。

　　四、本書使用了少量的生造字和借用字。四川烹飪界常用，字典、辭書無記載，字義無其他適當的字能代替者，則使用生造字，如糌、熘、燋、焾、汩等。借用字如糝。糝本指顆粒狀食物，在川菜烹飪中已慣用於泥茸狀原料，並見諸於專業報刊，如雞糝、魚糝，今按約定成俗的原則入書。

　　四川烹飪界常用生造字劐，其含義與剖相同，修訂版不再用劐字。另外，修訂版以「釀」取代「瓤」的詞目，以資規範詞語。

　　修訂本對概念、含義相同，但叫法不同的詞目，不再單列，統一歸入某一詞條中。

　　入書所用資料，限於1995年12月31日以前。

　　五、《川菜烹飪事典》（修訂本）的編輯出版，凝結了無數烹飪工作者以及有關專家、學者的心血和汗水。在此，我們對前後所有爲編寫、出版這部書作過貢獻，特別是編寫組織單位的領導、提供相關資料的廚師和有關人員一併表示感謝。

《川菜烹飪事典》修訂本

編寫委員會

一九九八年八月

【川菜烹飪事典】修訂本 編寫委員會

主　　編：李　新

編　　委：彭子渝、張禎宇、張富儒、熊四智、胡廉泉、陳夏輝、盧　一、嚴鄉琪、
　　　　　易　建、王旭東

主要執筆人：李　新、張富儒、熊四智、胡廉泉、彭子渝、嚴鄉琪、陳小林、盧　一、
　　　　　史正良、徐江普、易　建、張中尤、陳夏輝、湯志信、張禎宇、高德志、
　　　　　廖清鑒、熊慶建、彭君藹、董發文、盧朝華

編書單位：

四川省蔬菜飲食服務總公司

四川烹飪高等專科學校

重慶市飲食服務股份有限公司

重慶渝中飲食服務有限責任公司

成都市飲食公司

【川菜烹飪事典】初版 編寫委員會

主　　編：張富儒

副主編：熊四智、胡廉泉

編　　委：羅長松、蔣榮貴、閻文俊、侯漢初、解育新、成蜀良

執筆人：張富儒、胡廉泉、熊四智、侯漢初、羅長松、閻文俊、蔣榮貴、成蜀良、
　　　　解育新、張中尤、姜學有、徐　鳳、李慶初、謝榮祥、李質燁、劉大東、
　　　　張國柱、蔡　雄、盧國瑛、鍾德耀、胥遠名、李仕鴻、浦天清

編書單位：

四川省蔬菜飲食服務公司

四川省飲食服務技工學校

重慶市飲食服務公司

重慶市市中區飲食服務公司

成都市飲食公司

本書顧問：

王利器北京大學教授

劉建成四川特級廚師

曾亞光四川特級廚師

劉冰蓉四川醫學院副主任營養師

總目

為使本書條理清晰、便於查找，特別將目錄分為「總目」及「索引目錄」兩個層次。【 】內標示的是對照「索引目錄」的頁碼。

索引目錄

第一篇 烹飪文化

第一章
史籍資料與出版品

一、著述

【呂氏春秋】

亦稱《呂覽》。戰國末秦相呂不韋集合門客共同編寫。全書二十六卷，內分十二紀、八覽、六論，共一百六十篇。

此書雖爲哲學與政治學著作，但對飲食與烹飪文化的論述，特別是《本味篇》通過伊尹說湯以至味的故事，闡述烹飪技術理論「水最爲始」、「火爲之紀」以及調和必須遵循的原則，堪稱中國最古老的烹飪理論鼻祖，對後世烹飪有著深刻的影響，至今仍閃耀著光輝。

書中把「陽樸（古人注釋多指川西犍爲、廣漢，今人鄧少琴先生認爲當指北碚）所產之優質薑，讚爲「和之美者」。

【黃帝內經】

包括《素問》和《靈樞》兩部分。成書年代約爲戰國至東漢一段時間。是彙集中國古代人民長期與疾病作鬥爭的經典醫學文獻，爲中國醫學、養生學、食療學、烹飪學奠定了理論基礎。

《內經》從陰陽五行的基本規律和四氣五味的客觀性認識出發，論述人的精血的產生，根源於飲食五味的攝取，人們必須嚴格按照養生健身的總體要求來烹飪調和，製作食物。提出了「人與天地相應」，「陰之所生，本在五味；陰之五宮，傷在五味」，「醫食相通」，「五味調和」等重要觀點，並首次指出中國人應當選擇「五穀爲養，五果爲助，五畜爲益，五菜爲充」的食物結構，以適應生存、發展的需要。

【僮約】

西漢時蜀郡文學家王褒所著之文章名，是記載四川爲全世界最早「烹茶」和「買茶」的重要史料。

《僮約》記載了「資中男子王子淵從成都女子楊惠」處買了一個叫「便了」的奴僕，相互間訂立「買卷」，規定「奴從百役使，不得有二言」。其中每天的工作就有「烹茶盡具，已而蓋藏」，還必須「販於小市」，「牽犬販鵝，武陽買茶」。武陽在今四川彭山縣，至今仍產茶，在仙女山頂有古茶園。

【四時食制】

魏武帝曹操著。此書今已亡佚，《太平御覽》、《初學記》等類書中保留了一些內容，前人輯之編入《曹操集》。

曹操雖然戎馬一生，但對飲食養生之道卻頗有研究。《三國志·魏志·武帝紀》注引《傅子》言，就說他「好養性法，亦解藥

方」，曾招引當時有名的方術之士左慈、華陀、甘始、郄儉等至軍中，向他們請教。又寫《龜雖壽》詩，指出「養怡之福，可得永年」。從《四時食制》所存散句，如「郫縣子魚，黃鱗赤尾，出稻田，可以為醬」，「鱣，一名黃魚，大數百斤，骨軟可食，出江陽（今瀘縣）、犍為（今犍為縣）」，「蒸鯰」，表明曹操對四川的水產品及烹製的菜餚相當瞭解。

【華陽國志】

東晉史學家常璩著。常璩字道將，蜀郡江源縣小亭鄉（今崇州市三江鎮）人。全書十二卷，記載西南地區從遠古到東晉永和年間的史事。書中的「巴志」、「蜀志」。對巴蜀文化、歷史、物產、飲食、民俗、人物有翔實的敘述。「巴志」言四川東部「土植五穀，牲具六畜」，飲食原料魚、鹽、茶、蜜、山雞、白雉皆成貢品，荔枝、製蒟醬的辛蒟，以及園圃中的芳蒻（魔芋原料）、冬葵、香橙、天椒已是地方特產。「蜀志」言四川西部「地稱天府」，「山林澤魚，園圃瓜果，四節代熟，靡不有焉」。飲食「尚滋味」，「好辛香」，富豪飲宴染秦化，「聚嫁設太牢之廚膳」。《華陽國志》為研究川菜歷史發展的必讀之書。

【齊民要術】

北魏賈思勰撰。是中國完整保存至今的最早的一部古農書。全書九十二篇，分為十卷。其中，第六十四至八十九篇為釀造、食品加工和烹調的操作技術與知識。如炙法第八十：炙純法（燒烤乳豬）：「用乳下純，極肥者，豶牸俱得。擊治一如煮法，揩洗、刮、削，令極淨。小開腹，去五臟，又淨洗。以茅茹腹令滿。柞木穿，緩火遙炙，急轉勿住。轉常使周帀，不帀，則偏焦也。清酒數塗，以發色。色足便止。取新豬膏極白淨者，塗拭勿住。若無新豬膏，淨麻油亦得。色同琥珀，又類真金，入口則消；狀若凌雪，含漿膏潤，特異凡常也。」是中國烤乳豬最早最詳的記載。

【千金要方】

一名《備急千金要方》，唐孫思邈著。廣輯前代各家方書及民間驗方，敘述婦、兒、內、外各科疾病的診斷，預防與主治方藥、針炙等，共三十卷。書中有養生文獻和食物營養的論述。《道林養性》篇指出，「美食須熟嚼，生食不粗吞」；「先饑而食，先渴而飲，食慾數而少，不慾頓而多」；「一日之忌，暮無飽食；一月之忌，晦無大醉」等等，對於養生食療，有一定參考價值。

【千金翼方】

唐孫思邈著。三十卷。此書是著者為補充其所撰《備急千金要方》而輯集的續篇。內容包括本草、婦人、傷寒、小兒、養性、補益等，凡一百八十九門，合方、論、法二千九百餘首。卷十二「養性禁忌」引列子、彭祖、老子等養生議論。「養性服餌」載服食方三十七首。「養老大例」、「養老食療」兩節則既有論述，又有適於老者服食之妙方。卷十四「飲食」一節及卷十五，則專論人體補養。對於繼承醫食同源的傳統，發展藥膳飲食，有重要參考價值。

【茶經】

唐陸羽著。復州竟陵（今湖北天門）人，一生嗜茶，精於茶道，被譽為「茶仙」，奉為「茶聖」，祀為「茶神」。所著《茶經》，為世界第一部茶葉專著。此書是唐代和唐代以前有關茶葉的科學知識和實踐經驗的系統總結；是他躬身實踐，取得茶葉生產和製作第一手資料，又遍稽群書，廣博收茶家採製經驗的結晶。此書三卷，從茶的本源說起，到怎麼採茶、製茶、煮茶、飲茶，有關茶事從古至唐的記載，茶葉的產地等等，都有精采的記述和論述。書中指出，茶之源出於中國南方，包括四川在內的「巴山峽川」。四川是中國飲茶最早、最普及的

地方。四川產茶以彭州（今彭州市）爲最好。陸羽《茶經》問世後，廣爲流傳，直至海外。

【酉陽雜俎】

唐段成式撰。全書前集二十卷，續集十卷，內容廣博，記述了古代中外傳說、神話、故事、傳奇，以及唐代統治階級的秘聞軼事、民間婚喪嫁娶、風土習俗、物產等。書中的「酒食」篇，記載了20條寶貴的飲食史料，中有湯中牢丸、蜀禱炙等127種食品之名以及唐代富貴家名食，如：肖家餛飩、庾家粽子、櫻桃饆饠、驢騣駝峰炙等品。指出「物無不堪吃，唯在火候，善均五味」乃飲食之要。段成式祖籍臨淄鄒平（今山東淄博），但生於四川，雖於五歲隨父離蜀，後來又隨其父多次來川，對蜀中情況很熟悉。書中《廣動植》各篇，有四川物產的不少記載，對於研究烹飪原料極有價值。

【唐摭言】

亦名《摭言》。五代王定保撰。王爲光化三年（西元900年）進士，曾爲邕管巡官，85歲時著此書。全書十五卷。卷三詳盡記載了唐代貢舉活動中的曲江宴等筵宴禮儀、名目、宴名、詩文、典故、逸聞。讌名「大相識、次相識、小相識、聞喜、櫻桃、月燈、打毬、牡丹、看佛牙、關讌」等，爲他書所不見。此書是研究唐代曲江宴的重要依據。書引張籍詩句「無人不借花園宿，到處皆攜酒器行」，極言曲江大會之盛。《唐摭言》所引藝文，對蜀中人物亦有敘述。

【清異錄】

宋陶谷撰。此書爲作者雜採隋唐五代典故所寫的一部隨筆集。分天文、地理、草木、花、果、蔬、藥、禽、獸、蟲、魚、居室、衣服、器具、饌饈、喪葬等三十七門，採集的資料十分豐富。其饌饈門，有記述蜀中飲饌之事數條，如「自然羹」乃「蜀中道人所賣」，是荔枝仁等製成魚形的羹湯菜。

唐僖宗李儇到四川時，宮人用村酒製成燒餅不同平常，稱爲「消災餅」。「孟蜀尙食掌食典一百卷」，中有「酒骨糟」一品，「其法以紅麴煮（緋羊）肉，緊卷石鎭，深入酒骨淹透，切如紙薄，乃進。注云：酒骨，糟也。」可供研究川食歷史參考。

【益部方物略記】

北宋文學家、史學家宋祁著。作者在序言中指出此書緣起：「嘉祐建元之明年，子來領州，得東陽沈立所錄劍南方物二十八種。按名索實，尙未之盡。故遍詢西人又益數十物，列而圖之，物爲之讚」。書中所讚紅豆、赤鸚芋、綠葡萄、天師栗、天仙果、隈枝、佛豆、蒟、玃、魶魚、嘉魚、鮴魚、黑頭魚、沙綠魚、石鰲魚，可供研究川菜烹飪史參考。

【東坡志林】

宋蘇軾撰，一說爲他人所輯蘇軾雜記編成。此書所收蘇軾的筆記、雜感、小品、史論類文字，涉及經史子傳、制度風俗、軼聞時事、山川風物等豐富的內容。其中，有關飲食養生見解十分獨到。如「養生說」講「已饑方食，未飽先止，散步消遙，務令腹空……」。「記三養」講「東坡居士自今日以往，不過一爵一肉，有尊客盛饌，則三之，可損不可增。有召我者，預此以先之，主人不從而過是者，乃止。一曰安分以養福，二曰寬胃以養氣，三曰省費以養財」。書中有不少對歷代飲食生活的評論，可供研究歷代飲食史參考。

【仇池筆記】

宋蘇軾撰，一說他人所輯蘇軾雜記編成。此書爲《東坡志林》的姊妹篇。「仇池」一詞，按《舊唐書·地理志》載，成州南八十里有仇池山。《世說新語》曰：「仇池有地穴通小有洞天，中有神魚，食之者仙。」蘇軾「雙石引」曰：「忽憶在穎州日，夢人請住一官府，榜曰『仇池』。」此

書錄下了蘇軾的「真一酒」、「蒸豚詩」、「盤游飯」、「谷董羹」、「煮豬頭頌」、「二紅飯」、「論茶」、「酒名」等飲食史料，可供研究蘇軾及宋代飲食歷史參考。

【東京夢華錄】

宋孟元老撰。作者身世不詳。書十卷，記北宋汴京（又稱東京，今河南開封）城市面貌、歲時物產、風土習俗等內容。此書飲食史料甚豐，卷二有酒樓、飲食果子，卷三有馬行街鋪席、天曉諸人入市、諸色雜賣，卷四有筵會假賃、會仙酒樓、食店、肉行、餅店、魚行，卷五有民俗等節，記述飲食市場、食品名稱、菜點、廚藝的資料。書中還有節令食俗的記載。如作者在《序》中寫：「集四海之珍奇，皆歸市易；會寰區之異味，悉在庖廚。」可謂無所不記。作者對「川飯店」所售的插肉麵、大燠麵、大小抹肉、淘煎澳肉、雜煎事件、生熟燒飯以及西川乳糖、獅子糖等，皆有記載，是研究北宋時期四川烹飪的重要資料。

【老學庵筆記】

宋陸游撰。此書爲陸游所寫親歷、親見、親聞之事，內容豐富。書中記有不少飲食故實，其中不乏四川飲食見聞。如「蜀人爨薪，皆短而粗，束縛齊密，狀如大餅餤」。「東坡先生所記盤游飯」即嶺南產婦所食之「團油飯」。「張文昌《成都曲》云『錦江近西煙水綠，新雨山頭荔枝熟……』，此未嘗至成都者也。成都無山，亦無荔枝。」「唐以前書傳，凡言及糖者皆糟耳，如糖蟹、糖薑皆是。」「《嘉祐雜志》云『峨眉雪蛆治內熱。』予至蜀，乃知此物實出茂州雪山。」「建炎以來，尚蘇氏文章……蜀士尤盛。亦有語曰：『蘇文熟，吃羊肉。蘇文生，吃菜羹。』」可供研究宋代飲食歷史參考。

【北夢瑣言】

宋孫光憲撰。作者是四川仁壽人，是勤學聚書的學者，累官至檢校秘書監。因初從高季興居荊州夢澤之北，故書名有「北夢」。書中所記皆唐末五代軼事，遺文瑣語，可資考證。書中有記載四川烹飪水準的資料，如記唐代四川用蒟蒻（魔芋原植物）塊莖磨粉與麵粉等爲原料，染上顏色，造型而成豬腿、羊肉、膾炙等仿葷食品，用於官府宴會之筵席等，可供研究川菜歷史參考。

【夢粱錄】

南宋吳自牧著。據四庫全書總目提要：「是書全仿《東京夢華錄》之體，所記南宋郊廟宮殿，下至百工雜戲之事，委曲瑣屑，無不備載。」全書二十卷。卷十三記團行、鋪席、夜市等；卷十六記茶肆、酒肆、分茶酒店、麵食店、葷素從食店、米鋪、肉鋪、鯗鋪；其餘各卷，有南宋月令民俗、食俗。以及包辦筵宴的「四司六局筵會假賃」等資料。此書所記「川飯分茶」店，言「南渡以來，凡二百餘年，則水土既慣，飲食混淆，無南北之分矣」，反映了宋代南北烹飪文化的交流情況，對川菜在南宋都城供應的上百種菜點亦有詳細記述，是研究川菜烹飪的寶貴史料。

【都城紀勝】

據揚州詩局重刊棟亭藏本《都城紀勝》序，著者爲灌圃耐得翁。書分市井、諸行、酒肆、食店、茶坊、四司六局、瓦舍眾伎、社會、園苑、舟船、鋪席、坊院、閒人、三教外地各章。涉及飲食、市場部分，對「川飯分茶」店供應的菜點有介紹，是研究南宋川菜的寶貴資料。

【武林舊事】

南宋周密輯。卷六記諸市、酒樓、市食、果子、菜蔬、粥、犯鮓、涼水、糕、蒸作從食，諸色酒名等，對南宋臨安的飲食情況，提供了大量的史料。卷三對當時民俗、食俗，亦有詳盡的記述。卷九「高宗幸張府節次略」，記載了張俊供進御筵的完整菜點

譜。書中所列「乳糖獅兒」，乃四川出產的飲食果子，宋神宗時曾作爲皇宮內賞賜小兒的食品。與《東京夢華錄》、《夢粱錄》所載的「川飯分茶」店供應的菜餚相互參證，可知川菜在北宋南宋的京城已很有影響。

【糖霜譜】

宋王灼撰。灼字晦叔，四川遂寧人。全書一卷，凡七篇。首敘唐代糖霜緣起，次考古來已有糖霜。後數篇，述種蔗之法，造糖之器，結霜之法，以及糖霜雜事。終篇，論辨糖霜性味及製食之法。明代李時珍《本草綱目》評述《糖霜譜》言，古者惟飲蔗漿，其後煎爲蔗餳，又曝爲石蜜。唐初以蔗爲酒，而糖霜則自大曆間（唐的年號，西元766—779）有鄒和尚者，來往蜀之遂寧傘山，始傳造法。《糖霜譜》對鄒和尚製糖霜亦有簡要的介紹。

【山家清供】

宋林洪著。全書分上、下兩卷，收錄以素食爲主的糕餅麵飯羹菜籤淘饌餚九十九品。其中的青精飯、槐葉淘、玉糝羹、元修菜、鴛鴦炙、東坡豆腐、木魚子等，是研究宋代川菜的寶貴資料。

【歲華紀麗譜】

元費著撰。《學海類編》收入此書時又名《成都遊宴記》。書言「成都遊賞之盛甲於西蜀」。並按月令時俗，對宋元時期的成都官府及民間遊宴，如上元節的「放燈」，二月二日的「踏青」，七月七日的「乞巧」，八月十五日的「中秋玩月」等，進行了詳細記載，可供研究四川飲食習俗參考。

【饌史】

元代人輯錄歷代飲食資料而成的飲食專著。輯錄人闕。此書摘錄了段成式《酉陽雜俎》所載的部分食品，韋巨源《食單》，謝諷《食經》中的部分菜點，周密《武林舊事》所載「宋高宗幸張府節次略」的部分食譜，以及歷史上一些飲食典故。書中將元代以前67位與飲食有各種淵源的人，分爲「妙於味者」、「工於味者」、「俊於味者」、「勇於味者」、「洪於味者」、「酷於味者」、「猥於味者」、「小人於味者」，可供研究歷代飲食故事參考。

【升庵外集‧飲食部】

明文學家楊慎著。慎字用修，號升庵，四川新都縣人。《升庵外集》第二十三卷，有茶、酒、食品、飲食詞語資料及作者考證76條。如「竹根黃」條：「賈達曰粱米出於蜀漢，香美逾於諸粱，號曰竹根黃。梁州之名因此」；「嘉魚」條：「嘉魚出丙穴，多脂，煎不假油也」；「竹蜜」條：「竹蜜蜂，蜀中有之。好於野竹上結窠，窠大如雞子。蜜並紺色，甘倍常蜜」；「蘆酒」條：「蘆酒以蘆爲筒，吸而飲之，今咂酒也。又名釣藤酒」等等。可以供研究四川飲食歷史參考。

【本草綱目】

明李時珍著。系統總結中國勞動人民長期和疾病對抗的醫藥學巨著。時珍字東壁，號瀕湖，湖北蘄州（今蘄春縣）人。據李時珍之子李建元《進〈本草綱目〉疏》言：「臣父李時珍，原任楚府奉祠，奉敕進封文林郎、四川蓬溪知縣」。時珍「幼多羸疾，長成鈍椎；耽嗜典籍，若啖蔗飴」。爲著此書，他費了近40年時間。全書五十二卷，收載藥物1892種（其中374種是李時珍新增的），藥方一萬多個，插圖一千多幅。《本草綱目》所載飲食資料十分豐富，是研究醫食同源、養生、食療、營養的必備書。此書刊於萬曆十八年（1590年），以後陸續被譯成日、英、德、法、俄等國文字，傳遍世界。

【群芳譜】

明王象晉撰。作者爲山東新城（今山東桓台縣）人。此書爲作者平日督率傭僕在田

園裡栽植蔬、穀、花、果所積累的知識，加上文獻記載和訪問諮詢所得而寫成的。按天、歲、穀、蔬、果、茶、竹、桑麻葛棉、藥、木、花、卉、鶴魚等12個譜分類。其中的穀譜、蔬譜，對飲饌史料作了詳盡的引證，可供研究烹飪參考。

【益部談資】

明何宇度著。全書分上、中、下三卷。對蜀中風土、人情、人物、方物及飲食皆有記述。如書中所記方物中的「雪蛆」，為其他書籍所罕見。

【農政全書】

明徐光啟撰。全書六十卷，五十多萬字。卷四十二「製造」，搜集整理了造神曲法、女曲法、釀酒法、黍米酒法、作當梁酒法、秔米作酒法、作頤酒法、河東頤白酒法、笨曲桑落酒法、笨曲白醪酒法，以及作醬法、作酢法、製豆豉法和蒸藕法、焦茄子法、作菹藏生菜法、釀菹法等。書中介紹藏瓜法，認為「蜀人方，美好」，極讚譽之。又如記「用生莧菜鋪蓋飯上，則飯不作餿氣」，而曰「治飯不餿」之法。卷六十搜集了60種野菜，是研究烹飪野蔬的重要資料。

【蜀中名勝記】

明曹學佺撰。三十卷。此書按道府州縣，廣錄歷代蜀中經史、志乘、方物、詩賦，博引繁征，極為詳備。所錄孟蜀花蕊夫人宮詞百首，中有後蜀宮廷的船宴資料，可供瞭解五代時蜀中上層社會飲食習俗參考。

【蜀語】

明末李實著。四川古代方言詞典。主要記錄並解釋了明清時四川人日常生活中常用的詞語，其中飲食烹飪的方言詞語占了一定的比例。書中對四川烹飪的原料、器具、烹飪方法、菜點等方言皆有較詳的解說。如「以鹽漬物曰濫」，「漬藏肉菜曰醃」（同腌），「地芝曰菌」，「以物沾水曰蘸」，

既順切又橫切的刀法稱「報切」，「蒸糯米揉為餅曰餈巴」，明代宮廷食品「不落莢」源於四川，「滋味」一詞是四川人言飲食的代名詞，「飲食曰滋味」，等等，可供今人研究明清四川飲食文化參考。

【古今圖書集成·食貨典】

清康熙陳夢雷等原輯，清世宗命蔣廷錫等重輯的大型類書。全書一萬卷，分六編，三十二典，六千一百零九部。其中的《食貨典》載於經濟編，又分國用部、飲食、米、糠、飯、粥、糕、粽、糜、粉麵、糇餌、酒、茶、酪、油、鹽、醦、醬、醋、糖、蜜、肉、羹、脯、曲蘖、膾、炙、鮓、醯、菹、齏、豉等部。每部先匯考，次總論，還有藝文、紀事、雜錄、外編等項目。內容繁富，區分詳晰，是研究中國歷代飲食的重要資料。

【養生隨筆】

清乾隆三十八年民間隱士曹慈山輯著。是老年人養生的專書，故又名《老老恒言》。全書共五卷。前四卷敘老年人日常起居寢食方面的養生方法。第五卷為粥譜。列煮粥方100種，分上、中、下三品，皆有益於老年人調養、治疾之用。曹氏在書中雖旁徵博引三百餘家之言，但每個方面都有他自己的見解，且有較高的科學性。據載，曹氏幼年患童子癆，卻享年九十有餘，可見他善於養生。此書為他75歲時所著，較全面地記述了自己的養生經驗，至今仍有一定的參考價值。

【隨園食單】

清袁枚著。枚字子才，號簡齋，隨園老人，浙江錢塘（今杭州）人。曾任江寧知縣。不仕時，在江陵小倉山建「隨園」，著有《隨園全集》。《隨園食單》為全集中的飲食專著，分序、須知單、戒單、海鮮單、江鮮單、特牲單、雜牲單、羽族單、水族有鱗單、水族無鱗單、雜素菜單、小菜單、點

心單、飯粥單、茶酒單等十四章。「須知單」列了烹飪二十須知，總結了歷代烹飪經驗，創立了烹飪理論。「戒單」所列的十四戒條，作者認為「為政者，興一利不如除一弊。能除飲食之弊，則思過半矣」。袁枚善評飲饌，在《隨園全集·尺牘》中亦有不少飲食烹飪議論，又為家廚作《廚者王小餘傳》，可供研究參考。

【醒園錄】

清四川羅江（今屬德陽）人李化楠著。清代中葉的飲食專著。全書分上下兩卷，記載烹調菜餚39種、釀造調味品24種、糕點小吃24種、醃漬食品25種、飲料4種，共116種，以及5種食品保藏方法。此書是根據李化楠宦遊江浙時搜集的飲食資料手稿，由其子李調元整理編纂刊印而成。初刊載於《函海》第三十函。此書因李化楠的田園名「醒園」而得名。《醒園錄》為近代川菜烹飪學習借鑒各地烹飪之長奠定了基礎。

【閒情偶寄·飲饌部】

清戲曲理論家李漁著。漁字笠鴻、謫凡，號笠翁，浙江蘭溪人。卷五「飲饌部」為飲食議論專集，分蔬菜第一，內有筍、蕈、蓴、菜、瓜茄瓠芋山藥、蔥蒜韭、蘿蔔、芥辣汁各篇；穀食第二，內有粥飯、湯、糕餅、麵、粉各篇；肉食第三，內有豬、羊、牛、犬、雞、鵝、鴨、野禽野獸、魚、蝦、鱉、蟹、零星水族各篇，並附有「不載果食茶酒說」。其中，有部分議論是有獨到之處的，如「糕貴乎鬆，餅利於薄」，「食貴能消，飯得羹而即消」等等。可供今人研究烹飪參考。

【金川瑣記】

撰書者李心衡，上海人，清乾隆時曾赴蜀撫慰少數民族，居住達10年之久。其後記其經歷，名《金川瑣記》。該書史料價值甚高，在清代記載少數民族風俗的諸書中堪稱上乘之作。書中所收的天星米、圓根、蘵、粑、雪鵝、羌活魚、雪魚、小曲、苦筍、熊掌、孩兒魚、冬蟲夏草等川東川西地區的方物，及苗、瑤、土家、仡佬、藏、羌等少數民族的飲食習俗，有助於瞭解清代中葉的四川物產及飲食烹飪歷史。

【中饋錄】

清代食物製作與食品保藏的專著。載《古歡室全集》。作者曾懿為四川華陽（今雙流縣境）人。全書共20節，記20種食物的製造和保藏的方法。有製宣威火腿法（附藏火腿法）、製香腸法、製肉鬆法、製魚鬆法、製五香燻魚法、製糟魚法、製風魚法、製醉蟹法、藏蟹肉法、製皮蛋法、製糟蛋法、製辣豆瓣法、製豆豉法、製腐乳法、製醬油法、製甜醬法（附製醬菜法）、製泡鹽菜法、製冬菜法、製甜醪酒法、製酥月餅法。

【廣群芳譜】

清汪灝、張逸少等編纂，經劉灝通審刊印成書。汪灝等受康熙之命，以明王象晉所撰之《群芳譜》為基礎，刪去與植物栽培無關部分，另從宮內所藏圖書搜集大量材料補入，於康熙四十七年（西元1708年）改編完成。全書按天時、穀、桑麻、蔬、茶、花、果、木、竹、卉藥11個譜分類，共一百卷。此書載有大量典故藝文，資料十分豐富。其中的穀譜、蔬譜，對飲饌史料作了詳盡的引證，對研究包括川菜在內的中國烹飪的演變，有重要的參考價值。

【成都通覽】

傅崇榘作。傅，四川簡陽人。此書於宣統元年（西元1909年）由成都通俗報社出版。全書細目1000條，共30萬言，分八卷。卷七所載「成都之包席館及大餐館」、「成都之南館飯館炒菜館」、「成都之著名食品店」、「成都之食品類」、「成都之家常便菜類」等條，對晚清的川菜皆有詳細記載。此外，各卷對成都的物產、飲食習俗、民間

風味飲食，亦有敘述。

【清稗類鈔‧飲食類】

杭縣（今屬杭州市）徐珂編纂。1917年出版，商務印書館發行。此書言餚饌之有特色者「為京師、山東、四川、廣東、福建、江寧、蘇州、鎮江、揚州、淮安」。又言「豆豉之製，四川為最，出隆昌者尤佳」。書中還介紹了四川太平縣（即今萬源市）的食俗、食風等資料，可供研究近代四川飲食與烹飪參考。

【中華全國風俗志】

胡樸安編輯。1935年由大達圖書供應社出版。二十卷。據跋稱，此書是參考了各地方志及筆記遊記等數千百卷，披揀撮錄而成。書的下篇卷六載「越巂求雨之風俗」、「瀘縣拜雞之風俗」、「瀘縣新正之風俗」、「金川風俗瑣記」等有關四川民俗和飲食習俗的資料，可供研究參考。

【成都竹枝詞】

清人楊燮等著，今人林孔翼輯錄。四川人民出版社1982年出版。此書搜集了元、明、清及近代人專輯、詩文集、成都地方報刊之竹枝詞，提供了包括民俗和烹飪在內的有研究價值的資料。卷一所載楊燮《錦城竹枝詞》言嘉慶年間成都芙蓉豆腐湯以荷花入烹，成為一時的著名湯菜。1805年成都的秦椒泡菜、闐中的保寧釀醋亦很著名。杜甫詩中「酒憶郫筒不用酤」之郫縣「郫筒酒」是時仍有售。1924年的竹枝詞記載「麻婆陳氏尚傳名，豆腐烘來味最精。萬福橋邊簾影動，合沽春酒醉先生」。劉師亮的《姑姑筵竹枝詞》附錄了該店的聯語「統領伙夫幾十名，攻打甑子場，月月還須說銅板；可憐老漢六四歲，揭開鍋兒蓋，天天都在聞油香。」「由鍋邊鎮守使加封燉煨將軍，這個好官銜硬比他們闊氣；有廟上李老君保佑飲食菩薩，今年開花會該要顯點神通。」書中還輯錄了月令食俗，可供研究川菜烹飪歷史

演變的參考。

【舊帳（上卷）】

發表在1945年4月出版的《風土什志》第一卷第五期上，為李劼人搜集整理，並加按語發表的一篇歷史資料。該資料記的是清道光十八年（1838年）的一件喪事。死者為李劼人的外高祖，記帳者是死者的第三子。該卷共分四部。甲部記上榮單，包括「成服席單」、「奠期席單」、「送點主官滿漢席單」、「請、謝知客席單」、「復山席單」以及喪事期間的「早飯單」、「午飯單」、「夜酒席單」等15張。乙部記喪葬祭三項的全部銀錢花帳。丙部記出殯的儀仗。丁部記兩篇小調體祭文。全文二萬餘言，對於研究成都的民俗、飲食、市民生活都具有重要的參考價值。另，尚有《舊帳（下卷）》，其內容據李劼人稱「與上卷彷彿」。

【粥譜】

清黃雲鵠撰。作者曾任四川茶鹽道、按察使等職。光緒七年（1881年）在蜀中寫成此書。序言重申了前人論粥「一省費、二味全、三津潤、四利膈、五易消化」之五功，並以「食粥時五思」、「集古食粥名論」、「粥之宜」、「粥之忌」為題，論述了有關粥與人生、健康等問題。書中以穀類、蔬類、蔬實類、木果類、植藥類、卉藥類、動物類排列，收錄了粥品方二百多種，內容豐富，實用性強。其中，四川粥方占了一定比例。如烏金白菜（飄兒菜）粥、巢菜（川名苕子）粥、菩蓮（川名牛脾菜）粥、鼠曲菜（川名清明菜）粥、焦粥（川中諸寺有）、甘露子（川人呼為地蛹）粥、長壽果粥（出松潘等）、荸薺（川人呼為地栗）粥等。

【蜀都碎事】

清陳祥裔輯。作者在康熙年間任成都府督捕通判時，收集蜀中故實編輯而成此書。書中有作者親見親聞的資料，亦有採擷歷代巴蜀志乘及文人學士記述和詠頌巴蜀風物的

詩文。如記竹䶄「烹食，味極鮮美。亦可醃食」。蜀中竹蜜蜂之蜜「甘倍於常蜜」。「蜀中名菌曰鬥雞骨」。「梁山縣有桃花洞，洞口小溪中，出魚曰冰雪魚，每當桃花勝開之時。其魚頭上有紅骨一片，狀類花瓣」等，可供研究四川飲食歷史參考。

【芙蓉話舊錄】

清周詢著，周伯謙、楊俊明點校。四川人民出版社1987年8月出版，約8.5萬字。書中「工資」、「餚饌」、「飲料」、「食米」、「花會」、「茶點」、「小食」等段落，記載了當時成都的飲食實況。如「工資」部分，作者指出官府「及紳商家中所用僕人皆給工資，大都每月數百文，多者千文而已。惟庖人工資特貴，多者每月銀數兩，少亦二三千文」。又如「小食」部分，在記述各色小食時，特別說：「北門外有陳麻婆者，善治豆腐，連調和物料及烹飪工資一併加入豆腐價內，每碗售錢八文，兼售酒飯，若須加豬、牛肉，則或食客自攜以往；或代客往割，均可。其牌號人多不知，但言陳麻婆，則無不知者。其地距城四五里，往食者均不憚遠，與王包子同以業致富。」

【食品佳味備覽】

清無知山人鶴雲著。此書為作者品評食品的專著，所用文字簡略，格式獨特。其序言「人生以衣食為要，食品不可不講求。人生飲食係養命之本。余講求數十年，食盡各省精粗之味，以及口外東西洋各國之食品。分別精粗之味，匯成一本，以濟世用。」成書於清光緒年間。書內多以「某地某食品好」的方式，一一述評。如提到四川的「川多菜燴板栗好」、「四川的竹蓀好」等。

【筵款豐饌依樣調鼎新錄】

清佚名撰，胡廉泉校注。中國商業出版社1987年10月出版，約11.6萬字。此書為中國烹飪古籍叢刊之一種，是以手抄本《筵款豐饌依樣調鼎新錄》為正本，參校《成都通覽》和《四季菜譜摘錄》編注而成。書中「依樣調鼎」是家常菜譜，「筵款豐饌」為筵席菜譜。此書以川菜為主，雜有其他地方菜品，成書為晚清之時，共收菜點2500種，其中有製法者905種。通過此書所收錄的資料，大致可見晚清川菜鼎盛時的款式全貌和烹調水準。

【古今酒事】

胡山源編。上海書店1987年11月根據世界書局1939年初版影印出版。作者採錄各種叢書、筆記，上至先秦，下至清末，將古今有關酒事之文獻匯輯成書，分為專著、藝文、故事三輯，僅故事一輯就收羅了歷代有關酒的史實近3000條，內容十分豐富，堪稱一部中國酒文化的小百科。書中有關川酒和四川飲酒軼聞趣事甚多，可資研究參考。

【古今茶事】

胡山源編。上海書店1985年10月根據世界書局1941年版影印出版。此書為《古今酒事》的姊妹篇。作者採錄各種叢書、筆記，上起唐代，下至清末，將有關茶事之文獻匯輯成書，仍以專著、藝文、故事三輯分篇，內容豐富。書中有關川茶和四川飲茶軼聞趣事亦多，可資研究參考。

【四川特產風味指南】

四川人民出版社1984年9月出版，約12萬字。此書是《中國特產風味指南叢書》之一種。書中介紹了天府之國四川斑斕多彩的名特產品和享譽中外的風味飲食。川菜與四川小吃部分由熊四智、蔣榮貴撰文。

【家庭營養知識】

劉冰蓉主編，劉冰蓉、魏雲芳、何毓穎、袁茂蘭，金代蓉、藍（原書誤作籃）光鑒等編著。四川科技出版社1985年9月出版。全書分兩篇，五章，29節。第一篇：膳食營養基礎知識。分兩章：第一章營養概論，第二章家庭不同成員的營養與膳食。第

二篇家庭常用食品的烹製，主要營養含量與適用範圍。共分3章：第一章嬰兒的輔助食品，第二章幼兒食品，第三章一般膳食。共26.1萬字。其中所列食品均有主要營養含量和適用範圍。此書是營養學家和烹飪專家共同研究的產物，從科學角度研究烹飪有一定的實用價值。

【四川烹飪基礎教材】

重慶市中區飲食服務公司編寫。西南師範大學出版社1986年10月出版，約20.6萬字。此書是重慶市市中區飲食服務公司在所辦的飲食技術培訓班老師們的講稿基礎上編寫而成的。執筆編寫者為李克家、曾明禮、閻文俊、謝榮祥、蔡雄、陳夏輝。全書按行業習慣分類，以紅案、白案、招待三個專業編輯成書。紅案專業由15章內容構成。白案專業由10章內容構成。招待專業由7章內容構成，並附有重慶名勝介紹。

【川菜賞析】

張富儒著。四川科學技術出版社1987年3月出版，約10.6萬字。此書以48種常見的川菜、川點為題，對每一種菜點的歷史、民俗、製作技藝，以專題文章的形式寫成，敘述流暢生動，寓知識性、技術性、趣味性於一爐，可幫助人們瞭解川菜。如吳小如先生為該書寫的序言所說，「隨著人類文明之前進，川菜影響將日益深遠，賞析川菜似乎就更需要了」。

【川菜烹調技術】

熊四智、侯漢初、皓翎、文忏編著。四川科學技術出版社1987年4月初版，1989年6月第3次印刷，約8.5萬字。據編者前言，此書是作者為中央電視台、中國食品報聯合舉辦的中青年廚師刊授學校寫的函授教材。四川科技出版社對此書的內容介紹說：「不少人為什麼做不出正宗川菜？因為他們不懂川菜烹調技術。這本書原是培訓川菜廚師的函授教材，它講解川菜的特徵、發展的歷史、

調味理論、川菜調味的二十多種味型、調味品、川菜的名特產原料、川菜烹飪的重要技法、川菜的代表菜、川菜筵席的格局與節奏，以及川菜的工藝菜等有關問題。」「是一本普及川菜文化及技術的難得的好書。」

【烹調小品集（巴蜀篇）】

熊四智著。中國展望出版社1986年6月出版，1987年9月第二次印刷。巴蜀篇共收入50篇文章，約5.5萬字。是書其他部分為嶺南篇、齊魯篇、蘇揚篇。展望出版社介紹此書時說：「本書的特點是：不是菜譜的菜譜，不是故事的故事。作者以小品的形式，把菜譜裡沒有講到的技術要領，故事裡不可能講到的烹飪典故，通過生動而有趣的敘述，把有關四大菜系的形成、特點、成就以及發展趨勢介紹給我們。讀了它，不僅能豐富我們茶餘飯後的業餘生活，而且將會使你在烹飪知識和技術要領上，均有所得。」

【川點製作技術】

馬素繁主編、張富儒副主編的四川烹飪職業高級中學課本試用本。四川教育出版社1987年10月出版，以後多次印刷，約9.5萬字。本書由概述、麵點製作的設備和工具、麵點原料、麵點製作的基本技術、麵團調製的基礎知識、麵條和麵餡的製法、製餡、麵點的成形與成熟等8章構成，並附有筵席麵點的配備知識介紹。

【川菜烹調技術】

馬素繁主編、張富儒副主編的四川烹飪職業高級中學課本試用本。分上下冊。四川教育出版社1987年9月和12月出版，以後又多次印刷，共約35.4萬字。上冊由緒論、烹飪原料知識、烹調技術和基本功和烹調原料的初步加工、乾貨原料的漲發、刀工技術、原料的品質鑒定整料出骨與部位取料、菜餚的配料、調味、火候、原料的初步熟處理、碼味穿衣碼芡勾芡製湯、烹調方法及其應用、裝盤、食品雕刻、泡菜等15章構成，並

附有餐廳的日常工作與分工介紹。

　　下冊介紹了162種冷、熱、甜、湯菜餚的製作，和川味筵席的組合知識，並附有製滷水、製清湯、製奶湯的介紹。

【 中老年人營養與健康長壽 】

　　鄭元英主編，李漢華、何毓穎、陳光瓊編。四川科學技術出版社1988年5月出版，約25萬字。作者在前言中指出，此書是為「抗衰防病以提高老年人健康素質」而編寫的。書中所列10章內容，系統地介紹了營養基礎知識、中老年人的營養需要、中老年人的合理膳食以及某些高齡老人的長壽要訣。書中的第10章收錄了100種飲食方，特別是整理川菜大師藍光鑒五○年代時在四川醫學院營養保育系擔任「食物製備與選擇」課講義中的部分菜餚，列入此書的達35種，如鮮菜泥奶湯、淡菜冬瓜湯、肉餅湯、豆腐奶湯、雞茸羹、芝麻豆漿羹、核桃末麵粉羹、鴨丁粥、清蒸鯽魚、炒野雞紅、牛奶紅苕泥等品，均為十分珍貴的烹飪資料。

【 中國烹飪學概論 】

　　熊四智著。四川科學技術出版社1988年9月出版，約24萬字。出版社介紹此書說：「本書引經據典，結合中國烹飪事業古今往來醫食同源發展的實際，論述了中國烹飪的特徵、地位、類型，養助益充的結構；構成中國菜的宮廷菜、官府菜、寺院菜、民間菜、民族菜、市肆菜；介紹為多數人所公認的川魯粵淮揚四大菜系和各省市的地方菜，以及中國烹飪典籍、著述、文物與歷代烹飪文化著名人物等內容」，還有中國烹飪十大技術理論。「全書內容豐富，材料翔實，論述簡明，具有學術研究價值。這類書在中國大陸尚屬首次公開出版，既可作烹飪專科院校的教材，也可供烹飪專業研究與廣大從業人員參考。」

【 中國美食之旅 】

　　（日）波多野須美著。日本株式會社新潮社1987年出版，日文版。此書為日本著名的中國料理研究家波多野須美對中國各地美食的生動介紹。其四川部分，介紹了作者親身感受的川菜美味，專題介紹了重慶的滿漢全席、成都的小吃、成都的藥膳、重慶老四川的牛肉烹調，還介紹了四川能幹的女廚師。此書所選的彩色圖片，僅有三幅，但全是有關重慶滿漢全席的照片，一為徐德章師傅的烹調滿漢全席工作照，一為滿漢全席高擺，一為用多蟲夏草製成的蟲草鴨子，表現出作者對四川烹飪的濃厚興趣。

【 食之樂 】

　　熊四智著。重慶出版社1989年1月出版，約11.9萬字。此書為重慶出版社組織編著的《開卷樂叢書》之一種。重慶出版社在介紹此書時說：「民以食為天。食，是一門大學問。入了『食』之門的人，食之，樂也。本書著者是研究川菜（兼及其它菜系）理論的著名學者，他的有關著作，享譽中外。這部書共20個部分：奇饈、異饌、常珍、蔬茹、飯粥、麵點、原料、調和、食事、食話、食俗、食趣、食書、食詩、食器、老饕、飲茶、飲酒、名庖、庖藝。每一部分皆收入五篇小品，共計一百篇。本書在淺顯易懂和引人入勝上下功夫，讀之其味無窮。」

【 四川竹枝詞 】

　　林孔翼、沙銘璞輯。四川人民出版社1989年9月出版，約16萬字。本書為《成都竹枝詞》的下編，按地區、市、縣編列。各子目內，則依作者時代先後排列。而對泛詠四川風物之竹枝詞，則別以「川總」括之。所收竹枝詞的作者，多為清代人。其內容有相當一部分涉及飲食生活、菜餚點心及飲食習俗、飲食方言，可供人們研究清代中葉及近代四川各地飲食烹飪歷史參考。

【 四川民俗大觀 】

　　孫旭軍、蔣松、陳衛東編著。四川人民

出版社1989年10月出版，約35.4萬字。本書記述的內容，主要是自清初以來三百多年間四川民俗，書中以二百多篇文章分別記述四川主要的、有代表性的民俗現象，以反映四川民俗全貌。此書的「衣食住行」部分，介紹了四川民間三餐、餐館、茶酒等飲食生活狀況。在「人生儀禮」、「家族會社」、「歲時節令」、「民間文藝」等部分，對飲食生活也多有涉及。

【烹飪營養學】

盧一著。四川科學技術出版社1989年12月出版，約38萬字。此書由緒論、烹飪營養學基礎、烹飪原料的營養特點、營養與合理烹調、合理配膳、特殊人群的營養與膳食烹調、其他營養學問題等6章內容構成，並且附有中國膳食習慣、四川人的膳食結構等單元的介紹。

【菜餚創新之路】

熊四智編著。《川菜大全叢書》之一種。重慶出版社1990年8月出版，約9.4萬字。重慶出版社介紹此書時說：「本書對菜餚創新的方法進行歸納，計有挖掘、借鑒、採集、仿製、翻新、立異、移植、變料、變味、摹狀、寓意與偶然等12法，並詳述了四川名師的創新菜餚，列舉孔府菜、譚家菜、曲江春等全國著名創新佳餚的成功經驗，對創新12法進行論證。作者談古說今，旁徵博引，縱向探源，橫向比較，立論精闢。論據豐富。本書可貴的理性探索，對烹飪工作者及業餘愛好者有很大的啟迪，能幫助讀者開拓思維，創造出新式菜餚。」此書第一篇的「創新菜餚的方法」原為作者的論文，曾獲1991年9月四川省科學技術協會頒發的優秀學術論文證書。

【川菜雜談】

車輻著。《川菜大全叢書》之一種。重慶出版社1990年8月出版，約8.4萬字。重慶出版社介紹此書時說：此書「是一本美食家

談四川飲食文化與川菜烹飪技藝的小冊子。作者龍蛇筆走，恣意縱橫，談天說地，論古道今。筆觸所至，上涉川菜淵源、發展歷史、人物記趣、掌故軼聞；下及技術決竅、品味三昧、飲食習俗、風物人情。本書熔知識、趣味、文藝性於一爐，是引導讀者瞭解四川飲食文化、烹飪技藝及川菜品嚐要領的入門書籍。」書中收錄了作者談川菜飲食烹飪的25篇長短不等的文章。

【川菜烹調訣竅】

鄧開榮、李克家、汪學軍編寫。《川菜大全叢書》之一種。重慶出版社1990年8月出版，約9.7萬字。重慶出版社介紹此書時說：「一般菜譜書籍由於言長紙短，對於烹調中的疑難問題與訣竅尚未詳盡述說。本書旨在解答這些問題，使讀者能掌握烹調要點。全書列出八十餘個專題，包括臨灶掌勺訣竅、原料加工拾零及烹飪科學探秘三個部分。書中詳述雞、鴨、魚、肉，乃至海參、魚翅、熊掌、燕窩等原料加工要領，講解家常小炒到燒烤大菜菜品的烹製要訣，對蒙穇釀貼卷、爆炒熘燴炸及燒烤、煙燻等技法的訣竅一一詳盡道來。本書還對烹調過程中的一些質變作了深入探討。」

【中國名特小吃辭典】

王文福主編。陝西旅遊出版社1990年10月出版，約80萬字。四川省旅遊學校陳燕白等撰寫了此書的四川小吃部分，熊四智為此書的副總顧問。此書收錄了全國著名傳統風味小吃達二千二百餘種。其中四川占近百種。條目按中、英、日三種文字組成，內容包括初創時間、首創人、基本操作工藝、特點、食用價值等。文字簡潔，表述較準確，可供人們瞭解中國大陸小吃概貌。

【烹飪營養學】

劉銘主編，盧一、徐力群等參加編寫。商業專科學校專業試用教材。中國商業出版社1990年4月出版，1993年8月第3次印刷，

約21萬字。除緒論等外，共6章，講述了烹飪專業大專學生必備的有關營養基礎知識。

【中國烹調工藝學】

羅長松主編，羅長松、莊漢臣、李家祥、羅林楓參編。中國商業出版社1990年12月出版，以後又多次印刷，約31.8萬字。此書是原商業部組織編寫的烹飪專科主要專業課的教材之一。全書共13章，介紹了烹飪工藝學涉及的加工、調配、火候、調味、冷熱菜烹飪方法至裝盤等工藝流程的有關專業基礎知識。

【川菜烹飪實用教程】

成都軍區政治部編。屬《培養軍地兩用人才叢書》之一。1992年2月由成都出版社出版發行。全書包括：中國烹飪史略、川菜、學習烹飪必備的科學技術知識、烹調工藝原理、川菜製作技術、麵點製作技術、膳食安排與筵席設計、中小型飲食企業管理等8章，共28萬字。由張富儒、湯志信、陳勇、陳應富等執筆，張富儒統稿。

【中國烹飪辭典】

蕭帆主編，四川熊四智爲副主編之一。四川張富儒、吳萬里、解育新爲編委。四川姜學有、熊四智爲主要編寫人之一。此書是原商業部《中國烹飪辭典》編委會組織全國烹飪界有關專家學者和飲食部門許多專業工作者參與編撰的，1982年籌備，1984年著手編纂，1988年成稿，1992年3月由中國商業出版社出版，以後又多次重印。此書是中國大陸有史以來第一部烹飪專業權威性辭書。全書257.9萬字，收詞20690條，主要條目占13795條，插圖309幅。分綜合、烹飪原料、烹調技術、烹飪成品（古菜點、現代菜點）、烹飪用具（古烹飪用具、現代烹飪用具）、營養保健、烹飪文獻7大類。此外，附有飲食業中餐業務技術等級標準等10種法規條例。

【中國烹飪百科全書】

中國烹飪百科全書編委會編著。主任姜習，副主任蕭帆、林則普、楊東起、聶鳳喬。編委委員有四川的劉建成、張富儒、熊四智。綜論分支由熊四智任主編。四川參與撰稿的有熊四智、杜莉、李彪、馬素繁、蔣榮貴、李黎、王貽明等。此書由中國大百科全書出版社1992年4月出版，以後又多次重印。全書200萬字，28頁彩色插圖。分烹飪史、綜論、原料、工藝、菜餚、麵點小吃、食俗、營養衛生7個分支，按百科全書的學科、知識體系、層次立條目編著。是中國大陸有史以來第一部系統研究烹飪學的大型權威百科型的工具書。

【中國人的飲食奧秘】

熊四智著。河南人民出版社1992年7月出版，約21.6萬字。此書是河南社會科學院組織編著的《中國人的奧秘叢書》之一。出版社在介紹此書時說：「本書以中國傳統文化爲背景，對中國飲食烹飪文化進行了全面地挖掘和研究，揭示了中國人獨具特色的飲食奧秘，內容包括：飲食烹飪發展歷史；飲食觀念和飲食哲理；飲食中的情趣和超值享受；科學的選擇；飲食烹飪典籍、文獻；飲饌語言；食風食俗；烹飪、筵席藝術；烹飪的民族特色與技藝特色；歷代名廚師、美食家介紹；對中國飲食烹飪的評估。」此書1994年12月獲四川省民俗學會頒布的社會科學研究優秀成果一等獎。

【中國美食大典】

徐海榮主編。顧問：程思遠、伍修權、周穎南、姜習、于若木、李瑞芬、陸抑非。四川撰稿人有丁志培、劉學治、湯志信、張富儒、陳晉等人。由新加坡飲食文化學會會長周穎南、北京大學著名教授王利器作序。浙江大學出版社1992年10月出版，全書收錄：宮廷菜、官府菜、民間菜、素菜、清真菜、佛寺菜、滋補食療譜、小吃等五千餘條詞目，共210萬字。周穎南先生在此書的

《序一》中講：「這部蔚蔚壯觀的長卷，發掘了先秦至晚清三千餘年各代宮廷、官府珍饌，搜集了中華五十多個民族喜慶大宴、居家小酌的民間菜餚，旁及清真、佛寺、食療滋補等門類，對各種製作方法都詳加闡述，間有典故、軼事、趣聞。通覽全書即可窺見中華飲食文化之概貌，尋覓各種風格、流派的淵源和發展軌跡，具有一定的文獻價值和實用意義。」

【川菜烹飪】

馬素繁主編，趙偉琛副主編。四川省飲食服務技校編寫的二、三級烹調師培訓教材。四川科學技術出版社1993年2月出版，約23萬字。全書分緒論、烹飪原料知識、烹飪原料加工、烹飪技術、紅案統考菜品82例、川菜筵席知識、烹飪營養與衛生知識、飲食成本核算知識等8篇。

【川食奧秘】

熊四智（主筆）、杜莉、高海薇著。四川人民出版社1993年8月出版，約25.4萬字。出版社在介紹此書時說：「本書從多角度介紹了四川的飲食烹飪文化。食文化，酒文化，茶文化，川館川廚，川宴川筵，川食風俗，盡入書中。作者把多年研究四川飲食烹飪的成果，奉獻給海內外讀者。既教你品味川食、製作川食的方法，又在談古道今中讓你領略川食文化的無窮奧秘。有經營頭腦的讀者，還能從中得到啟示，用四川飲食烹飪文化的新眼光去認識市場，開拓市場，從而獲得豐厚的利潤。」全書分15個部分，每部分由10個專題文章組成，共150篇。

【中國飲食詩文大典】

熊四智主編，杜莉、秦伏男副主編。青島出版社1995年1月出版，約120萬字。此書是中國大陸「八五」重點圖書《中華飲食文庫》之一種。此書收錄了先秦至清代有關飲食烹飪的各種詩與文賦共一千八百餘篇，並加以提示和注釋。飲食詩文是中國飲食文化中獨有特色的一個組成部分。這部大典既可以讓人們從中欣賞到古代中國文學大師們的美文，又可以從一個獨特角度瞭解中國飲食文化發展的脈搏。書中有不少反映四川古代飲食烹飪地方風味特色及巴蜀食風食俗的詩章，可以幫助人們瞭解四川飲食烹飪歷史的發展。

【家鄉味】

羅淑娟編。臺灣新風文化事業公司1981年出版。作者收錄了臺灣報紙上發表的大陸去台人員回憶家鄉飲食的短文519篇，分菜餚類、飯點類、零食類入書。書中對成都泡洋薑、雙流大罐泡菜、成都泡豇豆炒菌子、川西茶菌子、成都激胡豆、忠州黴豆腐、綦江血豆腐、宜賓魚香茄子、重慶煎素火腿、萬縣鳳凰蛋、四川罈子肉、宜賓夾沙肉、成都涼肉、川東羊肉扣碗、成都豆花、嘉定泥鰍豆花、重慶炒米糖開水、雙流珍珠粑、北川涼粉、雲陽薑花、成都油炸蚱蜢、川東米花與糍粑皮等23種有濃郁鄉情鄉味的食品作了介紹。

二、菜譜

【四川泡菜】

成都市東城區飲食中心店編。輕工業出版社1959年出版。全書3.1萬字。系統介紹了泡菜的加工方法、製作經驗及管理技術，並詳細敘述了34種泡菜的泡製法，其中泡魚辣椒法為其他書所罕見。該書根據成都市朵頤食堂著名的「溫泡菜」溫興發口述記錄整理，經周茂林、邱載光、陳青雲、沈方元、李爕雲等師傅修改補充，因而此書有關泡菜製作的論述具有一定的權威性。

【重慶名菜譜】

重慶市飲食服務公司編寫。重慶人民出版社1960年6月出版。此書收入了頤之時菜

式36個，重慶飯店菜式21個，民族路餐廳菜式22個，實驗餐廳菜式19個，粵香村菜式5個，老四川菜式5個，小竹林菜式8個，重慶著名小吃34個，共150個品種。

【 素食菜譜 】

重慶市市中區蔬菜食品中心商店編。重慶人民出版社1960年1月出版。書中介紹了300種素菜的烹製方法，按涼菜、蒸菜、溜菜、炒菜、燒菜、釀菜、油炸、燴菜、湯菜等類分別加以敘述。

【 中國名菜譜（第七輯）】

商業部飲食服務局編。輕工業出版社1960年1月出版。此書為川菜專輯，介紹了川味名菜117種，名小吃32種；此外，還介紹了四川民間傳統的筵席「土八碗」、「九大碗」部分菜式。書中所列菜餚，是根據成都餐廳名廚謝海泉、張守勛、孔道生，張松雲、曾國華、賴世華、毛齊成，玉龍餐廳名廚蔣伯春、華興昌、李德明、劉文定，芙蓉餐廳廚師陳志興、白松雲，竟成園餐廳名廚湯永清、劉讀雲、龍元章、林萬祐，群力食堂名廚陳紹書、李少塋，海堂春廚師馮德興，杏花村廚師劉文俊，食時飯店廚師張榮興，頤之時餐廳名廚周海秋、江淅澄和點心師唐治榮，民族路餐廳名廚廖青亭、巫雲程，粵香村名廚陳青雲，蓉村飯店廚師張德榮，以及北京四川飯店名廚的烹製經驗整理的。書中對所列名小吃的來歷也多有介紹。

【 大眾川菜 】

劉建成、楊鏡吾、胡廉泉編寫。四川人民出版社1979年出版。後出修訂版時，改由四川科學技術出版社出版，作者除劉建成、楊鏡吾、胡廉泉外，增加了舒孝鈞。此書榮獲1984－1985年西北、西南地區優秀科技圖書一等獎；1987年全國優秀暢銷書獎；1988年第二屆四川省優秀科普作品榮譽獎；1993年被評為四川省十大暢銷書之一。此書由怎樣做菜開篇，分肉食類（87種）、禽蛋魚類

（38種）、蔬菜類（50種），介紹了原料價廉易買、烹調技術不太複雜、對炊具沒有特殊要求、適於一般家庭小炒小燒的菜餚，實用性強，很受群眾歡迎。

【 四川菜點選編 】

上海錦江飯店編，青元誠、陳長標編寫。上海科學技術出版社1979年11月出版。書前有「四川菜的基本特點和主要烹調方法簡介」；菜譜分冷盤、海味、山珍野味、海河鮮、家禽、家畜、植物（包括蔬、筍、菌及豆腐等）、雜菜和甜菜、點心、花色點心等十大類，計收冷盤16款、熱菜290款、甜菜及點心51款。書後附「四川菜譜、吊濃湯及頭湯的規格」。本書所選菜點，不少為四川傳統名菜，其中也有不少為結合當地物產，為適應當地人的飲食習慣而創制的新款菜式。本書對於瞭解「海派川菜」的一些情況以及川菜如何適應不同需要而變革，均有一定的參考作用。

【 四川泡菜 】

黃家明編。四川人民出版社1980年出版。全書5.5萬字。分泡菜的基礎知識、泡菜的主要原料、泡菜的製作三個部分。書中介紹了50種泡菜的泡製方法，可供集體食堂和居家中饋者參考。

【 川味小吃 】

四川人民出版社編。四川人民出版社1981年出版。全書14萬字，分基本知識、成都小吃、溫江小吃、樂山小吃、內江小吃、重慶小吃、涪陵小吃、達縣小吃、江津小吃、南充小吃、綿陽小吃等篇，收入190個川味小吃品種。

【 中國菜譜（四川）】

中國財經出版社1981年1月出版。據「編寫說明」：「本輯是由四川省飲食行業部分廚師和專業幹部共同整理編寫的。」全書18萬字。分肉菜類、水產菜類、禽蛋菜

類、野味菜類、甜菜類、素菜類和其他菜類等7個部分，收錄了227個品種。

【中國名菜集錦（四川Ⅰ/Ⅱ）】

四川省蔬菜飲食服務公司與日本主婦之友社合作編輯的大型豪華菜譜。全套書為九卷本。其中，四川兩卷，北京三卷，上海兩卷，廣東兩卷。1981年2月在東京出版發行日文版，1984年在東京出版發行中文版。後又發行英文版。此書收入了成都名店榮樂園、芙蓉餐廳、成都餐廳、竟成園、少城小餐、帶江草堂、陳麻婆豆腐店、天府酒家，重慶名店會仙樓、小洞天、頤之時、老四川、上清寺餐廳、蓉村、泉外樓，以及樂山玉東餐廳、灌縣（今都江堰市）幸福餐廳的名菜名點和成渝兩地著名的風味小吃共241個。各色菜點均有彩色精印照片，並配以知識豐富、生動有趣的解說。編輯此書的中方協助單位有成都市飲食公司、重慶市飲食服務公司、四川省飲食服務技工學校、樂山市飲食服務公司、灌縣（今都江堰市）飲食服務公司、重慶市渝中區飲食服務公司、重慶市北碚區飲食服務公司。

【家庭川菜】

羅長松編寫。四川科學技術出版社1985年4月出版，1995年8月第15次印刷，約23.8萬字。出版社介紹說：「本書不同於《大眾川菜》，別具特色，是由烹調常識問答、家宴席桌和菜譜二大部分組成。你若要舉辦家宴，可從書中獲得適於春、夏、秋、冬不同季節的16個川菜風味的席桌。菜譜共選210多個菜……幾乎每個菜都附有很有特色的附注，告訴你一個菜變換原料的多種作法，由此可作出好幾百個菜來。」

【炊事良友】

宋偉濤編著。四川科學技術出版社1985年12月出版，以後又多次印刷，約15.1萬字。本書是為社會單位培訓食堂炊事人員的川菜培訓課本，重點介紹了川菜的調味知識、刀工知識、行業技術用語及各種冷熱菜的調味方法，並列舉了一些典型的菜式。針對食堂炊事人員的需要，書中還特別列舉了若干會議伙食菜單與節假日會餐菜單，以供工作參考。

【四川名小吃（Ⅰ）】

熊四智著。四川科學技術出版社1986年4月出版，約7.8萬字。全書以散文筆調，介紹了以重慶為主兼及川東的一些地方風味小吃，共收入39篇文章。每篇文章著力敘述了某種小吃或某一類小吃的歷史沿革、風味特色及圍繞在其品種有過的趣事軼聞。如「絲狀的發糕」、「奇特的鮮肉」、「古老的棗糕」、「熨斗糕與熨斗」、「吃擔擔麵的樂趣」、「土家族的綠豆麵」、「從春盤春餅到春捲」等篇，讀來讓人耳目一新，感受四川小吃的文化意蘊。

【中國小吃（四川風味）】

四川省蔬菜飲食服務公司組織編寫，由蔣榮貴、張嘉珍、李新等執筆，成都、重慶及其它部分市、地、縣飲食服務公司為此書提供了素材。中國財政經濟出版社1987年出版，10.4萬字。《中國小吃》為系列叢書，由十餘個省市按地方風味分輯編寫，目的是使各地歷史悠久、製作精細、地方風味濃厚的傳統風味小吃品種能夠得到繼承和發揚，並適應飲食業廚師學習交流操作技術，提高製作技藝水準的需要。此書共收入四川有代表性的小吃品種108個。書中對一些名小吃的來歷也多有介紹。

【家宴菜（巴蜀篇）】

熊四智編著。山東科學技術出版社1987年9月出版，約6萬字。此書為家宴菜的一篇，另外有齊魯篇、嶺南篇、蘇揚篇。巴蜀篇按冷菜、熱菜、甜菜、湯菜分類，選用了100種四川菜餚入書。書中還介紹了川菜家宴的知識、30種家宴菜單。

【北京飯店的四川菜】

程清祥主編，中國市場出版公司編輯的《北京飯店菜點叢書》之二。編寫者黃子雲、張志國。經濟日報出版社1987年12月出版。全書分上、下兩篇。上篇包括「百菜百味」的四川菜；北京飯店四川菜的繼承和發展；四川菜的烹調技術；烹調湯等四章。下篇為北京飯店四川菜名菜譜選，包括冷菜、海味菜、雞菜、鴨菜、魚菜、牛羊肉菜、豬肉菜、野味菜、豆腐菜、蔬菜菜、甜味菜和湯菜等十一章，計收冷菜70款、熱菜214款。書末附「四川菜名詞解釋」共4類54條。黃、張二人都是川菜名師，長期在北京飯店主廚，經驗豐富、技術精湛，對川菜的發揚和創新頗有建樹。本書即為二人積數十年經驗而成的一部力作。

【北京四川飯店菜譜】

陳松如編著。四川科學技術出版社1988年12月出版。書前有由北京四川飯店撰寫的序言，對四川飯店的基本情況以及在國內外的影響作了簡要的介紹，並且對編著者的工作、技術及對川菜的貢獻給予了全面的評價。菜譜部分分冷菜、豬牛羊、水產、禽蛋、蔬菜豆品、野味、甜菜、湯菜、小吃等九大類，計收冷菜60款、熱菜432款、小吃22款。所選菜品既有傳統名餚、又有相當數量的創新佳作。書後附「原料加工」20條、「宴會菜單」13張，菜單中的「全雞宴」、「全鴨宴」、「全魚宴」、「全蝦宴」、「全扇貝宴」等菜單為他書所鮮見，對川菜筵席的研究和發展有重要的借鑑作用。

【川菜筵席大全】

候漢初著。四川科學技術出版社1988年1月出版，以後又多次重印，約18.6萬字。出版社對此書的介紹說：「川菜的精華薈萃於川菜筵席之中。豐盛的川菜筵席獨具風格。本書分上下兩篇。上篇講述川菜筵席的歷史、特點、理論和服務知識；下篇介紹川菜筵席的組合原則和藝術；最後還附錄十四

類筵席席譜100張。上至國宴，下至農村田席，均有收集。」

【中國素菜（川味）】

崔澤海、冷雪、李世勛、解勵誠編寫。四川科學技術出版社1988年1月出版，1994年4月第3次印刷，約43.9萬字。此書分兩篇。第一篇為「健康長壽話素食」，第二篇為「菜譜」，收錄了佛教素菜、民間素菜兩類菜譜，共收菜餚六百餘種。

【川菜大師烹飪絕招】

宋偉濤整理。四川科學技術出版社1988年2月出版，以後又多次印刷，約27萬字。作者在「整理說明」中指出，「為了繼承和發揚傳統技藝，培訓新人，在有關單位和行業前輩的支持鼓勵下，我冒昧挖掘和整理了60年代學藝時收藏至今的油印烹飪資料。挖掘整理了棄世的特級大師張松雲生前托弟子——特級廚師王開發、二級廚師方昌源託我當時整理的滿漢全席菜譜。……藉以表達我對現已過世而在川菜事業上作過傑出貢獻的前輩的敬意。」書中收錄了山珍海味、禽畜肉、水產、蔬菜等類菜餚近400種，及滿漢全席菜單。

【家庭川菜】

劉建成、胡廉泉編著。中國商業出版社1988年6月出版，約14.9萬字。本書介紹了製作川菜的加工、調味等有關知識後，以肉食（50種）、禽蛋（39種）、水產（43種）、蔬菜（32種）、素菜（27種）、甜菜（16種）、湯菜（28種）分類，介紹了可在家庭進行烹飪製作的菜餚共235種。書末附有與川菜製作有關的技術詞語解釋及目測油溫的感官方法。

【川味火鍋】

吳萬里、張正雄編著。四川科學技術出版社1988年7月出版，約6.7萬字。此書對川味火鍋的特點、起源和發展，及川味火鍋的

工具、灶具、調味品、食油、滷汁製作與保管、原料選擇與分類、加工、燙涮與忌諱作了介紹，並對有關川味火鍋的趣聞也作了些介紹。書中附有北京涮羊肉、酸菜白肉火鍋、什錦火鍋、生片火鍋、菊花鍋的介紹。

【川菜大全叢書】

張富儒主編。重慶出版社出版。已出版兩輯。第一輯爲家庭川菜專輯，1988年出版，共8種：《家庭筵席》、《四川家常菜》、《家庭冷菜》、《家庭素食》、《家庭小吃》、《家庭藥膳》、《火鍋》、《家庭泡菜》。第一輯榮獲1989年在上海舉行的全國第三屆圖書「金鑰匙」三等獎。第二輯1990年出版，共6種：《川菜雜談》、《菜餚創新之路》、《川菜烹調訣竅》、《仿葷素食》、《美味魚菜》、《家庭快餐》。此後，又於1993年推出了《四川豆腐菜》、《家居風味美食》、《海鮮川菜》、《家庭湯菜》等幾種。其中第一輯和第二輯的各種書已數次印刷再版。

1.《家庭筵席》

鄧開榮、陳俞編寫。《川菜大全叢書》之一種。重慶出版社1988年4月出版。1991年3月第4次印刷，約8.6萬字。重慶出版社介紹此書時說：「這是一本關於家庭宴請知識的普及讀物。本書講解家庭筵席的組合原則、籌備細節以及家庭宴會的禮儀知識；詳細介紹中國春節、端午、中秋等傳統節日的民俗食風及舉筵方法；介紹了生日祝壽、結婚喜慶、接風送別等傳統習俗的宴請方式；對於廣大讀者日常運用最多的豆花便筵、家常便筵、小吃便筵與應急便筵都有介紹。隨著中外文化交流，中國大陸興起新的家筵形式，如自助餐、雞尾酒會、中餐西吃等也作了介紹。本書列有各種類型家筵的菜單，可供讀者選用。」

2.《火鍋》

陳俞、李克家編寫。《川菜大全叢書》之一種。重慶出版社1988年4月出版，1994年3月第6次印刷，約4.9萬字。重慶出版社

介紹此書時說：「四川盛行火鍋，尤以『麻辣燙鮮』的紅湯火鍋最有特色，也有清淡味鮮、無辣椒的清湯火鍋，還有兩者並蒂的鴛鴦火鍋。全書重點介紹上述火鍋的家庭製作技術與使用方法；爲擴大視野，還旁及異域外地的各種火鍋，旁徵博引，涉獵火鍋的淵源、沿革及趣聞軼事。這是一本融實用性、知識性、趣味性於一爐的烹飪普及讀物，適合於廣大烹飪愛好者閱讀，對烹飪工作者也有參考價值。」

3.《家庭冷菜》

鄭顯芳編寫。《川菜大全叢書》之一種。重慶出版社1988年4月出版，約15萬字。重慶出版社介紹此書時說：「本書按季節詳細講述家庭冷菜的製作方法，對千姿百態的冷菜裝盤技術也作了介紹。色彩瑰麗、生動逼真的彩盤能增添家宴的隆重氣氛，本書由淺入深介紹了家庭彩盤的簡易製作方法。由冷菜組合成的家庭冷餐會是方興未艾的家宴形式，本書介紹了冷餐會的籌備及舉宴方式，並列了冷餐會菜單，以供選用。」此書收錄了188種冷菜、5個彩盤、8種冷餐會菜單。

4.《家庭素食》

李昌林、張爕明編寫。《川菜大全叢書》之一種。重慶出版社1988年4月出版，約7.8萬字。重慶出版社介紹此書時說：「本書選編116款四川風味素食。這些菜品用料廣泛，味型多樣，色彩鮮豔，選型美觀，便於家庭製作。每個菜品介紹了風格特點、原料選擇、烹製方法與操作要領；並按四季分類，便於讀者選用時鮮原料烹製時令菜餚。」

5.《家庭泡菜》

張爕明編寫。《川菜大全叢書》之一種。重慶出版社1988年4月出版，約6.3萬字。重慶出版社介紹此書時說：「四川泡菜以新繁泡菜最爲著名。本書以四川新繁泡菜技術爲主，結合四川其他地區的泡菜經驗，介紹家庭製作泡菜的方法。全書以春夏秋冬時序，介紹應時菜蔬瓜果的特性、營養價

值、藥用功能、泡製技術及食用方法。」

6.《家庭小吃》

李代全、周建華編寫。《川菜大全叢書》之一種。重慶出版社1988年5月出版，約10萬字。重慶出版社介紹此書時說：「本書介紹的品種是以成都、重慶的小吃為主，博採四川各地有特色的小吃。其中不少品種，介紹的是名特小吃的用料配方與製作方法。入選本書的品種都具有取材容易、製作簡便的特點。本書彙集148個小吃品種，包括麵條、包子、餃子、糕、糰、餅、飯、泥和凍各類小吃，詳細介紹其特色、用料、製作方法及要領；此外，還介紹了常用麵糰及調製等基礎知識。」

7.《四川家常菜》

蘇樹生編寫。《川菜大全叢書》之一種。重慶出版社1988年6月出版，約12.3萬字。重慶出版社介紹此書時說：「本書選編160款以葷料熱烹為主的四川家常菜。這些菜品，有的具有濃郁的民間風味，有的是經久不衰的傳統美饌，有的為近來別開生面的創新菜，有的菜品技術難度較大，經編者改進製作方法後也較易掌握。入選的菜品都具有美味可口、經濟實惠、取材方便、適合於家庭製作的特點。每個菜品，介紹了風格特點、原料選擇、烹製方法與操作要點；並按四季分類，便於讀者選用。」

8.《家庭藥膳》

邢用斌編寫。《川菜大全叢書》之一種。重慶出版社1988年6月出版，約10.8萬字。重慶出版社介紹此書時說：「本書精選139款製作簡便、美味可口並有一定療效的藥膳，對其配方、製作及保健治療功能都作了詳細介紹。藥膳按四季分類，便於讀者按時令季節選用。另外編制了兩個索引，讀者可根據中老年人、婦女、青少年、肥胖人、特殊職業者等各類人員的需要查找保健藥膳，或根據內、外、婦、兒、五官、皮膚諸科的病症查找治療藥膳。為適應讀者需要，本書編選了很多美容麗膚、消瘦減肥、滋陰補腎的藥膳。藥膳所用之料，都編寫了有關

的掌故趣聞、名人軼事，讀者可得到不少有趣的藥物知識與文史知識。」

9.《家庭快餐》

陳小林、吳洛加編寫。《川菜大全叢書》之一種。重慶出版社1990年8月出版，約11.7萬字。重慶出版社介紹此書時說：「本書介紹家庭快餐配餐原則、籌備工作及烹製方法，為讀者提供1至5人用的65套快餐範例，詳述每道菜餚的烹製技巧，並列出烹製程序與時間表。除了傳統的川味中式快餐外，書中還安排了15套川味西式快餐，其原輔材料容易購置，並適合中國飲食習慣與口味，仍保持西餐風味特色。另外，還介紹了海外快餐發展的盛況及五花八門的快餐。是一本實用性與知識性兼顧的讀物，適合廣大烹飪愛好者閱讀，也可供快餐工作者參考。」

10.《美味魚菜》

劉大東編寫。《川菜大全叢書》之一種。重慶出版社1990年8月出版，1994年3月已第三次印刷，約12.5萬字。重慶出版社介紹此書時說：「四川魚餚種類繁多，款式新異，味型多樣。本書不僅介紹用四川常見的鯉、鰱、草、鯽、烏、鯰、鱔、鰍、鰻、鱉烹製的魚菜，還介紹了江團、雅魚、岩鯉、水密子、黃臘丁、石爬魚為主料的名貴魚餚。菜餚形態除整條裝盤外，尚有丁、條、絲、顆、塊及泥、茸、圓、糕等；除一般家居常用菜餚外，尚有筵宴用的工藝菜餚。全書彙集一百五十餘款魚菜，按魚種分類，詳述魚類特點、菜餚原輔材料及烹製技巧，此外還介紹了魚類知識及魚餚烹飪常識。」

11.《仿葷素食》

曾亞光、謝榮祥、陳夏輝、閻文俊合編。《川菜大全叢書》之一種。重慶出版社1990年8月出版，1994年3月第三次印刷。重慶出版社介紹此書時說：「當今，世界盛行素食，以降低膽固醇攝入。素食用料廣泛，營養豐富，色香味俱佳，形態各異。素食同樣能仿照雞、鴨、魚、蝦、肉、蛋乃至海參、魚翅形態成菜，成品酷俏葷菜，幾乎亂

真，且質感、味道也與葷菜類似。本書介紹怎樣用稻麥豆菽和蔬菜果品等素料仿製葷菜坯料及烹製成仿葷素食的技巧。書中收集180款仿葷素食，這些仿葷菜餚涉及葷菜各個領域，是四川餐館及宮觀寺院烹飪的結晶，具有濃郁的地方風味與精湛的技藝。本書還編制了仿葷素食的筵席菜單，供讀者選用。」

12.《家庭湯菜》

鄧開榮編寫。《川菜大全叢書》之一。重慶出版社1993年12月出版，約10.6萬字。重慶出版社介紹此書時說：「人們說『寧可食無菜，不可食無湯』，可見羹湯在家庭餐桌上有其獨尊的地位。本書薈萃一百七十餘款家庭易於製作的川味羹湯，花色繁多，有煮、燉、蒸、砂鍋、汽鍋、涮鍋等類；取材豐富，雞鴨魚肉、時蔬鮮果，無所不包；味型紛呈，鹹、酸、甜、辣一應俱全。此外，本書還介紹了湯菜常識與製作訣竅，俾使家庭餐桌上的湯菜別有韻味，昇華至更高境界。」

13.《海鮮川菜》

史正良、蘇樹生、湯張、汪杰編寫。《川菜大全叢書》之一。重慶出版社1993年12月出版，約12.8萬字。重慶出版社介紹此書時說：「本書收編的海鮮川菜是傳統與創新品種的合璧，取材廣泛，參、鮑、翅、肚等傳統原料無所不包；蝦、蟹、蠣、螺、蜊、蟶等生猛海鮮一應俱全。經川味烹製，口感豐富，異彩紛呈，獨闢蹊徑，昇華爲另一境界。全書彙集200款菜餚，按品種分類，講述各種原料的特點與加工方法，分述每款菜餚的烹製技巧。」

14.《家居風味美食》

吳洛加、陳小林編寫。《川菜大全叢書》之一。重慶出版社1993年12月出版，約9.6萬字。重慶出版社介紹此書時說：「本書旨在拾遺補缺，專注收集散落於民間的醃臘醬製小菜，爲家庭不可或缺的美味。全書彙集用鹽漬、蜜製、糟醉、曝曬、浸泡、脯臘、釀造、燻製等技法製作的各類風味食品，計200款，花色繁多，葷素兼備，風味各異，製作簡便。讀者一書在手，依法炮製，四季飄香。」

15.《四川豆腐菜》

羅松柏、史正良、張湯、王益甫編寫。《川菜大全叢書》之一。重慶出版社1993年12月出版，約9.9萬字。重慶出版社介紹此書時說：「豆腐，因其價廉物美、營養豐富又不含膽固醇而受人們青睞，四川素以善烹豆腐菜著稱，麻辣燙鮮嫩的麻婆豆腐早已膾炙人口。本書介紹以川菜技法烹製的豆腐菜，主料包括豆腐、豆花、豆乾、豆筋、豆皮、千張，技法用蒙穆釀貼卷、煎炒蒸熘炸，成品形態各異，百味紛呈，每款菜餚都散發出濃郁的地方味，大部分菜餚家庭易於製作。」全書共收錄了180種豆腐及豆製品菜餚。

【中英日文對照川菜集錦】

四川烹飪專科學校編。第一集中文作者龍青蓉，英譯者馮全新，日譯者李雲雲。第二集中文作者成蜀良，英譯者成蜀良，日譯者李雲雲。四川科學技術出版社1989年3月出版，每集約16.5萬字。第一集選編了61種常見的川味菜式，第二集選編了60種川菜，皆以中、英、日三種文字對照排列，便於海外人士學習川菜烹調技術使用。

【四川菜系】

宋偉濤、繼舸編著。四川科學技術出版社1989年3月出版，以後又多次印刷，約33萬字。據「編著者的話」介紹，此書是在《炊事良友》一書的基礎上充實、修訂而成的。「本書對《炊事良友》的第三部分進行了補充，對第六部分作了刪改；第四、第八、第十部分是新編著收入的。」全書分調味、刀工技術、乾料漲發加工、涼菜、熱菜、蒸菜、蔬菜與素菜、俏葷菜、會議伙食與節日會餐、筵席10個部分，並附有部分行業用語解釋。

【創新川菜】

　　四川省烹飪協會、《四川烹飪》編輯部共同編撰。四川科學技術出版社1989年9月出版，約16萬字，153幅菜餚彩色圖片。全書收錄了1988年2月在成都玉沙賓館舉行的四川省第一屆烹飪技術比賽中有別於傳統菜品的、有新意的創新川菜150多個，其中有85個熱菜、54個冷菜、14個麵點作品。這些菜點展示當時四川菜點創新的技藝水準。

【大千風味菜餚】

　　楊國欽編著。四川科學技術出版社1989年12月出版，約5.2萬字。編著者在《四川烹飪》雜誌編輯、張大千親屬提供資料，內江市烹飪協會有關人士研討和製作大千菜的基礎上，寫成此書。本書收錄了25種大千菜餚，並一一說明來源、出處、影響。書中還以8個題目分別介紹大千烹飪軼事趣聞，對瞭解張大千在海外生活情況大有裨益。

【菜點集錦】

　　黃子雲、黃楚雲、張老頭編著。四川科學技術出版社1990年4月出版，約46.6萬字。作者在前言中指出，「本書是我們從事烹調事業幾十年實踐經驗的總結，內容包括冷菜、熱菜、麵食點心等，詳細地介紹了這些菜餚的原料選擇、配料的用量、操作過程、風味特點及操作中應注意的事項，並對乾貨的泡發方法、原料的初步加工、煮湯以及點心皮、點心餡的製作方法也作了簡要介紹（還收入部分北京飯店製作的廣東點心）。」此書分菜、點兩大部分。菜收錄四百餘種，點心收錄一百五十餘種。

【家庭保健食療菜譜】

　　謝永新、彭鵬、杜杰慧編著。北京學苑出版社1990年6月出版，約14.8萬字。介紹了209個菜品。菜品由肉類菜、海味菜、山珍菜、炸菜、湯菜、甜菜、冷菜、糕點、小吃和藥粥組成。每個菜品原料皆說明用量標準，講明功用，對症選用。菜品的烹製方法先後次序清楚，還有方義說明和注意事項，以便於讀者對症取藥物和食物做菜。

【成都錦江賓館菜譜】

　　張德善編著。四川科學技術出版社出版的《川菜名師佳餚叢書》之一，1990年7月出版，以後又再次印刷，約22萬字。此書收錄的菜餚，均為張德善生平之力作，共有冷菜38種，海味菜26種，鴨類菜17種，雞類菜29種，魚類菜24種，蝦類菜14種，豬肉菜36種，牛羊兔類菜20種，野味類菜18種，豆腐菜15種，蔬菜類29種，甜菜25種。書中對川菜的調味、製糝、製湯還作了詳細的介紹，注入了作者一生的事廚經驗與心得體會，對中青年事廚者極有教益。

【正宗川菜】

　　熊四智、李曉榮編著。中國旅遊出版社1990年10月出版，約20.5萬字。該書從旅遊角度全面介紹了川菜的歷史、演變、發展及200種川味菜點的烹調與品享。共五篇。第一篇為製作和品享正宗川菜前應瞭解的知識；第二篇收錄了100種正宗川味筵席菜；第三篇與第四篇收錄了便餐菜、家常菜、三蒸九扣、風味小吃共100種；第五篇則從歷史、現狀、海內外各個方面專題介紹了陳麻婆豆腐的正宗與非正宗情況。

【川菜精華圖集】

　　共兩集。第一集周生俊攝影，侯漢初、楊勇、蔣榮貴、鄧繼英撰文，林紅、林家修英譯。第二集周生俊、閔未儒等攝影，彭鵬、蔣榮貴、鄧繼英、王開發等撰文。四川科學技術出版社1990年12月出版第一集，1994年8月出版第二集。兩書收錄了201種傳統川菜與創新川菜，以圖片為主，同時用中、英兩種文字解說，具有一定觀賞價值。

【中國名菜譜（四川風味）】

　　四川省蔬菜飲食服務公司編寫。中國財政經濟出版社1991年2月出版，約23萬字。

此書是商業部飲食服務管理司、中國烹飪協會、中國財政經濟出版社聯合組織編寫的《中國名菜譜》系列書中的一種。由蔣榮貴、李新、張正雄等執筆編寫，陸俊良、胡廉泉、蔣榮貴總纂。書中收錄了川菜菜式265個，其中有山珍海味菜33個、肉菜64個、禽蛋菜69個、水產菜46個、植物菜37個、其他菜16個。

【正宗川菜160種】

陳松如編著。金盾出版社1991年12月出版，1995年8月第10次印刷，約9.3萬字。出版社介紹說：「本書由中國著名川菜烹飪大師陳松如編著。書中介紹了川菜的歷史發展和特色，具體介紹了160種正宗川菜、小吃的製作方法。全書內容豐富，文字簡潔，通俗易懂，每一例都附有精美彩照，是烹飪正宗川菜的權威性讀物。」

【創新川菜（第二集）】

《四川烹飪》編輯部編。北京師範大學出版社1992年2月出版，約13萬字，154幅菜餚彩色圖片。此書所收錄的154個創新菜點，是由《四川烹飪》雜誌向讀者徵集作品，並從各地應徵作品中挑選出來的。提供創新之作的讀者，多為中青年廚師。入選的菜點，反映了四川廚師在繼承發揚傳統的基礎上開拓創新的精神風貌。

【節日川菜】

李昌林、彭鵬、蔣榮貴、鄧繼英編。四川科學技術出版社1992年6月出版。為《節日禮品叢書》中的一種。書前有編者撰寫的前言，簡述了四川節日筵宴的歷史、編寫本書的目的以及操辦筵席應注意的一些問題。菜譜前開有節日菜單24張，提供讀者參考。菜譜由冷菜、熱菜、小吃三部分組成，計收冷菜122款、熱菜167款、小吃43款。書末附「烹飪名詞術語解釋」75條。本書所選者，多為四川常用的風味菜點，取材方便，製作簡易，適合家庭節假日操辦筵席之用。

【川味素菜】

《川味素菜》編寫組編。四川科學技術出版社1992年6月出版，1993年6月第2次印刷，約14萬字。此書是編寫組從《中國素菜·川味篇》一書中精選擇要編成的。此書收錄佛教寺廟素菜94種，民間素菜26種及劍門豆腐7種，長寧竹筍3種，並對佛教寺廟素香腸、素火腿等13種以素托葷的原料製作法作了介紹。

【家庭烹飪顧問】

鄧開榮、張韻編著。四川科學技術出版社1992年12月出版，1994年2月第2次印刷，約22萬字。出版社介紹說：此書「是一本川菜菜譜與烹飪知識相結合的家庭烹飪書。全書提供200例家庭常用川菜菜譜，詳述各種菜餚的原料加工、製作方法及烹調訣竅；此外，還介紹了部分原料的選購、一種原料製作多款菜餚的技巧以及家庭筵席常識。本書內容豐富，涵蓋家庭廚房所應掌握的實用知識，是家庭生活必備的烹調小百科。」

【風味甜食】

楊國欽主編，魏和襲、茅月湘、曾利芳編著。四川科學技術出版社1993年1月出版，約8萬字。本書收錄了四川有「甜城」美譽的內江市風味甜食67個，按甜菜（20個）、甜小吃（20個）、甜點心（19個）、甜羹湯（8個）4類品種入書，並附有甜小吃席、甜席菜單。

【峨眉山佛教長壽養生膳食】

石加鳳、湯一凡編著。科學技術文獻出版社1993年2月出版，約10.5萬字。出版社對此書的內容介紹說：「本書是峨眉山佛教僧人的一套獨特的素膳食譜。」「食譜以植物性原料為主體，烹飪方法有煎、煮、烹、炸、烤、蒸、漬、醃、拌等，經精工製作，人體所需的蛋白質、脂肪、大量的微量元素保存完好。獨特之處是，植物性原料亦能作出雞、鴨、魚、肉所具有的色香味形，不但

可讓人一飽口福，而且幾乎以假亂真。」全書分三部分，共收錄菜餚154個，並介紹了每一個菜餚的營養成分。

【川味冷菜】

黃虞編著。四川科學技術出版社1993年3月出版，1994年2月第2次印刷，約5萬字。此書收錄了工藝看盤8個、雞鴨肉類菜22個、魚蝦類菜10個、牛肉類菜5個、兔肉類菜5個、豬肉類菜18個、蔬菜類菜27個。

【成都風味小吃】

劉學治編著。四川辭書出版社1993年4月出版，約18萬字。本書以成都市人民政府命名的「成都名小吃」、「成都名火鍋」、「成都優質小吃」和風味突出、較有影響的傳統小吃品種為基礎，從中精選出118個予以介紹。

【新編家庭川菜】

呂懋國、龍青蓉編著。四川人民出版社1993年8月出版，1995年3月第2次印刷，約18.4萬字。出版社介紹此書內容說：「本書內容豐富、新穎，共有菜例二百多種，其中水產菜例八十餘種，家畜、家禽類菜例六十餘種，蔬菜類菜例七十餘種，包括冒菜、火鍋雞、啤酒鴨、酸菜火鍋魚等現時四川流行的特殊菜品，是一本難得的好書。」

【成都小吃】

成都市烹飪協會、《四川烹飪》編輯部合編。電子科技大學出版社1993年8月出版，約3萬字。本書收錄了129種成都小吃，主要由成都著名的龍抄手餐廳、成都小吃部、蜀風園餐廳、耗子洞鴨店二部、鍾水餃店、珍珠圓子店、陳麻婆豆腐餐廳製作，羅續沅攝影，彭子瑜撰文解說。

【成都風味小吃】

陳代富、葉永豐編著。金盾出版社1993年12月出版，約4.5萬字。出版社介紹說：「本書由成都市名小吃店經理、特一級麵點師陳代富和葉永豐先生合作編寫。書中簡要敘述了成都風味小吃的發展歷史及其主要特點，具體介紹了4大類135種成都風味小吃的用料、製法和特點，還介紹了某些小吃的由來及趣聞。」書中介紹的小吃，適宜讀者依譜製作。

【中國家宴菜】

張廉明、李秀松、熊四智、邱龐同編著，張友民、曹務堂、張法科英譯。山東科學技術出版社1993年出版。英文版。書中分別介紹了山東、廣東、四川、江蘇各地方菜系的家宴菜歷史演變、家宴菜的安排與製作，家宴菜的菜單等知識。

【實用拼盤158】

陳清華等著。成都科技大學出版社1994年5月出版，約4萬字。本書收錄了以禽獸蟲魚、花果草木、山水器物三方面內容的新創作冷拼158種，具有較好的創意與美觀實用價值。

【新潮川菜】

王開發著。四川科學技術出版社1994年6月出版，約14萬字。作者在前言中指出，「新潮川菜，就是改革浪潮中產生的一種新型川菜。它繼承了傳統川菜的特點，大膽引進國外和國內流行的新型烹飪原料，推出富於營養而又具備川菜特色的川味新菜，同時也吸收目前社會流行的好的川菜菜品進行整理和推廣，對傳統川菜中的個別菜品進行改良，加強川菜的特點和造型。因此，本書菜品是具有川味海鮮、川味西餐、流行川菜、改良川菜等內容的具有創新意識的新潮川菜。」此書收錄了150種新潮川菜品種，並有30例筵席菜單。

【中國川菜大觀】

史正良、張富儒、王旭東編著。四川科學技術出版社1994年8月出版，約75萬字。

本書在具有前言性質的「寫在前面」中就關於菜譜和菜譜文學、關於烹飪的含義、屬性問題、關於川菜的特點問題、關於川菜菜式的結構問題表述了作者的見解。書中收錄了中盤冷菜100款、海鮮燕菜102款、禽蛋類菜146款、淡水魚龜鱉類菜102款、畜獸蟲類菜126款、蔬菽花果菌筍類菜124款、豆腐魔芋類菜88款、火鍋泡菜類菜43款、寺廟菜92款、滋補食療類菜82款。

【中國養生美容家庭菜譜500】

彭鵬編者。成都出版社1994年9月出版。全書共22萬字，收錄575個菜品。其中，養生防病美容菜譜收集了雞鴨類、魚蝦類、蛋品類、肉品類、山珍海味類、甜菜類、蔬菜類的品種。養生治病菜譜收集了中老年養生和治療36種疾病的食療菜譜；婦女養生和治療18種疾病的食療菜譜；小兒養生治療9種疾病的食療菜譜。此書每種菜品的烹製方法和治病的功用講得明白，操作有先後次序，易於學習掌握。

【四川火鍋】

李樂清編著。金盾出版社1994年11月出版，約7.7萬字。此書收錄了64種四川常見的火鍋品種，並對四川火鍋的起源、特點及影響等有關知識作了介紹。

【大眾藥膳煲】

彭銘泉編著。四川科學技術出版社1995年1月出版，約14萬字。書中收錄春（20種）、夏（20種）、秋（21種）、冬（20種）、四季皆宜藥膳煲（20種）供讀者選用。書中還對製作藥膳煲的藥物、食物作了較詳細的介紹。

【新派川菜】

陳清華、陳清友編寫。重慶出版社1995年10月出版，約14.7萬字。出版社介紹說：「本書彙集三百餘款新派川菜。這些菜餚是南下廣東的川廚們創作的，在實踐中受到廣泛好評。本書收集的新派川菜，是在原料、調料、技法等方面吸納了兄弟菜系或西餐的精華，並結合傳統川菜的技藝創作的，菜品發揚了川菜特色，拓寬了川菜的路子，以嶄新的面貌呈獻給讀者。本書適合廣大烹飪工作者及愛好者閱讀。」

【川菜新作】

成都市飲食公司編。四川人民出版社1995年10月出版，約10萬字。全書收錄了近年來在川菜創新改良上取得較突出成績的成都中青年廚師的新作152款，由彭子瑜撰文解說。選入本書的菜餚創作者，有全國第三屆烹飪大賽評委與參賽獲金牌、銀牌、銅牌的廚師。

【四川菜譜集】

陳建民、黃昌泉監修。日本凸版印刷株式會社印刷，株式會社柴田書店發行，昭和56年（西元1981年）1月印刷發行。日文版。按馬晉三為此書寫的序所言，「1952年秋，陳建民先生偕黃昌泉君來日，傳四川菜餚之精藝，肇飲饌文化之交流，川菜之道大行於東土，至今公私宴集非川菜不能盡歡，家庭會食無蜀味難云滿足。川風蜀雨似已遍及城鄉矣。兩君歷年授徒逾千，殷殷訓誨，得其真傳者甚多。」此書收錄了陳建民、黃昌泉及其弟子們的創新菜作品一百五十餘種，並對四川筵席、四川菜的原料、調味料用語作了較詳細的介紹。

【川菜烹飪】

教學影片。1990年3月由四川科學技術出版社出版發行。該片由四川省社會勞動力管理局、四川省飲食服務技工學校、四川省飲食服務公司聯合攝製。片長600分鐘。該片系統地對原料選樣、初加工、刀工技術、火候、調味、配菜等，以及50例較有特色的川菜菜餚、小吃的製作進行了詳細的講授和示範。參與本片編寫和講授示範的是四川烹飪和烹飪教育界較有影響的專家和高級實習

指導教師。本片是一部烹飪教學片,適用於初中級烹調廚師的技術培訓。

【川菜】

錄影片。1990年由四川科學技術出版社出版發行。編導張川、卿光亞。片長60分鐘。本片較系統地展示了川菜的高級筵席、大眾便餐、家常風味、民間小吃、農村田席,將川菜風味融於濃郁的四川風情之中。由名廚示範典型菜式的製作,還介紹了名菜軼事。

【四川菜系名菜譜】

錄影片。中國勞動出版社1992年出版,全國發行。編導彭子瑜、羅貴生。片長200分鐘,分四集。該片以四川風土人情、民風民俗為線索,介紹了40種四川名菜,集欣賞、教學為一體,讓觀眾在欣賞中學習,在愉悅中得益。1993年被國家勞動部評為聲像作品一等獎,同年在國家新聞出版署和中國科學技術協會舉行的全國優秀聲像作品「科蕾獎」評選中獲三等獎。

【內部使用的菜譜及資料】

1.《滿漢全席》

成都市東城區飲食中心店整理,1959年4月鉛印。該書前言指出:「滿漢全席集中了燒烤席、燕菜席、魚翅席、海參席等多種高級筵席的精華」。書中所載的四川滿漢全席菜譜及其製作方法,為孔道生、張松雲口述,並由親手承辦了三次「滿漢全席」的四川醫學院營養保健系教師、著名廚師藍光鑒審閱,材料翔實可靠。

2.《四川菜譜》

成都市飲食公司革命委員會技術培訓班編寫。1972年7月鉛印。收錄312個品種,是參照《中國名菜譜(第七輯)》和《重慶名菜譜》,進行修改整理而成。

3.《四川菜譜》

四川省蔬菜飲食服務公司《四川菜譜》編寫小組編。內部資料。1974年9月鉛印。全書收入264個品種,按肉食、雞鴨、魚蝦、海味、蔬菜、蛋菜、甜食等分類。書末附有70條名詞術語解釋。

4.《烹飪技術教材》

內江地區工礦食品蔬菜飲食服務公司革命委員會飲食技術培訓班編。內部資料。1972年11月鉛印。全書分為兩集:第一集收入菜餚品種80個;第二集收入了麵點品種140個。

5.《菜譜》

廣元縣飲食服務公司編。內部資料。1973年3月鉛印。全書分烹調方法、菜譜、麵食和米食4章。收入菜點品種102個。

6.《重慶菜譜》

重慶市飲食服務公司革命委員會編。1974年鉛印的內部資料。收入168個品種。其中肉食類菜餚66個,水產類菜餚14個,禽蛋類菜餚32個,山珍海味菜餚10個,甜菜菜式11個,蔬茹菜餚24個,民間「三蒸九扣」菜式12個,山城風味小吃17個。書末還附錄了川菜烹飪名詞術語68條和四季麵粉發酵時間表。

7.《海帶食譜》

重慶市九龍坡區建設工礦貿易商店編寫的內部資料。無鉛印年月。收錄了以海帶為主要原料的22個菜點。

8.《萬縣食譜》

萬縣地區(今重慶市萬州區)廚師學習班食譜編寫組編的內部資料。1977年4月鉛印。按肉食、水產、禽蛋、甜菜、蔬菜分類,收入菜餚品種198個,收點心、小吃品種60個。

9.《巴山菜譜》

達縣地區蔬菜飲食服務公司編寫的內部資料。1979年5月鉛印。此書收錄了達縣地區流行的菜點383個。

10.《烹飪·川北風味》

四川省綿陽地區飲食服務公司江油編寫組編。內部資料。1980年鉛印。收入菜點共204個。其中以豬肉、雞、鴨、魚、牛、羊、兔為原料的菜餚140個,山珍海味菜餚

23個，蔬茹菜餚13個，甜食品種8個，麵食小吃20個。

11.《地方菜餚》

夾江縣飲食服務公司業餘技校編寫的內部資料。1979年鉛印。此書分豬肉、雞、魚、鴨、兔、禽蛋、野味、海味、甜菜和蔬菜等內容，收入菜品110個。為避免與省內其他已出的菜譜重複，此書著重收集具有當地特色的菜餚。

12.《烹飪》

溫江地區蔬菜飲食服務公司和溫江地區廚師培訓班教研組編。內部資料。1979年9月鉛印。全書共100萬字，分四集。第一集為基礎知識；第二集為菜譜；第三集為素菜、泡菜；第四集為麵食、米食。

13.《招待技術》

四川省飲食服務技工學校教材編寫組和天府酒家編寫的內部教學資料。1980年7月鉛印。全書共5章，分述了飲食業服務工作、服務員的基本知識、基本功和筵席服務知識。書中還附有84幅素台面、筵席台面、口布花卉折疊法的圖片以及四川省名勝古蹟簡介。

14.《川菜烹飪學》

四川省飲食服務技工學校和天府酒家編寫的內部教學資料。上、下兩冊，分別於1980年和1981年鉛印。上冊《烹飪原料》，敘述蔬菜、畜肉、禽肉、魚類、蛋及蛋製品、食用油脂、乾料、調味品等原料知識；下冊《烹飪技術》，敘述原料加工、乾料漲發、刀工、食品雕刻、爐灶與火候、調味、裝盤、筵席組合等技術知識。

15.《冷菜製作與造型》

重慶市市中區飲食服務公司據特級廚師張國棟口述編寫的內部資料。1981年9月鉛印。全書共5章，分緒論、冷菜的烹製、冷菜的造型、冷菜的雕刻、菜式100例。所列菜式分收汁類、拌製類、浸製類、捲製類、燒烤類、凍製類、脫水類、瓤製類、糖粘類、酥炸類、滷製類、煙燻類、醃製類、蒸製類和工藝菜等。書末附有張國棟小傳。

16.《南充菜譜·小吃專輯》

南充市飲食服務公司編寫的內部資料。1980年3月鉛印。此書收集整理了以南充地區為主的地方名小吃120種，收了不少米、麵、豆為原料的小吃品種。書中對著名的川北涼粉等品的來源作了較詳細的介紹。

17.《四時藥膳菜譜》

邢用斌、劉建成編著。成都市飲食公司1986年11月印刷的內部資料，約22.1萬字。編印者對此書的內容介紹說：「這是一本實用性強的藥膳菜譜，收載藥膳菜品223個（並附有藥膳席桌事例）。根據春、夏、秋、冬四個不同季節將藥膳菜品分為四個類別。……本書既適用於賓館、飯店、藥膳店，又適用於醫院和家庭及專業學校和研究機構。」

18.《漫談中國人之食》

張燮明、李希緒編。四川烹飪高等專科學校供內部使用的鉛印資料，1986年4月印刷，約4萬字。此書收集了作家李劼人1948年9月起刊載於《風土什志》上的25篇談飲食的文章。這些文章的價值，如曾任李劼人的秘書謝揚青在「後記」中言，李劼人「以歷史唯物論的觀點，現實主義的手法，並依據他稔熟的川菜製作，在文章裡頭頭是道地闡述著中國烹調藝術，跟其他藝術一樣，實際上都是來自民間……由此而展現出人們在生活中的思想、感情、風格、趣味，以及人與人交往的千姿百態。他的行文犀利、懇切，而在活潑、幽默的筆觸中，流瀉著強烈的愛憎和公允的褒貶。文章好像一幅幅濃淡相間的畫圖，古今中外吃的藝術的生動情景，都一一躍然紙上。」

19.《川菜傳友情》

張燮明、李希緒編。四川烹飪高等專科學校供內部使用的鉛印資料。1986年4月印刷。此書收集了散見於報刊上的川菜在省外、在國外的消息、通訊、評論與專訪文章21篇，約7萬字。

20.《四川滿漢席》

張白居編。四川烹飪高等專科學校供內

部使用的鉛印資料，約7萬字。1986年5月印刷。此書內容由李劼人的《舊帳》，孔道生和張松雲口述的《四川滿漢全席》，徐德章《四川小滿漢席》兩張席單，日本波多野須美著、李雲雲翻譯的《在會仙樓品嚐小滿漢席》文，及附錄山西太原、山東濟南、北京仿膳、廣東廣州的滿漢席單，清李鬥《揚州畫舫錄》所錄揚州滿漢席單，清顧祿《桐橋倚棹錄》所載蘇州滿漢大菜菜單構成。書中有作者張白居所寫的前言和熊四智所寫《關於滿漢全席的一點說明》。

21.《烹飪原料學》

范繼明編著。四川烹飪高等專科學校供內部使用的鉛印資料。約20.2萬字。1986年12月印刷。全書由緒言，烹飪原料的構成、植物原料的認識與運用、動物原料的認識與運用、加工性原料的認識與運用、調味原料的認識與運用、輔佐原料的認識與運用這6章共同構成。書中附有姜學有、徐鳳編的183種烹飪原料異名撮要。

22.《重慶特級廚師拿手菜》

商業部重慶烹飪技術培訓站1990年12月編印的內部資料。收錄了重慶市飲食服務公司系統1988年參加晉級考核特級廚師的菜品和部分老特級廚師（共53位）提供的159種菜餚。其中，不少菜餚為創新之作。可供事廚者參考、借鑒。

23.《川菜珍餚》

陳志剛口述，陳永建、鄧孝志等記錄整理編撰。此書1991年鉛印，約12萬字。書中有彩色插頁8面。此書是陳志剛拿手菜品的彙集，收錄了120個菜餚。其中多數品種為陳志剛在香港錦江春餐館執廚期間的創新菜，也有他參加全國首屆烹飪名師表演鑒定會的作品，還有一部分是他具有獨到之處的傳統菜品。乾煸、乾燒、吊湯是陳志剛的三大絕活。讀者可從此書中領略到他寫於此書中的這些烹飪技術精要。

24.《宴會菜單集錦》

成都市烹飪協會和《成都烹飪》編輯部共同編輯的內部資料，1993年7月印刷。此集錦收集了1992年10月成都市首屆特一級廚師考評時，應考廚師38人開列出的一百餘種不同類型的筵席菜單，以傳統筵席、現代筵席、小吃筵席、自助餐、冷餐會、藥膳筵席、西式筵席、全羊席、全鴨席、素席等內容編排入書。書後附有彭子瑜、曾廷孝撰寫的「筵席組合」文，供讀者參閱。

筆 記 欄

第二章 引經據典

一、詩文

【椒聊】《詩經》

中國飲食文化史上最早記載花椒的一首詩。見於《詩經·唐風》。詩中有「椒聊之實，蕃衍盈升」，「椒聊之實，蕃衍盈掬」，並有「椒聊且，遠條且」的句子，把花椒繁盛眾多，結子盈升得用兩手捧合，香氣襲人的情形，寫得十分生動。四川是以花椒作為調味品入菜較早的地方，古有蜀椒、巴椒、蓎藙、川椒等稱呼。節選「椒聊」中的詩句，以見先秦時人對花椒的讚美。

• 註解

「聊」：聚結之意，指草木結成一串串果實。「蕃衍」：繁盛眾多。「盈」：滿。「升」：量器名，十合為一升。「且」：為語氣助詞。「條」：古與脩通。脩，長，指香氣傳得遠。「掬」：兩手合捧。

【蜀都賦】揚雄作

揚雄是西漢著名的辭賦家，成都人。此賦比較系統地描述了漢代四川地區的烹飪原料、烹飪技藝、川式筵宴及飲食習俗。

賦中有：「……其淺濕則生蒼葭蔣蒲，藨茅青蘋，草葉蓮藕，茱華菱根。……其深則有猵獺沉鱓，水豹蛟蚺，黿蟺鱉龜，眾鱗鱗鱒。……爾乃五穀馮戎，瓜瓠饒多，卉以部麻，往往薑梔附子巨蒜，木艾椒蘺，藹醬酴清，眾獻儲斯。盛冬有育筍，舊菜增伽。……乃使有伊之徒，調夫五味。甘甜之和，勻藥之羹。江東鮐鮑，隴西牛羊。糴米肥豬，麖麋不行。鴻獯獫乳，獨竹孤鶬。炮鴞被紙之胎，山麝髓腦；水遊之腴，蜂豚應雁。被鶆晨鳧，戳鴞初乳。山鶴既交，春燕秋鬮。膾鯪龜肴，粳田孺鷺。形不及勞，五肉七菜，朦猒腥臊。可以頤精神養血脈者，莫不畢陳。爾乃其俗，迎春送冬。……若其吉日嘉會……置酒乎榮川之宅，設座乎華都之高堂。延惟揚幕，接帳連岡。……」

• 註解

「蒼葭」：嫩蘆葦。「蔣蒲」：茭白與香蒲。「藿」：豆葉，嫩時可食。「蓮藕」：蓮子與藕。藕同藕。「茱」：食茱萸，辛香味調料。「菱」：菱角。「猵獺」：獺的一種。「鱓」：鱔魚。「水豹」：水獸，狀似豹。「蛟蚺」：水蛇。「黿蟺」：大鱉與蚯蚓。「鱗」：鮸魚，俗稱娃娃魚。「馮戎」：豐盛。「藹醬」：蒟醬。「酴清」：酴酒。「伽」：同茄，茄子。「鮐鮑」：河豚與鮑魚。「麖麋」：幼鹿。「鶬」：鶬雞、麥雞。「鴞」：俗稱貓頭鷹。「麝」：獐子。「鳧」：水鳥，即鶄。「鬮」：竹鬮。「猒」：通厭，飽，滿足之意。

【太官令箴】揚雄作

太官爲秦漢時掌皇帝飲食宴會的官名。「箴」爲古代一種文體，以規戒爲主題。揚雄作此文就是規戒太官要恪守職責，並強調飲食的重要性。其箴言：「時惟膳夫，實司王饗。祁祁庶羞，口實是供。群物百品，八珍清觴。以御賓客，以膳于王。」

• 註解

「膳夫」：官名，掌王及后妃等的飲食。「饗」：熟食，熟肉。「祁祁」：眾盛貌。「庶羞」：多種佳餚，羞同饈。「八珍」：古代八種烹飪法，後泛指珍貴的食品。「清觴」：裝在杯子裡的清酒，觴指酒杯。「膳」：膳食。

【灶銘】李尤作

四川廣漢人李尤，是東漢安帝時的諫議大夫。「銘」即銘文，古代的一種文體，或稱述功德，或自警。此灶銘即稱述灶的功德，並說明灶的起源在發明人工取火之後。《灶銘》言：「燧人造火，灶能以興。五行接備，陰陽以成。」

• 註解

「燧人」：即燧人氏，傳說中的上古帝名。相傳他發明了鑽木取火，使民熟食。

【席銘】李尤作

這篇銘文著重講了作者的飲食觀，即招待賓客不應分貴賤，上席的菜餚應遵循物產的時序。不必奢侈。《席銘》言：「施席接賓，士無愚賢，值時所有，何必羊豚？」

• 註解

「施」：鋪陳。「時」：時節、季節。

【蜀都賦】左思作

此賦爲西晉文學家、山東臨淄（今淄博）人左思所寫，是他著的「三都賦」（另爲《吳都賦》、《魏都賦》）中的一篇。當時人們爲傳抄此賦，京城洛陽的紙也因而漲價，故有「洛陽紙貴」之語。《蜀都賦》描寫了四川的物產、菜餚、筵宴、食俗，由此

可見魏晉之時四川烹飪已初具規模。

賦言：「家有鹽泉之井，戶有橘柚之園。其園則有林檎枇杷，橙柿樗樗。楊桃函列，梅李羅生。百果甲宅，異色同榮。朱櫻春熟，素柰夏成。」「其園則有蒟蒻荼荑，瓜疇芋區。甘蔗辛薑，陽蘺陰敷。」「布有橦華，面有桄榔。邛杖傳節於大夏之邑，蒟醬流味於番禺之鄉。」「三蜀之豪，時來時往。……若其舊俗，終冬始春，吉日良辰，置酒高堂，以御嘉賓。金罍中坐，餚桷四陳。觴以清醥，鮮以紫鱗。羽爵執競，絲竹乃發。巴姬彈弦，漢女擊節。起西音於促柱，歌江上之飆旇。纖長袖而屢舞，翩躚躚以裔裔。合樽促席，引滿相罰。樂飲今夕，一醉累月。」「將饗獠者，張帟幕，會平原，酌清酤，割芳鮮，飲御醋，賓旋旋。」

• 註解

「樗樗」：小棗與山梨。「楊桃」：山桃。「素柰」：蘋果之一種，柰有青白赤三種，素柰即白柰，白色的蘋果。「蒟蒻」：魔芋的原植物。「桄榔」：樹名。樹幹去皮後出澱粉狀物，如麥麵，可食，謂之桄榔麵。「蒟醬」：用蒟子製作的醬。「番禺」：今廣東番禺縣。漢代時四川的蒟醬已流傳到廣東，見《史記》、《漢書》。「罍」：盛酒器，較大。「餚桷」：菜餚與水果。桷同核。「獠」：同獵。「旋旋」：緩緩。此指酒後行動遲緩。

【登成都白菟樓】張載作

此詩爲西晉安平（今河北）人張載，在成都登樓遠望，見川西平原豐富的食物資源和成都城中人們的飲食生活而寫成的，反映了西晉時四川的飲食狀況。

詩中言：「重城結曲阿，飛宇起層樓。累棟出雲表，嶢櫱臨太虛。高軒起朱扉，迥望暢八隅。西瞻岷山嶺，嵯峨似荊巫。蹲鴟蔽地生，原濕殖嘉蔬。雖遇堯湯世，民食恒有餘。鬱鬱小城中，岌岌百族居。……程卓累千金，驕侈擬五侯。門有連騎客，翠帶腰吳鉤。鼎食隨時進，百和妙且殊。披林采秋

桔，臨江釣青魚。黑子過龍醢，果饌蹦蟹蝑。芳茶冠六清，溢味播九區。人生苟安樂，茲土聊可娛。」

• 註解

「蹦鷗」：大芋，因形如鷗，故名。「程卓」：程，程鄭。卓，卓王孫。均為中原遷徙入川之大富豪。「蟹蝑」：指蟹醬。蝑，通胥。「六清」：亦作六飲。指水、漿、醴、醇、醫、酏六種飲料。

【晦日重宴高氏林亭】陳子昂作

此詩為四川射洪人陳子昂作。他家世豪富，唐代武后時官至右拾遺。寫此詩前，他寫過《晦日宴高氏林亭並序》，序文中介紹高氏林亭宴飲的盛況：「夫天下良辰美景，園林（一作亭）池觀，古來遊宴歡娛眾矣。然而地或幽偏，未睹皇居之盛。時冬交喪，多阻升平之道。豈如光華啓旦，朝野資歡。有渤海之宗英，是平陽之貴戚，發揮形勝，……指雒川而留宴，列珍羞於綺席。珠翠琅玕，奏絲管於芳園。秦箏趙瑟，冠纓濟濟，多延裡戚之賓。鷥風鏘鏘，自有文雄之客。」此詩言：「公子好追隨，愛客不知疲。象筵開玉饌，翠羽飾金卮。此時高宴所，詎減習家池。循涯倦短翮，何處儷長離。」

• 註解

「象筵」：豪華的席面。「玉饌」：美食，言飲食珍美而比於玉。也稱玉膳。「習家池」：即高陽池，在今湖北襄陽縣。

【將進酒】李白作

唐代著名大詩人李白五歲時隨父入川，居住在綿州彰明縣（今四川江油縣）。酒與詩是李白一生相伴的兩樣東西。杜甫說「李白一斗詩百篇」，就表明李白既是詩仙又是酒仙。

《將進酒》一詩云：「君不見黃河之水天上來，奔流到海不復回。君不見高堂明鏡悲白髮，朝如青絲暮成雪。人生得意須盡歡，莫使金樽空對月。天生我才必有用，千金散盡還復來。烹羊宰牛且為樂，會須一飲三百杯。岑夫子，丹丘生，進酒君莫停。與君歌一曲，請君為我傾耳聽。鐘鼓饌玉不足貴，但願長醉不願醒。古來聖賢皆寂寞，惟有飲者留其名。陳王昔時宴平樂，鬥酒十千恣歡謔。主人何為言少錢，徑須沽取對君酌。五花馬，千金裘，呼兒將出換美酒，與爾同銷萬古愁。」

• 註解

「岑夫子」：岑勳。「丹丘生」：元丹丘。二人皆是李白的朋友。「進酒君莫停」：此句一作「將進酒，杯莫停」。「陳王」：指曹植，其《名都篇》有：「歸來宴平樂，美酒鬥十千」句。「五花馬」：馬之毛色作五花紋者。代指名貴的馬。「千金裘」：珍貴的裘衣。司馬遷《史記》言：「千金之裘，非一狐之腋也。」

【酬中都小吏攜鬥酒雙魚於逆旅見贈】李白作

此詩較為詳細地描寫了用活魚製作魚膾（生魚片）的情形。詩云：「魯酒若琥珀，汶魚紫錦鱗。山東豪吏有俊氣，手攜此物贈遠人。意氣相傾兩相顧，鬥酒雙魚表情素。雙鰓呀呷鰭鬣張，跋剌銀盤欲飛去。呼兒拂機霜刃揮，紅肥花落白雪霏。為君下箸一餐飽，醉著金鞍上馬歸。」

• 註解

「情素」：真情。「汶魚」：山東汶河產的魚。「呀呷」：指魚鰓開合狀。「跋剌」：魚躍聲音，亦作潑剌。「紅肥」句：言魚膾紅肉如花，白肉如雪。

【南陵別兒童入京】李白作

此詩描寫為慶祝奉詔入京而舉行家宴的喜悅之情。詩云：「白酒新熟山中歸，黃雞啄黍秋正肥。呼童烹雞酌白酒，兒女嬉笑牽人衣。高歌取醉欲自慰，起舞落日爭光輝。仰天大笑出門去，我輩豈是蓬蒿人？」

• 註解

「蓬蒿人」：喻荒村田舍之人。蓬蒿即

苘蒿,一種野菜。

【贈閭丘處士】李白作

此詩描寫了隱居者烹露葵、飲芳酒的飲食情趣。詩中有:「……且耽田家樂,遂曠林中期。野酌勸芳酒,園蔬烹露葵。如能樹桃李,爲我結茅茨。」

• 註解

「露葵」:葵菜的別稱。古人採擷葵菜時必待露解,故曰露葵。今四川習稱冬葵、冬寒菜、冬莧菜。

【宿五松山下荀媼家】李白作

此詩寫李白得老婦贈雕胡飯引起的感受。詩云:「我宿五松下,寂寥無所歡。田家秋作苦,鄰女夜春寒。跪進雕胡飯,月光明素盤。令人慚漂母,三謝不能餐。」

• 註解

「五松山」:在今安徽省銅陵縣南。「雕胡飯」:雕菰米煮的飯。雕菰米,一作雕胡、安胡,曾視為六穀之一穀。今已無此米,原植物今作蔬菜,稱蔥筍或茭白。「漂母」:用韓信故事。《史記‧淮陰侯列傳》載,韓信失意時,有漂洗衣裳的老婦以飲食救濟他,後韓信報以重謝。

【飲中八仙歌】杜甫作

河南人杜甫是唐代大詩人,後人稱他爲詩聖。他在四川生活了近十年。杜甫的飲食詩中,既寫了普通人的日常飲食,也寫了達官貴人豪華的筵宴。此詩描繪了唐代李白、賀知章、李適之、李璡、崔宗之、蘇晉、張旭、焦遂等八位嗜酒豪飲之人,被杜甫稱之爲「飲中八仙。」

詩曰:「知章騎馬似乘船,眼花落井水底眠。汝陽三鬥始朝天,道逢麴車口流涎,恨不移封向酒泉。左相日興費萬錢,飲如長鯨吸百川,銜杯樂聖稱避賢。宗之瀟灑美少年,舉觴白眼望青天,皎如玉樹臨風前。蘇晉長齋繡佛前,醉中往往愛逃禪。李白一斗詩百篇,長安市上酒家眠。天子呼來不上船,自稱臣是酒中仙。張旭三杯草聖傳,脫帽露頂王公前,揮毫落紙如雲煙。焦遂五斗方卓然,高談雄辯驚四筵。」

• 註解

「知章」:即賀知章。「汝陽」:李璡為唐皇帝李憲之子,封汝陽王。「恨不移封向酒泉」:恨不得封他到酒泉去當官。「左相」:李適之。「宗之」:崔宗之。「玉樹」:喻姿貌秀美才幹優異的人。「逃禪」:灑醉後走神,形具神離的樣子。「李白」:二句:《新唐書‧李白傳》載:李白受玄宗詔見,供奉翰林。白猶與飲徒醉於市,帝坐沉香亭,欲得白為樂章。召入,而白已醉,左右以水噴面,稍解,援筆成文。「草聖」:張旭與東漢張芝同因草書品格皆入神化之境而有草聖之稱。《國史補》載:張旭飲酒輒草書,揮筆大叫,以頭搵水墨中而書之,醒後自視,以為神異。

【又於韋處乞大邑瓷碗】杜甫作

原詩:「大邑燒瓷輕且堅,扣如哀玉錦城傳。君家白碗勝霜雪,急送茅齋也可憐。」

• 註解

「大邑」:今縣名,唐屬邛州(今邛峽市)。四川的大邑窯和河北邢台窯為盛產白瓷的名窯。大邑的白瓷,胎薄而且燒結得很好,故杜甫詩首讚其質,次及其聲,又美其色,希望從姓韋的朋友處再得到此美器。

【青城山道士乳酒】杜甫作

原詩題爲《謝嚴中丞送青城山道士乳酒一瓶》。詩曰:「山瓶乳酒下青雲,氣味濃香幸見分。鳴鞭走送憐漁父,洗盞開嘗對馬軍。」青城山爲道家所重的名山,在四川省都江堰市西南十五公里處,山巔有上清宮,山麓有建福宮,山腰有天師洞等著名寺觀。杜甫詩中所言青城乳酒,現由都江堰市青城山道家飲料廠生產,名曰「洞天乳酒」。此酒爲道家秘方釀製,由青城山道協會長傅元天領導生產。以茅梨作原料,用清澈的山

泉，配以醪糟、白（麴）酒及白（冰）糖釀成。酒呈乳白帶青玉色，濃稠如乳，具有五味（果味、酸味、香味、甜味、酒味）。另外，尚有一種由傅元天指導、青城山獼猴酒廠生產的青城乳酒。

• 註解

「漁父」：杜甫自謂。「馬軍」：軍州謂驅使騎為馬軍。馬軍即指走送乳酒者。

【觀打魚歌】杜甫作

原詩：「綿州江水之東津，魴魚鱍鱍色勝銀。漁人漾舟沉大網，截江一擁數百鱗。眾魚常才盡卻棄，赤鯉騰出如有神。潛龍無聲老蛟怒，回風颯颯吹沙塵。饔子左右揮霜刀，鱠飛金盤白雪高。徐州禿尾不足憶，漢陰槎頭遠遁逃。魴魚肥美知第一，既飽歡娛亦蕭瑟。君不見朝來割素鬐，咫尺波濤永相失。」詩前八句敘打魚事，讚魴魚味美，以眾魚、赤鯉、潛龍、老蛟烘托。

• 註解

「綿州」：今四川綿陽一帶。「魴魚」：鯉科，體形似鯿，但背部特別隆起，色銀灰，脂肪豐富，肉質鮮美。「鱍」：音同「撥」，魚著網聲。「鱠飛」：言其薄。「金盤」：言其盛器之華。「白雪高」：言其潔且多意。繼用「徐州禿尾（指鯇魚，頭大肉不美）」，「漢陰槎頭」（漢水出鯿魚，肥美，常禁人採捕，遂以竹木編成的筏斷水，因謂之槎頭縮項鯿）故事伴說而曰：「魴魚肥美知第一」。

【又觀打魚】杜甫作

原詩有：「蒼江漁子清晨集，設網提綱取（一作萬）魚急。能者操舟疾若風，撐突波濤挺叉入。小魚脫漏不可記，半死半生猶戢戢。大魚傷損皆垂頭，屈強泥沙有時立。東津觀魚已再來，主人罷鱠還傾杯。」此詩本在綿州所作，因有「又觀打魚」之題。所摘之句，構成四川漁人捕魚的風俗畫，可見江中產魚之多，以魚入饌之易。

• 註解

「漁子」：言打魚的人。漁人老者則稱漁父、漁翁。「操舟」：駕起漁船。「挺叉」：舉起漁叉。「戢戢」：音同「集集」，言魚動口貌。「屈強」：倔強，屈與倔通。

【野望】杜甫作

詩言：「金華山北涪水西，仲冬風日始淒淒。……射洪春酒寒仍綠，極目傷神為誰攜。」

• 註解

「金華山」：在射洪縣北，而縣又在涪江之西。「射洪春酒寒仍綠」：酒因暖則綠，射洪寒輕，故冬天釀製的酒仍很綠。此詩寫四川射洪春酒的特色「寒仍綠」，自有其獨到的長處。今射洪已產著名的「沱牌麴酒」。

【戲題寄上漢中王三首】杜甫作

原詩中有「蜀酒濃無敵，江魚美可求」之句，為杜甫對於川酒和川菜的高度讚美概括。據史料，蜀酒古來有名。《水經注》卷三十三「江水」：「江之左岸，有巴鄉村，村人善釀。故俗稱巴鄉清郡出名酒。」左思《蜀都賦》：「置酒高堂，以御嘉賓」，「觴以清醥，鮮以紫鱗」。常璩《華陽國志‧巴志》：「川岩惟平，其稼多黍，旨酒嘉穀，可以養父」；「嘉穀旨酒，可以養母」。張籍《成都曲》：「萬里橋邊多酒家，遊人愛向誰家宿？」在唐代，中國名酒已有數十種之多，如富水酒、若下酒、土窟春、石凍春、九醞酒、博羅酒、郎官清、三勒漿、溢水酒、西市腔等名酒，李肇所著的《國史補》皆有載。出於綿竹的「劍南之燒春」，宜賓的「荔枝綠」，成都的「錦江春」和郫縣的「郫筒酒」，唐時均為人們所稱道。

四川江河魚鮮之美，杜甫除有《觀打魚歌》、《又觀打魚》等詩外，尚有《閬水歌》（巴童蕩槳欹側過，水雞銜魚來去

飛）、《南池》（清源多眾魚，遠岸富喬木）等詩，極言讚譽。四川旨酒配以美魚，使人樂而忘返。

【將赴成都草堂】杜甫作

原詩題爲《將赴成都草堂，途中有作，先寄嚴鄭公五首》。詩中有「魚知丙穴由來美，酒憶郫筒不用酤」之句，盛讚四川之「丙穴魚」和「郫筒酒」。

• 註解

「丙穴魚」：見方物的「丙穴魚」條。「郫筒酒」：見方物的「郫筒酒」條。「嚴鄭公」：名武，封鄭國公。嚴武與杜甫情誼甚厚，得知嚴武復節度劍南，杜甫遂作此詩，回憶昔日在一起品魚酌酒之情。

【贈王二十四侍御契四十韻】杜甫作

詩中有「網聚粘圓鯽，絲繁煮細蒓」之句。廣德二年，杜甫在成都。值王契罷官居蜀，杜甫遂贈詩以重敘交情，達四十韻。據李時珍《本草綱目》和江蘇中醫學院編《中藥大辭典》，蒓有茆、屏風，鳬葵、蕁、水葵、水芹、露葵、絲蒓、馬蹄草、缺盆草、錦帶等異名，爲睡蓮科植物蒓菜的莖葉。多年生草本，性味甘寒，有清熱、利水、消腫、解毒之功。蒓菜多分布於江浙等地，而杜詩言成都草堂亦有，可見唐代蜀中飲食珍蒓菜之美味。本草書載，鯽魚與蒓菜合而作羹甚良，有下氣止嘔之效。「絲蒓」：《齊民要術·羹臛法第七十六》：「葉舒長足，名曰『絲蒓』，五月六日用。」「凡絲蒓，陂池種者，色黃肥好，直洗淨則用。」

【宴戎州楊使君東樓】杜甫作

原詩云：「勝絕驚身老，情忘發興奇。座從歌妓密，樂任主人爲。重碧拈春酒，輕紅擘荔枝。樓高欲愁思，橫笛未休吹。」此詩寫戎州，（今宜賓）深綠色的「重碧」酒爲當時名酒。今據酒文化專家考證，「重碧」與五糧液有很深的歷史淵源。

【贈別賀蘭銛】杜甫作

原詩有「我戀岷下芋，君思千里蒓」之句，讚美四川的芋羹和江浙的蒓羹。詩爲姓賀蘭名銛的吳人離蜀返故里而作。芋與蒓皆歷代作羹的妙品。北魏賈思勰《齊民要術》「羹臛法」詳細介紹了《食經》裡作「芋子酸臛」的方法，還介紹了食膾魚蒓羹法。有一種「抱芋羹」以蛙捧芋而熟，《太平廣記》引《南楚新聞》有載。人們熟知的西晉文學家、江蘇人張翰，因秋風起思念故鄉菰菜、蒓羹、鱸魚膾，而棄官歸吳的故事，足見蒓羹的魅力。唐以後，蘇軾、陸游等詩人讚芋、蒓作羹的詩詞亦多。明代李流芳作《蒓羹歌》曰：「未下鹽豉已高貴」，「出盤四座已歎息」，極言蒓羹味美。

• 註解

「岷下芋」：《史記·貨殖列傳》：「汶山之下，沃野，下有蹲鴟，至死不饑。」「蹲鴟」：對大芋的一種稱呼。汶山即岷山。「千里蒓」：《世說新語》載「陸機詣王武子，有羊酪。問：『吳中何以敵此？』曰：『千里蒓羹，但未下鹽豉耳』。」

【撥悶】杜甫作

原詩有「聞道雲安麴米春，才傾一盞即醺人」，「已辦青錢防雇直，當令美味入吾脣」之句，讚美雲陽所出之酒。

• 註解

「雲安」：今雲陽縣。「麴米春」：酒名。唐時，酒多以春字名之，如《國史補》記土窟春、石凍春、劍南燒春等，皆以春名酒。「醺」音「熏」，酒醉貌。杜甫《留別賈嚴二閣老兩院補闕》詩又有「去遠留詩別，愁多任酒醺」句。「青錢」：青銅錢。

【解悶】杜甫作

此詩題下共十二首。這裡選的是第十首。該詩描述當時瀘戎（今四川瀘州、宜賓）的荔枝宜採擷鮮食，不宜長途遠運京華之地。原詩云：「憶過瀘戎摘荔枝，青楓隱

映石透迤。京華應見無顏色，紅顆酸甜只自知。」

• 註解

「京華應見無顏色」：按自居易《荔支圖序》所言，荔枝「若離本枝，一日而色變，二日而香變，三日而味變，四五日外，色香味盡去矣」。

【麂】杜甫作

原詩言：「永與清溪別，蒙將玉饌俱。無才逐仙隱，不敢恨庖廚。亂世輕全物，微聲及禍樞。衣冠兼盜賊，饕餮用斯須。」

• 註解

「清溪」：疑指漢源縣清溪關一帶。「饕餮」：原指惡獸或凶人，此處是饕餮之徒的省稱，指貪婪的食者。杜甫作此詩借物言情，托鹿論世，感嘆世人貪味殺生，戕害野生動物。

【黃魚】杜甫作

此詩吟詠了長江出產的鱘魚。原詩云：「日見巴東峽，黃魚出浪新。脂膏兼飼犬，長大不容身。筒桶相沿久，風雷肯為神。泥沙捲涎沫，回首怪龍鱗。」

• 註解

「巴東峽」：長江三峽之巫峽，為三峽中最長之峽，所謂「巴東三峽巫峽長」也，在重慶、湖北間。「黃魚」：鱘之別名。《爾雅・釋魚・注》：「鱘長二三丈，江東呼為黃魚。」《本草綱目》：「黃魚：蠟魚，玉版魚。」鱘魚外形似鱘，故鱘魚有黃魚之稱。杜詩此處的「黃魚」，當是指鱘魚。長江產長江鱘與中華鱘。長江鱘最大的體重15千克左右，中華鱘最大者體重可達300千克，常見者亦25～150千克。按杜甫此詩所言「脂膏兼飼犬，長大不容身」意，黃魚則指中華鱘。「筒桶」：筒，竹器。桶，木器。筒桶指捕魚之具。

【白小】杜甫作

原詩：「白小群分命，天然二寸魚。細

微霑水族，風俗當園蔬。入肆銀花亂，傾筐雪片虛。生成猶拾卵，盡取義何如。」

• 註解

「白小」：銀魚的一種稱呼，也稱小白魚、麵條魚、麵文魚、膾殘魚。肉質軟嫩，味鮮美。此詩描述了長江中游以銀魚當蔬菜食用的情形。

【槐葉冷淘】杜甫作

原詩有「青青高槐葉，採掇付中廚。新面來近市，汁滓宛相俱。入鼎資過熟，加餐愁欲無。碧鮮俱照箸，香飯兼苞蘆。經齒冷於雪，勸人投比珠。」此詩首記製淘之法，告誡蒸淘過熟其槐葉汁質易消減。後言碧鮮色佳，以香飯比冷淘之味美，勸人食之。

• 註解

「冷淘」：似今之手工涼麵。唐以後，宋王禹偁有「甘菊冷淘」詩，曰：「淮南地甚暖，甘菊生籬根。長芽觸土膏，小葉弄晴暾。采采忽盈把，洗去朝露痕。俸面新且細，溲牢如玉墩。隨刀落銀縷，煮投寒泉盆。雜此青青色，芳香敵蘭蓀。」以後，又有「槐牙溫淘」、「水花冷淘」等品。「高槐葉」：槐樹葉，含芸香甙，性味苦平無毒，治疥癬、痔瘡、濕疹等病。「苞蘆」：仇兆鰲《杜詩詳注》釋曰：蘆筍也。

【驅豎子摘蒼耳】杜甫作

原詩：「江上秋已分，林中瘴猶劇。畦丁告勞苦，無以供日夕。蓬莠獨不焦，野蔬暗泉石。卷耳況療風，童兒且時摘。侵星驅之去，爛熳任遠適。放筐停午際，洗剝相蒙冪。登床半生熟，下箸還小益。加點瓜薤間，依稀橘奴跡。亂世誅求急，黎民糠籺窄。飽食亦何心，荒哉膏粱客。富家廚肉臭，戰地骸骨白。」描述了杜甫見農家驅兒童摘野蔬蒼耳供貧寒人家烹調食用的情景。

• 註解

「畦丁」：園丁。「卷耳」：蒼耳的異名，《詩經》稱蒼耳為卷耳。性味苦辛，寒，有祛風散熱、解毒殺蟲之功用，治頭

風、頭暈等症。「羃」：覆蓋。「登床」指放置食床上。「橘奴」：橘樹。「糠粃」：極粗惡的食物。

【戲作俳諧體遣悶二首】杜甫作

原詩有「異俗籲可怪，斯人難並居。家家養烏鬼，頓頓食黃魚」之句，又有「粗粋作人情」句。此詩是在夔州作。「家家養烏鬼，頓頓食黃魚」句，可見四川東部夔人就地取材之飲食習尚。

• 註解

「烏鬼」：有多種解釋，或指「神名」、「豬」、「烏鴉」、「鸕鷀」、「夔州黑人」，或如邵伯溫《聞見錄》所說的「設牲酒於田間。已而眾操兵大噪，謂之養烏鬼」。考杜詩原意，此處乃言夔人家家戶戶養捕魚之鳥，頓頓飯都有魚為菜餚。沈括《夢溪筆談》以鸕鷀為烏鬼。鸕鷀。亦稱水老鴉、魚鷹。鸕鷀棲息河川、湖沼和海濱，善潛水捕食魚類，已馴化的可使捕魚。「頓頓」：楚、巴、蜀皆俗謂一餐飯曰「一頓飯」。「黃魚」：言魚色也。「粗粋」：音同「巨女」，以蜜和米粉煎作的食品，又曰膏環。賈思勰《齊民要術》：膏環，一名粗粋，用秫稻米屑，水蜜溲之，強澤如湯餅麵，手搦團，可長八寸許，屈令每頭相就，膏油煮之。

【狂歌行贈四兄】杜甫作

詩中有「今年思我來嘉州，嘉州酒香（一作重）花繞樓。樓頭吃酒樓下臥，長歌短詠迭相酬」之句。

• 註解

「嘉州」：唐武德初改眉州復置，儀鳳以後轄境相當今四川樂山、峨眉、夾江、犍為、馬邊等縣（市）。杜甫另一首《宴戎州楊使君東樓》有「重碧拈春酒，輕紅擘荔枝」句。戎州，即今宜賓一帶，與嘉州為鄰。「嘉州酒香」與「重碧」言酒之色香，可見杜甫心目中川酒之美。

【酬樂天東南行詩一百韻】元稹作

唐代詩人元稹是河南洛陽人。他在通州（今四川達川市）任職時，寫下這首詩。詩中有：「……坐痛筋骸憒，旁嗟物候殊。……酢醅荷裹賣，醨酒水淋沽。……膳減思調鼎，行稀恐蠱樞。雜葷多剖鱔，和黍半蒸菰。綠粽新菱實，金丸小木奴。芋羹真暫淡，鼉炙漫塗蘇。氽繁那勝羚，烹鮛只似鱸。楚風輕似蜀，巴地濕如吳。」此詩描述了達川等川東的食物原料、饌餚，對今天瞭解川東的飲食歷史有一定的價值。

• 註解

「酢醅裹荷賣」：賣醋時用荷葉蓋於醋缸口。酢，醋也。「醨酒水淋沽」：元稹自注言：「巴民造酒如淋醋法。」醨，薄酒。「雜葷多剖鱔」：用剖開的鱔魚與葷菜雜煮。「和黍半蒸菰」：以黍米和菰米合蒸為飯。「金丸小木奴」：元稹自注言，「巴橘酸澀，大如彈丸。」木奴，指橘。李衡以橘為木奴。事見《襄陽記》。「鼉炙漫塗蘇」：烤炙竹鼉時遍抹紫蘇。鼉，竹鼉，穴居竹林，大而肥，四川東南部有產。蘇，紫蘇，氣味芳香，有散寒理氣之功。「羚」：幼羊。「烹鮛只似鱸」：元稹自注言：「通州俗以鮛魚為鱠。」鮛魚，不詳。

【寄胡餅與楊萬州】白居易作

唐代詩人白居易是山西太原人，曾任四川忠州（今重慶忠縣）刺史。原詩：「胡麻餅樣學京都，面脆油香新出爐。寄與饑饞楊大使，嘗看得似輔興無。」此詩所寫的胡餅，一說是餅上粘滿胡麻（芝麻）而稱胡餅或胡麻餅，一說認為此餅的製作方法出於胡地（古之西域等地），乃胡地傳入之餅。胡餅是將胡麻粘在餅面入爐烤熟而成，脆香，與今芝麻燒餅類似。

【題郡中荔枝詩十八韻】白居易作

原詩題為《題郡中荔枝詩十八韻兼寄萬州楊八使君》。白居易在忠州任刺史時，為使民富足，帶頭栽種荔枝，發展荔枝生產。

此詩描寫了荔枝生長的形態和它的珍美。原詩曰：「奇果標南土，芳林對北堂。素華春漠漠，丹實夏煌煌。葉捧低垂戶，枝擎重壓牆。始因風弄色，漸與日爭光。夕訝條懸火，朝驚樹點妝。深于紅躑躅，大校白檳榔。星綴連心朵，珠排耀眼房。紫羅裁襯殼，白玉裹填瓤。早歲曾聞說，今朝始摘嘗。嚼疑天上味，嗅異世間香。潤勝蓮生水，鮮逾橘得霜。燕支掌中顆，甘露舌頭漿。物少尤珍重，天高苦渺茫。已教生暑月，又使阻遐方。粹液靈難駐，妍姿嫩易傷。近南光景熱，向北道途長。不得充王賦，無由寄帝鄉。唯君堪擲贈，面向似潘郎。」

• 註解

「漠漠」：繁盛貌。漠，茂也。「煌煌」：眩目貌。「躑躅」：杜鵑花。「遐方」：遠方。遐，遠也。

【重寄荔枝與楊使君】白居易作

原詩：「摘來正帶凌晨露，奇去須憑下水船。映我緋衫渾不見，對公銀印最相鮮。香蓮翠葉真堪畫，紅透青籠實可憐。聞道萬州方欲種，愁君得吃是何年。」此詩描寫了送荔枝與友人的情形。荔枝因採摘後日久易變色香味，須快速送達，方能品嘗到鮮美的本味。

• 註解

「聞道」句：荔枝種植甚須日時，若以荔枝果實核種，成樹得十餘年方始結果；若以接枝之法種植，至少也須三年以上方能結果，因而擔心楊萬州何年才能嚐到自己種的荔枝果實。

【以青餬飯分送襲美魯望因成一絕】張賁作

唐代南陽人張賁此詩寫到傳言說青餬飯出自四川華陽。原詩：「誰屑瓊瑤事青餬，舊傳品名出華陽。應宜仙子胡麻拌，因送劉郎與阮郎。」

• 註解

「青餬」：青餬飯的簡稱。青餬飯又稱青精飯、青精乾石餬飯。據本草書載，此飯是以南天燭莖葉搗汁浸漬粳米，九浸九蒸九曝，使米染成黑色，米粒緊小如瑕珠，用袋盛裝可供遠行途中食用。「華陽」：此處指四川西部廣元或劍閣一帶。「劉郎與阮郎」：用劉、阮二人採藥遇仙邀食之事。此處指皮日休、陸龜蒙二位朋友。

【宮詞】花蕊夫人作

青城費氏為後蜀孟昶妃，賜號「花蕊夫人」。《全唐詩》共收其《宮詞》158首。這裡選的11首詩，主要描繪的是四川當時船宴和蜀宮筵宴與飲食習俗。其7首云：「廚船進食簇時新，侍宴無非列近臣。日午殿頭宣索鱠，隔江催喚打魚人。」其28首云：「內家宣賜生辰宴，隔夜諸宮進御花。後殿未聞宮主入，東門先報下金車。」其63首云：「東宮降誕挺佳辰，少海星邊擁瑞雲。中尉傳聞三日宴，翰林當撰洗兒文。」其64首云：「酒庫新修近水傍，潑醅初熟五雲漿。殿前供御頻宣索，追入花間一陣香。」其66首云：「西球場里打球回，御宴先於苑內開。宣索教坊諸伎樂，傍池催喚入船來。」

其67首云：「昭儀侍宴足精神，玉燭抽看記飲巡。倚賴識書為錄事，燈前時復錯瞞人。」其93首云：「半夜搖船載內家，水門紅蠟一行斜。聖人正在宮中飲，宣使池頭旋折花。」其94首云：「春日龍池小宴開，岸邊亭子號流杯。沉檀刻作神仙女，對捧金尊水上來。」其95首云：「梨園子弟簇池頭，小樂攜來候宴游。旋炙銀笙先按拍，海棠花下合梁州。」其110首云：「苑中排比宴秋宵，弦管掙摐各自調。日晚閣門傳聖旨，明朝盡放紫宸朝。」其127首云：「海棠花發盛春天，游賞無時引御筵。繞岸結成紅錦帳，暖枝猶拂畫樓船。」

• 註解

「鱠」：即膾，細切魚肉為膾。「內

家」：指皇宮，也稱大內。「少海」：指太子。皇帝喻為大海，皇太子則比少海。「三日宴」：即舉行三朝宴，與民間打三朝習俗類似。「潑醅」：也稱撇醅，一種不摻水過濾的原汁稠酒，酒液似乳汁，略帶黏稠。「昭儀」句：昭儀侍宴以抽玉燭數以記飲酒的巡數，可見蜀宮夜宴的服務與眾不同。「流杯」：即流觴，也稱曲水流觴。曲水流杯，是一種始於周代的飲酒方式。將杯裝滿酒，杯置水面上，隨水流至誰的面前，誰即飲酒。「沉檀」句：用沉香木和檀木雕刻的仙女形象，捧著金色的酒杯隨水流過來。「梁州」：樂曲名，即涼州。唐代開元天寶時樂曲皆以邊陲地為名，後慣用。蜀宮宴會亦用涼州曲。

【悼蜀四十韻】張詠作

北宋時濮州鄄城（今山東濮縣東）人張詠，兩次知益州。詩中言：「蜀國富且庶，風俗矜浮薄。奢僭極珠貝，狂佚務娛樂。虹橋吐飛泉，煙柳閉朱閣。燭影逐星沉，歌聲和月落。鬥雞破百萬，呼盧縱大噱。游女白玉璫，驕馬黃金絡。酒肆夜不扃，花市春漸作。」此詩中一部分描寫了當時蜀地的富庶和民風尚飲食與遊樂，酒肆夜間也營業，以滿足需要。

• 註解

「呼盧」：即呼盧喝雉，古時的一種賭博。「扃」：閉戶。

【蒙頂茶】文彥博作

宋代山西人文彥博曾知益州。原詩：「舊譜最稱蒙頂味，露芽雲液勝醍醐。公家藥籠雖多品，略採甘滋助道腴。」此詩描寫了四川蒙頂山產的名茶。

• 註解

「蒙頂茶」：產於四川名山縣蒙山，唐代已著名。「舊譜」：指唐代陸羽所著的《茶經》。

【謝人寄蒙頂新茶】文同作

宋代四川梓潼人文同的這首詩，描寫了蒙頂茶的生長狀態及煎茶、飲茶的情景。原詩云：「蜀土茶稱盛，蒙山味獨珍。靈根托高頂，勝地發先春。幾樹初驚暖。群籃競折新。蒼條尋暗粒，紫莖落輕鱗。的皪香瓊碎，鬖鬖綠蔿勻。慢烘防煥炭，重碾敵輕塵。無錫泉來蜀，於崤盞自秦。十分調雪粉，一啜咽雲津。沃睡迷無鬼，清吟健有神。冰霜疑入骨，羽翼要騰身。磊磊真賢宰，堂堂作主人。玉川喉吻澀，莫惜寄來頻。」

• 註解

「的皪」：光明、鮮亮的樣子。「鬖鬖」：毛垂貌。「無錫泉」：無錫惠山泉號稱天下第二泉。見張又新《煎茶水記》。「玉川」：唐代盧仝的號稱玉川子。「玉川」為玉川子的略稱。盧仝所寫的《茶歌》自唐代以降，千古傳頌。

【食雉】蘇軾作

宋代四川眉山大詩人、老饕蘇軾的《食雉》詩，描述了食野雞的樂趣。作者看重飲食繼承古意，強調了飲食品的雙數。原詩云：「雄雉曳修尾，驚飛向日斜。空中紛格鬥，彩羽落如花。喧呼勇不顧，投網誰復嗟。百錢得一雙，新味時所佳。烹煎雜雞鶩，爪距漫槎牙。誰知化為蜃，海上落飛鴉。」

• 註解

「雉」：野雞。雄者尾長，羽毛華麗，因之有「修尾」的描述。雉善走而飛不持久，肉味美。「百錢得一雙」：以百錢買了兩隻野雞。「鶩」：古泛指野鴨，也指家鴨。「爪距漫槎牙」：雞鴨距與蹼在盛器中隨意歧叉之貌。「誰知化為蜃」：傳說雉入海化為蜃。《搜神記》：「千歲之雉，入海為蜃。」

【饋歲】蘇軾作

詩曰：「農功各已收，歲事得相佐。為

歡恐無及，假物不論貨。山川隨出產，貧富稱大小。置盤巨鯉橫，發籠雙兔臥。富人事華靡，彩繡光翻座。貧者愧不能，微摯出舂磨。官居故人少，里巷佳節過。亦欲舉鄉風，獨唱無人和。」《饋歲》詩爲《歲晚三首》（原詩題爲：《歲晚相與饋問，爲饋歲；酒食相邀，呼爲別歲；至除夜，達旦不眠，爲守歲。蜀之風俗如是。余官於岐下，歲暮思歸而不可得，故爲此三詩以寄子由》）中的一首。

• 註解

「置盤巨鯉橫」：菜盤子裡安放著大鯉魚。「發籠雙兔臥」：揭開蒸籠裡面是兩隻兔。「微摯」：摯音同「至」，微少之操摯也。摯同贄，意思是窮人只有拿出舂的、磨的簡陋的食品相與饋問。

【竹貍】蘇軾作

原詩：「野人獻竹貍，腰腹大如盎。自言道旁得，採不費罝網。鴟夷讓圓滑，混沌慚瘦爽。兩牙雖有餘，四足僅能仿。逢人自驚蹶，悶若兒脫襁。念此微陋質，刀几安足枉。就擒太倉卒，羞愧不能享。南山有孤熊，擇獸行舐掌。」

• 註解

「竹貍」：即竹鼠，四川俗稱「吼子」。體胖，長約30公分。背部棕灰色，腹部灰色，眼和耳都小，四腳和尾短。穴居地下。喜食竹筍和地下莖。分佈於中國大陸中部，西南及南部的竹林內。竹貍肉色白而質細。四川東部民間有「天上的斑鳩，地下的竹貍」之說，極讚其肉之美。「野人」：樸野之人也。「盎」：古代的一種腹大口小的器皿。」「採」：取也。「罝」：音同「拘」，捉兔子的網。「鴟夷」：革囊也，盛酒者，亦稱鴟鵜或鴟。「混沌」：獸名。《神異經》：「昆侖西有獸焉，其狀如犬，四足似熊，名為混沌。」「舐掌」：熊饑自舐其掌。《埤雅》：「熊，冬蟄不能食，饑則自舐其掌，故其美在掌。」

【於潛僧綠筠軒】蘇軾作

蘇軾常以飲食之事論人世。此詩乃其中一首。原詩：「可使食無肉，不可居無竹。無肉令人瘦，無竹令人俗。人瘦尚可肥，俗士不可醫。旁人笑此言，似高還似癡。若對此君仍大嚼，世間那有揚州鶴。」

• 註解

「於潛僧綠筠軒」：於潛，縣名，在今杭州。於潛僧，名孜，字惠覺。綠筠軒，於潛縣南二里豐國鄉有寂照寺舊有綠筠軒。

【和蔣夔寄茶】蘇軾作

詩中話及碾茶、烹茶、當時名茶，並蜀中以薑、鹽煎茶的習俗。原詩有：「沙溪北苑強分別，水腳一線誰爭先。清詩兩幅寄千里，紫金百餅費萬錢。吟哦烹噍兩奇絕，只恐偷乞煩封纏。老妻稚子不知愛，一半已入薑鹽煎。人生所遇無不可，南北嗜好知誰賢。……」

• 註解

「沙溪北苑」：產名茶之地名。參見《宣和北苑貢茶錄》、《北苑別錄》。「水腳一線誰爭先」：鬥茶的術語。以水痕先者為負。「薑鹽煎」：蜀中當時風俗煎茶用薑、鹽。「南北嗜好知誰賢」：南方北方的飲食嗜好能說誰更好呢。賢：勝也，善也。

【春菜】蘇軾作

原詩：「蔓菁宿根已生葉，韭芽戴土拳如蕨。爛蒸香薺白魚肥，碎點青蒿涼餅滑。宿酒初消春睡起，細履幽畦掇芳辣。茵陳甘菊不負渠，繪縷堆盤纖手抹。北方苦寒今未已，雪底波稜如鐵甲。豈如吾蜀富多蔬，霜葉露芽寒更苗。久拋菘葛猶細事，苦筍江豚那忍說。明年投劾徑須歸，莫待齒搖併髮脫。」東坡身居外地，思念故土，見北地菹菜蕭索，憶念蜀蔬之富，準備明年找點自己的不是，「投劾」棄官，以便離開北方，盼望「莫待齒搖併髮脫」就能回到故里。

• 註解

「蔓菁」：即蕪菁，《詩經》稱葑，

《爾雅》曰須、薞蕪，四川古稱諸葛菜，今俗稱大頭菜，《飲膳正要》言其有「溫中益氣，去心腹冷痛」之功。「戴土」：戴通載，開始出土。「拳」：通卷，屈曲貌。言剛出土的韭菜嫩芽，捲曲的樣子好似蕨菜。「爛蒸香薺」：食物或瓜果熟透後的酥軟狀態曰爛。將薺菜入釜蒸至熟透。「青蒿涼餅」：青蒿，草蒿的一種，野生。青蒿含有苦味質、揮發油、青蒿鹼和維生素A，有清熱解毒之功。青蒿汁合麵則成青蒿涼餅。「茵陳甘菊」：據《本草》載：茵陳，蒿類也。經冬不死，更因舊苗而生。菊有二種，一種紫色莖而味甘，葉可作羹者，為真菊。「不負渠」：渠，他也。不負渠，不能小看他之意。「北方苦寒」：指汴梁、徐州一帶季冬孟春之時天寒地凍。《東京夢華錄》：「京師地寒，冬月無蔬菜。」「菠薐」：即菠菜。「菘葛」：菘，白菜；葛，葛根。

【送筍芍藥與公擇二首】蘇軾作

原詩其一：「久客厭虜饌，枵然思南烹。故人知我意，千里寄竹萌。駢頭玉嬰兒，一一脫錦繃。庖人應未識，旅人眼先明。我家拙廚膳，麤肉筅蕪菁。送與江南客，燒煮配香粳。」蘇軾送筍與芍藥給李公擇，並建議李公擇將竹筍或燒或煮之後，配以香粳飯食用，可了南烹之思。

• 註解

「虜饌」：東北人的飲饌。東坡在此句下自注言：「蜀人謂東北人虜子」。「枵然」：枵音同「囂」，本指中心空虛的樹根。引申為空虛。東坡言：久住北方厭惡東北的飲食，空腹、饑餓而思念南方之食。「竹萌」：筍也。《爾雅》：筍，竹萌也。吳僧贊寧《筍譜》引孫炎云：竹初生曰萌。「駢頭玉嬰兒，一一脫錦繃」：言初生的竹筍嬌嫩之貌，如玉嬰兒剛剛從似錦的包被（筍殼）中脫出。「庖人」：廚師。「旅人」：東坡的自稱。「麤肉筅蕪菁」：麤肉，豬肉；筅，菜也。豬肉與蕪菁合而作菜。「粳米」：黏性較強、脹性小的粳稻。

【送鄭戶曹賦席上果得榧子】蘇軾作

榧子作為一種乾果，既可生啖，也可製素羹。蘇軾曾將榧子研細入豆腐同燒，成為著名的「東坡豆腐」（製法參見林洪《山家清供》）。此詩讚頌了榧子及榧樹的品格。原詩：「彼美玉山果，粲為金盤實。清樽奉佳客，瘴霧脫蠻溪。客行何以贈，一語當加璧。祝君如此果，德膏以自澤。驅攘三彭仇，已我心腹疾。願君如此木，凜凜傲霜雪。斲為君倚几，滑淨不容削。物微興不淺，此贈毋輕擲。」

• 註解

「玉山果」：榧子的異名。因玉山所產榧子香脆與他處迥殊，故名。「金盤」：盤之美稱。「加璧」：將玉加於束帛也。璧，此處喻美言似璧也。「三彭」：人體內有害之三蟲，也稱「三屍」。三蟲上蟲居腦中，中蟲居明堂。下蟲居腹胃，名彭琚、彭質、彭矯。參見《諸元真奧》。本草書言榧子去三蟲，行營衛。「斲」：斫削，雕飾。

【丁公默送蝤蛑】蘇軾作

蘇軾在江南得丁公默饋贈的梭子蟹甚為歡喜。蟹黃佐酒，蟹螯雪白的肉佐餐，飲食之樂樂在其中。原詩：「溪邊石蟹小於錢，喜見輪囷赤玉盤。半殼含黃宜點酒，兩螯斫雪勸加餐。蠻珍海錯聞名久，怪雨腥風入坐寒。堪笑吳興饞太守，一詩換得兩團尖。」

• 註解

「蝤蛑」：梭子蟹，頭胸寬大，兩側具長棘，略成梭形，螯足長大；分佈於中國大陸南北沿海，為產量最大的海產蟹類。「石蟹」：溪蟹的舊稱。「輪囷」：屈曲盤戾貌。「赤玉盤」：指梭子蟹。「半殼含黃」：蟹殼內的蟹黃占了半殼。「兩螯斫雪」：劈開兩支蟹螯，蟹肉像白雪一樣。「蠻珍海錯」：南方的珍味。蠻：南方種族的代稱，引申為南方。海錯：海中產物種類複雜眾多。《禹貢》：「海物為錯。」今指海味。「兩團尖」：雌蟹臍團，雄蟹臍尖。

【送牛尾狸與徐使君】蘇軾作

原詩：「風捲飛花自入帷，一樽遙想破愁眉。泥深厭聽雞頭鶻，酒淺欣嘗牛尾狸。通印子魚猶帶骨，披綿黃雀漫多脂。殷勤送去煩纖手，為我磨刀削玉肌。」題後東坡自注：「時大雪中。」

• 註解

「徐使君」：即徐君猷。「飛花」：飛雪似花。韓愈《春雪》詩：故穿庭樹作飛花。「泥深厭聽雞頭鶻」：蘇東坡自注：「蜀人謂泥滑滑為雞頭鶻」。泥滑滑、雞頭鶻、竹鷓鴣、山菌子，皆竹雞的異名和地方名。竹雞棲山丘藪地或叢林間，善潛伏，飛捷而低。以植物的果實、種子、嫩葉及蝗蟲、蚱蜢、白蟻等昆蟲為食。竹雞之肉可食用。「牛尾狸」：又名果子狸、花面狸、玉面狸。大小如家貓，但體較細長，四肢短，尾長如牛尾。肉質細嫩腴滑，無異味。宋林洪《山家清供》記牛尾狸的烹製法言：「去皮、取腸腑，用紙揩淨，以清酒洗，入椒、蔥、茴香於其內，縫密，蒸熟。去料物，壓縮，薄片切如玉。雪天爐畔，論詩飲酒，真奇物也。故東坡有『雪天牛尾』之詠。或紙裹糟一宿，尤佳。」段成式《酉陽雜俎·支動》：「洪州有牛尾狸，肉甚美。」洪州在今江西。「披綿黃雀」：黃雀，俗稱老而斑者為麻雀。《本草綱目》稱：此雀又名瓦雀、賓雀。小而黃口者為黃雀。李時珍言：黃雀「八九月降飛田間。」體絕肥，背有脂如披綿，土人謂脂厚為披綿。可以炙食，作鮓甚美。

【蜜酒歌】蘇軾作

詩前有敘云：「西蜀道士楊世昌，善作蜜酒，絕醇釀。余既得其方，作此歌以遺之。」原詩：「真珠為漿玉為醴，六日田夫汗流沘。不如春甕自生香，蜂為耕耘花作米。一日小沸魚吐沫，二日眩轉清光活。三日開甕香滿城，快瀉銀瓶不須撥。百錢一斗濃無聲，甘露微濁醍醐清。君不見南園采花蜂似雨，天教釀酒醉先生。先生年來窮到骨，問人乞米何曾得。世間萬世真悠悠，蜜蜂大勝監河侯。」詩中言蜜酒製作的過程，第一天「小沸魚吐沫」，第二天「眩轉清光活」，第三天「開甕香滿城」，均精闢之描述。

• 註解

「蜜酒」：《東坡志林》載「蜜酒法，予作蜜格與真一水亂，每米一斗，用蒸麵二兩半，如常法，取醅液，再入蒸餅麵一兩釀之。三日嘗，看味當極辣且硬，則以一斗米炊飯投之。若甜軟，則每投，更入麵與餅各半兩。又三日，再投而熟，全在釀者斟酌增損也。入水少為佳。」「楊世昌」：綿竹武都山道士，善畫山水，能鼓琴吹簫，亦知黃白藥術。「方」：此謂作蜜酒法。「遺」：贈予，送。「沘」：音同「此」，汗出貌。「醍醐」：本指酥酪上凝聚的油，此指較清的淺赤色酒。「乞米」：用唐顏真卿《與李太保乞米貼》事。帖云：「拙於生事，舉家食粥來已數月，今又罄竭，只益憂煎，輒待深情，故令投告，惠及少米，實濟艱勤。」「監河侯」：東坡自謔之詞。蘇軾在杭州曾事開運鹽河督役。

【又一首答二猶子與王郎見和】蘇軾作

原詩有「脯青苔，炙青脯。爛蒸鵝鴨乃瓠壺，煮豆作乳脂為酥。高燒油燭斟蜜酒，貧家百物初何有。古來百巧出窮人，搜羅假合亂天真」之句。言以苔為脯，以脯為炙，以瓠為鵝鴨，以豆為乳，以脂為酥，以油為燭，以蜜為酒，皆百巧之所為也。

• 註解

「脯青苔，炙青脯」：以青苔製成的小食品。漢族已失傳，今僅見於雲南傣族。製法：在春天，採江裡岩石上的青苔，淘洗後，撕成薄片，曬乾，用竹篾串好。製作時，原青苔用油煎，薄的以火烤。烤脆後，揉碎放碗裡，倒上沸油，加鹽攪拌後而食。「爛蒸鵝鴨乃瓠壺」句：用鄭餘慶故事。

《盧氏雜說》：鄭余慶，清儉有重德。一日，忽召親朋官數人會食，朝僚以故相望重，皆淩晨詣之。至日高，余慶方出。閒話多時，諸人皆囂然。余慶呼左右曰：「處分廚家，爛蒸去毛，莫拗折項。」諸人相顧，以為必蒸鵝鴨之類。逡巡，昇（音同「於」，抬也）台盤出，醬醋亦極香新。良久就餐，每人前下粟米飯一碗，蒸胡蘆一枚。相國餐美，諸人強進而罷。「煮豆作乳脂為酥」：以大豆製成豆漿和豆腐。乳，此處指豆漿；酥，此指豆腐。豆漿與豆腐，宋代已有很多記載。

【元修菜】蘇軾作

詩前有敘曰：「菜之美者，有吾鄉之巢。故人巢元修嗜之，余亦嗜之。元修云：使孔北海見，當復云吾家菜耶？因謂之元修菜。余去鄉十有五年，思而不可得。元修適自蜀來，見余於黃，乃作是詩，使歸致其子，而種之東坡之下云。」原詩：「彼美君家菜，鋪田綠茸茸。豆莢圓且小，槐芽細而豐。種之秋雨餘，擢秀繁霜中。欲花而未萼，一一如青蟲。是時青裙女，採擷何匆匆。烝之復湘之，香色蔚其饛。點酒下鹽豉，縷橙芼薑蔥。那知雞與豚，但恐放箸空。春盡苗葉老，耕翻煙雨叢。潤隨甘澤化，暖作青泥融。始終不我負，力與糞壤同。我老忘家舍，楚音變兒童。此物獨嫵媚，終年繫余胸。君歸致其子，囊盛勿函封。張騫移苜蓿，適用如葵菘。馬援載薏苡，羅生等蒿蓬。懸之東坡下，堉鹵化千鍾。長使齊安民，指此說兩翁。」此詩對四川州縣俱產的巢菜生態、性狀、種植、採擷、烹調等作了詳盡的描述。東坡見巢元修後，詩言巢菜「獨嫵媚，終年繫余胸」，希望巢谷回到巴蜀，一定要寄巢菜子給他。寄時，要求「囊盛勿函封」。蘇軾聯想到張騫從西域帶回苜蓿種子，馬援從交趾帶回薏苡種子，一心要在黃州東坡之貧瘠薄土上，使巢菜生根發芽、開花結果，化為千鍾鼎食。

• 註解

「巢」：小巢菜，俗稱苕菜。「巢元修」：名谷，眉山人，舉進士。「烝之復湘之」：烝，通蒸。湘，烹也。《詩經·召南·采蘋》：「於以湘之。」「香色蔚其饛」：謂烹煮後的巢菜，香氣和秀色薈萃一起，盛滿在釜中。蔚，聚集。饛，食物裝滿貌。「齊安」：在湖北黃岡縣西北。此處指黃岡縣。本詩敘中「見余於黃」之「黃」，即黃岡縣。

【戲作鮰魚一絕】蘇軾作

原詩：「粉紅石首仍無骨，雪白河豚不藥人。寄語天公與河伯，何妨乞與水精鱗。」

• 註解

「鮰魚」：鮰即鮠。《本草綱目》：「北人呼鱯，南人呼鮠，並與鮰相近，邇來通稱鮰魚，而鱯、鮠之名彰矣。」鮠，學名長吻鮠，四川地方俗稱江團、肥頭。《中國經濟動物志·淡水魚類》指出：長江、遼河、黃河、淮河、珠江、富春江等水系，皆產此魚。一般多為3至5市斤，大型的可達20市斤，肉味鮮嫩，少細刺，屬上等食用魚類。「石首」：又名黃花魚、石頭魚、黃魚、黃瓜魚。「河豚」：河豚體內大都含有不同量的有毒成分。其毒素最多為卵巢、肝臟，肉則幾乎無毒。冬春產卵期間，其肉味最美，但體中的毒素亦最多。煮食河豚，須去內臟、生殖腺、兩目，洗極淨，刮去表面黏液（最好是剝去外皮），並烹煮較長時間。這樣就能達到蘇軾所說的「不藥人」了。《宋人軼事彙編》引《示兒編》載：「東坡居常州，頗嗜河豚。有妙於味者，招東坡享。婦子傾室窺於屏間，冀一語品題。東坡大嚼，寂如喑者，窺者大失望。東坡忽然下箸曰：『也值一死！』於是閤舍大悅。」又，《邵氏聞見後錄》：「經筵官會食資善堂，東坡甚稱河豚之美，呂元明問其味，曰：『值那一死。』」可見宋代已掌握烹飪河豚的技藝。「河伯」：古代神話中的

黃河水神。「水精鱗」：此處指鮑魚。

【送金山鄉僧歸蜀開堂】蘇軾作

詩有「冰盤薦琥珀，何以糖霜美」句。

• 註解

「鄉僧」：指四川遂寧僧圓寶。「冰盤」：指青瓷盤。唐陸羽《茶經》對青瓷有「如玉如冰」之評，言青釉溫潤的程度如玉似冰。「琥珀」：言糖之色。《本草綱目》：「紫色及水晶色者為上，深琥珀色次之，淺黃又次之，淺白為下。」「糖霜」：糖色白如霜。甘蔗榨汁熬製後，清者稱蔗糖，凝結有沙者稱沙糖，沙糖中輕白如霜者稱糖霜。糖霜是後世白糖、白砂糖、綿白糖、冰糖的先驅。糖霜是唐太宗派王玄策等去印度學習製造蔗糖技術後在中國發展起來的。《新唐書·西域列傳》：「貞觀二十一年，……太宗遣使取熬糖法，即詔揚州上諸蔗，榨汁如其劑，色味愈西域遠甚。」完善中國製蔗糖工藝的為唐大歷年間居住在四川遂寧的鄒和尚。王灼《糖霜譜》、祝穆《方輿勝覽》、洪邁《糖霜譜》均有記述。

【為甚酥】蘇軾作

原詩題為「劉監倉家煎米粉作餅子，余云為甚酥。潘邠老家造逡巡酒，余飲之，云：莫作醋，錯著水來否？後數日，攜家飲郊外，因作小詩戲劉公，求之」。此詩留下了蘇軾與點心小吃的軼事。米粉做的餅子，煎炸而酥，本乃普通食物，由於蘇軾的諧謔，此點心便有了雅趣的名稱「為甚酥」。原詩云：「野炊花間百物無，杖頭惟挂一葫蘆。已傾潘子錯著水，更覓君家為甚酥。」

• 註解

「劉監倉」：名唐年，時為黃州主簿。「為甚酥」：一種米粉所煎的油果子。「潘邠老」：名大臨，字邠老。「逡巡酒」：頃刻釀成的酒。相傳韓愈侄韓湘有道術，能於頃刻之間釀酒。韓湘《殷七七詩》言：「解造逡巡酒，能開頃刻花。」

【鰒魚行】蘇軾作

北宋以前中國人食鮑魚的典故，盡入蘇軾此詩中。原詩：「浙台人散長弓射，初啖鰒魚人未識。西陵衰老穗長空，肯向北河親饋食。兩雄一律盜漢家，嗜好亦若肩相差。食每對之先太息，不因噎嘔緣瘡痂。中間霸據關梁隔，一枚何啻千金直。百年南北鮭菜通，往往殘餘飽臧獲。東隨海舶號倭螺，異方珍味來更多。磨沙瀹潘成大臠，剖蚌作脯分餘波。君不聞蓬萊閣下駝棋島，八月邊風備胡獠。舳艣跋浪黿鼉震，長鑱鏟處崖谷倒。膳夫善治薦華堂，坐令雕俎生輝光。肉芝石耳不足數，醋芼魚皮真倚牆。中都貴人珍此味，糟浥油藏能遠致。割肥方厭萬錢廚，決眥可醒千日醉。三韓使者金鼎來，方壺饋送煩輿臺。遼東太守遠自獻，臨淄掾史誰為材。吾生東歸收一斛，苞苴未肯鑽華屋。分送羹材作眼明，卻取細書防老讀。」

• 註解

「初啖鰒魚」：據《後漢書·王莽傳》載，王莽喜吃鰒魚。鰒魚，即鮑，俗稱鮑魚，也稱石決明。「肯向北河親饋食」：言曹操生前喜食鮑魚。曹植《請祭先王表》：「先王喜食鰒魚。臣前以表得徐州霸上鰒二百枚，足自供事。」「兩雄」二句：蘇軾自注，「莽、操皆嗜鰒魚。」「不因噎嘔緣瘡痂」：決不因為劉邕說過瘡痂之味似鮑魚而食之嘔吐。《南史·劉穆之傳》：穆之的孫子劉邕「性嗜食瘡痂，以為味似鰒魚。」「中間」二句：事出褚彥回。按《南史·褚彥回傳》，時淮北一枚鮑魚值數千錢，有人贈彥回三十枚鮑魚，門生建議拿去賣了換成錢，被褚拒絕。「鮭菜」：吳地人對魚菜的總稱。「臧獲」：奴婢的賤稱。「倭螺」：當時對日本人捕撈的鮑魚之稱。「磨沙」二句：製鮑，要將鮮鮑魚剝去貝殼，去掉內臟，放入沸水鍋中煮熟，再取出晾乾。磨沙，磨去鮑魚的粗皮。瀹潘，煮去鮮鮑魚的水份。臠，大塊的肉。「黿鼉」：黿，綠團龜；鼉，揚子鱷。「長鑱」：古代的一種犁頭。「肉芝」：千歲蛤蟆、靈

龜。「石耳」：靈芝、石木耳。「糟泡油藏能遠致」：鮑魚用糟製等方法保存得久，可帶到很遠的地方。「割肥方厭萬錢廚」：用〔晉〕何曾故事。《晉書‧何曾傳》言，何「性奢豪，務在華侈」，「食日萬錢，猶曰無下箸處」。「千日醉」：用劉玄石故事。張華《博物志》載，劉玄石飲了「千日醉」酒，醉後家人以為死，便棺葬之。酒家三年後前往視，讓劉家人開棺，玄石醉始醒。「三韓」二句：代指朝鮮。「遼東太守」二句：用吳良故事。據《後漢書‧吳良傳》，齊國臨淄人吳良初為郡吏，勸太守遠佞邪之人。太守喜，賜吳良鰒魚百枚。「斛」：十斗為一斛。「苞苴」：蒲包。「分羹送材作眼明」：本草書載，鮑魚及殼治目障翳痛，可明目。

【惠崇春江晚景二首】蘇軾作

此詩乃題於惠崇這位出家人所畫的春江晚景。清代大學問家紀昀評此詩為「上上絕句」之名篇。其一首云：「竹外桃花三兩枝，春江水暖鴨先知。蔞蒿滿地蘆芽短，正是河豚欲上時。」

•註解

「惠崇」：宋初僧人，工詩，善畫，一稱慧崇。「蔞蒿」：有水陸兩種，水生者辛香而美，生熟醃曬皆可食。「河豚」：見《戲作鮰魚一絕》詩注。

【寒具】蘇軾作

原詩：「纖手搓來玉數尋，碧油輕蘸嫩黃深。夜來春睡濃於酒，壓褊佳人纏臂金。」此詩從廚娘「纖手」揉麵做饊子起句，描繪了炸饊子時的油溫火候，饊子炸成後較嫩黃略深的顏色，和一圈圈似手釧連在一起的「纏臂金」的形態。在蘇軾筆下，一款宋代的點心的樣式躍然紙上。

•註解

「寒具」：一種油炸的麵食饊子。蘇軾於題下自注：「乃撚頭，出劉禹錫《嘉話》。」寒具源於寒食節。寒食節本是因農曆三月乃火災最多的時候，為防火災，寒食禁火。但民間對寒食禁火，則多以為是因紀念介子推之故。介子推為晉文公重耳的心腹，晉文公在政治避難時，介子推一直跟隨，並割股製羹獻上，使晉文公免受饑餓之苦。後晉文公掌權了，卻未封賞介子推。介子推也就隱姓埋名於山林。晉文公為逼介子推出山，放火燒山，介被燒死。晉文公感到悲哀，於是下令五月五日不得舉火。事見《荊楚歲時記》引蔡邕《琴操》。

【安州老人食蜜歌】蘇軾作

蘇軾對甜味食品和蜂蜜有特殊嗜好。此詩對嗜蜜的樂趣與感受作了細膩的描述。原詩：「安州老人心似鐵，老人心肝小兒舌。不食五穀惟食蜜，笑指蜜蜂作檀越。蜜中有詩人不知，千花百草爭含姿。老人咀嚼一時吐，還引世間癡小兒。小兒得詩如得蜜，蜜中有藥治百疾。還當狂走捉風時，一笑看詩百憂失。東坡先生取人廉，幾人相歡幾人嫌。恰似飲茶甘苦雜，不如食蜜中邊甜。因君寄與雙龍餅，鏡空一照雙龍影。三吳六月水如湯，老人心似雙龍井。」

•註解

「安州老人心似鐵」：蘇軾在題下自注，「贈僧仲殊」，據《宋詩紀事》，仲殊俗姓張，安州進士，因事出家，陸游《老學庵筆記》載，陸游的伯父彥遠言，「殊少為士人，遊蕩不羈，為妻投毒羹蒄中，幾死，啖蜜而解。醫云，復食肉，則毒發不可療。遂棄家為浮屠。」「檀越」：即梵語檀那，意為施主。「食蜜中邊甜」：蘇軾自注，「佛云：吾言譬如食蜜，中邊皆甜。」「雙龍餅」：緊壓成團的團茶。「三吳」：地名。其說法有三：一為會稽、吳興、丹陽；一為吳興、吳郡、會稽；一為蘇州、常州、湖州。

【棕筍】蘇軾作

詩前「並敘」曰：「棕筍，狀如魚，剖之得魚子，味如苦筍而加甘芳。蜀人以饌

佛，僧甚貴之，而南方不知也。筍生膚毳中，蓋花之方孕者。正二月間，可剝取，過此，苦澀不可食矣。取之無害於木，而宜於飲食，法當蒸熟，所施略與筍同，蜜煮酢浸，可致千里外。今以餉殊長老。」原詩：「贈君木魚三百尾，中有鵝黃子魚子。夜叉剖瘿欲分甘，籜龍藏頭敢言美。願隨蔬果得自用，勿使山林空老死。問君何事食木魚，烹不能鳴固其理。」

• 註解

「棕筍」：即棕櫚樹的花孕子。《本草綱目》：「狀如魚腹孕子，謂之棕魚，亦曰棕筍。」又言：「棕魚皆言有毒不可食，而廣、蜀人蜜煮醋浸以寄遠，乃製去其毒爾。」「蜜煮酢浸」：用蜂蜜煮或用醋浸漬，酢，此處當醋解。「剖瘿」：剝開棕筍，瘿，音同「影」，木上隆起者曰瘿。「籜龍」：筍之別名。「烹不能鳴固其理」：語出《莊子・山木》，故事。說有人住好友家，主人高興朋友來，叫兒子殺雁而烹之，兒子請示曰：「殺能鳴的一隻，還是殺不能鳴的一隻？」主人曰：「殺不能鳴者。」

【食槐葉冷淘】蘇軾作

原詩題為《二月十九日，攜白酒、鱸魚過詹使君，食槐葉冷淘》。其詩曰：「枇杷已熟粲金珠，桑落初嘗灩玉蛆。暫借垂蓮十分盞，一澆空腹五車書。青浮卵碗槐芽餅，紅點冰盤藿葉魚。醉飽高眠真事業，此生有味在三餘。」詩中的這一餐，桑落之美酒，新熟的枇杷，青色的涼麵，鱸魚之鮮膾，菜點酒果皆有了。真是「醉飽高眠」，「此生有味」！

• 註解

「槐葉冷淘」：以槐葉取汁，溲麵和汁作的冷淘，似今人的手工涼麵。「桑落」：酒名，杜甫詩有「坐開桑落酒，來對菊花枝」句。「玉蛆」：浮在酒面上的白色泡沫。「青浮卵碗槐芽餅」：槐芽餅，即槐葉冷淘。這種冷淘因和有槐葉汁，帶青色，所以用「青浮卵碗」描繪之。「藿葉魚」：一

種魚膾。《禮記・少儀》「牛與羊魚之腥，聶而切之為膾。」鄭玄注：「聶之言牒也，先藿葉切之，復報切之，則成膾。」藿葉，指豆苗葉。「三餘」：冬者歲之餘，夜者日之餘，陰雨者時之餘也。該語出《三國志・魏志・王肅傳》注引《魏略》。

【薏苡】蘇軾作

此詩由薏苡而論及荔枝、桄榔、橡栗、黃精等食物原料與藥物原料，注入了蘇軾對它們深厚感情。原詩：「伏波飯薏苡，御瘴傳神良。能除五溪毒，不救讒言傷。讒言風雨過，瘴癘久亦亡。兩俱不足治，但愛草木長。草木各有宜，珍產駢南荒。絳囊懸荔枝，雪粉剖桄榔。不謂蓬荻姿，中有藥與糧。春為芡珠圓，炊作菰米香。子美拾橡栗，黃精誑空腸。今吾獨何有，玉粒照座光。」

• 註解

「伏波」：漢馬援為伏波將軍。「薏苡」：果仁稱薏米、苡仁，白色，可雜於大米中作飯或粥。「御瘴傳神良」：據《後漢書・馬援傳》載，馬援在交趾時，常食薏苡，說可以輕身省欲勝瘴氣。「五溪」：地名，在今湖南西、貴州東一帶。「讒言」：《後漢書・馬援傳》：「南方薏苡實大，援欲以為種，軍還，載之一車。……及卒後，有上書譖之者，以為前所載還，皆明珠文犀。」「桄榔」：果實名桄榔子，可製澱粉。「菰米」：雕菰米。「橡栗」：橡斗栗，磨粉可製黃豆腐。「黃精」：又名野生薑、黃芝、菟竹，多年生草本，根如嫩薑，入藥；道家以為黃精得坤土之精粹，故名。

【雨後行菜圃】蘇軾作

原詩：「夢回聞雨聲，喜我菜甲長。平明江路濕，並岸飛兩槳。天公真富有，乳膏瀉黃壤。霜根一蕃滋，風葉漸俯仰。未任筐筥載，已作杯盤想。艱難生理窄，一味敢專饗。小摘飯山僧，清安寄真賞。芥藍如菌蕈，脆美牙頰響。白菘類羔豚，冒土出蹯

掌。誰能視火候，小灶當自養。」在蘇軾的筆下，芥藍之鮮美猶似菌蕈，食白嫩的菘菜，如同享用豬羊和熊掌。雖是生計艱難，但有如此美蔬，也就心滿意足了。只是在烹飪的時候，要重視火候，火候得當，則品蔬自養之樂在其中矣。

• 註解

「甲」：草木萌芽之時的外皮都可稱甲。「蹯掌」：熊掌，獸足稱番通作蹯。

【擷菜】蘇軾作

詩前有引曰：「吾借王參軍地種菜，不及半畝，而吾與過子終年飽飫，夜半飲醉，無以解酒，輒擷菜煮之。味含土膏，氣飽風露，雖粱肉不能及也。人生須底物，而更貪耶？乃作四句。」原詩：「秋來霜露滿東園，蘆菔生兒芥有孫。我與何曾同一飽，不知何苦食雞豚。」詩中流露出東坡看重飲食的情趣。父子倆半夜飲酒，採摘點含霜露的蘿蔔、芥藍煮食以解酒，自覺也是很滿足的。何必要像晉丞相何曾那樣「日食萬錢，猶曰無下箸處」，過分追求華侈的飲食呢？

• 註解

「擷菜」：擷，採摘。「過子」：蘇軾的三兒蘇過。「粱肉」：指美食佳餚。「底物」：何物。「芥」：芥藍。「雞豚」：指雞和小豬。

【玉糝羹】蘇軾作

原題為《過子忽出新意，以山芋作玉糝羹，色香味皆奇絕。天上酥陀則不可知，人間決無此味也》。原詩：「香似龍涎仍釀白，味如牛乳更全清。莫將南海金齏膾，輕比東坡玉糝羹。」蘇軾乃求實之人，在嶺南常以芋為食，但其子蘇過想出烹飪山芋的新法，色香味都較過去的好，高興得親自命名此菜為「東坡玉糝羹」。詩中描述此菜的色香味後，說東南佳味「金齏玉膾」也不能和它相比，天上的所謂酥陀更是虛幻不實。

• 註解

「山芋」：薯蕷科薯蕷。《神農本草經》「薯蕷」：「一名山芋，生山谷」，今人多稱山藥，以河南懷山藥為最著名，山藥今為藥食兼用之物。「香似龍涎」：言玉糝羹之香好象龍涎香一般。龍涎香，是甲鯨腸中分泌物乾燥而成，具有持久的香氣，是名貴的香料。「金齏膾」：也稱金齏玉膾，是指中國古代的生魚片。高濂《遵生箋》「鱸魚膾」記：吳郡鱸魚膾，八九月霜下時收鱸三尺以下，劈作膾，浸布包瀝水令盡，散置盤內；取香柔花葉相間，細切，和膾拌令勻；霜鱸肉白如雪，且不作腥，謂之金齏玉膾，東南佳味。

【狄韶州煮蔓菁蘆菔羹】蘇軾作

原詩：「我昔在田間，寒庖有珍烹。常支折腳鼎，自煮花蔓菁。中年失此味，想像如隔生。誰知南岳老，解作東坡羹。中有蘆菔根，尚含曉露清。勿語貴公子，從渠醉羶腥。」此詩寫於廣東。東坡二十歲時才隨父出川。以後，宦途坎坷，謫貶遷徙，足跡他鄉，常思故土。每當寫到川中之時，家鄉的烹飪樂趣油然而生。「中年失此味，想像如隔生」，便是這種鄉情的流露。

• 註解

「蔓菁蘆菔羹」：即東坡羹。《蘇軾詩集》引《東坡羹》云：「東坡居士所煮菜羹，不用魚肉五味，有自然之甘。其法以菘若蔓菁、若蘿菔、若芥，揉洗去汁，下菜湯中，入生米為糝，入少生薑，以油碗覆之其上，炊飯如常法，飯熟，羹亦爛，可食。」「蔓菁」：又名蕪菁，四川古稱諸葛菜，因其體呈白色、綠色或紫色、黃色等，故蘇軾稱為花蔓菁。「蘆菔」：蘿蔔的古稱。「南岳老」：李岩，《東坡志林》「題李岩老」：「南岳李岩老好睡，眾人食飽下棋，岩老輒就枕，閱數局乃一輾轉。」「勿語」二句：用不著給那些富貴之人說，讓他們醉心於膏粱腥膻的飲食。「渠」：他、他們。「醉」：沉浸、醉心。

【菜羹賦】蘇軾作

原賦並引曰：「東坡先生卜居南山之下，服食器具，稱家之有無。水陸之味，貧不能致。煮蔓菁蘆菔苦薺而食之，其法不用醯醬，而有自然之味。蓋易具而可常享。乃為之賦，辭曰：『嗟予生之褊迫，如脫兔其何因？隱詩腸之轉雷，聊禦餓以食陳。無錙粲以適口，荷鄰蔬之見分。汲幽泉以揉濯，搏露葉與瓊根。爨鉶錡以膏油，泫融液而流津。湯濛濛如松風，投糝豆而皆勻。覆陶甌之窮崇，謝攪觸之煩勤。屏醯醬之厚味，卻椒桂之芳辛。水初耗而釜泣，火增壯而力均。瀹漕雜而麋潰，信淨美之甘分。登盤盂而薦之，具匕箸而晨飧。助生肥於玉池，與五鼎其齊珍。鄙易牙之效技，超伊傅而策勳。沮彭尸之爽惑，調灶鬼之嫌嗔。嗟丘嫂其已隘，陋樂羊之匪人。先生心平而氣和，故雖老而體胖。計餘食之幾何，因無患於長貧。忘口腹之為累，以不殺而成仁。竊比予於誰歟，葛天氏之遺民。』」

有天賦之質、自然之味的菜羹，在東坡筆下，誘人神往，引人入勝。這位老饕不計口腹，安於長貧，自詡為葛天氏——上古之帝的遺民，信手言歷代食羹之典故（如說劉邦微時吃大嫂做羹之事已成過去，樂羊啜食其兒子之肉所作羹則其事可鄙），說長道短，意趣橫生。原料怎麼洗滌，菜羹怎麼烹飪，火候怎麼觀察，調味怎麼進行，頭頭是道，句句可信。細讀此賦，可生津不禁！

【老饕賦】蘇軾作

其賦曰：「庖丁鼓刀，易牙煎熬。水欲新而釜欲潔，火惡陳而薪惡勞。九蒸暴而日燥，百上下而湯鏖。嘗項上之一臠，嚼霜前之兩螯。爛櫻珠之煎蜜，瀹杏酪之蒸羔。蛤半熟以含酒，蟹微生而帶糟。蓋聚物之夭美，以養吾之老饕。婉彼姬姜，顏如李桃。彈湘妃之玉瑟，鼓帝子之雲璈。命仙人之萼綠華，舞古曲之鬱輪袍。引南海之玻璃，酌涼州之葡萄。願先生之耆壽，分餘瀝於兩髦。候紅潮於玉頰，驚煖響於檀槽。忽纍纍珠

之妙曲，抽獨繭之長繰。閔手倦而小休，疑吻噪而當膏。倒一缸之雪乳，列百椀之瓊艘。各眼灔於秋水，咸骨碎於春醪。美人告去已而雲散，先生方兀然而禪逃。響松風於蟹眼，浮雪花於兔毫。先生一笑而起，渺海闊而天高。」

此賦把中國烹飪與飲食表現得很精妙。事庖人的技藝，似庖丁、易牙那般高超；烹飪的精萃，全在於火中取寶；選料要精細，方能做出可人的佳餚。雪乳般的飲料沁人心脾，浮雪花的香茗讓人樂陶。宴享之際，輕盈的歌舞，伴隨著節奏的起伏，時急時徐，旋律的線條，時低時高，葡萄美酒令人醉，老饕之樂無窮妙！

【東坡羹頌並引】蘇軾作

由於蘇軾的名聲，在宋代就出現了好幾種以東坡為名的菜羹。而正格的「東坡羹」，還是要看此文及頌才知原貌：「東坡羹，蓋東坡居士所煮菜羹也。不用魚肉五味，有自然之甘。其法以菘若蔓菁、若蘆菔、若薺，揉洗數過，去辛苦汁。先以生油少許塗釜，緣及一瓷碗，下菜沸湯中。入生米為糝，及少生薑，以油碗覆之，不得觸，觸則生油氣，至熟不除。其中置甑，炊飯如常法，既不可遽覆，須生菜氣出盡乃覆之。羹每沸湧，遇油輒下，又為碗所壓，故終不得上。不爾，羹上薄飯，則氣不得達而飯不熟矣。飯熟羹亦爛可食。若無菜。用瓜、茄，皆切破，不揉洗，入罨，熟赤豆與粳米半為糝。餘如煮菜法。應純道人將適廬山，求其法以遺山中好事者。以頌問之：甘苦嘗從極處回，鹹酸未必是鹽梅。問師此箇天真味，根上來麼塵上來？」

• 註解

「蘆菔」：蘿蔔。「薺」：薺菜，有大小數種，大部分地區均產，四川俗稱地地菜。「遺」：贈與。「根」、「塵」：佛家語，根謂六根之根，眼耳鼻舌身意為六根，塵謂色聲香味觸法。

【煮魚法】蘇軾作

直接在文賦中具體寫烹飪法的文字並不多見。蘇軾在文中介紹了他被貶黃州時親自烹調魚菜的經驗，十分難得。文曰：「子瞻在黃州，好自煮魚，其法，以鮮鯽魚或鯉治斫冷水，下入鹽如常法，以菘菜心芼之，仍入渾蔥白數莖，不得攪。半熟，入生薑蘿蔔汁及酒各少許，三物相等，調勻乃下。臨熟，入橘皮線，乃食之。其珍食者自知，不盡談也。」

• 註解

「菘菜」：白菜。「其珍食者自知」：《蘇軾文集》中「書煮魚羹」言，「予在東坡，嘗親執槍匕，煮魚羹以設客，客未嘗不稱善，意窮約中易為口腹耳。今出守錢塘，厭水陸之品，今日偶與仲天貺、王元直、秦少章會食，復作此味，客皆云：此羹超然有高韻，非世俗庖人所能彷彿。」

【養老篇】蘇軾作

蘇軾的養生之道，涉及飲食起居。其飲食對飯、肉、湯、酒都有具體要求，此篇可見其主張：「軟蒸飯，爛煮肉。溫美湯，厚氈褥。少飲酒，惺惺宿。緩緩行，雙拳曲。虛其心，實其腹。喪其耳，忘其目。久久行，金丹熟。」

• 註解

「惺惺宿」：安安靜靜睡覺，惺，靜也。「久久行，金丹熟」：長期這樣做，就會像仙人道士煉丹一樣得到養生長壽之術。

【次韻毛君燒松花六絕】蘇轍作

詩題下共6首，其二首寫到松花餅，並自注言「蜀人以松黃為餅，甚美」，可見宋代四川人習俗以松花粉製餅而食。詩云：「餅雜松黃二月天，盤敲松子早霜寒。山家一物都無棄，狼藉乾花最後般。」

• 註解

「松花」：即松花粉，也稱松黃。「餅雜松黃二月天」：描寫了製作松花餅的方法和時間。《廣群芳譜》卷七十附《松花》所引《居山雜志》言：「松至二三月花，以杖叩其枝，則紛紛墜落，張衣械盛之，囊負而歸，調以蜜，作餅遺人，曰松花餅。」

【藏菜】蘇轍作

用某種方法將鮮菜貯藏起來，以供四時之需，中國歷史上創制了醃、漬、泡、菹、糟、井藏、坑藏、風乾、雪埋等方法。此詩乃對貯藏蔬菜的歌詠。原詩云：「曝清葵芥充朝膳，歲晚風霜斷菜根。百日園枯未易過，一家眾口復何言？多排瓷盎先憂盡，旋設盤於未覺頓。早晚春風到南圃，侵凌雪色有新萱。」

• 註解

「甕盎」：皆為陶製容器，此處指用來貯藏蔬菜。「萱」：金針菜，俗稱黃花菜。

【謝張泰伯惠黃雀鮓】黃庭堅作

黃雀鮓是用麻雀鮓製成的菜。從此詩可見宋代之時，上至皇帝，下至百姓，都喜食用此菜。原詩云：「去家十二年，黃雀慳下箸。笑開張侯盤，湯餅始有助。蜀王煎藜法，醢以羊彘兔。麥餅薄于紙，含漿和鹹鮓。秋霜落場穀，一一挾繭絮。殘飛蒿艾間，入網輒萬數。烹煎宜老稚，罌缶煩愛護。南包解京師，至尊所珍御。玉盤登百十，睥睨輕桂蠹。王侯饜豢豹，見謂美無度。瀕河飯食漿，瓜菹已佳茹。誰言風沙中，鄉味入供具。坐令親饌甘，更使客得與。蒲陰雖窮僻，勉作三百住。願公且安樂，分寄尚能屢。」

• 註解

「黃雀」：也稱家雀、瓦雀、賓雀、麻雀。「蜀王」二句：黃庭堅自注，「俗謂亥卯未餛飩。」「睥睨」：斜視狀。「桂蠹」：寄生在桂樹上的蟲，因此蟲食桂，故味辛，可以蜜漬食。「饜」：呃逆。「蒲陰」：縣名，今在山西祁縣。「黃雀鮓」：據宋代《吳氏中饋錄》載，其製法「每隻治淨，用酒洗，拭乾，不犯水。用麥黃、紅麴、鹽、椒、蔥絲，嘗味和為止。卻將雀入

區罈內鋪一層，上料一層，裝實，以箬蓋，篾片扦定。候鹵出，傾去，加酒浸。密封久用。」《本草綱目》言黃雀「可以炙食，作鮓甚美」。

【苦筍賦】黃庭堅作

此賦極譽苦筍的食用價值，指出四川人認為食苦筍會發病的觀點是錯誤的。賦曰：「僰道苦筍，冠冕兩川。甘脆愜當，小苦而反成味；溫潤縝密，多啖而不疾人。蓋苦而有味，如忠諫之可活國；多而不害，如舉士而皆得賢。是其鍾江山之秀氣，故能深雨露而避風煙。食肴以之開道，酒客為之流涎。彼桂斑之夢永，又安得與之同年。蜀人曰：苦筍不可食，食之動痼疾，令人萎而瘠。予亦未嘗與之言。蓋上士不談而喻；中士進則若信，退若眩焉；下士信耳而不信目，其頑不可鐫。李太白曰：『但得醉中趣，勿為醒者傳。』」

• 註解

「僰道苦筍」：僰道，漢縣名，在今四川宜賓縣；苦筍，苦竹之筍，其味微苦，故名。黃庭堅有《書自作苦筍賦後》文，把江南、黔中所生苦筍與蜀生苦筍作了比較，認為蜀中苦筍不僅能食用，採食期長，且「味猶甘苦相半」，說製菜用薑汁與醋調味，是很好的美食。「李太白曰」句：按李白《月下獨酌四首》之二，應為「但得酒中趣，勿為醒者傳」。

【綠菜贊】黃庭堅作

四川雅安等地所產的野蕨綠菜，很受黃庭堅的歡迎，寫了此文讚譽：「蔡蒙之下，彼江一曲，有茹生之，可以為蕨。蛙蟆之衣，采采盈掬。吉蠲洗澤，不溷沙礫。芼以辛鹹，宜酒宜餗。在吳則紫，在蜀則綠。其臭味同，遠故不錄。誰其發之，斑我旨蓄，維女博士，史君炎玉。」

• 註解

「蔡蒙」：蔡山和蒙山，蔡山在雅安東面，蒙山在雅安北面名山縣境。「蛙蟆之

衣」：言綠菜之色似蛙蟆。蟆，水苔。《莊子·至樂》：「得水土之際，則為蛙蟆之衣。」「吉蠲」：善潔飲食，吉，指善，蠲，指絜。「溷」：混雜。「餗」：食物，此處指下飯。「史君炎玉」：史炎玉，黃庭堅的姻表眷屬。

【大渡河魚甚美】李石作

南宋李石此詩原題為「大渡河魚甚美，皆巨口細鱗，鱤也，《本草》以鱤為石桂魚」。詩中讚美了在四川西南部岷江支流的大渡河所產的鱤魚。詩云：「小躍冰泉玉不如，細生乃得芼春蔬。莫將北海金虀膾，輕比西江石桂魚。」

• 註解

「鱤」：肉多刺少，富含脂肪，肉質細嫩，味鮮美，為人們喜歡的名貴魚類。四川今仍有產於酉水的長身鱤（俗名長體鱤、尖嘴鱤、火燒鱤）、魚蜂子，產於長江、嘉陵江、岷江、沱江、烏江的桂花魚（俗名母豬殼），及四川多數江河皆出產的大眼鱤（俗名刺薄魚）與斑鱤（也稱刺薄魚）。「北海金虀膾」：北海是南海之誤。南海金虀膾即古代名菜金虀玉膾，以魚切膾，配以香柔花葉、香橙絲，魚白若玉，虀黃如金。「西江」：指大渡河，因在西南部，故有此稱。

【即事】陸游作

此詩是陸游宦遊四川初所寫。詩中對四川的芋魁甚為欣賞，表述了他對自己烹調玉糝羹的感受。詩云：「渭水岐山不出兵，卻攜琴劍錦官城。醉來身外窮通小，老去人間毀譽輕。捫蝨雄豪空自許，屠龍工巧竟何成。雅聞岷下多區芋，聊試寒爐玉糝羹。」

• 註解

「區芋」：芋區的倒用，指種芋的地區。「玉糝羹」：此處指用魁芋所做的羹，與蘇軾父子在海南儋耳用山藥所製的玉糝羹不同。

【東山】陸游作

此詩是在四川三台縣東因參加宴飲而感嘆時事所寫。詩中對官場置國憂於不顧的宴飲豪縱感到憂愁焦慮。原詩云：「今日之集何佳哉，入關劇飲始此回。登山正可小天下，跨海何用尋蓬萊。青天肯為陸子見，妍日似趣梅花開。有酒如涪綠可愛，一醉直欲空千罍。駝酥鵝黃出隴右，熊肪玉白黔南來。眼花耳熱不知夜，但見銀燭高花摧。京華故人死太半，歡極往往潛生哀。聊將豪縱壓憂患，鼓吹地動聲如雷。」

• 註解

「東山」：在四川三台縣東四里，山近涪江。「有酒如涪綠可愛」：酒色碧綠像涪江水一樣可愛。「罍」：酒罈。「駝酥鵝黃出隴右」：鵝黃的駝乳出自隴右。駝酥：用駝乳熬成之酥酪。鵝黃：嫩黃之色。隴右：隴山之西，從陝西省隴縣到略陽一線以西。「熊肪玉白黔南來」：瑩白的熊肪從黔南運來。熊肉含脂肪較多，且其脂肪很白。黔南：貴州省南部。

【蜀酒歌】陸游作

原詩：「漢州鵝黃鸞鳳雛，不鶩不博多有餘。眉州玻璃天馬駒，出門已無萬里途。病夫少年夢清都，曾賜虛皇碧琳腴。文德殿門晨奏書，歸局黃封羅百壺。十年流落狂不除，遍走人間尋酒壚。青絲玉瓶到處酤，鵝黃玻璃一滴無。安得豪士致連車，倒瓶不用杯與盂。琵琶如雷聒坐隅，不愁渴死老相如。」以酒述懷，有懷才不遇之意。讚揚漢州（今四川廣漢）的鵝黃酒和眉州（今四川眉山）的玻璃春酒，以鸞鳳、天馬喻之。但美酒難得，假說能有豪士那樣多的酒，定要開懷痛飲。鸞鳥和鳳鳥，均是古時高貴之鳥。此處比喻賢俊之士。

• 註解

「天馬」：神馬。「碧琳腴」：青碧色的酒。「黃封」：酒名，天子所賜之酒。《書言故事·酒類》：「御賜酒曰黃封。」「歸局」：意指得官。《後漢書·順帝紀》：「今刺史二千石之選，歸任三司。」李賢注：「歸猶委任也。」「青絲」：指青色的頭髮。杜甫《青絲》詩：「青絲白馬誰家子，粗豪且逐風塵起。」

【題龍鶴菜貼】陸游作

原詩題為「題龍鶴菜貼東坡先生元祐中，與其里人史彥明主簿書云：『新春龍鶴菜羹有味，舉箸想復見憶耶！』」這是一首以飲食論人世之詩。詩中所言龍鶴菜，是四川民間常用來做羹食的野菜。詩云：「先生直玉堂，日差太官羊。如何夢故山，曉枕春蔬香。春蔬尚云爾，況我舊朋友。萬里一紙書，殷勤問安否。先生高世人，獨恨不早歸。坐令龍鶴菜，猶愧首陽薇。」

• 註解

「羞」：同饈，進膳的意思。「太官」：官名，掌百官的饌餚。「龍鶴菜」：這裡是指龍巔菜。《峨眉山志》：「龍巔菜，似椿樹。頭有刺，似白芥菜，滿山自生。」「首陽薇」：首陽的薇菜。首陽：山名，即伯夷、叔齊餓隱之處。薇：薇菜。

【飯罷戲作】陸游作

此詩描述了作者在成都的飲食生活和他欣賞的川味菜餚。原詩云：「南市沽濁醪，浮蟻甘不壞。東門買彘骨，醯醬點橙薤。蒸雞最知名，美不數魚蟹。輪囷犀浦芋，磊落新都菜。欲賡《老饕賦》，畏破頭陀戒。況予齒日疏，大嚼敢屢嘬。杜老死牛炙，千古懲禍敗。閉門餌朝霞，無病亦無債。」

• 註解

「濁醪」：濁酒。「浮蟻」：酒面之浮沫。「彘骨」：豬排骨。彘，豬也。「橙薤」：橙皮和薤白，烹調排骨的調料。「輪囷犀浦芋」：犀浦的芋頭又圓又大。犀浦，在成都市郫縣境內。「磊落新都菜」：新都的菜新鮮挺拔。新都，成都市屬之縣。「欲賡《老饕賦》」：蘇軾曾有《老饕賦》，陸游欲續作一篇。賡：續的古字。「大嚼敢屢嘬」：大塊的肉一次敢吃好幾塊。「杜老死

牛炙」:《唐書·杜甫傳》:「縣令具舟迎之乃得還。令饋牛炙，白酒，大醉一夕卒。」後均據此傳說杜甫因食縣令所饋牛炙、白酒而卒，陸游此詩亦從此說。

【成都書事】陸游作

原詩:「劍南山水盡清暉，濯錦江邊天下稀。煙柳不遮樓角斷，風花時傍馬頭飛。芼羹筍似稽山美，斫膾魚如笠澤肥。客報城西有園賣，老夫白首欲忘歸。」詩前寫成都平原的優美風景，接著誇讚成都出產的蔬筍、魚鱗都可以與江浙的產品媲美，詩末竟寫著聽說有人要賣園子，真想買下園子住下，老來不回歸故里了。

• 註解

「劍南」:泛指四川，唐時稱劍南道。「濯錦江」:水名。浣花溪一名濯錦江。「芼羹」:即菜羹，芼音同「冒」。「斫膾」:《爾雅·釋器》中有「肉曰脫之，魚曰斫之」。郭璞注:「斫，謂削鱗也。」斫音同「酌」。膾，細切魚肉。「稽山」:在今浙江紹興東南。「笠澤」:古水名，即松江（今吳淞江），其江之源，連接太湖，故《揚州記》又云「太湖一名笠澤」。

【食薺】陸游作

原詩其一:「日日思歸飽蕨薇，春來薺美忽忘歸。傳誇真欲嫌茶苦，自笑何時得瓠肥」。其三:「小著鹽醯助滋味，微加薑桂發精神。風爐歙缽窮家活，妙訣何曾肯授人。」這是讚美薺菜的詩。薺菜雖然是一種野菜，但在古代受到許多詩人的讚賞。《詩經·邶風·谷風》:「誰謂茶苦，其甘如薺。」蘇軾創製了「薺菜羹」。陸游曾作詩記之，題曰:「食薺糁甚美，蓋蜀人所謂『東坡羹』也。」

• 註解

「瓠肥」:肥大的瓠瓜。

【病中忽有眉山士人史君見過】陸游作

此詩原題為「病中忽有眉山士人史君見過，欣然接之，口占絕句」。陸游對蜀人蜀語倍感親切，對眉山的紅綾餅餤和玻璃春酒非常想念。原詩云:「蜀語初聞喜復驚，依然如有故鄉情。絳羅餅餤玻璃酒，何日蟆頤伴我行。」

• 註解

「絳羅」二句:此句下陸游自注，「眉州以羅裹餅餤，至二十四子，號通義餤。玻璃春，郡酒名也，亦為西州之冠。」絳羅餅餤，即紅綾餅餤，原為唐代宮廷饌饈，後為四川食品。餅餤:餅餌之類。《六書故》言，「以薄餅卷肉切而薦之曰餤」。「蟆頤」:山名，在眉山縣東。

【薏苡】陸游作

原詩:「初遊唐安飯薏米，炊成不減雕胡美。大如芡實白如玉，滑欲流匙香滿屋。腹腴項臠不入盤，況復飱酪誇甘酸。東歸思之未易得，每以問人人不識。嗚呼奇材從古棄草菅，君試求之籬落間。」原詩注:「蜀人謂其實為薏米，唐安所產尤奇。」此詩以物托情，哀嘆人才之不得重用。

• 註解

「雕胡」:茭白的果實菰米，生長於湖沼水內。分布於中國南北各地。「芡實」:又名「雞頭米」，鮮者可為食，乾製則為中藥材。「腹腴」:菜餚肥美之意。

【巢菜】陸游作

陸游旅居蜀中時，喜食大巢菜和小巢菜。此詩及序描述了詩人回到山陰家鄉時又品嚐小巢菜的心情:「蜀蔬有兩巢:大巢，豌豆之不實者。小巢，生稻畦中，東坡所賦元修菜是也，吳中絕多，名漂搖草，一名野蜀豆，但人不知取食耳。予小舟過梅市得之，始以作羹，風味宛如在醴泉蟆頤時也。冷落無人佐客庖，庚郎三九困饞撈。此行忽似蟆津路，自候風爐煮小巢。」

• 註解

「元修菜」：小巢菜，今俗稱苕菜。「庾郎」：庾景之。「三九」：庾景之所食三種韭菜，即韭菹、瀹韭、生韭。蘇軾《杞菊賦》：「何侯方丈，庾郎三九。」

【冬夜與溥菴主說川食戲作】陸游作

原詩：「唐安薏米白如玉，漢嘉栮脯美勝肉。大巢初生蠶正浴，小巢漸老麥米熟。龍鶴作羹香出釜，木魚瀹菹子盈腹。未論索餅與饡飯，最愛紅糟并缹粥。東來坐閱七寒暑，未嘗舉箸忘吾蜀。何時一飽與子同，更煎土茗浮甘菊。」此詩盛讚川食之美。

• 註解

「唐安」：唐名蜀州，即今之崇州市東南。「薏米」：學名為薏苡仁，四川俗稱苡仁，古代作主食，今常作藥物，飲食行業亦作烹飪原料入菜。「漢嘉」：後周名嘉州，即今四川樂山。「大巢」、「小巢」：見方物的「大巢」、「小巢菜」條。「龍鶴」：峨眉山附近所產的野菜。「木魚」：即棕筍，見蘇軾《棕筍》詩注。「索餅」：即麵條。「饡飯」：用羹燒飯，即蓋澆飯，饡音同「贊」。「缹粥」：菜粥，缹音否。「土茗」：土茶、粗茶。

【思蜀三首】陸游作

原詩之一首：「玉食峨嵋栮，金齏丙穴魚。常思晚秋醉，未與故人疏。白髮當歸隱，青山可結廬。梅花消息動，悵望雪消初。」原詩注：「余昔在犍爲，師伯渾、王志夫、張功父、王季夷、瑩上人輩，以秋晚來訪，樂飲旬日即去。」此詩是陸游回到山陰後，懷念蜀中的美食和故友而作的。使他念念不忘的飲食有峨嵋山出產的木耳和眉州丙穴所產之魚。

• 註解

「金齏」：用金橙切細絲和醬而成的調味品。「丙穴魚」：見方物「丙穴魚」條。

原詩之二首：「老子饞堪笑，珍盤憶少

城。流匙抄薏飯，加糝啜巢羹。栮美傾筠籠，茶香出土鐺。西郊有舊隱，何日返柴荊。」詩人很喜愛川食。詩中所列薏飯、巢羹、木耳、香茶等珍餚美食，勾起他的思蜀之情，歎息何日才能重遊蜀地。

• 註解

「老子」：自謂之詞。「少城」：成都地名。西元前316年，秦滅巴蜀後，張儀建大城，後又在大城西建少城，毀於隋代。今成都之少城，非張儀所築之少城也。「巢羹」：用巢菜（大巢菜又名野豌豆，小巢菜又名野蠶豆）和糝作的羹湯。「筠籠」：用竹皮編的籠子。「土鐺」：溫茶的罐子。鐺音同「撐」。「西郊」句：陸游52歲時被免官，由成都城內花行移居城西浣花村。

原詩之三首：「園廬已卜錦城東，乘驛歸來更得窮。只道驊騮開道路，豈知魚鳥困池籠。石犀祠下春波綠，金雁橋邊夜燭紅。未死舊遊如可繼，典衣猶擬醉郫筒。」這是陸游回憶在蜀中的遭遇而發出感慨的詩。使他最難忘的是喝郫筒酒。他說：如果能再次遊歷四川，就是典當衣服也要買郫筒酒喝個大醉。從此詩可知宋時郫筒酒十分誘人。

• 註解

「驊騮」：駿馬。「郫筒酒」：見方物的「郫筒酒」條。

【蔬食戲書】陸游作

原詩：「新津韭黃天下無，色如鵝黃三尺餘。東門彘肉更奇絕，肥美不減胡羊酥。貴珍詎敢雜常饌，桂炊薏米圓比珠。還吳此味那復有，日飯脫粟焚枯魚。人生口腹何足道，往往坐役七尺軀。膻葷從今一掃除，夜煮白石箋陰符。」陸游高度讚美蜀中出產的韭黃、豬肉、薏米。感慨人生不要爲口腹所奴役，要從今戒葷學道。

• 註解

「胡羊」：北方一帶所產之羊。「枯魚」：乾魚。「七尺軀」：指身體。古代謂身長七尺也。「煮白石」：劉向《列仙傳》，「白石先生者，中黃道人弟子也。常

煮白石為糧，因就白石出居。亦食脯，飲酒，食穀，日行四百里，容貌不衰。」陸游則引用此典故。

【食粥】陸游作

原詩：「世人箇箇學長年，不悟長年在目前。我得宛丘平易法，只將食粥致神仙。」原詩有陸游題解：「張文潛有食粥說，謂食粥可以延年，予竊愛之。」

• 註解

「張文潛」：即張耒（西元1054－1114年），北宋詩人，自號柯山，江蘇淮陰人。張有《粥記》云：「每日起，食粥一大碗。空腹胃虛，穀氣便作，所補不細。又極柔膩，與腸胃相得，最為飲食之良。」「宛丘」：地名，在河南淮陽縣東南。張耒有《宛丘集》。「宛丘平易法」當指張文潛之食粥法。「神仙」：道教指得道後能超脫生死的人。

【夢蜀二首】陸游作

原詩之一：「夢飲成都好事家，新妝執樂雁行斜。赬肩郫縣千筒酒，照眼彭州百馱花。醉帽傾欹歌未闋，罰船激灩笑方譁。霜鐘喚覺晨窗白，自怪無端一念差。」此詩是陸游回到山陰後所作，回憶在蜀飲酒作樂的情景。他很後悔不該離開四川回到家鄉，所以唱出「自怪無端一念差」。

• 註解

「赬肩」：赤色的肩，赬音同「撐」。「千筒酒」：形容郫縣的郫筒酒之多。「彭州」：今四川彭州市。「歌未闋」：歌猶未完之意。「激灩」：水波之漫漫相連狀，此處形容飲酒作樂、情意綿綿的狀態。

原詩之二：「自計前生定蜀人，錦官來往九經春。堆盤丙穴魚膰美，下箸峨眉栭脯珍。聯騎雋遊非復昔，數編殘稿尚如新。最憐栩栩西窗夢，路入青衣不問津。」陸游46歲時入蜀，到54歲才東歸，在四川生活了9年的時間。他回到山陰（今浙江紹興）後，十分眷戀四川風物飲食。此詩假說夢之筆，

描繪川食之美，足見其愛慕之深。

• 註解

「錦官」：成都古稱錦官城。「丙穴魚」：見方物「丙穴魚」條。「栭脯」：即木耳。「青衣」句：青衣，江名，是大渡河支流，在四川中部。此句說，夢遊舊地青衣江，道路十分熟悉，無須問渡口在哪裡。

【甜羹】陸游作

原詩：「山廚薪桂軟炊粳，旋洗香蔬手自烹。從此八珍俱避舍，天蘇陀味屬甜羹。」是一首讚美甜羹的詩，說自己烹製的甜羹，比八珍還好，味道之美，有如天上蘇陀一般。

• 註解

「蘇陀」：想像中的美饌。「八珍」：珍貴的食品。詳見菜饌美稱「八珍」條。

【遣興】陸游作

原詩：「老子從來薄宦情，不辭落魄錦官城。生前猶著幾兩屐，身後更須千載名。樓外雪山森曉色，井邊風葉戰秋聲。一樽尚有臨邛酒，卻為無憂得細傾。」原詩注：「邛州宇文吏部餉酒絕佳。」這是一首言志的詩，說自己宦遊成都，不圖高官富貴，只求留名千載。在優美的環境裡，飲上一杯絕佳的臨邛酒，就可以暢懷了。

• 註解

「老子」：詩人自謂之詞。「錦官城」：故址在今四川省成都市南，簡稱「錦城」。唐代杜甫《蜀相》詩：「錦官城外柏森森」。「臨邛酒」：臨邛，今四川邛崍市。此句可見南宋時邛崍已產佳釀。「細傾」：謂細細傾觴飲酒也。

【凌雲醉歸作】陸游作

原詩中有「峨嵋月入平羌水，歎息吾行俄至此。謫仙一去五百年，至今醉魂呼不起。玻璃春滿玻璃鍾（原詩注：玻璃春，眉州酒名），宦情苦薄酒興濃。飲如長鯨渴赴海，詩成放筆千觴空。十年看盡人間事，更

覺麴生偏有味。君不見葡萄一斗換得西涼州，不如將軍告身供一醉」之句。陸游任嘉州（今樂山市）州事時，遊凌雲寺所寫。詩言詩人多愛酒，酒能助詩興，李白是「醉魂呼不起」，自己是「詩成放筆千觴空。」

• 註解

「凌雲寺」：寺院名，在樂山市城東，岷江對岸凌雲山上，明曹學佺《蜀中名勝記》卷二十一「嘉定州」：「天下山水之勝在蜀，蜀之勝在嘉州，嘉州之勝在凌雲寺。」「謫仙」：古時稱頌有才學的人，謂如謫降人世的神仙，此處指唐代詩人李白。《新唐書‧李白傳》：「白往見賀知章，知章見其文，歎曰：『子，謫仙也！』」「告身」：古代授官的憑信，如今之任命狀。

【西林院】陸游作

原詩：「一邦盡對江邊像，試比西林總不如（原詩注：院門對大像最正）。群玉蕭森開士宅，五雲飛動相君書（原詩注：寺額五字，唐相裴徹書，遒美可愛）。磴危漸覺山爭出，屨響方驚閣半虛。安得棄官長住此，一盃香飯薦珍蔬。」陸游49歲時調嘉州（今四川樂山）州事，常遊嘉州城西西林院。院門正對大佛，環境幽森，他感慨只要有香飯素菜可吃，願棄官隱居於此。

• 註解

「一邦」：指很多建築物。「磴危」：險峻的岩石。

【閬中作】陸游作

原詩中有「挽住征衣為濯塵，閬州齋釀絕芳醇」之句。陸游去南鄭途經閬州（今四川閬中市）時所作。盛讚閬州所產之齋酒。

• 註解

「濯塵」：洗去旅途沾染在衣服上的泥土。「芳醇」：芳香而且醇厚的酒。

【城上】陸游作

原詩二首。其二曰：「濯錦豪華夢不通，歸然孤疊亂山中。行歌滿道知人樂，露

積連村見歲豐。萬瓦新霜掃殘瘴，一林丹葉換青楓。鵝黃名醞何由得，且醉盃中琥珀紅。」原詩注：「榮州酒赤而勁甚。鵝黃，廣漢酒名。」陸游在榮州（今四川榮縣）任州事時遊城上所作。前段寫景，後讚廣漢「鵝黃」酒、榮州「琥珀紅」酒之美。

• 註解

「濯錦」：指成都。

【懷舊用昔人蜀道詩韻】陸游作

原詩有「最憶蒼溪縣，送客一亭綠。豆枯狐兔肥，霜早柿栗熟。酒酸壓楂梨，妓野立土木。主別意益勤，我去疲已極」之句。陸游由夔州去南鄭途經蒼溪縣所作。詩中可見宋代蒼溪縣的飲食狀況。

【夜泊合江縣月中小舟謁西涼王祠】陸游作

原詩有「出我囊中香，羞我南谿蘋。杯湛玻璃春，盤橫水精鱗。出門意怡悅，煙波浩無津」之句。詩人東歸時乘舟過四川合江縣時所作。記述遊西涼王祠時喝了「玻璃春」酒，吃了肥美的魚鱗，醉到神志不清，盡興而歸的情景。

• 註解

「南谿」：縣名，在四川宜賓與江安間。「怡悅」：同怡恍，恍忽不清。

【晚登橫溪閣】陸游作

原詩二首。其二曰：「犖确坡頭笻竹枝，西臨村路立多時。賣蔬市近還家早，煮井人忙下麥遲（原詩注：榮多鹽井，秋冬收薪茅取急）。病客情懷常怯酒，山城老景盡供詩。晚來試問愁多少？只許高樓橫笛吹。」陸游在榮州任州事時描寫四川榮縣宋代的生產情況，可見當時製鹽業已很發達。

• 註解

「笻竹」：竹名，可作杖。「煮井」：四川多鹽井，從井中汲鹽水熬煉為鹽。

【飯保福】陸游作

原詩：「筵雨雲低未放晴，閉門作病憶閑行。攝衣丈室參耆宿，曳杖長廊喚弟兄。飽飯即知吾事了，免官初覺此身輕。歸來更欲誇妻子，學煮雲堂芋糝羹。」此為陸游在成都被人譏為「恃酒頹放」，被罷官後失意之作。閒散無聊之情，表達於字裡行間，所以發出「飽飯即知吾事了，免官初覺此身輕」的歎息。

• 註解

「筵雨」：細雨。「耆宿」：年高而有學問的人。「芋糝羹」：用山藥和糝作的羹。為蘇東坡三兒蘇過創制。

【食薺糝甚美，蓋蜀人所謂東坡羹也】陸游作

原詩云：「薺糝芳甘妙絕倫，啜來恍若在峨岷。蓴羹下豉知難敵，牛乳抨酥亦未珍。異味頗思修淨供，秘方常惜授廚人。午窗自撫膨脬腹，好住煙村莫厭貧。」宋代有以蔓菁或以蘿蔔、薺菜等為原料製作的好幾種「東坡羹」。此詩所言乃東坡羹之一種。

• 註解

「薺糝」：薺菜加米糝入水煮成的羹。

【夔州竹枝歌九首】范成大作

范成大為南宋詩人，曾任四川制置使。這裡選的是他寫的這一組詩中的第一、第三和第七首，以見宋代夔州（今四川奉節）端午節觀龍舟、飲麴米春酒及豆菽豐收、花果滿園的景象。

第一首云：「五月五日嵐氣開，南門競船爭看來。雲安酒濃麴米賤，家家扶得醉人歸。」第三首云：「新城果園連瀼西，枇杷壓枝杏子肥。半青半黃朝出賣，日午買鹽沽酒歸。」第七首云：「百衲畬山青間紅，粟莖成穗豆成叢。東屯平田秔米軟，不到貧人飯甑中。」

• 註解

「嵐氣」：山氣蒸潤也。「雲安」：即今四川雲陽，唐宋時所產麴米春酒非常有

名，酒醇濃，易使人醉。「瀼西」：夔州府（今奉節縣）城東，有大瀼水，注入長江。此處指瀼水之西。「百衲」：謂補綴之多，此喻指貧人。「畬山」：即畬田，刀耕火種之田地。「秔米」：即粳米。

【巴蜀人好食生蒜】范成大作

原詩題為「巴蜀人好食生蒜，臭不可近。頃在嶺南，其人好食檳榔合蠣灰、扶留藤，一名蔞藤，食之輒昏然，已而醒快；三物合和，唾如膿血可厭。今來蜀道，又為食蒜者所薰，戲題」。詩云：「旅食諳殊俗，堆盤駭異聞。南餐灰荐蠣，巴饌菜無葷。幸脫蔞藤醉，還遭胡蒜薰。絲蓴鄉味好，還歸水連雲。」

• 註解

「胡蒜」：即大蒜。

【素羹】范成大作

此詩描述了范成大喜好的一種素羹。詩云：「氈芋凝酥敵少城，土諸割玉勝南京。合和二物歸藜糝，新法儂家骨董羹。」

• 註解

「少城」：城名，即今成都舊府城的西城。「土諸」：山藥。「南京」：今河南商丘縣南。「骨董羹」：用各種菜蔬同鍋雜煮而成的羹，《仇池筆記》、《揚州畫舫錄》、《廣州府志》等書均有各種骨董羹軼事及製法的記載。

【月團茶歌】楊慎作

此詩形象地描述了楊慎仿效唐宋人所製團茶的感受。原文與詩云：「唐人制茶，碾末以酥滫為團，宋世尤精。前自元以來，其法遂絕。予效而為之，蓋得其似，始悟唐人詠茶詩所謂『豪油首面』，所謂『佳茗似佳人』，所謂『綠雲輕挽湘娥鬟』之句，飲啜之餘，因作詩紀之，並傳好事。膩鼎腥甌芳醑蘭，粉香末旗香杵殘。秦女綠鬟雲擾擾，班姬寶扇月團團。蘭膏點綴黃金色，花乳清泠白玉瀾。先春北苑移根易，勻水南瀘別味

難。」

• 註解

　　「酥瀹」：拌和茶葉末使之酥軟。「班姬」：漢成帝的妃子班婕妤，曾寫有《團扇》詩，這裡以此句形容團茶之形。「勺」：舀取。「南瀍」：水名。

【薰橘】楊慎作

　　原詩云：「綠結試新霜，金丸綴紫房。美人憐節物，含笑出長廊。玉手勞親摘，朱唇不忍嘗。濃薰九微火，清芬百和香。捧持青玉案，投贈白雲鄉。桃李終成俗，芝蘭豈並芳。真堪頌屈子，詎許擲潘郎。羅帕分珍賜，猶疑出上方。」將橘子用微火燻灼，使其散出芳香後熱食，四川民間至今仍有此食法。此詩描寫了楊慎的食薰橘感受。

• 註解

　　「青玉案」：古時貴重的食器，案，承杯箸之盤。「白雲鄉」：傳說仙人所居之地。「屈子」：屈原，有《橘頌》。「上方」：道家所謂的仙界。「潘郎」：晉潘岳，美姿儀，有擲果盈車的故事。見《世說新語》注引《語林》。

【香霧髓歌】楊慎作

　　此詩讚頌了江津所產的巨柑。其詩序云：「余得柑於江陽，形如北方瓶梨，不忍食之，攜至榮昌。清夜與冷漢池夜話，漢池不飲，乃出是柑，剖之，味異恒品。漢池曰：昔廖明略晚登坡門，飲以密雲龍，飲茗遂為佳話。珂也晚登公門，此亦公之密雲龍也，請以坡詩『香霧噀人』及陸天隨『星髓未雕』之句，含而名之曰『香霧髓』。仍出鵝硯棗心筆，屬予作此歌云。」詩云：「君不見東坡先生密雲龍，緘藏遠自朝雲峰，宛丘淮海四學士，分江貯月初啓封。又不見升庵老人香霧髓，獅頭瑞柑萍實比。香霧噀人星髓開，錫以嘉名漢池始。龍團獅柑各有神，江陽玉局共稱珍。若把西湖比西子，從來佳茗似佳人。……酒酣邀我賦短歌，楚頌亭前芳思多。象置伯夷真不翅，才盡江淹其

奈何。」

• 註解

　　「江陽」：故治今在重慶江津市西南。「榮昌」：縣名，今屬重慶市所轄。「冷漢池」：人名，楊慎的友人。「廖明略」：人名，蘇軾之友。「宛丘淮海四學士」：即蘇門四學士。「伯夷」；商朝時高人隱士。

【和章水部沙坪茶歌】楊慎作

　　四川青城山之丈人山一帶出產好茶，唐代陸羽《茶經》就已有記述。此詩並跋敘述了沙坪茶的歷史和生長形態與風味特色，可看作是一部用詩寫的茶譜。詩云：「玉壘之關寶唐山，丹危翠險不可攀。上有沙坪寸金地。瑞草之魁生其間。芳芽春苗金鴉嘴，紫筍時抽錦豹斑。相如凡將名最的，譜之重見毛文錫。洛下盧仝未得嘗，吳中陸羽何曾覓。逸味盛誇張景陽，白菟樓前錦里傍。貯之玉碗薔薇水，擬以帝台甘露漿。餅聚龍雲分麝月，蘇蘭新桂清芬發。參隅迢遞渺天涯，玉食何由獻金闕。君作茶歌如作史，不獨品茶兼品士。西南側陋阻明楊，官府神仙多蔽美。君不聞夜光投人按劍嗔，又不聞臃腫蟠木先容為上珍。」跋云：「往年在館閣，陸子淵謂予曰：沙坪茶信絕品矣，何以無稱于古？余曰：毛文錫《茶譜》云：玉壘關寶唐山有茶樹，懸崖而生，筍長三寸五寸，始得一葉兩葉，晉張景陽《成都白菟樓》詩云：芳茶冠六清，逸味播九區。此非沙坪茶之始乎？」

• 註解

　　「寶唐山」：今青城山之丈人山一帶。「毛文錫」：前蜀時人，著有《茶譜》。「盧仝」：唐代詩人，著有《走筆謝孟諫議寄新茶》（簡稱《茶歌》）。「陸羽」：唐代人，著有世界上第一部茶葉專著《茶經》。「張景陽」：是張孟陽之誤。張孟陽，名載，西晉文學家，寫過《登成都白菟樓》詩。

【嘉州食墨魚感賦】龍為霖作

此詩為清代四川巴縣人詠樂山墨鯉之作。原詩云：「嘉州有墨魚，甲鱗排點漆。龍身燕尾長，雙鬐並鐵直。三月天氣和，春風起百蟄。倔強立泥沙，矯如樹黑幟。市之斫為膾，芳鮮妙無匹。吞之清欲化，如蝕神仙跡。郭公固多奇，此語難窮極。獨怪鎮江鱘，跳網期雪色。千里走京華，歲供上方食。斯物豈不貴，何為賤棄擲。悠悠世間人，尚元不如白。」

• 註解

「嘉州」：今四川樂山。「墨魚」：墨鯉。「甲鱗」：魚鱗一片接一片。「漆」：此處指黑色。「郭公」：指東晉文學家、訓詁學家郭璞，曾在樂山市烏尤山爾雅台注釋《爾雅》。

【燒筍】李調元作

原詩：「西蜀饒林筜，南珍產箭苛。吾家水竹居，對門篔簹夥。常愁稚子出，竊被旁人裹。園丁勸早燒，帶殼計良妥。不須郢人斤，只借燧氏火。篲兮風其吹，衰矣時當果。肉食謝不能，禪參意亦頗。不交王子猷，只友文與可。食罷笑謂君，蔬筍氣真我。」全詩寫吃燒筍事。

• 註解

「林筜」：當為筊筜的誤刻。筊筜，音同「林於」，竹名。《竹譜》言，筊筜竹葉薄而廣。「箭苛」：竹名，即箭竹。《竹譜》言，箭竹堅勁中矢。苛音同「葛」，也讀稿，箭桿。「篔簹」：音同「云當」，大竹名。「郢人」句：這裡是用《莊子‧徐無鬼》郢人運斤成風的典故。郢音同「影」。斤，斫木所用之刀。「燧氏」：燧人氏，相傳燧人氏鑽木取火。「篲」：音同「拓」，俗稱筍殼。「王子猷」：大書法家王羲之之子，性愛竹，言「何可一日無此君」。「文與可」：北宋四川人，擅畫墨竹。

【深州牧李五峰遣送小菜四種】李調元作

此詩吟詠了韭黃、腐乳、蘿蔔、鹹菜等常見常食的普通菜餚。其「韭黃」詩云：「未經出土氣含酥，小放筠籃似束芻。短短麥苗無可雜。不須偷問石家奴。」其「腐乳」詩云：「才聞香氣已先貪，白楮油封四小甔。滑惟流膏挑不起，可惟風味似淮南。」其「庵菔」詩云：「栽如諸葛蔓菁菜，煮比東坡玉糝羹。如練土酥群不識，教人長是憶金城。」其「鹹菹」詩云：「醢人加豆列名蔬，紫蓼於葵迥不如。卻憶誠齋詩句好，一生只解貯寒菹。」

• 註解

「筠籃」：竹籃，筠，竹子。「芻」：草把。「石家奴」：用石崇家廚故事。《晉書‧石崇傳》載，石崇家待客，頃刻之間就可以上饌餚。其中，豆粥與韭萍虀的製法秘方被廚師告訴了外人，其廚師被殺。「白楮油封四小甔」：浸油的白紙封了四個小瓶。楮，紙。甔，瓶。「淮南」：代指豆腐。傳說西漢淮南王劉安始創豆腐。「庵菔」：萊菔，蘿蔔。「土酥」：蘿蔔。「金城」：古縣、郡名，在今甘肅省境內。此地出產蘿蔔質地好，杜甫詩有「金城土酥白如練」句。「醢人」：周代宮廷官名，職掌四豆之實，供王安享祭祀之用。豆，盛食物的木製餐具。「迥」：形容差異很大。「卻憶誠齋詩句好」：宋楊萬里號誠齋，有《詠虀》、《芥虀》等詩，中有「自笑枯腸成破甕，一生只解貯寒菹」句。「菹」：醃漬的蔬菜。

【和王心齋同年詠豆腐原韻】李調元作

詩題下共四首，詳細地描寫了豆腐製品。其一云：「諸儒底事口懸河，總為誇張豆腐磨。馮異蕪蔞噓卒辦，石崇虀韭笑調和。挏來鹽鹵醍醐膩，濾出絲羅瀼液多。富貴何時須作樂，南山試問落其麼。」其二云：「家用為宜客用非，合家高會命相依。石膏化後濃於酪，水沫挑成縐似衣。剁作銀

條垂縷滑，劃爲玉段截肪肥。近來腐價高於肉，只恐貧人不救饑。」其三云：「不須玉豆與金籩，味比嘉肴盡可捐。逐臭有時入鮑肆，聞香無處辨龍涎。市中白水常成醉，寺裡清油不礙禪。最是廣文寒徹骨，連筐秤罷臥室氈。」其四云：「敏捷詩漸七步成，到門何敢荷歡迎。菽吟秀水難追和，乳讓蘇州獨擅名。華未擷時清可點，渣全淨後白蓮城。家園漿果紅於染，卻悔屠門逐隊行。」

• 註解

「底事」：何事。「䃺」：碾碎了的豆子。「馮異」句：用漢代馮異爲光武帝劉秀獻豆粥故事。《後漢書·馮異傳》：光武「至饒陽無蔞亭。時天寒烈，眾皆饑疲，異上豆粥。明旦，光武謂將曰：『昨得公孫（馮異的字）豆粥，饑寒俱解。』」「石崇」句：用晉代石崇咄嗟而辦豆粥故事。《晉書·石崇傳》：「崇爲客作豆粥，咄嗟即辦。」「捆」：用力拌動。「瀼」：乳汁。「萁」：豆莖。曹植《七步詩》「煮豆燃豆萁」。「合家」句李調元自注（後稱自注）：「明末吳宗潛，有『大烹豆腐瓜茄菜，高會荊妻兒女孫』句。」「水沫」句自注：「豆腐皮」。「剁作」句自注：「豆腐條」。「劃爲」句自注：「豆腐塊」。「近來」句自注：「諺云：豆腐搬成肉價錢。」「玉豆與金籩」：皆爲古代華麗的盛具。「逐臭」句自注：「黬者爲臭豆腐」。「聞香」句自注：「乾者名五香豆腐乾」。「市中」句自注：「白水豆腐」。「寺裡」句自注：「清油豆腐」。「最是」句自注：「世謂廣文有連筐豆腐三斤之謔。」「敏捷」句自注：「曹子建七步成煮豆詩。」「菽吟」句自注：「朱彝尊子昆田，字西畯，有《吟乳詩》」。「乳讓」句自注：「姑蘇糟豆腐」。「華未」句自注：「豆華加米爲點清飯」。「渣」句自注：「豆腐渣」。「家園」句自注：「染漿果葉煮豆腐，極嫩。」染漿果葉，即今俗稱軟漿葉、木耳菜。

【落花生歌】李調元作

原詩言：「其生滋蔓若藤荽，細葉牽露朝含英。金絲飛墮輕無語，沙中甲拆春雷鳴。以花爲媒非爲母，媒即其母實其嬰。此種粵蜀賤非貴，北人包裹遺公卿。」落花生也叫花生、長生果、番豆、地豆、土豆。唐代段成式《酉陽雜俎》已有記載。《辭海》言，花生原產熱帶。此詩對花生的性態、生長以及在南北各方人們心目中的地位，皆作了很恰當的描述。花生作爲常用菜餚原料，李氏雖未言及如何製菜，但其「此種粵蜀賤非貴」，則可知四川人以花生爲很普通的東西，常食是容易的事情。

【食芋贈陳君章】李調元作

原詩：「栽樹多栽柳，可作析薪具。種蔬多種芋，可作凶年備。岷山多蹲鴟，陳家專其利。十畝白沙乾，萬葉青枝翠。攜鋤斫待客，撥火煨相饋。氣作龍涎香。色過牛乳膩。我老齒欲搖，咀嚼漸牛飼。惟有玉糝羹，不觸諸牙恚。書此以致謝，橫斜不成字。」詩人食陳君章所贈旱芋，大加讚美。

• 註解

「岷山多蹲鴟」句：《史記》：「汶山之下，沃野，下有蹲鴟。」汶山即岷山。蹲鴟：芋的一種稱呼。「撥火煨相饋」句：用懶殘和尚以牛糞煨芋贈李泌之故事。「氣作龍涎香，色過牛乳膩」句：用蘇軾詩句「香似龍涎仍釅白。味如牛乳更全清」之意。「惟有玉糝羹」句：言用東坡之子蘇過以芋爲其父烹「玉糝羹」之法。

【五月初一日同墨莊遊醒園】李調元作

原詩有「何人具雞黍，日暮舉酒燕。吾家有阿興，烹炮能亦擅」句。意思是說我家的廚師烹飪菜餚也是很有術的，誰還辦這麼好的酒席來招待我呢。此詩可見川中士人對飲食的講究，以自家有善烹飪的家廚爲豪。

• 註解

「墨莊」：李調元之弟李鼎元，號墨

莊。「雞黍」：古人餉客的用語，出自《論語》，「止子路宿，殺雞為黍而食之。」《後漢書》亦有張劭具雞黍以待范式之記載。「酒燕」：猶言酒席。燕通宴。「阿興」：當為李調元的家廚某姓名興者，阿字，此處為發語詞。「烹炮能亦擅」句：菜餚是做得很好的。烹炮，泛指烹飪。

【題青社酒樓】李調元作

原詩有「小橋斜枕碧溪流，新柳依依蘸小溝。班竹筍香供夏饌，來牟麥老當秋收」句。可見蜀中夏日以竹筍為饌佐酒的風貌。

• 註解

「來牟」：古時大小麥的統稱。「班竹」：四川人對青竹之類的稱呼，非著名的湘妃竹那種斑竹。通常筍以冬出者為最美，夏出者常為鞭筍，遜色於冬筍。而李氏言蜀中以班竹筍供夏饌，並言其筍之多，老農像收割大小麥那樣收穫。

【席上奉酬二律】李調元作

原詩題為《什邡寧湘維（錡）明府招飲席上奉酬二律》。詩中有：「美釀傾牛乳。佳餚煎鱉裙」句，可知清嘉慶時，川中人宴客，以鱉裙（今稱裙邊）為餉客佳餚。

【入山】李調元作

原詩有「父老知我至，招呼相逢迎」，「烹雞冠爪具，蒸豚椒薑並」之句。此詩可見當時四川鄉間燉全雞和蒸豬肉以椒薑作調味的傳統風格。

【峨嵋山賦（節選）】李調元作

節選的部分，可見峨眉山豐富的烹飪原料：「其果，則荔枝夏赤，海梅冬丹，香櫞佛手，甘橘柚欒，密羅棋枳，林檎枇杷，朱櫻銀杏，楮栗木瓜，柿核棠柰，樧李葡萄，給客之橙，綏山之桃，待甘自零，懸金若燒，要皆延年之實，足媲甘露之膏。」「其穀，則稻麥黍蕎，蜀秫荍穀，穬豆蠶豌，胡麻戎菽。」「其蔬，則蕺苴蘄蒻，茄蕅瓜

壺，薤薑蔥蟠，蒟蒻上酥，朱藷綠荾，白芥赤桋，龍葵甜菘，龍顛苦蕨，馬蘭珍珠，鸕芋斷續，地蠶樹雞，木耳石發，凡園圃之所滋，悉播藝於耕垡。至於蘼芋蘋莞，芙芡蔣菰，神芝昌歜，芭蕉蔓蘆，撮石燈心，仙劍雉尾，金星壁寶，碧雲薏苡，佛甲仙掌，長生不死。雪蛆則蠕蠕而動，空奪則冉冉而高。」

• 註解

「楮栗」：楮同榛，即榛栗。「核」：核桃。「柰」：蘋果。「樧」：山桃。「穬豆」：黑小豆，俗稱馬科豆。「蕺」：蕺菜，俗稱側耳根。「蘄蒻」：《本草綱目》中「蘘與蘄蒻一物也，但分大小二種也。小者為蘘，大者為蘄蒻。」「蘱」：即扁豆。「蟠」：小蒜。「垡」：耕地起土。「蘼」：莓。「赤桋」：似茱萸而小，赤色。「樹雞」：木耳之大者。「雪蛆」：一名冰蛆，雪蠶，大如指，以珍味稱。「空奪」：即蛇蛻。

二、方物

【雪蛆】

又名冰蛆、雪蠶。出四川峨眉山，以珍味稱。陸游《老學庵筆記》云：「《嘉祐雜志》云『峨眉雪蛆治內熱。』予至蜀，乃知此物實出茂州雪山。雪山四時常有積雪，彌遍嶺穀谷，蛆生其中。取雪時並蛆取之，能蠕動。久之雪消，蛆亦消盡。」何宇度《益部談資》：「雪蛆產於岷峨深澗中。積雪春夏不消而成者，其形如蠶，但無刺，肥白，長五、六寸，腹中惟水，身能伸縮。取而食之，須在旦夕，否則化矣。」李調元《峨嵋山賦》亦云「雪蛆則蠕蠕而動」。

【酥油茶】

藏族人喜愛喝的一種自製飲料。藏族人待客，亦用酥油茶款待。《金川瑣記》：金

川「熬茶用大葉茶同牛乳煮至百沸，用長勺攪揚，沃之以鹽，名曰酥油茶。」並指出：當地「熬茶必佐之鹽，茶以外俱淡食」。

【鯢魚】

兩棲類動物。亦稱鯢、大鯢、娃娃魚、山椒魚、魶魚、鰭魚。原用作烹飪原料。今已屬國家明令保護動物，禁止食用。《益部談資》：「鯢魚，一名魶，一名鰭，出滎經河中。大首長尾，而有四足。能援樹攀木，聲作兒啼。土人皆食之。」《益部方物略記》：魶魚「出西山溪谷及雅江。狀似鯢，有足，能緣木，其聲如兒啼，蜀人養之。」並讚曰：「有足若鯢，大首長尾，其啼如嬰，緣木弗墜。」《金川瑣記》「孩兒魚」條：「大江中產孩兒魚。《酉陽雜俎》作鯢魚（必鞭出白汁如構汁，方可食。不爾有毒）。形如守宮，聲如嬰兒，能陸行。甲辰秋赴任，路過小牛廠。見民家盆盎中養二尾，皆長尺許。問所用，云可治跌撲損傷，細視其爪有四，極似雞距。訝其形異，售之，放大江中，乙巳秋，因事公出，民間獲一巨者，重九十餘斤。市人環觀，哀鳴甚慘。翌日旋署，已不獲購放。……然予官於綏靖五年，未聞複有重至九十餘斤者。居民食之，未見有疾害。聞諸土人云，懸其肉於無人處，下垂至地，聞人履聲，輒收縮如舊，亦物異也。」

【香豬】

一種珍貴的自然繁育豬，其特點是小，成年豬僅長至18至20千克左右。《益部談資》：「建昌、松潘具出，香豬小而肥，肉頗香，入冬醃以饋人。」近年，已有人開發養殖，並加工成「烤香豬」商品投放食品市場，很受消費者歡迎。

【土犬】

《益部談資》：「建昌、松潘具出。……土犬亦小而肥美。群遊稻田，一犬登樹而望，如有捕者，則先鳴吠，令眾犬奔

逸。」

【竹䶉】

《益部談資》：「竹䶉，太平東鄉皆有之，生於竹中之鼠也。形色俱類鼠。差大而肥。烹之，味與黃鼠無異。」竹䶉性狀，參見蘇軾詩《竹䶉》條。

【丙穴魚】

齊口裂腹魚。《益部談資》：「丙穴在達州，出嘉魚。杜工部詩云『魚知丙穴由來美』，是也。志又載雅州亦有丙穴。」宋代宋祁《益部方物略記》言嘉魚曰：「丙穴在興州，有大丙小丙山，魚出石穴中。今雅州亦有之。蜀人甚珍其味。左思所謂嘉魚出於丙穴中。」《爾雅》：「魚尾謂之丙。穴，孔也，洞也。」《水經注》：「穴口向丙，故曰丙穴。」左思《蜀都賦》：「嘉魚出丙穴」。仇兆鼇《杜詩詳注》釋：漢中沔陽縣北謂丙穴，興州、雅州亦有丙穴，萬州梁山縣柏枝山亦有丙穴，達州明通縣又有丙穴，上述皆產嘉魚。《酉陽雜俎》：「丙穴魚食乳水，食之甚溫。」據考證，丙穴魚即今四川俗稱之雅魚。見水產及製品「雅魚」條。

【郫筒酒】

深褐色的低度酒。《益部談資》：「郫筒酒乃郫人刳大竹為筒，貯春釀於中。」《廣群芳譜》引《成都古今記》言，郫筒酒乃「刳大竹釀醁醽（注：本名荼蘼，花名。）作酒，兼旬方開，香聞百步外。故蜀人傳其法。」又引《華陽風俗錄》：「郫縣有筒池，池邊有大竹，郫人刳其節，傾春釀於筒，閉以藕絲，包以蕉葉，信宿香達於外，然後斷之以獻。」1805年新刊成都太平齋藏版《成都竹枝詞》：「郫縣高煙郫筒酒，保寧釀醋保寧紬。」足證清代中葉仍有此酒。現四川省郫縣酒廠生產的郫筒酒，屬低度酒類，呈深褐色，進口略苦帶酸，回味略甜，具有助消化、增食慾、舒筋絡、促進血液循環等功能。水溫而飲，風味更佳。

【諸葛菜】

即蔓菁、蕪菁，俗稱大頭菜。《劉賓客嘉話錄》云：「諸葛亮所止，令兵士獨種蔓菁者……取其才出甲者，生啖一也；葉舒可煮食，二也；久居則隨以滋長，三也；棄去不惜，四也；回則易尋而採之，五也；多有根可劚食，六也。比諸蔬屬，共利不亦溥乎。曰信矣。三蜀之人亦呼蔓菁。爲諸葛菜，江陵亦然。」《益部談資》：「諸葛菜即古之蔓菁，……武侯謂視諸蔬有六利，四時各食其根莖心葉，令軍中所至鹹種，蜀故以是名之。」

【雪鵝】

《金川瑣記》：「嘗有友人貽予一建昌鴨，其大如鵝，頭戴雞冠。又，嘗行卡撒，道見雪鵝數十，翔步雪中，或先或後，不甚畏人，白毛紅嘴，與家鵝無少異，微覺高大。但距印雪上作鴻爪痕，不似尋常連跗鵝鴨禽畜耳。種類之異乃爾。」並言：「土人云，雪鵝喜眠食雪中。」

【黃鴨】

《金川瑣記》：「野鶩之屬，較家鴨微小，毛羽深黃色，土人網得數頭來獻，予厚賚之。爲剪其翼翎，與家禽同畜，日漸馴熟。聞呼祝祝聲，輒逐隊競前，物我忘機，真有飛鳥依人之趣。後爲繆明府清泉攜去。」

【南瓜】

《金川瑣記》：「兩金川俱出南瓜，其形如巨橐（音同「陀」，意袋子），圍三、四尺，重一二百斤。每歲大憲巡邊，必攜數枚去，每一枚輒用四人舁（音同「於」，意抬）之。」

【咂酒】

居住在四川的羌族、重慶的土家族人自製的飲料。《金川瑣記》：「番地無六酒六漿之屬，只有咂酒一味。以小麥、青稞及黍子、燕麥爲之。將稞、麥等入水鍋內煮半熟，倒向沙地上曝乾，然後拌酒麴入皮簍內，上用牛羊毛蓋暖。數日後聞有酒氣，再入酒壇，用牛糞封口，惟恐洩氣。用時移貯銅瓶，入滾水少許，以細竹管數支植其內（原注：酒面味薄、酒底有沙土，故用竹管吸中間），男女數人可以雜吸。」今茂汶羌族自治縣羌族人自釀的咂酒酒色微黃，酸中帶甜，醇香爽淨。重慶東部土家族人和漢族人亦釀製咂酒飲用。近年，重慶環陽食品飲料廠已開發生產出「巴人咂酒」，以其甘甜、醇厚、清香之味，和濃郁的古風，受到食者青睞。

【豬膘】

羌族、藏族人製作的乾肉條。《金川瑣記》：「夷地多荒山，畜牧既便，尤喜豢豬。與尋常剛鬣稍異，率皆紅毛尖嘴，或紅毛黑毛相雜，適均如邵陽之隔織布。所食惟草萊糞穢。莫不瘦瘠骨立，皮厚一寸許。用時懸高處縊死，到其背去腸胃，用樹條撐開風乾，名目『豬膘』，爲極珍之物。非親戚宴會不輕用也。」

【筍】

宋代釋贊寧《筍譜》：邛竹筍「出蜀中臨邛」；蘆竹筍「筍苦，亦可食，出盧州」；對青竹筍「筍萌可食，出成都」；三棱竹筍「筍細初抽。川中人家竹林中忽有，云吉兆也」。

【延壽果】

花生。《金川瑣記》：「延壽果又名長壽果。金川處處有之。形如羊棗，叢生沙土中。去皮和米煮粥，極香甜有味。亦可入牛酪烹煮。」

【熊掌】

《金川瑣記》：「……狗熊，署中嘗畜其一……後因需用熊膽，令強有力者擊斃之。熊油能透物，試擦油手心中，果直透手

背。可入藥濟人。熊掌因未得烹飪法，膻臊膩人，不堪下箸。後聞金明府（玉）云：須傅土火煨，其毛始淨。再入鍋中煮去膻汁，然後加醯醬爛蒸，味極可口」。現在，熊已屬國家明令保護動物，嚴禁食用。

【冬蟲夏草】

也稱夏草冬蟲、蟲草。爲麥角菌科植物冬蟲夏草菌的子座及其寄主蝙蝠蛾科昆蟲蟲草蝙蝠蛾等的動蟲屍體的複合體。《金川瑣記》：「俗稱蟲草。初生，抽芽一縷，如鼠尾，長數寸，無枝葉，雜生細草中，採藥者須伏地尋擇。因芽及根，蟲形未變，頭嘴倒植土中，短足對生，背有蹙屈紋，稜稜可辨，芽從尾茁，蓋直僵蠶，非僅形似也。然剖之已成草根。每歲惟四月杪（音同「秒」，意年月季節的末尾）及五月初旬可採。太早則蟄蟲未變；太遲即變成草根，不可辨識矣。味甘平。同鴨煮，去滓食，益人。」可見今川菜中之「蟲草鴨子」非始於近年。《本草從新》：「冬蟲夏草，四川嘉定府所產者最佳，雲南、貴州所出者次之。」中藥學認爲蟲草有補虛損、益精氣、止咳化痰之功，治痰飲喘嗽、虛喘、癆嗽、咯血、自汗盜汗、陽痿遺精、腰膝酸痛、病後久虛不復等症。

【白芥】

芥菜的一種。爲十字花科植物白芥的嫩莖葉，又名胡芥，蜀芥。《本草綱目》：「其種來自胡戎而盛於蜀，故名。」又曰：「白芥處處可種，但人知蒔之者少爾。以八、九月下種，冬生可食。」

【白蓴】

四川對蓴菜的地方俗稱。唐代時，已見對四川出產蓴菜的記載。杜甫《贈王二十四侍禦契四十韻》詩，就曾寫過他寓居成都時「網聚黏圓鯽，絲繁煮細蓴」，招待他的朋友王契。李白在四川活動時，也對綿竹的蓴菜十分喜好。《四川志》載：「綿竹縣武都山上出白蓴菜甚美。」《綿竹縣志》記：「蓴菜，一作蓴。葉爲橢圓形，有長柄，莖及葉背具黏液，可作羹。」「武侯池、東武山，即生白蓴處。武侯所鑿，李雁有記。」《益州記》載：「東武山有池，出白蓴。冬夏帶絲，肥美爲一州最。」李調元《喜晴二首》詩：「蓉溪客至烹紅鯉，綿竹人來饋白蓴」。當今，四川南部仍有蓴菜栽培，西昌市雷波縣已有蓴菜生產基地，年產近30噸蓴菜應市。

【山藥】

《四川中藥志》名白苕。《群芳譜》：「處處有之。南京者最大而美，蜀道尤良。」《清異錄》：「蜀孟昶月旦必素飧，性喜薯藥（山藥的異名），左右因呼薯藥爲『月一盤』。」四川今有種植的山藥與野生山藥兩種，均爲人們食用。

【龍巔菜】

《廣群芳譜》引《峨眉山志》：「龍巔菜，似椿樹。頭有刺，似白芥菜，滿山自生。九老洞者尤佳。」

【巢菜】

一名大巢菜、野豌豆。即《詩經》所稱的薇。《本草綱目》：「薇即今野豌豆，蜀人謂之巢菜。蔓生，莖葉氣味皆似豌豆，其藿作蔬、入羹皆宜。」

【小巢菜】

俗稱苕菜。蘇軾《元修菜》「引」：「菜之美者，有吾鄉之巢。故人巢元修嗜之，余亦嗜之。元修云：『使孔北海見，當複云吾家菜耶？』因謂之元修菜。」陸游《巢菜》序詩云：「大巢，豌豆之不實者；小巢，生稻畦中，東坡所賦元修菜是也。吳中絕多，名漂搖草，一名野蠶豆。」李時珍《本草綱目》云：「以油炸之，綴以米糝，名草花。食之佳，作羹尤美。」《廣群芳譜》引《四川志》：「巢菜州縣俱出，葉似

槐而小，其子如小豆，夏時種以糞田，其苗可食。」

【芹】

《蜀本草》：「《圖經》云，（水芹）生水中，葉似芎藭，花白色而無實，根亦白色。」宋周必大《二老堂詩話》：「蜀人縷鳩為膾，配以芹菜。或為詩云：本欲將芹補，那知弄巧成。」

【饘粑】

即糌粑。《金川瑣記》：「番地無米穀，夷人日食饘粑。炒青稞磨粉，或用大麥、小麥、豌豆為之，入牛乳酥少許，用手攪和，搦成團子。食畢。舐手及所有木缽。以舌代鹽洗。」「無碗箸亦無鹽醋諸物調劑，頭人偶或用鹽，然惜之如金。」「夷人惟日食饘粑一飯碗許，莫不強健多力。嘗仿其法為之，和以酥油，調以蔗糖，亦尚適口。管理懋功屯務吳明府已食不輟，年五十餘矣，轉益精壯。」

【川椒】

即花椒。也稱巴椒、蜀椒。陶弘景：「蜀椒。出蜀郡北部，人家種之，皮肉厚，腹裡白，氣味濃，江陽、晉康及建平間亦有而細赤，辛而不香，力勢不如巴郡者。」《本草綱目》：「蜀椒肉厚皮皺、其子光黑、如人之瞳人，故謂之椒目。他椒子雖光黑，亦不似之。」《群芳譜》：「川椒肉厚皮皺，粒小子黑。外紅裡白。入藥以此為良，他椒不及也。」《廣群芳譜》引《四川志》：「各州縣俱出。惟茂州出者最佳。其殼一開一合者。最妙。」

【薑】

《呂氏春秋》：「和之美者，陽樸之薑。」《史記・貨殖列傳》：「巴蜀亦沃野，地饒巵薑……」巵即紫赤色，巵薑當指紫薑。左思《蜀都賦》：巴蜀「其圃則有蒟蒻茱萸、瓜疇芋區、甘蔗辛薑、陽蒟陰

敷」。《本草綱目》引蘇頌《圖經本草》曰：薑「處處有之，以漢、溫、池州者為良」。李商隱詩：「蜀薑供煮陸機蓴。」按古人注釋，蜀郡「陽樸」多指西蜀或川西，今人鄧少琴《巴蜀史稿》認為「陽樸」當指重慶市所屬北碚區。鄧言：「陽樸」即陽濮，嘉陵江下段稱濮江，舊為濮人所居。北碚在合川濮岩寺之南，故曰陽濮，北碚為濮字元輕唇音之轉，北碚猶百濮也。」

【胡蔥】

圓蔥、洋蔥。《本草綱目》：「胡蔥即蒜蔥也，……胡蔥乃人種蒔，八月下種，五月收取，葉似蔥而根似蒜，其味如薤，不甚臭。……今俗皆以野蔥為胡蔥，因不識蒜蔥，故指茖蔥為之，謬矣。」《群芳譜》：「胡蔥生蜀郡山谷。狀似大蒜而小，形圓皮赤，葉似蔥。根似蒜，味似薤，不甚臭。」

【薺菜】

《四川中藥志》：「名地地菜、煙盒草。」唐鄭處誨《明皇雜錄・補遺》：「高力士既謫於巫山，丹谷多薺，而人不食。因為詩寄意：兩京作斤賣，五溪無人採。」蘇軾《與徐十二》書云：「薺有天然之珍，味外之美。」陸游：「食薺糝甚美，蓋蜀人所謂『東坡羹』也。」

【蒟】

也稱蒟醬，成都人稱大蓽撥。為胡椒科植物蒟醬的果實。《益部方物略記》：「出渝、瀘、茂、威等州。即漢唐蒙（據《漢書・西南夷傳》，唐蒙為使者）所得者。葉如王瓜厚而澤，實若桑椹，緣木而蔓，子熟時外黑中白，長三、四寸。以蜜藏而食之，辛香，能溫五臟。或用作醬，善和食味。或言即南方所謂浮留藤，取葉合檳榔食之。」並讚曰：「蔓附木生，實若椹累。或曰浮留，南人謂之。和以為醬，五味告宜。」據《中藥大辭典》，蒟又名蒟醬。《成都縣志》還稱大蓽撥。《本草綱目》引嵇含云：

「蒟子可以調食，故謂之醬」。李時珍言：「今蜀人惟取蔞葉（即蒟醬葉）作酒麴，云香美。」

【綠葡萄】

《廣群芳譜》：「綠葡萄出蜀中。熟時色綠，若西番之綠葡萄。名『兔睛』，味勝糖蜜。無核則異品也，其價甚貴。」左思《蜀都賦》：「葡萄亂潰」。《益部方物略記》：「西南所宜，柔蔓紛衍。縹穗綠實，其甘可薦。」又曰：「北方葡萄熟則色紫」，蜀中此葡萄「色正綠」。

【天仙果】

《益部方物略記》：「天仙果樹高八、九尺，無花。其葉似荔枝而小，子如櫻桃。累累綴枝間。六、七月熟，味至甘。」並讚曰：「有子孫枝，不花而實。薄而採之，味埒（音同「劣」，意等同）蜂蜜。」

【余甘子】

即庵摩勒，四川又稱橄欖子。為大戟科植物油柑的果實。《益部方物略記》：「余甘子『生戎、瀘等州山，樹大葉細似槐，實若李而小，咀之前苦後歆歆有味，故號為余甘。核有棱，或六或七。』讚曰：「黃葩翠葉，圓實而澤，咀久還甘，或號庵勒。」此果早見於晉代左思《蜀都賦》：「其果則丹橘余甘。」李時珍《本草綱目》「庵摩勒」條：「此即余甘子，其味類橄欖，亦可蜜漬、鹽藏。」

【沙綠魚】

《益部方物略記》：「魚之細者，生隈瀨中，狀若鰡（音同「留」，鰡魚），大不五寸，美味，蜀人珍之。」並讚曰：「長不數寸，有駁其文，淺瀨曲隈，唯泳而群。」

【天師栗】

《益部方物略記》：「天師栗生青城山中，他處無有也。似栗味美，惟獨房為異，久食已風攣。」並讚曰：「栗類尤眾，此特殊味。專蓬若橡，託神以貴。」李時珍《本草綱目》釋此物名時指出：天師栗之名，「云張天師學道於此（青城山）所遺，故名」。張天師即張道陵，東漢時人，曾任江州令，後在蜀修道，創立道派，為道教定型化之始。

【真珠菜】

即綠菜，屬藻類植物。《益部方物略記》：「真珠菜，戎、瀘等州有之。生水中石上，翠縷纖蔓首貫珠，蜀人以蜜熬食之。或以醯煮，可致數千里不腐也。」並讚曰：「植根水中，端若串珠。皿而渝之，可以代蔬。」黃庭堅亦有《綠菜贊》，言綠菜「有茹生之，可以為薪」，「筆以辛鹹，宜酒宜餗」。

【石鱉魚】

《益部方物略記》：「狀似鮇魠（音同「央亞」，即黃顙魚）而小，上春時出石間。庖人取為奇味。」並讚曰：「鮂（音同「鄒」，雜小魚之意）鱗麼質，本不登俎。以味見錄，雖細猶捕。」

【蒟蒻】

製魔芋的原植物。《華陽國志·巴志》：「園有芳蒻……」，「芳蒻」即蒟蒻。左思《蜀都賦》言四川「其圃則有蒟蒻……」。宋代四川仁壽人孫光憲在《北夢瑣言》中曾記載，唐代崔安潛宴客時「以麵及蒟蒻之類染作顏色，會象豚肩、羊臑、膾灸之屬，皆逼真」。宋《開寶本草》亦記：「蒻頭生吳、蜀中。」李時珍《本草綱目》：「蒟蒻，出蜀中。」又言，「經二年者根大如碗及芋魁，其外理白，味亦麻人。秋後採根，須淨擦，或搗，或片段，以釅灰汁煮十餘沸，以水淘洗，換水更煮五六遍，即成凍子，切片，以苦酒五味淹食，不以灰汁則不成也。切作細絲，沸湯瀹過，五味調食，狀如水母絲。馬志言其苗似半夏，楊慎

《丹鉛錄》言蒟醬即此者，皆誤也。」今四川常以蒟蒻製成魔芋入菜。

【隈枝】

《益部方物略記》：「隈枝生邛州（今邛崍東南）山谷中。樹高丈餘，枝修弱，花白，實似荔枝肉，黃膚，味甘可食。大若爵（通雀）卵。」並宴曰：「挺幹即修，結花茲白，戟外澤中，甘可以食。」

【鹽麩子】

酸味調料。晉郭璞《爾雅注》：鹽麩子「出蜀中，七、八月吐穗，成時如有鹽粉，可以酢羹」。唐陳藏器《本草拾遺》說此物「蜀人謂之酸桶，亦曰酢桶」。李時珍《本草綱目》言：「鹽麩子生吳、蜀山谷。樹狀如椿。七月子成穗，粒如小豆。上有鹽似雪，可為羹用。」又言「鹽麩子氣寒味酸而鹹」。「小兒食之。滇、蜀人採為木鹽」。

【醋林子】

酸味調料。李時珍《本草綱目》引蘇頌曰：「醋林子，生四川邛州山野林箐（音同「精」，竹名）中。木高丈餘，枝葉繁茂。三月開白花，四出。九月、十月子熟、累累數十枚成朵，生青熟赤，略類櫻桃而蒂短。熟時採之陰乾，連核用。土人以鹽、醋收藏充果食。其葉味酸，夷獠人採得，入鹽和魚膾食，云勝用醋也。」

【芋】

《益部方物略記》：「赤鸇（音同「粘」）芋。蜀芋多種，鸇芋為最美，俗號赤鸇頭芋，形長而圓，但子不繁衍。又有蠻芋，亦美。其形則圓，子繁衍，人多蒔之。最下為搏果芋。搏，接也，言可接果，山中人多食之，惟野芋人不食。本草有六種：曰青芋、紫芋、白芋、真芋、蓮禪芋、野芋。」並讚曰：「芋種不一，鸇芋則貴，民儲於田，可用終歲。」《晉書·李雄載記》：「雄尅成都，軍饑甚。乃率眾就谷於

郪（音同「疵」，地名，今四川中江縣東南），掘野芋而食之。」唐王維詩有「巴人訟芋田」句，亦足見四川種芋之廣。

【艾子】

蜀人對食茱萸的稱呼。《禮記·內則》：「三牲用藙」注言：「今蜀郡作之。九月九日，取茱萸折其枝，連其實，廣長四、五寸。一升實可和十升膏，名為藙也」。《益部方物略記》：「艾木大抵茱萸類也。實正綠，味辛。蜀人每進羹臛（臛，肉羹也）以一二粒投之，少選（選通須，少選意為須臾），香滿盂盞。或曰：作為膏尤良。按揚雄《蜀都賦》，當作藙。藙、艾同字云。」並讚曰：「綠實若萸，味辛香苾。投粒羹臛，椒桂之匹。」《成都古今記》：「蜀人每進酒，輒以艾子一粒投之。少頃香滿盂盞。」李時珍《本草綱目》：「食茱萸、欓子、辣子，一物也。高木長葉、黃花綠子、叢族枝上。味辛而苦，土人八月採，搗濾取汁，入石灰攪成，名曰艾油，亦曰辣米油，始辛辣蜇口，入食物中用。周處《風土記》以椒、欓、薑為三香，則自古尚之矣，而今貴人罕用之。」

【海椒】

辣椒。清代蜀中處處種植。《成都通覽》記海椒種植言：川中海椒名目有，什邡的硃紅辣椒和鮮紅小海椒；江安的葦椒；南江的滿天星和牛角椒；金堂的高樹辣椒；內江的七星辣椒；萬縣的樹辣椒；樂至的燈籠辣椒；華陽的朝天椒、大紅袍和鈕子辣椒。

【川芎】

傘形科植物川芎的根莖。四川的川芎主產都江堰、崇州等地。性味辛、溫，有行氣開鬱、祛風燥濕、活血止痛的功用。川芎通常作藥用，亦作滋補藥膳原料。其苗葉稱蘼蕪，可食。《益部方物略記》：「芎，蜀中處處有之。……成都九月九日，藥市芎與大黃積香溢於廛。或言其大若胡桃者，不

可用。人多蒔（音同「示」，意移栽）於園檻，葉落時可用作羹。蜀少寒，莖葉不萎。」並讚曰：「柔葉美根，多不殞零。採而掇之，可糝於羹。」

【玃】

《益部方物略記》：「出邛蜀間，與猿猱無異，但性不躁動，肌質豐腴。蜀人炮蒸以為美味。」並讚曰：「玃（音同「覺」）與猿猱，同類異種，彼美豐肌，登俎見用。」

【鮴魚】

《益部方物略記》：「出蜀江。皆鱗黑而膚理似玉。蜀人以為鱠，味美。」並讚曰：「比鯽則大，膚縷玉瑩。以膾諸庖，無異雋永。」

【酥油】

居住在四川的藏族人用手工工藝從牛奶中提取的奶油。日常生活不可缺少的一種主要食品。拌糌粑，打酥油茶，炸麵食品皆要用酥油。《金川瑣記》：「酥油，取牛乳積盆盎中漸滿，取皮囊盛之。兩人對立，用手或腳挪轉之，令勻化，置靜處，俟凝定取開用之。」現在打酥油，已由手搖牛奶分離器逐步代替了手工搗製的舊工藝。

【川貝母】

《本經逢原》：「貝母，川者味甘最佳。」《百草鏡》：「出川者曰川貝……川產者味甘，間有微苦，總不以他產者之一味苦而不甘者也。」《本草匯言》：「貝母以川者為妙」。川貝母中則以四川阿壩藏族自治州所產之松貝為最優之品。四川藥膳中有以川貝母為料，與雪梨、豬肺作配煨成的「貝梨豬肺」等品。

【糖畫】

俗稱倒糖影兒、糖餅兒，是廣泛流傳於川西壩子的以糖為原料的民間工藝食品。相傳它是在明代「糖丞相」技藝基礎上演化而來的。據《堅瓠補集》載：明俗新年祀神，要「熔就糖霜」，印鑄成各種動物和人物，作為祭品。因所鑄人物形象「袍笏軒昂」，儼然文臣武將，故而時人戲稱為「糖丞相」。後來，民間藝人由此改進工藝，汲取傳統皮影的造型特徵與雕刻技法，不用印鑄模具而改為直接操銅勺舀糖液「繪」出皮影式圖形，於是有別於「吹糖人」的「倒糖影」便產生了。《成都通覽》記載成都民間風俗時提及「糖餅」這街頭「小本營生」，並附有木刻之藝人行藝圖。街頭擺攤，現做現賣，這是民間糖畫的行業特色。通常，攤子由兩張矮方桌組成（今已改進為可收合肩挑之攤）。其中一張置有光滑的石板，藝人坐在桌前，其右置一熬糖的小火爐；另一張桌上設一轉盤，沿盤標有龍、鳳、鳥、魚等圖案，中釘一竹製指針，顧客手撥針轉，指龍得龍，指魚得魚。攤頂常張一大布傘以蔽日遮雨，攤旁又立有一草把以插做成的糖畫。製作時，藝人將紅糖或白糖置爐上銅瓢內熔化，然後借小銅勺為筆，以糖汁為墨，凝神運腕，在石板上抖、提、頓、放、收，時快時慢，時高時低，隨著縷縷糖絲飄下，諸如飛禽走獸、花鳥蟲魚乃至戲劇、神話人物等形象便栩栩如生地呈現在顧客面前。圖案鑄好後，再以糖為黏合劑黏上竹籤，一件糖畫作品便完成了。糖畫既形象美觀，又香甜可口，尤其為少年兒童們所喜愛。

第三章
名人軼聞

一、典故

【詹王的傳說】

中國人很注重技藝上的宗師關係。不少行業幾乎都有所推崇的人作祖師爺，建築有魯班，中醫有扁鵲。廚師的祖師是誰？其說不一。從前四川飲食行業大概分為燕蒸幫（包括包席館和南堂）和飯食幫（包括四六分和便飯館）兩個幫口。燕蒸幫供奉詹王，飯食幫則供奉雷祖。

詹王與雷祖都是神話傳說中的人物。老廚師講，詹王原是一個御廚，給皇帝做菜飯。這位皇帝十分昏庸暴戾，貪得無厭，每天花天酒地，覺得所吃山珍海味都不夠味，一天召見一位姓詹的廚師，問道：「天下甚麼食物的味道最美？」這位忠厚老實的廚師直言答道：「鹽味最美。」他的本意是說什麼美饌佳餚都離不得鹽，卻惹惱了這位暴君。他認為鹽是最普通的東西，天天在吃，有甚麼稀奇珍美，不過是奚落我不懂得飲食之道，於是下令將詹廚推出斬首。詹廚死後，御膳房的其他廚師，聽說皇帝忌鹽，怕再犯欺君之罪，所以烹製菜餚時，也不敢再用鹽調味了。皇帝連續吃了十多天無鹽的菜，雖是珍禽異獸，也覺索然無味，而且全身無力，精神萎靡。究其原因，後來御醫指

出病是出於不吃鹽的緣故，這位皇帝才明白詹廚的話是對的。為了做出開明君王的姿態，皇帝決定追封詹廚為王，並在詹廚被殺的「忌日」8月13日，讓老百姓祭祀。後來四川燕蒸幫的廚師們把詹廚供奉為祖師爺，每年農曆8月13日都要聚會一次，一面緬懷古人，一面交友聯誼。二〇世紀四〇年代以後，這種活動早已停止了。詹王的故事反映用鹽調味的道理，是應當受到理解的。

【文君當壚】

卓文君，蜀郡臨邛（今四川邛崍市）人，是富商卓王孫之女，善鼓琴，懂書畫，是一聰明伶俐、文雅風流的新寡婦。西漢辭賦家、成都人司馬相如因作《子虛賦》，為武帝所賞識，用為郎。後又投奔梁國，梁王死，歸至成都，窮途落魄，無以為業。老友王吉為臨邛縣令，由王計謀，至卓王孫家作客，酒酣彈琴助興，奏鳳求凰曲，卓文君為琴音所動，與司馬相如相戀，夜奔相如，偕往成都。在禮教森嚴的封建社會，卓文君為了婚姻自由，敢於衝破舊禮教的禁錮，私奔出走，傳為千古美談。她的故事流傳於民間，成為小說、戲曲的題材。

《史記·司馬相如列傳》說：「相如與俱之臨邛，盡賣其車騎，買一酒舍酤酒，而令文君當壚，相如身自著犢鼻褲，與保庸雜作，滌器於市中。」這對自由戀愛的夫妻，

在成都生活困難，衣飾賣盡，無以為生，不得已又返臨邛，開了一家小酒店，拋頭露面，文君當壚掌廚，相如穿上工作服自任招待兼雜工洗滌杯碟。一代文豪和美貌佳人，開了「夫妻店」，經營飲食業，當然是一大奇聞。他們這種自謀生活之舉，卓王孫知道後，甚感有辱家門，遂給予女兒重金嫁妝，令其歇業。於是相如偕文君回到成都，「買田宅，為富人。」築琴台，飲酒弄琴，共享安樂。

【 諸葛亮與饅頭 】

諸葛亮，字孔明，三國時蜀漢政治家、軍事家，琅邪陽都（今山東沂南）人。東漢末，隱居隆中（今湖北襄陽西），劉備三顧茅廬，請他從政，因此做了劉備的軍師。

羅貫中著《三國演義》第九十一回《祭瀘水漢相班師，伐中原武侯上表》記載：孔明在南征中，深入不毛，七擒孟獲，以德感化，最後使孟獲心悅誠服，肉袒請罪，流著眼淚說：「七擒七縱，自古未嘗有也。」從此誓不再反。孔明安定了南方，班師回成都，行至瀘水邊上，忽然陰雲四合，水面狂風驟起，飛沙走石，大軍不能渡。孔明詢問孟獲，是何原因？孟獲答曰：「水中有鬼作禍，必須以人頭和牛羊祭之，方可平息風浪。」孔明說：「本為人死而成怨鬼，豈可再殺人耶？」乃喚行廚，宰殺牛馬，和麵為劑，塑成人頭，內以牛羊肉代之，名曰「饅頭」。於瀘水岸上，鋪設香案，列燈四十九盞，將「饅頭」、牛羊為祭品，揚幡招魂，孔明親自臨祭，讀祭文，放聲大哭，極為痛切，情動三軍，孟獲亦哭泣不止。祭畢，將「饅頭」投入江中。次日果然雲收霧散，風平浪靜，蜀兵安然渡過瀘水。

羅貫中寫小說，穿插這些情節，不外表彰諸葛亮是一個仁慈德高的賢士，所以既能感動敵人——孟獲，又能感動天地鬼神，加重描寫的色彩而已。且說饅頭，這種用麵粉發酵蒸成的食品，北方稱「饃饃」。形圓而隆起，鬆軟綿絮，富於營養，是人們離不了

的主食之一。其地位可與米飯平起平坐，因為諸葛亮所創，首先流行於四川。原來饅頭是有餡的。後來北方稱無餡的為饅頭，有餡的為包子。在江南有些地區，把有餡和無餡的統稱饅頭。

【 介象作法得蜀薑 】

薑是五味調和中的重要角色，抑制異味，增加鮮味，和味拌味都少不了它。四川出產的薑質地優良，《呂氏春秋》、《史記》等典籍早已有記載。「和之美者，陽樸之薑」這類說法，直到三國的時候，在人們心目中仍有深刻的印象。東晉時著名的道士葛洪寫的《神仙傳》，就記述過東吳的孫權特別喜好用蜀薑做生魚片調料的故事。

《神仙傳》的故事說：「介象垂綸焰水，得鯔魚，使廚下切之。吳主曰：聞蜀俠來，得蜀薑作虀甚好，恨爾時無此。象曰：蜀薑豈不易得，願差所使者可付值。吳主指左右一人，以錢五十，付之象書一符，以著青竹杖中。使行人閉目騎杖。杖止，便買薑訖，復閉目。此人承其言，騎杖，須臾止，已至成都。不知是何處，問人。人言是蜀市中。乃買薑。於時吳使張溫先在蜀，既於市中相識，甚驚。便作書寄其家。此人買薑畢，捉書負薑騎杖閉目，須臾已還吳。廚下切鯔適了。」三國時，還有一位神通廣大的方士左慈，也曾作法，須臾得蜀薑烹松江鱸魚膾獻給曹操。人們翻閱《後漢書》「左慈傳」和羅貫中寫的小說《三國演義》便可知。上面兩則故事雖為虛幻，但反映了三國時江南與中原的統治者都對蜀薑感興趣，倒可以四川薑好的軼事來作為談資。

【 魔芋巧製象生菜 】

唐代的烹飪，全國都較發達。在四川，創新菜餚更是出奇制勝。崔安潛令廚師用魔芋巧製象生菜就曾傳為佳話。

崔安潛是位良吏，官至太子太傅，即皇太子的老師。他在四川任西川節度使的時候，「更除繆政，蜀民以安」，很有政績。

此人喜歡素食，並且篤信佛教，自比南朝宣導素食的梁武帝蕭衍。在四川任職之時，發現四川人常以魔芋為料製作菜餚下飯，便想出了個新招：讓官府裡的廚師用魔芋加麵粉揉和在一起，染上所需要的顏色，塑造成豬腿肉、羊腿肉和各式魚蝦形態，烹飪成菜後，在宴會上招待下屬各部門的官員。這些應邀赴宴的官員中，有不少的四川人。吃到這些魔芋菜，竟不知是用魔芋為料製成的，大為驚奇。可惜，當時沒有留下菜譜，不知具體工藝。到宋代時，有位四川仁壽人孫光憲才在他寫的《北夢瑣言》一書中簡略記述了這段故事。

故事表明，唐代四川的廚師製作魔芋菜已有相當高的工藝水準了。

【 遂寧和尚造糖霜 】

糖霜之名，本指糖的顏色白如霜。將甘蔗榨汁熬製後，清者稱之為蔗糖，凝結有沙者稱之為沙糖，沙糖中輕白如霜者則稱之為糖霜。因蔗糖、沙糖都是帶紫色的，所以又被稱作土紅糖、紫砂糖，而糖霜則成為後來的白糖、白砂糖、綿白糖、冰糖的老祖宗。正因為在脫色、結晶等工藝上有顯著的技術進步，前人才把糖霜的出現，當做製糖技術中了不起的大事。

中國的糖霜，是唐太宗李世民下令派人到印度學習蔗糖製造技術後發展起來的，而完善製蔗糖造糖霜的技術則是居住在四川遂寧縣的一位姓鄒的和尚。

遂寧人王灼寫的《糖霜譜》說：「唐大曆間，有僧號鄒和尚者，不知從來。跨白驢，登繖山，結茅以居。須鹽米薪菜之屬，即書寸紙系錢緡，遣驢負至市，人知為鄒也。取平直掛物於鞍，縱驢歸。一日，驢犯山下黃氏蔗田，黃請償云鄒。鄒曰：汝未紅窖蔗為糖霜，利十倍。吾語汝，塞責可乎？試之，果信，自此流傳其法。」以「凝糖為業」的不少遂寧人在鄒和尚的教導下，使製糖霜的技術成為中國當時最好的，遂寧的糖霜也成為全國最受歡迎的產品。此事，祝穆

的《方輿勝覽》、洪邁的《糖霜譜》亦作了介紹。

【 仙人點腐成肉 】

相傳，在唐朝時候，重慶市豐都縣平都山（現名豐都山）的大山叢中，住著一家老實憨厚的農民，除務農外，還推些豆腐上街賣了好打油買鹽，聊以度日。一日天氣炎熱，他挑起豆腐下山，途中感到十分疲乏，遂卸擔小憩，忽聞陣陣奕棋聲，舉目四望，見二老翁仙須鶴發，道貌岸然，正在黃桷樹下兵卒廝殺，趁此上前湊趣，見剩殘子不多，但仍殺得難分難解。猛然想起，還是下山賣豆腐要緊。但他哪裡知道「洞中方七日，世上已千年」的道理，轉過身來，豆腐已全部發黴，這關係一家生計，不覺痛哭失聲，二翁見此情景，勸慰農夫，回去加些鹽、酒、香料即好。回家之後如法炮製，果然滿房噴香，令人垂涎，遂將豆腐挑至長街，人們爭相購買。仙人點腐成肉（乳）的故事遂傳為佳話。

【 古井神助豆瓣香 】

遠近聞名的臨江寺豆瓣，為何暢銷全國，香飄萬里，倒有一番來歷。相傳唐神功（西元698年）年間，臨江寺和尚為了取汲飲水，建造一井，深四丈有八，設井頭師專門看管，任何凡夫俗子不得取用，且初一、十五都要燃燈膜拜。如是者多年，感動了地藏王菩薩，以淨水珠二枚投入井中，至此，井水更加清澈明淨，甜若甘露。清兵入川，臨江寺毀於兵燹，眾住持亦壘井投江。清代乾隆三年，有一個幫醬園的夥計叫聶守榮，間天要從簡州挑醬油去臨江寺出售，聞此軼事，千方百計找到舊址，復此僧井。卻見那水碧綠甘甜，取之不盡，便以此釀製豆瓣，古井神功，豆瓣香飄。

無獨有偶。郫縣豆瓣廠也有古井的傳說。清嘉慶年間，富商陳亮玉自福建上翔遷至郫縣定居，其子陳惠態發現陳家祠堂側面有一口六方形水井，井水終年不漲不落，若

桶撞壁，則金鐘之聲縈繞其間。食之清涼可口，回甜如蜜。陳氏以此製醋，醋久不變味；釀酒，酒醇香撲鼻；以此釀製豆瓣，更是鮮香味濃，環城百里，爭相購買。為讚此獨特風味，都以「郫縣豆瓣」稱之，流傳到今日。

【乳糖獅子成貢品】

乳糖，是一種石蜜製品，石蜜則是用砂糖和牛奶煉成。這是宋代時方出現的一種純甜味的食品。當然，石蜜在漢代已有了，按漢代張衡寫的文賦《七辯》中的「沙餳石蜜」句可知，漢代已能將甘蔗汁製成糖塊狀的「石蜜」了，不過，這種「石蜜」是沒加牛奶的。宋代仍稱石蜜的乳糖，與漢代的石蜜顯然不是一回事。

據史料記載，宋代的乳糖「惟蜀川作之」，並由四川的「商人販至都下」（引文出《政和證類本草》）。如果僅僅是一塊塊的乳糖，從四川販至當時的首都汴梁，那並不算稀奇。四川的糖食製造者把乳糖製成了一個個「乳糖獅子」的形態，這就十分使人喜愛了——既好吃，又好看。據孔仲平《談苑》一書記載，「川中乳糖獅子，冬至前造者色白不壞」，這表明，乳糖獅子造得很結實，即使經過上千里路的運輸，從四川運到汴梁仍然完好，不碎，不變形，不溶化。所以《東京夢華錄》說京城市肆賣的「西川乳糖獅子」很受首都居民青睞。

不僅黎庶百姓歡迎，連宋代宮廷也歡迎，下令四川地方政府每年給中央政府上貢乳糖獅子。這種貢品，就不是一般的乳糖獅子了。名稱雖然一樣，製造時不僅要加牛奶，還要加酥酪，這就不一樣了。曾慥寫的《高齋漫錄》記載：熙寧（宋代的年號，即西元1068－1077年）中上元（正月十五）時，宣仁太后觀燈，極為高興，便叫手下的人給應邀陪同觀燈的兒童各賞賜「乳糖獅子兩個」，足見其受寵之程度。

【芋郎爭巧】

四川出產的芋，特別是川西產的大芋，一向是人們談論的飲食話題。《史記·貨殖列傳》就曾記述秦始皇統一六國後，將中原富豪遷徙了一部入蜀，其中就有卓文君的父親卓王孫。卓王孫對安置他的官員說，他願去岷山下住，理由乃是「吾聞岷山之下沃野，有蹲鴟，食之，至死不饑」。《漢書》亦有類似記載。「蹲鴟」就是極大的芋頭。

川人食芋，烹調方法甚多，可菹（用鹽醃漬），可煮，可煎，可蒸，可煨（湯煨，火灰煨），可炒，可炸，成菜的品種亦多。最值得說的是將芋蒸熟或煮熟後，捂成芋泥，加入一些麵粉揉和後捏塑成人形芋郎君狀，家家戶戶在正月十五那一天進行比賽，看誰家製作得巧妙。

以芋泥和麵來造型「芋郎君」，唐宋之時成都、洛陽最流行。唐代馮贄寫的《雲仙雜記》就說「各家造芋郎君，食之宜男女」，家家愛做，男女喜食。宋代趙必豫寫的《簿廳壁燈》詞中說，「繭貼爭光，芋郎爭巧，細說成都舊話」，表明成都家戶人家為了「爭巧」，「芋郎」是越造越精，越造越巧。可惜，當時沒有發明照像，沒有留下各種製作精巧的芋郎君形象來。不然，我們就可以大飽眼福了。

【有能大餅】

通常的饅餶，講究精緻小巧，盛於碗盤之中。但也有例外，將饅餶製作得很大，甚至大到幾間屋子平面般的。五代時，四川就出現過趙雄武家廚師有能製作的「趙大餅」。故事記載於宋代四川學者、貴平（今仁壽）人孫光憲所著的《北夢瑣言》一書中。孫光憲從小就好學，累官至檢校秘書監，家裡藏書甚豐，凡所見所聞，均動手記錄抄寫於冊。《北夢瑣言》就是他寫的一部筆記。史書介紹說，孫光憲的書是「可資考證」的。

書言前蜀有綽號「趙大餅」的趙雄武家，「精於飲饌……事一餐，邀一客，必水

陸俱備」。趙家的廚師中有位叫「有能」的人「造大餅，每三斗麵搟一枚，大於數間屋。或大內宴聚，或豪家有廣筵，多於眾賓內獻一枚，裁剖用之，皆有餘矣。雖親密懇分，莫知搟造之法。以此得大餅之號。」

【蘇軾獄中食魚鮓】

中國歷史上第一位自詡「老饕」的大詩人蘇軾，愛食鮓而因禍得福的故事，在宋代已流傳。

《宋史·蘇軾傳》曾記，蘇東坡在知湖州（今浙江吳興）的時候，「以事不便民者不敢言」，就寫了些詩托諷，自認為還「有補於國」，被御史李定、舒亶、何正臣告了御狀，皇帝也聽信了誣告，便下令將蘇軾「逮赴台獄」，關了近四個月的監獄。

此時，他剛剛40過頭。蘇軾坐牢後，曾與其長子蘇邁約好，到探監的時候，以送菜和肉為暗號，表明沒有什麼事；若是有凶信，則送魚去。當時蘇邁經濟也不濟了，想到別的地方借點錢。離開時，委託親友幫忙，希望給他父親送些吃的去。但蘇邁忘了交待不能送魚，而親友又知道蘇軾愛吃魚鮓，便送了些魚鮓去探監。蘇軾倒是滿足了吃魚鮓的口福，卻被嚇了一跳，自度不免加罪。到底還是大詩人，拿起筆便寫了詩請獄吏轉給他的兄弟蘇轍。獄吏一看，兩首詩寫著「攀繞雲山心似鹿，魂飛湯火命如雞」，「聖主如天萬物春，小臣愚暗自亡身。百年未了須還債，十口無家更累人」等句，那敢轉呢，結果詩竟傳到宋神宗皇帝趙頊那裡了。神宗本來就器重蘇軾，看了詩便心動了，決定寬釋後派人押送黃州（今湖北黃岡）謫居。要不是錯送魚鮓，他吃了魚鮓後寫的詩傳到神宗那裡了，蘇軾還得多坐幾天監獄呢。

【蘇過創製東坡玉糝羹】

「老饕」蘇軾62歲之時被貶到了海南。他是紹聖四年（西元1097年）6月11日渡瓊州海峽的。到達貶居地儋耳時，生活十分窮困。不過，他已習慣顛沛流離的窮困生活，曾說渡海前就「盡賣酒器，以供衣食」，準備到海南最窮的西部儋耳受苦。當時，身邊只有三兒蘇過相陪。

那時的海南土著居民，既有黎族，也有漢族，飲食十分粗礪，常常是「以諸芋雜米作粥糜以取飽」。蘇過是個孝子，覺得自己還年輕，能挺得住艱難的日子，但拿不出珍美的食物孝敬年事已高的老父，心裡很焦急。人也怪，往往急中能生智，便想出了「以山芋作玉糝羹」之法，即用當地出產的山藥和上一點刀耕火種的山蘭米，熬煮成羹，讓父親享用。

蘇東坡對三兒以普通原料製作的美食十分欣賞，吃了之後興致甚高，寫下了「過子忽出新意，以山芋作玉糝羹，色香味皆奇絕」，感嘆「天上酥陀則不可知，人間決無此味也」。並以上面的話為題目，吟詠出四句讚美詩：「香似龍涎仍釅白，味如牛乳更全清。莫將南海金齏膾，輕比東坡玉糝羹。」

【東坡燒肉十三字訣】

蘇東坡很喜歡吃豬肉為料製作的菜餚，特別愛吃燒豬肉。他與博學多才、法號佛印的禪師謝端卿是很好的朋友。佛印住金山時，經常燒好豬肉等待蘇東坡去吃。有一天，他燒的豬肉被人偷吃了，正好蘇東坡去佛印處，知道此事，便寫了一首小詩：「遠公沽酒飲陶潛，佛印燒豬待子瞻（蘇東坡名軾，字子瞻）。採得百花成蜜後，不知辛苦為誰甜。」此故事《調謔編》有記載。

《竹坡詩話》曾記述蘇東坡被貶到湖北黃崗時寫了一首食豬肉詩。詩云：「黃州好豬肉，價賤如糞土。富者不肯吃，貧者不解煮。慢著火，少著水，火候足時他自美。每日起來打一碗，飽得自家君莫管。」這就是後人常說的東坡燒肉十三字訣。不過，據《仇池筆記》所記東坡燒肉訣竅當為：「淨洗鍋，少著水，柴頭罨煙焰不起。待地自熟莫催他，火候足時他自美。」

【李調元父子重食經】

清乾隆時，四川出了位與江南才子袁枚齊名的才子李調元。袁枚雖長李調元18歲，但兩人卻有很多共同之處，都重視中國烹飪文化研究。袁枚有《隨園食單》等烹飪著述問世，李調元也有不少談烹飪的詩文，並且整理其父李化楠收集的烹飪資料，刻印成《醒園錄》，收入他編纂的大型叢書《函海》之中。

李調元的父親李化楠曾任浙江余姚、秀水縣令。李氏父子家居四川羅江（今屬德陽）時，自己吃的多是蔬菜羹湯，但侍奉長輩時則準備極爲可口的美味食品。爲了使普通原料製出多種花色品種的菜餚來，他們非常重視對菜餚烹飪方法的收集，養成了重飲食、重食經的習慣。李化楠在浙江做官時，凡遇到廚師烹製的好菜好點心小吃，就立刻去訪問他們，並仔細地把烹飪方法記錄下來。幾十年後，親自記錄的烹飪資料就積累了一大堆。李調元也常以詩文吟詠菜餚及其風味特點，留下了數量可觀的飲食烹飪史料。《童山詩集》、《童山文集》中就記載得不少。特別是他整理李化楠收錄的烹飪資料手稿，使烹飪專著《醒園錄》問世，對後世川菜的不斷發展、不斷完善，起了很大的促進作用，功不可沒。

【珍饈鳳尾酥】

著名的菜式，並非款款皆事先精心設計、巧妙構思。有的，僅僅是出於偶然的因素成菜的，一經傳播，逐漸演變成爲名菜。現在四川大餐館有一筵席點心——鳳尾酥，也是事出偶然。相傳在明末清初，成都皇城內有一位姓王的庖人，有次削片麵，起鍋時未將片麵撈淨，就忙著去薰香酥鴨。打雜的宋嫂來幫忙撈麵，撈了幾塊在手中捏著玩。捏至麵黏手了，她沾些油又反復捏。正巧，庖人從滾燙的油鍋撈起香酥鴨，油鍋空著，宋嫂便將手中的麵團投入鍋內。頓時，意想不到的奇跡出現了：這麵團開了花，成絲網狀，十分自然好看。王庖人見此奇景，問知

原委，依法實驗，可惜成少敗多。傳說最早的鳳尾酥就是這樣問世的。

【宮保雞丁的「公案」】

川菜菜品中，以古人名號命名者，無非是太白鴨子、貴妃雞、東坡墨魚、宮保雞丁寥寥數款，菜式雖少，可說法很多，特別是宮保雞丁，更是眾說紛紜，莫衷一是。它的來源，其說有六。一曰：丁寶楨（貴州織金人，清咸豐三年進士，歷任山東巡撫、四川總督等職，曾加「太子少保」銜，故又稱「丁宮保」）任山東巡撫期間，其家廚用山東「爆炒」之法，烹製雞丁，丁喜食，故以「宮保」名之。二曰：丁來川後，因大興水利，百姓感其德，獻其喜食之炒雞丁，名宮保雞丁，這一傳聞與杭州「東坡肉」之說十分相似。三曰：丁在四川時，常微服查訪民間，一次入一小肆用餐，店主以花生米炒辣子雞丁餉之，丁用後，珍其味，令家廚仿製，家廚以宮保雞丁名之。四曰：丁初入川，下屬張宴接風，菜中有用新出青椒與雞米合烹的調羹菜者，頗獲其心，丁詢其名，答曰：既爲宮保大人所製，所以應叫「宮保雞丁」。五曰：丁常用家廚烹製的辣椒雞丁待客。客多美之。但不知其名，即以「宮保雞丁」呼之。六曰：丁在川任職期間，一次回衙很晚，饑腸轆轆，急於用餐，家廚也只好急事急辦，現抓幾樣原料（當然也離不了雞丁之類）快炒成菜，丁食之，甚覺其美，於是以後令家廚專烹此菜，即以宮保雞丁命名之。

以上均爲民間傳說，無以爲證。而在李劼人《大波》書中，卻有宮保雞丁的一條注釋：「清光緒年間，四川總督丁寶楨原籍貴州，在四川時，喜歡吃他家鄉人作的一種油煠（即炸）糊辣子炒雞丁，四川人接受了這個食單。因爲丁寶楨官封太子少保，一般稱爲宮保，故曰宮保雞丁。」先生爲著名作家，對成都民風民俗素有研究，於飲食一門也常留心，其說似乎要可信一些。但是貴州的宮保雞丁是什麼模樣呢？1982年，據貴州

來川的老廚師講與成都大致相同，但在貴州出版的《黔味菜譜》一書中，宮保雞丁所用的不是糊辣子，而是糍粑辣椒（即用乾辣椒去把，用開水發漲、舂茸）。此說又異於李劼人。不過「宮保」一詞在川菜中已有特定含義，儘管眾說紛紜，事出有因，但這樁「公案」也可以就此了結。

【 保寧醋為晉人傳 】

閬中是1986年國務院確定的國家歷史文化名城。戰國末期，它就曾是巴國的國都，歷代曾在這裡設縣、郡、州、路、軍、道、府等重要行政軍事機構，以其山青水秀、人傑地靈聞名。全國著名的三大名醋之一的保寧醋，就出在閬中。

閬中能出好醋，有多種原因。一是歷史悠久。它作為周代巴子國別都時，其麴醋的製作之法便獨冠醋林。二是釀醋的原料小麥與眾不同。《閬中縣志》載：「川中之麥皆花於夜，邑中之麥有獨花於午者，故其麵特佳。」三是有好水。釀醋之水是用優質礦泉水，以高銅低鎘為特徵。對保護人體健康有明顯作用。還有一個更重要的原因，就是當地製醋得到了中國「醋鄉」山西人的真傳，使釀醋水準達到了最高境地。

傳人就是索廷義。相傳明末清初時，索廷義從山西來到閬中，見此處山青水秀，又有釀醋傳統，便定居下來，開起釀醋作坊，將自己釀製藥醋的技藝展示一番。他創造了以麩皮為原料，加小麥、大米，初用30幾味中藥，後又增為62味中藥製麴，再進行釀製。所用之水，則是選松華古井的礦泉水。索廷義懂得，菜之為齏，麴之為酒，藥之為醋，都需要好水才能奏效。這松華古井之水，唐代時就已出現，是從較遠的地脈來的地下水，質地上乘，符合釀製好醋的要求。

索廷義釀製的保寧醋，成為閬中最好的醋，多家仿效，形成閬中獨具特色的釀醋業。產品從1915年開始獲「巴拿馬太平洋萬國博覽會」金獎，以後又獲國內國外的多種金獎，聲名遠播。

【 銀耳也樹碑 】

在四川，通江、萬源、廣元所產的銀耳，特別是通江銀耳，在全國乃至海外的知名度，那是不低的。

通江銀耳朵張大，朵形美，肉頭厚，非別處銀耳可比。說其朵張大，一般新摘的鮮耳直徑達8～10公分，最大的竟可達到18公分。說其朵形美，其形多如雞冠，成扁薄而捲縮似葉狀的瓣片，燦然若花。說其肉頭厚，其鮮耳的厚度通常也在1～2公釐左右。較厚的可到3公釐。此外，它色澤純，膠質重，易蒸煮。蒸煮後易自溶，皆為此品的長處。人們喜歡用通江銀耳來烹調羹湯，滋補身子。正是因為它的品質優異超凡之故。

為什麼通江銀耳會出類拔萃？瞭解了銀耳碑也就知道緣由了。

早先的通江銀耳，都是靠自然生長。但數量有限，滿足不了人們的需要。在清代中葉後開始進行人工培育，至光緒七、八年間（西元1880－1881年），人工培育銀耳成功。以後，縣裡生產銀耳的人也多了，地方也多了。產量增多後，盜採之類糾紛也隨之出現。為了禁偷竊，美風俗，就在銀耳出產之地先後建立了「耳山會」的「會碑」（俗稱「銀耳碑」）。光緒二十四年（西元1898年）的一塊「銀耳碑」寫著：「一則會從同以協眾志，一則舉領袖以求正直，一則聯貧富以保出入，一則去奸貪以崇公正，一則支差役以定章程，一則彌盜賊以明善惡，一則講孝悌以懲忤逆，一則尊學俊以賞奮典，一則衛弱女以防欺辱，一則濟公錢以修善行」。這種保護銀耳生產的碑，對通江銀耳生產的發展，無疑是有其歷史作用的。

通常，樹碑立傳都是以人為對象。給一種食用和藥用的植物實體樹碑，恐怕在植物史上也是鮮見的。這算是川菜原料史上值得記上一筆的軼事吧。

【 「宣統皇帝」讚川食 】

中國封建社會最後一個皇帝溥儀，曾經盛讚過川廚。不過，那不是溥儀當皇帝的時

候，而是溥儀從皇帝變成公民的五〇年代，在重慶的一樁往事。一天，頤之時餐廳有人宴客，名廚周海秋憑他的經驗，感到准是宴請知名人士，按往常一樣，拿出了看家本領，精心烹製了一份拿手菜——燒熊掌。熊掌上席，正小憩間，突然有人請他上樓。他從廚房去至樓堂雅座，出乎意料，全部客人都起立歡迎，其中一位還端著一杯酒走到周師傅面前，連聲說：這是溥儀先生敬你的一杯酒，請喝吧。後來才知道，「宣統」在位期間和這次來重慶的路上，不知吃過多少次燒熊掌，唯獨覺得周海秋烹飪的最好，為了表示感謝，才恭敬地給周師傅敬酒。

周師傅的技藝，在川菜廚壇中早有名氣。皇帝讚川食，也是事所必至，理所當然的。周12歲入廚，拜藍光鑒為師，與聞名中國的川菜名廚范俊康、羅國榮同輩。事廚66年，所烹菜餚，無計其數。各種筵席大菜，皆隨心應手之作。近年來，還為培養川菜廚師費了一番心血。

【黃敬臨拒宴】

黃敬臨本是一位書生，精通金石書法，也曾在清末前後出任過幾次七品芝麻官。但他的名望卻不在仕途，而在廚壇。姑姑筵這樣公館式的包席館，在四川是黃敬臨首創的。他懂烹飪之術，曾在清宮御膳房給慈禧管過伙食，創制過不少名菜。他開辦的姑姑筵不同於一般包席館，訂席有幾條規矩：一是提前三日約定，交足席桌費；二要稱他黃老太爺，請他上席陪客，介紹菜品；三是筵席菜點、糖果、水酒等完全聽從他的安排，不給席單；四是每天只辦三至四桌，多的不辦。身價之高，決非一般餐館可比。

抗日戰爭時期，姑姑筵由成都遷至重慶，在桂花街一座中式院落內掛牌營業，往來多是達官貴人。一次，蔣介石命手下的人在姑姑筵包了四桌席，吃後大加讚賞。又令黃次日再辦五桌以宴群官，黃立即拒絕說：「姑姑筵的訂席規矩是三日前提出，我的廚師要休息，礙難從命。」蔣吃了閉門羹，也

無可奈何。又一次，一位師長請黃到重慶南岸黃桷埡公館辦席宴客，黃應允後，提前一日前去他家作辦席準備，到家後適師長不在，由他家人接待，先是迎於華麗的客廳，十分禮貌，當問明來意，知為辦席來，即以輕視的眼光說：廚師請到廚房去坐。黃甚為不悅，一氣之下，率領工人憤然而返。黃頗有骨氣，敢傲視權貴，不畏強權，令人欽佩並為時人所傳頌。

【燈影牛肉的傳聞】

燈影牛肉是四川的名特小吃。它是一種帶麻辣味的小食品，具有紅亮、辣香、薄大、回甜等幾大特色，既可作為消遣零食，更是佐酒的好菜。不少喜愛麻辣的人，更愛上了燈影牛肉。現在這個小食品已廣泛引起人們的興趣，遠銷全國和海外了。

這個菜名起得十分俏皮而形象，是借皮影戲中各種人物形象，比喻食品片得既大且薄，如果放在燈光下一看，也可透視出物像來，有皮影戲的藝術效果，因而得名。話雖如此，要能觸景生情，命此美名也非易事。據傳，唐代的詩人元稹，曾在朝廷任監察御史，因得罪宦官及守舊官僚而遭到貶謫。西元819年，他曾來到石城（今四川達川）任通州司馬之職。一次，他微服出訪，進一酒店小酌，以牛肉佐酒，嚼之化渣爽口，大快朵頤，乘興命此菜為「燈影牛肉」，以讚賞其薄也。中國皮影戲，在北宋時已有演出。南宋耐得翁《都城紀勝》：「凡影戲乃京師人初以素紙雕鏃，後用彩色裝皮為之。」燈影牛肉之名，是否出自唐代，尚無考證，傳說而已。

但據達川燈影牛肉廠的老師傅回憶，在清光緒年間，四川梁山縣（今梁平縣）有一個姓劉的專做燒臘、滷肉的手藝人，流落達縣（今達川），仍做燒臘、滷肉生意。他賣五香牛肉，開始又厚又大，嚼之頂牙無味，不受歡迎。後來逐步加以改進，把牛肉片得又薄又大，先醃漬碼味，再在炭火上烤酥，吃時刷上麻油，味美化渣，贏得了食客的好

評，生意興旺起來。由於有利可圖，做燈影牛肉生意的人在達縣也多了起來。1927年一個姓李的地主曾經要求一家做燈影牛肉的店子，仿製30聽燈影牛肉罐頭，送到成都青羊宮花會上去展銷，結果榮獲銀質獎章，於是燈影牛肉就遐邇聞名了。

【郭沫若與星臨軒】

郭沫若博學多才，是現代傑出的文學家，著名的社會活動家，他不僅擅長詩文，而且精通書法。抗日戰爭期間，他在重慶住了8年之久，家住在通遠門附近一條小巷內，巷名至聖宮。巷內有一家小牛肉館，以售滷牛肉爲業。店主馬有碧，回族人，人稱馬老太婆，她有一手烹製牛肉的好手藝，所賣的的涼拌牛肉，麻辣醇香，食不落渣；清燉牛肉，清爽味鮮，深受群眾歡迎。郭老喜愛小吃，也常光顧這家小店，與馬有碧有主客之交。當時許多文化界人士，把這家小店作爲「文化俱樂部」，常到此店小酌談心。真是店小生意旺，往來無白丁。一次，店主馬有碧乘郭老酒酣興濃之時，請他命一店名，郭老欣然應諾，即興揮毫，戲書「星臨軒」三字贈之，意即文人聚會之室，一時傳爲佳話。小店有了名人書寫的招牌，更是錦上添花，揚名山城。後來郭老還爲小店書寫了一幅對聯。郭老的字，重金難求，而小店能得到如此佳字，難能可貴。

【丘二館與丘三館】

丘二館與丘三館，都是重慶飲食店的招牌。從時間說，丘三在前；從身份講，丘二卻是幫丘三的工人。丘三館於1944年11月在重慶新生市場內開業，座場雖然不大，但陳設雅致，餐具精美，氣派十足。門前掛著「前清御廚」的牌子，以廣招徠。專售燉雞、燉雞麵、墨魚燉雞麵三個品種，並掛牌定量供應，寫著：燉雞四十份，每份一元五；燉雞麵四十份，每份五角；墨魚燉雞麵八十份，每份三角五分，售完爲止。因此，顧客唯恐向隅，爭相購買，上午十點開門，不到一個小時即爭購一空。晚上再賣一輪，亦復如此。達官貴人、富紳商賈，明知其竹杠高懸，但是想到能品嚐宮廷風味，又覺身價倍增。

老闆韓德稱說他是「前清御廚」也非全無瓜葛，他是旗人，原籍湖北黃陂，清陸軍學校畢業，當過軍機大臣張之洞的衛士、「上房師爺」，給張大人端茶、送飯，有緣與「御廚」交道，在那裡學的燉雞手藝，可算到了家。辛亥革命後，韓投靠黎元洪，憑迎奉吹捧之力，青雲直上，當上了第十軍的少將旅長。抗戰期中第十軍傷亡慘重，韓隨軍長余源泉逃到重慶，又遇蔣介石排除異己，撤銷第十軍編制，韓退了伍，並開起館子來。四川人過去稱兵爲「丘八」。這個當兵的「丘八」，退了「五」，就成了丘三，並以此作爲招牌。丘三館的燉雞，確有其獨到之處。湯清澈見底，肉鬆軟滋糯。帶骨的雞一抿即脫、一嚼便化，味美鮮腴，爽口不膩。食客交口稱讚，頓時譽滿山城。他燉雞有一套嚴格的規程：第一選2～2.5千克的烏皮嫩母雞，非合格不用；第二血要流盡，不能吃血，退毛不能傷皮，茸毛要除淨，雞身內外要清洗到不見血水爲止，頭腳不用。燉之前放入滾開水中浸燙去腥，再每桶裝5隻，清水適量加足，中途不添，以保持原汁原味；第三燉雞用酒精燈，以控制火力，先武火燒開，再文火慢煨至炆，一般要4個小時，火候恰到好處；第四保證品質，每隻雞賣四份，5隻20份不多不少，用大青瓷碗盛裝，湯灌八成，豐滿清鮮，質優味醇。麵用特製麵粉，加蛋清以手工擀製而成，色如銀，細如絲，煮好乾撈，加雞湯上桌，並把胡椒粉、食鹽放在桌上由顧客自取。這樣的燉雞，顧客稱讚是當之無愧的。

韓德稱經營丘三館賺了不少錢，幫他殺雞、燉雞的丘二，也學到了「御廚」的燉雞秘方，抗日戰爭勝利，韓榮歸故里。丘三館關門，工人們面臨失業，幾個丘三館的幫工，才合夥開了丘二館，繼承丘三館的燉雞技術。取名丘二館，乃從川東人稱雇傭工人

為「丘二」的習慣語。丘二館位於重慶五一路，幾十年來一直保持經營特色，還增加了雞汁鍋貼、雞汁抄手等品種，成為重慶市的著名小吃。

【卓別林吃香酥鴨】

卓別林是世界聞名的電影藝術家，一生拍了很多喜劇性的影片，如《摩登時代》、《大獨裁者》，揭露和諷刺西方社會現象，為世人所敬愛。他既是歐洲人，為什麼又吃香酥鴨呢？說來也很有趣味。1954年4月26日到7月21日召開日內瓦會議，討論和平解決朝鮮問題和恢復印度支那和平問題，參加的有中、蘇、英、法、美、朝、越以及其他有關國家。敬愛的周總理，作為中國人民的使者前往日內瓦開會，隨行的服務人員中有川菜名廚范俊康。范是成都老一輩名廚黃紹清之高足，1953年到北京飯店工作，可算是北京飯店四川菜的奠基人。他的拿手菜香酥鴨，先用鹽漬入味，後用砂仁、豆蔻、丁香、花椒、薑蔥、紹酒等香料與鴨子同蒸，出籠後再用原汁滷過，味透肉內，最後下油鍋炸成微黃色，使之皮酥肉嫩，香氣撲鼻，只要用手提著一抖，整個鴨肉就會脫骨而下。所以在色、香、味、形、質諸方面都有誘人的魅力。上桌時還要配上蔥醬、荷葉餅，真是別有風味。在日內瓦會議將結束時，周總理宴請瑞士社會名流，卓別林也是座上客，當他吃到范俊康烹製的香酥鴨後，讚不絕口，嘆為「終身難忘的美味」。他很謙恭地向周總理提出請送他一隻帶回家去吃。周總理慨然允諾。臨別時卓別林會見了范俊康並說：「我將來要到北京來專門向你學習做香酥鴨。」引起賓主哄堂大笑。卓別林真不愧為幽默大師。

【兼善湯】

兼善一詞，出自戰國時思想家、教育家孟子之說。《孟子‧盡心上》中言：「古之人，得志澤加於民；不得志修身見於世。窮則獨善其身，達則兼善天下。」這本是儒家修身治國的教義。在二○世紀三○年代，重慶北碚有一個愛國實業家，大概也讀過「四書」、「五經」，開館子也講兼善天下，所以取了「兼善餐廳」的招牌。為了名副其實，售賣的食品也要帶上兼善的頭銜。如兼善麵、兼善湯之類。兼善湯選用的材料是雞肉、火腿、豬蹄筋、雞蛋皮、玉蘭片、黃花、木耳、香菇、水發魷魚等10種左右；再配以胡椒粉、川鹽、麩醋、火蔥、味精等調料。質厚濃郁，味道鮮美，營養豐富，頗受歡迎。1949年後，兼善餐廳改為國營，兼善湯已由泉外樓經營。繼承了原有的風味特色，價廉物美，面向人民大眾，成為大眾化的食品。

【努力餐與革命飯】

二○世紀三○年代，成都出現了一家名為努力餐的飯館。此館無論大菜小炒，皆一菜一格，各盡其妙。時人以口碑讚曰：「燒什錦，名滿川，味道好，努力餐。」有一款名「革命飯」的大眾快餐──每份用米蒸成，又摻和以肉顆、鮮豆、嫩筍，價僅值兩碗小麵錢。一般食量者，吃一份即可果腹。「革命飯」三字，引起了特務注意。老闆被詢問「為什麼要賣『革命飯』」？回答卻使特務打不出噴嚏：「有啥子稀奇，孫中山先生說『革命尚未成功，同志仍須努力』嘛！」努力餐的老闆何敢如此對特務說話？原來，開餐館的人，乃前中共川西特委軍委委員車耀先。車耀先烈士當年在餐館中公開告白顧客：「如果我的菜不好，請君向我說。如果我的菜好，請君向君的朋友說。」此話至今猶在成都飲食行業傳為美談。車耀先烈士當年開的這家館子，現在還設在風景秀麗的成都市人民公園旁邊。

【文豪作酒傭】

1930年秋，成都南門指揮街118號，開了一爿麵店，名噪一時。掌瓢執勺諸事，由李劼人先生和夫人楊叔捃女士料理，師大學生鐘朗華為其跑堂。成都各報登出了：「文

豪作酒傭」；「成大教授不當教授開麵館，師大學生不當學生當堂倌」等專記文章。

麵店叫「小雅」，其名來自《詩經》，店主藉以抒發憤世嫉俗之情。1925年張瀾先生費盡心血，創辦國立成都大學，劫老鼎力支持。地方軍閥爲了侵吞辦學鉅資，中飽私囊，鎮壓人民，鬧出「成大」、「師大」、「川大」合併的醜劇，在1928年製造了震驚全國的「二・一六」慘案。劫老義憤填膺，辭去教授職務，開了這家夫妻店。小雅經營麵點，並有三五樣風味菜，每週變換一次，還寫了「概不出售酒飯，堂倌決不喊堂」張貼店內。儘管品種不多，但卻樣樣別緻，很有特色。諸如：金鉤包子、燉雞麵、番茄撕耳麵之類，菜有：蟹羹、酒煮鹽雞、乾燒牛肉、粉蒸苕菜、黃花豬肝湯、青筍燒雞、怪味雞、厚皮菜燒豬腳、豆芽炒肚絲、夾江腐乳汁蒸雞蛋、涼拌芥茉寬粉皮等等。遠近聞名，座上客常滿；權貴豪紳遝來，門前車水馬龍。可惜只半年時間，劫老幼子遠岑被綁架，招來橫禍，救子心切，無心經營，遂歇業。時間雖然短暫，但文豪作酒傭之事，流傳至今。

【 馮玉祥與「愛國饃」 】

1943年至1944年，正值抗戰前方戰事吃緊。馮玉祥將軍當時任軍事委員會副委員長，以中國國民節約獻金救國運動總會會長身分，從事愛國募捐活動，以支援前方。1945年初，他由重慶出發，先後到江津、內江、隆昌、富順、自貢、瀘州、成都等二十餘個縣市，發動群眾愛國捐獻。「愛國饃」的故事就是這個時間發生的。

成都郊外不遠的一個鎮上，一輛黑色轎車駛來，侍衛打開門，下來一位長官，他在場上踱了一轉，走進一家發糕店。長官進店，食客都起身施禮，長官笑請大家坐下，你想哪個敢坐。這時，正忙著揀發糕的老闆，才看清楚他：四方臉、大高個、氣宇不凡，肯定是位大人物，趕緊鞠躬，喊了一聲「長官……」。長官看他瞠目結舌，笑著說了一聲：「給我來點。」老闆戰戰兢兢，挑了個碗，洗了又涮，再用蒸帕揩乾，揀了些又白又泡的發糕送過去。長官吃了發糕，算帳給錢。隨和地問老闆：「生意好嗎？」答道：「趕場天能賣四五升米。」問：「夠不夠生活？」老闆遲疑，一時沒開口，「日子難過嗎？是不是？」「回長官，眼下抗戰，上面派『愛國捐』、『抗日捐』，老百姓哪家不苦，唉！國難嘛。」這席話，看熱鬧的人都爲老闆捏一把汗。長官卻沉思良久，說：「這年頭混碗飯吃，難啊！」老闆眼裡閃著淚花，聽眾也連連點頭。

「有紙筆沒有？給你留點文墨作紀念吧。」不待老闆動手，熱心腸的人跑出店去，借來文房四寶。長官就著飯桌，提筆運腕，飽蘸墨汁，在喝采聲中，「愛國饃」三個大字一揮而就，直起身來端詳一下，信筆寫下「馮玉祥題。」輕輕放筆，闊步揚長而去。過幾天，三個字做成了招牌，發糕店生意驟然興隆起來。顧客中雖然工農兵學商各界都有，其中確有不少胸懷抗日救國之志的成都人遠道而來。

【 賴湯圓捐款辦學 】

二〇世紀四〇年代，資陽縣東峰鎮有一所儲彥中學，賴湯圓在這所學校董事會裡是出錢辦學的頭牌人物。賴湯圓名叫賴元興，資陽縣東峰鎮人。民國初年賴才十幾歲父母就雙亡，生活無著，跟堂兄到成都飲食業學手藝，不久，又被辭退，只好找堂兄借幾塊錢，置了一副擔子，做起湯圓的生意來。生意小，本錢少，要想在成都立足，賴給自己規定了四條規矩：一是利看薄點；二是周轉快點；三是服務好點；四是品質高點。天剛麻麻亮，就挑起擔子走街串巷。早上賣的錢又去備辦賣夜湯圓的原料，如是苦心經營10年，才在總府街口買了一間鋪面，三張小桌子開起湯圓鋪。賴湯圓以品質取勝，貨真價實，雞油四色湯圓，玲瓏乖巧，味美香甜，還外加一碟白糖芝麻醬，顧客都慕名而來。不要看他是薄利，確能集腋成裘，賺了一大

筆錢，又開起米糧鋪，辦起錢莊來了。錢多了，名氣也大了。特別是在成都的資陽同鄉會裡，這個一字不識的文盲，卻成了舉足輕重的人物。1939年，家鄉要籌建一所中學，由楊子林、魯邊賢出面，邀請賴湯圓回鄉觀光，商討辦學。賴深知不識字之苦，為了敬恭桑梓，捐贈穀子，作儲彥中學的辦學經費。這所學校直到1950年，其間賴時有捐助。現今三元寺中學的前身即是儲彥中學。賴湯圓捐款辦學的事，在四川資陽一帶傳為佳話。

【高豆花與高先佐】

重慶有四家有名的豆花館：一是高豆花，二是永遠長，三是白家館，四是臨江豆花館，其中以高豆花最有名氣。

高豆花有100多年的歷史，為高和清所首創，祖輩三代，苦心經營，歷久不衰。二代的店主是高白亮，三代的店主是高先佐。

高豆花位於重慶天花街一小巷內的院宅裡，先是專賣冷酒豆花。抗戰時期，街道房屋被炸毀後，因加寬馬路，高豆花重建了一棟街面樓房，擴大了業務，開了「紅鍋」，增加了蒸菜、炒菜、滷菜等品種。一時生意興隆，名滿山城。這家私營的豆花館，1949年建國後就轉為國營，為眾人所不理解。為了釋疑，應該從最後一位店主高先佐說起。高先佐是高白亮之長子，人稱高大少爺，青年時就學於成都天府中學，思想進步，加入了中國共產黨，畢業後回到重慶，繼承祖業，雖名為店主，高豆花實為他母親經營。他因工作需要，打入「袍哥」，表面上同流合污，暗地卻從事革命工作。重慶解放了，他就把這份產業主動交給了國家。這是一個共產黨員高尚品質的表現，無足為奇。

高先佐曾任重慶市烈士墓展覽館館長，於1981年病逝。

【金字熊鴨】

1957年，重慶舉行過一次「鴨、鵝製品展銷」，經群眾品嚐投票和飲食行業名師評選，評出最優者是：樟茶鴨子、白市驛板鴨、王鴨子、熊鴨子，人稱四大名鴨。這裡，談一件熊鴨子在經營中發生過的趣事。清代末年，江北縣有個小商人，姓熊名漢江，他對烹製鴨子有獨特的技法，選用「三水鴨子」（秋收後的肥鴨），每隻在1.2千克以上，宰殺後先用香料（15種香料組成）醃漬入味；再上炕煙燻烘烤，提色加香；最後上籠蒸熟，出籠後刷上麻油，使鴨皮滋潤發光，棕色油亮，肉質細嫩鬆軟、爽口化渣，回味悠長，因此，獲得群眾的喜愛。他先在江北縣沙灣地區擺攤出售，後來到重慶市中區提籃串街叫賣，經常出入冷酒館。酒客喜歡用熊鴨子下酒，許多大餐廳也向他訂貨，作為席上佳餚，一時名聲大震，生意興隆。因此一些投機者，也仿製熊鴨子，冒牌貨充斥市場。那時重慶大陽溝市場上，不下二三十個賣熊鴨子的挑擔，魚目混珠，真偽難分。熊漢江既無專利權，也得不到法律的保護，只有自謀抵制的辦法。他用金紙剪成熊漢江三個大字貼在一個玻璃缸內，再加一張本人的照片，以此表明我賣的熊鴨子，才是「真金貨」。後來，人稱其鴨子為「金字熊鴨」。

【荷包魚肚的來歷】

重慶特級廚師曾亞光從民歌中得到啟示，設計製作出別具風韻的名菜──荷包魚肚，既好吃，又好看，色香味形兼優，很富有情趣。《繡荷包》這首民歌，第一段歌詞就有「小小荷包，雙絲雙帶飄。妹繡荷包嘛，掛在郎腰」。這是藝術寫真。西南地區有的少數民族，妙齡少女常常以親繡的荷包，贈給意中人，作為定情之物。曾亞光師傅設計荷包魚肚菜式，用的就是這首民歌的意思。不過，姑娘繡荷包，是用針線，而廚師「繡」荷包，是以刀為「針」，以髮菜、絲瓜、冬菇、泡紅椒等原料作為「線」，各色俱備，用牽的方法造型。荷包魚肚技藝要求高，製作亦頗費時，只有筵席中才露面。發製後的魚肚要使其質感柔和，貼在魚上的

雞茸糊要很細嫩，並要將這兩者依荷包模樣造型。「繡」在荷包上的花，要色彩繽紛，形態各異。曾師傅首創的這款菜，沒有高超造詣的廚師是難以製作的。

【崔婆婆巧釀豆豉】

相傳，很久以前，在四川永川縣跳石河，住著一戶姓崔的人家。家裡有位老太婆，人們都叫她崔婆婆。有一年寒冬臘月，有錢人都在辦年貨，崔婆婆想：家裡總得有點吃的，好讓孫子也過個鬧熱年。於是把家裡剩下的半升黃豆煮起，好讓一家大小過年。誰知黃豆剛煮熟，財主的帳房先生就在外面高聲喊叫，崔婆婆想：糟了，被他看見又說有糧不交租，黃豆吃不成，還會招惹是非。她急中生智，順手把煮好的豆子倒進了柴草堆，再用些草蓋上。帳房進門說道：「崔婆子，今天老爺辦年酒，叫你和你家媳婦去打幾天雜，齎即隨我就走。」這樣一去七天，回家趕忙去找黃豆，拿來一看，已漚成墨褐色，長滿了一層白霜，崔婆婆一嘗，還滿口留香，於是把它拌些鹽當菜，吃起更是鮮美可口。後來根據這種作法，做出了黃豆鹽菜，取名「豆豉」。路過崔婆婆家門的力夫們，總少不了要去崔家要茶借火，買兩三個錢的豆豉下飯。幾年後，從重慶到成都的千里路上的下力人，無不知道這位賢慧的崔婆婆做的豆豉又鮮又香，直到現在，在釀造工人的行話裡，還稱永川豆豉叫崔豆豉，跳石河為豆豉河哩！

【蘇東坡「寫」味之腴】

二〇世紀四〇年代的成都，到處議論著一家飯店，說招牌是蘇東坡寫的，燉肘子的方法是蘇東坡教的，離奇萬分。這就是以經營東坡肘子著稱的「味之腴」

這家館子5個股東，龍道三和李敬之是成都人，吳思誠、吳瑩琦、吳世林3個是溫江人。5人當中，4個都是四川大學中文系的畢業生。在合計辦店時，看到溫江一家館子裡風味別具的燉肉，為成都所不及，肘子冠以「東坡」名字還可以發思古之幽情，認為定能行銷於市。於是，請溫江廚師劉均林當掌勺，準備開張營業。名號怎麼取，招牌找誰寫，頗費思索。斯文一堆，吟起蘇東坡「慢著火，少著水，火候足時它自美」的名句來，議定從「腴」上命名，取了「味之腴」這個雅號。誰寫招牌，有的主張請謝無量，有的說找余沙園。東不成西不就，結果還是找發明東坡肘子的蘇老先生，從蘇東坡字貼裡找來「味之腴食堂」五個字放大使用。果然奏效，招徠了不少文人墨客。進得味之腴，頗有斯文瀟灑之感。館子的主菜是東坡肘子、涼拌雞絲，一個肥、一個瘦；一個味麻辣，一個味醇厚；一個嫩，一個㶽；一個宜下酒，一個佐餐佳。既可小酌，又可辦席，價格亦不算貴。在全席大菜盛行一時的成都，專以一二主菜壓陣辦席，味之腴確是別開生面，獨具一格。因此，很快就名聞遐邇，譽滿全城。

【雞火狀元】

行行出狀元。抗戰時期，成都飲食行業出了一名「雞火狀元」。雞火者，雞肉絲、火腿絲之簡稱。雞火狀元，說的是特級廚師黃子誠的往事。1931年冬，黃子誠隨叔叔乞討來蓉，事出意外，叔叔雙目失明，走投無路，投河自盡。黃子誠被臨江春餐館廚師李志生收留，向老闆求情，在臨江春當小夥計。小黃勤奮好學，幾年功夫，臨江春的名菜燒牛頭、生燒什錦、香酥全鴨、龍眼肉都能操作自如。老闆見此，想用黃子誠掌灶，把李志生踢開，一時，「黃子誠忘恩負義」的流言蜚語，傳遍了成都飲食業。黃子誠竟為此離開了臨江春，保全了李志生。黃子誠在幾個棉紗商的支持下，在華興正街開了一個「志生餐館」，子誠手藝雖好，但難為無米之炊，資金短缺，口岸不好，餐館債台高築。他思索著要立於不敗之地，得有一手絕招，弄出打門槌品種。從筵席大菜到街頭小吃，反復考慮之後，志生餐館掛出了「本店特添雞火涼麵」的單條水牌，一時議論紛

紛，咒罵、譏笑、耽心的都有。原來黃子誠心中有數，專選「兆豐」麵行的上等麵粉，加工成麵條，煮至八成火起鍋，攤涼用香油淋透，在雪白的江西圓瓷盤中，先放上去瓣摘根的綠豆芽，再疊上金黃色的麵條，麵條上再撒上一層雞絲、火腿絲，紅白交輝，望去令人饞涎欲滴。臨上桌，放上蒜泥、蔥花、白糖、味精，淋上陳醋、紅油、花椒油、特級醬油，只要略加攪拌，濃香撲鼻而來。雞火涼麵，成了風雲一時的話題，名揚蓉城，志生餐館得以回生。從此花樣百出的涼麵，進入了大餐廳，什麼雞汁的、三鮮的、雞樅的，不一而足。但人們卻說：「不怕滿城涼麵館，還是志生數第一。」人們稱呼黃子誠為「雞火狀元」。

【 榮樂園駁倒「慈禧太后」】

1981年，中、美飲食界合作，在美國紐約開辦榮樂園，經營正宗川菜。元月開業，輿論界十分關注，大加讚揚。而紐約有一位飲食界的評論權威，以秉公正直、評論準確著稱。評論重如千鈞，有決定餐館生死存亡之力，人皆畏之，稱她為「慈禧太后」。此人評論，一是以文字詳述其理；二是以「星」作記一目了然，一顆星好，兩顆很好，三顆極好，四顆是異常特別之好，今已約定成俗，眾所周知。榮樂園開業不久，「慈禧太后」在評論之餘，給了一顆星，報界不服，輿論譁然。有的講：「榮樂園廚師是造詣良深的技藝家，店堂典雅宜人，決非一般餐館所能比。」有的講：「欣賞它的美味，使你味覺神經感到無上的滿足。」《村聲》週刊在「飲食界」專欄裡，直截了當向權威挑戰：「如果你從來沒有嘗過那裡的東西，你當然不知道，它的味道是多麼的美啊。……真理的唯一回答，在於人們愉快的享受。」「慈禧太后」倒還明智，先後8次潛入榮樂園，一一品嚐，細細玩味，1981年3月21日，發表了題為「來自中國令人眼花繚亂的陣勢」的評論，推崇備至，稱它是「紐約市的第一家」，打了三顆星。這裡，

她加了一個說明，「如果按我的要求，在有的菜餚中，把麻辣味加夠了，那麼評價會是四個星。」她那裡知道，這正是中國廚師，根據適口者珍的道理，給這位美國客人減了味的，也正是廚師的高明所在。「慈禧太后」的評論，動不了榮樂園一根毫毛，中國廚師的精湛技藝，辛勤勞動，無聲的回答，卻駁倒了赫赫有名的「慈禧太后」。

【 蒜泥白肉有源頭 】

四川城鄉大眾餐館幾乎都供應蒜泥白肉。此菜肥瘦兼有，肉片勻薄而大，蒜味濃郁，鹹辣鮮香，略有回甜，佐酒下飯均宜，加之又經濟實惠，深得人們喜愛。

這可是一款從川外到四川落戶的菜餚，而且是幾經轉輾才到四川的。說了源頭，大家就知道是怎麼回事了。

野史記述，生活在東北的滿族人曾有一種傳統大禮叫做「跳神儀」。無論富貴士宦，其室內必供奉神牌，敬神祭祖。春秋擇日致祭後，接著就吃跳神肉。這種跳神肉，皆用豬肉白煮，不加鹽醬。煮好後，自片自食。知其禮儀者，不論相識與否，到時候皆可去吃。宋代時，滿族人的「白肉」傳到了京城開封，市肆上也有賣「白肉」的了。宋孟元老《東京夢華錄》、耐得翁《都城紀勝》對此已有記載。至清代時，烹飪品評家袁枚考證「白片肉」，說「此是北人擅長之菜」，並在《隨園食單》上記下了「滿洲跳神肉最妙」。曾在江浙一帶宦游的四川羅江人李化楠，將「白煮肉」的烹飪方法記錄了下來，後又由其子李調元整理於《醒園錄》書中，向巴蜀父老兄弟作了介紹。晚清時，「白肉」、「椿芽白肉」之類菜餚，已開始出現在成都餐館，見諸於傅崇榘的《成都通覽》之中。但白肉加蒜泥調和滋味，則只是清末以後之事了。

【 菜中藏聯語 】

高明的廚師，並不只滿足於給人們奉獻美味佳餚，往往還要賦予菜餚以詩情畫意，

表現以味覺藝術爲中心的烹飪藝術。重慶已故名廚張國棟創制的「推紗望月」就有這樣的藝術佳作。

四川有一款筵席傳統菜竹蓀鴿蛋，是鹹鮮味的湯菜。用料比較高檔，但製作並不複雜，造型亦樸實無華。其製法是將竹蓀（僧竺蕈）入水浸泡發漲後，剖開，去蒂改片，出水，煨以清湯；將鴿蛋煮成荷包蛋樣，撈入二湯碗中，加竹蓀，灌特級清湯即成。張國棟就是以此菜爲基礎創制出推紗望月的。

明代馮夢龍寫的《醒世恒言》中就有話本《蘇小妹三難新郎》。蘇小妹雖是杜撰出的人物——蘇軾並沒有一個小妹，但故事卻很動人。話本說蘇小妹在讓秦少游入洞房前出了三個題，都答對了方准進香房。秦少遊答好了前兩題，卻被第三題難住了。第三題出的是對，上聯爲「閉門推出窗前月」，秦少游左思右想都不得其對，被難住了。幸虧蘇東坡往庭中水缸投了一小小磚片，缸中的水躍起幾點，撲在秦少游臉上。水中天光月影，紛紛淆亂。秦少游得到啓示，才提筆對出了「投石衝開水底天」這一下聯，被獲准進了香房。

張國棟按「閉門推出窗前月，投石衝開水底天」的意境，用竹蓀做窗紗，用魚糝做成窗格，用鴿蛋做成皎月，用清湯做湖水，用萵筍造成修竹，一款格調高、製作巧、立意新、詩味濃的色味質形均屬上乘的「推紗望月」新作就出來了。直到今天，人們還稱道這款審美價值極高的烹飪藝術傑作。

二、名人

【彭鏗】

上古傳說人物。姓籛名鏗，相傳爲上古五帝之一顓頊的後代，據《漢書・古今人物表》記載：彭鏗爲陸終之妃女潰所生。後堯封鏗於彭城（今江蘇徐州），故又稱彭鏗。《神仙傳》說，彭鏗常食桂芝，善導引行氣，生於夏代，活到殷代，享壽八百餘歲，後人便把他作爲長壽的象徵。屈原《天問》詩中有「彭鏗斟雉帝何饗？受壽永多夫何長」句，讚頌彭祖長於烹飪，能用野雞做成味美鮮腴的雉羹。一些地方尊崇彭祖，敬爲烹飪之祖師。彭城至今還流傳著這樣的詩：「雍巫善味祖彭鏗，三訪求師古鼓城。九會諸侯任司庖，八盤五簋宴王公。」說易牙（即雍巫）的調味技術也在彭祖那學來的。

【伊尹】

商代人，由廚入宰的商初大臣。生卒年不詳。在烹飪界及事廚者心目中，大家並不看重他當了好大的官，有好多政績，看重的卻是他的烹飪之道和事廚手藝，認爲伊尹可稱爲烹飪的聖賢。人們從《屍子》、《墨子》、《孟子》、《莊子》的記述中知道，伊尹先是當過奴隸的，幼年的時候寄養於庖人之家，得以學習烹飪之術。倒底伊尹烹飪些什麼饌餚，並沒見具體的記載。然而後世爲什麼又那麼讚賞他的廚藝呢？看來主要是得益於《呂氏春秋》的記載。《呂氏春秋・本味》曾記「湯得伊尹，祓之於廟，爝以爟火，釁以犧豭。明日設朝而見之，說湯以至味」。文中的「湯」，當然指的是成湯，商代的第一位君王。「說湯以至味」的主要內容，就是借烹飪之事而言治國之道。就烹飪技術本身而言，伊尹的論述是很精到的。伊尹對烹飪用水、用火、調味和製作饌餚的原理多有論述。

按《史記》、《帝王世紀》、《呂氏春秋》等古籍所記，伊尹當是生活在西元前1759－西元前1659年之間，大約活了百歲左右。成湯三次或五次派人邀請伊尹，他才負鼎俎前往的。鼎是烹飪的鍋，俎是切菜的砧板。史料說他西元前1711年侍成湯時曾做了一大碗大雁羹請成湯品嚐，因爲伊尹畢竟是廚師出身的嘛！《博物志異聞》說「伊尹黑而短」，《荀子・非相篇》則說「伊尹之狀，面無須麋（同眉）」，看來伊尹個頭不高，皮膚又黑，臉上還沒長什麼鬍鬚。

最令人感興趣的是，伊尹還是位懂醫理的人。《古今圖書集成》就把他列入「醫術名流列傳」的。其《伊尹傳》引皇甫謐《甲乙經·序》說伊尹「撰用神農本草以爲湯液」，又引《通鑒》說伊尹「閔生民之疾苦，作《湯液本草》，明寒熱溫涼之性，酸苦辛甘鹹淡之味，輕清重濁。陰陽升降，走十二經絡表裡之宜。今醫言藥性，皆祖伊尹」。若此記無謬，至少可以說明伊尹既是位烹飪聖賢，又是位醫藥大師，也表明醫家食家兩家曾是一家。

【易牙】

易牙也稱狄牙、雍巫。春秋時齊國人。生卒年不詳。從道德觀念看，易牙的爲人並不可取。史書記載他爲討好齊桓公，掌握權柄，曾殺子烹羹以獻。當齊桓公啓用易牙後，此人便和豎刀一起相與作亂。但是，易牙善調五味，人們照樣採取「一分爲二」，肯定他的這一點。頌揚易牙是位好廚師的記載就多了。《孟子·告子上》：「至於味，天下期於易牙。」《戰國策·魏策》：「齊桓公夜半不嗛，易牙乃煎熬燔炙，和調五味而進之。」《荀子·大略》：「言味者于易牙。」《淮南子·精神訓》：「桓公甘易牙之和。」易牙善調和五味和辨別味道到了什麼程度？《列子·說符》講「孔子曰：淄澠之合，易牙嘗知之。」就是說，易牙能把淄水與澠水分辨出來，有點像另一位被稱作俞兒的人一樣，俞兒也是能「嘗淄澠之水而別之」。直到清代修的《臨淄縣志·人物志·術藝》還維持這種說法：「易牙善調五味，澠淄之水嘗而知之。」

王充《論衡》的「狄牙和膳，肴無淡味」，枚乘《七發》的「伊尹割烹，易牙調和」，蘇軾《老饕賦》的「庖丁鼓刀，易牙煎熬」之類詞語，把易牙的姓名作爲泛指廚藝高超的事廚者的代稱，足見其對後世影響之深。

【呂不韋】（？－西元前235）

戰國末年的政治家。出生於衛國濮陽（今河南濮陽），是家累千金的大商人。政治上習於投機鑽營。他在趙國都城邯鄲，結識了秦國人質子楚（秦孝文王的兒子），出於政治上的需要，以金錢美女誘之，並設法使之立爲太子。西元前250年秦孝文王去世，子楚回國繼位，稱莊襄王，呂不韋被任爲相國，封「文信侯」，食河南洛陽十萬戶。三年後，莊襄王死，太子政（即秦始皇）繼位，呂仍任相國，並被尊爲「仲父」。後來宮中發生嫪毐一案，涉及太后和呂不韋，秦始皇處死嫪毐，罷呂的官，令其回河南老家。不久又因陰謀暴露被流放到四川，呂在途中自殺。呂在作秦始皇相國時，令其幕客彙編《呂氏春秋》，成爲戰國末期雜家的代表作。書中的《本味》篇提出的烹飪調味理論，對後世的烹飪有很大的影響。

【揚雄】（西元前53－西元18）

西漢文學家、哲學家、語言學家。蜀郡成都人。少好學，博覽群書，口吃不善談。40多歲始出川遊於京師。成帝時爲給事黃門郎。王莽篡位後，校書天祿閣，官爲大夫。後因劉歆之子劉棻等人獻「符命」，觸怒王莽，株連揚雄，曾投閣自殺，未死，後因病免職。揚雄以文名世，寫有《甘泉》、《河東》、《羽獵》、《長楊》四賦，氣魄雄偉，文辭流暢，善爲排比，別具一格，與司馬相如並稱爲「揚馬」。他還研究哲學，仿《論語》作《法言》，仿《易經》作《太玄》。曾著《方言》一書，敘述西漢時代各地方言。其所著《蜀都賦》記蜀中之物產和飲食之事，可作研究西漢四川烹飪歷史發展之參考。

【左思】（約250－約305）

西晉詩人。字太沖。齊國臨淄（今山東臨淄縣）人。出身寒微，不好交遊。以妹芬入宮，移家京師，官秘書郎。曾追隨賈謐，爲「二十四友」之一。賈謐被誅，他也隱

退，專門從事著述。齊王命他為記室督，他託病辭謝不就，晚年遷居冀州，病逝。寫成《三都賦》（即《蜀都賦》、《吳都賦》、《魏都賦》），豪貴之家，競相傳抄，洛陽為之紙貴。今存詩十四首，《詠史》詩八首為其代表作。左思雖窮而志高，蔑視權貴，不肯與濁世同流合污，所寫的詩，筆力雄健，風骨高潔。左思為山東人，未到過四川，但他廣搜蜀中風土人情、山川名勝、水陸名產、飲食筵宴等資料寫成《蜀都賦》，對瞭解古代四川的物產、飲食、筵席，很有參考價值。

【常璩】

東晉史學家。字道將。蜀郡江原（今四川崇州市）人。生卒年不詳。成漢時，曾任散騎常侍。入晉後居建康。著《華陽國志》、《漢之書》等書。《漢之書》已失傳。《華陽國志》記載了四川的物產、民俗、飲食、人物等情況，對研究四川古代烹飪有重要參考價值。

【賈思勰】

北魏農學家。山東益都人。生卒年不詳。曾任後魏高陽郡（今山東淄博市臨淄西北）太守。他對穀蔬的種植，果木的栽培，家畜的飼養，食品的加工，酒醬的釀造，烹菜的方法，都有較深的研究。他總結了古時黃河流域的農業生產情況以及他自身在生產實踐中的經驗，寫成《齊民要術》一書，是中國農學中最寶貴的古籍。書中有關飲食方面的飱飯、餅法、醴酪、粽糭和烹調方面的炙法、作魚鮓、蒸魚、菹綠、素食等，至今仍然有參考價值，是研究烹飪歷史的寶貴資料。

【孫思邈】（581－682）

唐代醫學家。京兆華原（今陝西耀縣）人。據後晉劉昫等撰《舊唐書·孫思邈傳》：「思邈自云開皇辛酉歲生」，「永淳元年卒」，身歷隋、唐兩代，享年102歲。少年時因病學醫，好學聰明，有「聖童」之稱。他博覽經史百家之書，兼通道、釋之學，在總結唐代以前各醫家之理論和臨床處方的同時，結合自己行醫的經驗，70歲時寫成《千金要方》，百歲時寫成《千金翼方》，對中國醫學有較大的貢獻。書中所述食物營養、食療的理論，對烹飪有重要的參考價值。

【李白】（701－762）

唐代大詩人。字太白，號青蓮居士。出生於西域碎葉城（在今中亞細亞巴爾喀什湖附近）。五歲時隨父李客遷居四川綿州彰明縣（今四川省江油市）。他家境富裕，少年時有很好的教養。「五歲觀六甲，十歲觀百家。」（《上安州裴長史書》），15歲學劍，並致力於文學創作，26歲離川漫遊，後隱居剡中（今浙江嵊縣），得識道士吳筠。天寶元年由於吳筠向唐玄宗的推薦，李白應召至長安授供奉翰林。後見玄宗荒淫昏憒，又受高力士的讒毀，不到兩年離開長安，再次漫遊。天寶三年在洛陽結交詩人杜甫。安史之亂時他入永王李璘軍中作幕僚，想為平亂出力，殊不知李璘被肅宗疑忌，派兵攻擊，李璘兵敗，李白受累，流放夜郎，幸而中途遇赦，又乘舟東歸。晚年漂泊困苦，62歲時客死於安徽當塗縣令李陽冰處。李白處於亂世，一生坎坷，但他熱愛國家和人民，詩風雄奇豪放，想像豐富，達屈原以來積極浪漫主義的新高峰。《蜀道難》、《行路難》、《靜夜思》、《早發白帝城》等為其代表作。他縱酒好飲，杜甫《飲中八仙歌》稱：「李白一斗詩百篇，長安市上酒家眠，天子呼來不上船，自稱臣是酒中仙。」宋代陸游《飲望西山戲詠》詩：「太白十詩九言酒，醉翁無詩不說山。」一生寫酒詩較多，也有一些寫宴會場面的詩。唐代的飲食情況，從詩中可見一斑。

【杜甫】（712－770）

唐代大詩人。字子美。祖籍湖北襄陽，

後遷居河南鞏縣，35歲以後到長安求官，曾在長安東南郊的少陵住過，人稱「杜少陵」。一生顛沛流離，到處漂遊。20多歲時漫遊吳越齊趙，30多歲困居長安10年之久，只當過一個左拾遺的小官。48歲以後，他棄官攜帶全家入蜀，長期漂泊西南，在成都居浣花溪，築草堂於百花潭，一度掛著檢校工部員外郎的官銜，所以人稱「杜工部」。57歲離蜀，自戎州（今四川宜賓市）至渝，再沿江而下，經夔州（今四川奉節）出峽，漂流到湘鄂一帶，59歲病死於湘水途中。他生活在安史之亂時期，目睹統治者荒淫腐敗，人民貧窮痛苦，在《自京赴奉先縣詠懷五百字》詩中有「朱門酒肉臭，路有凍死骨」之句，詩多反映唐代歷史巨大轉折時期的政治局勢和社會面貌。代表作有《兵車行》、《麗人行》、《三吏》、《三別》等篇，後人稱之為「詩史」。並寫了不少有關筵宴、飲酒、蔬食、禽獸、水鱗、稻麥的詩，描述生動具體，可作瞭解唐代飲食生活的參考。

【段成式】（？－863）

唐代文學家。字柯古。祖籍山東臨淄（今山東淄博市）人。客居荊州。父段文昌曾幾次入蜀作官。據方南生《段成式年譜》載，貞元十五年段文昌入蜀在劍南西川節度使韋皋幕下任校書郎，段成式即生於西川。五歲時全家離蜀至長安，19歲時其父被授為西川節度使，段成式又隨父到成都，22歲時其父被徵入京，又離川。30歲時其父自荊州再次入川任西川節度使，全家又到成都，直到33歲才離開四川。段文昌在長安死後，段成式以蔭入官，授秘書省校書郎。後來出任過廬陵、縉雲、江州刺史，終太常少卿，61歲死於長安。段出身宦家，博學多聞，特別對四川的風物見識甚廣，撰《酉陽雜組》，對唐代蜀中的酒食、風俗、物產記載較詳。

【蘇易簡】

北宋史學家。字太簡。銅山（今四川中江）人。生卒年不詳。累官至翰林學士承旨，歷參知政事。有《文房四譜》、《續翰林志》及文集。

他在擔任皇帝老師之時，提出了「物無定味，適口者珍」的著名論點，受到當世和後世之人的認同。一次，他在給宋太宗皇帝趙光義講學，太宗問他：「食品稱珍，何物為最？」蘇易簡說：「臣聞物無定味，適口者珍」，並說：「臣止知韲汁為美」。太宗問他為什麼。他告訴其親身的感受：一天晚上特別寒冷，乘興痛飲之後，睡覺時蓋了幾斤重的厚被子。酒後被熱，口中渴極，翻身起床至庭院，在月光中見殘雪覆蓋著泡醃菜汁的甕子，顧不得去叫家僮，連忙捧起雪當水洗手，滿滿地喝上好幾杯韲汁，此時覺得「上界仙廚鸞脯鳳臟，殆恐不及」。太宗笑著同意蘇易簡的見解。此事宋代僧人文瑩在《玉壺清話》記述過，林洪的《山家清供》、元代闕作者的《饌史》、清顧仲的《養小錄》等著述都有過引述。

【宋祁】（998－1061）

北宋文學家、史學家。字子京。安陸（今屬湖北）人。曾官翰林學士、史館修撰。與歐陽修等合修《新唐書》。書成，進工部尚書。帥蜀時，有「紅杏尚書」之稱。著有《景文集》、《益部方物略記》等書。

宋祁是個烹飪愛好者。帥蜀時，宣導遊宴，對於四川尤其是成都的遊宴起了推波助瀾的作用。元費著的《成都遊宴記》記述宋祁宣導遊宴並使成都遊宴得到迅速發展的狀況。他的《益部方物略記》對四川特產烹飪原料如真珠菜、天仙果、佛豆、紅珠豆、墨頭魚、嘉魚、納魚、石鱉魚、鯊鹿魚、綠蘿蔔、隈支、綠葡萄、艾子（食茱萸）、赤鸇芋、蒟、鮷魚等品一一加以說明，並用詩文讚頌，為後世留下了寶貴的烹飪史料。

【蘇軾】（1037－1101）

北宋著名文學家、書畫家。字子瞻，號東坡居士。四川眉山縣人。父蘇洵是北宋的文學家，得歐陽修的推譽。文章著名於世，

曾任秘書省校書郎。蘇軾20歲以前隨母程氏在家攻讀，同時也學些耕種、炊煮之事，自稱「世農」（《東坡先生全集》），為後來喜愛烹飪打下了基礎。20歲時同弟蘇轍隨父進京應試，中進士。神宗時任祠部員外郎，知密州、徐州、潮州。後因反對王安石新法，以作詩「謗訕朝廷」罪被貶謫黃州（今湖北）任團練副使。哲宗時任翰林學士，又出知杭州、潁州、揚州，官至禮部尚書，後又貶惠州、儋州（今屬海南省）。蘇仕宦多年，升沉不定，屢遭貶謫，但在文學上頗有成就，與父蘇洵、弟蘇轍合稱「三蘇」，為唐宋八大家之一。他對烹飪頗有研究，著有《老饕賦》、《菜羹賦》等詩文；能親自主庖，創製了東坡羹、玉糝羹，在黃州總結了燒豬肉的十三字訣。在今四川以「東坡」命名的菜，尚有東坡肘子、東坡豆腐、東坡墨魚等品，足見其對後世烹飪的影響。

【黃庭堅】（1045－1105）

北宋詩人、書法家。字魯直，號山谷道人。分甯（今江西修水縣）人。治平進士，以校書郎為《神宗實錄》檢討官，曾出知宣州、鄂州。後以修實錄不實罪，被貶謫到蜀，任涪州（今重慶涪陵）別駕、黔州（今四川彭水）安置，徙戎州（今四川宜賓）。在四川居住了6年多時間。他與張耒、晁補之、秦觀等人同出於蘇軾門下，人稱蘇門四學士。黃出於蘇門，才華出眾，人稱「蘇黃」。其詩自成風格，開創江西詩派。詩文多寫個人生活，寫飲食的也不少。如《食筍》詩，言飲食有「洛下斑竹筍，花時壓鮭菜。一束酬千錢，掉頭不肯賣。我來白下聚，此族富庖宰。蠶栗載地翻，穀辣觸牆壞。鯢鮞入中廚，如償食竹債。甘菹和菌耳，辛膳覷薑芥。烹鵝雜股掌，炮鱉亂裙介。小兒哇不美，鼠壤有餘嚙。可貴生於少，古來食共嘬。尚想高將軍，五溪無人採」等句。後來，蜀中懷念大詩人杜甫、黃庭堅、陸游，在成都草堂寺內，將三人塑像合祀一堂，以供瞻仰。現宜賓北郊亦築有「涪翁亭」。

【陸游】（1125－1210）

南宋詩人。字務觀，號放翁。越州山陰（今浙江紹興）人。陸游受家庭薰陶，自幼好學，少能作詩，他「無詩三日卻堪憂」，以至「脫巾莫嘆發成絲，六十年間萬首詩」，是中國文學史上寫詩最多的人。有《劍南詩稿》八十五卷，共收編年詩九千餘首。29歲去臨安考進士，因名列秦檜的孫子秦塤之前，被秦檜黜免，憤然還鄉。孝宗繼位，賜進士出身，後任鎮江、興隆通判。西元1170年入蜀，供職蜀中，調動頻繁。在蜀10年，先後在夔州（今奉節縣）、成都、蜀州（今崇州）、嘉州（今樂山）、榮州（今榮縣）等地做官，足跡遍全川，對蜀中風物、飲食，讚美備至。對於川食中的名酒、食蔬、菜餚、粥品、水果，更是如醉如癡，竟到了「未嘗舉箸忘吾蜀」的程度。晚年隱居山陰，生活清苦，但收復中原的信念始終不渝，臨終寫了「王師北定中原日，家祭勿忘告乃翁」的絕筆詩，流傳千古。

【楊慎】（1488－1559）

明代文學家。字用修，號升庵。四川新都縣人。幼年聰敏，博覽群書，過目成誦，有「神童」之稱。11歲能詩，12歲作《古戰場文》。24歲正德間廷試進士第一，中了狀元，授翰林修撰和經筵講官。正德皇帝荒淫無道，升庵不畏權勢，上奏諫，不納，辭職回鄉，與女詩人黃娥結婚。婚後二年回京復官。正德帝死，升庵父楊廷和為相，整頓朝政。嘉靖三年，帝納桂萼、張璁言，召為翰林學士。楊慎同列36人聯名上言反對，形成新舊兩派的政治鬥爭。後因「議大禮」遭世宗反對，楊廷和被迫辭職還鄉。楊慎奮抗暴君，激怒皇上，亦被廷杖下獄。後貶謫至雲南永昌（今保山），終死於異鄉。著作有一百餘種。《明史·楊慎傳》：「明世記誦之博，著作之富，推慎為第一。」清代李調元《函海》序：「新都楊升庵博學鴻文，為古

來著書最富第一人。」他的《升庵外集》，錄有不少飲食資料可供參考。

【李時珍】（1518－1593）

明代傑出藥物學家。字東璧，號瀕湖。蘄州（今湖北蘄春）人。明末貢生。出身世醫，注重實踐，並具有革新思想。一生致力於藥物學的研究。對古籍《本草》進行考證整理，上山採藥，廣泛向藥農、民間醫生請教；並解剖藥用動物，煉製藥用礦物，掌握第一手資料，費盡心血，寫成《本草綱目》。李時珍曾任四川蓬溪知縣，（此說從其子李建元《進本草綱目疏》。又，《明史‧李時珍傳》言其子曾任四川蓬溪知縣，非李時珍）對四川的物產，頗有研究。在《本草綱目》中，對穀物、蔬菜、禽獸、魚蟲、水果、香料、鹽、糖、酒、水等都詳注了釋名、性味和功能，還有養生食療的論述，是中國研究飲食的重要文獻。

【曾懿】

清代作家。字伯淵。四川華陽（今雙流縣）人。生卒年不詳。出身於仕宦之家，父曾詠，光緒二十四年進士，曾任江西吉安府（今吉安市）知府。母左錫喜，江蘇陽湖（今常州市）人，著有《冷吟仙館詩稿》十卷。曾懿的丈夫袁學昌是光緒五年時舉人，曾任安徽全椒縣知縣。官至湖南提法使。《清史稿‧曾懿傳》載：曾懿「通書史，善課子」。著有《古歡室詩集》、《醫學篇》、《女學篇》和關於飲食的《中饋錄》等書。

【李化楠】

清代文人。字廷節，號石亭。四川羅江（今屬德陽）人。生卒年不詳。乾隆七年進士。曾任浙江余姚、秀水縣令。據南匯吳省欽所著《石亭李公傳》（載《函海‧李石亭詩集》），說李化楠「狀貌雄偉，氣度豁達」。著有《石亭詩》十卷，《治略》四卷。他在浙江做官時，廣搜民間有關飲食資料，「廚人進而甘焉者，隨訪而志諸冊，不假抄胥，手自繕寫，蓋歷數十年如一日。」（李調元語）。後來問世的《醒園錄》，便是其子李調元根據他的手稿編纂而成的。

【袁枚】（1716－1798）

清初著名詩人。字子才，號簡齋、隨園老人。浙江錢塘（今杭州）人。袁枚少秉異才，12歲為縣學士，乾隆進士，曾任溧水、江浦、沐陽、江寧等地知縣。40歲告歸，優遊山水，終不復仕。築居於江寧小倉山，號隨園，從事寫作。詩主抒性，文章橫逸，名傳四方。著作甚多，有《小倉山房詩文集》七十餘卷，《隨園詩話》、《隨園隨筆》等書。他對烹飪之道很有研究，所著《隨園食單》一書，所寫二十須知、十四戒單，立論有據，見解獨到，堪稱當時的烹飪理論家。所記述的菜餚、食品的製作方法，至今尚有一定的參考價值。他對四川的飲食亦有記述。在茶酒單中記「四川郫筒酒」曰：「郫筒酒清冽微底，飲之如梨汁、蔗漿，不知其為酒也。但從四川萬里而來，鮮有不變味者。余七飲郫筒。惟楊笠湖刺史木簰上所帶為佳。」

【李調元】（1734－1802）

清代文學家、戲曲理論家。字羹堂、贊庵、鶴洲，號雨村、墨莊、醒園、童山蠢翁、童山老人。四川羅江（今德陽）人。乾隆二十一年參加鄉試落榜，時父化楠任浙江秀水縣令，李調元乃在其父任所攻書，拜老詩人錢香樹為師。乾隆二十四年秋返蜀應鄉試，考中舉人，乾隆二十八年春入京會試，考中進士第二名，授翰林院編修。以後任過廣東學政，直隸通永道等官。因得罪權臣和珅，充軍伊犁，後以母老得釋歸。李著書很多，有古文、歷史、詩話、詞話、劇話、曲話、遊記、雜著等。所編纂的《函海》一書，包羅甚廣，總計收書在150種以上，為研究西蜀文化史，提供了寶貴的資料。清代詩人袁枚曾贈詩：「……正想其人如白玉，

高吟大作是黃鐘。童山集著山中業，函海書成海內宗。」其中《醒園錄》是清代中葉的飲食專著，書中記有烹調、釀造、糕點、飲料、食品加工、食品保藏等121種之多。他在《童山詩集》中還寫了許多讚美四川飲食的詩，可作研究清代川菜歷史的重要資料。

【傅崇榘】

清末《成都通俗報社》職員。四川簡陽市人。生卒年不詳。傅氏數年時間悉心採集資料，於1909年輯成了30萬字的《成都通覽》一書，對成都的風土人情、物產、飲食習俗、民間風味飲食、大餐館、炒菜館都有詳盡的介紹。他在序言中聲明：「以籍於成都而說成都」擔保所說的內容「較切」、「較實」。《通覽》一書為今人研究清末民初的川菜提供了詳盡的資料。

【李劼人】（1891－1962）

作家、翻譯家。四川成都人。1918年以前先後任《四川群報》、《川報》社長、總編等職。1919年留學法國，此間翻譯了法國文學名著《小東西》、《馬丹波娃利》等書。1924年回國仍從事寫作，1925年到國立成都大學任教。1930年因不滿軍閥排擠「成大」校長張瀾先生，憤然辭職，開夫妻菜館「小雅」以明志。後來創作了《死水微瀾》、《暴風雨前》、《大波》等長篇小說。二〇世紀四〇年代後，當選為成都市第一屆人民代表大會代表、成都市第二副市長。1954年參加中國作家協會，並應作家出版社之約，對所作長篇小說重新修訂，直至去世。李不僅是一位著名作家，而且是一位烹飪能手。他對成都民風民俗進行了深入細緻的調查研究，於飲食也頗為留心，他開過餐館，與妻子一起掌廚烹菜，在成都傳為佳話。曾為陳麻婆豆腐店親寫市招。在《死水微瀾》、《暴風雨前》、《大波》等書中，都有關於清末民初成都飲食市場的記載，有助於暸解研究成都飲食情況；1945年4月他在《風土什志》上發表的《舊帳》一文，更

是研究川菜筵席史和百年前成都人民生活的不可多得的寶貴資料。

【郭沫若】（1892－1978）

當代文化名人。四川樂山人。他不僅讚賞蜀中名山大川，也愛家鄉的美饌佳餚。在《學生時代》一書中，描述過樂山大佛腳下的「墨魚」，他經常向人誇讚樂山名特小吃白宰雞；為重慶「星臨軒」牛肉館命名題字；為北京四川飯店等書寫匾額；1959年在成都西郊品嚐了帶江草堂餐廳的名菜浣花魚，即席寫下了「三洞橋邊春水生，帶江草堂萬花明。烹魚斟滿延齡酒，共祝東風萬里程」的詩句。他也是一位烹飪研究家，對中國烹飪作了高度的評價。《中國烹飪》曾載《烹飪屬於文化範疇——懷念郭沫若同志》一文，回憶郭沫若講述他過去喝酒的經歷和各地飯菜的做法和特點，「他說，總括起來烹飪這一門應屬於文化範疇。我們這個國家歷史文化悠久，烹調是勞動人民和專家們辛勤地總結了多方面經驗，積累起來的一門藝術」。這對於今人正確認識中國烹飪文化，留下了寶貴的遺言。

【張大千】（1899－1983）

現代中國畫家、烹飪藝術家。名權，後改作爰，號大千，小名季爰。1899年5月10日生於今四川省內江市。先世廣東省番禺縣人，於康熙二十二年（1683）時遷蜀，卜居內江。

張大千之畫，集文人畫、作家畫、宮廷藝術與民間藝術於一爐，包眾體之長，兼南北之麗，無愧於海外譽封之「世界大畫家」。張大千之烹飪藝術，熔宮廷、官府、民間、肆市、南北風味與鄉土食俗於一鼎，採各家之技，薈中西之法，國人稱其菜為「大千風味菜」。

張大千視飲食烹飪為一門藝術，說「一個搞藝術的，如果連吃都不懂或不會欣賞，他哪裡又能學好藝術呢」。他不僅親自設計菜式，入庖指點烹調，還親手製作菜餚，自

開筵席菜單。如1981年宴請張群、張學良、台靜農等名人，他的菜單為乾燒鱘鰉翅、紅油豬蹄、蒜薹臘肉、蔥燒烏參、干貝鴨掌、六一絲、蠔油肚條、清蒸晚菘、紹酒燜筍、乾燒明蝦、汆王瓜肉片、粉蒸牛肉、魚燴麵、煮元宵、豆泥蒸餃。鑑於他的畫室稱大風堂，人們稱張大千的宴客酒席為「大風堂酒席」。他曾說，「以藝術而論，我善於烹飪，更在畫藝之上」。

由於張大千的繪畫成就與烹飪藝術成就影響甚大，張大千故里內江市已有專門的研究機構進行研究。其中，烹飪藝術的研究已有《大千風味菜餚》出版。張大千的親屬也於近年開辦了「大千味苑」等餐館，弘揚大千風味飲食文化。

筆 記 欄

第四章
社團・教育・活動

【四川省烹飪協會】

1987年9月成立。它是由全省烹飪工作者自願組成的群衆性團體,具有社會團體法人資格。由從事烹飪技術、餐飲管理、烹飪教學研究、食品衛生、飲食烹飪營養等方面工作的有關企事業單位和人員參加的跨地區、跨部門、跨所有制的行業組織,有明顯的行業性、技術性、學術性和廣泛的群衆性。受四川省商業廳和省科學技術協會雙重領導。

按1987年9月9日四川省烹飪協會第一次代表會議通過的協會章程規定,協會的宗旨是「爲全川烹飪事業服務,反映會員願望,傳達貫徹政府的意圖,開展烹飪文化研究,組織烹飪技藝交流,普及烹飪科學知識,培養烹飪技術人才,爲適應人民生活水準不斷提高和國際交往日益擴大的需要作出貢獻,爲提高全民身體素質而努力。」協會分團體會員和個人會員兩種。大中型飯店、酒家、餐館、烹飪學校、科研機構,及大專院校、財貿、旅遊、工礦企業從事烹飪工作的部門,承認烹協章程者,可申請成爲團體會員。二級以上廚師、點心師、餐廳服務師、烹飪學校的專業教師、熱心從事烹飪科學理論研究的主治醫師、主任營養師、講師、教授、助理研究員、研究員和藝術家,從事餐飲工作多年並有行業經營管理豐富經驗的人員,承認烹協章程者,也可申請並經批准後成爲個人會員,至1995年底,四川省烹飪協會有團體會員30個、個人會員754人。

1. 四川省烹飪協會第一屆理事會

- **特邀顧問:**于若木、馬識途、天寶、馮彬彬、李一氓、何郝炬、張愛萍、楊超、楊萬選、楊東起、林則普、孫濟世、陳以恕、陳祖湘、徐世群、黃冶、黃涼塵、管學思、廖家岷、戴學銘。
- **名譽理事長:**謝世杰、姜澤亭。
- **理事長:**楊世泉。
- **副理事長:**王貽明、葉繼香、朱維新、畢清林、劉建成、陳忠良、陳家英、吳萬里、張德善、易永貴、曾廷忠、曾其昌。
- **秘書長:**陸俊良。
- **副秘書長:**馬素繁、陳志華、庹聯忠、蔣榮貴、解育新。
- **常務理事(名後有「常」者)及理事:**丁應傑(常)、馬素繁、車輻、鄧世梅、牛志華(常)、王月琪、王遠生、王澤林、王澤民、王澤潤、王樹槐、王啓榮、王貽明(常)、王家鼎、王崇貴、王意章、葉乃翰(常)、葉繼香(常)、史正良(常)、申臣清、龍月高、馮雲華、平端金、蘭季輝、代貴一、代耀庭、朱志誠、朱維新(常)、劉冰蓉(常)、劉成柱、劉承政、劉報輝、劉俊杰(常)、劉建成(常)、劉敦憲、畢清林(常)、任

作善、李成、李義龍、李世善、李世明、李世均、李成龍（常）、李慶江、李買富、李俊秋（常）、李昌林、李榮隆、李躍華（常）、李惠田、李新盛、李碧華、陳禮德（常）、陳志興、陳志華、陳志剛、陳志朝、陳忠良（常）、陳家英（常）、陳福民、楊世泉（常）、楊孝成、楊國欽、楊淮伯（常）、楊福州、何林、何玉柱（常）、何星權（常）、吳學、吳萬里（常）、吳寧鑲（常）、鄒世魁（常）、鄒錫華、汪承仁、張中尤、張忠義（常）、張金良、張富儒、張淮俊、張德善（常）、張錫祚、陸克軒、陸俊良（常）、惪植、易永貴（常）、周全、周一靜、周吉善、周其華、范宗浦、范銓遠（常）、卓玉槐、卓新民、金鳳至、金建操、趙小娟、趙玉臣、胡先華、胡進超（常）、胡廉泉（常）、柏富榮、姚阡（常）、姚志奎、姚金駒、姜建生、聞玉才、向鵬飛、賀廷貴、敖寄桴、殷世平、晶貴勛（常）、郭占鰲、唐文智（常）、唐少華、唐恩高、曾亞光（常）、曾守山、曾國華（常）、曾詠筠、曾其昌（常）、曾廷忠（常）、黃家明、黃碧蓉、崔興安、曹昌友、閻文俊、梁冠英、鄢正華、程德浩、廎聯忠（常）、彭懷禹、彭昭輝、董俊發（常）、謝楓、謝廷貴、蔣榮貴（常）、雷時洪、雷榮輝、解育新、路業明、熊四智（常）、熊澤量、熊朝輝、翟自強（常）、顏振華（常）、黎功國、魏華清。

2.四川省烹飪協會第二屆理事會

- **特邀顧問**：馬識途、天寶、馮彬彬、何郝炬、楊超、楊萬選、楊東超、林則普、孫濟世、陳祖湘、黃冶、黃涼塵、管學詩、廖家岷。
- **榮譽顧問**：洗良（新加坡）。
- **顧問**：王貽明、葉繼香、畢清林、劉建成、陳家英、李躍華、余躍先、張德善、曾國華、曾亞光、翟自強。
- **名譽理事長**：謝世傑、姜澤亭。
- **理事長**：楊世泉。
- **常務副理事長**：陸俊良。
- **副理事長**：司沛文、朱維新、史正良、陳忠良、陳彪、吳萬里、易永貴、袁希漢、卿光國、黃宗偉、曾廷忠、曾其昌、董俊發。
- **秘書長**：劉紹章。
- **副秘書長**：劉勇、匡克忠、肖濱、陳志華、李世明、李劍、范剛、胥吉祥、侯立榮。
- **常務理事（名後有「常」者）及理事**：丁應杰（常）、車輻、鄧世梅、王月琪、王立早、王澤文、王澤潤、王紹紳、王德強、毛永壽、史正良（常）、史柏生（常）、馮民泉（常）、石恩祥、盧一、盧朝華、盧雅蘭、盧錫倫、蘭代書（常）、蘭季輝、蘭其金（常）、冉雨、古昌模、司沛文（常）、劉勇、劉士奇（常）、劉遠竹、劉俊杰（常）、劉紹章（常）、李成、李義龍、李世明、李成龍（常）、李遠華、李金泉、李昌明（常）、李榮隆、李俊秋（常）、朱文山、朱維新（常）、許文俊（常）、許秉陽、呂永福、向永忠、阮小頂、紀顯義（常）、陽福民、任福奎、楊世泉（常）、楊孝成、楊定炳、楊銘銑、楊福州、陳異、陳彪（常）、陳禮德、陳代華（常）、陳平清、陳伯明、陳志華、陳忠良（常）、陳松林、陳廷新、肖濱、肖明宣、肖富坤、吳萬里（常）、江承仁（常）、陸俊良（常）、鄒貽昌、余文山、余樹元（常）、何永慶、季景林、張勇、張中尤、張永昌、張正雄、張光友、張金良、張祖生、張修正（常）、張象炎、范剛、范宗浦（常）、范銓遠、鄭朝渠、周澤、易永貴（常）、羅其華、胡元烈（常）、胡進超（常）、柏富榮、姚阡（常）、姚長林、姚志奎、洪勇、趙繼興、饒榮良、姜建生、殷世平、殷秀清、敖寄桴（常）、侯立榮（常）、廎聯忠（常）、晶貴勛（常）、陶邦富、唐啓

德、晏發富、高明盛、卿光國（常）、袁希漢（常）、徐國楚（常）、黃英、黃宗偉（常）、黃前美、黃家明、曹祉清、曹昌友、龔權海、曾令成、曾守山、曾廷忠（常）、曾其昌（常）、謝永海（常）、董仕富、董俊發（常）、曾詠筠、蔣惠遠、雷時洪、熊四智（常）、熊朝輝、黎功國、魏華清、魏和襲。

3.四川省烹飪協會第三屆理事會

- **特邀顧問**：馬識途、天寶、李朝浦、林則普、陳祖湘、曾祥煒、管學思。
- **榮譽顧問**：冼良。
- **顧問**：馬德明、車輻、劉建成、陳家英、李躍華、余躍先、陸俊良、張德善、易永貴、曾亞光、曾國華、翟自強。
- **名譽理事長**：刁金祥、姜澤亭。
- **理事長**：楊世泉。
- **常務副理事長**：劉元雄。
- **副理事長**：司沛文、史正良、盧忠捷、劉達銀、朱維新、陳彪、陳忠良、肖崇陽、吳萬里、周華勛、卿光國、黃宗偉、董俊發。
- **秘書長**：劉紹章。
- **副秘書長**：馬清余、李劍、吳寧鑲、余洪元、張小朋、胥吉祥、侯立榮、譚均一。
- **常務理事（名後有「常」者）及理事**：馬杰、馬清余（常）、鄧援典、王龍、王月琪、王世培、王旭東、王孝文（常）、王澤文、王澤潤、王國濱、王紹坤、勾恩富、毛永壽、司沛文（常）、史正良（常）、史柏生（常）、葉建貴、盧忠捷（常）、盧朝華（常）、盧錫倫（常）、蘭代書、蘭其金（常）、冉雨、古昌模、劉士奇（常）、劉元雄（常）、劉達銀（常）、劉成貴、劉純富、劉紹章（常）、劉科弟、李新（常）、李萬民、李加強（常）、李永培、李有立、李良權、李遠華、李金泉、李明輝、李昌明（常）、李國經、李繼成、李朝亮、李獻明、朱文山、朱開成、朱維新（常）、許秉陽、許文俊（常）、許躍忠、呂永

福、陽福民、任作善、楊世泉（常）、楊時川、楊國欽、陳彪（常）、陳異、陳雲龍、陳代華（常）、陳平清、陳伯明（常）、陳忠良（常）、陳建華、陳家全、陳培堅、肖崇陽（常）、嚴鄉琪、嚴忠民（常）、吳萬里（常）、吳寧鑲、江承仁（常）、鄒玉祥、鄒貽昌、鄒積屏、余邦經、余洪元、余曉紅、何永慶、張梅、張小朋、張正雄、張永昌、張光友、張昌余（常）、張明星、張象炎、張影紅、鄭朝渠、周澤、周心年、周化勛（常）、周登萬（常）、周祿金、羅長松（常）、羅其華、羅桂芳、姚阡（常）、姚長林、趙世華、胡正興、姜大富、殷秀清、殷達濃、敖寄桴（常）、侯立榮、聶貴勛（常）、郭鴻志（常）、唐少華、高毅、高寶志（常）、高國憲、卿光國（常）、徐文清、錢莊、黃遠流、黃承鈺（常）、黃前美、黃宗偉（常）、黃費雙（常）、敏文輝、曹文華、曹祉清、龔勝陸、曾令成、曾守三、彭子瑜、彭衛國、彭大生、謝永海（常）、董俊發（常）、蒲合明、雷時洪、潘崇福、熊四智（常）、魏華清、魏宗德（常）。

【成都市烹飪協會】

　　1992年5月成立。由從事烹飪實踐、餐飲管理、烹飪教學、烹飪理論和食品營養研究的單位和個人自願組成的全市性學術性行業社會團體，具有社會團體法人資格。受成都市貿易局領導。

　　協會的宗旨是為全市烹飪事業服務，傳達貫徹政府的意圖，反映會員願望，開展烹飪文化研究，組織技藝交流，普及烹飪知識，培養烹飪技術人才，為適應人民生活水準提高和國際交往日益擴大的需要服務。

　　協會分團體會員和個人會員兩種。承認協會章程的烹飪學校及有烹飪專業的其他學校，大中型飯店、酒家、餐館等從事餐飲經營的單位，以及科研、大專院校、財貿、旅遊、工礦企業從事烹飪工作的部門可申請成

為團體會員。承認協會章程的三級以上廚師、餐廳服務師、烹飪學校的專業教師、熱心從事烹飪科學研究的主治醫師、營養師、講師、教授、研究員、助理研究員和藝術家，從事烹飪工作多年對烹飪研究有一定造詣的人員和行業經營管理人員均可申請成為個人會員。至1995年，成都市烹飪協會有團體會員86個，個人會員1234人。

【重慶市烹飪協會】

組建於1988年7月，是由全市烹飪工作者自願組成的社會團體，具有社團法人資格，受業務主管單位——重慶市第二商業局和行政主管單位——重慶市民政局的雙重領導。協會成立至今已換屆兩次，計有理事長、副理事長、秘書長、常務理事、理事人選148人，會員613人，團體會員37個。會員主要來自全市飲食行業、大專院校、長航鐵路、兵工鋼鐵等各大系統分管後勤的幹部以及廚師。

協會成立以來，根據章程宗旨，在宣傳貫徹政府和中國烹協的各項任務中；在開展烹飪文化研究，組織與外省烹飪技藝交流中；在培養造就、考核評定烹飪人才中，成績斐然。特別是在組隊參加全國歷屆烹飪大賽時，派出選手均獲得優異成績，為弘揚、振興川菜贏得了榮譽。

【四川烹飪高等專科學校】

中國大陸貿易部屬高等專科學校。1985年5月建立。校址設於成都市外西羅家碾。培養以四川風味為主的高級烹飪人才和中等烹飪專業學校的師資。招生對象為全國的應屆高中畢業生及職業烹飪高中的畢業生，學制分3年和2年。開設烹飪工藝（含麵點）、食品工藝、餐飲管理專業。為滿足社會對烹飪人才的需要，還開設烹飪師資班、專業證書班、成人短期烹飪培訓班。學校擁有現代化教學設施，擁有一支以中、高級教師職務為骨幹的教師隊伍。至1995年秋，已向社會輸送了8屆畢業生（含兩年制自費委培生）

803人。非學歷的各種培訓班畢業生一千九百餘人。

【四川省商業服務學校】

四川省貿易廳屬學校。原名四川省飲食服務技工學校。1976年建立，1995年改現名。校址設於成都市茶店子健康巷6號。1995年前學校主要開設烹飪專業，以培養烹飪技術人才為目標。1995年起，增設旅遊服務、現代會計與微機、計算計應用專業。學校擁有一支具有多年辦學經驗的以中、高級技術職稱為骨幹的教師隊伍。至1995年底，已向社會輸送1200名畢業生，非學歷技術培訓生二千餘人。學校先後為國外輸送了100多位川菜廚師，還與美國印第安那州職業技術學院建立了對口交流協作關係。

【重慶市飲食服務技工學校】

重慶市屬培養烹飪、餐旅服務技術人才的中等職業學校。創建於1978年。校址設在重慶市南岸區四公里街392號。培養目標為川菜風味的高中級烹飪、餐旅服務專門人才和商貿服務中級人才。招生對象立足重慶，面向川東地區以及省內外的應往屆初中畢業生，學制2年。開設有烹飪、餐旅服務、商業貿易、商業核算、商業微機5個專業，以及烹飪、餐旅服務短期培訓。在校生規模五百餘人。學校占地57.8畝，建有適應教學的烹調實習操作室、階梯演示室，供學生開展實習訓練用的麵點、墩子實習操作室、模擬餐廳、模擬客房，以及相配套的微電腦室、物理化驗室、標本室、圖書室等教育教學設施。擁有一支勤奮敬業、專業技能嫻熟的師資隊伍，其中具有高、中級職稱以上的專業技術人員占教職工總數的50%以上。至1995年秋，學校已向社會用人單位輸送各類畢業生三千餘名。非學歷培訓生一千餘名。

【四川省南充市商業技工學校】

南充市貿易局所屬中等職業技術學校。創建於1978年4月。原為四川省飲食服務技

工學校南充班，1985年學校更名為南充地區飲食服務技工學校，1991年又更名為南充市商業技工學校。校址設在南充市金魚嶺三街。培養目標為四川風味為主的中級烹飪和餐旅服務技術人才。招生對象為高、初中畢業生，學制分2年和3年。在原烹飪和餐旅服務基礎上近年又增設了微機財會、商品經營、商業核算、行銷公關等專業，還長期開設了烹飪短期培訓班。學校教學條件完善，師資力量雄厚。現已向社會輸送技校畢業生五千餘人，短期培訓班畢業生四千餘人。

【樂山市商業技工學校】

隸屬四川省樂山財貿學校的中等職業技術學校。創建於1979年。校址設在樂山市中區海棠路86號。學校以烹飪專業為主。高中生學制為一年，初中生學制為2年，另設有餐旅服務、市場行銷、商品經營等專業，學制均為2年。面向城鎮和農村招收應（往）屆高、初中畢業生並招收在職職工。教學中注重學生動手能力的培養提高。

【四川省飲食服務技工學校成都班】

成都市飲食服務公司所屬的烹飪學校。1978年創建。校址設在成都市三洞橋1號。現設有3個烹飪專業班，一個廚師短期培訓班。校內設有烹飪實驗示範教室，在校期間除專業課外還要學習部分文化基礎課程。學生實習均在市飲食公司所屬的餐飲門點跟班實習。學校所有烹飪專業教師均為市飲食公司選派的並取得高級實習指導教師或一級實習指導教師的資格，同時也獲得特級廚師資格。學校取得省級合格技工學校稱號。

建校至今已為專業公司、企事業單位培養了廚師和飲服人員近千名，且全部取得了「雙證」，即畢業證和廚師證。他們有的分配到國務院機關事務管理局所轄的賓館、大會堂、飯店，包括省市政府的賓館、飯店；有的成了餐飲業的生力軍，更有部分技藝優秀者派往國外為國爭光，為企業創匯；一部

份德才兼備者還走上了領導崗位。

【四川省飲食服務技工學校溫江分校】

隸屬四川省貿易廳和成都市飲食公司的烹飪專業學校。創建於1979年。校址設在成都市轄溫江縣柳城鎮文化路12號。有較強的師資隊伍，完善的教學設施和環境。辦學17年來，已畢業學生一千餘人，分配在省內外各地，並先後有十餘人被選送到北京人民大會堂工作。學校在完成國家計畫招生任務外，長期面向社會各界、企事業單位、機關團體、廠礦培養烹飪專業人員，並舉辦烹飪短期培訓班和職稱考核班，多年來已先後為社會各界培訓、考核學員二千餘人。

【重慶培訓站】

由原商業部飲食服務管理局和重慶市飲食服務公司聯合組建而成。以重慶味苑餐廳為基地。成立於1981年，是當時中國五大烹飪技術培訓中心之一。1994年更名為「國內貿易部重慶烹飪技能培訓中心」。

培訓站師資力量雄厚，烹調技術水準高超，川菜特級廚師陳志剛、吳海雲、吳萬里、李新國、劉應祥、許遠明、姚紅陽、張正雄、王偕華、張長生、曾群英、劉錦奎，特級宴會設計師陳述文、戴貴懿等先後任教。培訓中心堅持理論教育與操作實踐相結合的教學方針，學員們在學習川菜烹飪理論的同時，在名廚的指導下進行實作訓練。由於味苑餐廳有製作高檔筵席的良好條件，各地送培的廚師均能在理論水準和操作技能上得到較快提高。建站十餘年來已為全國各省、市、自治區培訓中、高級廚師二千餘人。在重慶市經考核獲特三級以上職稱的特級廚師中，大都曾在味苑餐廳接受過培訓。

【《四川烹飪》雜誌】

1983年11月創刊。1984年至1990年為季刊，1991年起為雙月刊。1988年2月前為四川省蔬菜飲食服務公司主辦，1988年5月起

為四川省蔬菜飲食服務公司與四川省烹飪協會聯合主辦，並成為四川省烹飪協會的會刊。面向全國，公開發行。

這本雜誌是全國第一家專門以介紹地方菜為主的烹飪科普刊物，欄目甚多，並貼近生活，很適合中、初級廚師及不同層次的各界烹飪愛好者的需要，因而受到川內外讀者甚至海外讀者的喜愛。從1990年起，在編排、裝幀設計、美化和標題處理上逐年品質有所提高，在注重知識性、科學性的同時，趣味性、可讀性也大有增強，文章清新典雅，雜誌圖文並茂，發行量穩中有升，與新加坡、美國、日本等國家和臺灣、香港等地先後建立了定期互相交換資料、傳遞烹飪資訊等業務聯繫。

《四川烹飪》雜誌1990年獲四川省優秀科技期刊三等獎。1992年獲四川省優秀科技期刊二等獎。1995年參加四川省首屆優秀期刊評選獲「優秀期刊」稱號。1992、1997年兩次榮獲中國大陸優秀科技期刊三等獎。

【四川烹飪高等專科學校學報】

1988年12月創辦的內部刊物。1988年至1989年為半年一期的試刊。1991年起改為季刊，至1995年已出刊19期。從試刊開始，稱《烹飪學報》，1996年秋改稱《學報》。

此雜誌以刊載烹飪文化、科學、藝術及烹飪技藝的教學、研究成果為主，為烹飪教學研究和培養烹飪專門人才服務，讀者對象為烹飪院校師生、烹飪科技工作人員、中高級廚師。設有烹飪教育、烹飪歷史、烹飪科學探索、烹飪藝術、烹飪工藝、烹飪資訊、飲食民俗、食事食話、國內外烹飪研究動態及川菜研究等欄目。辦刊以來，發表了一些較有水準的論文和烹飪科普文章。

【《成都烹飪》雜誌】

成都市烹飪協會、成都市飲食公司主辦，創刊於1992年，內部發行，季刊。以傳播川菜烹飪技藝，促進烹飪理論研究，弘揚川菜文化為宗旨，刊登烹飪理論、創新菜餚；推介名師名店，引導健康營養飲食。設立食譚、烹飪史話、烹飪理論、廚師談藝、美食佳餚、川菜新作、營養食療等二十餘個欄目。

【參加全國烹飪名師表演鑒定會獲獎者】

中華人民共和國商業部主辦的全國烹飪名師技術表演鑒定會（即第一屆全國烹飪大賽），1983年11月7日至11日在北京人民大會堂舉行。全中國28個省、自治區、直轄市和重慶市組隊參加。參賽廚師共83人。比賽分熱菜、點心、冷葷拼盤3項。經大會組委會評定，按參賽者積分高低，評出最佳廚師10名（其中重慶代表隊1名）、最佳點心師5名；優秀廚師12名（其中重慶代表隊1名，四川代表隊2名），優秀點心師3名（其中重慶代表隊1名）；冷葷拼盤製作工藝優秀獎7名。還有53人獲大會頒發的技術表演獎。重慶李躍華獲最佳廚師稱號；成都曾其昌、重慶陳志剛、成都曾國華獲優秀廚師稱號；四川李新國獲優秀點心師稱號。四川和重慶參賽代表全部獲獎。

【四川省第一屆烹飪技術（旭水杯）比賽】

四川省商業廳、四川省勞動人事廳、四川省人民政府機關事務管理局、四川省旅遊局、四川省總工會、成都軍區後勤部、成都鐵路局、四川省烹飪協會聯合舉辦的四川省第一屆烹飪技術比賽，1988年2月2日至10日在成都玉沙賓館舉行。由於榮縣酒廠贊助此次比賽，故冠名旭水杯。參賽隊21個，由17個地、市、州和省直機關、部隊、鐵路、烹飪院校組成。參賽廚師59人。

比賽分冷菜、熱菜、麵點3個項目。經組委會評選，3項（冷菜、熱菜、麵點）全能獎盃獲得者，第一名董維仁、第二名謝懷德、第三名李新國；熱菜金牌獲得者為董維仁、方光林、劉大東、劉成貴、謝懷得、李先俊、姚紅陽、余恩蓁；冷菜金牌獲得者為

劉大東、姚紅陽、鄭顯芳、張國柱、張克勤、鍾澤先、李衛、董維仁；麵點金牌獲得者為陳代祿、董維仁、譚平俊。組委會從中還推選了8位廚師，作為1988年5月舉行的全國第二屆烹飪技術比賽的選手，代表四川烹飪界參加比賽。

【參加第二屆全國烹飪技術比賽獲獎者】

中華人民共和國商業部、國家旅遊局、鐵道部、解放軍總後勤部、中華全國總工會、中直機關事務管理局、國家機關事務管理局、中國烹飪協會聯合主辦的第2屆全國烹飪技術比賽，1988年5月9日至18日在北京國際飯店舉行。30個省、自治區、直轄市及中直機關、國家機關、解放軍、鐵路系統共34個代表隊、200名選手參加了比賽。四川代表隊共獲得18枚獎牌。其中金牌3枚、銀牌5枚、銅牌10枚，重慶劉大東、萬縣張克勤2枚。四川代表隊另外還獲特技表演獎3枚、展台紀念獎牌1枚。

【參加首屆全國青工烹調技術大賽獲獎者】

中華人民共和國商業部等7個單位於1990年11月14日至19日在北京人民大會堂舉辦了首屆全國青工烹調技術大賽。參賽的50名選手是從29個省、市、自治區、商業系統飲食服務企業的30歲以下青年廚師中層層選拔出來的。比賽分理論考試和實際操作兩部分，理論占30%，操作占70%。經評審委員會評定，按參賽者的積分評出前10名，由主辦單位授予「全國青工烹調技術能手」稱號，共青團中央命名為「全國新長征突擊手」稱號，商業部發給決賽優勝獎。四川參賽者獲優勝獎者有吳強，獲優秀獎者有梁駿、代祿林。

【參加1991年美國烹飪大賽獲獎者】

美國烹飪大賽是世界烹飪協會批准的世界性重大烹飪賽事的一種，每隔4年在美國芝加哥舉辦一次。大賽設冷菜（即展台）集體賽和熱菜（即現場供應）集體賽兩個競賽項目。由全美餐館協會、美國烹飪聯合會及芝加哥廚師協會共同主辦。受中國烹飪協會的派遣，1991年5月17日至20日，四川省飲食服務公司組成的中國烹飪（川菜）代表隊參加了兩項競賽。參賽隊員陳伯明、史正良、胡志雲、唐勇、張鶴林、喬成志等分別獲得了冷菜（展台）和熱菜（現場供應）的銅牌。

【參加第三屆全國烹飪技術比賽獲獎者】

由中國烹飪協會等8個單位主辦的第3屆全國烹飪技術比賽，分個人賽與團體賽兩種，分別於1993年秋、冬進行。1993年10月16日至23日，四川省烹協派出65人在西安賽區參加了個人賽，選手來自商業、旅遊、機關、部隊、武警、鐵路、學校、廠礦企業。四川共獲個人賽金牌18枚、銀牌46枚、銅牌19枚。金牌獲得者：錢壽彭、奐成明、黃文龍、郭源坪、晏正華、桂祥林（獲2枚）、趙長生、吳洪冰、陳開明、羅宗成、喻波、劉躍宗、黃天孝、黃明基、肖仁平、陳登明、陸向軍。其中：黃文龍、桂祥林、黃明基榮獲優秀廚師稱號。1993年12月2日至10日在北京參加團體賽，四川獲得金盃的有成都龍抄手代表隊、重慶代表隊，獲得銀盃的有四川省旅遊局代表隊、四川省政府管理局代表隊。

【參加國內外烹飪學術研討會入選論文】

近年，中國大陸國內外舉辦了各種烹飪文化學術研討會，四川烹飪工作者與文化研究者積極參與了這些研究活動，一些論文入選了學術研討會議（見下表）。

名稱	主辦者	地址	時間	作者	論文題目	説明
首屆中國烹飪學術研討會	中國烹飪協會	長沙	1989.9	熊四智	論創新菜餚的方法	收入論文集
首屆中國烹飪學術研討會	中國烹飪協會	長沙	1989.9	劉銘	中國筵席的組合與改進	收入論文集
首屆中國烹飪學術研討會	中國烹飪協會	長沙	1989.9	林洪德	菜品應屬審美範圍	收入論文集
首屆中國烹飪學術研討會	中國烹飪協會	長沙	1991.7	杜莉	論袁枚對中國烹飪的三大貢獻	收入論文集
首屆中國飲食文化國際研討會	中國食品工業協會等	北京	1991.7	熊四智	川菜的形成發展及特點	收入論文集
首屆中國飲食文化國際研討會	中國食品工業協會等	北京	1991.7	盧一	試論中國烹飪教育	收入論文集
首屆中國飲食文化國際研討會	中國食品工業協會等	北京	1991.7	朱炳萱	中國酒文化的縮影——五糧液小史淺談	收入論文集
首屆中國飲食文化國際研討會	中國食品工業協會等	北京	1991.7	陳然、曾凡英	中國鹽文化初探	收入論文集
中國烹飪文化學術研討會	世界中國烹飪聯合會	新加坡	1994.4	張目	二十一世紀中國烹飪之展望	收入論文集
中國烹飪文化學術研討會	世界中國烹飪聯合會	新加坡	1994.4	熊四智	把中國烹飪文化轉化為全球性商品	收入論文集
中國烹飪文化學術研討會	世界中國烹飪聯合會	新加坡	1994.4	盧一	論中國烹飪學的學科體系	收入論文集
亞太地區保健營養美食研討會	首都保健營養美食學會等	北京	1994.8	熊四智	飲食文化遺產與當今市場的嫁接	收入論文集
亞太地區保健營養美食研討會	首都保健營養美食學會等	北京	1994.8	盧一	野菜的營養食療及食用方法	收入論文集
亞太地區保健營養美食研討會	首都保健營養美食學會等	北京	1994.8	杜莉	保健食品與花卉的綜合利用	收入論文集
亞太地區保健營養美食研討會	首都保健營養美食學會等	北京	1994.8	蘇國興	藥膳與免疫	收入論文集
第二屆中國烹飪學術研討會	中國烹飪協會	屯溪	1994.9	熊四智	論快餐	收入論文集
第二屆中國烹飪學術研討會	中國烹飪協會	屯溪	1994.9	張目	川菜發展之趨勢	收入論文集
第二屆中國烹飪學術研討會	中國烹飪協會	屯溪	1994.9	王汝奎	藥膳的調味及調味品在藥膳中的作用	收入論文集

名稱	主辦者	地址	時間	作者	論文題目	說明
第二屆中國烹飪學術研討會	中國烹飪協會	屯溪	1994.9	杜莉	從火鍋的演變看中國菜的發展	收入論文集
中國烹飪技術教育交流研討會	中國大陸貿易部教育司	北京	1994.10	盧一	試論烹飪高等教育	收入論文集
中國烹飪技術教育交流研討會	中國大陸貿易部教育司	北京	1994.10	周德思	烹飪高等合作教育的實踐與研究	收入論文集
中國烹飪技術教育交流研討會	中國大陸貿易部教育司	北京	1994.10	鍾志惠	物理膨鬆麵團的「新」內容	收入論文集
中國烹飪技術教育交流研討會	中國大陸貿易部教育司	北京	1994.10	王汝奎	烹飪教育的現代化	收入論文集
中國烹飪技術教育交流研討會	中國大陸貿易部教育司	北京	1994.10	王定根	論川菜的發展與創新	收入論文集
世界中華飲食文化學術研討交流會	加拿大安省華商餐館會	多倫多	1995.10	熊四智	中華飲食文化的三大優勢	收入論文集

【四川省名特小吃、風味小吃評選】

　　四川省烹飪協會1990年8月28－29日在成都蜀苑酒樓舉辦了1990年「四川省名特、風味小吃評審鑑定會」。全省有20個代表隊選送了112個各地的名特風味小吃品種參加評選。經評委會評審鑑定，有84個品種被評為四川省名特、風味小吃稱號。其中獲四川省名特小吃稱號的為22個，獲四川省風味小吃稱號的為62個。以下獲稱號的品種，由四川省商業廳、四川省烹飪協會、四川省消費者協會授了名牌，並向品種的主要製作人授了榮譽證書。

1.四川省名特小吃：

• **重慶**：山城小湯圓、精毛牛肉、臘肉白蜂糕、鴛鴦葉兒粑、渝州豆腐腦、五彩涼蝦、提絲發糕。

• **自貢**：燕窩絲、富順開花白糕。

• **南充**：川北涼粉、順慶羊肉粉。

• **宜賓**：宜賓燃麵、怪味雞。

• **瀘州**：瀘州白糕、豬兒粑。

• **綿陽**：梓橦片粉。

• **阿壩**：酸辣攪團。

• **萬縣**：桃園湯包。

• **成都鐵路局**：多味珍珠球。

• **省供銷社**：大竹醪糟。

• **省機關事務管理局**：金絲麵。

• **省個體勞動者協會**：芥末春捲（薄餅）。

2.四川省風味小吃：

• **重慶**：豆茸涼糍粑、四味珍珠圓子、汽水粑、魔芋冰粉、雞絲涼麵。

• **攀枝花**：木瓜湯圓、金絲餅、雞粽米卷粉、煎蝦餃、水晶金絲粉、攀西涼卷粉。

• **自貢**：謝涼粉、自貢毛牛肉、鄭抄手、火鞭牛肉、慶榮森豆腐腦水粉。

• **內江**：川糖果子、三色凍、金絲牛肉、多菜滷鴨子、鍾焦粑。

• **德陽**：鮮肉焦餅、金絲麵、果醬涼糍粑。

• **綿陽**：天鵝蛋、荷塘情趣、茯苓包子。

• **瀘州**：五香糕、瀘州黃粑。

• **遂寧**：蛋酥麻花。

• **雅安**：纏絲焦餅、海味撻撻麵。

• **達縣**：擔擔油茶、汽水羊肉、雞蹄花。

• **宜賓**：燉雞麵、午時粑、三鮮抄手。

- 南充：保寧蒸饃。
- 阿壩：香酥蕎麵角。
- 萬縣：萬州涼粉、蘿蔔絲油錢、臘肉湯圓、鴛鴦葫蘆。
- 涪陵：涪陵油醪糟、麻柳湯圓、洗沙油錢、撻撻麵。
- 成都鐵路局：糟醉水晶珠、金鉤湯餃、麻圓、桂花香糕。
- 省旅遊局：老少平安、秋蟬過冬、豆沙小雞。
- 省供銷社：凍糕、葉兒粑。
- 省機關事務管理局：玫瑰土豆餅、慈母珍心。
- 省個體勞動者協會：紅苕涼粉、胡涼麵、莊鴨子。

【首屆四川美食節】

　　1992年秋，在四川省有關單位舉辦「首屆巴蜀食品節」的同時，於1992年9月17日至10月7日，在成都市勞動人民文化宮舉辦了「首屆四川美食節」。成都、宜賓、綿陽、南充、攀枝花、遂寧等市地及鐵路系統組團參展，參展品種310個，其中參評品種193個。美食節領導小組對參評的品種，組織專家評比，群眾評價，並經綜合評審，由省政府授予成都夫妻肺片、宜賓市燃麵等27個品種「四川名小吃」獎，授予大邑縣爆花牛肉等114個品種「地方風味小吃」獎。

【首屆四川省名優火鍋評比】

　　四川省商業廳、四川省烹飪協會、四川省保護消費者權益委員會、四川省烹飪協會火鍋文化交流工作委員會、四川省報紙副刊研究會聯合舉辦的首屆四川省名優火鍋評比，1994年3月至4月進行，評出名優火鍋33名，優質火鍋41名，風味火鍋18名。
- 名優火鍋：成都八棵樹火鍋大酒店、成都八重天餐飲娛樂購物大世界、成都九龍大酒店、重慶小天鵝火鍋大酒店（成都）、廣漢市三星堆鴛鴦火鍋、成都天樂宮大酒店、瀘州市巴舟火鍋城、成都白

帝城漁莊、成都紅葉火鍋大酒樓、成都亞群火鍋大酒樓、成都芙蓉國火鍋大酒店、成都獅子樓大酒店、成都食為天海鮮火鍋大酒樓、成都皇城老媽火鍋（琴台路）、成都皇家火鍋城、成都望江樓海鮮火鍋大酒店、成都黃鶴樓餐飲娛樂大世界、重慶橋頭火鍋（南岸區）、重慶雲龍園（渝中區）、重慶陽光火鍋城（沙坪壩區）、重慶火鍋城（南岸區）、重慶凌湯園大酒樓火鍋廳（渝中區）、重慶賓館火鍋廳（渝中區）、重慶揚子江假日飯店巴人火鍋（南岸區）、重慶一四一火鍋（渝中區）、重慶藥火鍋（渝中區）、重慶韻苑飯莊火鍋廳（北碚區）、重慶露凝香火鍋城（九龍坡區）、重慶西郊大酒樓火鍋廳（九龍坡區）、重慶九二九火鍋大酒樓（九龍坡區）、永川市棠城飯店火鍋城、涪陵市巴人火鍋城、山東濟南市四川大酒店火鍋廳。

【首屆巴蜀食品節獲獎調味品】

　　為提高產品品質，促進食品工業的發展，1992年9月首屆巴蜀食品節期間，省政府決定開展品質評比活動。經過企業申請、地區和部門擇優推薦、組織專家評審、品質檢測、市場評價、並在廣泛徵求用戶意見的基礎上，共評出特別金獎、金獎、銀獎、優秀獎，分別為：
- 特別金獎：重慶釀造調味品總廠山城牌金鉤豆瓣。
- 金獎：自貢市貢井鹽廠自流井牌精緻鹽；四川峨眉山鹽化工業集團股份有限公司峨眉牌精緻鹽；四川特種鹽廠自流井牌精緻鹽；自貢市自流井鹽廠自流井牌精緻鹽；鹽源鹽廠雪山牌精緻鹽；四川久大鹽業集團公司自貢市大安鹽廠自流井牌精鹽；四川省南充鹽廠白鴿牌精緻鹽；四川久大鹽業集團公司張家壩製鹽化工廠自流井牌精緻鹽；四川省犍為糖廠峨眉牌優級白砂糖；四川省珠溪河糖廠泉江牌一級白砂糖；四川省會東糖廠雀衣牌一級白砂糖；

成都市第五釀造廠蜀香牌高鮮醬油；遂寧市釀造廠船山牌一級醬油；重慶市江津縣仁沱恒豐醬園廠恒豐牌一級醬油；重慶市江津釀造廠邁進牌江津醬油；德陽市醬油釀造廠德陽牌精釀醬油；成都市釀造公司成都釀造廠雄獅牌大王特級、大王醬油、一級醬油；江油市釀造廠團山牌特釀口茉醬油；閬中保寧醋總廠保寧牌保寧醋；渠縣三匯醋廠三匯牌三匯特醋；重慶市江北釀造廠靜觀牌靜觀醋；三台縣釀造廠潼川牌潼川豆豉；重慶市永川釀造廠北慶牌永川豆豉；彭山縣釀造廠長春號牌辣方豆腐乳；樂山市五通橋德昌源醬園廠橋牌豆腐乳；忠縣釀造廠石寶寨牌忠州豆腐乳；國營富順食品廠恐龍牌富順香辣醬；江油市國營釀造廠團山牌美味香辣醬、美味麻辣醬；萬縣地區飛華調味品廠飛華牌麻辣醬；自貢市釀造廠天車牌香辣醬；射洪縣釀造廠洪城牌麻辣醬；富順美樂食品廠美樂牌香辣醬（高、中、低辣）；重慶市釀造調味品總廠山城牌麻辣味調料；自貢市釀造廠天車牌芝麻豆瓣、火肘豆瓣；彭山縣釀造廠長春號牌杏仁豆瓣；資陽東風釀造廠鴿球牌火肘豆瓣；成都市第五釀造廠蜀香牌紅雙豆瓣；資陽縣臨江寺豆瓣廠臨江寺牌金鉤豆瓣；成都軍區後勤部副食品加工廠五佳牌辣椒豆瓣；郫縣前進豆瓣廠川豐牌郫縣豆瓣；重慶釀造調味品總廠南岸分廠塗山牌香油豆瓣；郫縣豆瓣廠鵑城牌郫縣豆瓣；宜賓芽菜總公司（有限）碎米牌碎米芽菜、五味芽菜；宜賓縣供銷社敘府芽菜廠敘府牌敘府芽菜；大足縣裕盛通釀造廠寶頂牌寶頂冬尖；資中縣釀造廠豐源牌細嫩冬尖；國營四川省南充市釀造廠白塔牌順慶冬菜；南充市農副土產果品公司十里香牌嫩尖冬菜；新都縣國營新繁泡菜廠新繁牌四川新繁泡菜；都江堰市釀造廠寶瓶牌鹽大蒜；涪陵榨菜集團公司烏江牌鮮味、美味方便榨菜絲、片；涪陵市珍溪榨菜廠烏江牌一級榨菜；射洪縣永平榨菜廠靈仙牌真空袋裝榨菜；萬縣地區外貿土產公司加工廠魚泉牌小包裝榨菜；江北縣乾菜果品公司梅溪牌袋裝方便榨菜；豐都縣榨菜公司名山牌四川一級罈裝榨菜；涪陵市農副產品工業公司涪州牌絲型鮮味方便榨菜；成都市西河副食品廠龍喜牌天府大頭菜；遂寧市糧油食品總廠涪江牌小磨芝麻油；眉山縣香油釀造廠蘇湖牌小磨麻油；奉節縣油脂公司夔府牌小磨麻油；國營南充市釀造廠白塔牌小磨麻油；漢源花椒油廠黎紅牌花椒油；蓬溪縣蓬萊油脂化工廠魁山牌高級烹調油；國營大竹縣罐頭食品廠巴竹牌醪糟罐頭；大竹縣供銷社罐頭廠玉竹牌醪糟罐頭；南充地區味精廠果城牌99%晶體味精；萬縣市國營飛亞企業公司飛馬牌80%粉體味精、99%精體味精；重慶天府味精廠佛手牌80%粉體味精。

- **銀獎**：犍為鹽廠岷山牌精緻鹽等22種鹽，眉山岷江花椒油廠東坡牌小磨麻油等27種油，閬中釀造糖果工業公司閬苑牌特醋等18種醋，重慶璧山釀造廠迎祥牌麻辣味調料等24種豆瓣醬，達縣市釀造廠達州牌糧釀醬油等12種醬油，彭縣泡菜食品廠彭州牌泡紅海椒等39種泡菜、冬菜、芽菜、榨菜、味精、腐乳、豆豉、白砂糖。

- **優秀獎**：上述各類調味品共74種。

【 首屆巴蜀食品節獲獎茶 】

- **金獎**：宜賓茶廠金江牌銀芽隱翠；宣漢縣漆碑茶廠九頂牌九頂雪眉；四川省北川縣茶廠佛泉牌曲城綠茶；萬源縣草壩茶廠巴山雀舌牌巴山雀舌；四川省邛崍茶廠文君牌文君綠茶；平武縣茶廠中茶牌貢熙一級綠茶；峨眉山市竹葉青茶廠竹葉青牌竹葉青；屏山縣名優茶開發公司龍湖翠牌龍湖翠；重慶茶廠峨眉牌重慶沱茶；省茶葉公司峨眉牌早白尖功夫紅茶；成都市青白江茶廠香山牌特級茉莉花茶；四川省筠連茶廠玉壺井牌高香茉莉花茶；四川省筠邊茶廠玉壺井牌高香茉莉花茶一級；成都龍泉洪河聯辦茶廠芝龍牌一級茉莉花茶；成都

茶廠三花牌二級花茶；榮縣老君茶廠中川牌老君眉特種花茶；成都軍區長城保健品廠碧玉春牌碧玉春；宜賓市江北茶廠碧玉牌敘府香茗特花；四川省犍為茶廠醒太白牌佛都春香。

- **銀獎**：四川省苗溪茶廠靈鷲牌靈山曲毫、靈山毛峰等32種茶。
- **優秀獎**：四川雷馬坪茶場黃琅毛尖等19種茶。

【 首屆巴蜀食品節獲獎酒 】

- **特別金獎**：宜賓五糧液酒廠五糧液牌29°、39°、52°五糧液；瀘州老窖酒廠瀘州牌38°、52°瀘州老窖特麴；綿竹劍南春酒廠劍南春牌38°、52°劍南春；成都全興酒廠全興牌38°、52°、60°全興大麴；射洪沱牌麴酒廠沱牌38°、54°沱牌麴酒；古藺郎酒廠郎牌53°郎酒。
- **金獎**：都江堰市獼猴桃公司茅梨酒廠都江堰牌中華獼猴桃酒，涪陵市酒廠百花牌百花潞酒等7種果酒、兌制酒；綿陽亞太企業總公司啤酒廠亞太牌10°清爽型啤酒、12°普通淡色啤酒，重慶啤酒廠山城牌11°、重慶牌12°淡色啤酒等7種啤酒；四川文君酒廠文君牌39°、54°文君酒、54°文君頭麴等158種白酒。
- **銀獎**：有13種果酒、兌制酒，17種啤酒，148種白酒。
- **優秀獎**：有6種啤酒、33種白酒。

【 首屆巴蜀食品節獲獎飲料 】

- **金獎**：中國天府可樂集團公司天府牌天府可樂；德陽市天下樂飲料廠天下樂牌高橙飲料、水蜜桃飲料；四川省內江果汁廠沱果牌鮮橙汁；國營四川省蓬安縣果品廠健達牌濃縮廣柑汁；重慶市縉雲山飲料食品廠小三峽牌百利包紙盒鳳梨汁飲料；四川省萬縣地區果汁廠蜀秀牌濃縮甜橙汁；四川瀘定貢嘎山礦泉水公司貢嘎山牌礦泉水；四川省國營瀘縣罐頭飲料廠洪流牌橘肉果汁；四川省萬縣地區蜀秀牌果精；四

川南充北京嘉陵食品廠京嘉牌果王即溶橙汁飲品；小金縣沙棘飲料食品廠四姑娘山牌天然沙棘（固體飲料）；四川省內江果汁廠沱果牌橙珍；遂寧市希美豆奶廠希美牌希美豆奶；四川斯比泰飲料食品有限公司天下秀牌天下秀豆奶；四川國營什邡啤酒廠天下秀牌天下秀啤露；四川國營黔江啤酒廠瀛海牌啤花露；四川省遂寧罐頭食品廠紅玫瑰牌天然黃桃汁；四川省百樂飲料廠百樂牌錦橙、蜜桃、獼猴桃飲料；重慶食品飲料廠樂竹牌利樂包鮮橙汁；四川重山食品飲料廠山山牌紅橙果蔬飲料。

- **銀獎**：峨眉山礦泉飲料食品總廠峨眉山牌峨眉雪（檸檬型）等26種飲料。
- **優秀獎**：成都市大邑梅嶺公司梅嶺牌濃縮梅汁等30種飲料。

筆 記 欄

第二篇

名店名師

長盛園

清道光年間著名的包席館。店址在成都南城（現狀元街、指揮街一帶）。

- **名店典故**：作家李劼人記敘：「長盛園為當時（按：即1836年）南城有名之包席館。席點最好，而大肉包子尤著。四十年前（按：即1904年）猶存。」（見1945年4月《風土什志》第一卷第五期發表的《舊帳・上卷・乙部》）

【正興園】

晚清時期成都著名的包席館。清咸豐末年（1861年）開業。店址在原棉花街（現東風路二段）。

- **話說名店**：創辦人為關正興。開業之初，正興園以承辦各類筵席為主要業務，其主要廚師為滿族的戚樂齋、貴寶書，漢族的周志成、游炳全等。菜餚烹製多承古法。

  至十九世紀初，外籍官員來川任職者日多，家庭廚師、家鄉名菜亦隨之而來。官宦人家重飲食，尚滋味，官場交往，遊樂飲宴，出現了四方名廚薈萃天府、各地佳餚競相爭豔的南北合流局面。正興園正是在這種情況下，博採眾長，勇於革新，成為蓉市（成都）餐館業中的佼佼者，促進了川菜發展。

- **名店典故**：據清末傅崇榘《成都通覽》載：「席面之講究者，只官（按：為「關」之誤）正興園一處。因其主人素來收藏古器甚多。故官場上席均照顧之。其磁片磁碗（磁字同瓷），古色斑駁；菜品講究，湯味甚佳，所謂排場好而派頭高也。」足見當時人對其評價甚高。

- **名店名廚**：正興園為川菜烹飪培養了一批技藝精湛的技術人材，藍光鑒、周映南、謝海泉、張海清、李春廷等著名廚師，均出於其門。正興園於1910年歇業，其傳統和特色為榮樂園所繼承。

【秀珍園】

較正興園晚出的著名成都包席館。技術力量雄厚，可與正興園匹敵，故當時行業中有「正、秀兩幫」之說。店址和創辦者不詳。現僅知名廚陳吉山和陳達山兄弟，均出其門。

【一品香】

二十世紀初成都著名的餐館。店址起初在原勸業場（現商業場）內。一品香開了幾年之後，遷至梓檀橋街，更名海棠春。創辦人不詳，僅知掌墨師傅為李如齋，名廚湯永清曾就此學藝。該店經營的菊花鍋子頗具有名氣。

【聚豐園】

　　成都著名餐館。開業於二十世紀初，至二十世紀四○年代才告歇業。店址初設華興街，不久遷祠堂街。

• **話說名店：**創辦人李九如。該店的經營特點是專案多，包席出堂一概操辦。中菜西菜均有供應，零餐以大菜為主，品質高但菜價昂貴，並供應紹興黃酒和生片火鍋。佈置精美，設備齊全。該店為成都市用檯布、西餐刀叉、高腳酒杯之第一家，開成都「中菜西吃」之先例。主廚者不詳，傳為黃清雲兄弟。大徒弟姓李（不知名），其他徒弟有丁全德、廖雲成、田炳文等。

【枕江樓】

　　成都著名餐館。開業於二十世紀初。店址在外南萬里橋頭。該店經營的時間較長，停業於二十世紀四○年代末期。

• **話說名店：**創辦人不詳。該店最初只是一家普通的飯鋪，因其所處環境幽雅，烹製魚鮮頗有獨到之處（當時橋下河壩販賣魚蝦者甚多，人們買後愛交枕江樓加工成菜），故吸引了不少食客。幾年以後，枕江樓便從一普通小飯鋪升格為一家南堂館子，業務範圍也不斷擴大，除零餐外，還承辦各種筵席。

• **名店名廚：**當時，成都的一些著名廚師如唐炳如、傅吉廷、吳紹宣、高清雲等都先後到該館掌廚，並培養了一批廚壇高手，如馮漢成、龍元章、賴世華等。到二十世紀三○年代後期，枕江樓已經躋身於成都名餐館之列，自成流派，至今行業中尚有「枕江樓派」之稱。

【復義園】

　　清末成都著名包席館。餘不詳。

【西銘園】

　　清末成都著名包席館。餘不詳。

【雙發園】

　　清末成都著名餐館。餘不詳。

【一家春】

　　清末民初成都著名餐館。店址在原勸業場（現商業場）。餘不詳。

【金穀園】

　　清末民初成都的包席館（一說大餐館），店設隆興街口。傳為「秀珍園」的一個廚師所開。

【醉霞軒】

　　清末成都南館。店址在玉沙街。

【雲龍園】

　　清末成都南館。店址在紗帽街。

【培森園】

　　清末成都南館。店址在白絲街。

【隆盛園】

　　清末成都南館。店址在臥龍橋街。現僅知名廚傅吉廷、葉正芳、唐炳如、高清雲等均在此習藝。

【正豐園】

　　清末成都南館。店址在原棉花街（現東風路二段）。

【萬發園】

　　清末成都南館。店址在原棉花街（現東風路二段）。

【味珍園】

　　清末成都南館。店址在東順城街。

【平心處】

　　清末成都南館。店址在紅廟子街。

【腴園】

清末成都南館。店址在總府街。

【新發園】

清末成都南館。店址在德勝街。

【清心園】

清末成都南館。店址在天涯石街。

【龍森園】

清末成都南館。店址在正府街。

【義和園】

清末成都南館。店址在東華門街。

【可園】

成立於清朝末年。清末成都一吳姓者，在會府北街創辦了一家戲園子（今稱劇場），名為可園。為擴大經營範圍，同時增設了餐館和茶鋪，也以可園名之。該餐館以零餐為主。開業以來，生意興隆，逐漸成為一家有名的餐館。

【樓外樓】

清末成都一家經營中西大菜的著名餐館。店址在原勸業場（今商業場）。所經營的中西菜名目有二百種之多。其薄皮包子膾炙人口，頗受歡迎；該店之填鴨也十分有名，《成都通覽》將其列入成都的著名食品。店主不詳，傳為張氏兄弟所開。兄弟二人，一中一西，各有所長。

【三合園】

清末民初成都的包席館。店址在書院街。創辦者王海泉。王是四川省新津縣人，原為一官吏的私人廚師，後隨官自貴州到成都，不久即離開官府，創辦了「三合園」。該店經營歷史較短，前後僅四五年時間。

【適中樓】

重慶歷史名店。創辦於清末民初，是重慶最早的大餐館。先設店於重慶後祠坡，後遷至通遠門外的適中花園。

- **話說名店**：適中樓承辦高級筵席，也經營一部分零餐。有名的菜餚為一品海參、罈子肉、米燻雞、叉燒填鴨等，小吃酸菜燴麵亦膾炙人口，受到廣大食客的讚賞。
- **名店名廚**：該店由創始人杜小恬主廚，在三〇年代可算名師雲集、技術力量最強的名店。如杜的高徒廖青廷、熊維卿、曾亞光等均已成就學業，於此各執一門；成都名廚謝海泉、張守勛、孔道生等也曾在此店工作。

【金山飯店】

重慶最早餐館之一。位於通遠門外黃家埡口。經營中餐業務。餘不詳。

【大都會】

重慶歷史上著名餐館。店設於民權路25號。經理龍文翰，四川人。甲級餐館，經營包席和零餐。

【長美軒】

重慶歷史上著名餐館。位於下石板街（今臨江路）巷內，院宅式建築。以包席為主。主廚徐德章。1949年初期停業。

【夔園】

重慶歷史上著名餐館。位於老章華街（今棉花街）。經理陳夔三，成都人。經營中餐業務，成都風味，以零餐為主。

【嚼芬塢】

清末成都著名麵館。店址在原提督街大陽溝（現「齊魯食堂」斜對面）。創辦人姓官，人稱五老師。據說正興園名廚藍光榮在此任廚。《成都通覽》將其油提麵選入成都之著名食品。

【抗餃子】

二十世紀初成都著名的餃子店。店址在

凍青樹街。爲一抗姓廚師所創辦。其經營的水餃子被《成都通覽》列入成都之著名食品。後由其子抗青雲繼續經營，直至三〇年代末期歇業。

【開開香】

清末成都著名點心鋪。店址在書院街口。該店的蛋黃糕被《成都通覽》列爲成都的著名食品，其他品種如開花竹節、糖酥薄脆等也較有名。

【王包子】

清末成都著名小吃店。店址在三倒拐口。所經營的釀腸（即香腸）、醃肉被《成都通覽》列爲成都之著名食品。此外，該店還經營包子和燙麵餃子等。

【都一處】

清末成都著名麵店。店址在書院街。創辦者和主廚據說是正興園的一位廚師。包子等點心頗有名氣，稀滷麵亦爲人們稱道。

【鍾湯圓】

清末成都的名小吃店。店址在純陽觀街三皇廟。主要經營附油湯圓，兼營包子、燒麥（燒賣）等。其湯圓、包子被列爲成都的著名食品。

【精記飯鋪】

清末成都著名飯鋪。店址在北新街。創辦人據說爲郫縣人。精記所經營的菜只有十多樣，其中以香糟肉、櫻桃肉、粉蒸肉、蜜風肉等最爲有名。在經營上，精記突出一個「快」字。菜品都是先做好，或分散餾在籠裡，或煨焯在火上。顧客要菜，立即可裝碗上桌，十分方便。

【姑姑筵】

成都著名包席館。開業於民國初年。創辦人是曾在清宮御膳房任職的黃晉臨。辛亥革命以後，黃從北京回到成都，在西較場附近開了一家包席館，店名姑姑筵，取兒童戲辦筵席之意，二〇年代遷至暑襪北街，1935年遷外西百花潭畔，四〇年代又搬至新玉沙街。四〇年代後期，姑姑筵遷重慶，不久因黃晉臨去世而歇業。

- **話說名店**：姑姑筵規模雖不大，但在經營上則以獨具一格而著稱。席有定數，最多不超過四桌；無論席桌高低，冷碟只有四個；菜品以家庭風味、時鮮蔬菜和煨燉之類爲主。黃雖不擅廚事，但頗通飲食之道，能辨菜餚之優劣，又喜別出心裁，巧創新饌餉客。他不僅自擬席單，親臨廚房嚐味把關，而且還自任招待端菜上席，並爲客人詳細介紹，故包席者多奉束請其入座，聽其言，品其菜，口福耳福，兼而得之。官紳之家、文學之士多有讚許，因而名播四方，蜚聲巴蜀。

- **名店名廚**：姑姑筵開業以來，除一二掌墨師聘請名廚擔任外，其他的均由黃家姑嫂掌灶，這是姑姑筵的又一特色。先後到姑姑筵事廚的廚師有曾青雲、杜鶴齡、羅國榮、陳海清、周海秋等。姑姑筵的菜品以樟茶鴨子、香花雞絲、罈子肉、燒牛頭方、酸辣魷魚等最有名。

【溫鴨子】

二十世紀初成都著名鴨子店。店址在青石橋街。創辦人不詳。該店燒塡鴨頗有名。馮家吉（約清末時期詩人）有竹枝詞讚道：「燒烤猶然古味存，烹龍炮鳳總虛言。掛爐各調商標美，獨數南門『鴨子溫』。」

【暢和軒】

成都早期一家專業醃臘店。店址在棉花街。開業於1917年。

- **話說名店**：店主漆星甫。漆於每年秋收後，廉價雇用農民醃製豬肉、豬頭及香腸等食品，於門市銷售。一年中只經營冬春之間的三四個月，該店雖然品種單調，但蓉城（成都）只此一家，所以生意頗爲興隆。不久，由於另一家醃滷店德厚祥開

業，暢和軒的業務日趨蕭條，二十世紀二〇年代初便告停業。

【靜寧飯店】

與桃花園餐館齊名的餐館。店址也在原少城公園（現人民公園）內。開業於1920年前後，據資料載，四〇年代後期尚存。

- 名店名廚：創辦人陳錫候。主要廚師為傅吉廷、葉正芳（人稱「葉二師」），出堂掌墨師是馮漢成，製作填鴨的是聚豐園的老廚師楊某。擔任招待師的有左良安、彭煥廷、陳斌新等。

【德厚祥】

成都著名醃滷店。開辦於1920年左右，創辦人廖澤霖。店址在凍青樹街。

- 話說名店：該店四季營業，刻意創新。冬春製賣醃臘，夏秋則以滷貨行市。著名食品有冬腿、燻魚、金銀肫肝、鴨餅、毛風雞等。開業近十年，終因廖去世而歇業。德厚祥在成都醃滷業自成一系，以後的盤飧市、利賓筵、利和森、為人庖等名店，或為其所派生，或出其門下。

【錦江春】

二十世紀二〇年代初至四〇年代中期成都的著名麵館。店址在原勸業場（今商業場）後場。該店以經營各種麵條、點心為主，其中炸醬麵和韭菜盒子最為有名。

【稷雪】

成都著名小吃店。開業於1923年左右。為榮樂園的分店。

- 話說名店：該店的小吃品種豐富，以製作精細、口味醇美著稱於市。供應的品種如蟹黃包子等頗有特色，其他品種一日一換，其中銀耳羹、冰汁黃魚肚、荷葉綠豆湯、蛤什螞羹、波絲油糕、果醬盒子以及紅湯麵、家常牛肉麵、奶湯羊肉麵等，都是人們所喜愛的小吃。
- 名店名廚：開業之初，榮樂園名廚周映

南、藍光榮親自到店掌教。其他廚師尚有孔道生、戴瑞庭、周公學等。

【福華園】

二十世紀二〇年代初成都著名的包席館。店址在湖廣館街。創辦人王金廷、黃紹清均為三合園名廚王海泉的高徒。福華園的經營時間不長，1925年王、黃散夥，分別開了薦芳園和桃園春。

【朵頤食堂】

成都名餐館。創辦於二十世紀二〇年代初。店址在總府街。

- 話說名店：朵頤食堂承辦筵席，隨配合菜，零餐供應，多種經營四十餘年，到1965年，因城市建設需要，店址不存，便告歇業。主要廚師多調竟成園工作。
- 名店名廚：創辦人不詳，僅知榮樂園名廚張守勛1923年在該店事廚。主要廚師有張德善、曾國華、陳松如、葛紹清、梁竹民、溫興發、夏永清等。

【薦芳園】

成都著名的包席館。1925年為名廚王金廷創辦。開辦之初，主廚者均為王的師弟，如邵開全、張煥廷等，地點在中山街。十多年後，王金廷去世，其生意由王的兒子繼承。又過幾年，頂給邵開全經營，後遷至忠烈祠南街。除承辦筵席外，還增加了零餐供應，故店名也就更為薦芳餐館。薦芳餐館於四〇年代中後期歇業。

【桃園春】

成都著名包席館。開業於1925年，為名廚黃紹清所創辦。店址在原北打金街。主廚者除黃之外，還有黃的徒弟李某和一個叫端林的。該店大約於1930年歇業。

【留春幄】

重慶歷史名店。創辦於二十世紀二〇年代。位於陝西街。甲級餐館，一樓一底，座

場寬大，設備較好。經理沈通遠，主廚朱亞南。經營中餐業務，以承包筵席爲主。著名的菜點是雞皮魚肚、棗糕等。陝西街原爲銀行、錢莊集中的地區，留春幄的顧主多爲金融巨頭。

【陶樂春】

重慶歷史名店。創辦於二十世紀二〇年代。位於江家巷內。甲級餐館。經理劉玉祥。主要廚師有張松雲、劉建成、田雲勝等。經營中餐業務，以包席爲主。名菜有一品海參。

【邱佛子】

二十世紀二〇年代中期成都著名飯鋪。店址在祠堂街。

• **話說名店：**由木匠邱某創辦，主要經營豆花小菜飯。三〇年代，邱木匠的兒子邱伯繼承父業，增加了供應的菜品。此外，該店根據季節的變化，隨時翻新菜品。如冬天的清燉牛肉、紅燒牛肉、熱味牛肉，夏天的白肉、綠豆燉肘、冬瓜連鍋湯等都是十分叫座的菜。該店由於菜品量小價廉，味美適口，故深爲人們所喜愛，就是一些達官貴人也常常前往品嚐。邱佛子開辦近三十年，終因無人繼承而悄然歇業。

【玉珍園】

二十世紀二〇年代至四〇年代中期成都著名的包席館。店址在羊市街。創辦人沈玉珍。先後到此掌廚的有康良成、鍾高雲、蘇殿如、許文裕等。開業之初，以承辦筵席爲主（可多至數十桌），並經營租賃傢俱的業務。以後也經營零餐，逐漸演變成了「南堂館」。

【亦樂天】

二十世紀二〇年代中成都的著名包席館。店址在忠烈祠北街可園對面。創辦人張子勤。主要廚師有正興園的謝海泉，餘不詳。此店經營歷史不長，1928年歇業。名廚

盛友章、陳懋新等均出其門。

【醉翁意】

二十世紀二〇年代中成都著名的包席館。店址在錦華館內。創辦人黃某，人稱「黃長子」。主廚是傅吉廷和賀某（綽號「賀駝子」）。名廚包竹均、曾貴高、羅興武、廖治榮以及陳浩然等均爲醉翁意館的徒弟。

【怡新】

二十世紀二〇年代中期成都著名包席館。店址在春熙路北段錦華館內。爲幾個軍界人士所創辦。主廚者爲川菜著名廚師陳吉山、陳述山兄弟。

【桃花園】

成都著名餐館。店址在原少城公園（現人民公園）內。開業於1927年。創辦者李子能在經營幾年以後頂給蔣國興。

• **名店名廚：**先後主廚的有張某（綽號「張大鼻子」）、正興園的謝海泉、枕江樓的龍元章等，名廚吳紹宣等曾任過出堂掌墨師，名招待師盛希才、黃小舫、劉雲也曾在此主堂。經營以零餐爲主，也承辦各種筵席。供應的對象多爲常在少城公園聚首的教育界人士。桃花園經營了二十餘年，直至1950年歇業。

【春風一醉樓】

二十世紀二〇年代中至三〇年代初成都著名的餐館。店址在祠堂街。創辦人王俊如。主廚王銀州，其他廚師有劉雲波、張德善、曾海雲、葛紹清等；主要招待爲胡安德、表漢成、吳少甫、馮德興等。經營幾年後，王俊如將店轉讓其弟王野淵，更店名爲青蓮居。

【蜜香】

二十世紀二〇年代成都的名餐館。店址在錦華館內。創辦人樊平錫。主廚羅興武，

其他廚師有陳浩然和劉某。二〇年代末期，遷重慶，主廚除羅興武外，還有榮樂園的張守勛等。

【長春食堂】

二十世紀二〇年代末。成都有一個以葉樹仁、葉適之兄弟為首的近十人的所謂「酒團」，以吃黃酒為主，涉足各家餐館。後來，他們認為，如果自己有一家餐館，就會更加方便，於是由葉氏弟兄出面集資，先在青年路九龍巷開了一家長春館，不久又遷至提督街，正式取名長春食堂。

• 名店名廚：主廚為張榮興和馬榮華，其他廚師有杜元興和夏永清等。招待有占永清、周國全、艾祿華和李春坊。長春食堂以零餐為主，代表菜品有海參蛋餃、魚肚蛋餃、三鮮蛋餃、苕菜蛋餃、苕菜獅子頭、燒三珍等。

【花近樓】

二十世紀三〇年代成都著名餐館。店址在原西御西街。

• 名店名廚：創辦人張寶楨。主廚為田炳文、張榮興、張德善、蘇雲、陳昌明、徐志階、魯海雲等也曾在此店事廚。招待主要有周切思、張懷俊、鍾順雲、劉光兆等。花近樓經營包席、出堂和零餐等業務。菜品以川菜為主，但因店主張寶楨為江蘇省人，故也時綴一些江蘇名菜，如揚州獅子頭、蘇州豆腐、鐵巴蒸肉等。

【義牲園】

成都著名包席館。1931年開業，1955年停業。店址在學道街。創辦人為龍元章、唐炳如、何永康、余耀卿和龍祝三等五人。主廚為唐炳如、龍元章。唐、龍兩人均為枕江樓名廚。

【小雅】

二十世紀三〇年代初成都的著名菜館。店址在指揮街。

• 名店典故：創辦者為著名作家李劼人。據李在1956年的《自傳》中寫道：「1930年暑假，成都大學校長張瀾，由於思想左傾，為當時軍閥所扼制，不能安於其位。張瀾先生要到重慶去，我不能勸他不走，我自度在張瀾先生走後，我也難以對付那些軍閥。所以，在張瀾先生走以前，我就提出辭職，張瀾先生沒有同意，我遂借了300元，在成都我租佃的房子裡經營起一個小菜館，招牌名小雅。我同妻親自做菜，一是表示決心不回成都大學；一是解決辭職後的生活費用。」小雅開的時間不長，一年以後，因多種原因歇業。

【不醉勿歸小酒家】

二十世紀三〇年代成都著名餐館。店址在陝西街。創辦人為姑姑筵的老闆黃晉臨的大兒子黃明全。主廚者有張華正和一個原聚豐園的老廚師。經營以家庭風味的小燒小燉菜品為主，其中蔥燒魚、紅燒舌掌、蒜泥肥腸、豆泥湯等頗為食者喜愛。

【亞歐美】

成都著名包席館。開辦於1932年。店址在新街後巷子。創辦人黃紹清。黃於1930年去上海幫小花園，兩年後返蓉，不久即開此店。該店主廚為鄭少宣和黃的一個兄弟（人稱「黃老四」）。亞歐美經營約四五年後便歇業。

【春和園】

成都著名包席館。開業於1933年，店址在貴州館街。創辦人為正興園名廚李春廷。主要廚師有謝海泉、劉炳全等。

【東林餐館】

二十世紀三〇年代中期至五〇年代初成都著名餐館。店址在華興正街。

• 名店名廚：東林的前身為雲春餐館，創辦人和主廚是馮漢成、蘇文炳、包少南和吳紹宣等四人。雲春開了一年多，到1935

年，包、吳二人分了出來，於是馮、蘇二人又重新約了兩人開東林餐館。主廚者仍為馮漢成，其他廚師有枕江樓餐館的賴世華、萬一清，春和園的劉壽之以及後來開江頭歸餐館的劉永清等。

【 哥哥傳 】

成都著名餐館。爲姑姑筵老闆黃晉臨之弟黃保臨所創辦。

• **話說名店**：黃保臨原是舊財政廳職員，1937年先在石馬巷（一說南打金街）開古女菜館，但時間不長便遷總府街，正式更名哥哥傳。主要廚師不詳，或說爲原薦芳園的廚師袁松廷、毛富章等。哥哥傳在經營上繼承了姑姑筵的傳統，其代表菜有冬筍燒牛護膝、清蒸大塊鱔魚、炒鴨脯、雞豆花、肝膏湯等。

【 國泰 】

重慶歷史名店。創辦於二十世紀三〇年代。店址在華光樓一號。甲級餐館。經理朱問竺，重慶巴縣人。主廚熊維卿。主要廚師有曾亞光、肖清雲、陳文清等人，技術力量較強。經營中餐業務，以承包筵席爲主，也供應零餐。

【 醉東風 】

重慶歷史名店。創辦於二十世紀三〇年代。店址在打鐵街。甲級餐館。經理鄧肇臣。主廚陳德全。經營中餐業務，以承包筵席爲主，也經營零餐。顧主多爲大商巨賈。業務較好，與當時的九華源、暇娛樓等餐館齊名。

【 暇娛樓 】

重慶歷史名店。創辦於抗日戰爭（以下簡稱「抗戰」）初期。店設於棉花街29號。甲級餐館。經理曾紹三，重慶巴縣人，曾任中西餐食同業公會常務理事。主廚許洪興。經營中餐業務，以承包筵席爲主，也經營零餐業務。顧主多爲商界人士。因其價格較其

他餐館低，也頗受一般市民歡迎。

【 九華源 】

重慶歷史名店。創辦於抗戰初期。店設於砲台街16號。甲級餐館。經理卓甫臣，重慶巴縣人，曾任中西餐食同業公會監事。主要廚師張守勛、華興昌、劉永昌等人。經營中餐業務，以承包筵席爲主。著名的菜餚爲清蒸火腿。

【 凱歌歸 】

重慶歷史名店。創辦於抗戰初期。爲幾個國民黨退伍高級軍官所經營。經理李岳陽。設店於柴家巷內。主廚肖青雲。經營中餐業務，以承包高級筵席爲主。往來多爲當時高官顯要，一般市民望而卻步。

【 醉桃村 】

二十世紀三〇年代後期成都的包席館。爲名廚張海清創辦。張爲正興園的徒弟。店址在凍青樹街，該處原是北洋餐館洞青雲的舊址。正興園的另一個徒弟、名廚謝海泉也曾在此店掌廚三年。醉桃村於1942年停業。

【 味腴 】

重慶歷史名店。創辦於抗戰時期，位於雜糧市（今民生路）22號。甲級餐館。經理黃錫良，四川蓬溪人，曾任當時中西餐食同業公會常務理事。經營中餐業務。以承包筵席爲主，也經營零餐業務。

【 蜀風 】

成都著名餐館。開業於1942年。店址先在湖廣館街，兩年以後移至半邊橋街。經理是原新民電影院的院務主任李敬成。主廚曾國華，其他廚師有劉讀雲、陳子雲和陳詔書等。此店於1950年歇業。

【 廣寒宮 】

成都二十世紀四〇年代著名的包席南堂館。店址在北打金街。股東多爲成都匹頭幫

和藥材幫的商人。主要廚師有靜寧飯店的蔣伯春、李天固，榮樂園的張守勛，怡新的劉代正等；白案廚師是醉翁意的陳浩然。此店在1950年歇業。

【桃園】

重慶歷史名店。創辦於1943年。店址在上清寺。甲級餐館。經理邱克明，成都人，曾任當時中西餐食同業公會的常務理事。主要廚師有張達真、田德勝等。經營中餐業務，以承包高級筵席為主。抗戰時期，上清寺為國民黨中央政府機關集中地區，桃園餐館的顧主多為達官貴人，有「日有百宴」的盛況。

【新味腴】

重慶歷史名店。創辦於抗戰時期。店設在新生路88號。甲級餐館。業主陳明卿，重慶巴縣人，曾任當時中西餐食同業公會監事。經營中餐業務，以包席為主，也經營零餐業務。

【西大公司】

重慶歷史上著名餐館。店址在保安路721號。規模大，設備好。經營中餐和西餐。經理劉雲翔，曾任重慶中西餐食同業公會理事長多年。

【陳麻婆豆腐店】

成都風味餐館。於清同治初年（1862年）開業於成都北郊的萬福橋。該店名菜收入中、日合編的《中國名菜集錦（四川）》一書。近年，陳麻婆豆腐店還開設了北門大橋、青羊宮分店。該店於1995年被中華人民共和國貿易部（以下簡稱中國貿易部）認定為「中華老字號」企業。

- **話說名店**：原名陳興盛飯鋪。主廚為陳興盛之妻，此人臉上有幾顆麻子，人稱陳麻婆。該店初為賣小菜便飯、茶水的小飯鋪，來此用飯者多為挑油擔子的腳夫。這些人經常買些豆腐，從挑簍裡舀點菜油請

老闆娘代為烹飪，烹出的豆腐又麻、又辣、又燙，別具風味，日子一長，該店鋪的燒豆腐就出了名，不僅為過往客人所喜愛，而且還吸引了城內的一些食客。

- **名店典故**：人們為區別於其他飯鋪的燒豆腐，贈名「麻婆豆腐」，名氣一大，店子也依菜名為「陳麻婆飯鋪」，老闆娘的本名早已被人遺忘了。清朝末年，陳麻婆的豆腐就被列為成都的著名食品，二十世紀二〇年代即已聞名遐邇，有人寫詩讚曰：「麻婆豆腐尚傳名，豆腐烘來味最精。萬福橋邊簾影動，合沽春酒醉先生。」

  著名作家李劼人在其《大波》一書中，關於「陳麻婆」歷史特色有一段十分生動的描寫：「陳麻婆飯鋪開業八十餘年，歷三代而未衰，四〇年代雖仍處郊野，依然是門庭若市，掌廚者為其再傳弟子薛祥順。五〇年代始遷市內，現址在西玉龍街。除經營傳統名菜麻婆豆腐外，還以多種豆腐菜餉客。」近年來，隨著旅遊事業的開展，不少海外人士慕名而來，以品嚐到真正的麻婆豆腐為一快事。

- **名店名廚**：薛祥順去世後，則由在此店事廚多年的廚師寇銀光、艾祿華等掌廚。現主廚者為該店的後起之秀。他們不僅能保持麻婆豆腐的傳統特色，而且還在豆腐菜餚的烹製上有所發展和創新。

【三義園】

成都風味食店。二十世紀初開設於走馬街口。二十世紀五〇年代以後，店址設上東大街。

- **話說名店**：創辦人不詳，或說為三個夥計所開，故名三義園。該店以牛肉焦餅著名，還賣燉牛肉湯。品種雖不多，但卻十分招來顧客。主要是因其鍋灶面街，現做現煎，煎餅香味特濃，誘人食慾。主製者為三義園老工人曹大亨。曹是啞吧，所以人稱「啞吧焦餅」。現該店除經營牛肉焦餅、燉牛肉湯外，還經營牛肉麵和一二樣燻製的牛肉製品。

【金玉軒】

成都風味食店。1902年開設於東玉龍街。五○年代以後，該店一度遷至鹽市口附近的安樂寺內、青年路口。現址在上東大街。專營醪糟、糍粑。創辦人姓朱，朱去世以後由其子繼續經營。該店醪糟糊多、米心空，香醇甘甜，既可作甜食，又是烹調中的重要調料，遠近馳名。

【榮樂園】

成都著名餐廳。創辦於1911年。此店初設在湖廣館街，一年後遷布後街，直至四○年代末期遷現址在騾馬市街口。榮樂園不僅在中國大陸久負盛名，而且已名播海外。1980年6月，由四川省與美商合營的第一家川菜館榮樂園在美國紐約開業。自開辦以來，聲名卓著，川味美餚，給美國人民留下了美好的印象。該店名菜收入中、日合編《中國名菜集錦（四川）》一書。於1995年被中國貿易部認定爲「中華老字號」企業。

• **話說名店**：榮樂園以製作高級筵席和家庭風味菜餚見長。著名菜式有紅燒熊掌、蔥燒鹿筋、清湯鴿蛋燕菜、乾燒魚翅、酸辣海參、蟲草鴨子等。即使是家禽家畜、乾菜鮮蔬等普通原料，成菜也有獨到之處。各種湯菜的製作十分講究，品類繁多，頗有特色。幾十年來，榮樂園不僅爲繼承發揚川菜烹飪技藝做出了積極的貢獻，而且還爲川菜事業培養出一批烹飪技術人才。

• **名店名廚**：創辦人爲正興園名廚師戚樂齋、藍光鑒叔侄二人。主理廚政的鄧厚澤、吳文宣、藍光榮、周映南等都是成都素有威望的著名廚師。榮樂園一方面繼承和發揚了正興園的傳統特色，一方面又吸取了南北大菜的優點，以及蓉城諸家之長，從而形成自己的風格。

成都的特級廚師劉讀雲、孔道生、曾國華、華興昌、毛齊成、陳廷新、曾其昌均爲其嫡傳或再傳弟子。1971年以後，榮樂園又是成都市飲食公司的重要技術培訓基地。二十多年來，培養了數百名中青年廚師，分佈於市內和川西各地、市，成爲全省飲食行業的技術骨幹。現在，榮樂園由特級廚師曾國華爲技術顧問，特一級廚師梁長源、楊泉源，特三級廚師何德金等，負責餐廳全面技術管理。

【竹林小餐】

成都風味餐館。清末民初開業於復興街。1995年被中國貿易部認定爲「中華老字號」企業。現因城市建設拆遷歇業，目前正準備擇新址復業。

• **話說名店**：創辦人王興元。該店初爲一小型飯鋪，經營以白肉、罐湯、小菜飯爲主。幾年後因生意興隆，又增加了燒帽結子、燒舌尾、魔芋鴨子等罐燒菜品。1940年王去世，業務先後由其妻何氏、子王亞雄繼續經營。1945年以後，業務不斷擴大，除原來的風味菜餚外，還經營炒菜、蒸菜，逐漸發展成爲一家中型飯館。

• **名店名廚**：先後到該店事廚的都是蓉城一些技有專長的廚師，如紅案廚師李子南、謝躍武、謝紹榮、包竹筠、夏永清、林紹發，小菜師溫興發、祝榮生，善作白肉的蔣海山，以及長於醃滷的高連章等。五○年代，遷至鹽市口經營，仍以蒜泥白肉、罐湯肉絲等聞名。

【珍珠圓子】

成都風味食店。開業於1919年。店初設於成都忠烈祠東街，十年以後遷忠烈祠西街。五○年代，移至鬧市區春熙路南段，六○年代遷提督東街，該店現址在東風路大慈寺側。

• **話說名店**：創辦人爲灌縣榮樂園廚師張合榮。供應品種除珍珠圓子外，還增添了葉兒粑、八寶飯等。該店是仿古建築，一樓一底。底層接待散座客人，樓上以承辦小吃筵席爲主，爲一家綜合性的小吃店。在1995年被中國貿易部認定爲「中華老字號」企業。

【竟成園】

成都著名餐廳。1923年創辦,取「有志者事竟成」之意。現址在總府街口。店初設於青石橋南街,當時為包席館,只辦宴席,不賣零餐,在同行業中,以貨真價實著稱。三〇年代末,遷新南門錦江岸邊,發展成為酒、菜、麵、飯一應俱全的綜合性餐館。四〇年代,又遷悅來場。1965年,因城市建設需要遷現址。

- **名店名廚**:創辦人陳漢三,經營十幾年以後,由其子陳伯勛繼承,直至1949年。該店技術力量較強,先後來此主廚的有湯永清、劉讀雲、謝海泉、龍元章、林萬祜等川菜名廚。代表菜品有生燒筋尾舌、糖醋脆皮魚、奶湯大雜燴、酥扁豆泥、雞皮慈筍、雞豆花、菊花雞等。現由特一級廚師張利民主廚。

  該店於1995年被中國貿易部認定為「中華老字號」企業,所製名菜收入中、日合編的《中國名菜集錦(四川)》一書。1983年7月,四川省與美商在美國紐澤西州合辦的竟成園正式開業。

【盤飧市】

成都專業醃滷店。店址在華興街。開業於1925年。

- **話說名店**:創辦人為牟茂林、楊漢江、冷遠舉三人,主廚為牟茂林、牟再田兄弟。該店經營醃滷,但主要是以滷製食品見長。各種滷製品質優味好,加之有地勢之利,開業以來,生意興隆,至今仍為蓉城名醃滷店。1995年被中國貿易部認定為「中華老字號」企業。

【韓包子】

成都風味食店。二十世紀二〇年代開業於南打金街。

- **話說名店**:創辦人韓文華。該店的前身玉隆園開業於1914年,以南蝦包子著稱。韓接辦店後,更名為韓包子,以經營包子為主。其包子用料考究,製作精細,具有皮薄鬆泡、餡心化渣、鮮香味美等特點。

【鍾水餃】

成都風味食店。二十世紀二〇年代設於荔枝巷。招牌名鍾水餃,又稱荔枝巷水餃。鍾水餃現址在提督街,並且在西玉龍街設有分店。

- **話說名店**:創始人不詳,僅知後來的主要廚師叫鍾燮森。該店經營的品種僅紅油水餃和清湯水餃兩樣,但都以皮薄、餡嫩、味鮮而稱譽蓉城。其紅油水餃,佐以該店特製的酥皮椒鹽鍋魁同食,則又是一種風味。近年又增添小吃套餐應市。1995年被中國貿易部認定為「中華老字號」企業。

【矮子齋】

成都風味食店。1928年開業於南暑襪街。該店現址在下東大街。

- **話說名店**:店主姓葉,因身體矮小,故名。十多年以後傳給其子,繼續經營。該店的抄手頗為有名。此外,還供應幾樣精美食品,如麻辣排骨、青筍燒雞、菌燒肚條、洋芋蹄花等。因其口味鮮美,取費低廉,頗受人們歡迎。

【努力餐】

成都著名餐廳。1931年開業於三橋南街(現人民南路,四川劇場對面),不久,遷至祠堂街,八〇年代又遷至金河街至今。

- **話說名店**:創辦人為當時中共川西特委委員車耀先。車耀先是四川大邑縣人,早年曾在四川軍閥部隊裡任團長、師參謀長等職,1929年加入中國共產黨。努力餐以努力解決勞苦大眾的吃飯問題為宗旨,更注重四川名菜的大眾化和口味品質,形成了自己的特色,在成都餐館中獨樹一幟。

- **名店名廚**:先後到努力餐主廚的也都是一些著名的川菜廚師,其中有盛金山、何金鼇、白松雲和馮德興等。供應的燒什錦、宮保雞、白汁魚、清湯三鮮等均久負盛名。1940年,車耀先被捕以後,努力餐由

其妻弟黃益新繼續經營。1950年以後，努力餐受到中國大陸政府的關懷，店堂修整一新，且於1981年在外北高筍塘建立了分店，以後主廚者有李德明、林家治、張中尤等。

【利賓筵】

成都專業醃滷店。店址在上南大街。於1933年開業。該店於1995年被中國貿易部認定爲「中華老字號」企業。

- **話說名店**：創辦人爲劉達川、徐諒聞、劉志康三人。這三人均爲德厚祥廚師廖澤霖的徒弟，開業五年以後分夥，劉志康改業，劉達川仍在上南大街，徐諒聞則在總府街另開一家，都用利賓筵之名，只是在招牌上分別冠以「達記」和「諒記」以示區別。

  諒記利賓筵已於五〇年代停業，達記利賓筵至今尚存。利賓筵繼承德厚祥的傳統特色，並有所發展。著名食品有燻魚、燻牛肉、香糟脆皮鴨、纏絲兔、金銀肫肝、香腿、毛鳳雞、鴨餅等。

- **名店名師**：在該店主廚的除劉達川外，尚有劉的高徒、名醃滷師蔣德光等。

【治德號】

成都風味食店。1934年開業於長順中街，五〇年代一度遷到提督東街，後又遷祠堂街人民公園左側，現址在人民西路。

- **話說名店**：創辦人姚樹成。該店以小籠蒸牛肉著稱。此外，尚有粉蒸肥腸、粉蒸雞等。蒸菜用具是特製的直徑8公分、高約4公分的小竹籠，現蒸現吃，物美價廉，富有濃郁的地方小吃風味。

【擔擔麵】

成都風味食店。擔擔麵原爲一種大眾化食品，經營者肩挑擔子，走街串巷（也有固定在街頭巷內的），遇有食者，現煮現賣。因其價廉物美、方便，深受群眾喜愛。人們不知售者姓名，統以「擔擔麵」呼之。

- **話說名店**：四〇年代後，爲滿足群眾需要，飲食公司集中了部分技術力量，在成都提督街設專點供應至今。品種以擔擔麵爲主，也兼營白油燃麵、素椒炸醬麵和豆花雞絲麵等。

【賴湯圓】

成都風味食店。原店主賴源鑫，簡陽人。從1894年起，就在成都挑擔子，以賣湯圓爲業，因其湯圓質優味美，日久出名，人們遂以「賴湯圓」稱之。以後，由擔而攤，設於春熙路北段口，二十世紀三〇年代即在原總府街（現東風路一段）開專店供應，亦名賴湯圓。

- **話說名店**：該店始以雞油湯圓聞名，以後品種不斷增加，現常應市者有黑芝麻、雞油、麻醬、冰桔等近十種。賴湯圓創辦百餘年，至今盛名不衰，聞名中國大陸，揚名海外。九〇年代，賴湯圓建立綜合食品廠，加工生產以湯圓粉子、餡心爲主的商品供應市場，擴大了賴湯圓的影響力。1995年被中國貿易部認定爲「中華老字號」企業。

【夫妻肺片】

成都風味食店。六十多年前，有郭朝華、張田正夫妻二人，以製造銷售麻辣肺片爲業。

- **話說名店**：夫妻兩人從提籃叫賣，擺攤招客到設店經營均在一起，加之他倆的肺片注重選料，製作精細，調味考究，深受群眾讚揚。人們爲區別於其他肺片，便以「夫妻肺片」稱之。該店曾遷址提督西街，現址在長順街。除肺片外，還兼售牛肉麵、燒牛肉和白麵鍋魁等小吃。1995年被中國的貿易部認定爲「中華老字號」企業。

【帶江草堂】

成都風味餐館。店址在外西北巷子、三洞橋畔。室枕溪流，草蓋茅屋，取杜甫詩中

「每日江頭盡醉歸」意，命名爲帶江草堂。該店開業於二十世紀三〇年代後期。創辦人鄒瑞麟，郫縣人，以烹製魚鮮著名，軟燒大蒜鱔魚爲其得意之作，所以人又稱「鄒鱔魚」。該店在菜品中著力一個「鮮」字，將多種魚蝦養在池中，由客人自選，廚房現做上桌；再則烹製精細，調味講究，故深得各界人士好評。

- **名店典故**：1959年，郭沫若（原名郭開貞，是中國著名的文學家、考古學家、思想家、社會活動家、古文字學家、詩人、歷史學家、劇作家）來此用餐，留下了「三洞橋邊春水深，帶江草堂萬花明。烹魚斟滿延齡酒，共祝東風萬里程」的詩篇。1961年，中國大陸的陳毅副總理偕同親友到帶江草堂聚餐，也曾即席賦詩：「野店觀農稼，溪邊飲酒來。」鄒退休後主廚者爲鄒瑞麟的大徒弟、名廚師秦紹都。代表菜除軟燒大蒜鱔魚外，還有紅燒腳魚、青椒鱔魚、浣花魚頭、泡菜魚等。該店名菜收入中、日合編的《中國名菜集錦（四川）》一書。1995年被中國貿易部認定爲「中華老字號」企業。

【龍抄手】

成都風味食店。1941年開業於原悅來場，五〇年代遷新集場。六〇年代以後遷春熙路南段至今。

- **話說名店**：創辦者爲張光武等人。開辦前，張等人於濃花茶園商議辦店事，在議招牌時，借用了濃花的「濃」之諧音「龍」，冠於抄手之前，取名龍抄手。該店以經營抄手爲主，兼營玻璃燒賣、漢陽雞等，常餉客的抄手品種有原湯抄手、燉雞抄手、清湯抄手、紅油抄手、酸辣抄手和海味抄手等。近年增設小吃套餐、小吃筵席，以滿足欲集中品嚐小吃的顧客之需。1995年被中國貿易部認定爲「中華老字號」企業。

【耀華餐廳】

成都著名餐廳。店址在春熙路西段。創辦於1943年，創辦人趙志成。該店從開辦到1950年，以經營西餐、西點爲主，先後的名稱有，耀華茶點室、耀華食品有限公司、耀華大眾食堂等。先後來此的西菜、西點廚師有徐桂芳、鄭瑞林、魏富良、夏昌明、楊華成等。1950年，增加了川菜業務，主要廚師爲曾國華、劉建成、李春和、何新全等。

- **話說名店**：1958年3月成都會議期間，中共的毛澤東主席曾來此用餐，品嚐了回鍋肉、宮保雞丁等川味名菜，並會見了餐廳的工作人員。1958年以後，更名爲耀華西餐部，仍以西菜、西點爲主。文化大革命中，改名爲東方紅餐廳，後又改用現名，並增加了川菜。特級廚師曾其昌在此主廚多年。1983年，該店還在東大街增設了蓉城第一家高級咖啡廳。1995年被中國貿易部認定爲「中華老字號」企業。

【味之腴餐廳】

成都著名餐廳。1943年，由龍道三、李敬之、吳思誠、吳瑩琦、吳世林五人合股，創建於成都市城守東大街。

- **話說名店**：該店創立之初請溫江「燒燉專家」劉均林作掌墨師，主理廚政，專營東坡肘子，輔以涼拌雞塊。由於借鑒東坡居士的「慢著火、少著水、火候足時它自美」之法，猛火燒、微火燉。燉的肘子，爬而不爛，肥而不膩，和涼拌雞塊同時上桌，菜式簡單，價廉而物美，一肥一瘦，一肥一嫩，味醇厚，麻辣兼而有之，佐酒助餐恰到好處，因此名噪一時。

此店現已遷至成都四維街，擴大了業務，增加了設備，座位已達250個，既供零餐，也包席桌。由特三級廚師李義龍、蒙義福等主廚。除保持原經營特色，供應東坡肘子、涼拌雞塊之外，還增加了二三十種經濟實惠的家常燒、炒、蒸、爆菜式，如鹽煎肉、紅燒肉等，頗受歡迎。

【郭湯圓】

成都風味食店。店址在北大街。

- **話說名店**：原店主郭永發五十多年前就在北大街一帶經營擔擔湯圓，所售洗沙湯圓軟糯香甜，酥香爽口，為人們所稱讚。經營幾年以後，資本雄厚，到二十世紀四〇年代後期即在北大街口設專店經營，店名郭湯圓。該店主要技術力量均為郭的子女和在店內工作多年的職工。近年來，該店在製作上不斷精益求精，餡心品種也不斷增加，擁有大量食者，同時還將餡心及粉子製成包裝化商品應市，其名聲已逐漸與賴湯圓媲美。1995年被中國貿易部認定為「中華老字號」企業。

【福祿軒】

即耗子洞張鴨子，成都著名的專業鴨子店。店址在原提督東街。開辦於二十世紀四〇年代。

- **話說名店**：店主張國梁。二〇年代，張就隨父親在提督東街耗子洞（現成都市食品公司處。此處原是一個茶鋪，又是一個交易市場）擺攤經營燒鴨子。由於質優味美，人們多愛光顧，日久，耗子洞張鴨子即譽滿蓉城。開店以後，食者仍以耗子洞稱之，其本名福祿軒卻少為人知。開業至今，經營範圍逐漸擴大，花色品種不斷地增加。

  到五〇年代，技術力量更加雄厚，蓉城的一些著名鴨子師廖榮清、盧紹清、李桂雲等都到此掌廚。該店的食品有軟燒仔鴨（鵝）、煙燻鴨（鵝）、板鴨（鵝）、桶鴨（鵝）、毛鳳雞、元寶雞等等。福祿軒現發展為擁有鼓樓北一街、鼓樓南街、牛市口、新鴻路四個店及兩個加工廠的連鎖企業。1995年被中國貿易部認定為「中華老字號」企業。

【香風味】

成都專業醃滷店。店設於城守東大街。於1946年開業。該店創辦者為龍成祥、鄭樹雲二人。

- **話說名店**：開業初經營速食，菜以小燒小爆為主，以後隨著季節增添一些醃滷製品，均熟製後分零裝盤供應。因為量小質優，頗受歡迎。每逢年節，到香風味買醃滷食品者甚眾。這樣，該店就逐漸從一家店鋪發展成為一家專業醃滷店。開業至今，盛名未衰，主廚者除龍成祥外，尚有名醃滷師李先源等。近年因城市建設拆遷而歇業，現飲食公司正準備擇新址復業。

【三友涼粉】

成都風味食店。開業於二十世紀四〇年代後期。

- **話說名店**：店初設於新集場，以後一度遷至青羊宮、復興街等處，現址在鹽市口。創辦人為肖某等三人。「三友」之名，蓋出於此。該店以經營各種涼粉為主，也兼營涼麵、鍋魁一類的地方小吃。

【師友麵】

成都風味食店。二十世紀五〇年代開業於昌福館街。

- **話說名店**：該店為行業內的幾個師兄、朋友合辦，故名師友麵。當時主廚有彭超清、余茂生等。該店以經營宋嫂麵、牌坊麵和海味煨麵為主。因其選料優良，製作精細，味美適口，在食者中頗有聲譽，為蓉城獨具特色的風味麵店。現址在小南街。1995年被中國貿易部認定為「中華老字號」企業。

【譚豆花】

成都風味食店。五十多年前，譚玉先在成都的安樂寺（現紅旗商場）擺攤經營麵條豆花。

- **話說名店**：其所製的豆花麵麻辣味鮮，經濟方便，人們多愛光顧。幾年以後，即於鹽市口開店經營，以「譚豆花」為店名。現在主廚者為特二級麵點師余德。該店在1995年被中國貿易部認定為「中華老字

號」企業。

【群力食堂】

成都風味餐館。1950年爲原榮樂園的部分廚師所籌辦。店初設於梓橦橋街，名勞工食堂，後遷至總府街用現名。

• 名店名廚：創建時，曾國華、毛齊成、蔡伯三、陳詔書、周公學以及從香港回來的國畫大師張大千家廚劉文俊等曾事廚於此。群力食堂以經營零餐、小吃爲主，同時也承辦少量筵席。代表菜品有乾燒玉脊翅、一品海參、乾煸魷魚絲、涼粉鯽魚、粉蒸肉等。1958年3月成都會議期間，中共的毛澤東主席和其他一些中央領導人曾來群力食堂用餐，品嚐了該店的豆渣鴨脯等名菜。

【少城小餐】

成都著名餐廳。原址在西御街西口，現遷至東城根下街。是1949年後爲恢復原邱佛子經營方式和風味特色而新開的一家中型飯鋪。因店址處成都「少城」，故名。

• 名店名廚：開業初，集中了成都一些擅長於豆花、白肉、小菜的廚師，如肖昌榮、張淮俊、曹俊清等。經營以豆花、小菜和白肉爲主。以後，爲適應群眾的不同需要，在保持原有特色的基礎上，又增加了炒菜、包席、小碗麵和冷飲等服務專案，逐步成爲一家綜合性餐館。

曾在該店主廚的名廚師張淮松在飲食行業中有「多寶道人」之稱。其拿手菜品芙蓉肉片、清湯白酥雞、金線葫蘆鴨、苡仁蒸鴨方、骨酥魚、蔥末豬肝、十景羅漢菜等，都是該店常用以饗客的佳餚。該店名菜收入中、日合編的《中國名菜集錦（四川）》一書。1995年被中國貿易部認定爲「中華老字號」企業。

【金牛賓館】

成都著名飯店。坐落於成都市西郊旅遊文化區內。是以接待外國元首、中央領導、國內外各類會議爲主的園林別墅式賓館。

• 話說名店：金牛賓館是四川省政府直屬涉外高級迎賓館。創建於1956年。賓館設有風格各異、裝飾典雅的各式中西餐廳、多功能宴會廳、會議餐廳十餘個，可承辦宴會、風味餐、冷餐會、會議餐，提供具有賓館烹飪特色的川菜、西餐、小火鍋、名小吃等品種。賓館還有自己的蔬菜食品生產基地。該館各類餐廳均由特級烹調師主廚。著名菜點有清湯燕菜、乾燒魚翅、紅燒熊掌、紅燒鹿沖、烤奶豬（乳豬）、烤酥方、鳳尾雞腿、玫瑰子發糕、水晶發糕、八寶釀藕、椒鹽油花等。

【成都餐廳】

成都著名餐廳。1958年開設於上東大街。該店原爲一公館式建築，環境幽美，陳設古樸，爲成都高級宴會場所之一。1979年新建後的成都餐廳使用面積爲原來的三倍多，底樓以成都小吃城爲名，以經營小吃套餐、名特小吃及川味零餐爲主，設座三百餘個；二樓以承辦筵席爲主，一次能同時接待40席的大型宴會，三樓爲有地方特色的茶廳，附設中、西點小賣部。

• 名店名廚：成都餐廳是成都市規模較大的飯店之一，技術力量雄厚，開業之初，名師薈萃，其中如正興園的謝海泉，榮樂園的張守勛、孔道生、張松雲、曾國華、毛齊成，枕江樓的賴世華等均在廚房內各掌一門。現主廚的是特一級廚師陳廷新、王道順等。

• 話說名店：其名菜烤酥方、罈子肉、乾燒魚翅、樟茶鴨子、陳皮雞、竹蓀肝膏湯、菠餃魚肚、八寶素燴等收入中、日合編的《中國名菜集錦（四川）》一書。成都餐廳是成都飲食行業的技術培訓基地之一，至今，已爲四川省內外和市內培訓了數百名川菜廚師。該店1995年被中國貿易部認定爲「中華老字號」企業。

【芙蓉餐廳】

成都著名餐廳。1958年開設於人民南路一段，處錦江和廣場之間。因成都古有芙蓉城之稱，故以「芙蓉」名之。該餐廳地點適中，店堂寬敞，設備齊全，陳設雅緻，為宴客的理想場所。四十年來，先後接待過不少國家領導人和國內外知名人士，均以獨具特色的川味佳餚，獲得客人們的讚譽。

- 名店名廚：開業初，集中了成都部分著名廚師、招待師來餐廳掌廚、執臺。其中有陳志興、白松雲、張淮俊、張志祥、龔世烈等。以後來此的尚有靜寧飯店的蔣伯春和榮樂園的華興昌等，後來主廚的是薦芳園的名廚、有六十餘年烹飪經驗的技術顧問陳海清。

- 話說名店：芙蓉餐廳的經營範圍主要是零餐和包席，並附設小吃部。其著名菜品有芙蓉魚翅、出水芙蓉、芙蓉肉片、金鉤玉筍、涼拌麂肉、芙蓉卿魚、釀豌豆尖、豆腐魚、炸扳指等。其中有的名菜收入中、日合編的《中國名菜集錦（四川）》一書。該店於1995年被中國貿易部認定為「中華老字號」企業。

【幸福餐廳】

都江堰著名餐廳。始建於1958年。

- 話說名店：開業後，中國國家領導人相繼前往，國際友人亦慕名而去，加之餐廳坐落在都江堰市幸福街上，故以幸福名之。該店分前後兩廳，前廳供應散座，後廳一樓一底設雅座，包筵席，辦宴會，全店可供400位客人同時就座。已故著名廚師張金良曾長期在該店主廚。該店供應的大蒜石爬魚、茅梨肉絲為都江堰市所獨有。其餘有紅燒牛掌、白果燒雞、魔芋燒鴨、腐皮肉捲、焰鍋鯉魚等名菜供應。此店名菜已收入中、日合編的《中國名菜集錦（四川）》一書。

【錦江賓館】

成都著名飯店。創建於1960年，座落於成都市人民南路的錦江之濱。

- 話說名店：該飯店是以接待來川的各國元首、政府代表團以及商務、旅遊外賓等為主的、園林式五星級酒店。館內共設中西式大小餐廳近二十個。宴會廳由四川八大著名旅遊景點命名裝修，更顯富麗堂皇，餐具全部使用金銀、水晶等器皿，被譽為西南最高檔次之宴會場所。

- 名店名廚：建館以來廚師技術力量雄厚，有德高望重的川菜大師張德善和特級廚師蘇雲、陳志興、代自金、林光榮、王澤林等老一代名廚，有年富力強、技藝高超的特級烹調師盧朝華、陳家全，以及後起之秀特級烹調師黨科、李國和、張新榮等主理廚政，目前擁有三級以上廚師近百人，其中特級二十餘人。其著名菜式有仙鶴玉脊翅、一品清湯官燕、鳳巢花菇蝦、魚香茄舟酥鮑、家常魔翅鮑脯、百鳥回寶巢、酥皮魚衣包、神草長青屏、三吃海龍蝦、銀絲蠶蔬等。

【濱江飯店】

成都著名飯店。坐落於成都市濱江路，毗鄰錦江河畔。

- 話說名店：是四川省政府直屬涉外飯店。始建於1965年，其前身是政府招待所。該店餐廳經營川菜、粵菜和獨具特色的風味名小吃；承辦各類宴會、冷餐會、自助餐；由特級烹調師曾守山、一級烹調師劉金全等主理廚政。其代表品種有三鮮魚肚、豆豉大蝦、清蒸牛蛙、雙味龍蝦、蒜泥白肉、麻辣魚片等。

【新都飯店】

新都著名餐廳。新都距成都市18公里，縣城西南隅有明朝楊升庵的花園——桂湖公園，還有中國著名寺院寶光寺，為川西有名的遊覽勝地之一。

- 話說名店：新都飯店創建於1973年。店址在縣城北街，居桂湖與寶光寺之間。該店廳堂寬敞，供應零餐；屏風隔處設雅座，

隨配合菜，承包筵席。在遊覽之餘，品嚐與寶光同輝、和桂湖齊名的正宗川菜，又是一番情趣。該店由特二級烹調師郭開榮主廚。名菜有家常海參、桂花肉絲、火爆鱔魚、豆瓣魚、慈姑燒鴨等。

【天府酒家】

成都著名餐廳。始建於1979年。原為四川省飲食服務技工學校的教學園地，現為四川烹飪高等專科學校教學實習餐廳，1991年遷至北巷子48號營業至今。

- 話說名店：酒家共七樓，經營川菜、火鍋、粵菜等，既對外營業，又供學生實習。此店從教學出發，供應菜式齊全，檔次從低到高，無一不備。該店的啤酒鴨火鍋、火鍋雞、家常海參、豆腐鮮魚、三鮮鍋粑、雞蒙葵菜、糖醋脆皮魚、雞豆花、宮保雞丁、乾煸魷魚絲深受顧客歡迎。該店名菜已收入中、日合編的《中國名菜集錦（四川）》一書。

【皇城老媽火鍋】

成都著名火鍋店。1984年開設於成都半邊橋街，後移至成都古皇城旁。因經營者廖華英年高慈祥，被廣大食者尊稱為「老媽」，店遂以「皇城老媽」名之。

- 話說名店：現有古皇城老店和古琴台路分店兩處經營點。這兩處經營點均為仿古建築，外環境寬敞舒適，內環境雅緻賞心，裝修承襲漢風，古樸而高雅，顧客不僅可以品嚐各式火鍋，體味飲食文化之精髓，更可觀賞名人字畫、攝影精品、古屋風骨，傾聽民樂古曲，藉以領略昔日蜀漢皇城遺風而發思古之幽情。由於風味獨特、經營有方，1992年被成都市人民政府授予「成都名火鍋」稱號，1993年被授予「蓉城最受消費者喜愛的十佳火鍋」，1994年被授予「四川省名優火鍋」稱號。

【蜀風園】

成都著名餐廳。位於成都東大街153號。創辦於1985年，借原成都名餐館「蜀風」而名之。開創之初，以原「蜀風」菜式招徠顧客，同時也作為培訓烹飪技術出國人員，成都各區、縣烹任技術人員技術交流，新老菜品研究實驗基地。

- 話說名店：蜀風園餐廳為一座清代庭院建築，典雅古樸，韻味十足，十二個以花卉命名的餐室分列院內上下兩廂。十餘年的發展，蜀風園已成為有數家連鎖店的集團公司，經營餐飲、娛樂、旅遊、文化、住宿、美容健身、商貿為一體，擁有230名各類技術人員的著名川菜館。其代表菜點有串珠甲魚、酸辣魚絨、竹蓀玻魷、熊掌豆腐蝦、麻辣江團、芝麻苕棗、火鍋牛肉粉、八寶黑米粥等。1995年被中國貿易部認定為「中華老字號」企業。

【蜀苑酒樓】

成都著名餐廳。位於成都市人民中路三段4號。是四川省飲食服務總公司直屬企業。於1986年開業。

- 話說名店：酒樓裝飾集巴山蜀水、園林風光於一室，濃縮石山瀑布、翠竹小橋為一景，古樸典雅，獨具特色。可供二百餘人就餐。二樓含翠園，經營零餐點菜並承辦各類宴會；三樓村園，分設戀木、森舍、伴竹、個院、山屋五個單間雅居，專門接待高中檔次的筵席。

該店技術力量雄厚，陣容整齊，特級烹調師陳伯明曾在此主理廚政。該店以經營正宗川菜為主，廣集全省風味菜點之精華，對每個供應品種都有嚴格的技術要求。開業以來，以製作精細，用料考究，風味傳統地道，菜式富於變化，服務規範而享譽省內外。供應的名菜有四味鮑魚、家常海參、乾燒岩鯉、回鍋肉、水煮牛肉、乾煸苦瓜、玫瑰鍋炸、麻婆豆腐等。

【文君酒家】

成都著名餐廳。1986年開設於成都市浣花風景區琴台路。

- **話說名店**：該餐廳以經營傳統川菜爲主，融合粵菜、藥膳及日本菜式。建築外觀古樸典雅，氣派非凡；內裝修中西合璧、富麗華貴，具有濃厚的文化氛圍。酒家與旅遊珠寶城和附屬的文君茶吧融爲一體，是顧客進餐、娛樂、品茗、購物的理想場所。其代表菜有文君香排、文君鴨捲、桃仁魚脯、文君一品煲、酸辣烏魚蛋等。

【岷山飯店】

成都著名飯店。位於成都市中區。創建於1988年。爲四星級旅遊涉外飯店。

- **話說名店**：店內共設各類風格的大小餐廳、豪華廳十餘個，可供千人同時就餐。二樓太白樓餐廳以經營正宗川菜而馳名中外，該廳裝修高雅，色彩柔和，古色古香，富麗堂皇。可一次接待300人的大型宴會、冷餐會。所經營的菜式均由特級名廚主理。特色菜品有龍鳳戲鮑魚、天府玉脊翅、宮廷牛頭方、太白片皮鴨、蜀鄉缽缽雞、川江豆花魚等。曾被評爲優秀涉外餐廳。

【頤之時】

重慶著名餐廳。店名取頤養身體、延年益壽之意。二十世紀二○年代初創於成都，1948年遷至重慶。

- **話說名店**：創建人羅國榮爲川菜名廚黃紹清的高徒。羅五○年代初赴北京，以精湛的技藝，蜚聲京華。現在，頤之時位於重慶市渝中區鄒容路114號，是重慶市大型旅遊涉外定點餐廳。酒樓共有8個餐廳，店堂設計突出民族特色，古色古香，環境幽雅。底樓設西餐廳，供應西餐、早點；一樓設頤香園、頤樂食街、頤園、家居廳，供應小吃、零餐；二樓設川菜廳；三樓設風味廳，供應小吃、川菜，可供三百餘人同時進餐；四樓設火鍋廳，供應火鍋、燒烤。
- **名店名廚**：該店技術力量雄厚，特級廚師周海秋、徐德章、劉永昌、李樹榮、唐治

雲、孫金康、黃德玉等曾在此主廚。現有周心年、邱長明、高志倫、朱大倫、何志忠、盧昌文、黃明基等26位特級烹調師主廚，特級宴會設計師裴安新、陳軍等負責接待服務。供應的名菜有乾燒岩鯉、開水白菜、一品海參、白汁魚唇、家常海參、金魚鬧蓮、四喜吉慶等。而尤爲著名的是紅燒熊掌，五○年代，溥儀來重慶時在該店品嚐此菜，讚不絕口。該店名菜收入中、日合編的《中國名菜集錦（四川）》一書。

【小竹林】

重慶風味餐館。創辦於1922年。原名竹林小餐。開設於中華路225號。

- **話說名店**：業主張少卿，成都人。1935年該店學徒賀榮華、李錦燊在鄒容路開設分店。後來賀病故，李將該店轉讓給喻德榮經營。該店經營成都風味的小份菜，價廉物美。著名的菜餚有蒜泥白肉、連鍋湯、回鍋香腸等。1958年更名爲小竹林，遷上清寺，仍保持傳統的風味特色，堅持小鍋小炒，低價小份，深受食客歡迎。

【小洞天】

重慶著名飯店。二十世紀二○年代由廖青廷、樊青雲、朱康林等創辦，並由廖主廚。店設於後伺坡，依山築樓，鑿壁爲室。依道家「三十六洞天，七十二福地」之說命名，四○年代末期歇業。

- **話說名店**：當今小洞天新創於1982年，位於渝中區民權路107號，曾是重慶渝中區飲食服務公司技術培訓基地，爲行業培養了大批技術人材，名師輩出。1992年投資改造，現擁有餐廳、客房、夜總會、證券交易、美容美髮、衝浪按摩、商務中心、酒吧、旅遊商場等經營項目。其中中餐廳裝飾典雅富麗，由特級烹調師主理廚政，可供三百多人同時就餐。該店傳統名菜有乾燒岩鯉、清蒸江團、家常海參、叉燒乳豬、蟲草全鴨、家常甲魚等。其名菜收入

1981年中、日合編的《中國名菜集錦（四川）》一書。

【高豆花】

重慶風味食店。經營豆花為主，歷史悠久。1956年以前，已有三代經營，創辦人高和清，後來傳給兒子高白亮，再傳給孫子高先佐。

- **話說名店**：高豆花原設在重慶天花街小巷內的一個院宅裡，經營冷酒和豆花。三○年代，業務有了發展，開了紅鍋，增加蒸菜、炒菜、滷菜，成為一家大眾化的中型飯鋪。它製作的豆花潔白、細嫩、綿韌，蘸料是糍粑辣椒，別具風味。炒菜、滷菜都以中、小份並舉，價廉物美，經濟實惠。高豆花現在位於重慶市解放碑附近的八一路口，仍堅持以供應豆花為經營特色，業務興旺，名滿山城。

【九園】

重慶風味食店。原名九園飯店，創辦於二十世紀三○年代。原址設在瓷器街。

- **話說名店**：店主張壁成。經營滷菜、麵食、冷酒，尤以所製的包子最為有名，人稱「九園包子」。包子分鹹甜兩種，每客兩個，鹹甜各一。其特點是餡料精粹，皮薄餡多，鬆泡爽口，味道鮮美。今之九園店設於小什字，新建房屋，設備講究，仍保持其特點。市內市外慕九園包子之名而前往品嚐者甚眾。

【老四川】

重慶風味餐館。創辦於二十世紀三○年代初。

- **話說名店**：店主鍾易鳳夫婦原在重慶街頭擺攤經營燈影牛肉，因其片薄如紙，紅潤透亮，麻辣鮮香，風味獨特而名聲大振，生意興隆。天長日久，集資漸多，遂改攤為店，開設了老四川館。現址在重慶渝中區八一路15號。店堂寬敞，一樓一底，裝飾典雅，頗具民族特色。

- **名店名廚**：該店主營牛肉食品，其中燈影牛肉、精毛牛肉、滷牛肉、白汁牛肚、清燉牛肉湯、枸杞牛尾湯、牛鞭湯最受食客歡迎。特級廚師鍾易鳳、王倫剛、淩朝雲、郝廷芳、劉國華先後在該店主廚，特級廚師陳青雲為顧問，繼承傳統，時有創新。該店名菜收入中、日合編的《中國名菜集錦（四川）》一書。

【白玫瑰】

重慶著名餐廳，有新老之別。老白玫瑰創建於1933年，位於重慶會仙橋。

- **話說名店**：主要經營人為辛之奭。主要廚師有周海秋、唐志雲、熊青雲等人。經營範圍廣，有舞廳、中餐部、西餐部等。四○年代進入全盛時期，所屬八家餐廳，分佈在成渝兩地。著名菜點有乾燒魚翅、乾燒岩鯉、烤全豬、棗糕、雞蛋手工麵等。1950年歇業，合併於頤之時餐廳。

新白玫瑰是一家合作性質的企業，採取帶股就業的方式，人人是職工又是股東，成為以集體經濟形式創辦的餐廳。主要負責人仍為辛之奭。餐廳設在重慶五一路重慶劇場底廳，於1981年9月開業。這家餐廳，以小份低價、經濟實惠、快速方便為經營特色。早晨出攤，出售營養粥、花生漿、芝麻薄餅、醬肉大包等風味別緻的小吃。中、晚兩餐，供應小份菜、速食。

【蓉村】

重慶著名餐廳。已有六十多年的歷史，原名變園飯店，由重慶七星崗遷至梅子坡（今棉花街附近）後，才改用蓉村的牌名。

- **話說名店**：店主陳變三。取名蓉村，有成都風味之意。蓉村原來是一家飯鋪，經營小煎小炒的家常菜，賣亮鍋飯，喊堂叫菜，是地地道道的川菜館風格。

- **名店名廚**：主要廚師張德榮是做口袋豆腐的名手。現在蓉村已遷至小什字，主要廚師有特級廚師郭輝全、張國柱等人。仍堅

持經營傳統的口袋豆腐、大蒜鯰魚、旱蒸回鍋肉、魚香肉絲等名菜。該店名菜已收入中、日合編的《中國名菜集錦（四川）》一書。

【雲龍園】

重慶風味餐館。以經營火鍋著名，創辦於二十世紀三〇年代，後來與一四一火鍋店合併。

• 話說名店：當今雲龍園恢復於1991年，店設於重慶渝中區民權路建設公寓內，由重慶渝中飲食服務有限責任公司名小吃分公司經營。現由特一級烹調師田貽仁主理廚政。他在經營火鍋的同時，配以重慶幾十種名特風味小吃，調製的紅湯麻辣鮮香，湯色紅亮；清湯鹹鮮味美，湯汁濃厚；製作的小吃小巧玲瓏，不失原有特色，為品嚐重慶風味的好地方。

【味苑】

重慶著名餐廳。位於解放碑附近的鄒容路上。它既是經營單位，又是培訓廚師的實習場所。中國貿易部重慶烹飪技能培訓中心即設於此。

• 話說名店：味苑之店名，乃美味集中、名師薈萃之意。廳堂設計突出了民族形式和園林風格，拱門花窗，石山花台，紅花綠葉，翠竹蓊郁，李、杜、蘇、陸詩畫點綴其間。

為重慶市旅遊涉外定點餐廳。為了保證品質，適應教學需要，對每個菜點都定有技術規範，嚴格要求，高中低檔菜式均有供應。名菜有乾燒岩鯉、清蒸江團、樟茶鴨子、家常海參、紅燒魚翅、叉燒酥方、蔥燒裙邊、醋熘鳳脯、開水白菜、雞蒙葵菜、蟲草鴨子等。名點有玉兔餃、金魚餃、鳳尾酥、雙麻酥、牛肉焦餅等。

• 名店名廚：此店技術力量雄厚，特級廚師陳志剛、吳海雲、吳萬里、劉應祥、許遠明、李新國、王偕華、姚紅陽、張正雄、劉錦奎、張長生、曾群英、陳澤新等曾在此教學、主廚。特級服務技師陳述文、婁雲惠亦曾在此負責招待服務工作。

【兼善餐廳】

重慶著名餐廳。現位於重慶北碚區中山路。「兼善」一詞源出《孟子・盡心上》：「窮則獨善其身，達則兼濟天下。」取有福同享之意。

• 話說名店：1939年初，在著名實業家盧作孚先生倡議下，由兼善中學校長張博和，邀請重慶「祥元藥行」經理蔣祥麟等校董集資，1940年9月兼善餐廳開業，聘請名廚主理，經營正宗川菜、麵點，是當時北碚規模較大、技術力量較強的一家餐廳。以後，餐廳在經營上有較大發展，經營的菜點匯集南北風味，並博採眾家之長，創制了別具一格、風味獨特、聞名遐邇的「兼善麵」、「兼善湯」、「兼善大包」。

抗戰期間來北碚的知名人士馮玉祥、郭沫若等都曾為餐廳座上客。五〇年代初期，劉伯承、鄧小平、賀龍到北碚時亦常來餐廳用餐，並對餐廳飯菜品質和服務態度給予很高評價。八〇年代後，餐廳經過改造裝修，改善了店容店貌，除繼續經營傳統菜品外，又相繼推出了月宮腦花、縉雲甜菜、掛爐鴨等風味獨特的美味佳餚。1984年以來，「兼善麵」、「兼善湯」、「兼善包」被評為重慶市「名特小吃」。1994年8月，因舊城改造，兼善餐廳遷至中山路。

【德園】

重慶風味食店。夏天經營冷飲，冬、春、秋三季經營甜食。位於民權路。創辦於1940年。

• 話說名店：該店製作冷飲的廚師為朱元章，製作甜食的廚師為左元。出售的甜食飲料品種有包心大湯圓、瀘州白糕、倫教糕、花生漿、銀耳羹、酸梅湯等，製作精細，質優價廉。現在朱、左二人雖已離

店，但新秀崛起，仍保持其經營特色。

【一四一】

重慶風味食店。以經營火鍋著名。店設在八一路141號，以門牌號數命名。

• **話說名店**：創始於抗日戰爭時期。當時重慶火鍋盛行，大街小巷隨處可見，冬天吃、夏天也吃。一四一火鍋店，四季都賣火鍋，天天座無虛席。後與另一家著名火鍋店雲龍園合併。它的創始人楊海林，烹製火鍋有三十多年的經驗，技術嫻熟，所調配的火鍋滷汁不鹹不淡，又麻又辣，突出了火鍋麻、辣、燙、鮮、嫩的特點。

【王鴨子】

重慶著名專業鴨子店。創始人王忠杰。原牌名為「王記鴨子」。

• **話說名店**：1940年王在重慶夫子池（今鄒容路）擺攤出售滷鴨、烤鴨，因味道鮮美，風味獨特而贏得消費者的讚賞。人們簡稱為「王鴨子」。1956年，在八一路設店，專營鴨子食品，兼賣冷酒。經營的品種有滷鴨雜、白滷鴨、堂片鴨子、鹽水鴨子、風鴨、掛爐烤鴨等，其中以燻烤鴨子最有名。每日出售，供不應求。為了滿足顧客需要，現在已專門設立加工廠，擴大生產。

【丘二館】

重慶風味食店。二十世紀四〇年代以前，資本家雇用的工人被重慶人俗稱為「丘二」。丘二館便是幾個當過「丘二」的人合夥開的小吃店。主要經營清燉雞、原汁雞湯麵，後來為了滿足群眾多種需要，還增加了雞汁鍋貼、雞湯抄手、雞血湯、涼拌雞雜、棒棒雞、怪味雞等品種，享譽山城，歷久而不衰。

【橋頭火鍋】

重慶著名火鍋店。建於二十世紀四〇年代，因地處長江南岸海棠溪小石橋橋頭旁而得名。

• **話說名店**：1986年遷南坪，擴大了經營規模。橋頭火鍋積累數十年專業經營火鍋的經驗，在繼承火鍋麻辣燙的傳統特色基礎上，創制出麻辣燙鮮、色香味全、鹹甜適度、回味悠長的鴛鴦火鍋。享有「吃在重慶，味在橋頭」的美名。

1991年橋頭火鍋進行了上檔次改造裝修，將北方庭院的古樸嚴謹與江南樓閣的典雅疏透融為一體，展示出東方傳統建築風格和現代裝飾藝術的美。1992年被評為重慶首家火鍋「名特小吃」店。1994年被評為四川省「名優火鍋」第一名。1995年被中國貿易部認定為「中華老字號」企業。

【山城小湯圓】

重慶風味食店。原名杭州小湯圓。創辦人余國華，杭州人。

• **話說名店**：二十世紀四〇年代時，余在重慶裕民麵粉廠當職員，1949年被解雇，為了謀生，便在保安路（今八一路）口擺了一個甜食攤，經營湖州粽子、芝麻糊、花生漿、包心小湯圓等甜食品。余根據浙、閩一帶包湯圓的製作特點，把湯圓改成龍眼大小，採用豬邊油、香芝麻、桃仁、花生、白糖等做餡心，皮薄餡多，甜香爽口，獨樹一幟。他因籍貫杭州，故以杭州小湯圓命名。五〇年代在原處設店營業。六〇年代後期，改名為山城小湯圓。現在，余國華已退休，他的徒弟徐良碧、譚心珍成為該店的技術骨幹。山城小湯圓如今不僅是名小吃，而且作為席點以餉佳賓。

【吳抄手】

重慶風味食店。位於中華路。由李文生、陳尚智等五人合夥經營。於1952年開業，專營抄手。

• **話說名店**：據該店老廚師辛駿回憶說，吳抄手這塊招牌是借來的，因為當時成都青石橋有一家吳抄手很有名氣，為了招徠顧

客，就冒名爲吳抄手，其實兩家並無關係。吳抄手從開業第一天起，就非常重視品質。主料是用上等麵粉，餡心用豬背柳肉加各種高級調味品精工細作，製成的抄手皮薄餡大，滋潤滑嫩，很受顧客喜愛。現已改建了房屋，擴大了店堂，陳設一新，並增加了鍋貼餃子、白砍雞、麻辣雞、怪味雞等小吃品種。

【正東擔擔麵】

重慶風味食店。以經營麻辣、乾兜（即少湯水，直接用調料乾拌麵的一種做法）、調料多樣的擔擔麵爲特色。

• **話說名店**：正東擔擔麵原業主董德明，曾在保安路口賣擔擔麵，頗有名氣。後來轉爲公私合營，甩掉擔擔，搬進店鋪。爲了保存其本來的風味特色，仍以「正東擔擔麵」爲招牌。這家面店至今仍設在八一路口，與山城小湯圓爲鄰。雖然經營的品種單一，但由於風味獨特，經濟實惠，故常年座無虛席。

【會仙樓】

重慶著名飯店。位於重慶市渝中區解放碑東側的民族路。

• **話說名店**：相傳此處原有一橋，乃浣衣少女和漁郎相會之地。一日漁郎聞女母逝，無力安葬，爲濟女難，挑魚上市求售，行至石橋，見魚盡死，心急如焚。時狂風大作。風過，見八位老者立於橋上。漁郎跪拜求助，一老者拋一石入筐，魚頓復活。欲叩謝，已不知去向。後以售魚之錢贈女，遂葬其母。後人即以八仙下凡，將橋稱作會仙橋，就此築樓曰「會仙樓」。

會仙樓一切設施，皆以會仙爲主題，以方便舒適爲宗旨。旅館14層，均以傳說名之。餐室稱吟仙、伴仙、天鏡等。新樓於1982年9月建成開業，中外賓客絡繹不絕。宴會者，登陳設講究之雅室；小酌者，三五親朋圍席而坐，美酒佳餚，自得其樂。

• **名店名廚**：特級廚師徐德章、丁應杰、張鶴林、張世雄、徐勁等曾先後在此主廚。供應的名菜有紅燒裙邊、樟茶鴨子、魚香岩鯉、鴛鴦燈籠雞、蝴蝶牡丹等。該店名菜收入中、日合編的《中國名菜集錦，（四川）》一書。1982年曾在美國華盛頓開設會仙樓餐廳分店。

【泉外樓】

重慶著名飯店。坐落在山城遊覽勝地的北碚區。就餐於此，遊覽情趣更濃。

• **話說名店**：該店座場寬敞，菜式繁多，品種齊全，高中低檔、炸熘爆炒，兼而有之。其間尤以家常風味菜式有獨到之處，如豆瓣鯽魚、乾煸鱔魚、半湯魚、清蒸裙邊、兼善湯、太白雞、縉雲桃泥等。尤其是經過泡豆、磨漿、燒漿、濾渣、點漿等一系列工序精製而成的河水豆花，細嫩爽口，綿紮有力，色白如雪，加之辣香鮮美的調料，蘸而食之，更是風味別具。該店名菜收入中、日合編的《中國名菜集錦（四川）》一書。

【重慶飯店】

重慶著名飯店。坐落於重慶小什字，靠近朝天門碼頭，觀光川江名勝的遊客多住食於此。

• **話說名店**：該店以接待大型會議和旅遊者居多。飯店前身是兩家銀行大樓，東樓原爲中國銀行，南樓原爲川鹽銀行，1959年始改爲飯店。南樓餐廳設備精緻，佈置考究，壁飾楹聯，古色古香，設大廳、雅廳和花廳；東樓餐廳座場寬敞，設座50席，可容500人同時進餐。南樓對面，設有一小食部，專營麵食、滷菜、冷酒。該店技術力量較強。供應上百種川菜，以乾燒岩鯉、鍋巴肉片、樟茶鴨子、家常海參、宮保雞丁等菜式最受歡迎。製作的麵包，鬆軟綿紮，色澤金黃，口味醇正，好評享譽山城。

【嘉陵餐廳】

重慶著名餐廳。位於重慶中四路體育館附近。1962年開業。主廚者為陳鑒於及余國華、羅洪君、萬華亭等人。該店設備良好，店堂寬大，有小餐桌60張，同時可容300人進餐。經營小吃、麵食、甜食、冷酒等餐飲業務。

【小天鵝火鍋店】

重慶市著名火鍋店。由廖長光、何永智夫婦於1981年在重慶市中區八一路創辦，主要經營鴛鴦火鍋、清湯火鍋，先後被評為「重慶名火鍋」、「四川名火鍋」。經十餘年發展，在中國大陸擁有21家分店，成為較有名氣的私營火鍋連鎖店。1993年被評為「四川省十大餐飲企業」。

【沙坪飯店】

重慶著名餐廳。現址設於重慶市沙坪壩區小龍坎新街87號。房屋建築寬大，分大廳、雅座、冷酒三大部門，共有450個座位。內裝空調，陳設雅緻大方。主要廚師有陳文利、王志中、石大華等人。經營正宗川菜、名特小吃，承包筵席。代表菜有糖醋脆皮魚、乾煸鱔絲、鮮熘雞絲；名點有蟹黃湯包、水晶大包、醬肉大包等。

【上清寺餐廳】

重慶著名餐廳。坐落在重慶市嘉陵江大橋頭的上清寺。重慶原有三觀、九宮、十八寺，「上清寺」為其中之一，建廟地區亦以上清寺命名，沿用至今，餐廳亦因地而名。

- 話說名店：此店以技術力量強，菜品花色多，服務品質好，經濟實惠，快速方便著稱。二樓設廳堂，置餐桌40張，供應零客便餐；三樓設雅座，承包筵席。主要廚師為樊書貴、陳遠林、宋長春等人。其代表菜有榨菜肉絲、乾煸蘿蔔絲、椿芽烘蛋、家常鱔魚、魚香肝片等，都具有川菜的傳統風格。所創制之青豆菊花雞、梅花雲腿、如意多筍等，也深受食者歡迎。此店名菜收入了中、日合編《中國名菜集錦（四川）》一書。

【唐肥腸酒家】

重慶著名風味食店。由唐亮於1984年在南岸響水路創辦，以經營肥腸系列菜品而享有盛名。

- 話說名店：名廚曾亞光、駱國瑞曾在酒家事廚。酒家現已在中國大陸十餘個城市開設分店，經營的肥腸系列菜品有二百多個，其中幾個主要菜品入選《中國烹飪大全》一書。該店曾編寫《唐肥腸系列菜譜》一書。1993年被評為「四川省優秀企業」。

【小濱樓】

重慶著名餐廳。位於重慶小什字路口。它既經營川菜，又供應重慶各種風味小吃，可謂集美味之大成。

- 話說名店：該店廳堂設計清新典雅，明亮舒適。底樓專供二十餘種名特小吃，價廉物美，廣受「工薪族」青睞；二樓備有高中低檔川菜，即供應零餐又承包筵席，深受消費者喜愛。現由特一級烹調師郭輝全任經理、廚師長，對經營品種要求嚴，以保證品質、保持特色。該店名菜名小吃有一品鮑魚鍋、原盅淮杞乳鴿、泡椒雞、大蒜鯰魚、口袋豆腐、倫教糕、芝麻糊、雞絲涼麵、棒棒雞、素椒炸醬麵等。

【合川飯店】

合川市著名飯店。建於1964年，地處合川市合陽鎮商業黃金口岸。

- 話說名店：八〇年代後飯店經改造裝修，提高了經營檔次。一樓可供500人同時就餐，也可供舉辦大型宴會；二樓設高雅豪華的大、中、小型宴會廳8間。飯店擁有數十名高中級廚師、招待師，以經營的菜品質量好、服務上乘而享有盛名。尤其是由特級廚師烹製的大蒜鱔魚、合川肉片等特色菜品，深受食客歡迎。

【鹽城餐廳】

自貢著名餐廳。地址在該市正街。二十世紀三〇年代爲王錫之創建，五〇年代改爲國營。

• **話說名店**：此店廳堂寬敞，接待零客散座；雅座幽靜，承包筵席。並設有麵食部，供應糕點、麵條及小吃。內部設施可供300人同時就餐。由周可行等主廚。著名菜點有奶湯魚翅、薑汁鮑魚、大蒜鹿筋、清蒸魚頭、鹽水仔雞、水煮牛肉、小煎兔、燕窩絲、銀絲捲等。

【攀花園】

攀枝花著名飯店，建於1980年9月，坐落在大渡口街。

• **話說名店**：既是對外供應的餐館，又是攀枝花市飲食服務公司廚師培訓班的實習場所。店堂寬敞，設備齊全，既供應零餐，又承包筵席，設有雅座，可供宴會之用。市內名廚均輪流執教於此。名菜點有樟茶鴨子、雞鬆鮑片、家常海參、砂鍋豆腐、金江全魚、釀木瓜、糖粘芭蕉、涼糍粑、春捲等。

【菜羹香飯店】

綿陽風味餐館。位於綿陽市涪城路臨園口。由綿陽人夏超元創立於1914年，原名夏家素飯館，店址在綿陽縣城關小西門，規模只一間鋪面。1947年，改名爲菜羹香飯店。1949年後，開始兼營部分葷菜品種。1985年從解放街遷到現址。

• **話說名店**：菜羹香以素菜豆花飯馳名川西北，所經營的素菜品種多達百餘種，還常年備有各種泡菜和乾鹽菜。「過江豆花」爲該店一絕。1957年中國的朱德元帥去綿陽視察時，曾到該店就餐。對其製作的素菜和豆花飯讚不絕口。

該店可一次性舉辦500人的大型宴會，有中高級烹調師、麵點師和宴會設計師十餘人。已發展成爲葷素並舉、零餐與筵席相結合的中型飯店。所經營的名菜有鮮熘魚片、過江豆花，風味名小吃有魚香胡豆，名點有眉毛酥和豆沙餅等。

【涪城飯店】

綿陽著名飯店。坐落於綿陽市臨園口。新建房屋，店堂寬大，有餐桌40張，一次可容納200人就餐。經營零餐、麵點，承辦筵席。代表菜品有雞翅海參、干貝鳳尾、蔥燒魷魚、香油冬筍、口蘑全雞、宮保魚丁、水煮肉片等。

【子雲酒家】

綿陽著名餐廳。位於綿陽市警鐘街。創建於1984年，因西漢文學家揚雄在西山潑墨功書建有「西蜀子雲亭」而命名。

• **話說名店**：該店設一堂四廳，子雲堂、一壺春、太白杯、葡萄醋、陶然醉，可同時接待五百餘人。該店有高、中級廚師和服務技師三十餘人。主要經營傳統馳名川菜，同時兼營南北風味菜餚，既承辦中高檔宴席，又有經濟實惠、價廉味美的大眾川菜、小吃套餐等。其代表品種有叉燒乳豬、叉燒魚、旱蒸回鍋肉、旱蒸腦花魚、冰汁魚皮、乾煸鳳翅、罐子肉、香菇鵝掌、雞絲涼麵等。

【西蜀酒家】

綿陽著名餐廳。坐落在綿州中路綿陽賓館內。

• **話說名店**：餐廳裝飾豪華。一樓的單間空調豪華雅座，既有歐美情調，又具有中國風格。二樓單間雅座，典雅清新，分別以古綿州名勝西蜀子雲亭、江油太白堂、綿州富樂寺定名。二樓宴會大廳富麗堂皇，具有一次性舉辦500人參加的大型宴會的能力。

該店現有中高級烹調師、麵點師和宴會設計師十餘人，酒家還特聘四川著名廚師史正良、麵點師羅桂芳爲技術顧問。該店以經營套餐小吃、火鍋、冷餐會以及舉辦各種大型宴會見長。代表菜點有西蜀

四味雞、家常盤龍鱔、鮮果熘鍋炸、乾煸銀魚肉絲、鐵板蟹脯、鳳梨大蝦、三蛇絲羹、像生梨、四味湯圓、芝麻煎包等品種。

【玉東餐廳】

樂山著名餐廳。現址在樂山市玉堂街。

- **話說名店**：該店於二十世紀五○年代初由幾位烹飪愛好者集資創辦，重聘名廚李朝清、曾德榮等主廚。當時雖地勢狹窄，座位不多，卻以其質佳味美稱譽嘉州。五○年代末期改由國營，幾經擴建，日接待能力近千人。

主製廚師為李紹成、李志杰等。該店烹製魚鮮有獨到之處。供應的名菜點有清蒸江團、大蒜燒鯰魚、魔芋燒雞翅、蔥燒雅魚、軟蒸泉水魚、樂山白宰雞、砂鍋魚頭、涼蛋糕、鮮肉小包等。該店名菜收入中、日合編的《中國名菜集錦（四川）》一書。

【眉山餐廳】

眉山著名餐廳。建於1957年，地址在縣城正西街。

- **話說名店**：眉山，是北宋著名文人蘇洵、蘇軾、蘇轍的故鄉。縣城西南，有三蘇祠。朱德遊此，曾揮筆寫下「一家三父子，都是大文豪，詩賦傳千古，峨眉共比高」的題詞。海內外遊客，研究「三蘇」世家者日多，眉山餐廳亦因此而接待眾多的中外來客。此店設便餐、雅座兩部，既供應零餐，也承辦筵席，可同時接待200人。供應的名菜點有東坡肘子、糖醋脆皮魚、豆瓣魚、麻辣雞塊、甜皮鴨等，為參觀眉山三蘇祠的旅遊者稱道。

【樂山餐廳】

樂山著名餐廳。1958年建於樂山市土橋街。樂山古稱嘉州，其城山水環繞，風景秀麗，青衣島、樂雅臺、東坡樓、大佛寺牽動了不少遊人的情思。遊樂山之勝景，品嘉州之佳餚，才算不虛此遊。

- **話說名店**：此店飯食、麵點綜合經營，大廳經營零餐，雅室承包筵席，可同時接待150人。此店技術力量較強，以烹製魚鮮著稱。供應的名菜點有東坡墨魚、脆皮魚、棒棒雞絲、家常魷魚、椒麻脆肚絲、蘑菇肉片、海味抄手、小籠蒸餃等。

【峨眉飯店】

峨眉中型餐廳。1962年建於峨眉山下的縣城正街。峨眉山是中國大陸著名的遊覽勝地，四季之中，各有特色。

- **話說名店**：峨眉飯店終年忙碌，用佳餚美饌，以饗遊客。餐廳規模較大，400人可同時進餐，既供應零餐，又承包筵席。名菜有熘雪魔芋絲、雪魔芋燒鴨、麻辣碎肘、砂鍋豆腐、糖醋里脊、魚香八塊雞等菜餚。

【民樂大廈】

內江著名飯店。1945年由許政創辦於內江市交通路。

- **話說名店**：五○年代改為國營，設有中西餐、甜食、住宿、茶館、浴池、理髮等項目，成為當時內江市最大的一個綜合性飲食服務企業。七○年代擴建改造，九○年代又投資改造，使之成為擁有標準客房且集餐飲娛樂、購物旅遊於一體的綜合性企業。目前，新建的具有多功能的二號樓即將完工使用。
- **名店名廚**：已故名廚張世榮、鍾建奎、曾做董必武家廚的張仲文以及張維金、許光灶先後在此店主廚並培養了一大批新秀。該店現由特級烹調師魏和襲、楊國欽、曾莉芳等輔之。代表菜點有砂鍋魚頭、大千乾燒魚、糖醋里脊、小籠蒸餃、捲筒蛋糕、鮮花酥等。

【品香園】

遂寧著名餐館。位於遂寧市凱旋中路。創辦於二十世紀七○年代末。

• **話說名店：**分設門面店和樓堂，一次可供200人同時就餐，以承辦各類筵席爲主，亦供應零餐。餐廳雅潔，名人字畫、古香古色的牌區、裝飾燈具點綴其間。此店從繼承創新、培養人才出發，供應菜式齊全，從低檔至中高檔無一不備。技術顧問胡正明、周吉善、古昌模等經驗十分豐富，主廚各有特長。代表菜品有四上玻璃肚、鐵板鱘魚、涪江脆皮魚、口蘑舌掌、糖醋帶魚等。

【 美味春 】

萬州著名餐廳。建於1937年。店址在萬縣市二馬路。分設內外餐廳，並附設雅座，可供300人同時進餐。以零餐供應爲主，亦承包各類筵席。由幸世貴主廚。該店名菜有清蒸肥頭、燒划水、大蒜鯰魚、燒八件、燴素寶等。

【 太白酒家 】

萬州著名餐廳。建於1980年。坐落在萬州市高筍塘，爲萬州烹飪技術培訓基地。餐廳寬敞，可供200人同時進餐，並附設雅座，承辦各類筵席。主廚由萬州的名廚輪流擔任。名菜有乾燒魚、雞豆花、家常海參、香酥鴨子等。

【 清香飯店 】

涪陵著名餐館。建於1957年。店址在涪陵市中山街。以零餐供應爲主，附設雅座，承包各種筵席。供應菜品有大蒜燒鯉魚、榨菜海參等。

【 通仙樓酒家 】

涪陵著名餐廳。創建於1957年。坐落於涪陵市中山路。分設大堂餐室和樓閣雅間，可同時容納200人就餐，既供應零餐，又承辦筵席。該店由特三級烹調師姜建生等主廚，其代表菜有白汁魚肚、椒鹽蹄膀、栗子燒雞等。

【 岷江餐廳 】

宜賓著名餐廳。建於1960年。店址在宜賓市東街。分設外餐室4個、雅座2個，可供300人同時進餐。以經營零餐、小吃爲主，並承包各類筵席。供應名菜點有豆瓣魚、乾煸肉絲、鮮花餅、清湯麵等。

【 南充旅館餐廳 】

南充著名飯店。建於1964年。店址在南充市模範街。該店設備較齊，座場寬敞，並附設雅座，可供200人同時進餐。除飯菜外，還經營甜食、冷飲等。名菜點有脆皮魚、五香排骨、罈子肉、全家福、豬油發糕、桃酥等。

【 翠屏園 】

達川著名餐廳。因店址面對翠屏山，故名。此店創建於1937年，創建人爲李天金。以味美質優，名噪一時。五〇年代，曾一度更名。1982年恢復原名，經營正餐麵食，亦可包席。炒、燒、蒸、炸俱全，並有特製之大蛋糕和酥餅供應。主廚爲李登仕、王澤潤等人。

【 雅魚飯館 】

雅安風味食店。原爲炳章飯店，後因以經營雅魚爲主，1983年改爲雅魚飯館。創建於1946年。店址在雅安市人民路。能同時容納70人進餐。由特級烹調師李誠主廚，以供應當地名產雅魚菜餚爲主。菜品有砂鍋魚頭、豆瓣雅魚、蔥燒雅魚、脆皮雅魚等。

【 西昌餐廳 】

西昌著名餐廳。1964年創建。店址在西昌市人民路。廳堂寬敞，接納量可日達千人。以零餐供應爲主，同時承包各種筵席。由特級廚師張宗義、劉臣玉主廚。該店名菜有糖醋脆皮魚、蝴蝶海參、軟炸蝦包、琵琶蝦仁等。

【馬爾康工農食堂】

馬爾康著名餐廳。創建於1957年。坐落在阿壩藏族自治州州府所在地馬爾康縣城。此店設備較齊，可供200人同時進餐。菜品以牛羊肉為主，亦有季節性的野獐、野雞、野兔、野鹿為原料的菜品供應。名菜有手抓羊肉、蘑菇雞絲等。

筆 記 欄

第二章 名師

【關正興】（約1825—1910）

成都近代著名廚師。滿族。籍貫不詳。

• 名師小傳：據作家李劼人在《舊帳·甲部·席單》的按語中言，關是從外地來川。清咸豐末年（即1861年）在成都棉花街創辦了包席館正興園，並親執廚政。其廚藝甚高，菜、湯均為食客稱道。

他於操廚之餘，又頗以收藏古器為樂事，故碗盞亦精緻，使得官場中人多照顧之。至清末，關所經營的正興園已在成都餐館業居於十分重要的地位。此外，關還為川菜烹飪事業的發展作出了一定的貢獻。戚樂齋、貴寶書等著名廚師，均出自關之門下。

【王海泉】（約1858—1930）

四川省新津縣人。成都飲食行業中尊稱為「大王」。

• 名師小傳：名師小傳：王海泉早年在貴州一滿清官員家做廚師，清末民初，隨官自貴州返川後，在成都書院街創辦包席館三合園，親理廚政，收徒傳藝。徒弟中的王金廷和黃紹清後皆成為四川廚壇中聲名卓著的廚師。王金廷、黃紹清二人合辦的福華園亦師承傳統，並對川菜烹飪技藝卓有建樹。三合園、福華園一脈相傳，造就了一批著名川菜廚師。

【戚樂齋】（　　　　　　　1938）

滿族。籍貫不詳。早年曾在成都著名包席館正興園主廚。1911年與藍光鑒合辦榮樂園。名廚張守勛即戚在榮樂園的徒弟。

【貴寶書】

滿族。生卒年、籍貫均不詳。為成都著名包席館正興園的主要廚師，擅紅、白兩案，後榮樂園名廚藍光鑒、藍光榮兄弟均為其高徒。

【黃晉臨】（約1869—1949）

四川省成都市人。晚清科舉上榜人物。

• 名師小傳：年輕時到北京參加殿試後，放廣東外任未成行，被留在清宮御膳房為慈禧管理膳食，故有「御廚」之稱。後來任射洪、巫溪、榮經等縣知事。清末民初，黃辭官返成都閒居，開設餐館姑姑筵，親理廚政。其事廚者多是家中女眷，為蓉城各餐館所罕見。他雖非廚人，但於飲食之道頗有研究，加之在清宮御膳房供職多年，耳聞目睹，對菜餚製作和筵席組合都能得心應手。

他在經營上特色有三：

1. 宮廷風味和地方風味相結合，巧製新饌以飽客。
2. 勤於宣傳，樂於介紹，使飲食和文化相

互結合，同時給人以物質和精神上的享受。

3. 信譽第一，辦席有定額，最多不越4桌，目的是精工細作，保質保量，因此姑姑筵名噪蓉城。黃晉臨之名，亦播四方。黃於1949年春赴重慶新開姑姑筵。同年病逝於重慶。

【杜小恬】

生卒年月和籍貫均不詳。人稱杜胖子。

• 名師小傳：清末時，他在重慶創辦適中樓餐館，招收了一批學徒。經他嚴格的教導，後來多數成了著名廚師，如廖青廷、熊維卿、曾亞光、周月亭等名廚都是他的高徒。杜在造就川菜烹飪人才、發展川菜烹飪技藝方面，作出了一定的貢獻。

【巫雲程】

清末民初人，生卒年月和籍貫不詳。他是重慶陶樂春的掌墨師，曾在巫家館、一樂餐館等處事廚，後為民族路餐廳廚師。

• 名師手路：巫技術全面，精通紅、白兩案。重慶許多老一輩的名廚，多有求教。他創製的格泥子雞等著名菜式，收入了中國商業部飲食服務局1960年所編的《中國名菜譜（第七輯）》。

【詹德泉】

重慶白案名廚。清末民初人。籍貫不詳。曾在重慶白海珍、適中樓、教門館、二分春等大餐館擔任白案廚師。

• 名師手路：技術精湛，擅長做酥貨和棗糕。他製作的壽桃、壽麵，做工精細，鬆軟爽口，並能用麵團隨手捏成各種人物形象，所塑造的八仙千姿百態，栩栩如生。

【傅吉廷】

四川省雙流縣人。生卒年月不詳。成都著名廚師，人稱「傅瞎子」。

• 名師小傳：二十世紀三〇年代尚在世，享年七十餘歲。傅年輕時，就學於成都著名

餐館隆盛園。曾先後在成都醉翁意、怡新、適宜、枕江樓和靜寧飯店等名餐館主理廚政。其徒弟蔣伯春、張光榮、李福元等均為川菜名廚。

• 名師手路：工於紅案，頗善安排，在行業中素有聲望。

【陳吉山】（約1877—1932）

四川省成都市人。又名陳金鰲。

• 名師小傳：與其弟陳達山（約1879—1947），同時學藝於成都著名包席館秀珍園，有陳氏兄弟之稱。後二人又同在怡新等處主廚。今特級廚師劉建成、張志國（在北京飯店）以及川菜名廚李德明、林漢章和劉代正等均為陳氏兄弟的徒弟。

【李九如】

四川省簡陽人。生卒年月不詳。

• 名師小傳：晚清時李曾在一所鐵路學校任廚。清末在成都創辦大餐館聚豐園。李不僅技術全面，而且頗善經營。聚豐園中菜、西菜、大餐、小吃全部供應，散座零餐、包席出堂一應俱全。又重視餐室的佈置和陳設，還將西式餐具、酒具用於川菜，開成都中菜西吃之先河。聚豐園開業後不久，便成為成都屈指可數的著名餐廳之一。

【李如齋】

生卒年月和籍貫不詳，僅知其清末在成都名餐館「一品香」主理廚政，相傳竟成園名廚湯永清即出其門下。

【唐炳如】（約1880—1944）

四川成都市人。早年與傅吉廷、葉正芳、高清雲等學藝於晚清名餐館隆盛園。以後在成都枕江樓主廚多年。1931年與龍元章等在學道街合辦包席館義牲園。同年又獨自在青石橋北街開辦味腴麵飯店。

• 名師手路：擅長紅案。其拿手菜脆皮魚、炒豆泥等，為行業內外所公認。

【廖澤霖】（1880—1928）

四川省成都市人。成都著名醃滷師。

* **名師小傳**：早年隨其父在凍青樹街經營乾雜店春厚祥，後因店毀於火災，為生活計，遂改營醃滷，創辦了成都市早期的專業醃滷店德厚祥。在其影響下成都開醃滷店者日多，1925年左右建立了醃滷幫，廖被選為首屆幫董，直至去世。

* **名師手路**：他早年雖未專學醃滷技術，但善於自學和鑽研，不墨守舊法，敢於創新，在成都醃滷業中自成一統，創制了冬腿、燻魚、金銀肚肝、鴨餅、毛風雞等精美食品，膾炙人口，稱譽蓉城。以後出現的盤飧市、雙合隆、利賓筵、利和森、為人庖等醃滷店，都是德厚祥一脈相承的。現在成都的劉達川、蔣德光等名醃滷師，均是廖的嫡傳和再傳弟子。

【藍光鑒】（1884—1962）

四川省成都市人。成都著名廚師。

* **名師小傳**：13歲進成都晚清名店正興園，從名廚貴寶書學藝。1911年28歲時與正興園的首席廚師戚樂齋一起創辦榮樂園。五〇年代初，受聘於四川醫學院，任營養保健系教師直至去世。

　　藍在正興園學藝時，正值成都名師薈萃，南北烹飪技藝交融，促進川菜的革新發展時期。藍能博採南北之長，吸取各派之精華，對川菜逐步進行了改革和提高。藍曾三次參與四川滿漢全席的製作，為正興園藝徒中之佼佼者。

　　創榮樂園後，禮聘名師主廚，悉心研討技藝，繼承和發揚了正興園「美食美器」、「重味重湯」的特點，並有所提高。榮樂園遂以擅製筵席中的燒烤、煨燉大菜及家庭風味菜和各種湯菜聞名於蓉城。

　　藍在榮樂園期間，廣收藝徒，先後達數十人之多。成都著名特級廚師張松雲、孔道生、劉讀雲、朱維新、曾國華、華興昌、毛齊成等都出自藍光鑒門下。藍造就

了一批川菜烹飪人才，為繼承發展川菜烹飪技藝作出了較大的貢獻。

【王金廷】（約1885—1932）

貴州省人。為名廚「大王」（王海泉）的徒弟，有「小王」之稱。

* **名師小傳**：清末民初隨師傅來川，後與黃紹清、王小泉（「大王」的侄子）等，同在三合園學藝。二十世紀二〇年代初與黃紹清一起在成都合辦包席館福華園，後來二人分夥。王又開薦芳園直至去世。

* **名師手路**：王技術全面，擅長墩爐，在部分官紳之中頗有影響，凡包席者，多要點名請他親自操辦。其徒弟之中，有原北京飯店副經理、川菜名廚范俊康和成都芙蓉餐廳的技術顧問陳海清等。

【盛金山】（約1886—1950）

籍貫不詳，僅知其在成都著名餐館努力餐主廚多年。

【謝海泉】（1886—1969）

成都市人。原成都餐廳著名廚師。

* **名師小傳**：12歲進成都正興園學藝，曾先後在成都玉川園、亦樂天，重慶適中樓，成都春和園、桃花園、桃村，雅安饌芬，成都竟成園等名餐館擔任廚師。1957年曾列席四川省政協會議，1958年為編寫《中國名菜譜（第七輯）》提供資料。

* **名師手路**：精通川菜的技術，以燒烤、煨燉為最擅長，其代表菜品有燒酥方、罎子肉、紅燒熊掌、翡翠蝦仁等。

【藍光榮】（1889—1952）

四川省成都市人。川菜名廚藍光鑒之弟。早年在成都晚清名店正興園學藝，師事名廚貴寶書。1911年以後協助其兄經營榮樂園，並負責稷雪（為榮樂園附設的麵店）的籌建。

* **名師手路**：擅長紅、白兩案，尤精於白案，為當時蓉城著名的白案廚師。

【何金鰲】（約1893—1945）

籍貫不詳。早年曾在護國軍中爲當時任旅長的朱德當炊事員。二十世紀三〇年代應車耀先（努力餐的創辦人）之請，任努力餐主廚。

【湯永清】（1894—1961）

成都竟成園的著名廚師。四川省成都市人。

• 名師小傳：11歲時進成都一品香餐館學藝，曾先後在成都玉春飯店、百合餐館，廣漢縣愜意餐館，成都竟成園等事廚。以在竟成園事廚時間爲最長，前後達三十餘年。1958年湯被評爲四川省成都市勞動模範，並赴北京參加國慶觀禮，後又當選過成都市東城區人大代表。

• 名師手路：精通紅案，以爐子見長。其所烹製的奶湯大雜燴、生燒筋尾舌、菊花魚羹鍋等，都是竟成園的名菜，並編入了1960年出版的《中國名菜譜（第七輯）》。

【周映南】（1895—1960）

四川省成都市人。

• 名師小傳：少年時進成都著名包席館正興園學藝。出師後仍留本店幫工。1911年以後，應師兄藍光鑒之請到榮樂園主廚。榮樂園附設的麵店稷雪開業，他爲之掌廚。局面打開後仍回榮樂園。1950年後在成都一些高級賓館擔任主廚，1960年病逝於金牛賓館。

• 名師手路：他精通紅、白兩案，並旁通西菜、西點之道，是成都餐館業中著名廚師之一。

【張守勛】（1898—1981）

四川省中江縣人。成都餐廳著名廚師。

• 名師小傳：15歲進成都榮樂園從名廚戚樂齋學藝。曾先後在成都朵頤食堂，重慶經濟飯館、適中樓、蜜香、世界飯店、小洞天、陶樂天、陪都飯店、國泰飯店，雅安

饌芬等名餐館擔任廚師。

• 名師手路：精通川菜烹飪技術，擅長山珍海味和燒烤大菜的烹製，操辦高級筵席和大型宴會也具有豐富的經驗。

【白松雲】（1899—1970）

四川省雙流縣人。成都竟成園著名廚師。14歲到成都五柳村學廚藝，曾先後在成都美琪咖啡館、努力餐、朵頤食堂，杭州的浙江省政府招待所，成都芙蓉餐廳等名餐館擔任廚師。1952年白曾當選爲成都市第三區人大代表。

• 名師手路：精通紅案，尤擅墩子、冷菜，其代表菜品如涼拌麂肉、南滷醉蝦、棒棒雞等，都編進了1960年出版的《中國名菜譜（第七輯）》。

【張松雲】（1900—1982）

四川省成都市人。1962年經中國商業部批准命名爲特級廚師。

• 名師小傳：14歲進榮樂園從名廚藍光鑒學藝。曾先後在成都大安食堂，重慶白玫瑰，成都耀華餐廳、成都餐廳、玉龍餐廳等名餐館擔任廚師，並經常到成都金牛賓館爲來成都工作的中國的政治領袖服務，參與大型宴會的製作。

自1958年起參與行業的技術培訓工作。1958年爲《中國名菜譜（第七輯）》提供資料。1959年與孔道生等人共同口述、經人整理出版了《四川滿漢全席》一書。以後曾多次參與《四川菜譜》的編寫工作。1980年又爲中、日合編的《中國名菜集錦（四川）》製作供拍攝入書的名菜。他對川菜烹飪的發展和爲培養接班人，都做出了一定的貢獻。特級廚師楊孝成、唐志華等均爲張之高徒。1980年曾當選爲成都市西城區人大代表。

• 名師手路：技術全面，獨具一格，除擅長山珍海味菜餚的製作外，所製家常風味菜餚也很有特色。其中如罎子肉、南邊鴨子、酸辣海參、軟炸雞糕、家常魚麵、口

蘑舌掌等都是他的拿手之作。

【馮德興】（1900—1982）

四川省雙流縣人。成都努力餐著名廚師。16歲進成都源興餐館，從張源興學廚藝。曾先後在成都長生殿、海棠春、玉龍餐廳等處任廚師。

- **名師手路**：精紅案，擅墩爐，所做菜品富有濃郁的地方風味。其代表菜如燒什錦、紅燒舌掌、荷葉蒸肉等，均收入1960年出版的《中國名菜譜（第七輯）》。

【李金山】

四川省雙流縣人。生卒年月不詳。事廚於重慶適中樓餐館。

- **名師手路**：他是一個多面手，不僅會做紅案、白案，而且熟悉招待技術，喊堂叫菜、端菜端飯、清點算帳無一不精，是飲食行業一位技術出眾的人物。

【陳明軒】

重慶江北縣人。生卒年月不詳。曾在重慶白海珍餐館學廚。

- **名師手路**：擅長墩、爐技術，特別對烹製素食有研究。行業內公認他是製作素席的佼佼者。

【鞠華青】

生卒年月和籍貫不詳。曾在重慶九園食店任廚師。

- **名師手路**：擅長白案技術。尤以做手工麵之巧，爲行業稱頌。他做的手工麵潔白如雪，細如銀絲，均勻完整，鬆軟適口，食客大爲讚譽。

【劉讀雲】（1900—1988）

四川省成都市人。1962年經中國商業部批准命名爲特級廚師。

- **名師小傳**：17歲時入成都榮樂園學藝，師事藍光鑒。1950年以前，先後在成都蜀風、大眾食堂、竟成園事廚。1950年以來先後在玉龍餐廳、竟成園掌廚。曾爲編寫《中國名菜譜（第七輯）》提供資料，多次參加《四川菜譜》的編寫工作，爲中、日合編《中國名菜集錦（四川）》製作供拍攝的名菜。多次兼任成都市飲食公司和竟成園舉辦的技術培訓班教師，並帶徒弟多人。特級廚師曾其昌、董繼篤及謝光源等均出自劉之門下。

- **名師手路**：劉精通川菜製作技術，尤擅長切配，操辦筵席經驗豐富，對名貴傳統工藝菜式的製作獨具匠心。其代表菜有紅燒熊掌、繡球干貝、清湯燕菜鴿蛋、菊花雞、荷包魷魚、芙蓉雜燴、酥扁豆泥等。

【孔道生】（1900—1985）

重慶巴縣人。1962年經中國商業部批准命名爲特級廚師。

- **名師小傳**：18歲時入成都榮樂園學藝，師事藍光鑒。1950年以前先後在成都、重慶、合川、宜賓、上海、南京等地著名餐廳事廚。五〇年代初，在北京爲中國的政治領袖料理膳食。1957年回川，到芙蓉餐廳主理廚政。1958年調成都餐廳。並爲編寫《中國名菜譜（第七輯）》提供資料。1961年以專家身份派赴捷克斯洛伐克（成立於1918年，在1992年解體，並於1993年1月1日起成爲捷克共和國與斯洛伐克兩個獨立國家）傳授川菜烹飪技術。回國後，多次參與編寫《四川菜譜》及教材講義，並爲中、日合編《中國名菜集錦（四川）》製作供拍攝的名菜。

孔在成都期間，常應各大賓館之請，參與大型高級宴會的組織工作。自1959年後，曾兼任成都市東城區飲食公司紅專學校副校長、成都市飲食公司歷屆廚師培訓班的專業教師，爲飲食行業培訓了大批廚師。特級廚師陳廷新、蔣學雲和一級廚師李代全均出自孔道生之門。1979年出席四川省科學技術代表大會，1980年當選爲成都市東城區第九屆人民代表大會代表。

- **名師手路**：孔精通川菜紅、白兩案，尤其

擅長筵席大菜和席點、小吃的製作。技術上不僅能繼承發揚川菜傳統，且能取各家之長，有所創新。其代表菜有烤奶豬、烤酥方、叉燒背柳、蟹黃銀杏、豆沙鴨方、波絲油糕、子麵油花、白蜂糕等。

【林家治】（1901—1991）

四川省資中人。1984年經四川省商業廳批准命名爲技術顧問（相當於特三級白案廚師）。

- **名師小傳**：林14歲起在資中縣城利胖園店學藝，滿師後，先後在瀘州頂風園、重慶四風惠、永川時食餐廳、貴州仁維餐廳和名生餐廳、成都小園地任白案廚師。1936年起自營「麵狀元」。1958年起先後在成都芙蓉餐廳、綜合餐廳、努力餐擔任烹飪技術培訓教學工作。
- **名師手路**：林擅長川點小吃技術，尤其精通米食點心、小吃的製作，與他人一起合作編寫了《席桌點心》一書。林多次擔任成都市、西城區技術職稱的考核評委，爲行業帶徒多人，現特一級烹調師張中尤、特一級麵點師鍾世雄、特二級麵點師劉曉旭都出自林的門下。其代表品種有鮮花餅、鴛鴦酥、豬油發糕、白蜂糕、四喜米餃、大米蒸餃等。

【廖青廷】（1902—1968）

重慶巴縣人。13歲到重慶適中樓餐館拜杜小恬學藝。少年勤奮好學，人稱小聰明。由於人矮灶台高，他墊著凳子上灶炒菜，在廚壇中傳爲佳話。

- **名師小傳**：二十世紀二〇年代他與樊青雲、朱康林合夥創辦小洞天餐館。曾在重慶餐館、二元餐館、凱歌歸、成渝飯店、國泰餐廳等處主廚，並被聘到上海麗都花園、經濟飯店主廚。1949年前曾赴台北一家餐廳事廚，之後回到重慶，以後在蜀味餐廳和民族路餐廳主理廚務。他先後帶徒多人，後均爲行業中堅。
- **名師手路**：他功底扎實、烹技精湛，有

「七匹半圍腰」之稱。創新的名菜有醋熘雞、半湯魚、黃豆芽燉雞等。

【熊維卿】（1903—1981）

重慶巴縣人。15歲時到重慶適中樓餐館拜杜小恬學藝。少年聰敏，學習刻苦，善於創新。他曾在重慶白海珍餐館、二分春教門館、國泰飯店主理廚務。中年行藝於南京、上海。曾在上海陶樂春、南京浣花樓、春風小啜等餐館主廚。

- **名師手路**：他長於工藝菜，在二十世紀四〇年代，烹製的孔雀蹄筋大拼盤、龍鳳酥腿、文昌鴨子，爲食客所讚譽。1950年以後，他在中國國營的高豆花飯店事廚，培養了不少廚師。

【羅興武】

重慶巴縣人。生卒年月不詳。早年曾學藝於成都名餐館醉翁意，後在重慶成渝飯店、蜜香餐館掌廚。

- **名師手路**：他技術全面，擅長紅案墩、爐。特級廚師吳海雲出自他的門下。

【周海秋】（1905—1990）

四川省新都縣新繁鎮人。1962年經中國的商業部批准命名爲特級廚師。

- **名師小傳**：14歲時入成都榮樂園，師從藍光鑒學習川菜烹飪技術。1950年以前先後在成都榮樂園、重慶白玫瑰和姑姑筵餐館事廚，曾爲劉湘家料理膳食。1950年以後先後在重慶白玫瑰、頤之時和向陽春任廚師。1958年爲編寫《中國名菜譜（第七輯）》提供資料。1980年任商業部辦的中國十大城市重慶川菜培訓班教師。去世前在重慶頤之時餐廳指導工作。1959年出席了中國群英會。1989年，被四川省人民政府授予「從事科技工作五十年」的榮譽證書。
- **名師手路**：周出身高門，勤學苦練，精通川菜烹飪技術，尤長於爐子和燒烤。其代表菜有烤奶豬、樟茶鴨子、乾燒魚、燒三

頭（牛、羊、豬）、醋熘鳳脯、豆渣烘豬頭等，並創制了蜀川雞、旱蒸魚等菜餚。

【馮漢成】（1905—1957）

四川省簡陽人。成都著名廚師。早年學藝於成都枕江樓。三〇年代初在成都靜寧飯店任出堂掌墨師。1935年與蘇文炳等四人創辦東林餐館，並主理廚政。自1942年起，又先後與師兄龍元章、賴世華創辦了雅典麵飯店、郇香麵飯店和中華食堂等餐館。

• **名師手路**：精通紅案，擅長操辦各類筵席。其代表菜品有脆皮魚、豆腐魚等。

【張德福】（1906—1996）

四川省成都市人。1978年經四川省人民政府批准命名為特級廚師。

• **名師小傳**：曾任成都東風飯店（現四川賓館）技術顧問。12歲時到成都燕樂春回民館拜馬慶三為師，學製清真菜技術。1950年以前在成都燕樂春、正興牛肉館等事廚。1950年以來，在成都大眾食堂主廚，1952年調省交際處第二招待所當廚師，1954年調北京中共中央宣傳部辦理伙食，1959年回川，在東風飯店任廚師。張一直兼任四川省機關事務管理局烹飪技術培訓班教師，先後帶徒弟多人。他在1989年被四川省人民政府授予「從事科技工作五十年」榮譽證書。

• **名師手路**：張擅長製作清真菜餚，代表菜有烤填鴨、紅燒牛頭、紅燒牛尾、叫化子雞、乾燒魚、雞豆花等。

【張榮興】（1906—）

四川省成都市人。1984年由四川省商業廳命名為技術顧問（相當於特二級廚師）。1979年到四川省飲技校天府酒家擔任技術顧問，現為四川烹飪高等專科學校退休教師。

• **名師小傳**：12歲時入瀘州寶華園學習廚藝。1950年以前在成都花近樓、熙來飯店等處事廚。1950年以後，先後在成都食時飯店、陳麻婆豆腐店、芙蓉餐廳、榮樂園任廚師。自1962年以來兼任成都市飲食公司培訓班教師。曾為編寫《中國名菜譜（第七輯）》提供資料，多次參加《四川菜譜》的編寫工作，並為中、日合編《中國名菜集錦（四川）》製作供拍攝的名菜，參加了《川菜烹飪學》的審編工作。

• **名師手路**：張通曉川菜製作技藝，尤擅長冷菜和墩子，其代表菜有苔菜獅子頭、奶湯蛋餃、九色攢盒、香糟排骨、格花香干、玉田木馬等。

【溫興發】（1907—1977）

四川新都縣人。成都著名泡菜師，有「溫泡菜」之稱。

• **名師小傳**：15歲進成都萬方飯鋪學習小菜、泡菜的製作技術。曾先後在成都錦里餐、五都市、竹林小餐和朵頤食堂等餐館任菜雜，長年周旋於小菜、泡菜罈子之間。溫勤學習，善鑽研，在技術上精益求精，達到了較高的水準，積累了豐富的經驗，在同行和廣大食者中有很高的聲譽。所製泡菜，經年不變，食之常鮮。他將自己多年的實踐經驗述之成文，由成都市東城區飲食中心店組織編寫成《四川泡菜》一書，1959年由輕工業出版社出版。

【廖治仁】（1908—1992）

四川省雙流縣人。1982年由四川省人民政府批准命名為特一級廚師。

• **名師小傳**：廖13歲在成都春和園拜師學藝，從事烹調工作，1935年以後相繼在重慶青年會西餐堂、雅安饌芬餐廳掌灶。1950年起，先後在西康省政府和省委、甘孜州委、四川省政府金牛賓館任廚師至去世。1980年後當選為成都市金牛區第九屆、第十屆人民代表大會代表。1989年，被四川省人民政府授予「從事科技工作五十年」榮譽證書。

• **名師手路**：廖精通川菜的各種烹調技藝，多次主持完成大型高級宴會，熟悉滿漢全席的佈局和製作，尤其擅長燒烤類菜餚的

製作,在同行中享有較高的威望。

【蔣伯春】（1908—1997）

四川省成都市人。1984年由四川省商業廳命名為技術顧問（相當於特二級廚師）。1979年到省飲技校天府酒家擔任技術顧問,後為四川烹飪高等專科學校退休教師。

- **名師小傳:** 14歲時入成都靜寧飯店拜傅吉廷為師學習廚藝。1950年以前先後在成都靜寧飯店、廣寒宮等處事廚。1950年以來,在成都玉龍餐廳、芙蓉餐廳、躍華餐廳任廚師或廚師長。1958年以來兼任成都市飲食公司廚師培訓班教師近二十年,特級烹調師羅松柏為蔣之高徒。曾為編寫《中國菜譜（第七輯）》提供資料,多次參加《四川菜譜》的編寫,並為《中國名菜集錦（四川）》製作供拍攝的名菜,參加了《川菜烹飪學》的審編工作。
- **名師手路:** 蔣精通川菜烹飪技術,擅長爐子。其代表菜有豆腐鯽魚、軟炸扳指、三燴鮑魚、堂片填鴨、熘鴨肝、麒麟魚、酥皮雞糕、菠茸豆腐等。

【張德善】（1909—1996）

四川省成都市人。1962年經中國的商業部批准命名為特級廚師。原任錦江賓館餐飲技術顧問。

- **名師小傳:** 19歲時在成都四宜君餐館拜高鶴廷為師。1950年以前先後在近花樓、朵頤等餐廳任廚。五〇年代和七〇年代受中國政府派遣,以烹飪專家身份到波蘭和朝鮮傳授川菜烹飪技術,並擔任赴朝專家組副組長,榮獲朝鮮一級勞動勳章。回國後,歷任錦江賓館廚師長、副經理、顧問等職。在此期間曾兼任成都市飲食公司紅專學校教師、四川烹飪高等專科學校客座教授;同時在錦江賓館開辦培訓班,培訓該賓館和兄弟省市飯店廚師數百名。

1980年當選為成都市東城區第九屆人民代表。1983年當選為四川省政協第五屆委員會委員。80年代被選為中國烹飪協會

理事、四川省烹飪協會副理事長,並特邀為「第二屆中國烹飪大賽」評委,榮獲中國旅遊系統勞動模範和省政府頒發的「從事科技工作五十年」榮譽證書。

- **名師手路:** 他事廚六十餘年,經驗豐富,博取眾長,推陳出新,技術全面,特長於切配、爐子、燒烤及工藝菜品。其代表菜有仙鶴玉脊翅、乾燒岩鯉、金魚戲蓮、鍋貼鴿蛋等。創新菜品有鳳巢花菇蝦、蘋果烤爐雞、香酥芋泥鴨、湘蓮夾心茗糕等。

【陳海清】（1909—1988）

四川省簡陽市人。1984年由四川省商業廳命名為技術顧問（相當於特二級廚師）。

- **名師小傳:** 陳11歲時在家鄉新回相飯鋪學徒。1922年進成都福華園從名廚王金廷學藝。1925年王創辦薦芳園,他又隨師繼續習藝。1950年以前在成都姑姑筵、醉漚、中國食堂、頤之時事廚。1959年到北京四川飯店任廚師。1971年回川,到芙蓉餐廳主廚至去世。

曾多次參加《四川菜譜》的編寫工作,並為中、日合編《中國名菜集錦（四川）》製作供拍攝的名菜。在芙蓉餐廳期間,一直兼任餐廳技術培訓班教師,並帶學徒多人,特一級烹調師嚴鄉琪、特二級烹調師林洪德、一級廚師朱煥生、劉成益均出其門下。1972年後當選為成都市第七、八兩屆的政協委員。

- **名師手路:** 陳擅長於高級清湯菜餚和鮮蔬菜餚的製作,烹製海鮮也有獨到之處,經常操辦接待外賓的高級筵席,且旁通北京菜的一些製作技術。其代表菜有紅燒魚唇、清湯魚翅、炒雞脯、蔥燒海參、酸菜鯽魚、香花雞絲、開水白菜等。

【范俊康】（1909—1975）

四川省成都市人。北京市北京飯店特級烹調師。

- **名師小傳:** 早年在成都福華園拜當時的川菜名廚學藝,出師後在重慶市軍政要員家

事廚。范烹調技藝造詣很深，在四川烹飪界較有影響。1949年後調北京飯店工作。1954年范隨中國的周恩來總理出席日內瓦會議，所烹製的菜餚大受外賓歡迎。世界著名電影演員卓別林特別欣賞范俊康的「香酥鴨」，表示「我將來要到北京專門向你學做香酥鴨」。范既是廚師，又是管理者。曾擔任過北京飯店的副經理，還曾當選爲北京市及東城區人民代表，多次出席英模表彰大會（是一種勞動模範表彰大會）。

- 名師手路：他專攻川菜，以燒、烤見長，是北京飯店著名的國宴菜點烹飪大師。其代表菜有燒牛頭方、燒牛蹄黃、軟燒鴨子、口袋豆腐等。

【王克勤】（1910—）

上海市人。1984年由四川省商業廳命名爲技術顧問（相當於特二級招待技師）。

- 名師小傳：16歲時入武漢棉花出口公司學習招待技術。1950年以前，曾先後在武漢中國棉業公司、重慶皇后餐廳做中、西餐招待工作。1950年以來，先後在重慶頤之時餐廳、民族路餐廳、和平西餐廳、解放碑紅旗茶園、上清寺餐廳任招待、招待組長。王自1965年起任重慶市飲食服務培訓班招待技術顧問，特級招待師何美虹、聶曦陽等均曾受學於王。1979年他被四川省飲食服務技工學校聘爲技術顧問。現退休在家。他曾爲重慶市第一屆人民代表大會設計120席的檯面擺設，曾多次應邀到重慶潘家坪招待所爲外國代表團舉辦的宴會服務。

- 名師手路：王從事招待工作五十多年，技術全面，熟悉川菜製作技術，善於宣傳介紹，作好客人的參謀。在省飲技校工作期間，經他口述及操作，編寫出了專業教材《招待技術》一書。

【龍元章】（1910—1969）

四川省雙流縣人。成都竟成園著名廚師。10歲進成都枕江樓學藝，曾先後在成都桃花園、竟成園等任廚。曾先後與人一起在成都創辦過義甡園、味腴麵飯店、雅典麵飯店、紅杏麵飯店、中華食堂、邨香便飯館等餐館，並親理廚政。

- 名師手路：精於紅案，擅長爐子。在魚鮮的烹製上，繼承枕江樓的特色，並有所創新，所烹製的脆皮魚等菜餚，被行業內公認爲上品。

【賴世華】（1910—1967）

籍貫不詳。成都餐廳著名廚師。12歲學藝於成都枕江樓。曾先後在成都泰原餐館、重慶清福食堂、成都雅典麵飯店、桃花園等處任廚。

- 名師手路：精通紅案，長於墩爐。其代表菜有家常田雞、熘鴨肝、乾煸鱔魚、脆皮魚等。

【蘇雲】（1910—1980）

四川省成都市人。1962年經中國的商業部批准命名爲特級廚師。1950年前，在飯、麵餐館行廚，以幫工爲生。1950年後在成都稅務局、華西壩療養院、省交際處等單位任廚師。1962年調到錦江賓館工作至去世。

- 名師手路：他精通川菜烹飪技術，擅長墩爐。酸辣虎皮肉、乾煸魷魚絲、菊花蝦酥等都是他的代表菜。

【羅國榮】（1911—1969）

四川省新津縣人。北京市四川飯店特級烹調師。

- 名師小傳：羅12歲時拜名廚王海泉爲師。1933年受雇於黃敬臨開辦的姑姑筵餐館，受益於黃敬臨的指點，羅的烹調技藝日趨嫻熟，紅白兩案十分精通。1941年在成都創辦頤之時餐館。1953年調北京飯店川菜部主理廚政。曾隨中國的周恩來總理赴日內瓦、莫斯科、萬隆等地爲政治領袖做菜。後調北京的四川飯店主廚。羅集王海泉、黃敬臨所傳烹飪技藝爲一身，並博採

眾家之長，不斷求新，創制出了眾多留傳後世的川味菜餚。

他認為烹菜如火中取寶，火候第一，不及則生，稍過則老；烹調要立足於變，要刻意求新，不墨守成規，只要是食物原料，都可以做成名菜上席。羅國榮事廚四十餘年，收過眾多藝徒，其中最有成就者為黃子雲和白懋洲。

• 名師手路：其代表菜點有紅燒熊掌、一品酥方、乾燒蝦仁、開水白菜、豆芽包子、蘿蔔絲餅、家常臊子麵等。

【朱維新】（1912—1984）

四川省成都市人。1962年經中國的商業部批准命名為特級廚師。

• 名師小傳：14歲時，在成都榮樂園拜藍光鑒為師，學習廚藝。1950年以前在榮樂園、竟成園等著名餐廳掌廚。1950年以後，先後在成都工人文化宮食堂、四川省交際處總府街招待所、外國專家招待所、中共中央西南局首長食堂任廚師。1971年調金牛賓館事廚並指導工作至去世。

在金牛賓館任職期間，他是承辦接待外國元首和重要賓客宴會的主要廚師。他熱心教學，兼任四川省人民政府機關事務管理局烹飪技術培訓班教師多年，帶了不少徒弟，其中毛錫成、羅開雲等都在北京的北京飯店擔任廚師，是製作川菜的技術骨幹。

• 名師手路：朱出於名師之門，技藝高強，精通川菜紅白兩案，尤長於燒烤技術。其代表菜點有紅燒熊掌、紅燒鹿沖、清湯燕窩、八寶釀藕、水晶涼糕、椒鹽油花等。

【張青榮】（1913—1972）

四川省雙流縣人。成都榮樂園著名白案廚師。13歲到成都北門羅清榮麵鋪學習白案技術。曾先後在成都攀味雞、快活抄手店、家常味、吳抄手、龍抄手、漢口吳抄手等處任招待和白案廚師。

• 名師手路：精通白案，尤擅長於大案技術。其手工製的麵條、抄手皮均有較高的水準，在行業內有一定的影響。

【張淮俊】（1913—1989）

四川省成都市人。1984年經四川省商業廳批准命名為特三級廚師。

• 名師小傳：16歲時到成都和郇飯店當學徒，師從馮德新、袁漢承學習烹調技術，後到成都民生飯店、麥隴香飯店、花正樓飯店、徐來小酒間、嘉樂食堂等處幫工事廚。1954年開設杏花村餐館。1957年合營後到成都芙蓉餐廳、少城小餐事廚。1981年後，赴北京四川飯店、四川豆花飯莊、日月潭酒家任廚師、顧問。1989年，被四川省人民政府授予「從事科技工作五十年」榮譽證書。

• 名師手路：張事廚六十餘年，鑽研技術一絲不苟，除精通紅案技術外，行業中的其他行當均能在行。多年的廚師生涯造就他爐火純青的技藝境界，被行中人雅稱為「多寶道人」。所製菜品被收入《中國名菜集錦（四川）》一書。代表菜品有金線葫蘆鴨、七星蓮花湯、龍眼甜燒白、十景羅漢菜等。

【劉建成】（1914—）

四川省新都縣人。1978年經四川省人民政府批准命名為特級廚師。現任成都市飲食公司技術顧問。

• 名師小傳：14歲時進成都怡新飯店從名廚陳吉山兄弟學藝。1950年以前，先後在成都味腴食堂、浣花溪，重慶西大公司，成都廣寒宮、竟成園事廚。1950年在耀華餐廳主理廚政。1961年起調任成都市飲食公司業務科長、技術培訓科長等職。在此期間多次舉辦中級廚師技術培訓班，負責並參與研究教學計畫、編寫教材、上技術課，為成都和川西片的地、市培養了一批技術人才。

曾參與編寫《四川菜譜》，擔任《中國名菜譜（四川）》技術審校，並為中、

日合編《中國名菜集錦（四川）》製作供拍攝的名菜，還與楊鏡吾、胡廉泉合作編著了《大眾菜譜》一書。1979年4月參加四川省烹飪小組到香港表演烹飪技藝。1980年去美國紐約，任四川省與美商合辦的榮樂園廚師長，1983年6月回中國。同年11月受聘擔任全國烹飪名師表演鑒定會評委。1989年，被四川省人民政府授予「從事科技工作五十年」榮譽證書。

- 名師手路：他精通川菜製作技術，長於墩爐，對燕菜、魚翅、海參等能用多種調製方法，充分表現出川菜的風味特色。其代表菜有蛋餃海參、口蘑魚捲、堂片填鴨、一品豆腐、叫化雞、芙蓉蝦仁、清蒸甲魚、烤酥方等。

【伍鈺盛】（1914—）

四川省遂寧市人。北京市特級烹調師。北京市飲食服務總公司特聘高級業務技術培訓教師，北京市服務管理學校技術顧問、特聘講師。

- 名師小傳：伍14歲到成都市天順源飯館，隨田永清、甄樹林學藝；1933年到重慶市白玫瑰酒家事廚；1937年後，先後在重慶的軍政要員家事廚；1946年到上海市玉園餐廳掌灶兩年；後隨上海大業公司經理李祖永去香港任其家廚；1950年回到北京，先在東安市場籌辦起四川食堂，後在西長安街創建專營川菜的峨嵋酒家。

1983年擔任中國烹飪名師表演鑒定會評委。伍繼承並發展了正宗川菜烹飪技藝，在經營和教學中力主「正確繼承不等於墨守成規，改進創新不能亂本」。他在教學中不僅手把手教技術，還言傳身教授廚德。

- 名師手路：他精通川菜全面技術，尤以善製湯、巧用湯見長。其代表菜有燒牛頭方、豆渣豬頭、開水白菜、燒魚翅、豆瓣大蝦、水煮牛肉、乾煸牛肉絲等。

【曾亞光】（1914—）

重慶巴縣人。1978年經四川省人民政府批准命名為特級廚師。曾在重慶小洞天餐廳擔任技術培訓工作。現已退休。

- 名師小傳：14歲時到重慶適中樓拜杜小恬為師，學習廚藝。青年時代行藝於長江流域，先後在上海、南京、漢口和湖南常德等地的著名餐廳事廚。1939年回到重慶，先後在國泰、凱歌歸、小洞天等餐館主理廚政。1950年以來，多從事烹飪技術的教學、培訓工作，擔任重慶市市中區飲食服務公司廚師培訓班教研組副組長。該班已辦26期，為行業和社會培養廚師千餘人。在直接與他簽訂師徒合同者10人中，劉大東、謝雲祥現已獲特一級烹調師的職稱，成為新一代名師。

他曾先後參加《重慶菜譜》、《四川菜譜》、《中國名菜譜（四川）》的編寫工作，1959年由他口述，經人整理成《素食菜譜》。1980年參與中、日合編《中國名菜集錦（四川）》製作供拍攝的名菜。1982年應日本主婦之友社邀請，參加「川菜赴日講習小組」到日本東京、大阪、福岡講授川菜。1959年起當選為重慶市市中區和重慶市政協委員。1989年，被四川省人民政府授予「從事科技工作五十年」榮譽證書。

- 名師手路：他精通川菜製作的烹飪技術，擅長於墩爐，對川菜乾燒、乾煸、燒烤菜餚的烹製更有其獨到之處。其代表菜有乾燒魚翅、乾煸鱔魚、叉燒填鴨、叉燒乳豬等。製作之狗肉席、猴肉席風格獨具。

【曾國華】（1914—）

四川省金堂縣人。1978年經四川省人民政府批准命名為特級廚師，現在成都榮樂園指導工作。

- 名師小傳：12歲時進成都榮樂園師事名廚藍光鑒。1950年以前先後在成都蜀風、耀華餐廳、朵頤食堂事廚。1950年以後，在耀華餐廳、成都餐廳、榮樂園主廚。1979

年派往美國紐約，任四川省與美商合辦的榮樂園副廚師長，1983年6月回中國。1958年以來，多次應成都各大賓館之請，參與籌組、安排爲外國國家元首、貴賓舉行的宴會操辦筵席。

爲編寫《中國名菜譜（第七輯）》提供資料，多次參與編寫《四川菜譜》和烹飪技術教材，一直兼任成都市飲食公司技術培訓班教師，並帶徒多人。名廚師何新全、特一級烹調師梁長源均爲曾之高徒。1983年，參加中國烹飪名師表演鑒定會，榮獲「優秀廚師」稱號。1983年當選爲四川省第六屆政協委員。1989年被四川省人民政府授予「從事科技工作五十年」榮譽證書。

- **名師手路**：他精通川菜的烹飪技術，尤長爐子，對山珍海味菜式、家常風味菜式的製作均有獨到之處。其代表菜是釀一品海參、清湯燕窩、乾煸魷魚絲、紅燒熊掌、燒龍鳳配、鍋燒酥方、涼粉鯽魚等。

【華興昌】（1914—1989）

四川省成都市人。1978年經四川省人民政府批准命名爲特級廚師。

- **名師小傳**：17歲時學技於成都榮樂園，師從藍光鑒。1950年以前先後在上海經濟川社，重慶成都味食堂、一心飯店、向陽春酒家，合川七七餐廳事廚。五〇年代在北京峨嵋食堂任廚師。1958年回成都，先後在玉龍餐廳、芙蓉餐廳、榮樂園主理廚政。他先後爲《中國名菜譜（第七輯）》提供資料，多次參與編寫《四川菜譜》，爲中、日合編《中國名菜集錦（四川）》製作供拍攝的名菜。在榮樂園任職期間，多次兼任成都市飲食公司技術培訓班教師，並帶徒多人，特級烹調師肖鏡明就是他的高徒。
- **名師手路**：他精通川菜的烹飪技術，長於墩子和冷菜，對大型宴會、高級筵席的設計、安排頗有經驗，並旁通京菜、淮揚菜的製作技術。其代表菜有酸菜魚捲、海棠

口蘑、家常牛筋、葫蘆鴨子、軟炸蝦包、蓮蓬鴿蛋、子母會、四寶湯等。

【李燮堯】（1914—）

重慶江北縣人。1984年由四川省商業廳批准命名爲技術顧問（相當於特三級廚師）。現已退休。

- **名師小傳**：1933年在重慶聚珍園入廚，拜名廚廖松泉爲師，後相繼在重慶味腴、新味腴、凱歌歸、渝味等餐館事廚。1954年，在重慶上清寺餐廳主理廚政。1959年由重慶皇后餐廳調北京四川飯店，隨即參加了中國的國宴工作。1965年被選到中南海爲朱德委員長理廚3個月。1969年返回重慶建設公寓。1974年調重慶市中區飲食服務公司技術培訓班從事技術教學工作。

他所教的學生獲特級烹調師職稱甚多，其中張國柱、鄒松柏、胡志雲等在奧地利、美國、瑞士主理廚政。他多次參加編寫《重慶菜譜》、《四川菜譜》工作。爲中、日合編的《中國名菜集錦（四川）》製作供拍攝的名菜。1989年，被四川省人民政府授予「從事科技工作五十年」榮譽證書。

- **名師手路**：李事廚58年，精通墩爐技術，尤其擅長冷菜與冷菜工藝造型製作，創作的造型冷盤用料廣泛，工藝精細，食用性、觀賞性強。其代表作有八仙過海、天女散花、一衣帶水、熊貓戲竹、重慶十景。

【劉應祥】（1915—1986）

重慶市人。1984年經四川省商業廳批准命名爲技術顧問（相當於特三級廚師）。

- **名師小傳**：14歲在重慶左營街蜜香餐館學藝，拜師羅興武。曾先後在成都味食店、心心食店、聚豐園餐廳、聚興城銀行酒家事廚。1956年調入重慶市飲食服務公司，先後在頤之時餐廳、南桐礦區飲食公司、味苑餐廳工作。
- **名師手路**：劉技術全面，紅案、白案、

冷菜均能勝任，尤長於筵席大菜製作。1980年爲中、日合編《中國名菜集錦（四川）》製作供拍攝的名菜點。

【李德明】（1915—1985）

四川省郫縣人。1984年經四川省商業廳批准命名爲技術顧問（相當於特三級廚師）。

- **名師小傳**：15歲進成都怡新飯店師從名師陳杏山倆兄弟學藝。滿師後先後在成都味腴飯店、杏花村、中西餐館、和合酒店、雅安饊芬餐館、重慶西大公司、成都蜀風等處事廚。1958年以後在成都食時飯店、玉龍餐廳、杏花村、新民食堂和努力餐任廚師。曾多次被派往金牛、錦江、濱江等賓館、招待所參與爲接待中國的政治領袖和外賓的筵宴製作，爲編寫《中國名菜譜（七集）》提供資料。

  1963年被選爲成都市人民代表、成都市飲食服務業技委會委員、西城區飲食公司技委會副主任。從六〇年代起多次參與行業技術培訓，八〇年代後多次擔任成都市及西城區飲食行業技術職稱考核評委。李先後帶徒多人，徒弟中特一級烹調師黃志遠、特級烹調師馬華儀、許志龍、簡奎光、一級烹調師徐長錫等已成爲行業中的技術骨幹。

- **名師手路**：李的技術全面，尤擅長墩爐技術。其代表菜是叉燒乳豬、燒烤酥方、清湯腰方、蘭花肚絲等。

【陳青雲】（1915—）

重慶合川人。1978年經四川省人民政府批准命名爲特級廚師。現任重慶老四川大酒樓技術顧問。

- **名師小傳**：11歲時到重慶川北羊肉館當學徒，拜順慶人何發峰爲師，學羊肉菜餚製作技術，後到重慶順慶羊肉館、上海宵夜館等處幫工。1944年入重慶粵香村拜簡海廷爲師，專攻清真菜的烹製。此後一直在重慶粵香村主廚。曾爲中、日合編《中國

名菜集錦（四川）》製作供拍攝的名菜。1966年出席中國的商業部在北京召開的雙學會議，後在北京四川飯店烹製牛肉席，深受歡迎。1966年起，當選爲重慶市市中區歷屆人民代表大會代表。1989年被四川省人民政府授予「從事科技工作五十年」榮譽證書。

- **名師手路**：陳事廚六十餘年，鑽研技術一絲不苟，爲了掌握牛肉燉製的火候，常守候爐旁，通宵達旦，使燉製牛肉的技藝達到爐火純青的境地。其代表菜有清燉牛肉湯、清燉牛尾湯、枸杞牛鞭湯等。

【余耀先】（1916—）

湖北省武漢市人。1980年經四川省人民政府批准命名爲特級廚師。曾任重慶市服務局培訓餐廳副經理。現已退休，任重慶市人民政府接待辦公室技術顧問。

- **名師小傳**：13歲時在湖北沙市鴻遠樓拜李文華爲師，學習紅案技術。1933年入川，先後在重慶中山酒家、上海菜社事廚。1950年到重慶皇后餐廳任廚師，1960年調重慶市交際處工作。余帶徒弟二十餘人，李肇明、李鏡明等都是其高徒。曾當選爲重慶市第八屆人民代表大會代表、四川省第三屆政協列席代表。

- **名師手路**：余技術全面，熟悉川、浙、京、鄂、粵等菜系的烹調技藝，尤擅長刀工。其代表菜有蜇燴鰱頭、乾燒仔鮑、魚香鴨腰、花溪雛鴨等。

【胡昭全】（1916—）

四川省儀隴縣人。1984年經四川省商業廳批准命名爲技術顧問（相當於特三級廚師）。曾任儀隴縣飲食公司技術顧問。

- **名師小傳**：1927年到成都萬順園飯店拜師學徒，出師後先後在重慶聚新城銀行、桃園飯店、萬縣四宜宣、燕金樓餐館、儀隴縣快樂餐廳任紅案廚師，1958年後在儀隴縣五一食店任副經理、儀隴縣飲食公司技術顧問。七〇年代以來，曾多次擔任儀隴

縣及南充地區廚師培訓班教師，所培訓廚師中多數已成爲本地技術骨幹。他曾口述當地的廚師培訓教材。1989年被四川省人民政府授予「從事科技工作五十年」榮譽證書。

- **名師手路**：胡從廚六十餘年，熟悉川菜烹飪的各工種技術，尤其擅長墩爐技術，在當地行業及消費者中享有較高聲譽。其拿手菜有如意慈筍捲、芙蓉雜燴、素燒什錦、白汁魚豆腐等。

【張宗義】（1917—）

四川省成都市人。1984年經四川省商業廳批准命名爲特三級廚師。曾任西昌市西昌餐廳主任。

- **名師小傳**：1931年到成都紅興和飯店拜師學藝。滿師後曾先後在成都大指母飯店、榮生園飯店、西昌世界飯店任廚工、廚師。1956年在西昌三六九、西昌餐廳等店任主廚。張從廚五十餘年，川菜烹飪技術全面，功底扎實，尤其擅長墩爐技術。幾十年來，爲四川地區烹飪技術人材的培訓做出了較大貢獻。所帶徒弟或培訓的學員中，已有多人成爲當地的業務骨幹。曾當選爲涼山州人民代表、政協委員。1989年被四川省人民政府授予「從事科技工作五十年」榮譽證書。

- **名師手路**：擅長墩爐技術，其拿手菜品有紅燒蹄筋、釀南瓜、豆渣豬頭、紅燒鴨捲、龍眼脊髓等。

【張志國】（1917—1996）

四川省邛崍市人。北京市北京飯店特一級烹調師。早年到成都拜名廚陳金鰲爲師，出師後在成都、重慶等地事廚。1954年調北京飯店工作，曾任廚師長、管理員等職。其間曾多次參與國宴等重要宴會的設計製作工作。

- **名師手路**：張精通川菜，烹飪技藝嫻熟，不僅擅長大菜烹製，而且精於小煎小炒，精通烹飪理論和廚房管理，曾在北京市服

務學校烹飪專業任教，是一位烹飪技藝高超、知識全面的廚師。1987年與黃子雲合著《北京飯店的四川菜》一書，還曾參與《北京飯店名菜譜》一書的編寫工作。

【王紹成】（1917—1993）

四川省新都縣人。1984年經四川省商業廳批准命名爲技術顧問（相當於特三級白案廚師）。

- **名師手路**：王12歲拜新都縣一位人稱李大案的廚師學藝，藝成後在新都長期從事麵案製作工作，因其勤奮好學，經日於大案勞作，大案技藝精通，並創制了銀絲麵這一川味代表性麵點品種。因其大刀切製麵條絲如銀絲，細能穿針，而被人們譽爲「王大刀」，成爲成都麵案一絕。

【郭志煊】（1918—1992）

四川省榮昌縣人。1984年經四川省商業廳批准命名爲技術顧問（相當於特三級廚師）。

- **名師小傳**：1936年在四川榮昌粵園館學徒。曾先後在永川努力餐館、江津敬月飯店、重慶一四一毛肚店、重慶雲龍園火鍋店或幫廚、或任招待。1952年後在重慶長美軒餐廳、重慶頤之時任招待。1962年調重慶陸稿薦餐廳任廚師，一直從事蘇式冷葷烹製工作，曾幾次赴江蘇學習。

- **名師手路**：郭從廚四十餘年，對烹製江浙冷葷菜式有獨到之處，尤擅長製作各種醃臘製品。其代表菜有蘇式臘豬頭、南京鹽水鴨、鎮江餚肉、叉燒肉、醬蘭花干。

【李榮隆】（1919—1994）

四川省岳池縣人。1980年經四川省人民政府批准命名爲特級廚師。

- **名師小傳**：12歲時到重慶六合園餐館當學徒，師從潘長如、黃紹清學習紅案技術。1946年以前先後在重慶中山酒家、燕市酒家、成都宴賓樓、巧巧餐館事廚。1946年以後曾在貴陽、昆明等地餐廳任廚。1950

年以後至去世，一直在重慶市重慶賓館擔任廚師長。曾當選爲重慶市第四屆政協委員。1989年被四川省人民政府授予「從事科技工作五十年」榮譽證書。

- **名師手路**：李經常操辦重慶賓館的大型宴會。他精通川菜技藝，尤擅長燒烤和吊湯。其代表菜有醋熘雞、罐兒雞、烤酥方、烤乳豬等。

【李世均】（1920—）

成都市雙流縣華陽人。1982年經四川省人民政府批准命名爲特二級廚師。現爲四川省機關事務管理局烹調技術培訓班教師。李從1951年起，先後在成都勞工食堂、工人食堂、省公安廳、金牛賓館任廚師。

- **名師手路**：從廚四十多年來，精通川菜，技術全面，尤擅長墩爐的各種技藝，刀工嫻熟，對熘煎爆炒、蒸煮汆燙等烹調技術有較高造詣。主理高級宴會經驗豐富，曾多次在接待來四川的中國的政治領袖、外國元首任務中任主廚，受到好評。其代表菜有繡球海參、棋盤魚肚、釀八寶雞等。

【吳朝棟】（1920—1991）

四川省江油市人。1984年經四川省商業廳批准命名爲技術顧問（相當於特三級廚師）。

- **名師小傳**：吳自幼隨父學藝，1941年到成都榮樂園參師二年，回江油後創建了金穀園餐廳，曾名噪一時。1949年後曾在縣委招待所和中藥材公司從事烹調工作，主要接待當時的蘇聯專家及外國友人用膳。從1957年起，曾先後在中壩國營食堂、北方食堂、紅苕食堂、曙光食堂、常樂春餐廳、江油餐廳等餐館主理廚政，曾被聘爲江油市飲食服務公司技術顧問。

吳烹飪技術全面，功底厚實，在1959年就開始從事廚師培訓工作，長期負責江油廚師培訓教學，八〇年代起被聘爲綿陽地區廚師培訓班的主講教師。多年來經吳親自培訓過的弟子上千人，其中有不少

弟子獲得高級技術職稱。吳曾多次被選爲縣、市人大代表和監察委員。

- **名師手路**：1980年主筆出版《川北風味》一書。其代表菜有燒烤奶豬、雪花雞淖、罐燒肘子、紅燒帽結子、海紅魚翅、松花莕蛋、雪衣蜜桔等。

【陳松如】（1920—1993）

四川省資陽市人，1978年經北京市政府批准爲特一級廚師。

- **名師小傳**：12歲進成都陶樂天餐館學徒，15歲滿師在成都西御街的成都飯店從廚。五〇年代初在成都朵頤食堂主廚，1959年6月調往北京四川飯店任首任廚師長。至1993年1月去逝一直在京工作。在京期間經常到北京人民大會堂參加國宴製作工作，多次受邀於毛澤東、陳毅、郭沫若等老一代中國領導人家中幫廚。1987年赴新加坡進行技術表演，引起轟動，被當地各大報紙譽爲當今中國「國寶級」川菜烹飪大師。曾被當選爲北京市人大代表。
- **名師手路**：著有《正宗川菜160例》，《北京四川飯店菜譜》等書，代表菜有清湯口蘑豆花、黃酒煨鴨、網油燈籠雞、珊瑚雪花雞等。帶有高徒特級廚師肖見明、羅遠義、劉自華、于建明等。

【白茂洲】（1921—）

四川省新津縣人。1982年由四川省人民政府批准命名爲特二級廚師。

- **名師小傳**：19歲到成都頤之時餐館拜名師羅國榮爲師學藝，出師後在頤之時餐館事廚。1951年隨師傅到重慶市西南公安部開設頤之時餐館。1955年跟隨達賴喇嘛一同進藏，在西藏軍區聯絡部小灶主廚。1956年回四川，在省交際處二所、紅照壁招待所主廚。1960年被派至中國駐緬大使館任主廚之一，多次爲中國訪緬的領導人舉辦的大型宴會主廚。1965年後一直在成都市省二所（後稱東風飯店）任主廚、廚師長，先後擔任接待瑞典、朝鮮、美國等國

家元首的主廚，受到好評。其間還擔任省
機關事務管理局技術培訓中心授課教師，
培養出高徒多人。

- **名師手路**：其代表菜有乾燒魚翅、紅燒鹿
筋、乾燒鮑魚、汽鍋蒸飛龍、肝糕鴿蛋、
開水白菜、玉翠扳指等。

【張國棟】（1921—1987）

重慶市人。1978年經四川省人民政府批
准命名為特級廚師。

- **名師小傳**：1934年到重慶沙利文食品公司
當學徒。1950年以前，先後在重慶四如春
餐館、上海社中西餐廳、禮泰中西餐廳、
中韓文化協會餐廳、狀元樓中餐館等處事
廚。1950年以後在重慶冠生園任廚。1959
年調北京人民大會堂宴會廳任冷菜組主
廚，1963年回重慶冠生園工作。1982年調
重慶市中區飲食服務公司技術培訓班從事
教學工作。

在直接與他簽訂師徒合同的十多人
中，鄭顯芳、許道倫、張利等都獲得特級
烹調師職稱。1979年4月參加「四川省川
菜烹飪小組」赴港表演，他製作的食物
雕花和大型冷菜造型拼盤，受到讚賞。為
中、日合編《中國名菜集錦（四川）》製
作供拍攝的名菜。1982年秋赴美國華盛
頓，在四川省與美商合辦的會仙樓擔任廚
師長。

- **名師手路**：張事廚五十餘年，在技術上精
益求精，尤擅長冷菜，經他口述而整理的
《冷菜製作與造型》一書總結了他在冷菜
製作上的豐富經驗。他還通曉粵、浙、京
各大菜系的製作技術。代表菜有推紗望
月、春色滿園、茄汁魚脯、玲瓏魚脆、碧
桃海蜇、松鶴遐齡等。

【毛齊成】（1921—1988）

四川省簡陽市人。1981年經四川省人民
政府批准命名為特級廚師。曾任成都市成都
餐廳廚師長。

- **名師小傳**：11歲時學技於榮樂園，師事藍

光鑒。1950年以前先後在成都大安食堂、
勝利餐廳、竟成園等大餐廳事廚。1950年
後在成都群力食堂、西藏工委拉薩食堂、
成都餐廳任廚師。1964年至1978年間在中
國駐幾內亞、阿富汗、捷克斯洛伐克等國
大使館任廚師。1978年回中國任成都餐廳
廚師長。1980年去泰國曼谷任四川省與泰
商合辦的四川樓廚師長。

他曾為編寫《中國名菜譜（第七
輯）》提供資料，為中、日合編《中國名
菜集錦（四川）》製作供拍攝的名菜。兼
任成都市飲食公司舉辦的技術培訓班教
師，並帶徒多人，其中黃佑仁、高德成均
已成為特一級烹調師。

- **名師手路**：毛精通川菜全面技術，尤長墩
爐和冷菜，並善取外菜之長，勇於創新。
其代表菜有白玉海參、芝麻鴨子、雪花
雞、炸牛肉捲、成都醬鴨、翡翠雞丁等。

【吳海雲】（1921—1995）

重慶巴縣人。1978年經四川省人民政府
批准命名為特級廚師。

- **名師小傳**：15歲時到重慶成渝飯店當學
徒。1950年以後，先後在重慶市北碚鎮味
林素食店、市中區國泰餐館、中華飯店幫
廚。1950年以後在重慶飯店任廚師。1964
年調粵香村擔任廚師。1981年後調重慶味
苑餐廳主理廚政，並擔任廚師培訓班教
師。為中、日合編《中國名菜集錦（四
川）》製作供拍攝的名菜。1982年秋天赴
美國華盛頓，任四川省與美商合辦的會仙
樓餐廳副廚師長。1989年，被四川省人民
政府授予「從事科技工作五十年」的榮譽
證書。

- **名師手路**：吳事廚五十餘年，精通川菜製
作技術，長於小煎、小炒，對筵席大菜的
製作也能得心應手。其代表菜有菊花鮑
魚、叉燒全魚、玫瑰鍋炸、小煎雞等。

【黃載彬】（1923—1983）

四川省簡陽市人。烹製鹹菜的名師。15

歲時在成都打金街群益飯店拜陳輝儒為師學藝。曾先後在成都教門館、清潔食堂和重慶萬利小餐、小竹林等食堂當招待。後又在重慶飯店、粵香村、味苑餐廳任廚師。

- **名師手路**：他擅長鹹菜製作，能用筍、芹、瓜、豆、藕等時鮮蔬菜拌製出各種味別的鹹菜，曾為中、日合編《中國名菜集錦（四川）》製作供拍攝入書的名菜鹹菜什錦。代表菜品有麻醬筍尖、紅油黃絲、魚香蠶豆、鹽水花仁、糖醋豌豆、蒜泥黃瓜等。

【劉臣玉】（1923—）

四川省成都市人。1984年經四川省商業廳批准命名為技術顧問（相當於特三級廚師）。曾任涼山州西昌市西昌餐廳副主任。1935年入廚拜師學藝。曾先後在成都沙利文飯店、國際飯店和重慶興興菜館事廚。1950年以來，先後在成都耀華餐廳、芙蓉餐廳、西昌市西昌甜食店、西昌民航、西昌餐廳等處任廚師。

- **名師手路**：劉的川菜技術熟練，對西餐製作技術也有較豐富的實踐經驗。從廚五十餘年，功底扎實，技術全面。所帶徒弟中，多人已成為當地飲食行業的技術骨幹。其拿手菜有辣油三菌、軟炸蝦包、什錦果凍、香炸仔雞等。

【張吉成】（1924—）

四川省成都市人。1984年經四川省商業廳批准命名為特三級廚師。

- **名師小傳**：15歲時學技於成都市杏花村、花鏡樓，從張淮俊等名師學藝。1950年以前先後在成都榮盛飯店、炳森園、燦春園等處事廚，1950年至1958年獨自經營小店，1958年起到成都市芙蓉餐廳事廚至1992年退休。
- **名師手路**：張精通川菜全面技術，尤擅長墩爐技術，能製作各種高級宴席，多次參與接待中國的政治領袖和外賓的任務，均受到好評。曾為中、日合編《中國名菜集錦（四川）》製作供拍攝的名菜，1979年曾赴美國紐約事廚。他的代表菜式有空心雞元、芙蓉雞片、宮保雞丁、乾煸牛肉絲等菜餚。

【徐德章】（1924—1992）

重慶江津市人。1978年經四川省人民政府批准命名為特級廚師。

- **名師小傳**：12歲時到江津縣白沙鎮隨園飯店當學徒，拜劉長號為師。1941年到重慶稼農清湯火鍋店、頤之時、長美軒事廚。1950年以來，先後在重慶綠野餐廳、重慶飯店、人民飯店主廚。1965年以後，多擔任烹飪學校的教學工作，先後在重慶市二商校烹飪班、四川省飲食服務技工學校、四川省飲技校重慶分校任教。1981年後任重慶會仙樓賓館皇后餐廳廚師長。

徐曾於1956年參加中國的商業部在上海召開的教材編寫會議，參與了烹飪技術教材的編寫工作。參加了1960年在北京舉辦的全國技術操作表演，贏得5個單項第一名，並榮獲銀牌。又多次參加《重慶菜譜》、《四川菜譜》和《川菜烹飪學》教材的編寫工作，曾為中、日合編《中國名菜集錦（四川）》製作供拍攝的名菜。1979年4月參加「四川省川菜烹飪小組」赴港展銷川菜，任副廚師長。他也曾當選為重慶市人民代表大會代表。

- **名師手路**：徐精通川菜製作技術，善墩能爐，尤以刀工著稱。其代表菜有金魚鬧蓮、四喜吉慶、銀針兔絲、八寶全雞、一品海參、燒鯽魚皮等。

【楊清雲】（1924—1986）

重慶市人。1984年經四川省商業廳批准命名為技術顧問（相當於特三級廚師）。14歲起在重慶大三元酒家、成都大三元酒家學藝。16歲進重慶冠生園餐食部工作。

- **名師手路**：楊擅長蒸點、粵式點心等白案製作，創製的月餅、湯元心、雕花蛋糕等成為重慶冠生園的傳統品種。楊從事廚藝

工作50年，帶出高徒特級麵點師董渝生、林源福等。

【黃子雲】（1926—）

四川省新津縣人。北京市北京飯店特一級烹調師。

- **名師小傳**：1944年到成都頤之時拜名師羅國榮學廚。1954年隨羅國榮一起調入北京飯店，從事川菜烹調工作，多次參與國宴等重要宴會的設計製作工作；曾先後到美國、日本、法國、德國表演烹飪技藝，被譽為「烹飪特使」。黃還先後當選為北京市烹協副理事長、中國六屆人大代表。

- **名師手路**：黃精通川菜，烹飪技藝嫻熟，尤擅長墩爐技術，在燒烤、急火短炒、配菜等方面有自己獨到的絕技。1975年參與《北京飯店名菜譜》編著工作，1987年與張志國合著《北京飯店的四川菜》一書。其代表菜有龍井鮑魚、酸菜海參、紅燒牛頭、宮保雞丁、三吃叉燒方、乾燒鮮魚、燈影牛肉等。

【馮春富】（1926—1988）

四川省樂山市人。1978年經四川省人民政府批准命名為特級招待師。

- **名師小傳**：13歲時到樂山北平飯店師事陸興發，學中餐招待技術。1943年到成都白樂門西餐廳、紐約西餐廳當招待，拜胡惠林為師學西餐招待技術。1945年到重慶，先後在民友舞廳、圓圓舞廳、合眾舞廳、勝利大廈、匯商西餐廳擔任招待。1950年以來，先後在重慶民族路餐廳、重慶市小洞天餐廳當招待組長、重慶市市中區廚師培訓班任招待課教師，並兼任重慶市飲食服務公司廚師培訓班教師。直接與他簽訂師徒合同的有12人，特一級宴會設計師何美虹、龍緒琪等都是他的徒弟。

- **名師手路**：他對中餐宴會、冷餐宴會、雞尾酒會、西餐的組織工作、招待技藝嫻熟，並知曉川、浙、粵、京、魯菜的菜品特色和製作技術，多次在重慶市潘家坪招待所參與各種高級宴會的服務工作。

【陳志剛】（1927—）

四川省簡陽市人。1978年經四川省人民政府批准命名為特級廚師。曾任重慶味苑餐廳廚師長，兼任中國飲食服務公司重慶川菜培訓站教師。

- **名師小傳**：18歲時到成都頤之時拜羅國榮為師，學習廚藝。1949年隨頤之時東遷重慶。1958年以專家身份應聘赴捷克斯洛伐克首都布拉格的中國飯店傳授川菜技術，並擔任該店主製廚師。回國後到重慶飯店任廚師長兼重慶市飲食服務公司廚師培訓班教研組長，先後為重慶市和川東片的各地、市培訓了一批技術人材。

    1979年4月參加「四川省川菜烹飪小組」赴港獻技表演。曾為中、日合編《中國名菜集錦（四川）》製作供拍攝的名菜。1980年6月赴香港任四川省與港商合辦的川菜館錦江春廚師長。1983年，參加全國烹飪名師表演鑑定會，獲「優秀廚師」稱號。

- **名師手路**：陳出於名師之門，功底扎實，精通川菜技術，尤以爐子見長，對川菜的乾煸、乾燒之法匠心別具，並能旁通粵菜、江浙菜和西菜的製作。其代表菜是乾燒岩鯉、孔雀開屏、魚香烤蝦、鴛鴦海參、奶油時菜等。

【許遠明】（1927—）

重慶市人。1984年經四川省商業廳批准命名為特三級廚師。1987年由重慶市財貿辦公室授予特二級烹調師。

- **名師小傳**：12歲起開始學徒，1956年起先後就職於重慶解放碑飲食商店、民族路餐廳、山城飯店、味苑餐廳。許精通川菜製作技藝，烹製的菜品味道醇正，色、香、味、形皆有獨到之處。曾多次擔負來渝（重慶）的國內外貴賓的大型、高級宴請任務的菜單編排、組織、操作工作，深受賓客讚揚。1978年，他烹製的菜品被攝製

爲影片《川菜》內容之一。1980年參加了中、日合編的《中國名菜集錦（四川）》一書的研究和菜式製作，1982年應邀參加「川菜赴日講習小組」，到日本東京、大阪、福岡等地講授川菜。

【陳志興】（1929—）

四川省成都市人。1962年經中國的商業部批准命名爲特級廚師。

- **名師小傳**：1942年入成都竟成園學習廚藝。1954年被派往中國駐波蘭大使館工作3年。回國後到成都芙蓉餐廳工作。1960年到錦江賓館供職迄今，並任餐飲部副總廚、總廚等職。陳參加、主理歷年來在錦江賓館舉辦的高級筵席、大型宴會、國宴及來四川的中央首長和各國政府元首餐食的菜式製作，受到高度評價。同時在錦江賓館所辦的廚師培訓班任教，培養等級廚師近百名。陳於1987年任四川省烹飪協會理事，1989年榮獲中國烹協「從事烹飪工作30年」榮譽證書。
- **名師手路**：陳工作勤奮，技術全面，尤擅長川菜紅案技術，墩爐俱佳。其代表菜有芙蓉魚翅、家常海參、雪花雞淖、炸扳指、蜘蛛抱蛋、鍋貼田雞等。

【陳述文】（1930—）

四川省內江市人。1978年經四川省人民政府批准命名爲特級招待師。曾任重慶味苑餐廳招待組長。

- **名師小傳**：1943年到重慶沙坪壩區天來福飯店當學徒，後到松鶴樓當招待。1946年到重慶生生農產股份有限公司餐廳拜李道中爲師，學習西餐接待技術和英語。1950年以前曾在重慶柏林中西餐廳、俄國西餐廳、綠野音樂餐廳、皇后音樂舞廳等處當招待。1960年被派到北京學習，在北京飯店、人民大會堂和四川飯店的實習中，參加了包括國宴在內的各種高級宴會的接待工作。回重慶後任重慶飯店招待組長，後又調長壽縣川維廠任外事接待工作，1981年調重慶味苑餐廳作招待組長，並兼任培訓班教師。
- **名師手路**：陳精通中、西餐招待技術，能主持大型宴會，擺設各種花檯面、折疊各種口布花。

【李耀華】（1931—）

四川省隆昌縣人。1978年經四川省人民政府批准命名爲特級廚師。

- **名師小傳**：14歲時到重慶麥香飯店當學徒，師事顏銀洲，後又向萬利小餐張成武參師，學習墩爐技術。1950年以前，先後在重慶美泰飯館、蓉光餐館事廚。1950年以來，先後在重慶竹林小餐、重慶飯店、人民大禮堂、山城商場等處任廚師、廚師長。曾多次在重慶潘家坪招待所製作高級筵席。

  1979年4月參加「四川省川菜烹飪小組」赴港表演。1980年赴香港任四川省與港商合辦的川菜館錦江春副廚師長。1983年返回重慶。同年參加中國烹飪名師表演鑒定會，獲「最佳廚師」稱號。他先後帶徒多人，其中鍾銀憲、蔣顯芬、秦光中均已成爲行業中技術骨幹。
- **名師手路**：李技術全面，尤長於地方風味濃郁的菜式烹調。其代表菜有乾燒岩鯉、家常海參、水煮牛肉、麻婆豆腐、宮保雞丁等。

【邱世富】（1932—）

重慶市人。1984年經四川省商業廳批准命名爲特三級廚師。現爲特一級烹調師。現任重慶渝海名仕俱樂部總廚師長。

- **名師小傳**：14歲從藝於重慶蓉村飯店，師從張德榮。1956年在重慶皇后餐廳拜名廚廖青廷爲師。在此期間被選爲重慶市中區人民代表，並多次調派潘家坪招待所爲中國的黨政領袖獻藝。1965年先後派往中國駐老撾（寮國）軍事代表團、中國駐捷克斯洛伐克大使館、中國駐馬達加斯加大使館任廚師長。

1981年調回重慶，任重慶小洞天飯店餐飲部廚師長。1983年又先後在中國駐朝鮮、法國大使館任廚師長。1991年返回重慶小洞天教學部任副經理兼廚師長，並先後派往鄭州香江酒家、北京重慶飯店任廚師長。他曾任重慶市中區飲食服務公司技術培訓班教師，並帶徒多人。其中文忠、張志明等已成為特級烹調師。

- 名師手路：邱精通川菜烹調技術，對筵席大菜製作得心應手。他的代表菜有叉燒酥方、渝州百花雞、紅燒山瑞、酥炸大蝦等菜餚。

【夏昌銓】（1932—）

四川省成都市人。1984年經四川省商業廳批准命名為特三級招待師。

- 名師小傳：13歲到什邡縣新生食堂學徒，後到成都嘉來小餐學徒。繼後在成都長春食堂、蜀春食堂、三益食堂等處幫工，當服務員。1959年曾任成都芙蓉餐廳經理，後在成都杏花村、食時飯店、少城小餐工作，任服務師、招待長等職，多次參加成都市大型宴會的招待服務工作。

- 名師手路：夏招待業務經驗豐富，尤其擅長零客散座的安排、服務，善於組織服務人員和客人的快速周轉，能安排大型宴會的接待工作，熟悉川菜特別是風味菜品的製作和特點。

【吳萬里】（1933—）

四川省內江市人。1984年經四川省商業廳批准命名為特三級廚師。現在為特一級烹調師。現任重慶市烹飪協會副理事長兼秘書長。

- 名師小傳：吳13歲開始從廚學藝，出師後在華玉山食品廠工作。1960年調重慶市飲食服務公司，得到名廚周海秋的指點和幫助。吳長期從事烹飪技術培訓工作，曾擔任公司培訓教育科科長、商業部重慶川菜培訓站站長等職。1973年以來，多次負責重慶和四川烹飪技術表演的組織和技術指

導工作；多次被聘為全國和四川烹飪大賽的評委。長期擔任烹飪培訓主講教師，為中國各地培養了千餘名學員，其中不少人已進入特級烹調師的行列。

他先後組織並參與《中國名菜集錦（四川）》、《重慶火鍋》、《考核創新菜——魚肚海參選集》等專業書籍的編撰工作。曾擔任四川省烹飪協會副理事長，現擔任中國烹飪協會理事、重慶市飲服業技考委員兼辦公室主任、重慶市飲食服務公司技術顧問。

- 名師手路：吳通曉川菜烹飪技藝和製作方法，對粵、魯、京菜系也頗有研究，並能在繼承傳統川菜的基礎上，博採眾長，不斷改進和創新。其代表菜有水晶肚排、鮑肚托烏龍、清湯蜇蟹、乾燒江團、蝴蝶牡丹、水煮魚片、清燉牛肉湯、乾燒大蝦等菜餚。

【楊志和】（1933—）

四川省成都市人。1978年經四川省人民政府批准命名為特級招待師。1992年晉升為特一級宴會設計師。現在擔任成都飯店的技術顧問。

- 名師小傳：11歲時進成都何抄手店當學徒。曾先後在竟成園、耀華餐廳、成都餐廳任招待員、招待長。多次參加中國的黨政領袖在成都舉行的大型高級宴會招待工作，並曾在四川化工廠參與接待日本專家組的工作。

- 名師手路：楊接待工作經驗豐富，尤長於大、中型宴會的組織，善於設計和擺設中、西餐宴會的花檯面；能配合廚師安排高級筵席功能表，熟悉川菜和部分西菜的製作方法和特點。

【李福成】（1933—）

四川省簡陽市人。1982年經四川省人民政府批准命名為特級廚師。

- 名師小傳：11歲時進成都竟成園學習廚藝。1950年以前事廚於竟成園。1950年以

來，先後在成都竟成園、北京公安部、中共成都市委機關、成都餐廳任廚師。1980年去泰國曼谷，任四川省與泰商合辦的川菜館四川樓副廚師長。回中國後在成都市政府小灶食堂主廚。

- **名師手路**：李技術全面，擅長墩爐，旁通白案。其代表菜有奶湯海參、紅燒魚翅、菠餃魚肚、酸菜魷魚、包燒雞、脆皮魚、長生鴨子等。

【何玉柱】（1935—）

重慶市人。1978年經四川省人民政府批准命名為特級白案廚師。

- **名師小傳**：15歲在重慶利華食品廠拜蔡樹卿為師學藝。1956年調入重慶市飲食服務公司，曾先後在皇后餐廳、頤之時餐廳、味苑餐廳、會仙樓賓館、重慶飯店點心部主廚。其間曾擔任商業部重慶川菜培訓站老師，為行業培訓專業技術人員數百人，帶出高徒李新國、周心年、熊啟愚等一批特級點心師。

曾參加編寫《重慶菜譜》、《四川菜譜》並獲獎。1978年參與著名數學家華羅庚在飲食行業推廣優選法，並榮獲省、市科委金獎。1980年參與中、日合編《中國名菜集錦（四川）》製作供拍攝入書的名菜點；曾任四川烹飪高等專科學校高級實驗師、四川省烹飪協會常務理事、重慶市烹飪協會常務理事等職。

- **名師手路**：何擅長中西點心的製作。他的代表品類有菊花酥、鳳尾酥及工藝造型點心等。

【陳廷新】（1938—）

四川省簡陽市人。1978年經四川省人民政府批准命名為特級廚師。1989年晉升為特一級烹調師。

- **名師小傳**：19歲時入成都群力食堂當學徒，1958年調成都餐廳從名廚孔道生學藝，並供職。1979年以後任成都餐廳副廚師長、廚師長等職。現任北京四川豆花飯

莊技術顧問。

陳多次參加金牛賓館高級筵席、大型宴會的菜式製作，曾先後被派到北京湘蜀飯店、長沙德園酒家傳授川菜製作技術，曾為中、日合編《中國名菜集錦（四川）》製作供拍攝的名菜。1982年應日本主婦之友社邀請，參加「川菜赴日講習小組」到日本東京、大阪、福岡講授川菜。

- **名師手路**：陳擅長川菜紅、白兩案技術，尤以紅案見長。其代表菜有烤酥方、叉燒雞、三色蝦仁、乾燒魚翅、酸辣海參、魚香軟炸雞、雞豆花、八寶素燴等。

【曾其昌】（1941—）

四川省金堂縣人。1981年經四川省人民政府批准命名為特級廚師。

- **名師小傳**：18歲時進成都食時飯店當學徒。1964年到玉龍餐廳，師事名廚劉讀雲。1971年調成都市飲食公司技術培訓班管理技術培訓工作，1975年調耀華餐廳任經理並主理廚政。1979年4月參加「四川省川菜烹飪小組」赴香港表演川菜，交流技術，後調榮樂園任經理並主理廚政。1980年任成都市飲食公司副經理，主管技術工作。現在任職於成都市烹飪技術開發公司。

曾多次參加成都各大賓館舉辦的高級筵席、大型宴會的菜餚製作。曾為中、日合編《中國名菜集錦（四川）》製作供拍攝的名菜，又應日商之請為合辦川菜館出訪日本。1983年，參加中國烹飪名師表演鑒定會，獲「優秀廚師」稱號。

- **名師手路**：曾技術全面，尤擅長墩爐，且勤奮好學，取眾家之長創新菜品。其代表菜有烤酥方、家常海參、菊花鮑魚、白玉竹蓀鴿蛋、魚香酥皮兔糕、樟茶鴨子、蟲草鴨舌、口袋豆腐、乾燒魚翅等。

【黃佑仁】（1943—）

四川省資中縣人。1984年經四川省商業廳批准命名為特三級廚師，1992年經成都市

飲食服務業技術職稱考評委員會批准命名爲特一級烹調師。

- **名師小傳**：1958年到成都耗子洞老張鴨店學徒，以後先後在成都食時飯店、榮樂園餐廳、成都餐廳、耀華餐廳、市美軒餐廳事廚或擔任廚師長工作，其間拜名師毛齊成爲師。現任市美軒餐廳副經理。1983年被喜來登管理集團聘爲北京長城飯店川菜廚師長，1992年受聘於全日空北京新世紀飯店任行政副總廚。1989年當選爲成都市政協第九屆委員，1993年繼續擔任第十屆委員。

- **名師手路**：黃技術全面，代表菜品有紅燒牛頭方、乾燒魚翅、四味龍蝦、金沙鱖魚等，其掛爐烤鴨則更是當家菜品。

【何美虹】（1943—）

江西省貴溪縣人。1984年經四川省商業廳批准命名爲特三級招待師。1985年由重慶市財貿辦公室命名爲特一級宴會設計師。

- **名師小傳**：1958年考入重慶市中區商業技術學校，1960年畢業，分配到民族路餐廳（原皇后餐廳）從事樓面招待工作，拜師王克勤。在1963年至1979年行業專業技術操作表演比賽中均獲獎。1979年4月參加「四川省川菜烹飪小組」赴香港表演，推出、展示川菜，交流技藝。她擔負過多種宴會的主持設計工作，從事樓面服務接待和主管樓面經營三十餘年。曾擔任重慶市飲食服務技工學校外聘教師，爲行業培養了一批服務技師和宴會設計師。

- **名師手路**：何擅長本專業教學理論工作和各類宴會設計，通曉川菜、粵菜宴席菜譜的設計製作。

【董繼篤】（1944—）

四川省汶川縣人。1984年經四川省商業廳批准命名爲特三級廚師，1992年經成都市飲食服務業技術職稱考評委員會批准命名爲特一級烹調師。現在於成都市竟成園餐廳工

作。

- **名師小傳**：1961年到成都耀華西餐部學徒，1964年在玉龍餐廳廚師培訓班學習，師從名廚謝紹雲。以後曾在榮樂園、耀華餐廳事廚。1979年考入成都市高級廚師培訓班學習，1981年結業分配到竟成園工作，任廚師長，並師從名師劉讀雲學藝，其間1983年赴美國紐澤西州竟成園餐廳任廚師長二年。回國後兼任市飲食公司川菜培訓班專業教師，參與編寫多本川菜烹飪教材。並多次參與成都市廚師職稱考評工作，被授於中式高級烹調師考評員稱號。

- **名師手路**：董精通川菜技藝，且旁通西餐、西點技術，其代表菜有荷包魷魚、乾燒魚翅、菊花鮑脯、乾燒鹿筋、蹄燕鴿蛋、仔雞豆花等。

【聶曦陽】（1945—1987）

四川省資中縣人。1984年經四川省商業廳批准命名爲特三級招待師。1987年12月因公去世。

- **名師小傳**：1960年畢業於重慶商業技術學校。1961年後一直在重慶建設公寓餐廳從事招待工作。1978年與名師馮春富簽訂師徒合同。1980年調重慶小洞天飯店教學部主管招待服務工作，曾多次參加組織大型會議和高級宴會的接待工作。他長期從事招待教學，擔任重慶市中區飲食服務公司技術培訓班教師及教研組成員。

- **名師手路**：聶通曉中、西餐接待技術，能組織設計各種宴會，能創意設計擺設各種花檯。

【龍緒琪】（1945—）

重慶市人。1984年經四川省商業廳批准命名爲特三級招待師，現爲特一級宴會設計師。現任重慶市飲食服務職能鑒定所教師。

- **名師小傳**：1962年在重慶朝天門飯店學習中餐招待技術，後調重慶解放碑餐廳任招待組長。1980年拜名師馮春富爲師。曾多次參加重慶市飲食服務業技能操作比賽並

取得好成績。1989年後，曾在深圳重慶樓任業務部經理，廣州嘉信酒家、廣州渝味軒酒家任樓面經理。她曾任重慶市中區飲食業技術培訓班招待專業教師。在工作中跟師帶徒培訓人才，其中徐德謙、吳德華等已爲特級宴會設計師。

- **名師手路：** 龍通曉大型中餐宴會、冷餐宴會、雞尾酒會、西餐的組織設計工作，創新設計了龍鳳呈祥、二龍戲珠等十多種鮮花檯面以及扇撲蝴蝶、益鳥啄木等十多種口布花。

【郭輝全】（1945—）

重慶市銅梁縣人。1984年經四川省商業廳批准命名爲特三級廚師，現爲特一級烹調師。重慶市烹飪協會副理事長。現任重慶小濱樓名小吃中心經理、廚師長。

- **名師小傳：** 1962年入廚，先後在重慶四象村、丘二館、九園餐廳、蓉村飯店任廚。1980年拜名廚曾亞光爲師。1989年後，曾在鄭州香江酒家、北京中國國際貿易中心四川廳、廣州重慶小洞天酒樓主理廚政，任廚師長。他曾爲中、日合編《中國名菜集錦（四川）》製作供拍攝的名菜。曾任重慶市中區飲食服務公司技術培訓班、重慶紡織局廚師培訓班教師，爲培養人才嚴於待徒，鞠世洪、嚴洪年、謝克平等已成爲特級烹調師。
- **名師手路：** 郭功底扎實，精通川菜烹調技術，尤善燒烤，且具有一定川菜烹調理論知識，精於廚政管理。其代表菜有叉燒乳豬、紅燒地羊、明月魚肚、大蒜鯰魚、口袋豆腐等。

【代金柱】（1945—）

重慶江津市人。1984年經四川省商業廳批准命名爲特三級廚師，現爲特一級烹調師。現任廣州重慶小洞天酒樓廚師長。

- **名師小傳：** 1960年畢業於重慶商業技術學校，同年入重慶皇后餐廳事廚，從藝於名廚廖青廷。此後，在重慶實驗餐廳、四象

村、嘉陵餐廳、上清寺餐廳任廚師。1983年參加中國烹飪名師表演鑒定會，隨四川省代表隊任助手工作。同年調重慶小濱樓名小吃中心任廚師長，後赴廣州重慶小洞天酒樓、深圳神仙豆花邨任廚師長。

曾參加爲中、日合編《中國名菜集錦（四川）》製作供拍攝名菜的工作。他長期擔任烹調教學工作，曾應邀赴江蘇揚州商專專題講習川菜技藝。在重慶市中區飲食服務公司技術培訓班、重慶紡織局廚師培訓班任教，並勤於帶徒，盧洪國、王明生等十餘名特級烹調師均受教於他。

- **名師手路：** 代精通川菜烹調技術，長於墩爐、旁通粵菜，具有一定川菜烹調理論知識。其代表菜有乾燒江團、玉兔海參、家常白鱔、堂片鴨等。

【周蓉君】（1945—）

浙江省鎮海縣人。1984年經四川省商業廳批准命名爲特三級招待師；1988年由重慶市財貿辦公室命名爲特二級宴會設計師；1990年12月經重慶市職稱考委會授予特一級宴會設計師。1961年9月參加工作，曾先後在重慶粵香村餐廳、民族路餐廳、山城飯店、味苑餐廳工作。

- **名師手路：** 通曉各種中、高級宴會的服務接待工作。

【王開發】（1945—）

四川省新都縣人。1984年經四川省商業廳批准命名爲特三級廚師，1988年經成都市飲食業業務技術考評委員會命名爲特二級烹調師，1992年被命名爲特一級烹調師。

- **名師小傳：** 王16歲入成都齊魯食堂學徒，後在新民食堂、食時飯店、耀華餐廳事廚，1978年調成都榮樂園，師從名廚張松雲，後任廚師長。1982年赴美國榮樂園工作，後任廚師長，1988年回國後任成都市飲食公司技術培訓科教師。1990年被中國的商業部聘爲全國食品金鼎獎評委，1992年任成都市烹飪協會理事、成都市特一級

廚師考核評委、成都市首屆職工崗位技術大賽決賽評委。

• **名師手路：** 王初學魯菜、後攻川菜，勤奮好學，技術全面，善於將其他菜系特色引入川菜，創制川菜新品，著有《新潮川菜》一書。其代表菜有老君煨肘、貴妃青鱔、酥皮魚餃、酥泡蝦球、川味牛排、五彩魚翅等。

【陳代富】（1946—）

四川省遂寧市人。1984年經四川省商業廳批准命名爲特三級白案廚師，1995年經四川省工人技術考評委員會批准命名爲高級技師。現任成都名小吃店經理。

• **名師小傳：** 1962年到成都市合宜甜食店學徒，以後曾在成都少城綜合名小吃、玉龍餐廳、紅旗餐廳、成都市飲食公司麵點培訓班事廚，其間從名師孔道生、蔣正坤學藝。1978年後歷任成都餐廳白案組長、成都名小吃店經理，1982年赴美國紐約榮樂園餐廳任白案廚師，1984年回國。

多次參與市飲食公司舉辦的技術培訓班教學工作和成都地區大專院校廚師培訓工作。1989年被商業部聘爲全國食品金鼎獎評委，1992年被選爲成都市烹飪協會理事、工人技術職稱考評評審員。

• **名師手路：** 陳擅長於川點和成都小吃的製作，且旁通粵點及西點技術。其代表品種有波絲油糕、金絲麵、青菠麵、鮮花餅、白蜂糕、蛋烘糕等。1994年參與編寫《成都小吃》一書。

【李慶初】（1946—）

四川省南充市人。1984年經四川省商業廳批准命名爲特三級廚師。現在美國紐澤西州蓉園飯店任廚師長。

• **名師小傳：** 1960年畢業於重慶商業技術學校。1961年曾在重慶家餚餐廳、解放碑餐廳事廚。1978年調重慶小洞天飯店教學部任廚師長。1979年與名廚曾亞光簽訂師徒合同，同年4月參加「四川省川菜烹飪小組」赴香港表演。1990年受組織委派赴鄭州香江酒家任廚師長。1991年10月赴美國工作。

他曾任重慶市中區飲食服務公司技術培訓班教師及教研組成員。曾兩次評爲重慶市勞動模範。參加了爲中、日合編《中國名菜集錦（四川）》製作供拍攝名菜的工作。參加編寫《川菜烹飪事典》，並參加西南師大電視教學片《川菜技藝》的拍攝工作。

• **名師手路：** 李烹調技術全面，具有一定專業理論知識。其代表菜有乾燒魚翅、家常駝掌、雞豆花、菊花鮑魚。

【羅長松】（1946—1997）

四川省新津縣人。1984年經四川省商業廳批准命名爲特三級廚師，1989年命名爲特二級烹調師。

• **名師小傳：** 1961年在溫江地區首屆廚師技術培訓班參加半年的專業學習和技術培訓，結業後曾在國營新津飯店、溫江賓館、成都濱江飯店、錦江賓館等地事廚或主理廚政；1973年在溫江地區廚師培訓班任教並從事烹飪技術著述工作。

1976年調四川省飲食服務技工學校，從事烹飪專業教學並任教務科長。1985年起擔任四川烹飪高等專科學校烹飪系副主任、主任、副教授、教授；同時還兼任商業部高等學校烹飪專業教師職務評審委員會委員、四川省烹飪協會常務理事。其中1993年至1995年被聘到新加坡中國大酒樓任行政總廚並兼任新加坡酒樓商公會培訓中心訓練主任。

• **名師手路：** 羅精通川菜烹飪技術和烹飪理論，擅長川菜的烹調製作，熟悉粵菜、魯菜、淮揚菜的風格及宴會形式，是中國少有的能講、能做、能寫的高級烹飪專業技術人才。其主要著述爲《家庭川菜》，以及烹飪叢書《烹飪基礎知識》、《菜譜》、《素菜・泡菜》、《麵食・米食》；此外，還擔任《中國烹調工藝學》

主編、《川菜烹飪事典》編委及執筆人。其代表菜有魚香螃蟹、香蒜牛油大蝦、雙冬麻辣牛肉、魚香鐵板雞串、白玉豆腐、雞寶豆腐、酸辣什錦羹等。

【史正良】（1946—）

四川省梓潼縣人。1984年經四川省商業廳批准命名爲特三級廚師，1989年被命名爲特二級烹調師，1992年命名爲特一級烹調師。現任綿陽市飲食服務有限責任公司副總經理、中國烹飪協會理事、四川省烹飪協會副理事長、高級中式烹調技師。

• **名師小傳**：史14歲入廚，在家鄉潼江飯店師從名廚魏興國學藝。1964年進成都市飲食公司廚師研修班學習，並參拜名廚蔣伯春爲師。1985年又赴瀋陽御膳酒樓學習宮廷菜。1980年前，他先後事廚於綿陽、成都、西安、烏魯木齊等地的酒樓、飯店。1980年後調綿陽市飲食服務公司，主管廚師培訓工作並多從事於烹飪教學。其徒弟中，已有十餘人成爲特級烹調師或技師。

1984年以來，曾先後被派往菲律賓希爾頓飯店、瑞士諾馬達飯店、瑞典莎華飯店、美國西雅圖國際貿易中心和米德蘭竹園飯店獻藝表演川菜烹飪技藝。1988年，參加四川省第一屆烹飪技術比賽獲銀牌獎。1990年後，多次受聘擔任全省烹飪比賽、特級廚師晉級的主考和評委。1991年赴美國參加世界烹飪錦標賽，獲冷菜展檯和現場操作兩枚團體銅牌。1994年被授予國家職業技能鑑定高級考評員。史先後發表六十餘篇烹飪文章或論文。曾參與編寫《創新川菜》、《四川豆腐菜》、《海鮮川菜》、《中國川菜大觀》、《川味雞餚》等書，個人出版《創新川菜集錦》一書。

• **名師手路**：他技藝全面，基本功扎實，具有獨特的風格和技法，通曉傳統川菜冷、熱菜餚和麵點的烹製技術，尤擅長墩爐，旁通魯、粵、蘇、宮廷菜和西菜。近年來，他推出了二百餘款新菜。其代表菜有白汁魚肚捲、一品海參、菊花魚、冬筍熘山雞絲、一品豆腐、天府仙齋等。

【劉俊杰】（1947—）

四川省樂山市人。1984年經四川省商業廳批准命名爲特三級廚師，1989年命名爲特二級烹調師。

• **名師小傳**：14歲起從廚學藝，先後在樂山北味春麵店、樂山餐廳任廚，後任樂山餐廳經理兼廚師長。1983年被派往加拿大蒙特利爾川樂園酒家任廚師長，1986年被派往北京峨眉山飯莊任副經理兼廚師長。在1988年四川省第一屆烹飪技術比賽中獲銅牌。1989年被聘爲四川省第二屆飲食業特級烹調師、麵點師考核評委。現爲四川省烹協常務理事。現供職於樂山市中區旅遊飲食服務公司。

• **名師手路**：劉技術全面，精通傳統川菜技藝，熟悉粵、魯菜系的烹調製作，對墩爐、涼菜、小吃等工藝有獨到之處。其代表菜有龍井鮑魚、菠餃魚肚、龍鳳酥腿、一品豆腐、乾燒大蝦等。

【李新國】（1947—）

重慶市人。1984年經四川省商業廳批准命名爲特三級白案廚師；1987年由重慶市財貿辦公室命名爲特二級麵點師；1990年由重慶市職稱考委會命名爲特一級麵點師。

• **名師小傳**：1961年參加工作，曾先後在民族路餐廳、重慶飯店、味苑餐廳任職。1979年4月，參加「四川省川菜烹飪小組」到香港表演川菜烹飪技藝；1983年11月，作爲四川省代表，參加中國烹飪名師表演鑑定會，榮獲「優秀點心師」稱號。

• **名師手路**：李能熟練掌握川式點心的製作技術，製作的點心工藝精細，形色協調，藝型玲瓏，富有川味特色，別具一格，令食客不忍下箸，深得好評。

【王志忠】（1947—）

重慶市人。1984年經四川省商業廳批准

命名為特三級廚師。

- 名師小傳：王16歲時進頤之時大酒樓當學徒，曾先後師從徐德章、李樹雲、劉永昌等廚師。1965年到重慶沙坪壩區紅旗飲食總店師從名廚陳文利。1965年至1986年在沙坪飯店主廚，其間曾在沙坪壩區烹調技術培訓班任教。1982年底至1984年初在深圳重慶酒家主廚。1986年起任重慶沙坪大酒店廚師長，其間曾赴菲律賓馬尼拉、美屬塞班島表演川菜技藝、交流技術。現任重慶紫微國際大酒樓副經理兼行政總廚。
- 名師手路：王技術全面，又有較高的理論水準和豐富的實踐經驗，尤擅長各種刀法和烹製法。其代表菜品有金鉤玉蝶、佛掌托珠、烏龍天梯、海馬魷鬚等。

【張中尤】（1948—）

四川省成都市人。1984年經四川省商業廳批准命名為特三級白案廚師。1992年晉升為特一級烹調師。

- 名師小傳：張1961年進入飲食行業，先後在炳新元、巷子深師從白案名廚林家治學習川點技術，後拜李德明為師學習紅案技術，1973年在成都努力餐餐廳任培訓班助教，後擔任努力餐廚師長、經理和西城區飲食公司技委會委員。1984年赴埃及表演川菜，後被中國外交部派往紐約中國駐聯合國代表團任廚師長，1990年被派往日本任廚，1994年被派往德國杜塞爾多夫川菜館主理廚政。1985年被四川省人民政府授予省勞動模範稱號。1984年參加編寫《川菜烹飪事典》。
- 名師手路：張技術全面，紅白兩案均通，尤擅長麵點小吃，特別是米食點心的製作。其代表品種有家常魚翅、紅燒魚唇、鳳尾酥、鮮花餅、玉兔米餃、鴛鴦葉兒粑及花式米餃等。

【盧朝華】（1952—）

四川省成都市人。1985年經四川省人民政府機關事管理局批准命名為特級廚師。

- 名師小傳：22歲時進四川錦江賓館，拜名廚張德善為師，學習廚藝，並供職迄今。1983年後任餐飲部副總廚、總廚、副經理、經理等職。盧參加、主理歷年來在錦江賓館舉辦的高級筵席、大型宴會、國宴的菜式製作，曾多次被派往墨西哥、美國、法國及東南亞諸國參加比賽，表演川菜製作技術，均獲得金獎和高度評價。1988年榮獲省第一屆川菜烹飪技術比賽單項金牌獎。1994年經省勞動廳工考委考核聘為國家職能鑒定高級評委，1995年經考核授予中式烹調高級技師等職稱。

從八〇年代中期至今任四川省烹飪協會理事、常務理事；中國烹飪協會第二屆理事和四川省飲食服務行業協會常務理事等職。盧於1986年榮獲省總工會、省團委「優秀青年標兵」榮譽稱號。

- 名師手路：盧技術全面，尤擅長川菜紅案技術，並取眾家之長創新菜品。其代表菜有叉燒酥方、一品蝶蒸官燕、黃燒大排翅、百鳥回寶巢、魚香茄舟酥鮑、神長長青屏、糖醋菊花魚等傳統、創新菜式。

【周心年】（1954—）

四川省新都縣人。1984年經四川省商業廳批難命名為特三級白案廚師，1990年被重慶市職稱考委會授予特一級麵點師。現任頤之時大酒樓風味廳經理。

- 名師小傳：1972年到頤之時大酒樓工作。1979年參加中、日合編《中國名菜集錦（四川）》製作供拍攝的名點。1991年在重慶電視臺「廚壇巾幗」專題節目中介紹其創新品種和製作技藝。1990年被聘為四川省名特小吃、風味小吃鑒定評委，1992年擔任四川省首屆四川美食節評委，1993年被聘為全國第三屆烹飪大賽評委。周從廚24年，在技術上精益求精，多年來培養學生數十名，其中黃明基在第三屆全國烹飪大賽中榮獲個人比賽金牌。
- 名師手路：周的創新品種及代表品種有雛雞戲春、橙汁金瓜果、鳳凰鳳梨果、蜜

汁貴妃酒、五彩椰茸糕、豐收年（豬兒粑）、什錦棗糕、開花百吉、綠沙鳳尾酥、朝霞映玉鵝、提絲發糕、果仁荷花酥等菜餚。

【陳家全】（1956—）

四川省成都市人。1985年經四川省人民政府機關事務管理局批准命名爲特級廚師。

- **名師小傳**：19歲時進四川錦江賓館，師從名廚張德善學習廚藝，並供職迄今。1985年後任餐飲部副總廚、總廚、副經理等職。陳多次參加、主理錦江賓館高級筵席、大型宴會、國宴的菜式製作，曾先後被派往北京、廣州、南京、印度等國內外五星級飯店表演、傳授川菜製作技術，受到高度評價。1995年經過省工考委考核授予中式烹調技師職稱。陳於1986年榮獲省總工會、團省委「優秀青年標兵」的榮譽稱號。
- **名師手路**：陳擅長川菜紅案技術。其代表菜有叉燒乳豬、乾燒玉脊翅、清湯燕菜鴿白、酥香魚衣包、家常魔翅鮑脯、小煎仔雞等。

【1986—1990年特師名單】

1986～1990年，經四川省及成都市、重慶市飲食服務技術職稱考評委員會授予的特級烹調師、麵點師、宴會設計師人員名單：

1.特級烹調師

- **省直單位**：

丁應杰、陳伯明、劉成貴、胡顯忠、張興華、蘭其金、曾守山、劉科弟、陳仲明、李培章

- **成都市**：

謝懷德、任福奎、唐志華、王道順、楊孝成、姚長林、曾廷孝、汪海、彭英武、涂萬態、梁海萍、吳關遠、劉緒林、江金能、劉建雄、黃志遠、馬華儀、薛春生、劉正銀、胡德順、王福盛、劉尙鈺、薛成模、楊茂林、楊康凡、吳關元、李志雄、蘇樹生、張西平、武兆林、葉昌和、曾焰森、胡先華、蔣聲華、汪雪平、黃英基、李成學、李太平、田志華、梁葉敏、華文通、肖潤生、潘大果、曾和平、馮雲華、趙正興、嚴鄉琪、楊泉源、伍長明、陳文瑞、陳舜全、趙惠川、繆世杰、唐作慶、劉成益、付樹根、呂天貴、張玉華、文家福、劉德源、張煥富、梁長源、曾廣誼、黃星華、張利民、林洪德、郭開榮、肖鏡明、徐應勤、嚴喜義、唐振國、鄧代林、張甫元、李澤勇、敬維成、謝正杰、高德成、孟錦、彭德超、于崇俊、方光林、張星田、李義龍、駱少全、何德金、梁駿

- **重慶市**：

鄧孝志、鄧世梅、王家玉、鄭朝渠、譚光明、周澤、冉茂文、劉俊安、蘇貴恒、李有立、余恩綦、陳運明、汪天榮、向之貴、馮山俊、張正雄、邱長明、朱大倫、曾群英、謝雲、許道倫、張平、鄭顯芳、秦德焰、謝榮祥、汪學軍、徐明德、晏正華、張利、張長生、陳光重、劉小元、張金忠、張勝國、王偕華、陸慶德、黃國良、張國柱

- **自貢市**：

陳禮德、謝澤明、聞玉才

- **德陽市**：

王德強、劉凡瑞、胡正興

- **內江市**：

李光前、雷時洪、陳開東、吳家華、楊國欽、魏華清、付家才

- **瀘州市**：

李自文、蔣惠超、毛永壽、郭世昌

- **綿陽市**：

諶國富、吳樹林、李崇紫

- **廣元市**：

舒仕倫、李憲明、劉興錄、曹昌友

- **南充市**：

胡弘生、柏富榮、何加敖、黎用金

- **遂寧市**：

梁超、周吉善

- **萬縣市**：

劉純富、李光俊、羅其華、劉榮森

- 涪陵市：
    姜建生
- 樂山市：
    蔡成建、魏雲光、孫長榮、曾永筠、呂洪權、蔡正亮
- 雅安地區：
    李誠
- 宜賓地區：
    羅宗成、李遠華、唐澤全
- 達川地區：
    王澤潤、謝永海、楊伍和、唐華順

2.特級麵點師
- 省直單位：
    董維仁
- 成都市：
    舒國仲、張育弼、鍾世雄、彭念雲、李躍華、賀元英、梁長春、馮朝貴、劉曉旭、李治成、郭世魁、顏家庚
- 重慶市：
    唐章友、黃德玉、蔡雄、田貽仁、金建梁、李平、董渝生、熊啓宇、劉世和、王倫剛、淩朝榮
- 萬縣市：
    何文學、張宗玉、印戀碧
- 內江市：
    曾莉芳、謝俊文
- 達川地區：
    王紹坤

3.特級宴會設計師
- 省直單位：
    張蓉、黃碧榮
- 成都市：
    廖成榮、路明章、曾憲珊、楊素瓊、萬隆中、周躍蓉、陳靜儀、王月琪、駱琳
- 重慶市：
    代貴懿、余瑛、婁雲惠、陳志、任邦群、李德蘭
- 自貢市：
    周新明、黃明正

- 內江市：
    毛玉琴、黃天淑、黃英
- 雅安地區：
    盧雅蘭

4.特級技術顧問
- 重慶市：
    蔣開智、王樹雲、陳安豐、張漢卿、張清祿、石大華、王忠吉、楊安全、譚興珍

筆 記 欄

第三篇

烹飪原料

第一章
五穀蔬果類

一、穀豆及製品

【稻】

又稱「稌」（音同「涂」）、「嘉蔬」等。禾本科。一年生草本，有水稻、旱稻兩種。中國為原產地之一，其栽培歷史已有七千多年，為中國主要的糧食作物。

• **主要產地**：南北各地均產，而以南方為主。按其種仁的性質分，主要有秈稻、粳稻和糯稻三大類。

• **原料特色**：稻米的主要成分是澱粉，並含蛋白質、脂肪、維生素、礦物質等多種營養成分。古人因稻具有補中益氣、健脾和胃、長肌膚、調腑髒的功效，將其列為五穀之首。

• **料理運用**：稻米除用作主食外，還可以釀酒和製澱粉。

【秈米】

為秈（音同「仙」）稻的種仁，是中國出產最多的一種稻米。

• **主要產地**：主產於四川、廣東、湖南等地方。

• **原料特色**：秈稻的穀粒細長，米的黏性差，但漲性大，出飯率高。

• **料理運用**：在烹飪中，主要用作飯、粥，也用於小吃。

【粳米】

又稱「粳稻米」、「硬米」、「長腰」等，為粳稻的種仁。

• **主要產地**：中國主產於東北、華北地區以及江蘇等省。

• **原料特色**：粳稻的穀粒短圓，米色白且透明，黏性較強，但漲性小，硬度較大。

• **料理運用**：在烹飪中，主要用作飯、粥。

【香米】

粳米的一種，因氣味芳香而得名。

• **主要產地**：中國各省均產，但產量不高，以湖南、山東、陝西、河南等省所產最負盛名。舊時多作貢品。

• **原料特色**：香米色白而半透明，做出的飯、粥，香美可口。

【糯米】

又稱「江米」、「元米」、「酒米」等，為糯稻的種仁。

• **主要產地**：中國南北各地均有栽培。

• **原料特色**：糯米顏色乳白，其中含有較多的糊精，黏性很強，但漲性小，經蒸煮後晶瑩透明，糍糯黏口。

• **料理運用**：主食多用作粥。川菜中主要用

於甜菜、甜點以及一些菜式的填充料。如八寶飯、八寶粥、甜燒白、水晶涼糕、糍粑、糯米圓子、八寶鴨子、釀雪梨等。

【黑米】

又稱「黑糯」，糯米的一種，因表皮呈黑紫色而得名。

- **主要產地**：中國主要產於陝西洋縣和貴州的惠水、龍里等地。
- **原料特色**：用作食品，香糯可口，能滋陰補腎，健胃暖肝，明目活血，為滋補保健佳品。
- **料理運用**：川菜中主要用於甜品。如八寶黑米粥、芝麻黑米糊等。也可研成細末，用於糕點。

【麵粉】

為禾本科植物小麥加工而成的粉狀製品。小麥是世界上分布最廣、栽培面積最大的糧食作物。

- **主要產地**：中國為原產地之一，其栽培史已有四千多年。各地均有出產，產量僅次於稻，為中國北方的主要糧食。
- **原料特色**：麵粉的營養豐富，具有養心益腎、補虛、實人膚體、厚腸胃、強氣力等功效。中國生產的麵粉有富強粉（又稱精粉、特粉）、標準粉和普通粉三種。富強粉因加工精度高，色白淨而筋力強，感觀性能好，為餐飲業所喜用，但含麩量、營養成分均低於標準粉，更不如普通粉的營養全面，所以應提倡多使用標準粉和普通粉。
- **料理運用**：麵粉的用途十分廣泛，食品種類繁多，其中以糕、點、麵最為常見。

【澄粉】

又稱「小麥澱粉」、「麥粉」、「小粉」。為用水和麵團洗去麵筋沉澱後所得的澱粉，經乾燥而成。

- **原料特色**：乾粉色白細膩。以之製作的水和麵團稱「澄粉麵團」，色白，嫩滑，可塑性強。
- **料理運用**：川點中多用於製作花式點心，或用於裝飾的麵花、麵果。

【玉米】

又稱「玉蜀黍」、「番麥」、「御麥」、「包穀」、「粟米」、「珍珠米」等。為禾本科植物玉蜀黍的種子。

- **主要產地**：原產墨西哥和秘魯，約十六世紀傳入中國。各地均有栽培。四川是玉米的主產區之一。
- **原料特色**：玉米的營養豐富，含有蛋白質、脂肪、糖類、維生素和礦物質。
- **料理運用**：玉米是重要的糧食作物，還可釀酒、製罐頭、製澱粉和榨油。子粒有乾、鮮之分。川菜中鮮品主要用於佐餐小菜，如炒玉米籽、青椒玉米等；罐頭可作羹湯，如玫瑰粟米羹等。

【蕎麥】

又稱「烏麥」、「蕎子」、「蕺麥」等。為蓼科植物蕎麥的子仁。中國分布較為廣泛。

- **料理運用**：磨成粉後供食用，可做麵、餅及涼粉等。

【芝麻】

又稱「脂麻」、「胡麻」、「巨勝」、「油麻」等。為胡麻科植物脂麻的種子。原產中國，其種植史已有約三千年。

- **主要產地**：中國各地均產，以四川、山東、山西、河南等地為多。
- **原料特色**：芝麻有黑、白之分。古人認為：胡麻取油，以白者為勝；服食以黑者為良。因其營養豐富，脂香濃郁，亦食亦藥，故被列為美味食品。
- **料理運用**：在川菜中，廣泛地用於菜、點的製作，以增香和體現風味。此外，用芝麻加工而成的芝麻油、芝麻醬和芝麻粉，也是製作菜餡、麵點、小吃等的重要調配料。

【大米粉】

用秈米或粳米加工而成的粉狀製品。有乾粉和濕粉（又稱米漿）之分。

- **料理運用**：乾粉多用於粉蒸和酥炸菜式的配料，如粉蒸肉、粉蒸江團、粉蒸牛肉、米酥蝦等；濕粉主要用於點心和小吃，如白蜂糕、熨斗糕、黃糕、如意米捲等。

【糯米粉】

又稱「江米粉」、「酒米粉」。為用糯米加工而成的粉狀製品。分乾磨和水磨兩種，而以水磨品質為佳。

- **原料特色**：水磨後不經乾燥的濕粉，四川俗稱吊漿粉子，其粉質細膩。乾粉使用方便，但因糯米含多量糊精，而糊精要受熱後才能增大其黏性，所以用乾粉製粉團時應酌加熱水。此法四川俗稱「打熟芡」。
- **料理運用**：在四川，糯米粉主要用於小吃、點心的製作。

【米粉】

又稱「米線」。為用大米經浸泡、磨漿、過濾、發汗、籠蒸、擠壓、煮製而成的線狀食品。

- **料理運用**：多用作小吃原料。四川以南充的小吃順慶羊肉米粉最為著名。

【鍋巴】

又稱「鍋焦」、「黃金粉」。為做燜鍋飯時餘下的鍋底。現也可用米飯直接焙製而成。經晾乾後供用。

- **料理運用**：川菜中主要用於鍋巴系列菜式。選用時以乾透，不焦，乾淨，厚薄適度者為好，經油炸後才能達到色澤金黃、香脆可口的效果。也可研細，作酥炸類菜式的沾裹料。如魚香酥皮菜薹、酥皮牛筋等菜餚。

【麵筋】

為用水和麵團在水中不斷揉搓，去其澱粉而得的成筋狀的黏塊。此法四川俗稱「洗麵筋」。麵筋的主要成分為蛋白質及鈣、磷、鐵等。

- **料理運用**：以之入饌，多與蔬菜相配，並先用沸油炸過（稱油麵筋），適宜燒燴，成菜柔嫩鮮香。最宜高血脂、肥胖病人食用。菜品有香菌燴麵筋、麵筋燴菜心、糖醋麵筋等。

【麵包渣】

又稱「麵包糠」、「麵包粉」。為用淡麵包或鹹麵包經焙乾研細的粉粒。

- **料理運用**：川菜中主要用作酥炸類菜式的沾裹料，使菜品具有色澤金黃、外酥內嫩的特點。如雙吃兔糕、魚香蝦排等。

【玉米粉】

又稱「包穀粉」、「玉麥粉」。為用玉米加工而成的粉狀製品。有乾磨和水浸磨之分，粉質以水浸磨為佳。

- **料理運用**：四川主要用於甜菜、點心和小吃。如玫瑰桃泥、八寶玉米糊、玉米餅等。另外，四川還多用鮮玉米磨成細漿，製作食品。

【黃豆】

又稱「黃大豆」。為豆科植物大豆的種皮黃色的種子。一年生草本。

- **主要產地**：原產中國，其種植歷史至少有五千餘年。各地均有栽培。
- **原料特色**：黃豆含較豐富的蛋白質、脂肪和碳水化合物以及胡蘿蔔素、維生素B1、維生素B2、煙酸等，是營養豐富的滋補保健食品。
- **料理運用**：黃豆的用途廣泛，可作糧食，可榨油，還可以加工成豆腐、豆筋、豆油皮、豆豉、豆芽等食品。入饌宜炒、炸、燉、燒、漬。

【綠豆】

又稱「青小豆」。為豆科植物綠豆的種子。一年生草本。

- **主要產地**：原產於中國，大部分地區均有栽培。
- **原料特色**：綠豆富含蛋白質和碳水化合物，其鈣、鐵的含量也較高，並含有硫胺素、胡蘿蔔素、核黃素、尼克酸等成分，為營養豐富的食品。入饌藥用重於食用。中醫學認為：綠豆性味甘、涼，有清熱解暑、止渴利尿、消腫止癢、收斂生肌、明目、解翳、解一切毒物中毒的功效。因此被譽為「濟世之良穀」。
- **料理運用**：可用於粥、羹、菜、點的製作。如綠豆粥、冰綠豆湯、綠豆燉肘、綠豆糊、綠豆糕等。

【紅豆】

又稱「赤小豆」、「赤豆」、「紅小豆」、「朱赤豆」等。為豆科植物赤豆或赤小豆的種子。一年生攀援草本。
- **主要產地**：原產亞洲，中國栽培較廣。
- **原料特色**：紅豆含蛋白質和澱粉較多，並含脂肪、粗纖維、礦物質和多種維生素。
- **料理運用**：供食用，主要用於熬粥、糕點和製沙；亦供藥用，有利水除濕、和血排膿、消腫解毒的功效，能治水腫、腳氣、黃疸、瀉痢、便血、癰（音同「庸」）腫等症。

【豌豆】

又稱「畢豆」、「畢豆」、「寒豆」、「淮豆」、「麥豆」。為豆科植物豌豆的種子。一年生或二年生草本。
- **主要產地**：原產歐洲和亞洲。中國各地均有栽培。
- **料理運用**：乾豆粒除用於炒、炸、漬等家常小菜外，還可以加工成粉條、豆粉、粑豌豆、涼粉等製品，供烹調用。

【胡豆】

又稱「蠶豆」、「佛豆」、「仙豆」等。為豆科植物蠶豆的種子。一年生或二年生草本。

- **主要產地**：中國以西南、華中、華東地區栽培最多。四川的栽培歷史至少有一千年以上，而且分布也極普遍。四川胡豆的品種主要有小青胡豆和大白胡豆兩種。
- **料理運用**：小青胡豆宜收乾豆，作糧食和供加工；大白胡豆主要供鮮食，作蔬菜用。乾胡豆入饌，宜炒、炸、漬、燉。成品多為炒胡豆、怪味胡豆、糖醋胡豆、醬胡豆、酸菜豆瓣湯等小菜或小食品。另外，乾胡豆還是加工澱粉和豆瓣醬的重要原料。

【扁豆仁】

又稱「藊豆」（音同「扁」）、「沿籬豆」、「蛾眉豆」、「樹豆」、「藤豆」。為豆科植物扁豆的白色種子。是一年生蔓生草本。
- **主要產地**：原產印度和印尼。中國各地均有栽培。
- **原料特色**：扁豆富含碳水化合物及蛋白質，礦物質中以磷的含量為高，另外還含鈣、鋅、維生素、磷脂等。入藥，性平、味甘，能健脾和中、消暑化濕，主治脾胃虛熱、暑濕內蘊、泄瀉嘔吐等症。
- **料理運用**：入饌，主要用於甜菜，如酥扁豆泥等。

【雪豆】

又稱「雪山大豆」、「大白芸豆」。為豆科植物菜豆的種子。屬多花菜豆，蔓生。
- **主要產地**：中國主產於四川，分布在冕寧、漢源、茂汶和盆地周圍等海拔較高的地區。
- **原料特色**：雪豆顆粒大而飽滿，皮薄而色白，質地細軟，富含蛋白質和糖分。
- **料理運用**：入藥能滋養、利尿、消腫，可治水腫、腳氣等症。入饌則主要用於燉湯，成品色白而濃香。如四川名菜東坡肘子就是用雪豆與豬肘合燉而成的。

【豆腐】

又稱「黎祁」、「來其」、「小宰羊」、「菽乳」、「軟玉」、「脂酥」等。為乾大豆的加工製品。大豆經浸泡、磨漿、熬漿、濾漿、點鹵、凝固、壓榨而成。相傳作豆腐之法始於西漢（一說在周代的古籍中，已見「豆腐」一詞），可見豆腐作為一種食品，在中國有著悠久的歷史。

- **原料特色**：豆腐色白，細嫩，營養豐富，便於消化，為世人所喜愛。四川用於點豆腐的凝固劑，有鹽鹵（膽巴）和石膏兩種。鹽鹵豆腐質地綿韌，石膏豆腐質地細嫩，兩者各有所長。
- **料理運用**：豆腐入饌，烹法很多，據有關資料統計，其菜式有近千種之多。川菜中的豆腐菜式不少，各地均有代表之作。另外，四川還有全以豆腐製作的豆腐席，也頗具特色。

【豆腐乾】

為豆腐經壓榨、燻烤（或滷製）的半脫水呈片狀或塊狀的食品。其做法多樣、風味各異。

- **料理運用**：四川常用的有脫水較多並佐以椒鹽者，可直接食用，有乾香、味濃、嚼之有勁而餘味悠長的特點。

有脫水不多，做成方塊，經滷煮而成的五香豆腐乾（俗稱香乾），可直接食用，也可與芹菜、韭菜白、春筍、蒜薹等合拌成菜，有軟嫩鮮香的特點。

有壓得很薄的豆腐乾皮，主要用於火鍋。一般的豆腐乾因脫水適度，無味，故適宜涼拌和炒食。如花仁豆腐乾、韭菜炒豆乾、牛肉炒豆乾等。

【豆油皮】

又稱「豆腐皮」、「豆腐衣」。為熬煮豆漿時，漿面所凝結的薄膜。經乾燥後供用。用時以水泡軟。

- **原料特色**：豆油皮富含脂肪、蛋白質。
- **料理運用**：川菜中多用於涼拌、燒燴及酥炸類菜式。如麻辣豆油皮、油皮燴菜心、炸蝦包、腐皮雞捲等。

【千張】

又稱「百葉」。為豆腐經過包布、壓榨而成的半脫水食品，因其色白、體薄如紙，故名。

- **主要產地**：四川大部分地區均有生產，以川南一帶較為普遍。該地區的作法增加了捲筒、發酵工藝，成品有聞著似臭、吃時噴香的特點，有「素雞肉」之譽。
- **料理運用**：以千張做菜，適宜涼拌、燒燴、做湯。如麻辣千張絲、糖醋千張、肉絲千張、家常千張、茱薑燒千張等。

【豆筋】

又稱「豆棒」、「豆杆」。用豆油皮加工而成的棒狀乾製品。

- **主要產地**：四川主要產於隆昌、宜賓、富順、納溪等地，而以隆昌所產品質最好。
- **原料特色**：豆筋營養豐富，蛋白質和脂肪含量較高。
- **料理運用**：川菜中主要用於炸收、燒燴類菜式。如乾收豆筋、燻豆筋、花椒豆筋、豆筋燒肉等。

【豆渣】

又稱「豆腐渣」、「雪花菜」。為製豆腐時，濾去漿汁後餘下的渣滓。

- **料理運用**：供藥用和食用。藥用能治瘡瘍腫毒、大便下血等症；食用除可直接炒食外，主要用作一些菜式的配料。如豆渣豬頭、豆渣鴨子等。

【黃豆芽】

為乾黃豆經浸蓋後發出的嫩芽。其營養成分與黃豆相近。

- **原料特色**：中醫學認為黃豆芽有清熱利濕的功效。另外，黃豆芽的粗纖維能加強腸胃的蠕動。

- **料理運用**：川菜烹調中，適宜煸炒、燉煮（是熬製素清湯的重要原料）。如煸黃豆芽、豆芽肉餅湯、豆芽燉排骨等。也可用作菜、點的配料。例如家常海參、豆芽包子等。

【綠豆芽】

又稱「豆芽菜」、「銀芽」、「掐菜」。為綠豆經浸蓋後發出的嫩芽。此法在中國已有數百年的歷史。

- **原料特色**：其色白而具光澤，質脆嫩。
- **料理運用**：多用於涼拌、炒燴。如涼拌三絲、燴銀芽等。也可用作菜、點的配料。如芥末春捲、涼麵、銀芽雞絲等。

【粉條】

以澱粉為原料，經調漿、下粉、冷卻、晾曬而成的條形食品。分圓條形與扁條形兩種。所用原料有綠豆、豌豆、胡豆、紅苕（紅番薯）等加工的澱粉。

- **料理運用**：以豆類澱粉製成的多為圓條形，有純潔光潤、不酥不脆的特點，適宜涼拌、燒燴和用作湯菜配料。
- **原料特色**：如不經乾燥、直接使用，四川俗稱水粉，是小吃酸辣粉、肥腸粉的主要原料。
- **料理運用**：以紅苕澱粉製成的，圓條形和扁條形均有，而以扁條形為多，主要用作火鍋的原料，故又稱火鍋粉。

【粉絲】

又稱「銀絲粉」。以全青豌豆澱粉或綠豆澱粉加工而成的絲狀乾製品。

- **主要產地**：四川以瀘州、簡陽等地生產的最著名。
- **原料特色**：粉絲色白而具光澤，透明亮心，細如絲線，乾而帶韌。
- **料理運用**：入饌適宜拌、燒、炸、煮。如涼拌三絲、牛肉燒粉絲、酸菜粉絲湯等。

【粉皮】

又稱「羅粉」、「片粉」、「拉皮」等。多使用綠豆或其他豆類澱粉經過調漿、攤片、加熱成型、冷卻、晾曬而成的片狀乾製品。

- **原料特色**：片薄平整、色澤白亮。
- **料理運用**：川菜中主要用作部分冷菜的配料。如羅粉拌雞絲、四上玻璃肚等。

【西米】

又稱「西谷米」。為用澱粉加工而成的圓珠形顆粒狀食品。原為印尼特產。因用其所產的西谷柳樹的澱粉加工而成，故名。

- **主要產地**：中國現已有生產，以汕頭、上海等地為多。
- **原料特色**：西米有大小之分，均為圓珠形，熟後晶瑩透明，食之軟糯柔韌，易於消化。
- **料理運用**：川菜中多用於甜羹，也用作珍珠圓子的裹料。因西米是用澱粉製成，所以不宜用冷水浸泡或冷水下鍋。大西米則應多次在開水中煮熟後再用。

二、蔬菜及製品

【大白菜】

又稱「菘」、「結球白菜」、「捲心白」、「黃秧白」、「黃芽白」。為十字花科植物白菜的球葉。一年生或二年生草本。原產中國。在西安半坡村一處新石器時代的村落遺址中就曾發現一個陶罐裡有白菜的種子，由此推論，白菜在中國的栽培至少有四千年以上。

- **主要產地**：白菜是中國北方的主要蔬菜，以山東、河北等地所產最為著名。四川分布亦廣，為冬季的重要蔬菜之一。
- **原料特色**：大白菜含多種維生素，其中以維生素C的含量最高，並含蛋白質、粗纖維以及鈣、磷、鐵等礦物質，可為人體提

供豐富的營養成分。

- **料理運用**：在川菜中，大白菜廣泛用於醃漬、涼拌、熘炒、燒、蒸以及湯一類的菜式中。

【小白菜】

為不捲心白菜的一個變種。屬普通白菜。因其葉柄細小，故名。是四川夏、秋季的主要葉菜之一。

- **原料特色**：小白菜葉綠柄白、清香柔嫩。
- **料理運用**：川菜中多用於清炒、煮湯或作炒菜、麵食的配料。

【油菜薹】

又稱「菜薹」，為不捲心白菜的一個變種。四川分布較廣，為秋、冬兩季的主要蔬菜之一。

- **原料特色**：有紫菜薹（四川俗稱紅油菜薹）和綠菜薹（四川俗稱白油菜薹）兩種。紫菜薹的葉柄較長而粗狀，葉片細嫩，味微苦；綠菜薹葉柄短而細，含水量小，味清香。
- **料理運用**：烹調中宜熘炒或用作部分菜式的配料。

【芥藍】

四川俗稱建南菜。為十字花科植物芥藍的嫩花莖。一年生或二年生草本。

- **主要產地**：中國華南各地都有栽培。四川分布不廣，僅宜賓、樂山等地有少量的栽培。
- **原料特色**：四川芥藍葉柄綠色或淺綠色，莖淺綠或青紫色，花白色或黃色，花莖質地脆嫩、清香、微甜。
- **料理運用**：適宜熘炒或用作部分菜式的配料。

【青菜】

即葉用芥菜。十字花科。一年生或二年生草本。

- **主要產地**：原產中國，各地均有栽培。四川的分布也極普遍，是四川冬、春季最普及、最重要的蔬菜。
- **料理運用**：青菜在四川有九個變種，依其葉柄形狀不同，品種達三十餘種之多。如宜作多菜的大葉芥，宜作芽菜的小葉芥，宜作鹽菜的鳳尾芥，宜作泡菜的瘤葉芥、分蘗芥，主供鮮食的白花芥、長柄芥，以及既供鮮食、又供泡菜的寬柄芥、捲心芥等。供鮮食的青菜葉柄寬大肥厚、清香。作菜主要用於煮食，成品炣軟回甜。

【青菜頭】

又稱「榨菜」。它為莖用芥菜的一個變種。

- **主要產地**：主要產於重慶，四川內江、宜賓、綿陽等地也有栽培。
- **原料特色**：因膨大莖上葉基外側有明顯的瘤狀凸起，故又稱「莖瘤芥」。
- **料理運用**：主要用於加工，是製作榨菜的重要原料。亦供鮮食，適宜涼拌、醃漬、熘炒、燒燴、燉煮。

【棒菜】

又稱「筍子青菜」、「菜頭」。為莖用芥菜的一個變種。

- **主要產地**：四川主要產於成都、綿陽、雅安、自貢、樂山、內江、宜賓、瀘州等地。
- **原料特色**：因膨大莖呈棒狀，形似萵筍，故又稱「筍子芥」。其莖肉質細密，清香爽脆。
- **料理運用**：主供鮮食，適宜涼拌、醃漬、炒、燒及作湯等。

【兒菜】

又稱「抱兒菜」。它為莖用芥菜的一個變種。

- **主要產地**：起源於四川南充地區，現全省多數地區均已有栽培。
- **原料特色**：因膨大莖上側芽發達呈肉質，並密集環繞於膨大莖上，故又稱「抱子

芥」。兒菜質地細嫩、清香。

• **料理運用**：主供鮮食，適宜燒、燴、煮，亦可作泡菜原料。

【苤藍】

又稱「擘藍」、「球莖甘藍」、「玉蔓菁」。為十字花科植物球莖甘藍的球狀莖。

• **主要產地**：中國南北均有栽培，以北方較普遍。四川的成都、廣漢、什邡，重慶的永川、江津等地也栽培，為初夏和冬季的蔬菜之一。

• **原料特色**：肉質細密、脆嫩、味甜。

• **料理運用**：川菜中適宜炒、燒、拌。

【蓮花白】

又稱「結球甘藍」、「包心菜」、「洋白菜」、「包包白」。為十字花科植物甘藍的莖葉。二年生草本。

• **主要產地**：原產歐洲西部海岸。中國普遍栽培。四川全年均可栽培，為春、秋、冬三季的重要蔬菜之一。

• **原料特色**：蓮花白肉質脆嫩、味甜。

• **料理運用**：入饌宜醃漬、燴炒，亦用作湯菜原料和酥炸類菜式的生菜。

【瓢兒白】

又稱「瓢菜」。為不捲心白菜的一個變種。屬普通白菜。因其葉柄寬大肥厚，形如瓢而得名。

• **主要產地**：主要分布於重慶地區，近年來成都地區也有栽培。為秋、冬季主要蔬菜之一。

• **原料特色**：瓢兒白葉柄肉厚、質地細嫩、味微甜。

• **料理運用**：入饌適宜煸炒、燒燴，也適宜作湯。

【花菜】

又稱「花椰菜」、「菜花」。為十字花科植物甘藍的一個變種。是其頂端的花序軸、花梗和不育花蕾密集地變化為肉質畸形花球。

• **主要產地**：原產地中海東部，約十九世紀傳入中國。中國溫暖地區普遍栽培。四川主要分布於成都、雅安與重慶及所屬的璧山等地，而以璧山的蘑菇花菜品質最好。

• **原料特色**：花菜花球大，堅實而潔白，質地細嫩，清香，富含維生素A、維生素C，其所含維生素C在所有蔬菜中僅次於辣椒。花菜又是含磷最高的蔬菜之一。常食對心血管、夜盲等病有較好的療效。

• **料理運用**：川菜中多用於燒菜，也用於冷菜和火鍋。

【西蘭花】

又稱「木立甘藍」、「洋芥藍」、「青花菜」、「金芽菜」、「花椰菜」。為十字花科植物甘藍的變種。

• **主要產地**：原產義大利，故又稱義大利甘藍。中國二十世紀八〇年代開始引種。四川有少量栽培。

• **原料特色**：其形似花菜但通體青綠，質地爽脆，甘滑可口，其蛋白質及維生素含量較高。

• **料理運用**：以嫩莖和花球入饌。宜燴炒、燒燴，也可作冷菜、湯菜和部分菜式的配料。因為成菜要求爽脆，故加熱時間不宜過長。

【莧菜】

又稱「莧」、「青香莧」。為莧科植物莧的嫩苗。一年生草本。

• **主要產地**：原產中國（一說熱帶亞洲）。南北各地均有栽培。四川廣為分布，為春、夏季的主要速生蔬菜。

• **原料特色**：莧菜有圓葉莧、尖葉莧之分，呈綠色或紫紅色，葉肉厚，質柔嫩，味清香，富含維生素C。

• **料理運用**：作菜主要用於炒食。

【菠菜】

又稱「菠薐」、「赤根菜」、「波斯

草」。爲藜科植物菠菜的全體。是一二年生草本。

- **主要產地**：原產伊朗（一說尼泊爾）。傳入中國已有一千多年的歷史。各地普遍栽培。四川也廣爲分布，是四川冬、春兩季的重要綠葉蔬菜之一。
- **原料特色**：四川菠菜品種依其葉形分尖葉、圓葉兩類，其中圓葉又有二圓葉、大圓葉（又稱爬地菠菜）之分。菠菜營養價值高，富含多種維生素、蛋白質和礦物質，礦物質中又以鐵、鈣的含量爲主。
- **料理運用**：入饌宜清炒、涼拌、作湯或用作部分菜式的配料。

【 蕹菜 】

又名「空心菜」、「空筒菜」、「藤藤菜」、「通菜」。爲旋花科植物蕹菜的嫩莖、葉。一年生蔓生草本。

- **主要產地**：原產中國，主要分布於長江以南地區。四川除高寒地區外，全省都有栽培，是夏、秋季的主要葉菜。
- **原料特色**：四川蕹菜分大葉種和小葉種兩類，品質以小葉種爲佳，色綠，清香，柔嫩。
- **料理運用**：川菜中多用以涼拌、清炒，也用作部分菜式的配料。其嫩莖，俗稱蕹菜杆，民間習慣將其與豆豉或青椒同炒，也是佐餐小菜。

【 冬寒菜 】

又稱「冬葵」、「葵菜」。它爲錦葵科植物冬葵的嫩梢、嫩葉，是一年生或二年生草本。

- **主要產地**：原產亞洲東部。四川栽培冬寒菜已有二百餘年的歷史，分布也較普遍，爲冬、春兩季的葉菜之一。
- **原料特色**：四川所產者有小棋盤、大棋盤之分，品質以小棋盤爲佳。質地柔嫩清香，煮食柔滑、鮮美。
- **料理運用**：多用於燒燴、燉煮類菜式，民間主要用於粥中。

【 萵筍 】

又稱「莖用萵苣」、「萵苣筍」、「青筍」、「千金菜」等。爲菊科植物萵苣的莖、葉。

- **主要產地**：原產地中海沿岸。中國大部地區均有栽培。四川萵筍不僅分布廣，而且品種多。由於四川的氣候特別適宜萵筍的生長，所以盆地內可以周年生產、供應。
- **料理運用**：萵筍的莖、葉均可作菜，其色碧綠，其質脆嫩，清香多汁，營養豐富。而葉的營養比莖的營養高得多。川菜中，適宜涼拌、醃漬、炒、燒、燴、煮。其嫩尖，四川俗稱「鳳尾」，也是做菜的優良原料。

【 生菜 】

又稱「葉用萵苣」、「萵苣菜」。爲菊科植物萵苣的嫩葉。因主供生食，故名。

- **主要產地**：中國有少量栽培。四川僅涼山地區分布較多，其餘地區均爲零星種植。
- **原料特色**：生菜植株矮小，葉片扁圓、卵圓或狹長形，四川所產多屬扁圓和卵圓形。生菜色綠，脆嫩，清香。
- **料理運用**：川菜中多用來拌糖醋生菜，配酥炒類菜式同上；也可清炒或作部分菜式的配料。

【 豌豆尖 】

又稱「豆苗」。爲豆科植物豌豆的嫩梢。是四川冬、春季的葉菜之一。

- **原料特色**：豌豆尖色綠，清香，柔嫩。
- **料理運用**：入饌宜清炒，並廣泛用作菜餚和麵食的配料。

【 染漿菜 】

又稱「落葵」、「木耳菜」、「豆腐菜」、「胭脂菜」。爲落葵科植物落葵的嫩梢和葉片。一年生纏繞草本。

- **主要產地**：原產熱帶。中國各地均有栽培。四川以川西、川南爲多，爲夏、秋主要綠葉蔬菜之一。

- **原料特色**：葉肉厚實，質地柔嫩。
- **料理運用**：主要用於湯菜，亦可炒食。

【芹菜】

又稱「旱芹」、「香芹」、「蒲芹」。為傘形科植物旱芹的葉柄。一年生或二年生草本。原產地中海沿岸。在中國已有二千多年的栽培歷史。芹菜分本芹和洋芹兩種。本芹葉柄細長，以顏色又分白色種和綠色種，綠色種又有空心和實心之分。洋芹葉柄寬厚。四川以白色本芹的栽培最為普遍。近年來又從美國、義大利引種了實杆綠芹（俗稱青芹、西芹）。

- **原料特色**：芹菜質地細嫩，清香濃郁，含有豐富的營養成分，對高血壓、血管硬化、神經衰弱等症有一定的療效。
- **料理運用**：以之入饌，既取其香，亦取其味，多用於家常風味菜的配料。

【茼蒿】

又稱「蓬蒿」、「蒿菜」、「菊花菜」。為菊科植物茼蒿的莖葉。一年生或二年生草本。

- **主要產地**：原產中國，南北普遍栽培。巴蜀地區以攀枝花、重慶、成都等地所產最多，為冬、春季葉菜之一。四川茼蒿按葉片大小，分大葉子、小葉子、細葉茼蒿三種，品質以前兩種為佳。
- **原料特色**：茼蒿色綠，肉厚，清香，含豐富的營養成分，尤其胡蘿蔔素的含量超過一般蔬菜。
- **料理運用**：入饌宜涼拌、清炒，還可作一些麵點的餡料。

【芫荽】

又稱「胡荽」、「香荽」、「香菜」、「胡菜」。為傘形科植物芫荽的嫩苗。一年生或二年生草本。

- **主要產地**：原產於地中海沿岸。漢代傳入中國。在各地均有栽培，四川各地有零星栽培。

- **原料特色**：芫荽內含揮發油和蘋果酸鉀等，有一種特殊的香味，所以多以香荽稱呼之。
- **料理運用**：芫荽入菜，主要用作調味，有除異增香，提高鮮味的作用。

【蘿蔔】

又稱「萊菔」、「葵」、「蘆菔」、「紫菘」、「土酥」、「蘿白」。為十字花科植物蘿蔔的肉質根。為一年生或二年生草本。

- **主要產地**：原產中國。各地均有栽培。四川種植蘿蔔的歷史悠久，分布極廣，常年均出產，是四川最重要的蔬菜之一。
- **原料特色**：四川蘿蔔的品種有三十多種，按收穫期可分為冬蘿蔔、秋蘿蔔、春蘿蔔和四季蘿蔔等四大類。品種不同，形色各異。外形有圓錐、圓球、長圓錐、扁圓之分；顏色有白、綠、紅、紫之別。蘿蔔肉質細密、脆嫩，皮薄，汁多，味道微甜而帶辣。
- **料理運用**：蘿蔔入饌，適宜燒、燜、燉、拌。另外，蘿蔔還可醃漬和乾製。因蘿蔔含蛋白質豐富，所含澱粉酶有助於消化，故民間有「上床蘿蔔下床薑」之說。

【胡蘿蔔】

又稱「紅蘿蔔」、「丁香蘿蔔」、「黃蘿蔔」、「金筍」。為傘形科植物胡蘿蔔的肉質根。一年生或二年生草本。

- **主要產地**：原產地中海地區（一說中亞細亞）。元末傳入中國。各地均有栽培。
- **原料特色**：胡蘿蔔含胡蘿蔔素、糖，並含維生素C以及鈣、磷、鐵等礦物質和多種氨基酸，營養非常豐富。胡蘿蔔肉質細密，味甜而有香味。生食可作鮮果，入饌當為佳蔬，治病堪稱良藥。
- **料理運用**：在川菜中，適宜涼拌、炒、燒、燜、燉，亦可鹽醃和乾製。因其顏色豔麗，故還常用於象形拼盤和蔬菜雕刻。入藥，有健脾、化滯之功，主治消化不

良、久痢、咳嗽諸症。

【土豆】

又稱「馬鈴薯」、「山藥蛋」、「洋番薯」、「洋芋」等。為茄科植物馬鈴薯的塊莖。多年生草本。

- **主要產地**：原產於秘魯，約三百年前傳入中國。在各地均有栽培。四川的分布也很普遍。
- **原料特色**：土豆營養豐富，含蛋白質、糖、脂肪、粗纖維、鈣、磷、鐵，並含有豐富的維生素C、維生素B1、維生素B2、維生素B3和胡蘿蔔素，被譽為「十全十美的食物」。
- **料理運用**：土豆既可作糧食，又可當蔬菜，也是釀酒和製澱粉的原料。土豆入饌，適宜炒、炸、燒、煮。亦可製成泥作為麵點的皮料。因土豆含有一種叫龍葵素的有毒物質，尤其是發芽、變綠後，其含量更大，所以在使用時應十分注意，以避免中毒。

【蕪菁】

又稱「蔔」、「蔓菁」、「圓根」、「諸葛菜」等。為十字花科植物蕪菁的塊根和葉。二年生草本。

- **主要產地**：原產中國及歐洲北部。四川主要分布於西部高山、高原和深谷地區的涼山、阿壩和甘孜等地，為這些地區冬、春兩季的主要蔬菜。
- **原料特色**：品種分紅皮、白皮兩種，塊根肥大，質地緻密、脆嫩，多汁，味甜。
- **料理運用**：供熟食和乾製，適宜燒、燜、燉、拌；其葉經過醃製或乾製，可供全年食用。蕪菁入藥，有開胃下氣、利濕解毒的功效。

【玉筍】

又稱「玉米筍」。為禾本科植物玉蜀黍的嫩穗。

- **主要產地**：主要產於臺灣，中國各地亦有出產。
- **原料特色**：玉筍營養豐富，蛋白質含量高。淺黃色，質脆嫩，味清香微甜。
- **料理運用**：烹調中多用罐頭製品，宜燒、燴、糟醉，也可用於湯菜。

【大頭菜】

又稱「大頭芥」。為根用芥菜的變種。

- **主要產地**：中國各地均有栽培。四川主要產於內江、成都、瀘州、天全等地，重慶的大足、江津也有栽培。
- **原料特色**：大頭菜的肉質根肉質緊實，含水量低，辣味濃。
- **料理運用**：一般不鮮食，主要用作醃製品使用。

【地瓜】

又稱「豆薯」、「土瓜」、「涼瓜」、「涼薯」、「沙葛」等。為豆科植物豆薯的塊根。一年生蔓生草本。

- **主要產地**：原產熱帶美洲（一說熱帶亞洲）。中國南部和西南各地均有栽培。成都牧馬山和重慶歌樂山所產品質較佳。
- **原料特色**：地瓜質地細嫩，汁多味甜。
- **料理運用**：既可作水果生食，又可充淡季蔬菜。民間家庭一般作為炒菜原料。在川菜中主要作配料，用於點心餡和一些菜式，以增加菜、點的風味。

【紅苕】

又稱「番薯」、「朱薯」、「甘薯」、「紅薯」、「紅山藥」、「土瓜」。為旋花科植物番薯的塊根。多年生蔓狀草質藤本。

- **主要產地**：原產熱帶美洲。中國南北均有栽培。
- **原料特色**：紅苕有黃皮紅心、黃皮白心、紅皮白心幾種。生食爽脆味甜，熟食可當糧用。
- **料理運用**：入菜多用於冷菜和作粉蒸菜式的底料。如炸苕松、燈影苕片等。亦用於點心、小吃的製作。如紅苕餅、冰糖紅苕

等點心。

【芋】

又稱「蹲鴟」（鴟，音同「吃」）、「芋頭」、「土芝」、「芋艿」、「芋魁」等。為天南星科植物芋的塊莖。多年生草本，作一年生栽培。

- **主要產地**：原產東南亞。中國南方栽培較多。四川除高寒地區外，幾乎縣縣栽培。芋的種類有十餘種之多，四川芋的品種主要有多子芋、魁芋和多頭芋三類，而以多子芋為多。
- **原料特色**：芋的肉質細軟黏滑，略有甜味，澱粉含量高。
- **料理運用**：作菜以燒、燴、煮、蒸為主，也廣泛用於齋菜。

【山藥】

又稱「薯蕷」（蕷，音同「預」）、「山芋」、「玉延」、「白苕」。為薯蕷科植物薯蕷的塊莖。多年生纏繞草本。

- **主要產地**：原產中國。南北各地均有栽培，以河南沁陽縣所產者品質最佳，稱懷山藥。巴蜀自古就有栽培，分布遍及山區、丘陵和平壩。巴蜀山藥分屬家山藥和田薯兩種，而以田薯分布較廣，其中如成都地區的白苕、重慶地區的璧山白、鹽邊一帶的腳板苕等均屬此類。家山藥如牛尾苕只是零星分布，以遂寧較多。
- **原料特色**：山藥含黏液質、膽鹼、澱粉、糖蛋白、多酚氧化酶、維生素等多種營養成分，入藥食用有健脾、補肺、固腎、益精的功能。
- **料理運用**：入饌多用於燉品。是一種集食、菜、藥於一體的大眾化滋補食品。

【魔芋】

又稱「蒟蒻」、「鬼芋」、「花傘把」、「蛇六穀」、「星芋」。為天南星科植物魔芋的塊莖。塊莖經研細與石灰水等原料熬煮、冷卻、凝固而成的塊狀食品，稱魔芋，又稱黑豆腐。

- **主要產地**：原產中國和越南。中國以西南和東南地區栽培較多。四川不僅是主產區，而且有近二千年的栽培歷史。
- **原料特色**：魔芋的主要成分葡萄甘露聚糖，能增加腸胃蠕動，使有毒物質迅速排出體外；其所含的粗蛋白中含有多種人體必需的氨基酸和多種不飽和脂肪酸，因此被認為是降低血壓、減少膽固醇、健身美容、減肥防癌的理想食品。
- **料理運用**：用於作菜，以燒法為主；也用於小吃。

【薑】

通稱生薑。為薑科植物薑的鮮嫩莖。多年生草本。

- **主要產地**：原產東南亞（一說印尼）。中國自古就有栽培，中部和南部地區普遍分布。四川種薑的歷史悠久，在二千多年前，四川薑就被譽為「和之美者」。
- **原料特色**：薑含有揮發油、薑辣素，有濃烈的辛辣味。薑有老、嫩之分，嫩薑又稱子薑，色白或淡黃，有光澤，質地細嫩，辣味淡，為初秋佳蔬之一。
- **料理運用**：嫩薑可炒食，也可涼拌、糖漬或做泡菜；老薑主要用作調配料，是川菜重要的小賓俏或多種味型中不可缺少的調味品，有除異增香、開胃解膩的作用。老薑還可以用來製成乾薑片、薑粉，其作用相同。

【洋薑】

又稱「菊芋」。為菊科植物菊芋的塊莖。多年生草本。

- **主要產地**：原產北美洲。中國各地均有栽培。四川各地有零星分布。
- **原料特色**：洋薑質地脆嫩，味清香。
- **料理運用**：主要用於作醬菜和泡菜。成品嫩脆、甘甜，極具風味。

【黃瓜】

又稱「胡瓜」、「王瓜」、「刺瓜」。為葫蘆科植物黃瓜的果實。一年生草本。原產印度。

- **主要產地**：漢代時傳入中國。各地均有栽培。四川分布較廣，所產多屬春黃瓜，成都及附近地區有少量秋黃瓜栽培。是四川春天淡季的重要蔬菜之一。
- **原料特色**：黃瓜的含水量居蔬菜之首，並含維生素A、維生素C、醣及鈣、磷、鐵等。所含丙醇二酸能抑製糖類物質轉變為脂肪，因此是肥胖病人理想的減肥食品。另外黃瓜還可作美容劑，用以清潔和保護皮膚。
- **料理運用**：黃瓜甘涼清脆，生吃可當果，入饌宜涼拌、炒，亦可醃製。

【冬瓜】

又稱「白瓜」、「水芝」、「地芝」、「濮瓜」。為葫蘆科植物冬瓜的果實。一年生蔓生草本。

- **主要產地**：原產中國南部和印度。中國普遍栽培。四川分布也很廣泛，主要集中在大小城鎮和郊區。其冬瓜品種基本上是粉皮冬瓜，以大果型為主。二十世紀七○年代開始引入青皮冬瓜。
- **原料特色**：冬瓜的性味清淡，具有清熱、止渴、利尿的功效。為夏季的重要蔬菜。
- **料理運用**：冬瓜因其肉質緻密，水分多，清香微甜，故在川菜中主要用於湯、白汁一類的菜式。

【絲瓜】

又稱「天絲瓜」、「天羅」、「蠻瓜」、「綿瓜」、「布瓜」。為葫蘆科植物絲瓜的鮮嫩果實。一年生攀援草本。

- **主要產地**：原產印尼。中國普遍栽培。四川分布較廣，是秋淡季的重要蔬菜。四川絲瓜多屬普通絲瓜和有棱絲瓜（又稱粵絲瓜，僅瀘州市有少量栽培）。
- **原料特色**：絲瓜肉質細嫩，微甜，清香。

- **料理運用**：入饌宜燒、燴或做湯。瓜皮又多用作一些菜式的配料。

【南瓜】

又稱「麥瓜」、「番南瓜」、「番瓜」、「倭瓜」、「北瓜」、「荒瓜」、「飯瓜」。為葫蘆科植物南瓜的果實。

- **主要產地**：原產亞洲南部。中國普遍栽培。四川為主產地之一。四川南瓜有中國南瓜、美洲南瓜、印度南瓜和黑籽南瓜四大類，近二十個品種。其中以中國南瓜最普遍，品質最好。
- **料理運用**：嫩瓜可作蔬菜，老瓜則蔬、糧兼用。是春、秋兩個淡季的重要蔬菜。在川菜中，老瓜多用作蒸菜的配料；嫩瓜主供炒、釀蒸或用作點心餡的配料。

【苦瓜】

又稱「錦荔枝」、「癩葡萄」、「涼瓜」、「癩瓜」。為葫蘆科植物苦瓜的果實。一年生攀援狀草本。

- **主要產地**：原產印尼（一說印度）。明初傳入中國。各地均有分布。而四川的分布又較其他省普及。為四川夏季的主要蔬菜之一。四川苦瓜有白皮、青皮兩類，以白皮居多。白皮苦瓜肉質脆，味清香、微苦；青皮苦瓜主要產於西昌地區，苦味較濃。
- **原料特色**：苦瓜含有豐富的維生素C，並含多種氨基酸、胡蘿蔔素以及鈣、磷、鐵等，是一種營養價值很高的瓜菜。
- **料理運用**：在川菜中，主要用於乾煸、醬燒、釀蒸一類的菜式，亦可醃製。

【辣椒】

又稱「番椒」、「辣茄」、「辣子」、「海椒」。為茄科植物辣椒的果實。一年生草本。在熱帶為多年生灌木。

- **主要產地**：原產南美洲熱帶。明代後期傳入中國。大部分地區有栽培。傳入四川大約是十九世紀的中期，但一經傳入即迅速

傳播，成爲川人生活中必不可少的蔬菜和調味品。辣椒也因此成爲四川重要的經濟作物之一，不僅供應該省，其加工製品乾辣椒和辣椒醬還遠銷海外。辣椒共有燈籠椒、圓錐椒、長椒、簇生椒和櫻桃椒五個變種。除櫻桃椒外，其餘四個在四川均廣爲分布，品種達二十餘個之多。

- **原料特色**：辣椒富含蛋白質、脂肪、胡蘿蔔素、維生素C、維生素A以及鈣、磷、鐵等。特別是維生素C的含量較高。辣椒內還含辣椒鹼、辣椒素等，因此是一種營養豐富的食物。
- **料理運用**：辣椒依其用途的不同又可分爲菜椒類、乾椒類和兼用類三大類。菜椒類主作鮮菜，微辣，老熟果略帶甜味，果肉較厚，水分較多，宜煸炒，也可作泡菜；乾椒類主作調味品，味辣或極辣，皮薄，色紅，芳香，油潤，青果可鮮食，宜煸炒，也可作泡菜；兼用類，嫩果可鮮食，老熟果可製乾辣椒、辣椒醬（四川俗稱「豆瓣」）、泡辣椒，辣味中等。

【 菜椒 】

四川對主要作菜用辣椒的通稱。爲四川夏、秋季的主要蔬菜之一。

- **原料特色**：顏色青綠者稱青椒；顏色暗紅、鮮紅或深紅者稱紅椒。形狀有圓錐形、圓柱形、羊角形、長指形、扁柿形、牛角形多種。除長指形外，其餘均肉厚，質地緻密，微辣、微辣帶甜或較辣。
- **料理運用**：川菜中宜煸炒、醃漬。

【 甜椒 】

又稱「燈籠椒」。因味微甜而得名。

- **主要產地**：四川主要產於成都地區。七月底、八月初上市。爲初秋時令蔬菜之一。
- **原料特色**：色紅，果肉厚，質地脆嫩。
- **料理運用**：川菜烹調中可做甜椒肉絲、釀甜椒、燒拌甜椒等菜。亦可做泡菜或用作部分菜式的配料。

【 二金條 】

爲四川乾椒類辣椒的著名品種。

- **主要產地**：四川省均有分布，以成都龍潭一帶所產品質最優，被譽爲「世界上最好的辣椒」。
- **原料特色**：二金條形狀細長，顏色鮮紅而有光澤，味辣，香濃，質地細。
- **料理運用**：除主要加工製乾辣椒外，還用於製豆瓣醬和泡紅辣椒。此外，什邡的什邡椒、西充的西充辣椒、西昌的線辣椒等，也是加工乾辣椒、豆瓣醬和泡辣椒的重要原料。

【 七星椒 】

爲四川當地的加工乾辣椒和辣椒粉的著名品種。

- **主要產地**：主要產於威遠縣新店區，因此又稱「新店海椒」。另外也產於自貢、榮縣一帶。
- **原料特色**：七星椒色澤鮮紅，肉質細，味極辣而香。
- **料理運用**：在川菜烹調中，一般與其他辣椒粉配合使用。乾椒也普遍用於火鍋的滷汁中，極富刺激性。此外，永川的尖尖椒、瀘州的單子朝天椒以及攀枝花和涼山的小米椒等，其辣味亦烈，用途與七星椒相同。

【 番茄 】

又名「番柿」、「西紅柿」。爲茄科植物番茄的新鮮果實。一年生或多年生草本。原產南美洲。大約明代傳入中國。中國普遍栽培。四川栽培的歷史有七十年左右。

- **原料特色**：番茄的變種很多，但主要分蔬果用和醬用兩大類。蔬果用的番茄肉質軟，汁多，酸甜適口；醬用番茄果皮較厚，質地粉質且軟糯，果實著色一致。番茄是一種營養非常豐富的食品，並具生津止渴、健胃消食的功能。
- **料理運用**：在川菜中應用也十分廣泛，除主作配料外，又可用作主料。如釀番茄、

蜜汁番茄等。

【茄子】

又稱「落蘇」、「昆侖瓜」、「草鼈甲」。為茄科植物茄子的果實。為一年生草本。

- **主要產地：** 原產印度。中國大部地區均有栽培。茄子也是四川栽培歷史悠久、分布很廣的蔬菜之一。品種很豐富，三個變種都有分布，但多屬卵茄變種或卵茄和長茄的中間類型，真正的長茄少，圓茄更少。顏色以紫色、黑紫色最多，綠色少，白色更少。
- **原料特色：** 茄子果肉鬆軟，肉質細嫩，味甜，富含維生素P，有較多的蛋白質。
- **料理運用：** 入饌宜蒸、燒、炸、煸，亦可醃製。

【豇豆】

豇，音同「薑」，又稱「角豆」、「長豆」。是豆科植物豇豆的嫩莢。為一年生草本。

- **主要產地：** 中國大部分地區有栽培。四川分布普遍，為夏季的主要蔬菜。豇豆有長豇豆、豇豆、飯豇豆三種。四川所產多為長豇豆。依其品質和用途的不同，四川又習慣將豇豆分為菜豇豆和泡豇豆兩種。
- **料理運用：** 菜豇豆莢較粗壯，肉質厚而細軟，味微甜，民間多用於燜飯、熬粥和燜食；泡豇豆莢細長，質地緻密，脆嫩，最宜做泡菜，亦宜乾煸、涼拌，也可作部分菜式的配料。

【豌豆】

又稱「青圓」。為豌豆的鮮嫩種粒。為四川冬、春淡季的蔬菜之一。冬豌豆是專門栽培的優良品種，一般一二月上市；春豌豆上市時間在四五月。

- **原料特色：** 鮮豌豆顏色青綠，質地緻密，味香。
- **料理運用：** 入饌宜燜、煮、燴、炸、涼拌；也用於酥炸、粉蒸、八寶一類菜式的配料。另外豌豆煮熟、去皮、研細，可炒豌豆泥。

【青豆】

又稱「毛豆」、「青黃豆」。即是菜用大豆。

- **主要產地：** 四川主產於成都、雅安、西昌和攀枝花等地。
- **原料特色：** 青豆色綠，質細嫩，味鮮，營養豐富。
- **料理運用：** 廣泛地用於冷熱菜餚，如鹽水青豆、魚香青豆、翡翠蝦仁、青豆鴨條等；也用於小吃和泡菜，如炸黃豆糕、青豆漿、泡青豆等。

【蠶豆】

又稱「鮮胡豆」。即菜用蠶豆。

- **主要產地：** 為四川春淡季豆類蔬菜之一。各地均有分布，但以成都、西昌、樂山等地較多。
- **原料特色：** 四川鮮胡豆的主要品種為大白胡豆，豆粒大，皮白瓣綠，沙粗，味香。
- **料理運用：** 入饌宜拌、炒、炸、燴、煮。

【四季豆】

又稱「菜豆」、「雲豆」、「豆角」。為豆科植物菜豆的嫩莢。一年生草本，蔓生或矮生。

- **主要產地：** 原產美洲墨西哥和阿根廷等地，中國已有約四百年的栽培歷史，多數地區均有栽培。在四川分布極廣，各地普通栽培，是五六月最普及的蔬菜之一。
- **料理運用：** 四季豆分軟莢種和硬莢種。軟莢種作蔬菜，具有色綠，清香，肉質脆嫩的特點，宜乾煸、涼拌、家常燒；硬莢種主食豆粒，作糧食用。鮮四季豆含毒蛋白和皂素，在100℃時才能破壞，因此在烹製時要充分煮熟。

【扁豆】

又稱「蛾眉豆」。爲豆科植物扁豆的嫩莢。爲四川秋淡季的一種豆類蔬菜。

- **原料特色**：顏色多爲淺綠帶白，質地細嫩，味微甜。
- **料理運用**：入饌多用於燒燜，也用於冷菜。因其莢中含哌啶酸－2溶血素，會引起中毒，但高溫可以將其破壞，故烹製時一定要完全煮熟。

【豌豆莢】

爲豆科植物豌豆的嫩莢。

- **主要產地**：主產於重慶和四川自貢等地。爲冬末春初的豆類蔬菜。
- **原料特色**：外型顏色碧綠，肉質脆嫩，清香微甜。
- **料理運用**：宜清炒、涼拌。

【蔥】

又稱「芤」（音同「摳」）、「和事草」、「菜伯」、「鹿胎」。爲百合科植物大蔥的鱗莖和綠葉。多年生宿根草本。

- **主要產地**：原產西伯利亞，在中國已有三千多年的栽培歷史。南北各地均產。四川分布極廣，品種亦多，主要品種有大蔥（又稱散蔥、角蔥）、分蔥（又稱四季蔥）、火蔥（又稱葫蔥、冬蔥）、細香蔥等類。
- **原料特色**：蔥是川菜中使用最廣的調味品，用以除腥、去膻、增香、增味或體現風味。

【大蒜】

又稱「蒜」、「胡蒜」、「葫」。爲百合科植物大蒜的鱗莖。多年生宿根草本。相傳是漢朝張騫出使西域時帶回內地的。因它比內地的野生蒜個體大，故以大蒜稱之。

- **主要產地**：中國各地均有栽培。四川以成都地區出產較多。
- **原料特色**：大蒜的營養豐富，其所含的大蒜素有強烈的殺菌作用。

- **料理運用**：在川菜中，大蒜是一種重要的調配料，除廣泛用於炒菜、燒菜外，還是魚香、蒜泥、家常等味型的主要調味品。此外，大蒜還可加工成糖漬、鹽漬食品。

【獨蒜】

又稱「獨頭蒜」、「獨獨蒜」。爲形似圓珠而不分瓣的大蒜鱗莖。

- **主要產地**：四川主要產於成都、溫江一帶地區。
- **原料特色**：獨蒜體圓，色白，味辛。
- **料理運用**：川菜中多用作燒製菜式的主要配料。如大蒜足魚、大蒜鱔魚、大蒜干貝、大蒜肚條等。

【蒜苗】

又稱作「青蒜」。爲百合科植物大蒜的嫩葉。

- **原料特色**：色綠，肉厚，清香，微辣。
- **料理運用**：川菜中主要用作配料，有除異、增色、增香的作用。

【蒜薹】

又稱作「蒜梗」。爲百合科植物蒜的花莖。

- **主要產地**：四川春季的重要蔬菜之一。主產於成都及附近地區。
- **原料特色**：蒜薹顏色碧綠，質地脆嫩，清香回甜。
- **料理運用**：宜煵炒，也用作燒菜的配料，還用於冷菜、泡菜以及春餅的餡料。

【韭菜】

又稱作「起陽草」、「長生韭」、「扁菜」。爲百合科植物韭的葉，是多年生宿根草本。

- **主要產地**：原產中國，各地均有栽培。四川主產於成都、自貢、樂山等地。
- **原料特色**：韭菜質地柔嫩，香氣濃郁，葉肉厚，並富含維生素B、維生素C、胡蘿蔔素、蛋白質、脂肪、糖類以及鈣、磷、鐵

等多種營養成分，是高血脂、冠心病患者的理想食物之一。

- **料理運用**：入饌宜炒，或用作麵點鹹餡的配料。

【韭黃】

又稱作「韭芽」、「黃韭芽」。爲韭菜經過軟化栽培而變黃的品種。據說此法始於西漢。

- **主要產地**：四川成都地區的韭黃不僅產量高、品質好，而且馳名全國並遠銷北京、香港等地。
- **原料特色**：韭黃柔嫩香脆，用途同韭菜。

【韭菜花】

又稱作「韭薹」。爲韭菜開花時所長出的薹（花莖）。

- **料理運用**：質脆、味香。川菜中多用於炒食或汆熟後涼拌。

【洋蔥】

又稱「玉蔥」、「蔥頭」。爲百合科植物洋蔥的鱗莖。多年生草本。

- **主要產地**：原產西南亞。中國普遍栽培。四川主要產於大中城市的郊區。
- **原料特色**：洋蔥多呈球形，也有扁球形或橢圓形。外皮白色、黃色或紫色，質地脆嫩，甜中帶辣。洋蔥含有豐富的鈣、鐵和多種維生素，並有滅菌、抗血管硬化和降血脂的功能。
- **料理運用**：在川菜中，主要用於炒菜或作串燒菜式的配料。

【藠頭】

藠，音同「較」。又稱「薤」（音同「蟹」）、「薤白」、「野蒜」。爲百合科植物薤的鱗莖。多年生宿根草本。

- **主要產地**：原產亞洲東部。中國主要產於廣西、湖南、貴州、四川等地。
- **原料特色**：藠頭色白，質地脆嫩，辣中帶甜，有特殊的香味。

- **料理運用**：做菜主要用於醃漬。如泡藠頭、糖藠頭、甜酸藠頭等。另外，四川還出產一種苦藠，又稱團蔥、小蒜，其肉質細嫩，辛辣味重，香味濃，可鮮食、鹽漬或熟食。

【藕】

又稱「蓮藕」、「光旁」、「荷心」等。爲睡蓮科植物蓮的肥大根莖。是多年生草本。

- **主要產地**：原產印度。中國中部和南部栽種較多。四川的分布也很廣，爲四川重要蔬菜之一。
- **原料特色**：早藕秋淡季上市，老藕春淡季有供應。藕的質地脆嫩，肉厚，味甜，汁多。生食、熟食均可。生食能清熱、涼血、散瘀；熟食可健脾、開胃、益血、生肌，具有較高的藥用價值。
- **料理運用**：以藕作饌，可菜可點。菜如糖醋荷心、檸檬藕片、藕炒肉片、排骨燉藕等；點心如江米釀藕、藕絲糕等。此外，以藕加工製成的藕粉，也是一種滋補保健佳品。

【蓴菜】

亦作「蓴菜」（蓴，音同「純」），又稱「茆」、「鳧葵」（鳧，音同「伏」）、「水葵」、「馬蹄草」。爲睡蓮科植物蓴菜的莖、葉。水生宿根草本。

- **主要產地**：中國長江以南地區多野生，也有栽培，其中以西湖蓴菜最負盛名。四川主要分布於雷波一帶。
- **原料特色**：春、夏季採其嫩葉作蔬。色綠，細嫩，柔滑，清香。
- **料理運用**：入饌主要用於羹湯。食之柔嫩爽滑，清香鮮美。

【慈姑】

又稱「茨菇」、「白地栗」、「茨菰」。爲澤瀉科植物慈姑的球莖。多年生水生草本。

- **主要產地**：原產中國。中部和南部栽培較多。四川亦產。
- **原料特色**：慈姑外皮呈乳白色，肉質細密，堅實，味鮮。主要用作藥物，也可製澱粉。因與荸薺均為冬、春上市，故也有人將慈姑與荸薺視作一物的。

【荸薺】

荸，音同「伯」；薺，音同「計」。又稱「鳧茈」、「水芋」、「地栗」、「馬蹄」、「紅慈姑」等。為莎草科植物荸薺的球莖。多年生水生草本。

- **主要產地**：原產於印度。在中國的栽培已有二千年左右。主要產於江蘇、安徽、浙江、廣東等地的低窪地帶，四川也有栽培。
- **原料特色**：荸薺皮紅褐色，有光澤，肉質脆嫩，味甜多汁，富含澱粉和蛋白質，並含鈣、磷、鐵、維生素A、維生素B1、維生素B2、維生素C等多種營養成分。
- **料理運用**：主要用作水果，川菜中一般作為配料。

【茭白】

又稱「菰菜」、「菰筍」、「茭筍」、「高筍」。為禾本科植物菰的花莖，經菰黑粉菌的刺激而形成的紡錘形的肥大菌癭。多年生草本。生長於湖沼水內。

- **主要產地**：中國南北各地均有分布，四川也廣有栽培，為夏、秋兩季常見的蔬菜品種。
- **原料特色**：茭白質地細嫩，纖維少，味道微甜。
- **料理運用**：川菜中主要用於煸炒、醬燒、糟醉、燒拌等。

【食用菌】

指可供食用的大型真菌。中國以菌供食的歷史十分悠久，至今已有三千年左右。目前已知的大型真菌有六千多種，其中可供食用的有三百五十多種，而中國約有三百種以上。中國的食用菌多屬擔子菌亞門，如蘑菇、香菇、草菇、口蘑、牛肝菌、銀耳、猴頭菌、雞樅、竹蓀等。少數屬子囊菌亞門，如羊肚菌、馬鞍菌、蟲草等。一般以子實體為食用的主要部分。

- **原料特色**：食用菌是一種營養價值和醫療價值很高的食物。蛋白質含量高，並含有多種人體必需氨基酸和維生素、碳水化合物和礦物質，具有調節人體新陳代謝，增強人體免疫功能，降血脂，降膽固醇，抗放射和預防肝硬化的作用。是當今人們理想的健康食品。科學家曾預言，食用菌將成為二十一世紀人類的主要食品之一。

【竹蓀】

又稱「竹笙」、「竹參菌」、「僧笠蕈」。擔子菌綱，鬼筆科。為世界著名的食用菌，有「山珍之王」、「素中珍品」之美稱。

- **主要產地**：中國主產於西南的四川、雲南、貴州等地。四川主產於宜賓、樂山、綿陽等地區和涼山州。以長寧縣出產較多，品質最好。竹蓀多為野生，亦可以人工栽培。
- **原料特色**：乾品以色澤淺黃，體壯肉厚，氣味清香，菌裙完整為上品。具有滋補強壯、益氣補腦、寧神健體的功效。同時還有減少體內脂肪貯積的作用，為心血管病患者的理想食品。另外，竹蓀還有防止食品酸敗變質的特殊作用。
- **料理運用**：入饌時主用於高級筵席的清湯菜式。成菜質地柔嫩、香鮮味美。

【蟲草】

又稱「冬蟲夏草」。子囊菌綱，麥角菌科。為冬蟲夏草菌的子座（埋於土中的根部）及其寄生蝙蝠蛾科昆蟲蟲草蝙蝠蛾等的幼蟲屍體的複合體。

- **主要產地**：多生於高山草原上。主要分布於中國西藏、青海、四川、雲南等地。
- **料理運用**：以蟲草入饌，在四川已有約三

百年的歷史。配雄鴨燉食，可治病後虛損、虛喘等症；配雞或肉燉食，則主治貧血、陽痿、遺精等症。川菜中主要用於高級筵席的湯菜。

【銀耳】

又稱「白木耳」。擔子菌綱，銀耳科。

- **主要產地**：中國主要產於四川、貴州、福建等地。四川以通江所產最爲著名，品質最佳。野生，現亦可人工栽培。
- **原料特色**：子實體由許多瓣片組成，狀似菊花或雞冠，白色半透明，多皺褶，乾燥後呈白色或淡黃色。富含蛋白質、多種維生素和17種氨基酸，有滋陰潤肺、養胃生津的功能，自古被視爲滋補保健的佳品。
- **料理運用**：川菜中多用於清湯和甜羹類菜式。用味可鹹可甜。鹹吃要求質地脆嫩；甜吃則以軟糯爲好。

【松茸】

又稱「松蕈」、「松蘑」。擔子菌綱，傘菌科。屬世界珍稀的食用菌，被譽爲「食用菌之王」。

- **主要產地**：中國主要產於吉林、黑龍江、雲南、貴州、廣西、四川、西藏等地。
- **原料特色**：子實體呈扁半球形，淡黃色，並覆有栗褐色、黑褐色纖維狀的絨毛鱗片，菌肉肥厚，菌柄粗狀，長柱形，留有殘存的菌幕。松茸的營養豐富，菌體肥大，肉質細嫩而富彈性。
- **料理運用**：多以速凍或鹽漬的松茸入饌，宜燒燜、煨燉。成菜細嫩滑潤，香味濃郁，異常鮮美。也供藥用，有益腸、健胃、止痛、理氣、化痰的功能，還有治療糖尿病和抗癌等作用。

【羊肚菌】

又稱「羊肚菜」、「羊角菌」、「雞足蘑菇」。子囊菌綱，馬鞍菌科。爲優良的食用菌。因形似翻轉的羊肚而得名。

- **主要產地**：中國雲南、四川、河北、甘肅、湖北、陝西等省均有出產。以雲南出產較多。
- **料理運用**：多以乾菌入饌，宜燒燜、煨燉。成菜質地滑嫩爽口，味特鮮美。

【猴頭菌】

又稱「猴頭蘑」、「刺蝟菌」、「花花菌」。擔子菌綱，齒菌科。因其表面密佈肉質菌刺，形似猴頭而得名。爲名貴的食用菌。原爲野生，現已能用木屑等原料進行人工栽培。

- **主要產地**：中國主要分布於東北、華北、華中、西南地區。其中以黑龍江所產最爲著名。
- **原料特色**：鮮品色白，子實體爲肉質塊狀；乾品色澤金黃。鮮、乾均可入饌，而以乾品爲多。乾猴頭菌不僅營養豐富，而且含多肽、多糖和脂肪族酰酸等抗癌物質，有提高人體免疫的功能。
- **料理運用**：川菜中主要用於燒燜。成菜質地滑潤爽口，鮮香味美。

【雞樅】

又稱「雞菌」、「傘把菇」、「白蟻菇」。擔子菌綱，傘菌科。

- **主要產地**：中國主要分布於南方各地，以雲南、四川、福建所產最多。
- **原料特色**：菌蓋呈圓錐形，頂部黑褐或微黃，四周爲灰色，邊緣呈輻射狀開裂，菌肉厚，柄長而多曲扭，其菌柄與地下蟻巢相連。
- **料理運用**：鮮品、乾品均可入饌。鮮品菌肉細嫩，氣味濃香。四川俗稱三大菇、雞絲菌。適宜熘炒、燒燜、煨燉，亦用於麵點小吃。

【木耳】

又稱「黑木耳」、「樹雞」、「雲耳」。擔子菌綱，木耳科。

- **主要產地**：中國主要分布於四川、福建、江蘇等地，四川主要分布在大巴山區。野

生，現多為人工栽培。

- **料理運用**：以乾品入饌。經水發後，質地柔嫩爽滑。在川菜中多用作炒菜、湯菜的配料。

【蘑菇】

又稱「蘑菇蕈」、「肉蕈」。擔子菌綱，傘菌科。中國各地均有栽培。

- **原料特色**：菌蓋呈扁半球形，光滑，菌柄呈圓柱形，白色或近白色，肉厚，緊密。含有多種人體所必需的維生素和礦物質，其含酶量較高，是高血壓、心血管病人的理想食物。
- **料理運用**：以鮮品或罐頭製品入饌，宜燒燜、軟炸，也用於湯菜、火鍋，並用作多種菜、點的配料。

【草菇】

又稱「包腳菇」、「蘭花菇」、「麻菇」、「稈菇」。擔子菌綱，傘菌科。

- **主要產地**：原產中國，因此又有中國蘑菇之稱。一般生於南方高溫多雨地區的半腐稻草堆上。主產廣東、廣西，四川亦產。野生數量不多。現南方地區已廣泛用稻草進行人工栽培。
- **原料特色**：草菇幼蕾呈長卵形，頂端黑褐色，向下微白。一般在菌蕾未撐破時採收，用以冰凍保鮮或加工成罐頭，或烘焙乾製。草菇的營養豐富，維生素C高於一般的蔬菜、水果，含有人體必需的8種氨基酸。
- **料理運用**：入饌宜燒燜。成品肉質細膩，脆滑爽口，香鮮味美。

【構菌】

又稱「長柄金錢菌」、「樸菌」、「冬菇」。擔子菌綱，傘菌科。多生於構、樸、樺、白楊等樹的腐木上。

- **主要產地**：中國人工栽培已有一千多年的歷史。主要分布於淮河流域至四川西部以南地區。

- **原料特色**：菌蓋肉質、扁平。鮮品表面黏滑，乾品稍具光澤，黃褐色，中央鏽色，邊緣淡黃色，肉厚而柔軟。
- **料理運用**：入饌宜燒燜。

【金針菇】

又稱「益智菇」、「金菇」。為長柄金錢菌的變種。因其柄長蓋小，顏色金黃，形似金針菜。故名。中國分布較廣。四川雖引進不久，但發展很快，分布亦廣。

- **原料特色**：金針菇含有蛋白質、脂肪、碳水化合物、礦物質、胡蘿蔔素、維生素B和維生素C等多種營養成分，其所含人體必需氨基酸的成分較全，而賴氨酸和精氨酸含量尤其豐富，能增強智力和促進兒童的發育。
- **料理運用**：入饌宜炒、燜、煮、拌，也用於火鍋。成菜黏滑柔嫩、鮮香。

【香菇】

又稱「香蕈」、「香信」、「冬菇」。擔子菌綱，傘菌科。通常為人工栽培，也有野生。

- **主要產地**：在中國香菇的人工栽培史已有一千多年。大部地區均有分布。四川主要產於宜賓、達縣、綿陽、雅安、涼山及重慶市的萬州、涪陵等地山區。
- **原料特色**：香菇的菌蓋為淡褐色或紫褐色，有不規則的裂紋，菌柄彎生、白色，肉厚而緻密，營養豐富。是一種高蛋白、低脂肪的優質食用菌。因其含有三十多種酶和十八種氨基酸，故常食能糾正人體酶缺乏症，補充人體氨基酸，幫助人體協調和幫助消化。近年來科學家發現香菇還有抗癌作用。因此成為人們所喜愛的健康食品，被譽為「菌中之王」。
- **料理運用**：乾、鮮均可入饌，宜乾煸、燒燜、煨燉，或用作菜、點的主要配料。

【口蘑】

又稱「蒙古蘑菇」、「白蘑」、「虎皮

香蕈」。擔子菌綱，傘菌科。因集散於河北張家口市而得名。

- **主要產地**：多生於氣候寒冷，水澤豐美的天然牧場上。中國主產於內蒙古，河北、山西、寧夏等地亦有出產。
- **原料特色**：通常的口蘑是指白蘑和口蘑。白蘑色純白，菌蓋呈半球形，菌肉白而厚實。菌柄較粗，基部肥大，乾燥後表面呈回紋狀，變成赭色和淡黃色；口蘑的菌蓋深蛋殼色或肉桂色，半球形，菌肉色白緊實，菌柄稍細，基部膨大。口蘑的營養很豐富，蛋白質含量高，並具有很高的食療價值和抗癌及提高人體免疫功能和健膚的作用。
- **料理運用**：多以乾品入饌。泡發時宜用冷水或溫水。宜燒燜。成菜質地細膩滑潤，香味濃郁，味道香美。

【雞腿菇】

又稱「雞腿蘑」、「雞腿菌」。為真菌毛頭鬼傘的子實體。因鮮香味美，形似雞腿，故名。

- **主要產地**：多生於田野、林中草地、牧場等處。中國主產於黑龍江。近年來也人工栽培。四川亦產。
- **原料特色**：鮮品色白，粗壯，肉質細嫩，營養豐富。
- **料理運用**：入饌宜熘、燒、燜、煨、燉，也用於火鍋。

【平菇】

又稱「側耳」、「北風菌」、「凍菌」。擔子菌綱，傘菌科。一般生長於楊、柳、櫟、榆等闊葉樹的枯木、朽椿或活樹的死亡部分。現多用棉殼、玉米芯、木屑等原料進行大面積栽培。因適應性強，在中國分布極廣。

- **原料特色**：子實體叢生，疊生，菌蓋似扇形或貝殼形，後部扁平，中部下陷，菌柄側生，較短，幼嫩時青灰色。營養豐富，尤以維生素C的含量最高。具有補中益

氣、降脂、降壓、抗癌的作用，是一種物美價廉的健康食品。

- **料理運用**：川菜多以鮮品入饌，宜燒燜、煨燉、熘炒，也用於火鍋。

【竹筍】

又稱「竹萌」、「竹胎」。是竹類植物的幼芽、嫩莖。中國竹的種類有一百五十餘種。

- **主要產地**：主要分布於長江流域及西南、華南等地。
- **原料特色**：中國以筍作蔬的歷史，大約有三千年左右。竹筍含蛋白質、糖類、鈣、磷、鐵以及胡蘿蔔素和多種維生素等營養成分，屬高蛋白、低脂肪類食物。竹筍還含有大量的纖維素，能促進腸道蠕動，去積食、防便秘，是減肥佳品。中醫學也認為竹筍有清熱消痰、利膈爽胃、消渴益氣等功效。
- **料理運用**：入饌，具有質脆、爽嫩、甘香的特點。除供鮮食外，還可以加工成筍乾、鹽筍和罐頭。

【冬筍】

又稱「毛竹筍」、「茅竹筍」、「南竹筍」。為禾本科植物毛竹的嫩芽。

- **主要產地**：分布於中國長江流域及南方各地。四川主要產於長寧、江安、琪縣等地。一二月份採掘。
- **原料特色**：冬筍粗壯，肉厚，顏色淺黃，質地緊實，鮮脆，為筍類原料的上品。
- **料理運用**：川菜中主要用於燒拌、糟醉、醬燒、乾煸、白燴等菜式，也用作菜、點的配料。

【苦筍】

又稱「慧竹筍」。為禾本科植物慧竹的嫩芽。

- **主要產地**：四川主要產於琪縣、高縣、敘永等地。4月中旬採掘。
- **原料特色**：質地細嫩，味鮮美。

• **料理運用**：川菜中多用於燒燜，也用於湯菜中。

【斑竹筍】

又稱「冬竹筍」。爲禾本科植物斑竹的嫩芽。

• **主要產地**：中國各地均有栽培。重慶主要產於豐都，涪陵亦有零星栽培。8月採掘。
• **原料特色**：肉質緊實，脆嫩，無苦味。
• **料理運用**：川菜中多用於燒拌、燒燜。

【白夾竹筍】

又稱「淡竹筍」。爲禾本科植物淡竹的嫩芽。

• **主要產地**：分布於長江流域。四川省內大部地區均有分布，而以雅安、榮經、天全、蘆山、寶興等地較多。4月中旬採掘，故又有春筍之稱。
• **原料特色**：鮮筍色白，質地脆嫩，味鮮美，爲四川春季時令筍蔬之一。
• **料理運用**：入饌宜拌、炒、燒、燜。

【慈竹筍】

又稱「慈筍」、「八月筍」。爲禾本科植物慈竹的嫩芽。

• **主要產地**：分布於中國西南各地。四川分布極廣，而以川南各地和樂山地區出產最多。8月下旬至9月中旬採掘，是夏季時令筍蔬之一。
• **原料特色**：鮮筍色白，質脆，微苦而鮮。
• **料理運用**：入饌宜燜、燒。

【方竹筍】

爲禾本科植物方竹的嫩芽。

• **主要產地**：中國華北、華南及秦嶺以南地區均有分布。重慶主產於南川金佛山，8月下旬採掘。
• **原料特色**：鮮筍質地細嫩，清香，肉厚。
• **料理運用**：入饌宜炒、燜、燒。

【羅漢筍】

爲禾本科植物人面竹的嫩芽。

• **主要產地**：中國主要分布於長江流域。四川主產於雷波一帶，4月下旬採掘。
• **原料特色**：鮮筍肉質厚，纖維少，無苦味，味鮮。
• **料理運用**：入饌宜煸、炒、燒、燜。

【蘆筍】

又稱「石刁柏」、「龍鬚菜」。爲百合科植物石刁柏的嫩莖。多年生宿根草本。

• **主要產地**：原產地中海東岸及小亞細亞一帶（一說原產歐洲）。約十九世紀傳入中國。四川引入僅二十餘年，主要分布在成都、綿陽等地，重慶也產。
• **原料特色**：蘆筍嫩莖經培土軟化後供食用。圓柱形，粗壯，顏色有白、綠兩種，質脆嫩，味清香。
• **料理運用**：入饌宜於燒燴，也可做湯菜。另外，蘆筍還具有較高的藥用價值，對高血壓、高血脂、心臟病、動脈硬化以及癌症均有特殊的療效。

【髮菜】

又稱「地毛」、「頭髮菜」。爲念珠藻科植物髮菜的藻體。因細長，黑綠，如毛髮狀，故名。多貼於荒漠植物的下面。

• **主要產地**：中國主要分布於寧夏、陝西、甘肅一帶的流水中。
• **原料特色**：髮菜富含蛋白質、碳水化合物、鈣、磷、鐵等營養成分，並具清熱消滯、軟堅化痰、理腸除垢的功效，以及降血壓、調節神經等多種作用，是高血壓、高血脂和冠心病患者的理想食物。
• **料理運用**：入饌多用於冷菜、湯菜。

【黃花】

爲百合科植物摺葉萱草的花蕾。多年生草本。

• **主要產地**：分布於中國秦嶺以南，以雲南、四川等地爲多。主產於四川達川、渠

縣和重慶的萬州等地。

- **料理運用**：乾、鮮均可入饌。鮮黃花顏色橙黃，形如漏斗，味清香，宜燒燴或燙火鍋之用。因其含秋水仙鹼，具毒性，故烹調前需先用開水汆過，再用水浸泡2～3小時。乾黃花又稱「金針菜」，主要用於湯菜和素饌。

【荷花】

又稱「蓮花」、「水花」。為睡蓮科植物蓮的花瓣。蓮屬。多年生水生草本。

- **主要產地**：原產印度。中國已有三千多年的栽培史，大部地區均有分布。
- **原料特色**：夏季開花，花大，呈粉紅色、紅色或白色，芳香。
- **料理運用**：花瓣供食用，入饌可做炸荷花等；也供藥用，有活血、止血、去濕、消風的功能。

【玉蘭花】

又稱「白玉蘭」、「應春花」、「白木蓮」。為木蘭科植物玉蘭的花瓣。玉蘭為落葉小喬木。

- **主要產地**：原產中國長江流域。大部地區均有栽培，四川為主產區之一。
- **原料特色**：早春開花，花大，色白而具光澤，芳香。花瓣供食用。
- **料理運用**：入饌可做炸玉蘭片等，也可糖漬作甜點的餡料；也供藥用，有祛風、通竅的作用。

【夜來香】

又稱「夜香花」。蘿藦科。多年生纏繞藤本。

- **主要產地**：分布於熱帶亞洲。中國華東、華南地區常見栽培。
- **原料特色**：夏季開花，花色黃綠，香氣濃郁，夜間特盛，故名。
- **料理運用**：花朵供食用。入饌可做香花雞絲、香花魚絲等；也供藥用，有平肝明目之功能。

【晚香玉】

又稱「月下香」。石蒜科。為多年生草本。

- **主要產地**：原產墨西哥。中國各地普遍栽培。
- **原料特色**：夏秋開花，花色白如玉，晚間花香濃郁，故名。
- **料理運用**：花朵供食用，入饌可作晚香玉熘雞絲、香花大蝦片等。

【菊花】

又稱「甘菊」、「金蕊」。為菊科植物菊的頭狀花序。菊為多年生草本。原產中國。各地普遍栽培。

- **原料特色**：菊在中國歷史悠久，而且品類繁多。多為秋季開花，花色清麗，花姿高雅，為著名的觀賞植物。
- **料理運用**：川菜中多以白菊花入饌，可做炸菊花絲、菊花魚圓以及用之領銜的菊花魚羹鍋等。

【蘭花】

又稱「蘭」、「山蘭」、「草蘭」。為蘭科植物蘭的花蕾。蘭為多年生常綠草本。在中國有非常悠久的歷史。

- **主要產地**：廣布於華中、華南、西南、華東地區。
- **原料特色**：品種較多，有春蘭、蕙蘭、建蘭、墨蘭、寒蘭等。品種不同，花期各異。開花時，幽香清遠，有「國香」之譽，為中國著名的觀賞植物。
- **料理運用**：蘭花入饌，主要是取其香味。菜品有蘭花雞絲、蘭花肚絲等。

【芙蓉花】

又稱「拒霜花」、「七香花」。為錦葵科植物木芙蓉的花。木芙蓉為落葉灌木或小喬木。

- **主要產地**：原產中國。主產於四川、廣東、雲南等地。四川又以成都為盛。
- **原料特色**：秋季開花，花色一日三變，豔

麗可愛。

• **料理運用**：花瓣入饌，可作芙蓉豆腐湯等。也供藥用，有清熱、涼血、消腫、解毒的功能。

【桂花】

又稱「木犀花」。為木犀科植物木犀的花朵。木犀為常綠灌木或小喬木。

• **主要產地**：原產中國的西南及中部地區。其他地區也有栽培。

• **原料特色**：桂花的歷史悠久，品種亦多，常見的有金桂、丹桂、銀桂、四季桂等。秋季開花，花香濃郁。為中國的傳統名花之一。

• **料理運用**：鮮花入饌，多用作甜點、甜品的主要配料，如鮮花餅、杏仁豆腐等，亦可糖漬成蜜桂花，用於糕點。入藥，有化痰、散瘀的功效。

【茉莉花】

又稱「奈花」（奈，音同「奈」）、「鬘華」（鬘，音同「蠻」）、「木梨花」。為木犀科植物茉莉的花朵。茉莉為常綠灌木。

• **主要產地**：原產印度。中國南北各地均有栽培。而以江蘇、四川、廣東為主要產區。夏季開花最盛。

• **原料特色**：花色白，芳香。花朵供食用。

• **料理運用**：入饌主要用於湯、粥或甜點的餡心。也供藥用，有理氣、開鬱、辟穢、和中的功能。

【玫瑰花】

又稱「刺玫花」、「徘徊花」、「湖花」。為薔薇科植物玫瑰初放的花。玫瑰為落葉灌木。

• **主要產地**：原產中國。主產於江蘇、浙江、福建、山東、四川、湖北等地。

• **原料特色**：夏季開花。品種按花色分有紅玫瑰、白玫瑰、黃玫瑰數種。質輕而脆，芳香濃郁，味微苦。

• **料理運用**：花瓣經糖漬而成的蜜玫瑰是製作甜菜、甜點的重要原料。

【荷葉】

又稱「蕸」（蕸，音同「俠」）。為睡蓮科植物蓮的鮮葉。中國大部分地區均產。

• **料理運用**：川菜中多用作粉蒸菜式的包裹料，如荷葉粉蒸江團、荷葉粉蒸雞、荷葉粉蒸肉等。也用於粥。使菜粥不僅具有濃郁的清香味，而且還有一定的清暑利濕的功效。

【椿芽】

又稱「香椿頭」。為楝科植物香椿的嫩芽。香椿為落葉喬木。

• **主要產地**：中國各地均有分布。四川為主產區之一。

• **原料特色**：椿芽色鮮味美，柔嫩清香，為春季應時蔬菜。

• **料理運用**：川菜中多用以增香和體現風味。菜品有椿芽胡豆、椿芽白肉、香椿烘蛋等。

【蕨菜】

又名「蕨根」、「蕨薹」、「蕨雞薹」。為鳳尾蕨科植物蕨的嫩莖。是多年生草本。

• **主要產地**：分布於中國各地。四川以青川等地所產最多。

• **原料特色**：蕨菜莖長，紫色，粗狀，甘滑。有乾、鮮之分，乾者又稱作「吉祥菜」。

• **料理運用**：入菜主要用於燒燴，如清燴蕨雞薹、吉祥海參等。

【枸地芽】

又稱「枸杞頭」、「枸杞葉」、「地仙苗」。為茄科植物枸杞的嫩莖葉。落葉小灌木。中國各地均有野生，也可栽培。

• **原料特色**：為春季野蔬。清香，柔嫩。

• **料理運用**：入菜適宜涼拌、清炒。

【側耳根】

又稱「魚腥草」、「蕺」（蕺，音同「集」）、「豬鼻孔」。為三白草科植物蕺菜的嫩莖葉。多年生草本。

- **主要產地**：產於中國長江以南各地。四川大部地區亦有分布。多屬野生。現西昌地區有人工栽培。野生種3～6月上市。
- **原料特色**：側耳根顏色紫紅，莖粗狀，質地脆嫩，有一種特殊的風味。
- **料理運用**：入饌多用於涼拌。全草亦可入藥，有清熱解毒、利尿消腫的功能。

【地地菜】

又稱「薺菜」、「護生草」、「淨腸草」。為十字花科植物薺菜的嫩株。一年生或二年生草本。原屬野菜，生長於山坡、荒地、路邊、地埂、宅旁，也有人工栽培。遍佈中國各地。四川食薺的歷史頗久，南宋詩人陸游的詩中多有題詠。

- **原料特色**：地地菜色綠，質嫩，清香。
- **料理運用**：入饌宜清炒，也可用於麵點，如薺菜燒麥等。

【馬齒莧】

又稱「五行草」、「長命菜」、「安樂菜」。為馬齒莧科馬齒莧的莖葉。一年生肉質草本。生於田野、荒地及路旁。中國大部分地區都有分布。

- **原料特色**：莖短，葉片肉質肥厚，上面深綠色，下面暗紅色。多供藥用，有清熱解毒、散血消腫的功能。
- **料理運用**：夏、秋季嫩莖葉多作野蔬入饌，吃法以汆熟後涼拌為佳。

【苕菜】

又稱「巢菜」。為豆科植物大巢菜的嫩苗。多年生草本。野生，亦可栽培。中國大部分地區均有分布。四川以之入饌，已有近千年的歷史。

- **原料特色**：苕菜富含蛋白質。
- **料理運用**：鮮品作蔬，清香柔嫩；乾品入羹、入粥，甘滑清香。亦可入藥，有清熱利濕、和血散瘀之功。

【茴香】

又稱「蘹香」（蘹，音同「懷」）、「小茴香」、「香子」、「小香」。為傘形科植物茴香的嫩莖葉。多年生宿根草本。

- **主要產地**：原產地中海地區。中國各地普遍栽培。四川西昌、會理有零星分布。
- **料理運用**：因其具有一種特殊的香味，故多用作拌菜和燒菜的調料。

【榨菜】

為青菜變種莖用芥菜的膨大莖（俗稱「菜頭」）的醃製品。中國著名特產。為四川的四大醃菜之一。因加工時要榨去多餘水分而得名。

- **主要產地**：主產於重慶的涪陵、萬州、忠縣、江北、巴縣、長壽、豐都等地，以涪陵所產品質最優，久負盛名。
- **原料特色**：成品乾濕合度，鹹淡適口，氣味芳香，質地脆嫩。有爽口開胃，增進食慾的作用。
- **料理運用**：不僅是佐餐佳餚，而且也是川菜中用以提味增鮮、體現風味的重要調輔料。深受中外人士的喜愛。與法國的甜酸甘藍、歐洲的酸黃瓜共同譽為世界的三大鹹菜。

【芽菜】

為青菜變種小葉芥的嫩莖的醃製品。四川特產，四大醃菜之一。有甜、鹹兩種。

- **主要產地**：鹹芽菜產於四川南溪、瀘州和重慶的永川等地，以南溪所產最著名；甜芽菜主產於宜賓，因宜賓古稱「敘府」，故稱「敘府芽菜」。
- **原料特色**：鹹芽菜色青黃、潤澤、根條均勻、質脆嫩，味香；甜芽菜色褐黃、潤澤發亮、根條均勻、氣味甜香，質地脆嫩。
- **料理運用**：川菜中，芽菜主要用以提味增鮮和體現風味，如乾煸、乾燒類菜式以及

部分麵臊和餡心。

【冬菜】

即川冬菜。為青菜變種大葉芥的醃製品。四川四大醃菜之一。迄今已有二百多年的歷史。

- **主要產地**：主要產於南充、資中等地。著名品種有白塔牌順慶冬尖、細嫩冬頭等。
- **原料特色**：冬菜色澤烏黑發亮，質地脆嫩，清香鮮美，鹹淡適口，有一種特殊的香味。
- **料理運用**：川菜中多用於提味增鮮、體現風味。

【醬醃大頭菜】

為蕪菁（又稱「蔓菁」）的醬醃製品。四川的四大醃菜之一。歷史上多為民間自種、自醬、自食。

- **主要產地**：西元1800年成都廣益號醬園開始作商品性生產。隨後內江、南充、宜賓等地相繼仿效。二十世紀五〇年代以後，四川省大頭菜的生產發展較快。產量以成都、內江居多。
- **原料特色**：成品以色黃，質脆嫩，鹹淡適度，味香回甜為佳。
- **料理運用**：民間多用以製作家常小菜。餐飲業也用作一些菜餚的配料。

【酸菜】

為葉用青菜的醃製品。因其醃漬時間長（多為周年以上），酸味較重，故名。

- **料理運用**：一般不直接食用，主要用於夏秋季節湯菜、燒燴菜式或麵臊的調味和配料，有清熱、解暑、開胃、解膩的作用。燒煮時，應盡取其味。

【泡菜】

為多種蔬菜的鹽醃製品的總稱。自古以來就是四川人人愛吃，家家會做的家常食品。以前一般是家庭自製、自用。餐飲業也是如此。現已有部分釀造廠作商品性生產。

- **主要產地**：以新都新繁鎮所產的「新繁泡菜」最為著名。除供應四川省外，還遠銷海外。
- **原料特色**：用作泡菜的蔬菜很多，根、莖、葉、果、豆、瓜等無一不可。成品以新鮮爽潔，質地脆健，鹹淡適口為主要特色。泡菜因多為現泡現吃，常取常添，故製作、取用十分方便，是川人常以佐餐的方便食品。
- **料理運用**：部分品種，如泡子薑、泡紅辣椒、泡青菜等，可作調配料使用。此外，四川尚有一些以突出甜酸味、甜鹹味的醃漬食品，如糖蒜、甜藠頭等，也歸入泡菜之列。此類菜品，多直接食用，較少用於菜中。

【雪魔芋】

為魔芋的加工製品。為峨眉山金頂臥雲庵的僧人所創。

- **主要產地**：四川特產。
- **料理運用**：將魔芋粉加米粉調成糊，入鍋攪煮至熟，舀入方盤內凝固成大片狀，再經雪壓、風吹和日曬兩月以上而成。成品藕褐色，內呈海綿狀。食時，先以溫水泡軟，再行烹調。適宜燒燴、涼拌，成菜質地柔韌，統汁統味，滿口留香，別有一番風味。

【玉蘭片】

又稱「蘭片」。為毛竹筍的乾製品。是用未露土和剛出土的幼嫩冬筍的筍尖，經蒸煮、切片、燻磺、焙乾等程序加工而成的一種高級筍乾。因形似玉蘭花花瓣狀，故名。

- **主要產地**：中國南方各地均產。品種有冬片、春片、尖片、桃片等。品質以尖片為最好。
- **料理運用**：選用時，以乾爽肉厚，梗小潔淨者為上品。經水發後供使用。入饌適宜燒、燴。成菜有脆嫩，清甜，醇香的特點。

【筍乾】

又稱「乾筍」、「筍枯」。為竹筍的乾製品。是用新鮮竹筍，經過蒸煮和烘焙曬乾製成。

- **原料特色**：按加工工藝的不同，成品有白筍乾和烏筍乾之分。前者為黃白色，後者為煙黑色，有特殊的煙香味，故又有煙筍之稱。
- **料理運用**：經水泡或水煮後供用。入饌宜燒、炒、拌、燜。成菜質脆而清甜。

三、果品及製品

【梨】

又稱「快果」、「果宗」、「玉露」、「蜜父」，為薔薇科植物梨的果實，屬仁果類鮮果。梨樹為落葉喬木。梨種類按大類可分為中國梨和西洋梨兩種，中國梨原產中國，已有二千多年的栽培史。在長期的栽培過程中，又形成了秋子梨、白梨、沙梨三個系統，各系統又可分為若干個品種類。

- **主要產地**：白梨主要分布於中國大陸華北、西北和遼寧等地；沙梨分布於長江流域以南各地及淮河流域；秋子梨分布於東北、河北、山東、山西等地。四川以沙梨為多，白梨次之，主產於金川、蒼溪、漢源、成都、冕寧等地，重慶也有產。
- **原料特色**：優良品種有金川雪梨、蒼溪雪梨、金花梨、漢源白梨、無核梨等，其中以金川雪梨最為著名，其個大，色蠟黃，汁多，細嫩，香甜，有「梨中之王」之譽。梨不僅是秋季佳果，也是治病良藥，具有生津、潤燥、清熱、化痰的功能。
- **料理運用**：四川多以雪梨入饌，主要用於甜菜、甜羹。

【蘋果】

又稱「柰」、「頻婆」、「平波」，為薔薇科植物蘋果的果實，屬仁果類鮮果。樹為落葉喬木。蘋果有中國蘋果和西洋蘋果兩大類，中國蘋果原產中國；西洋蘋果原產歐洲和中亞。

- **主要產地**：中國大陸現在栽培上主要發展的是西洋蘋果，各地均有栽培。四川主要產於小金、茂縣、汶川、木里、蓬溪、西昌、越西等地。名品有金冠、紅冠、紅星、青皮等。
- **原料特色**：蘋果果肉脆嫩，香味濃，甜酸適口，營養豐富，有生津、潤肺、除煩、解暑、開胃的功用。
- **料理運用**：主供生食，入饌主要用於甜羹、甜菜。

【枇杷】

又稱「盧橘」，為薔薇科植物枇杷的果實，屬仁果類鮮果。枇杷樹為常綠小喬木。

- **主要產地**：原產中國大陸湖北西部和四川東部，自古以來被視為珍貴果樹。分布較廣，以福建、浙江、江蘇等地栽培最盛。名品有浙江塘棲的軟沙白條、大紅袍，江蘇洞庭山的照種、青種，福建莆田的大鐘等等。
- **原料特色**：枇杷為初夏佳果，柔甜多汁，甘酸適口。富含糖、胡蘿蔔素、維生素B和C，以及蛋白質和礦物質。
- **料理運用**：主供鮮食，入饌多用於甜菜、甜羹和小吃。

【桃】

又稱「桃實」、「桃子」，為薔薇科植物桃或山桃的成熟果實，屬核果類鮮果。桃樹為落葉小喬木。原產中國，其栽培歷史已有三千多年。

- **主要產地**：中國大陸各地普遍栽培。四川的成都、簡陽、遂寧、南充、江油及重慶的潼南、江津等地主產。著名品種有青毛子白花桃、白鳳水蜜桃，以及大久保水蜜桃等等。
- **原料特色**：桃為夏季鮮果。水蜜桃肉質柔軟，香氣濃郁，汁多味甜；白花桃肉質脆

嫩，酸甜爽口。桃的營養豐富，含蛋白質、脂肪、糖類、維生素、胡蘿蔔素、纖維素以及礦物質等多種營養成分。

- **料理運用**：除供鮮食外，還可乾製、製罐。入饌多用於甜菜和甜羹。

【香蕉】

又稱「蕉子」、「蕉果」，為芭蕉科植物甘蕉的果實，屬漿果類鮮果。甘蕉為多年生草本，原產於印度、馬來半島和中國華南。是中國大陸南方的四大果品之一。

- **主要產地**：分布於廣西、廣東、雲南、福建、四川等地，臺灣也有產。
- **原料特色**：香蕉果肉香甜滑膩，而且營養豐富。
- **料理運用**：多生食，入饌主用於甜菜，亦供藥用，有止煩渴、潤腸胃、通血脈，填精髓的功效。

【龍眼】

又稱「桂圓」、「荔枝奴」。為無患子科植物龍眼的果肉（即假種皮），屬漿果類。龍眼樹為常綠喬木，原產中國廣東、廣西的山谷中。已有二千多年的栽培歷史。

- **主要產地**：中國大陸南部和西南部均有栽培。主要產於四川瀘州、宜賓及重慶、涪陵、江津、萬州等地區，而以瀘州所產的最優。
- **原料特色**：鮮果肉色白透明，汁多味甜。供生食，也可加工成罐頭和果乾。果乾又稱益智、蜜脾，為滋補佳品，有滋補營血、安神養心之效。
- **料理運用**：入饌多用於甜羹。

【荔枝】

又稱「離支」、「丹荔」、「麗枝」。為無患子科植物荔枝的果實，屬漿果類鮮果。荔枝樹為常綠喬木，原產中國。荔枝是中國特有的果品，品種有近40種，如大紅袍、一品紅、妃子笑、玉荷包等。

- **主要產地**：主產於中國大陸廣東、福建、四川、廣西、雲南等地，臺灣也有產。四川主要分布於合江、宜賓、樂山等地，而以合江所產最著名。
- **原料特色**：荔枝為夏季佳果。果肉色白呈半透明凝脂狀，汁多而味甘美，營養豐富。以鮮食為好，也可製成罐頭、乾脯、荔枝膏或浸泡和釀酒。入藥有生津、益血、理氣、止痛的功效。
- **料理運用**：入饌多用於甜羹或用作菜餚的配料。

【茅梨】

又稱「獼猴桃」、「楊桃」、「羊桃」。為獼猴桃科植物獼猴桃的果實，屬漿果類鮮果。獼猴桃為落葉木質藤本。

- **主要產地**：產於中國大陸中部、南部至西南部。四川主要產於青城山一帶。
- **原料特色**：漿果呈卵狀或近球形，果皮黃褐綠色，汁多，味酸甜，含多種維生素，其維生素C的含量為一般蔬菜、果品的幾倍至幾十倍。多用於釀酒、製醬，也可生食。若作為藥用，有解熱、止渴、通淋的功能。
- **料理運用**：在川菜中多用於熘炒菜式的配料。

【核桃仁】

又稱「桃仁」、「胡桃子」。為胡桃科植物胡桃的種仁，屬殼果類果品。樹為落葉喬木。原產歐洲東南部和亞洲西部。中國的栽培史已有二千多年。

- **主要產地**：中國大陸各地廣泛栽培，四川以西部山區為多。
- **原料特色**：桃仁富含脂肪、蛋白質、碳水化合物以及鈣、磷、鐵和胡蘿蔔素等，具有很高的營養價值。入藥有補腎固精、溫肺定喘、潤腸之功。
- **料理運用**：用以入饌者有鮮、乾之分。鮮桃仁主要用於冷菜；乾桃仁多用於酥炸、甜菜類菜式以及甜點的餡心。

【板栗】

又稱「栗」、「栗果」。為山毛櫸科栗的種仁，屬殼果類果品。樹為落葉喬木。原產中國，其種植歷史有二千多年。

- **主要產地**：全國分布較廣，以河北、山東及北京郊區出產較多。
- **原料特色**：品種按其分布不同可分為北方栗和南方栗兩大類。北方栗果實個小，皮易剝離，含糖量高，含澱粉較低，多為黏質，品質優良，適於作糖炒板栗；南方栗果實個大，皮較難剝離，果肉含糖量低，含澱粉量高，多為粉質，適於菜用。
- **料理運用**：川菜中多用於冷菜、燒菜以及麵點的製作。

【白果】

又稱「靈眼」、「佛指甲」。為銀杏科植物銀杏樹的種子，屬殼果類果品。銀杏樹又稱公孫樹、鴨掌樹。為落葉喬木，是史前遺物，為植物中的「活化石」，目前僅存於中國。

- **主要產地**：主要生長於廣西、四川、河南、山東等地。四川遠至漢代就已栽培。
- **原料特色**：白果因有斂肺定喘、止帶濁、縮小便的功能，故多供藥用。
- **料理運用**：入饌則主要用於燒菜。由於白果有小毒，所以不宜多食，做菜應去掉內部的種芽並酌量而用。

【花生】

又稱「落花生」、「番豆」、「長生果」。為豆科植物落花生的種子，屬殼果類乾果，一年生草本。

- **主要產地**：原產巴西和秘魯。中國也可能是原產地之一，1962年在江西修水縣的原始社會遺址中曾發現了四粒炭化的花生，由此推論，中國種植花生的歷史至少應追溯到4000年以前。中國大陸分布極廣。
- **原料特色**：花生仁富含蛋白質、脂肪、碳水化合物，並含鈣、磷、鐵等礦物質以及多種維生素。其含油量為大豆的兩倍，被譽為「乾果之王」、「植物肉」。
- **料理運用**：除用於榨油和食品加工業外，也廣泛用於菜、點的製作。

【腰果】

又稱「雞腰果」。為漆樹科植物腰果樹的果實，屬殼果類乾果。樹為常綠灌木或小喬木。因果實形似腎（俗稱腰子），故名。

- **主要產地**：原產南美，印度、印尼、馬來西亞、斯里蘭卡、馬達加斯加等熱帶地區廣為栽培。近年來中國大陸海南地區也有引植。
- **原料特色**：腰果的澱粉、糖、蛋白質及脂肪的含量較高。
- **料理運用**：多用於油炸、鹽漬和糖餞。川菜中主要用於冷菜，以及用作部分熱菜的配料。

【橘】

又稱「黃橘」。為芸香料植物福橘或朱橘等的成熟果實，屬柑桔類鮮果。橘樹為小喬木，原產中國。品種較多，主要有福橘和朱橘以及同屬的蜜橘和乳橘等。福橘又稱綠橘、紅橘，朱橘又稱朱紅橘、赤蜜柑。

- **主要產地**：中國大陸中部和南部均有栽培。四川與重慶盛產紅橘，廣為分布，以江津、渠縣、萬縣、巴縣、合川、內江、成都、綿陽等地產量高、品質好。
- **原料特色**：著名品種為大紅袍，其顏色鮮紅而具光澤，皮鬆易剝，汁多味甜，果汁可溶性固形物含量高，並含有豐富的維生素C，有開胃理氣、止渴潤肺的功用。
- **料理運用**：主供鮮食，也可釀酒和製罐頭。入饌多用於甜羹、甜菜。

【廣柑】

又稱「甜橙」、「黃果」、「柳丁」。為芸香科植物甜橙的成熟果實，屬柑桔類鮮果。甜橙樹為常綠小喬木。

- **主要產地**：原產中國大陸東南部，主要產於廣東、四川、重慶、湖南、福建、廣

西、江西等地。四川、重慶是出產廣柑的大區，不僅分布廣、產量高，而且種類多、品質優。如重慶江津、萬州和四川內江等地的鵝蛋柑；成都、溫江、綿陽、樂山等地的血橙；石棉的臍橙以及江安的夏橙等。

- **原料特色**：廣柑果味香甜或酸甜，汁多，含有豐富的糖類和多種維生素，特別是維生素C的含量較高。
- **料理運用**：主供生食，也可加工成橙汁。入饌多用於甜羹或飲料。

【柚】

又稱「柚子」、「胡柑」、「文旦」。為芸香科植物柚的成熟果實，屬柑桔類鮮果。柚樹為常綠喬木。中國栽培歷史至少有二千多年。

- **主要產地**：主要分布於中國大陸廣東、廣西、福建、浙江、四川、江西等地，台灣也有分佈。四川與重慶主產於墊江、江津、長壽、瀘州、蒼溪、梁平、蓬溪等地。優良品種有墊江的白柚、長壽的沙田柚、江津的晚白柚、蒼溪的脆香甜柚等。
- **原料特色**：柚的砂囊（汁胞）粒大，味純甜或甜中帶酸，含胡蘿蔔素、多種維生素和礦物質、糖類及揮發油等成分。
- **料理運用**：主要供生食，入饌主要用在甜菜中。

【檸檬】

又稱「黎檬子」、「夢子」、「檸果」。為芸香科植物黎檬或洋檸檬的果實，屬柑桔類鮮果。樹為小喬木。

- **主要產地**：原產馬來西亞（一說印度）。中國大陸四川、廣東、廣西、福建，以及台灣等地有栽培。四川內江與重慶等地栽培較多。優良品種有尤力克檸檬。
- **原料特色**：果實汁多味酸、香氣濃郁。民間多以果瓤泡水而食，有生津、止渴、祛暑的功用，常飲對改善高血壓、心肌梗塞患者的症狀也大有益處。

- **料理運用**：餐飲業多用檸檬汁或由檸檬汁分離製成的檸檬酸作冷菜調味品，也用於白案發麵改鹼和洋菜糖增白。

【鳳梨】

又稱「波羅」、「鳳梨」、「黃梨」。為鳳梨科植物鳳梨的果實，屬複果類鮮果。鳳梨為多年生常綠草本。原產巴西，明末傳入中國。為著名熱帶水果。

- **主要產地**：主要產於中國大陸廣東、廣西、福建，以及臺灣等地。
- **原料特色**：果實質嫩多汁，甘酸適口，維生素C的含量較高。
- **料理運用**：主供生食，也可加工製罐。入饌多用於甜羹、甜菜。

【西瓜】

又稱「寒瓜」。為葫蘆科植物西瓜的果瓤，屬瓜類鮮果。西瓜為一年生蔓生草本。原產非洲，五代時傳入中國。是夏季最主要的瓜果之一。

- **主要產地**：中國大陸除少數寒冷地區外，南北均有栽培。
- **原料特色**：果瓤汁多味甜，營養豐富，有清熱解暑、除煩止渴、利小便的功用。有「天生白虎湯」之稱。
- **料理運用**：主要供生食，入饌多用於冷食甜品。

【杏仁】

又稱「杏核仁」、「杏子」。為薔薇科植物杏或山杏的乾燥種子。樹為落葉喬木，原產中國。

- **主要產地**：中國大陸西北、華北和東北各地分布最廣。
- **原料特色**：杏仁有甜、苦之分。苦杏仁主供藥用，有祛痰止咳、平喘、潤腸的功用，也供食用。
- **料理運用**：苦杏仁主要用於甜品，因其味苦，有毒，故用量宜小；甜杏仁則主要用於茶食。

此外，中國大陸新疆、甘肅、陝西等地所產的巴旦杏仁（又稱巴達杏仁），也分苦、甜兩種，其用途同上。

【蓮米】

又稱「蓮子」、「蓮實」、「水芝丹」、「蓮蓬子」。為睡蓮科植物蓮的果實或種子。

- **主要產地**：中國大陸產地很多，而以湖南、福建為盛。品質則以湖南所產的湘蓮最佳。
- **原料特色**：蓮米富含碳水化合物，其蛋白質及脂肪的含量亦較高，並含多種礦物質。歷來被視為滋補佳品和治病良材，有養心、益腎、補脾、澀腸的功效。
- **料理運用**：入饌多用於甜羹、甜菜、甜點以及用作「八寶」菜、點的主要配料。

【蜜餞】

又稱「蜜煎」。為鮮果經糖、蜜、香料浸煮或醃漬而成的加工製品。此法在中國已有約1000年的歷史。按其加工方法的不同，蜜餞又分為乾蜜餞、糖衣蜜餞、普通蜜餞和帶汁蜜餞四種。

- **主要產地**：中國大陸南北均有生產。
- **原料特色**：四川以內江所產最為著名，其生產歷史至今已有三百多年。此地採用的是獨特的糖浸糖蜜、濕坯上蜜的工藝，成品不僅形色美觀，香味濃郁，滋味甜美，而且品種繁多，如水果中的紅橘、櫻桃、檸檬、蘋果、柚皮，蔬菜中的多瓜、茄子、甜椒、苦瓜、蘿蔔，中藥材中的佛手、大棗、壽星桔、天冬等，其中以橘餅馳名遐邇。
- **料理運用**：蜜餞除供居家待客的消閒糖食外，也廣泛用於甜羹、甜菜和甜點。

【果脯】

即乾蜜餞。是用果品經糖、蜜、香料等浸煮至一定程度後，再進行晾曬或烘烤，待其脫去部分水分，表面乾燥後即成。成品乾爽，色鮮，不沾手。主要產於北方，故有「北蜜」之稱。多作為糖食，入饌作用與蜜餞同。

【果醬】

為鮮果的加工製品。其製作方法與番茄醬類似。以所用水果而命名。如蘋果醬、桃子醬、草莓醬、梨醬、杏醬等。品種不同，風味各異，但均以質細膩，味甜酸，並具有水果原有的特殊風味為品質標準。川菜中主要用於麵點。

筆 記 欄

第二章 肉類

一、畜肉及製品

【豬】

又稱「豕」（音同「史」）、「豨」（音同「希」）、「豚」、「彘」（音同「智」）。屬哺乳綱偶蹄目豬科動物。由野豬馴化而成。中國養豬的歷史至少有約六千年。中國豬的種類很多，而多以原產地命名。如金華豬、榮昌豬、陸川豬、內江豬等。還有從國外引進的品種。如從英國引進的約克夏豬、巴克夏豬，從原蘇聯引進的克米諾夫豬、蘇白豬，從丹麥引進的長白豬等。此外，尚有中國豬和外國豬的雜交種。如上海白豬、哈白豬、蘆花白豬、北京黑豬等。豬按其用途分為肉用型、脂肪型和肉脂兼用型三種。

- **主要產地：**四川為中國養豬大省，歷史悠久，分布廣，產量高，名品除榮昌豬、內江豬外，還有產於成都平原的成華豬。
- **原料特色：**豬因其早熟，易肥，繁殖力強，屠宰率高，肉質優良的特點，加之豬肉及內臟均含有豐富的營養成分，故自古以來就是中國人民主要的肉類食物。

【豬肉】

豬經屠宰後供食用的肉。包括皮、肥肉（脂肪層）、瘦肉（肌纖維）三大部分。

- **原料特色：**瘦肉細嫩柔軟，間夾脂肪，煮熟後具有特殊的香味，其顏色呈淡紅或黃白、暗紅，以呈淡紅色者品質為佳。肥肉以色白，結構緻密而富有彈性者為好。豬皮有厚薄之分，但各有用途，鮮食宜薄，乾製宜厚。
- **料理運用：**豬肉除供鮮食外，也可加工成多種醃臘製品、罐頭製品和脫水製品。

【豬頭】

豬的頭顱。包括耳、鼻、口、臉等部分。

- **原料特色：**豬頭肉皮厚肉少，無筋膜，富含膠質，瘦肉以核桃肉為主。烹熟後質地或柔韌而黏，或柔中帶脆。
- **料理運用：**一般分部位使用。豬鼻嘴、豬耳適於醃、滷、拌；頭頂的部分適於燒、炒等方式。

【槽頭】

又稱「頸肉」、「血脖」、「項圈」。位於前肘與豬頭之間。

- **原料特色：**肥瘦混雜，看似肥膘，但脂肪含量不高。肉質粗老而帶韌性。

・**料理運用**：適於熬油、絞肉餡。

【鳳頭肉】

又稱「眉毛肉」、「鷹嘴」、「豬上腦」、「豬肩頸肉」。豬的前腿上部（在扇子骨上）連著糟頭的一塊肉。

・**原料特色**：肥瘦相間、肉質細嫩。
・**料理運用**：宜熘、炒、炸及氽湯。

【夾心肉】

又稱「夾縫肉」。豬前腿上部包著扇子骨的肉。

・**原料特色**：肉質嫩但夾筋多，肌纖維橫順不規則，吸水力強。
・**料理運用**：宜製餡、絞肉末。烹調中適宜燉、炸熘。

【扁擔肉】

又稱「背柳」、「通脊」、「外脊」。位於脊椎骨上的長條形肉。因為形似扁擔，故名。

・**原料特色**：色白，纖維細短，肉質細嫩。
・**料理運用**：宜熘、炒、炸、氽，也可作製糝原料。

【里脊】

又稱「腰柳」、「腰脊」、「小里脊」。位於豬腰子和背脊骨之間的一條長形瘦肉。

・**原料特色**：色紅。數量不多（一頭豬只有數百克），為瘦肉中最嫩的部分。
・**料理運用**：宜炸熘、乾炸。

【五花】

又稱「保肋」、「五花肋條肉」。位於豬前腿和後腿之間，背柳以下、奶脯以上的一塊方肉。有硬五花、軟五花之分。

・**原料特色**：硬五花是貼著肋骨的一塊板肉，肥肉多、瘦肉少；硬五花以下部分為軟五花，肥瘦相間。
・**料理運用**：硬五花適宜作粉蒸肉、甜燒白等菜式；軟五花適宜作鹹燒白、紅燒肉等菜式。

【拖泥】

又稱作「奶脯」、「托泥」、「肚囊皮」。位於「軟五花」下面。即豬的腹部。

・**原料特色**：筋膜較多，肉呈泡泡狀，間有很薄的一層瘦肉，品質較差。
・**料理運用**：適於燒，也用作炸酥肉和熬油的原料。

【臀尖肉】

又稱「寶尖」。位於豬臀的上部，尾椎骨兩側的瘦肉。

・**原料特色**：質細嫩，可代替扁擔肉使用。
・**料理運用**：宜炸、熘、炒。

【抹襠】

又稱「摩襠」、「蓋板肉」。位於坐臀肉的內側上方，即後腿中部，靠近尾巴處和後肘上方的一塊近圓形瘦肉。

・**原料特色**：纖維長，筋少，質細嫩。
・**料理運用**：宜炒、熘、炸。

【二刀】

又稱「坐臀肉」、「坐板肉」。位於抹襠下面。

・**原料特色**：肥瘦相間，瘦多於肥，無骨少筋，肉質較嫩。
・**料理運用**：宜煎、炒、燒、烤，也適於作醬肉、醃肉。

【彈子肉】

又稱「拳頭肉」、「元寶肉」。位於後腿棒子骨前的一塊球形瘦肉。

・**原料特色**：呈橢圓形，外披薄膜，肉質較嫩，但有筋，肉纖維橫豎交叉。
・**料理運用**：宜熘、炒、燒，亦可用於氽湯。

【豬肘】

又稱「蹄膀」、「肘頭」。有前後之分。前肘位於扇子骨下,膝關節上;後肘位於抹襠以下,膝關節上。
- **原料特色**:皮厚,膠質重,筋肉相間,層次分明,瘦肉成束狀。
- **料理運用**:適於蒸、燉、煮、滷。

【豬蹄】

又稱「蹄爪」、「豬腳」、「豬手」。有前後之分,位於前、後肘以下。
- **原料特色**:皮筋,膠質重。
- **料理運用**:宜燒、燉、滷、拌。

【豬尾】

又稱「皮打皮」、「甩不累」。由皮質和多骨節組成。
- **原料特色**:富含膠質。
- **料理運用**:適於燒、滷、拌。

【豬雜】

為豬內臟的統稱。包括心、肝、肚、腰、肺、腸等。豬舌雖不屬內臟,一般也將其歸入豬雜。有上雜(包括心、舌、肚、肝、腰)、下雜(包括肺、腸)之分。
- **料理運用**:豬雜因各具特點,營養全面,故被廣泛地用於菜、點的製作。

【豬心】

與豬舌、豬肚合稱為三鮮。
- **原料特色**:顏色紫紅或淺紅,組織堅實而有彈性,具光澤,表體濕潤。
- **料理運用**:經洗去血污後供用。宜醃、滷、燒、拌、蒸。廣泛用於燒菜、湯菜和麵臊。

【豬舌】

又稱「刷子」、「口條」。
- **原料特色**:顏色藕褐,組織堅實而富彈性。經洗淨、水煮後,刮去舌苔供用。質地鬆軟。

- **料理運用**:宜醃、滷、拌、燒、燴,也用作燒菜配料。

【豬肚】

即豬胃。
- **原料特色**:色白略帶淺黃,胃壁厚實而帶彈性,具光澤。
- **料理運用**:一般經扯去肚頭,洗淨,入開水中汆去涎液即可使用。適宜滷、拌、燒、蒸。

【豬肚頭】

又稱「肚尖」、「肚仁」。位於賁門部,是由一部分環行肌在胃的起始部分轉變成的內斜肌。去筋膜、洗淨後供用。分肚頭和二節子兩部分。
- **原料特色**:肚頭體厚、色白、質脆。
- **料理運用**:宜爆炒、汆煮;二節子體薄色稍暗,經鹼提後呈半透明狀,宜拌,如四上玻肚、芥末嫩肚絲等。

【豬肝】

顏色有褐、紫、黃之分,質地有粗、細之別。品質以細沙黃肝為佳。
- **原料特色**:質細嫩,具光澤,有彈性,含豐富的維生素A。
- **料理運用**:經去筋、苦膽後供用。宜滷、醃、爆、炒、炸、燒、汆,也可搗細後作肝膏湯等。

【豬腰】

即豬腎。
- **原料特色**:顏色淺紅,結構緻密而富彈性,有光澤。
- **料理運用**:經除去筋膜、腰騷(腰子外部和內部的白色筋膜)後供用(用於醃、滷時也可不去腰騷)。宜爆、炒、炸、拌及汆湯。

【豬肺】

又稱「肺葉」。

- **原料特色**：顏色粉紅，質地柔韌而富彈性，表裡濕潤。
- **料理運用**：經水沖去血污後供用。以沖盡血污，全體呈白色者爲最好，稱銀肺。適於滷、拌、蒸、煮。

【豬腸】

顏色白而帶黃。有大腸（又名肥腸）、小腸之分。

- **原料特色**：大腸肥厚粗壯，脂肪重，皺折多；小腸略細，體較薄，略帶著脂肪，皺折少。
- **料理運用**：經用明礬、食鹽、清水的混合液反覆搓洗，去盡涎液及汙物雜質後供用。大腸宜燒、蒸、炸、滷、燒；小腸宜燒、拌、乾煸、滷、粉蒸。

【豬排骨】

又稱「籤子骨」。即豬肋條。用來作菜餚時須帶一層肉（俗稱肉排骨）。

- **原料特色**：其肉質細嫩、肥美。
- **料理運用**：宜炸收、煙燻、滷、燒、清炸、燉、粉蒸，也用作吊湯原料。

【豬黃喉】

四川俗稱橫喉。本指豬食管下面的一節管道，現在也有將食管及大血管統稱爲黃喉的。

- **原料特色**：色白光滑，質柔韌而有彈性，成熟後爽脆。
- **料理運用**：川菜烹調中多用以燒、拌、爆炒，並廣泛用於火鍋。

【豬腦花】

又稱「腦花」。即豬的腦髓。

- **原料特色**：表面有膜，上佈滿血筋，質地細嫩如泥。
- **料理運用**：經去膜、血筋並洗淨後供用。宜乾燒、炒、燒，也用於火鍋。

【豬皮】

又稱「豬衣」。有鮮、乾之分。

- **料理運用**：鮮品去毛刮淨再經煮熟、除盡油脂後，可製冷菜如皮紮絲，也可用於熬製皮凍，其質地柔韌；乾品在四川俗稱「響皮」、「川魚肚」，品質以乾爽、無脂、無毛者爲良，油發水泡後體柔軟，呈海綿狀，宜燒、燴、蒸、拌。

【豬蹄筋】

又稱「蹄筋」。

- **料理運用**：鮮品稱子蹄筋，直接用於烹調，質地柔糯，富含膠質，多用作燒菜配料。乾品以色白、無筋、粗壯者爲最佳，經油發後呈海綿狀，質地柔中帶脆，宜炒、燒，也用於湯菜。

【牛】

爲黃牛、水牛、犛牛、瘤牛的總稱。屬哺乳綱偶蹄目牛科動物。是由野牛馴化而成。中國養牛的歷史十分悠久，分布也非常廣泛，有黃牛、水牛和犛牛三種。

- **主要產地**：四川牛種資源豐富，三個種屬的牛均有，以水牛頭數最多，犛牛頭數僅次於青海、西藏，牛的總頭數位居中國之首。四川養牛業的歷史也很悠久，黃牛有約五千年；水牛和犛牛至少在二千年以上。黃牛主要分布於山區及丘陵，優良品種有宣漢黃牛、三江黃牛、峨邊花牛以及川南山地黃牛等。水牛主要分布於平壩、河谷地區，優良品種有德昌水牛、涪陵水牛等。犛牛主要分布於高原山區，優良品種有九龍犛牛、麥窪犛牛等。
- **料理運用**：牛除役用外，其肉和內臟也供食用。目前供食用的除少量牧牛和引進的肉牛外，多數還是被淘汰的役牛。

【牛肉】

指黃牛（包括奶牛）、水牛、犛牛被屠宰後去皮、臟、骨，供食用的部分。品類不同，品質也不一樣。

- **原料特色**：黃牛肉質堅實，顏色棕紅或暗紅，結締組織爲白色，脂肪爲淡黃或深黃色，肌肉間無脂肪雜質，肉味鮮香純正。肉用牛和奶牛的肉，肌肉纖維細，肉層均勻呈大理石紋狀，肉味肥美，多汁而芳香。水牛肉呈暗紅色，脂肪白色，纖維粗而鬆散，品質不如黃牛肉。犛牛肉呈鮮紅色，肌肉間脂肪沉積較多，肉質細嫩肥美，品質優於一般黃牛肉。

【牛頭】

又稱作「牛首」。牛的頭顱。

- **原料特色**：骨多，肉少，主要是瘦肉。可食部分主要是皮質和肉。富含膠質。
- **料理運用**：燎盡皮毛、刮洗乾淨後供烹調。宜燒、拌。成菜或柔糯黏口，或韌中帶脆。如紅燒牛頭方、燒牛頭蹄、紅油牛頭皮等。

【牛頸肉】

又稱作「脖頭」、「脖子」。位於牛頭後部。

- **原料特色**：纖維橫豎錯生，肉粗且硬，顏色血紅，質較差。
- **料理運用**：宜清燉、紅燒，也可製餡。

【短腦】

位於肩胛骨上部。

- **原料特色**：肉上有薄膜，肉質較嫩。
- **料理運用**：去盡筋膜後供烹調。宜熘、炒，也可製餡。

【上腦】

又稱「喜頭子」。位於牛腿上端，脊背前部，靠近後腦。

- **原料特色**：肉紅白相間，筋少，肉質較肥嫩。
- **料理運用**：宜炒、炸、燒、烤、蒸。如芹黃牛肉絲、明筍燒牛肉、粉蒸牛肉等。

【牛前腿】

又稱「哈力巴」。位於頸肉後部、上腦下部、肩胛骨兩側。

- **原料特色**：筋多，肉質較老。
- **料理運用**：宜用慢火烹製，如煨、燉、燒、滷等。

【前腱子】

又稱「腱子肉」。位於牛前腿的下部。

- **原料特色**：筋多肉老，筋肉相連，斷面呈花色。
- **料理運用**：宜滷、拌。

【胸口】

位於兩條前腿的中間。

- **原料特色**：脂肪較多，纖維較粗。
- **料理運用**：宜燉、燒。

【牛排】

又名「腰窩排」。位於脊背下側，肋骨上部。

- **原料特色**：纖維斜而短，肉質厚闊肥嫩。
- **料理運用**：宜爆、炒、烤、炸。

【腰窩頭】

位於牛的背脊部位，下接肋條、後接臀尖。

- **原料特色**：肉厚而肥嫩。
- **料理運用**：宜炒、燒、燉。

【肋條】

又稱「腑肋」。位於腹腔兩側。

- **原料特色**：肉質肥，瘦肉少且多筋膜。
- **料理運用**：宜慢火久烹，如清燉、紅燒。

【脯腹】

又稱「胸脯」、「肚脯」、「弓寇」。位於牛的腹部。

- **原料特色**：呈帶狀，肉薄，外有薄膜、中有板筋，結締組織多。
- **料理運用**：宜燒、燉、滷。

【揣窩】

位於後腿中間的後腹部。

- **原料特色**：筋和膜相間，結締組織多。
- **料理運用**：宜清燉。

【牛外脊】

又稱「牛通脊」。位於上腦之後，三叉之前。為脊側兩邊的條狀肉。

- **原料特色**：肉瘦，底有板筋（又稱白筋），肉質細嫩。
- **料理運用**：宜熘、炒、烤、拌。

【牛柳】

又稱「牛里脊」。位於外脊的後下方，緊靠後腿上部。

- **原料特色**：全為瘦肉。為牛肉中最細嫩的部分。
- **料理運用**：宜炒、爆、熘、蒸、氽。

【三叉】

又稱「三岔肉」。位於尾根的前部，子蓋和裏子蓋上部。

- **原料特色**：外面包有皮筋，肉中有三片筋，肉質較嫩。
- **料理運用**：宜熘、炒。

【牛臀尖】

又稱作「米龍」。連接腰窩頭和牛尾的部位。

- **原料特色**：肉厚，肥瘦均有，肉質細嫩。
- **料理運用**：宜炒、熘、炸、烤。

【裏子蓋】

又稱「下子蓋」。位於臀尖下部。

- **原料特色**：肉瘦而嫩。
- **料理運用**：宜炒、熘、炸、烤。

【子蓋】

位於裏子蓋下面。

- **原料特色**：長圓形，肉纖維長，質細嫩，附有筋膜。

- **料理運用**：宜炸、熘、炒。

【和尚頭】

又稱「兔蛋」。位於裏子蓋旁邊。

- **原料特色**：形似卵，由五條筋合攏而成。表面光滑，肉質較嫩。
- **料理運用**：最宜炒，也可滷、燒、燉。

【後腱子】

位於後腿中部。

- **原料特色**：為一呈橢圓形的瘦肉。筋多，斷面呈雲狀花紋，質較老。
- **料理運用**：宜滷、醃、拌。

【牛尾】

牛的尾巴。

- **原料特色**：由多骨節組成。肉質肥美。
- **料理運用**：最宜清燉。

【牛掌】

又稱「牛蹄」。經去殼、火燎、浸泡、刮洗、燜煮、拆骨後供烹調。以犛牛掌的品質最佳。

- **原料特色**：牛掌富含膠質。
- **料理運用**：宜燒、拌。成菜或柔糯黏口，或韌中帶脆。菜品如紅燒牛掌、涼拌頭蹄等。

【牛筋】

又稱「牛蹄筋」。牛腿部的筋。

- **料理運用**：鮮品和乾品均可入饌。鮮牛筋宜燒、燴。乾牛筋品質以色黃、乾爽、無筋膜者為佳，水發後供烹調，宜燒。成菜柔糯黏口，富含膠質。

【牛鞭】

又稱「牛沖」。為雄牛的外生殖器。

- **料理運用**：有鮮、乾之分。鮮品洗淨即可烹調；乾品經水發（浸泡、燜煮）後供用。牛鞭質地柔韌，富含膠質。宜燒、燉。因其帶有一定的異味，故在初加工

時，須將尿道膜除盡；在燜煮時重用薑、
蔥、紹酒以除異增香。

【牛雜】

為牛腑臟的總稱。包括心、肺、肝、
腰、肚、腸等。牛舌和牛黃喉雖不屬腑臟，
但一般也歸入牛雜。

- **料理運用**：肝、腰等除宜醃、滷外，也宜
於爆、炒。心、肚、舌則多用於燒、拌。
腸宜燒。肺宜燉。黃喉（牛心上段的軟
管，俗稱牛心蒂）宜涮，也可炒、拌。

【牛肚】

即牛胃。因牛是反芻動物，故有4個
胃：瘤胃（四川俗稱草肚）、網胃（四川俗
稱蜂窩肚）、瓣胃（四川俗稱千層肚）、皺
胃（四川俗稱傘把肚）。

- **料理運用**：瘤胃和網胃均由食管變成，胃
壁肌層厚實，彈性纖維多，川菜中多用於
燒、滷、拌；瓣胃的胃壁黏層形成的皺褶
為瓣胃葉（俗稱百葉、四川俗稱毛肚），
川菜中廣泛用於火鍋。經加工處理後也適
宜熘、炒、拌；皺胃又稱真胃，其構成與
豬肚相似，宜燒、拌、滷。此外，牛肚肌
層中最厚實的部分，四川俗稱牛肚梁，宜
燒、拌。

【羊】

屬哺乳綱偶蹄目羊科動物。家畜之一。
分綿羊和山羊兩大類。羊的皮毛可製皮革和
作毛織物原料，其肉和乳供食用。

- **主要產地**：綿羊是由野生源（音同
「元」）羊參養變化而成，體軀豐滿而較
寬，中國分布廣，以西北和北部為多，優
良品種有新疆細毛羊、福海大尾羊、蒙古
羊、哈薩克羊、西藏羊等；山羊體窄狹，
頭長、頸短，中國分布很廣，遍及南北各
地，優良品種有成都麻羊、沙能山羊等。

四川養羊的歷史至少在二千年以上。綿
羊主要分布在西部的甘孜、阿壩和涼山三
州，屬藏系綿羊，有高原型、山谷型、山地

型三大類型；山羊分布較廣，優良品種有四
川銅羊（即成都麻羊）、古藺馬羊、板角山
羊、建昌黑山羊、川東北山羊和藏山羊等。

【羊肉】

指山羊或綿羊經宰殺，去皮、內臟、腳
蹄的骨肉部分。品種不同，品質各異。

- **原料特色**：綿羊肉肌肉堅實，顏色深淺和
纖維粗細皆因老嫩而不同。年齡小的肌肉
纖維細，呈玫瑰色，少脂肪。老羊肉肌肉
纖維較粗，色暗紅。育肥綿羊富含脂肪，
有特殊的香味，略帶膻味。山羊肉的顏色
較淡，皮下脂肪少，膻味較重，品質不及
綿羊。

- **料理運用**：在川菜中，羊肉主要用於清
燉、粉蒸、爆炒一類的菜式。

【羊雜】

為羊的頭、尾、心、舌、肚、肝、腸、
肺等的合稱。

- **料理運用**：因其個體均較小，故川菜中多
混合使用（全羊席例外）。除羊肚宜爆、
炒外，其餘部分多用於燒、燉、拌一類的
菜式。

【兔】

屬哺乳綱兔科動物。分家兔和野兔兩大
類。家兔是由野兔馴養而成。品種較多，按
其用途，又分為毛用、皮用、肉用和皮肉兼
用四型。

- **主要產地**：中國各地均有飼養。優良品種
有中國兔、日本大耳兔、青紫藍兔等。
四川所產多為中國兔（又稱本地兔、菜
兔）。野兔（又稱山兔）在中國分布較
廣，品種有蒙古兔、高原兔、華南兔、東
北兔等。

- **原料特色**：家兔肉質地細嫩。鮮香兼備，
含脂肪少，營養豐富，屬高蛋白低脂肪食
品；野兔較家兔，味更為鮮美，但膻味較
重。

- **料理運用**：家兔宜燒、熘、炒、炸收、冷

拌、醃、滷，也可製糝。野兔宜燒、燜、醃、燻。

【狗肉】

即家犬肉。俗稱地羊肉。家犬屬小型家畜。中國民間食狗肉的歷史，至少在二千年以上。

- **原料特色**：狗肉細嫩肥美，營養豐富，並具補中益氣、溫腎助陽的功效。歷來被視為滋補食品。
- **料理運用**：川菜中多用於清燉、紅燒一類菜式。

【火腿】

又稱「燻蹄」、「蘭燻」、「南腿」。為豬腿的加工製品。是選用皮薄、肉嫩、精肉多、品質好的生豬後腿，經醃、洗、整形、晾曬、上架、修割等工序製作而成。為中國傳統的醃肉食品之一。

- **主要產地**：著名品種有浙江的金華火腿、雲南的宣威火腿（又稱雲腿、榕峰火腿）、江蘇的如皋火腿等。四川火腿的名品主要是劍門火腿，重慶火腿有涪陵的無骨火腿等。
- **原料特色**：火腿因具有肉質緊實、色澤鮮豔的特點，並具香爽不膩、鹹鮮適口的特殊風味。
- **料理運用**：被廣泛地用於菜餚、點心的製作，起提味增香的作用。

【醃肉】

為豬肉的加工製品。鮮豬肉經改條，加鹽、糖、酒及多種香料浸漬後，晾乾或烘烤而成。肥瘦相間，色澤鮮豔，鹹淡適口而帶香味。以前多為季節性的家製食品。現已有廠家作商品性生產。

- **料理運用**：可直接做菜。如回鍋醃肉、醃肉鑲油菜薹等。也可代替火腿，用於燒燜類的菜式，如醃肉菜頭、醃肉鳳尾、醃肉燜青圓等。

【臘肉】

豬肉的加工製品。用鮮豬肉經開條、醃漬、煙燻等工序製作而成。多為家庭製作，尤以農家為盛。

- **原料特色**：熟後肥肉色黃呈半透明狀，味鹹鮮而帶濃郁的煙香味。其用途與醃肉相同。

【西式火腿】

又稱「鹽水火腿」。為鮮豬腿肉的加工製品。用新鮮豬腿，經去皮、剔骨、乾醃、濕醃、洗滌、模壓、煮製等工序製作而成。因其加工方法是由國外引入，故名。品種有方火腿、圓火腿、燻圓腿等。

- **原料特色**：具備有肉質細嫩，鹹鮮適口的特點。
- **料理運用**：川菜中多代替火腿使用。

【午餐肉】

為鮮豬肉的罐頭製品。用豬腿瘦肉、肋條肉經醃漬、絞碎、拌和、蒸製、裝罐等工序製作而成。

- **原料特色**：成品緊密細膩、肥瘦適度，味鹹鮮，有明顯的玉果粉香。
- **料理運用**：川菜中多用以代替肉糕，宜燴、燒、炒、炸，也可用於火鍋。

【灌腸】

又稱「西式灌腸」。原是西方食品，引入中國已有一百餘年的歷史。因用料和風味的不同，故品種較多，常見的有小紅腸、大紅腸和粉腸等。

- **原料特色**：灌腸一般以豬肉、牛肉等為主要原料，經洗滌、絞碎、拌粉、調味、裝腸和烘乾等工序製成生製品，再經煮熟或生燻或燻煮等幾種方法製作而成。有細膩鮮嫩、味香可口的特點。
- **料理運用**：熟製品可直接食用（如佐酒、下飯、夾麵包等），川菜中多用於冷碟或作配料使用。

二、禽蛋及製品

【雞】

又稱「燭夜」、「德禽」。屬鳥綱雉科家禽。起源於野生的原雞。中國養雞的歷史悠久，分布極廣，品種也多。優良品種有九斤黃、狼山雞、壽光雞、蕭山雞、鹿苑雞、新華雞、惠陽雞、浦江雞、桃源雞、烏骨雞、大骨雞等。並從國外引進了來航雞、洛島紅雞、蘆花洛克雞、白洛克等品種。

- **主要產地**：四川遠在秦漢時期，養雞就已十分普遍。由於四川地形複雜，形成了不同的生態環境，雞品種的形成和分布也帶有明顯的區域特徵。盆周山區主產黑色雞種，盆地內部主要分布黃色雞種，而川西北高原和西南橫斷山脈又主要分布雜色雞種。優良的地方品種有金陽絲毛雞、峨眉黑雞、彭縣黃雞、舊院黑雞、米易雞以及藏雞等。
- **料理運用**：雞按其用途可分為肉用雞、蛋用雞、肉蛋兼用雞及藥用雞幾種類型。供烹調用的多為肉用雞和肉蛋兼用雞。藥用雞則主要是烏骨雞。

【烏骨雞】

又稱「烏雞」、「藥雞」、「絨毛雞」。為雉科動物家雞的一種。中國特有。原產江西泰和縣，現各地均有飼養。品種有白毛烏骨、黑毛烏骨、斑毛烏骨、肉白骨烏和骨肉俱烏等幾種。

- **料理運用**：入饌以藥用為主。其性味甘、平，有養陰退熱之功。配以諸方燉食，治虛勞骨蒸羸瘦、消渴、脾虛滑泄、下痢口噤、崩中、帶下等症。

【漢陽雞】

為四川樂山地區的優良品種雞。

- **主要產地**：產於樂山青神縣漢陽鎮一帶而得名。
- **原料特色**：在產地的河灘沙地上多種植花生，當地人即在花生地上放養雞群，雞則以昆蟲、花生為食，所以肉質特別細嫩肥美。以此雞製作的棒棒雞、白斬雞為馳名遐邇的地方名餚。

【雞肉】

指活雞經宰殺、退毛、去內臟和腳爪後的骨肉部分。可整隻用，可分部位使用，也可取淨肉用。雞肉因其質地細嫩，味道鮮美，營養豐富，故為中國最主要的肉食品之一，被廣泛地用於菜餚、麵點的製作。

- **料理運用**：根據雞的性別、育齡的不同，烹調方法也不盡相同。雛雞（公雞又稱童子雞）即半年左右的雞，毛重1000克以下，一般連骨使用，宜煸、炒、爆、炸。仔雞（又稱嫩雞、當年雞）即一年以內的雞，羽毛緊密，胸脯較滿，嘴尖發軟，冠和耳垂為紅色，後爪趾平。仔公雞宜炒、熘、燒、炸；仔母雞宜滷、蒸、燒、拌。成年雞（又稱隔年雞）則胸骨和嘴尖稍硬，後爪趾尖，公雞冠大而挺，羽毛美麗，宜炒、熘、拌、醃、滷；母雞冠和耳垂色紅，羽毛具光澤，皮下脂肪多，宜燉、蒸、燒、燜。老雞皮發紅，胸骨硬，爪趾較長呈勾狀，羽毛管硬，宜燒、燉，或用作製湯的原料。

【雞脯肉】

又稱「雞胸肉」、「鳳脯」。位於雞胸三叉骨的兩側。

- **原料特色**：為雞肉中品質最好的部分。肉質細嫩，色白。
- **料理運用**：宜熘、炒和製雞漿、雞糝。

【雞腿】

又稱「鳳腿」。雞的大腿骨及肉。

- **原料特色**：肉厚，質較結實，筋多。
- **料理運用**：整用宜蒸炸。經刀工處理後，宜蒸、炒、燒、拌。

【雞翅】

又稱「鳳翅」、「雞翼」，俗稱「大轉彎」。即雞翅膀。

- **原料特色**：皮多骨多，筋多肉少，質地柔韌，富含膠質。
- **料理運用**：宜燒、滷、拌。

【雞爪】

又稱作「雞腳」、「鳳爪」。雞的腳爪部分。

- **原料特色**：有皮無肉，皮薄而帶脆。
- **料理運用**：帶骨者宜滷、煮；去骨者宜涼拌、燒燴、粉蒸。

【雞雜】

又稱「雞什件」。為雞內臟的總稱。包括肝、肫、心、舌、腸等。可以單用，也可合用。

- **料理運用**：雞肝，質地細嫩，宜熘炒、氽煮、涼拌。雞肫（又稱腒肝、胗肝，即雞的胃），質地緊實脆嫩，宜爆炒、醃滷、氽煮、涼拌。雞心，質細嫩，一般不單獨成菜，宜熘炒。雞腸，體薄而帶脆，宜滷、炒、拌、涮。雞舌，質地緻密爽脆，宜燒。

【鴨】

又稱「鶩」（音同「務」）、「舒鳧」、「家鳧」（鳧，音同「浮」）。屬鳥綱鴨科水禽。為中國的主要家禽之一。優良品種有北京鴨、高郵麻鴨、金定鴨、荊江鴨、紹興鴨、三穗鴨、建昌鴨等。

- **主要產地**：四川主要飼養的鴨種為麻鴨、建昌鴨，而以麻鴨分布廣、數量大，幾乎遍及全省的水稻產區。建昌鴨則主要分布於涼山州安寧河流域的河壩地區。此外，尚有機械化飼養的北京鴨以及從國外引進的荷蘭鴨、櫻桃谷鴨等。
- **原料特色**：鴨按其用途分為肉用鴨、蛋用鴨和肉蛋兼用鴨三種。肉用鴨主要有北京鴨、荷蘭鴨、櫻桃谷鴨等，其肉質細嫩肥美。蛋用鴨主要有高郵鴨、荊江鴨等，其中高郵鴨素以善產雙黃蛋而馳名遠近。其他品種多屬肉蛋兼用鴨。四川麻鴨，體小，肉質細嫩鮮香；建昌鴨，體大肉多，尤以肝肥大而聞名於世。

【鴨肉】

指活鴨經宰殺、退毛、去內臟和腳掌後的骨肉部分。其肉質雖不如雞肉，但具有特殊的香味。

- **料理運用**：嫩鴨宜蒸、炸、燒、滷、燻。老鴨宜燉、蒸、燒。肥鴨宜燒烤。川菜中多以整鴨入烹，用作筵席大菜；也可卸塊或取肉烹調。

【鴨雜】

又稱「鴨什件」。為鴨內臟的總稱。包括鴨的肝、肫、心、腸、舌等。其中除鴨心外，其他均可單獨使用。

- **料理運用**：鴨肝，細嫩，宜熘炒、滷、拌及作湯菜。鴨肫（即鴨胃，又稱鴨腒肝、鴨胗肝），肉質致密、脆嫩，宜醃、滷、炒、拌、氽、涮。鴨腸，體薄而脆，宜滷、拌、炒、涮。鴨舌，質脆嫩，適宜燒、蒸。

【鴨掌】

又稱「鴨腳」。即鴨蹼。

- **原料特色**：皮薄筋多，質地柔韌帶脆。
- **料理運用**：帶骨者宜滷；拆骨者宜涼拌、燒燴。

【鵝】

又稱「舒雁」、「家雁」。屬鳥綱鴨科水禽。中國主要家禽之一。

- **主要產地**：品種有中國鵝（有白、灰兩種，各地均有飼養）、獅頭鵝（主產於廣東和南方一帶）、太湖鵝（主產於江蘇等地）等。四川所產多為中國鵝種屬。
- **原料特色**：其中四川白鵝是中國白鵝中產蛋量高、蛋重而大的優良地方品種，廣泛

分布於四川盆地的平壩和丘陵水稻產區。
另外，分布於涼山州安寧河流域河谷壩區
的鋼鵝（又稱鐵甲鵝）屬中國鵝種中灰色
鵝的一個地方類群，有體形大，生長快，
出肉率高，貯脂力強的特點。

- **料理運用**：四川對鵝的使用，遠不及雞、
  鴨，烹法也較簡單，主要爲燒、烤、醃、
  炸等。

【 鵝肫 】

又稱「鵝胠肝」、「鵝胗肝」。即鵝的
胃。

- **原料特色**：體大色紅，結構緊實，質脆。
- **料理運用**：宜醃、滷、爆、炒、涮。

【 鵝肝 】

指經育肥的肝。

- **原料特色**：薑黃色，質細嫩，味鮮美，富
  含脂肪、蛋白質。
- **料理運用**：宜熘、炸。

【 鵝掌 】

又稱「鵝腳」。即鵝蹼。

- **原料特色**：皮多筋多，皮質柔韌。
- **料理運用**：帶骨者宜滷；拆骨者宜燒、
  燴。用作高檔菜餚的配料，如鵝掌燒鱉
  裙、猴頭燴鵝掌等。

【 家鴿 】

又稱「鵓鴿」（鵓，音同「脖」）、
「飛奴」。屬鳥綱鳩鴿科家禽。是由原鴿馴
養而來。中國大部分地區均有飼養。種類很
多，按用途可分爲傳書鴿、肉用鴿（又稱菜
鴿）和玩賞鴿三大類。

- **料理運用**：烹調多以肉用鴿入饌。肉用鴿
  體大而重，重者可達1000克左右，繁殖力
  強，早熟，肉質優美。宜清蒸、清燉、
  熘、炒、燒、燴。

【 鵪鶉 】

又稱「鶉鳥」、「鷁鶉」（鷁，音同

「淵」）。屬鳥綱雉科動物。分布於中國東
北和東部地區。現各地多有飼養。

- **原料特色**：鵪鶉爲雞形目中最小的種類。
  體形酷似雞雛，頭小尾禿。肉質細嫩肥
  美。
- **料理運用**：多以整隻入饌。宜燻、炸、
  滷、炸收。

【 雞蛋 】

又稱「雞子」、「雞卵」。即家雞的
卵。因其營養豐富而被廣泛用於菜餚、麵點
的製作。

- **料理運用**：單獨爲餚，可煎、可炒、可
  蒸、可烘，也可作湯菜；用於漿、糊，可
  增加菜餚的色彩和改善菜餚的質地；用於
  製糕，能使糕色白而質嫩。在麵點中，是
  製作各種蛋糕的主要原料。在麵食的皮料
  中加入雞蛋，可以有增加皮料色澤和筋力
  的作用。

【 鴨蛋 】

又稱「鴨子」、「鴨卵」。就是家鴨的
卵。

- **原料特色**：富含蛋白質和脂肪，並含多種
  維生素和蛋白質，有滋陰、清肺的功能。
- **料理運用**：在烹調中，其用途除與雞蛋相
  同外，還是加工鹽蛋、皮蛋、糟蛋的主要
  原料。

【 鴿蛋 】

又稱「鴿卵」。爲家鴿或原鴿的卵。

- **原料特色**：因其營養豐富，並具補腎益氣
  的功能，故歷來被視爲滋補佳品。加熱成
  熟後，蛋清晶瑩透明、質地細嫩爽滑。
- **料理運用**：在川菜中，多用作高級清湯菜
  式的配料。

【 鵪鶉蛋 】

又稱「鶉蛋」。即鵪鶉的卵。個體小於
鴿蛋。

- **料理運用**：川菜中多用作燒菜或清湯菜的

配料，也用於小吃。以其加工的皮蛋，色黃、透明、小巧玲瓏，常用作冷菜或工藝冷拼的裝飾原料。

【皮蛋】

又稱「變蛋」、「松花」。為鮮鴨蛋（也有用鵪鶉蛋、雞蛋的）用鹼、生石灰、食鹽、草木灰、茶葉等醃製的加工製品。其加工方法，在中國已有七百多年的歷史。自古多為家庭自製加工。現已有廠家作商品性生產。

- 主要產地：中國各地均有。重慶永川所產較為著名。
- 原料特色：成品的蛋白為琥珀狀凍膠，蛋黃呈藍黑色或金黃色，其味鮮美涼爽。能增進食慾、幫助消化。
- 料理運用：多剝殼即食，用於冷菜。

【糟蛋】

為鮮鴨蛋（也有用鵝蛋、雞蛋的）的醃製加工食品。是用酒、糟、鹽、糖等的混合液浸泡而成。

- 主要產地：中國以四川宜賓所產的敘府糟蛋和浙江平湖所產的平湖糟蛋最為著名。
- 原料特色：糟蛋質地軟嫩，色澤醬黃，光潔發亮，營養豐富，食之細嫩爽口，醇香甘美，為一風味獨特的食品。
- 料理運用：川菜中多將其用溫開水浸泡後，撕去蛋膜，剖開放盤中，加白糖、香油調勻作冷碟用，也用作冷菜怪味的調料。因糟蛋屬冷食品，故不宜蒸、煮。

【鹽蛋】

又稱「鹹蛋」。為鮮鴨蛋的鹽醃製品。中國各地均產。原多為家庭自製自用，現也有廠家作商品性生產。加工方法簡便，其製作方法主要有水醃（鹽水泡）、泥醃（鹽泥包）、灰醃（草木灰加鹽水包）等幾種。製成品經煮熟後供食用。

- 原料特色：品質以殼色青白潔淨，鹹淡適口，蛋黃油潤者為上。鹽蛋便於吸收，為佐餐佳品。

【熊掌】

又稱「熊蹯」（蹯，音同「凡」）。為黑熊或棕熊的足掌。

- 主要產地：黑熊（又稱狗熊）屬哺乳綱食肉目熊科動物，廣布於中國各地，為國家二類保護野生動物；棕熊（又稱馬熊、人熊）屬哺乳綱熊科動物，分布於中國東北、華北、西北及四川等地，亦為國家二類保護野生動物。
- 原料特色：以熊掌入饌，乾品、鮮品均可，而以鮮品為佳。熊掌富含蛋白質和脂肪。並具有滋補氣血、祛風去痹的功用，歷來被譽為「食中珍饈」。
- 料理運用：因熊掌難熟且有明顯的腥膻氣味，故宜文火久煨、重用紹興酒以去其異味，並配雞、鴨等物以增其鮮味。

【鹿肉】

為梅花鹿或馬鹿的肉。

- 主要產地：梅花鹿（又稱斑龍）屬哺乳綱偶蹄目鹿科動物，分布於中國東北、華北、內蒙古、華東、華南、四川、甘肅等地，為國家一類保護野生動物，現已進行人工馴養、繁殖；馬鹿（又稱赤鹿、赤麂）屬哺乳綱偶蹄目鹿科動物，分布於中國北方及西北等地，為國家二類保護野生動物，現已進行人工馴養。
- 原料特色：鹿肉肉質細嫩、脂肪少，肉味香美。
- 料理運用：入饌宜醃、燻、炸收、涼拌、熘、炒、燒、燉。中醫學認為，鹿肉有補五臟、調血脈之功，是滋補佳品。

【鹿筋】

為梅花鹿或馬鹿的足筋的乾製品。

- **主要產地**：中國主要產於東北、河北、青海、甘肅、四川等地。
- **原料特色**：品質以身乾，條長，粗大，色金黃而具光澤者為佳。為珍貴的烹飪原料。中醫學認為鹿筋有壯筋骨、治勞損的功效。
- **料理運用**：水發後供烹調。因其本身並無鮮味，故初加工時須用清湯、雞、鴨等原料增鮮。川菜中多用於煨、燒。成菜色黃而具光澤，呈半透明狀，質地柔糯。

【鹿沖】

又稱作「鹿腎」、「鹿鞭」、「鹿莖筋」。為梅花鹿或馬鹿雄性外生殖器的乾製品。

- **主要產地**：中國主產於東北、河北、青海、甘肅、四川、雲南等地。
- **料理運用**：品質以粗壯，條長，無殘肉及油脂者為佳。水發後供烹調。川菜中主要用於清燉、紅燒。成菜柔韌爽滑，營養豐富，並有補腎、壯陽、益精的功效。

【麂肉】

為小麂（麂，音同「擠」）的肉。小麂（又稱黃麂、吠鹿）屬哺乳綱偶蹄目鹿科動物。屬小型鹿類。

- **主要產地**：中國主要分布於長江流域和珠江流域。
- **料理運用**：以鮮肉或醃製品入饌。川菜中多用於高級筵席冷碟，如涼拌麂肉、龍鬚麂肉，成菜肉質酥嫩，味鮮美。也宜紅燒、清燉或串燒。

【果子狸】

又稱「玉面狸」、「牛尾狸」、「青猺」（猺，同音「搖」）、「白額靈貓」。屬哺乳綱食肉目靈貓科動物。

- **主要產地**：中國主要分布於長江流域及以南地區，以廣西等地為多。現在已可人工養殖。
- **原料特色**：果子狸大小如家貓，但較細長，四肢較短，體背灰棕色，從鼻端到頭後部及眼上各有一條白紋，腹面灰色或淡黃色。肉細嫩鮮美。
- **料理運用**：入饌宜燒、燜、煎、炸。

【竹鼬】

又稱「竹鼠」、「竹狸」、「籬鼠」。屬哺乳綱囓齒目竹鼠科動物。

- **主要產地**：中國主要分布於福建、廣東、廣西、雲南、四川、湖北、陝西、甘肅等地。
- **原料特色**：體形粗壯，頭部鈍圓，吻較大，眼小，耳隱於毛內，四肢短粗，有較強的爪，成獸全身毛色為棕灰色。肉質細嫩肥美。
- **料理運用**：宜紅燒、清燉。中醫學認為，竹鼬肉有補中益氣、養陰除熱等功效，能治瘰癧（肺癆。癧，音同「寨」）、止消渴。

【野雞】

又稱「雉」、「華蟲」、「山雞」。屬鳥綱雉科動物。中國廣為分布，幾遍全國。

- **原料特色**：野雞雌雄異色。雄鳥羽毛華麗，頸下有一顯著的白色環紋，尾羽很長，腳短而健，呈紅灰褐色，具距⊕；雌鳥體形較小，尾也較短，背面滿雜以栗色和黑色的斑點，尾上黑斑綴以栗色，無距。肉供食用。其肉質細嫩味美，含有豐富的蛋白質、脂肪和礦物質。
- **料理運用**：入饌宜蒸、燉、燒、炸、鍋貼，也可醃製。中醫學認為，野雞肉有補中益氣的功效。

⊕具「距」是指公雞、雄雉等腳上蹠骨後上方突出像腳趾的部分，中有硬骨，外包角質，打鬥時可做武器。

【野鴨】

又稱「水鳧」、「水鴨」。屬鳥綱雁形目鴨科動物。

- **主要產地**：分布在中國的大多為冬候鳥，

在北方繁殖，遷長江流域及其以南地區越多。現可人工養殖。

- 原料特色：體形差異頗大，通常比家鴨小。趾間有蹼，善游水。肉味香美。
- 料理運用：入饌宜煸、炒、炸、燒、蒸、燉，也可醃製。

【秧雞】

又稱「水雞」、「秋雞」。屬鳥綱秧雞科動物。

- 主要產地：在中國東北、河北一帶繁殖，遷福建、廣東一帶越多。四川也有分布。
- 原料特色：體長一般在30公分以上。頭小，軀乾瘦削，喙、頸、跗蹠⊕和前三趾都長，上體羽毛呈暗灰褐色，帶黑色斑紋，頭部斑紋尤顯著，兩翼表面大半灰褐色，下體褐色，兩脅具白斑。肉質細嫩。
- 料理運用：入饌宜清燉、燒、蒸。

⊕跗蹠是鳥類腿部以下至趾的部分。常裸出，被有角質麟狀皮。

【斑鳩】

又稱「錦鳩」、「斑鷦」（鷦，音同「焦」）、「祝鳩」。屬鳥綱鳩鴿科動物。體形似鴿。品類因大小、羽毛色彩的不同而各異，有有斑者，有無斑者，有灰色者；有的大，有的小。

- 主要產地：中國分布最廣的為山斑鳩（又稱棕背斑鳩、金背斑鳩），幾遍全國各地。其次尚有珠頸斑鳩，主要分布於中國東部及陝西、四川等地。
- 原料特色：斑鳩肉質細嫩，並具有益氣明目、強筋壯力的功效，歷來被視為饌中珍品。四川民間有「天上斑鳩，地上竹䶄」之說。
- 料理運用：宋代詩人周必大《二老堂詩話》中有「蜀人縷鳩為膾，配以芹菜」的記載，足見川菜中的芹黃熘鳩絲一菜，至少有約八百年的歷史。斑鳩入饌宜熘炒、清蒸、燒、炸，取淨肉也可作羹湯。

【鷓鴣】

又稱「越雉」、「越鳥」。屬鳥綱雉科動物。

- 主要產地：分布於中國南部。為國家一類保護野生動物。
- 原料特色：體長約30公分。嘴短，羽毛大多黑白相雜，尤以背上和胸、腹等部的眼狀白斑更為顯著，腳部為橙黃色至黃褐色。肉肥味美，並有利五臟、開胃、益心神的功用。
- 料理運用：入饌宜蒸、燉、燒、燜、炸。

【竹雞】

又稱「山菌子」、「竹鷓鴣」。屬鳥綱雉科動物。

- 主要產地：中國分布較廣的為灰胸竹雞。多在長江以南諸省的山地。四川以峨邊、峨眉、雅安等地分布較多。
- 原料特色：體長約30公分。嘴短、褐色，各羽或顯或微地綴以黑褐色蟲蠹狀斑，頭頂雜以少數棕點，額與上背沿灰色，眉紋灰藍，腳和趾黃褐色，雄者長距。肉質細嫩。
- 料理運用：入饌宜炒、熘、燒、燉。

【禾花雀】

又稱「黃胸鵐」、「寒雀」。屬鳥綱雀科動物。中國有兩個亞種即東北亞種和指名亞種。大部分地區為旅鳥。遷徙途中成群啄食穀物，為害農業。

- 原料特色：體長約15公分。頭部黑色（雌鳥黑色不顯著），背栗褐色，胸部鮮黃而稍帶綠彩，胸部橫貫栗色帶斑紋，兩脅有褐色縱紋。肉質細嫩、骨脆。
- 料理運用：入饌宜炸、燻、燜、燒。

【燕窩】

又稱「燕菜」。為雨燕科動物金絲燕及同屬燕鳥在沿海島嶼懸崖峭壁上的石洞間，以其唾液、羽絨或纖細海藻、植物纖維及未消化的小魚蝦混凝而築成的窠巢。

- **主要產地**：主要產於中國南海東沙、南沙、西沙群島、海南、福建、臺灣及東南亞各國。其中以泰國、菲律賓、馬來西亞、印尼等國所產的品質最好。原爲自然生長。現亦有人工飼養燕鳥，在室內營巢而成。前者稱洞燕，後者稱厝燕（日本人稱爲食用穴燕）。
- **原料特色**：燕窩因具有潤燥澤枯、生津益血、補肺養陰的功效，故歷來被譽爲「補品中的上品」。按其品質的不同，又可分爲白燕（又稱官燕）、毛燕（又稱烏燕）和血燕（又稱燕窩腳）三等。其中以白燕品質最好，毛燕第二，血燕最次。有的資料稱血燕的品質最好，蓋因將其與紅燕視作一物。紅燕因含某些礦物質，呈暗紅色，其補益等食療作用大，加之稀有，故較白燕珍貴。
- **料理運用**：燕窩入饌，多用於清湯菜和甜羹。成菜有晶瑩透明、柔嫩爽口的特點。

【哈士蟆】

又稱「哈什蟆」、「紅肚田雞」、「蛤螞」。屬兩棲綱蛙科動物。

- **主要產地**：有中國林蛙和黑龍江林蛙兩種。前者分布較廣，後者主產於東北各地。四川所產屬中國林蛙（中國林蛙現已列爲四川省重點保護野生動物），主要產於松潘、茂汶一帶。
- **原料特色**：哈士蟆外形極似青蛙，平均體長5公分，雌性較大，頭扁平，頭寬大於頭長，口寬，吻端鈍圓，眼大而突出，皮膚上有許多小疣粒，皮膚顏色隨季節而變，秋冬爲褐色，夏季爲黃褐色，四肢背側有顯著的黑橫紋，腹面皮膚光滑、乳白色，襯以許多小紅點，前肢短壯、後肢長，蹼發達。肉質細嫩鮮美。
- **料理運用**：入饌法如青蛙。去內臟洗淨後曬乾，可供藥用。性味鹹、涼，有養肺滋腎之功。

【哈蟆油】

又稱「哈什蟆油」、「蛤螞油」。爲雌性哈士蟆輸卵管及脂肪的乾製品。

- **主要產地**：主產於黑龍江、吉林、遼寧、四川、內蒙古等地。
- **原料特色**：本品爲不規則彎曲，相互重疊的厚塊，外表黃白色，顯脂肪樣光澤。遇水可膨脹10～15倍。品質以塊大，肥厚，黃白色，有光澤，不帶皮膜、血筋及卵子者爲佳。哈蟆油含有豐富的蛋白質、糖類以及多種維生素，具有補腎益精、潤肺養陰的功效。
- **料理運用**：以之入饌，爲亦藥亦膳的滋補佳品。川菜中多用於甜羹、清湯類菜式。

【牛蛙】

又稱「喧蛙」、「食用蛙」。屬兩棲綱蛙科動物。因其叫聲似牛叫，故名。原產北美洲。中國現已引種養殖。

- **原料特色**：體粗壯，頭長與頭寬幾乎相等，吻端尖圓而鈍，前肢短，後肢長，趾間有蹼，背部粗糙，呈綠褐色且具暗褐色斑紋，頭部及口緣呈鮮綠色，腹面白色。肉質細嫩。
- **料理運用**：入饌適宜做炸收、燻、爆炒、燒燜等方式。

【田雞】

又稱「青蛙」、「水雞」、「坐魚」。屬兩棲綱蛙科動物。分布極廣。供食用的有黑斑蛙、金線蛙、虎紋蛙等。四川供用的主要爲黑斑蛙。

- **原料特色**：頭部略呈三角形，口寬、吻鈍圓，眼大而突出，背部基色爲黃綠或深綠色，或帶灰棕色，具有不規則的黑斑，腹面光滑，白色無斑，前肢短，後肢肥碩。肉質細嫩鮮美，營養豐富。
- **料理運用**：多以後肢入饌。宜炸收、油燜、燒、炒。青蛙因以捕食農業害蟲爲生，對保護環境起了一定的作用，故許多地方已明令禁止捕殺。

【娃娃魚】

又稱「大鯢」（鯢，音同「泥」）、「鯢魚」、「山椒魚」、「海狗」。屬兩棲綱大鯢科動物。因叫聲似小兒啼哭而得名。現已列為中國大陸國家二級保護動物。

- **主要產地**：中國特產。分布較廣。四川主要產於青神、峨邊、興文、敘永、雅安等地。
- **原料特色**：背面棕褐色、有大黑斑，腹面色淡，頭大而扁，口大，鋤骨齒成一弧狀，鼻孔和眼極小，位於頭的背面，無眼瞼，軀幹粗壯而扁，尾側扁，四肢甚短，前肢四趾，後肢五趾，趾有微蹼，頭部疣粒顯著，多數成雙排列，自頸側至體側有皮膚褶。一般個體長60～70公分，重5公斤左右。大者可達180公分，重可達25公斤。為現存最大的兩棲動物。肉質細嫩肥美，皮厚而富含膠質。
- **料理運用**：入饌宜燒、燉、蒸。

【蛇】

為爬行綱眼鏡蛇科或游蛇科、蝮蛇科動物的總稱。分毒蛇和無毒蛇兩大類。

- **主要產地**：毒蛇包括眼鏡蛇（分布於長江流域以南）、金環蛇（分布於華南及西南部分地區）、白花蛇、銀環蛇（均分布於長江流域及其以南地區）等；無毒蛇包括過樹榕（分布於長江以南各省區）、三索線（分布於東南、西南各地）、烏梢蛇（分布於黃河、長江流域及其以南地區）、滑鼠蛇（分布於長江流域及其以南地區）等。
- **料理運用**：以肉入饌，質地細嫩，味鮮美。宜清燉、熘炒、清蒸、燒燜。蛇肉均可供藥用，有袪風除濕的功效。

【團魚】

又稱「鱉」、「甲魚」、「足魚」、「水魚」。屬爬行綱鱉科動物。分布於中國廣大地區。現已有人工養殖。

- **原料特色**：肉供食用。不僅營養豐富，而

且具滋補功效，歷來被視為亦藥亦膳的滋補佳品。
- **料理運用**：川菜中主要用於紅燒、清燉類菜式。成菜質嫩爽滑、鮮香味美。其體邊緣柔軟部分稱「裙邊」，詳見該條。

【山瑞鱉】

又稱「山瑞」、「山菜」。屬爬行綱鱉科動物。現在列為中國大陸國家二級保護動物。

- **主要產地**：中國主要分布於廣西、廣東、貴州、雲南等地。
- **原料特色**：山瑞鱉體較肥厚，體背深綠色，有黑斑，背甲前緣有一排粗大的疣粒，頸基部兩側各有一團大瘰疣（瘰，音同「裸」），腹面白黃色、滿布黑斑，有裙邊，四肢扁平，指、趾有發達的蹼，內側三指、趾具爪。雄體尾狹而長，雌體尾寬而短。生活於山澗溪中或山區河流、水塘，以捕魚、蝦、蛙及甲殼類動物為食。
- **料理運用**：肉供食用，甲可入藥。

【裙邊】

又稱「鱉裙」。為中華鱉的肉質軟邊。

- **原料特色**：富含膠質，營養豐富。為上等烹飪原料。
- **料理運用**：川菜中多用於紅燒、蔥燒、清燉類菜式。成菜質地柔糯爽滑。

【烏龜】

又稱「龜」、「水龜」、「金龜」。屬爬行綱龜科動物。多群居，常棲息於川澤湖池中。中國分布較廣。也可人工養殖。

- **原料特色**：以肉入饌。中醫學認為，龜肉性味甘鹹、平，有益陰補血的功效，歷來被譽為「滋補佳品」。
- **料理運用**：藥用重於食用。烹製法以清燉為主。

【蠍子】

又稱「鉗蠍」、「杜伯」。屬蛛形綱鉗

蠍科動物。
- **主要產地**：中國廣為分布，以北方為多。現可人工養殖。
- **料理運用**：活蠍取蠍毒後供食用。入烹多用炸法成菜，如香酥蠍子。乾品入藥，稱「全蟲」，有祛風、止痙、通絡、解毒的功用。

四、水產及製品

【中華鱘】

又稱「鰉魚」、「蠟子」。鱘形目，鱘科。為大型魚類，現已列為中國大陸國家一級保護動物。
- **主要產地**：在中國大陸沿海地區和各大江河均產，以長江出產較多。
- **原料特色**：體長、梭形，頭背部骨板光滑，頭部皮膚佈有梅花狀的感覺器，眼小，吻長而尖，體青黑色，兩側黃色，腹面灰白色。雄性成魚一般重40千克以上，雌魚可重達120千克。肉和卵均為珍貴的食品。

【長江鱘】

又稱「鱘魚」、「沙蠟子」。鱘形目，鱘科。為大型魚類，現已列為中國大陸一級保護動物。
- **主要產地**：分布於中國大陸長江上游，四川主要產於宜賓一帶。
- **原料特色**：體長，長者可達3公尺以上，梭形，體被五縱行骨板，各行骨板間的皮膚遍佈顆粒狀細小突起，背鰭（音同「其」）前有10～12塊骨板，吻近犁形，眼小，鰓孔較大，背部青灰色，腹部白色。肉味鮮美，卵尤其特別名貴。皮可製革，鰾及脊索能製作魚膠。

【白鱘】

又稱「象魚」、「象鼻魚」、「鱘鑽子」。鱘形目，白鱘科。為中國大陸特有的大型經濟魚類，現被列為中國大陸國家一級保護動物。
- **主要產地**：主要分布於中國大陸長江水系，亦可見於錢塘江和甬江河口、東海和黃海沿岸。
- **原料特色**：體長，長者可達7公尺以上，梭形，頭部特長，幾占體長的1／3至1／2，並佈有梅花狀的感覺器，前部平扁，後部側扁，吻特長、呈劍狀，口大、眼小、鰓孔大，體表光滑無鱗，體暗灰色，腹部白色。個體大，可重達500千克。四川漁民有「千斤蠟子萬斤象」的諺語。肉質肥美，魚卵亦佳。

【水密子】

又稱「圓口銅魚」、「肥沱」、「水鼻子」，即方頭水密子。鯉形目，鯉科，為銅魚的近似種。
- **主要產地**：主要分布於中國大陸長江上游的幹支流，是長江上游的重要經濟魚類。
- **原料特色**：體長，前部圓筒形，後部稍側扁，頭後背部顯著隆起，吻較寬圓，口呈寬弧形，眼徑小於鼻孔，鬚1對、粗長，胸鰭長，體被鱗，呈黃銅色或肉紅色，具金屬光澤，腹部呈淡黃色，背鰭灰黑略帶黃色，胸鰭肉紅帶黑色，尾鰭金黃色。個體一般重1000克，大者可達4000克。肉質鮮美，富含脂肪。
- **料理運用**：入饌宜清蒸、乾燒、紅燒。

【岩鯉】

又稱「岩原鯉」、「黑鯉」。鯉形目，鯉科，為烏原鯉的近似種。
- **主要產地**：主產於中國大陸長江上游。
- **原料特色**：體略高，背部隆起，唇厚、吻較長，鬚2對，背鰭、尾鰭有粗壯的後緣帶鋸齒的硬刺，體被鱗，背部呈黑色，腹部為白色，體厚。肉味鮮美，為上等的食用魚。
- **料理運用**：入饌宜燒、清蒸，也可取淨肉

用於熘、炸等菜式。

【江團】

又稱「黃吻鮠（音同「維」）」、「肥沱」、「鮰魚」。鯰形目，鱨（音同「嘗」）科。

- **主要產地**：分布於中國大陸各主要水系。巴蜀主產於岷江的樂山江段，長江的重慶江段。
- **原料特色**：體延長，腹部圓，尾部側扁，頭較尖，吻特別肥厚，鬚短且有4對，眼小、上側位，被皮膜覆蓋，背鰭後緣有鋸齒，無鱗，體色粉紅，背部略帶灰色，腹部白色，鰭灰黑色。一般長三十餘公分，重1千克，最大可達10千克。肉鮮嫩、肥美、刺少，為上等食用魚。
- **料理運用**：入饌宜清蒸、粉蒸、紅燒。其鰾特別肥厚，乾製後為名貴魚肚，被視為饌中珍品。

【鱖魚】

又稱「桂魚」、「桂花魚」、「季花魚」。鱸形目，鮨（音同「易」）科。

- **主要產地**：分布於中國大陸除青藏高原外的各地江湖中。
- **原料特色**：體較高，側扁，背部隆起，頭尖長，口大、口裂略傾斜，下頜突出，鱗細小、圓形，體色褐黃，腹部灰白，體側有不規則的褐色斑點和斑塊。一般長30公分，重1～1.5千克。肉質鮮嫩，以春季最為肥美，刺少，為上等食用魚。
- **料理運用**：入饌宜清蒸、紅燒、家常燒。

此外，分布於長江水系的大眼鱖（又稱刺薄魚、母豬殼），其體形與鱖魚相似，但眼較大，肉味鮮美，少細刺，為名貴魚類。烹製方法同鱖魚。

【虹鱒】

又稱「鱒魚」。鮭形目，鮭科。

- **主要產地**：原產美國加利福尼亞，為世界上廣泛養殖的高產優良魚種之一。中國大陸自1959年引進後，不少地區均有養殖。
- **原料特色**：體延長，側扁。雄魚頭部較大，吻較尖，呈鉤狀，下頜蓋住上頜；雌魚體細長，吻圓鈍，下腹膨大。有鱗，背側銀灰色，腹部銀白色，頭部、體側和各鰭有小黑斑。成魚體側有一條寬的彩虹縱帶。肉質細嫩，富含脂肪，味鮮美，為上等食用魚。
- **料理運用**：入饌宜清蒸、紅燒、乾燒。

【青波】

又稱「中華倒刺鲃（音同「罷」）」、「烏鱗」。鯉形目，鯉科，為倒刺鲃的近似種。

- **主要產地**：主要產於中國大陸長江上游幹流和各支流。
- **原料特色**：體形如草魚，但背鰭起點處向前有一平臥的倒刺，埋於皮內，吻圓鈍，鬚2對，下咽齒3行、略呈鉤狀，鱗大，背側青灰，腹側銀白色，體側各鱗基部具有一黑斑。個體較大，重可達6千克。肉質肥美。
- **料理運用**：入饌宜燒、清蒸，其淨肉可用於熘、炸類菜式。

【雅魚】

又稱「齊口裂腹魚」、「細甲魚」。古稱丙穴魚。鯉形目，鯉科。

- **主要產地**：分布於中國大陸長江上游，主要產於四川岷江的大渡河。
- **原料特色**：體延長，稍側扁，吻圓鈍，口寬下位、橫裂，下頜是肉質邊緣，鬚2對，體被細鱗、胸部和腹部均有明顯的鱗片，背部暗灰色，腹部銀白。體重一般0.5～1千克，大者可達5千克。肉多、質嫩、刺少，為優良的食用魚之一。四川雅安地區以烹此魚久負盛名，不僅製法多樣，而且各具特色，並已研製成「雅魚席」以餉廣大食者。

【東坡墨魚】

又稱「墨頭魚」、「墨魚」、「東坡魚」。鯉形目，鯉科，為中國西南地區重要的經濟魚類之一。

- **主要產地**：主要分布於中國大陸長江上游及雲南元江、瀾滄江等水系。四川以樂山一帶為多。
- **原料特色**：體長，略呈圓筒形，頭寬而平扁，略呈方形，口大、下位，吻皮邊緣分裂成流蘇狀，下唇形成寬大的橢圓形吸盤，中央為肉質墊，周緣游離，其上有小乳突，無鬚，背鰭無硬刺，有鱗，體呈藍灰色，背部較深，腹部為灰白色。常見體長20～30公分，最大長達近70公分。肉厚多脂，味鮮美。
- **料理運用**：入饌宜燒、燜、炸熘、蒸。

【華鯪】

又稱「青龍棒」、「青鯒（音同「勇」）」。鯉形目，鯉科。

- **主要產地**：主要分布於中國大陸長江上游幹流和支流。
- **原料特色**：體長，略呈棍棒狀，口下位、呈新月形，吻皮向下蓋住上唇中段的基部，下唇內面佈滿小乳突，下頜有角質邊緣，鬚2對、細小，胸部和腹部鱗小、埋於皮下，背側黑或藍黑色，腹側灰黑色，體側各鱗具紫綠色光澤，並常雜以紅斑。個體較大，常見為1～1.5千克，最大可達5千克。肉質細嫩、含脂量高，為產區的重要經濟魚類。
- **料理運用**：入饌宜燒、燜、蒸。

【鯰魚】

又稱「土鯰」，四川俗稱鯰魚。鯰形目，鯰科。

- **主要產地**：在中國大陸除青藏高原和新疆外，其餘各地均產，亦可人工養殖。
- **原料特色**：體長，後部側扁，頭平扁，口大，口裂寬淺，下頜突出，上下頜具細齒，成魚鬚2對，眼小，體光滑無鱗，皮膚富黏液腺，體灰褐色。個體小者十餘公分，大者可達二十餘公分。肉質鮮嫩，刺少，為優良食用魚。
- **料理運用**：多以仔鯰入饌。常用於乾燒、家常燒、水煮一類菜式，亦用於火鍋。

【大口鯰】

又稱「南方大口鯰」、「河鯰」、「鯰巴朗」。鯰形目，鯰科。

- **主要產地**：主要產於中國大陸長江以南各水系，現已有人工養殖。
- **原料特色**：外形與鯰魚相似，唯口大，口裂末端達到或超過眼中部的下方，上頜鬚達到胸鰭基部，胸鰭刺前緣具2至3排顆粒狀突起。個體一般5～10千克，最大者可達50千克，屬於重要的大型經濟魚類，肉質鮮嫩。
- **料理運用**：分解後入饌，宜燒、燜、熘、蒸，亦可製茸或製糝。

【烏魚】

又稱「烏鱧（音同「裡」）」、「烏棒」、「生魚」。鱧形目，鱧科。

- **主要產地**：在中國大陸分布極廣，除西部高原地區外，幾乎遍及各水系。
- **原料特色**：體長、略呈圓筒狀，頭長而尖，前部平扁，口大，上下頜具尖齒，眼小，鰓孔寬大，體被圓鱗，背鰭及臀鰭均長，體灰黑色，體側有許多不規則的黑色斑紋。一般體長40公分，重0.5～1千克。肉質緻密，刺少味美，為優良食用魚。
- **料理運用**：多取淨肉入饌，宜熘炒，或作生魚片。

【石爬子】

平鰭鰍科。常見的品種有短身間吸鰍、中華間吸鰍、四川華吸鰍、峨眉後平鰍等。

- **主要產地**：主要產於中國大陸長江上游。
- **原料特色**：體前平扁，後部稍側扁，口小、下位，具吻鬚、口鬚各2對，鰓裂擴展到頭腹面，胸、腹鰭左右平扁（有的腹

鰭左右相連成吸盤狀），能吸附於岩石上。肉質細嫩、味鮮美。
- **料理運用**：入饌宜燒，也用於火鍋。

【黃臘丁】

又稱為「黃顙（音同「嗓」）魚」、「鮏鮰（音同「央亞」）」。為鯰形目，鱨科。
- **主要產地**：分布於中國大陸各主要水系。
- **原料特色**：體長，後部側扁，腹部平直，頭大，吻短鈍，口小，鬚4對，鰓孔大，體無鱗，體黃色，背部黑褐色，體側有寬而長的黑色斷紋，鼻鬚半為白色，半為黑色。屬小型魚類。肉嫩，少刺，味鮮，多脂肪。
- **料理運用**：入饌宜燒，亦用於火鍋和水煮菜式。

【泥鰍】

又稱「鰍魚」。鰍科。
- **主要產地**：在中國大陸除青藏高原外，各地均有分布。
- **原料特色**：體細長，前部呈圓筒形，後部側扁，尾柄長大於尾柄寬，尾鰭圓形，頭尖，吻突出，口小，鬚5對，鱗小、埋於皮下，體呈灰黑色，並具許多小黑斑。生活於淤泥底的靜止或溪流水體內，水體乾涸時，又可鑽入泥中潛伏。最大者可達30公分，肉質細嫩。
- **料理運用**：入饌宜炸收、水煮，亦可用於火鍋。

【鯽魚】

又稱「鯽拐子」、「喜頭」。鯉形目，鯉科，為稻田養魚的主要對象。
- **主要產地**：在中國大陸除青藏高原和新疆北部無天然分布外，其餘各地均有分布。
- **原料特色**：體側扁而高，頭較小，吻鈍，無鬚，眼大，下咽齒側扁，尾鰭基部較短，背鰭、臀鰭具粗壯、帶鋸齒的硬刺，鱗大，體為銀灰色。屬中小型魚類，常見

為200克左右。肉質細嫩、味鮮美。
- **料理運用**：入饌宜炸收、煙燻、乾燒，也用於製湯。

【鯉魚】

又稱「鯉拐子」。鯉形目，鯉科。
- **主要產地**：在中國大陸除青藏高原、新疆和甘肅河西走廊，以及陰山北側、內蒙古的內陸河和湖無天然分布外，廣布於其他各地，現多為人工養殖。中國養殖鯉魚的歷史，可上溯到殷商時期，經過長期的人工選擇，現已培養出許多優良品種。
- **原料特色**：體長、略側扁，口端位，鬚2對，下咽齒呈臼齒形，背鰭基部較長，背鰭、臀鰭均具有粗壯的帶鋸齒的硬刺，背部灰黑、體側金黃、腹部白色，雄性成體尾鰭、臀鰭呈桔紅色。肉厚質嫩，為主要食用魚之一。
- **料理運用**：入饌宜燒、蒸、炸熘、熘、炸收、醃、燻。

【草魚】

又稱「鯇（音同「患」）魚」、「白鯇」、「鯶（同鯇）子」。鯉形目，鯉科。因生長迅速，肉質佳，產量高，故為中國重要的飼養魚類。
- **主要產地**：在中國大陸分布極廣。
- **原料特色**：體略呈圓筒形，尾部側扁，頭梢平扁，體呈茶黃色，吻略鈍，下咽齒2行呈梳形，體被鱗，呈茶黃色或灰白色，腹部灰白色。肉厚而細嫩。
- **料理運用**：入饌時小型整魚宜燒、炸熘、清蒸，淨肉宜熘、炸或製糝。

【白鰱】

又稱「鰱」、「鰱子」。鯉形目，鯉科。為中國主要的淡水養殖魚類之一，與青魚、草魚、鱅魚合稱為中國的四大家魚。
- **主要產地**：中國各主要水系均有分布。
- **原料特色**：頭大，吻鈍圓，口寬，眼的位置特別低，鱗細小，背部呈青灰色，腹側

銀白色，各鰭均呈灰白色。個體一般重1～4千克，最大者可達25千克左右。肉質細嫩，但細刺較多。

- **料理運用**：入饌宜燒、蒸，也可用作製糝原料。

【花鰱】

又稱「鱅」、「胖頭魚」。鯉形目，鯉科，為中國主要淡水養殖魚類之一。

- **主要產地**：中國各主要水系均有分布。
- **原料特色**：頭很大，幾乎占體長的1／3，吻寬，口大、眼小、位置低，鱗細小，背側微黑，腹側銀白，體側有許多不規則的黑斑。一年魚體重0.5～1千克，3年魚體重可達5千克。肉質細嫩，細刺多。
- **料理運用**：入饌宜燒蒸，也可用作製糝的原料。

【青鱔】

又稱「鰻鱺」、「河鰻」、「白鱔」、「鰻魚」。鰻鱺目，鰻鱺科。

- **主要產地**：主要分布於中國大陸長江、閩江、珠江等水系以及臺灣、海南等地，現已進行人工養殖。
- **原料特色**：體長，圓筒形，尾部稍側扁，頭長而尖，眼小，鰓孔小，上下頜具細齒，鱗甚小、隱埋入皮下，背部灰黑色，腹部白色，體無斑點。肉質細嫩肥美，為上等食用魚。
- **料理運用**：入饌宜熘、炒、燒、燜、蒸。

【黃鱔】

又稱「鱔魚」。合鰓目，黃鱔科。

- **主要產地**：在中國大陸分布很廣，除青藏高原外，各地均產，以長江流域較多。
- **原料特色**：體圓，細長，呈蛇形，尾尖細，頭圓，吻尖，上下頜具細齒，眼小、為皮膜覆蓋，體光滑無鱗，體色呈黃褐，具有不規則的黑色斑點。肉味鮮美，營養豐富。
- **料理運用**：入饌宜炸收、涼拌、燒、乾

煸、粉蒸，亦用於火鍋。

【大黃魚】

又稱「大黃花」、「大鮮」、「桂花黃魚」。鱸形目，石首魚科。為中國主要海產經濟魚類之一。

- **主要產地**：分布於中國大陸南海、東海和黃海南部，以浙江、江蘇沿海為多。
- **原料特色**：體延長，側扁，頭大而尖突，體被櫛（音同「治」）鱗，鱗較小，背側黃褐色，腹側金黃色。個體一般長40～50公分。肉鬆軟呈蒜瓣狀，細嫩鮮美。
- **料理運用**：入饌宜燒、燜、蒸、炸，亦用於製羹和製糝。

【小黃魚】

又稱「小黃花」、「黃花魚」、「小鮮」。鱸形目，石首魚科。

- **主要產地**：分布於中國大陸東海、黃海和渤海。
- **原料特色**：體延長，側扁，頭大而尖，牙尖而細，體被櫛鱗，鱗較大，背側呈黃褐色，腹側金黃色。個體一般長20多公分。肉質細嫩，味鮮美。
- **料理運用**：入饌法同大黃魚。

【石斑魚】

又稱「石礬（音同「攀」）魚」、「高魚」、「過魚」。鱸形目，鮨科。在中國南方種類較多，常見的種類有赤點石斑魚（又稱花斑）、縱帶石斑魚（又稱帶石斑）、青石斑魚（又稱青斑、青鮨），以及寶石石斑魚等等。

- **主要產地**：主產於中國大陸南海和東海南部。常年均有生產，以春季為盛產期。
- **原料特色**：體長，呈橢圓形，稍側扁，口大，牙細而尖，體被小櫛鱗、有時埋於皮下，體色多變異，常呈褐色或紅色，並具條紋與斑點。肉質細嫩而鮮美，為名貴食用魚。
- **料理運用**：入饌宜清蒸、燒、熘、炒，亦

用於製糝。

【鯧魚】

又稱「銀鯧」、「鏡魚」、「鯧鯿」。鱸目，鯧魚科。

- **主要產地：** 分布於中國大陸沿海，以南海、東海為多。在東海的範圍內全年皆有生產。
- **原料特色：** 體短而高呈卵圓形，體側扁，頭小，吻短，口小微斜，體被圓鱗、細小易脫落，背部青灰色，腹部乳白色，全體銀色而具光澤，並密布黑色細斑。個體一般長20公分左右。肉厚實而細嫩，白如凝脂，營養豐富，以蛋白質含量高，為名貴海產魚類之一。
- **料理運用：** 入饌宜燒、蒸、燻、炸、燉。

【加吉魚】

又稱「真鯛（音同「雕」）」、「加拉魚」。鱸形目，鯛科。

- **主要產地：** 在中國大陸近海均產，現多為人工養殖。
- **原料特色：** 體呈長橢圓形側扁，頭大，口小，眼間隔凸起，稍大於眼徑，體被中等大弱櫛鱗，生活時全體呈淡紅色，背側散布若干鮮豔的藍色小點，尾鰭邊緣黑色。個體一般長33公分左右，重1000克左右。肉質緊實而細嫩，味鮮美。富含蛋白質、脂肪，為名貴魚類之一。
- **料理運用：** 入饌宜燒、燉、清蒸。

【牙鮃】

又稱「左口」、「比目魚」、「沙地」。鰈（音同「蝶」）形目，鮃（音同「平」）科。

- **主要產地：** 在中國大陸沿海均產，以黃海和渤海為多。
- **原料特色：** 體長圓形，甚側扁，兩眼均在左側，口大、斜裂，有眼側深褐色，具暗色斑點，被櫛鱗；無眼側白色，被圓鱗。個體一般長25～50公分。肉質細嫩，味道鮮美。
- **料理運用：** 入饌宜熘、炒、炸、燒、清蒸。

【鰳魚】

又稱「勒魚」、「曹白魚」、「膾魚」。鯡形目，鯡科。

- **主要產地：** 在中國大陸沿海均產。
- **原料特色：** 體側扁，眼間隔狹窄，口向上、近垂直，體被薄圓鱗，體側銀白色，背面黃綠色，背鰭和尾鰭淡黃色。個體一般長40公分左右。肉質鮮嫩肥美。含蛋白質、脂肪豐富。
- **料理運用：** 入饌宜燒、清蒸。其乾製品稱「鰳鯗（音同「想」）」，也是治饌原料。

【鱸魚】

又稱為「鱸板」、「花鱸」。鱸形目，鮨科。

- **主要產地：** 在中國大陸沿海均產，為近岸淺海中下層魚類。喜棲息於河口區，亦可生活於淡水中。
- **原料特色：** 體延長，側扁，口大，體被小櫛鱗，背側呈青灰色，腹部灰白色，體側及背鰭棘部散布黑色斑點。肉質緊實，纖維較粗但細嫩鮮美。以秋季所產的鱸魚最為肥美。
- **料理運用：** 入饌宜燒、燜、清蒸、熘、炒、燻、炸。

【帶魚】

又稱「鞭魚」、「刀魚」。鱸形目，帶魚科，為中國大陸四大海洋漁業之一（其他是大黃魚、小黃魚、烏賊）。

- **主要產地：** 在中國大陸南北沿海均產。
- **原料特色：** 體顯著側扁，延長呈帶狀，尾細似鞭，頭窄長，眼較大且位高，牙發達而尖銳，體呈銀白色。肉質肥美，蛋白質、脂肪含量高。
- **料理運用：** 供鮮食，亦可冷凍或醃製。川

菜中多以凍品入饌，宜蒸、炸、燒，也用於火鍋。

【海鰻】

又稱「門鱔」、「狼牙鱔」、「勾魚」。鰻鱺目，海鰻科。

- **主要產地**：在中國大陸沿海均產。
- **原料特色**：近圓筒形，後部側扁，頭尖長，口大，牙強而銳利，背鰭和尾鰭相連，無腹鰭，體無鱗，背部銀灰色或暗褐色，腹側近乳白色。個體一般長40公分左右，長者可達100公分以上。肉質細嫩肥美、味鮮。
- **料理運用**：入饌宜熘、炒、燒、燜、蒸。

【鰣魚】

又稱「時魚」、「三黎魚」、「三來」。鯡（音同「肥」）形目，鯡科。

- **主要產地**：主產於中國大陸長江、珠江和錢塘江等水系。
- **原料特色**：體側扁，腹緣有銳利的棱鱗，排列成鋸齒狀，口大、端位，鱗大而薄，體背和頭部灰黑色，上側略帶藍綠色光澤，下側和腹部銀白色。個體較大，肉細脂厚，為中國名貴食用魚類。
- **料理運用**：入饌宜清蒸、紅燒。因其鱗片富含脂肪，故烹時不宜去鱗。

【河蝦】

又稱「沼蝦」、「青蝦」。甲殼綱，長臂蝦科。

- **主要產地**：在中國大陸南北各地的淡水湖中均產。四川以西昌市邛海中所產者最為著名，稱西昌沼蝦，也可人工養殖。
- **原料特色**：河蝦體較粗短，側扁，體長4～8公分，體色青麗透明，有的身上還帶有棕色斑紋，頭胸部較大，額角短於胸甲，步足5對，前2對呈鉗狀，其中第二對特別長，超過身體長度（雄蝦則超過體長2倍）。肉味鮮美，營養豐富。
- **料理運用**：入饌宜炸、油燜；也可取蝦仁，宜熘、炒、燒燴或用以製作蝦糝。

【螯蝦】

又稱「大頭蝦」、「蟹蝦」。屬甲殼綱，河蝦科。

- **主要產地**：原產北美，後從日本移入中國，主產於江蘇等地。
- **原料特色**：螯蝦似龍蝦而小，頭胸部較長，呈長卵圓形，體長約10公分，前3對步足都有螯，以第一對最發達，似蟹螯，甲殼血紅色，體色美麗。通常穴居於田畦和堤岸間。可供食用，但殼厚肉少。
- **料理運用**：因為此蝦為肺吸蟲的中間宿主，故烹調時需煮熟而食。

【龍蝦】

甲殼綱，龍蝦科。為蝦中體形最大的一種，因其形態威武，故名。

- **主要產地**：主要產於中國大陸廣東、浙江、福建等沿海地區以及臺灣。
- **原料特色**：有中國龍蝦和錦繡龍蝦兩種。中國龍蝦體粗壯，圓柱形，略帶平扁，體長一般在30公分以上，重1～2千克，最重可達3千克，頭胸甲堅硬多棘，兩對觸角很發達，步足呈爪狀，腹部較短，尾扇較大，體呈紅色，上具暗色紋。錦繡龍蝦頭胸甲有五彩花紋，外觀非常美麗，最大者體重可達5千克。龍蝦肉多而細嫩，形美而味鮮，加之營養豐富，具滋補之功，歷來被視為餚中之珍，多用於高級筵席。
- **料理運用**：入饌以清蒸為主；也可取淨肉入烹，宜熘、炒。

【對蝦】

又稱「大蝦」、「明蝦」，即中國對蝦。甲殼綱，對蝦科。

- **主要產地**：主要分布於中國大陸渤海和黃海，東海也有分布，也可人工養殖。中國大陸所產對蝦的品種有近50種，稱謂相對也多。
- **原料特色**：對蝦體長大而側扁，甲殼薄而

透明，光滑，雌體長約20公分，呈青藍色，又稱青蝦；雄體長約15公分，呈灰黃色，又稱黃蝦。對蝦的肉質細嫩、鮮美，富含蛋白質和多種礦物質，其維生素A尤為豐富。

• **料理運用**：入饌宜燒、燜；也可取肉入烹，宜熘、炒。

【白蝦】

又稱「脊尾白蝦」、「絨蝦」。甲殼綱，長臂蝦科。

• **主要產地**：為中國大陸特產，沿海均有分布，以黃海、渤海為多。
• **原料特色**：生活於淺海近岸泥沙底下，為一中型蝦類。體長一般5～9公分，甲殼薄，觸角側扁、細長，基部1／3具雞冠狀隆起，尾節末端尖細，呈刺狀，腹部第3節至第6節背面有縱脊，體透明，微帶藍色或紅色小點。活蝦死後體呈白色，故名白蝦。白蝦肉質細白而嫩，富含蛋白質和無機鹽。
• **料理運用**：整隻入饌，宜蒸、煮、炸、燜；除去頭、殼即為蝦仁，宜熘、炸。以蝦仁製成的蝦糁可作清湯蝦圓、炸蝦球、白汁蝦糕、四喜蝦餅等菜式。此外，白蝦還可以乾製成蝦米（即金鉤），蝦卵乾製後稱蝦籽，均是營養豐富、滋味鮮美的烹飪原料。

【基圍蝦】

一種人工養殖的海蝦。

• **主要產地**：主要產於中國大陸廣東一帶。
• **原料特色**：「基圍」是指人工挖掘的海灘塘堰。趁海水漲潮時將海水和海蝦引入「基圍」，養至一定時期，又趁退潮時放水並以網在閘口捕蝦，故而將此蝦命名為基圍蝦。由於是人工飼養，餌料豐富，所以肥美細嫩。
• **料理運用**：入饌宜蒸、炸、煮、爆。

【毛蝦】

又稱「中國毛蝦」、「小毛蝦」。甲殼綱，櫻蝦科。

• **主要產地**：中國大陸沿海均產，以渤海沿岸產量最大。
• **原料特色**：體側扁，甲殼薄，體長一般3公分左右，無色透明。
• **料理運用**：可供鮮食，亦可供製蝦皮、蝦醬、蝦油等。川菜中主要以蝦皮入饌，多用於燒燴類菜式和湯菜，以增加鮮味。

【河蟹】

又稱「中華絨螯（音同「敖」）蟹」、「螃蟹」、「毛蟹」、「清水蟹」。甲殼綱，方蟹科。

• **主要產地**：廣布於中國大陸南北各地，以江蘇陽澄湖所產最為著名，安徽所產的大閘蟹也頗有名。
• **原料特色**：河蟹以重陽節前後最為肥美。自古有「執螯賞菊」之說。雌蟹又稱膏蟹、團臍，因蟹黃、蟹膏鮮肥、豐滿而得名；雄蟹又名尖臍、肉蟹，以肥大肉多為最佳。
• **料理運用**：入饌宜炒、清蒸、烘、燜。

【溪蟹】

又稱「石蟹」。甲殼綱，溪蟹科。品種較多，約五十餘種。

• **主要產地**：主要產於中國大陸長江、珠江流域及西南地區。棲息於溪流旁或者溪中石下。
• **原料特色**：近乎方形，寬約4公分，前緣寬。雄蟹螯足大，左右兩對顯然不同；雌蟹的螯足小。
• **料理運用**：可供食用，宜煮、炸。因為此蟹常為肺蛭的中間宿主，故食用時應充分烹熟。

【梭子蟹】

又稱「三疣（音同「尤」）梭子蟹」、「海蟹」、「槍蟹」。甲殼綱，蝤蛑（音同

「遊謀」）科。

- **主要產地**：中國大陸沿海均產，以黃海、渤海爲最。
- **原料特色**：頭胸甲呈梭形，稍隆起，兩側具長刺，體上有疣狀突起3個，螯足發達，長節呈梭柱形，內緣具鈍齒，第四對步足呈樂狀。雄性體藍綠色，雌體深紫色。蟹肉不僅肥美味鮮，而且營養豐富，並有清熱、散血、滋陰的功效。
- **料理運用**：整隻入饌宜清蒸、酥炸、烘燜；也可取淨肉入烹，能做多種菜式。

【鋸緣青蟹】

又稱「青蟹」、「潮蟹」。甲殼綱，蝤蛑科。

- **主要產地**：主產於中國大陸廣東、福建、浙江沿海，以及臺灣沿海，現在已有人工養殖。
- **原料特色**：頭胸甲長約10公分、寬約14公分，背部隆起，光滑，青綠色，胃區與心區有明顯的「H」形凹痕，螯足不對稱。雄性的腹部呈寬三角形，雌性的腹部呈寬圓形。
- **料理運用**：肉味鮮美，烹法如同「梭子蟹」。

【田螺】

又稱「黃螺」。即田螺科動物中國圓田螺及同屬品種。生活於湖泊、河流、沼澤及水田等處。

- **主要產地**：中國大陸大部地區均有分布。
- **原料特色**：田螺肉營養豐富，含蛋白質、脂肪、礦物質等多種成分，其中以鈣、磷的含量爲高。
- **料理運用**：多連殼烹調，宜炒、煮。成菜質地脆嫩，味鮮。

【鮑魚】

又稱「九孔鮑」、「鰒（音「腹」）魚」。屬軟體動物門鮑科動物。供食用的品種有雜色鮑、盤大鮑、耳鮑和牛紋鮑等。是

著名海味食品，爲海八珍之一。

- **主要產地**：中國大陸沿海以及臺灣等地都有生產。
- **原料特色**：味極鮮美，營養豐富，富含蛋白質和糖原甜茶鹼。可鮮食，亦可製成鮑魚乾和罐頭。鮑魚乾又稱乾鮑，是用鮮鮑魚經去殼、去內臟、鹽醃、煮熟、曬乾而成。品種有紫鮑、明鮑、灰鮑等，品質以紫鮑爲最佳。
- **料理運用**：鮮食宜清蒸。乾鮑在烹調前須用硼砂漲發，入饌宜煨。罐頭鮑魚，開罐即可烹調。川菜中多用於燒燴菜式，也用於冷菜和湯菜。

【鮮貝】

爲軟體動物門扇貝科扇貝或日月貝的閉殼肌。因以鮮品供食，故名。

- **主要產地**：主要產於中國大陸北方沿海，以山東諸島和渤海長山八島所產品質最佳，現一般採用人工養殖。
- **原料特色**：鮮貝色呈白色，肉質細嫩，清鮮爽滑。
- **料理運用**：入饌宜炒、熘、涼拌，也用於燒燴菜式。

【西施舌】

又稱爲「車蛤」、「土匙」、「沙蛤」、「海蚌」。瓣鰓綱，蛤蜊（音同「格利」）科。

- **主要產地**：中國大陸沿海均有分布，以福建爲盛。
- **原料特色**：生活於潮間帶下區及淺海的沙灘中。中醫學認爲，西施舌具有滋陰養液、清熱涼肝的功能，多用以開胃，滋液養心，清熱息風，涼肝明目。
- **料理運用**：肉質細嫩鮮美，以肉入饌，宜爆、炒、清蒸、汆煮。

【墨魚】

又稱「烏賊」、「墨斗魚」。頭足綱，烏賊科，軟體動物。

- **主要產地**：中國大陸沿海均產，以舟山群島出產最多。常見的品種有金烏賊和無針烏賊，以後者的產量大。
- **原料特色**：體呈袋狀，觸腕一對，幾與體同長。鮮品色白，肉厚味美，質地脆嫩；乾品乾烏賊稱墨魚乾，無針烏賊稱螟晡鯗（音同「明甫想」），品質以體形均勻、平整乾爽、肉厚實、有香味者爲佳。中醫學認爲，墨魚乾有養血滋陰的功效，所以民間多用作滋補食品。
- **料理運用**：鮮品入饌宜爆、炒、涼拌；乾品可直接入烹，宜煨燉，鹼發後供用，烹法如魷魚乾。

【魷魚】

又稱「槍烏賊」、「柔魚」。爲頭足綱槍烏賊科軟體動物。

- **主要產地**：中國大陸南北沿海均有分布。品種有中國槍烏賊、臺灣槍烏賊、太平洋柔魚等。其中以中國槍烏賊的分布最廣，產量最大。臺灣槍烏賊主要產於臺灣及廣東沿海。太平洋柔魚主要分布於黃海以南海域。
- **原料特色**：鮮品色白，肉厚，脆嫩爽口；乾製品稱魷魚乾，形狀長條形或橢圓形，品質以色白發亮、體質平薄、隻形均勻、肉質透微紅、乾爽而具香味者爲佳，
- **料理運用**：鮮品入饌宜爆炒、涼拌；乾製品可直接入烹，宜乾煸、煨燉；也可鹼發後入饌，宜燒、燴、爆、炒，亦用於湯菜。成菜柔嫩或脆嫩。

【魚翅】

又稱「鯊魚翅」。爲各種不同品種鯊魚的鰭的乾製品。經去肉、浸洗、加溫、脫沙、去骨、挑翅、除膠、漂白、乾燥等工序製作而成，爲上等烹飪原料。

品種較多，各地稱謂也不盡一致。按外觀顏色的不同，可分爲白翅和青翅兩種。按鰭的部位的不同，又可分爲披刀翅（又稱頂沙翅、脊披翅，以背鰭製成）、青翅（用胸鰭、腹鰭製成）、尾翅（以尾鰭製成）三類，其中以披刀翅品質最好，青翅次之，尾翅較差。如按加工方法的不同，還可分爲毛翅、明翅、翅餅等品種。

- **主要產地**：主要產於中國大陸福建、廣東、山東、遼寧等地，以及臺灣。
- **原料特色**：魚翅的主要成分是膠原蛋白質，有補筋骨、滋陰等功效。魚翅品質均以質地乾燥，色澤白潤，具光澤，翅長，無骨者爲佳。
- **料理運用**：入饌宜煨爆。因其自身不具鮮味，需輔以好湯、雞、鴨、肉等物以增其鮮。成菜柔中帶脆，爽滑適口。

【海參】

爲棘皮動物海參的乾製品。古人因它「雖生於海，其性溫補，功埒（音同「列」）人參」，故以「海參」名之。是著名海味食品，爲海八珍之一。

中國大陸出產的海參品種達六十餘種之多，可供食用的有二十餘種。食用海參以有無肉疣分爲刺參和光參兩大類。刺參常見的品種有灰刺參、梅花參、花刺參（又稱方刺參、方參）、黃玉參（又稱黃肉參、明玉參）等，其中以灰刺參的品質最好；光參常見的品種有黑乳參（又稱烏圓參、開烏參、烏參、大烏參）、瓜參（又稱白瓜參、海茄子）、靴參、茄參和克參（又稱烏狗參）等，其中以黑乳參品質最佳。

- **主要產地**：中國大陸沿海各省均有出產。
- **原料特色**：海參含有豐富的蛋白質和礦物質。各類海參的品質均以參體、參刺堅硬、筆直，個頭圓滿無損，刀口緊閉，參嘴收縮者爲上品。
- **料理運用**：因海參本身不具鮮味（有的略帶澀味），故烹調前應先用好湯、薑、蔥、紹酒等上味增鮮。光參在漲發時，還須用火燎過粗皮，再浸泡、刮洗。在川菜中烹法多樣，被廣泛地用於冷熱菜餚和麵點之中。

【魚肚】

又稱「鰾（音同「標」）」、「白鰾」。爲魚鰾（魚的沉浮器官，四川俗稱魚泡）的乾製品。一般用大黃魚、鮸魚、海鰻等的鰾經清洗處理後，乾製而成。爲傳統名貴海味，海八珍之一。品種多以所用魚鰾而命名。如黃魚肚、鮸肚、鰻魚肚等。

- **主要產地：** 中國大陸沿海均產，以浙江、廣東、福建較多。
- **原料特色：** 魚肚含有豐富的蛋白質和礦物質。品質以質地潔淨、無血筋等黏物，色淡黃或深黃，體大而厚，明朗亮透，乾燥者爲佳。
- **料理運用：** 川菜中多用油發。漲發後呈海綿狀，質地柔軟，味美可口，並具一種特殊的海鮮味。入饌宜燒燴，也用於冷菜、湯菜或甜羹。

【魚唇】

爲鯊、鰩等軟骨魚類的唇部的乾製品，爲名貴海味。

- **主要產地：** 產於中國大陸東南沿海。
- **原料特色：** 魚唇富含膠質，品質以光亮，透明，肉厚者爲佳。燜發後質地柔糯鬆脆兼備。
- **料理運用：** 入饌宜煨燉、燒燜。

【魚皮】

又稱「鱶（音同「盹」）皮」。爲鯊和魟（音同「紅」）背部厚皮的乾製品，爲名貴的海味食品。

- **主要產地：** 中國大陸沿海均產，主產於山東、福建等地。
- **原料特色：** 魚皮蛋白質和脂肪的含量豐富，品質以肉淨，皮厚，不帶鹹味者爲佳。燜發後質地柔韌軟糯。
- **料理運用：** 入饌宜煨燉、燒燜。

【魚骨】

又稱「明骨」、「魚腦」。爲鯊魚、鱘鰉魚的頭骨、齶骨、鰭基骨及脊椎骨接合部的軟骨的乾製品。其中以頭、鰓部加工而成的爲上品。

- **主要產地：** 中國大陸沿海均產，主產於廣東、福建、浙江沿海地區。
- **原料特色：** 其主要成分爲骨膠蛋白，對神經、肝臟、循環系統等有一定的滋補作用。品質以大小均勻，完整，色乳白而透明者最佳。漲發後潔白透明，脆嫩爽口。
- **料理運用：** 入饌宜作清湯菜和甜羹。

【魚信】

爲鯊魚、鱘魚等大型魚類的脊髓的乾製品。色白質嫩。經蒸、泡發後供用。入饌宜燒燴，也可作湯菜。

【魚脆】

爲長江鱘頭骨、鼻骨、脊骨的乾製品。經漂、煮、蒸，作排油、除腥處理後，再熬成汁，冷卻而成。成品晶瑩光潔，富含膠質，爲四川特產。發製後呈米白色透明狀，口感爽滑滋糯。川菜中主要用於甜羹。

【金鉤】

又稱「蝦米」、「開洋」、「海米」，爲鮮蝦仁的乾製品。是用鮮蝦經洗滌、煮熟、乾燥、脫殼而成，有鹹乾和淡乾兩種。

- **主要產地：** 中國大陸沿海和內陸水域均有出產。
- **原料特色：** 金鉤的蛋白質含量很高，有益腎補陽的作用，所以也是身體衰弱者的營養食品之一。品質以體圓完整，色紅、淡白或紅黃，有光澤，大小均勻，肉質硬者爲佳。
- **料理運用：** 在川菜中多用作配料，與鮮蔬合烹成菜；亦用於麵、點的臊子和餡心。成品均具有肉質細縝、鮮味綿長的特點。

【蟹黃】

爲雌性蟹的卵塊，因呈橘紅色，故名。可鮮用，也可乾製。在川菜中主要用作增鮮、提色材料。如蟹黃銀杏、蟹黃魚翅等。

【蟹肉】

又稱「乾蟹肉」、「蟹米」。爲海蟹肉的乾製品，浸泡後供用。川菜中多與鮮蔬合烹成菜，用以提味增鮮。

【干貝】

爲櫛孔扇貝（又稱干貝蛤，屬瓣鰓綱，扇貝科）的閉殼肌（即肉柱）的乾製品。用鮮閉殼肌經洗滌、水煮、取柱、去膜、蒸煮、乾燥等工序製成。另外，也有將扇貝、日月貝和櫛江珧的閉殼肌的乾製品統稱爲干貝的。

- 原料特色：干貝營養豐富，蛋白質含量高，並含糖原和琥珀酸以及碘、鐵、磷等多種礦物質，有調胃和中、滋陰補腎的功效。品質以粒大飽滿，形整絲細，色橙黃，乾燥而有香氣者爲佳。
- 料理運用：入饌應先加清湯、紹酒等上籠蒸透，再與蔬菜合烹成菜。成菜肉質鬆嫩，清鮮味美。

【江珧柱】

又稱「江珧」、「角帶子」，四川俗稱瑤柱。爲瓣鰓綱江珧科動物櫛江珧的後肉柱（後閉殼肌）的乾製品。其鮮品（帶殼或不帶殼）亦有稱「帶子」的。

- 主要產地：中國大陸黃海、東海、南海均產，而以廣東、福建爲多。
- 原料特色：江珧柱的後肉柱特別粗大，味美，富營養，尤以蛋白質的含量高。用途同干貝。
- 料理運用：帶殼者宜清蒸，淨肉柱烹法如鮮貝。

【帶子】

爲日月貝（又稱日本日月貝、長肋日月貝，屬瓣鰓綱，扇貝科）的閉殼肌的乾製品。鮮品即鮮貝（亦有稱濕帶子的）。

- 主要產地：產於中國大陸沿海，尤以北海產量爲最。
- 原料特色：帶子味美，營養豐富。

- 料理運用：用法如干貝。

【淡菜】

又稱「海紅乾」。爲瓣鰓綱動物貽（音同「怡」）貝（又稱紫貽貝、海紅）肉的淡乾製品。是用鮮貽貝經過水煮、去殼、乾燥而成。

- 主要產地：主要產於中國大陸浙江、遼寧、山東等沿海。
- 原料特色：味鮮美，營養豐富，並有滋陰、補肝腎、益精血、調經等功效，多用作滋補品。
- 料理運用：入饌宜與雞、鴨、豬肉等同燉，湯味香美異常。

【蟶乾】

爲竹蟶（音同「稱」）科貝類動物縊蟶（又稱蟶子、青子）的肉生曬或熟曬而成的乾製品。

- 主要產地：主要產於中國大陸浙江、福建等地。
- 原料特色：營養價值高，富含蛋白質、脂肪和礦物質，具滋陰補脾的功能，爲滋補食品之一。品質以質地乾燥，色蜜黃，肉質肥厚，氣味清葷者爲佳。
- 料理運用：入饌常與雞、鴨、肉同燉，湯味鮮香。

【銀魚乾】

又稱「王余」、「鱠殘魚」、「麵條魚」。鮭（音同「規」）形目，銀魚科。種類頗多，主要有大銀魚、太湖新銀魚、間銀魚等。

- 主要產地：主要分布於中國大陸山東至浙江沿海地區，以長江口崇明等地區爲盛。
- 原料特色：體細長，一般長12公分左右，透明（活魚死後體呈乳白色），呈近圓筒形，後段略側扁，頭部極扁平，眼大、口小，吻長而尖，體光滑，柔軟無鱗。肉味鮮美。
- 料理運用：可供鮮食，亦可曬製成魚乾。

川菜中多以銀魚乾入饌，最宜做湯菜，也用於燒、燴。

【烏魚蛋】

又稱「墨魚蛋」。為雌性烏賊的纏卵腺的鹽醃乾製品，也有罐頭生產。

- **主要產地**：主要產於中國大陸山東省日照等地。
- **原料特色**：品質以個體大，色白淨，整齊，味鮮者為上品。
- **料理運用**：罐頭開罐即可烹調。乾品在烹調前須將鹽分洗去，再用熱水浸泡後，放冷水中去外膜，將卵片分開即可。入饌主要用於燒燴類菜式，也用於羹湯。

【蜇皮】

又稱「海蜇皮」。為腔腸動物門動物海蜇（又稱水母）的傘體部分的醃製品。另外，以海蜇的觸鬚（口腕）部分醃製而成的，稱「蜇頭」，其用途與蜇皮同。

- **主要產地**：中國大陸沿海均產。
- **原料特色**：海蜇含蛋白質、碳水化合物及多種礦物質等成分，具有消痰化積、祛風、除濕的功效，對高血壓患者也有一定的療效。品質以片大完整，色白，無紅皮，無沙，脆嫩者為佳。
- **料理運用**：入饌宜涼拌，成菜爽而鬆脆。

【海帶乾】

海帶的乾製品。有淡乾海帶和鹽乾海帶兩種。淡乾品是將割取的新鮮藻體直接置於陽光下曝曬，再經通風乾燥而成；鹽乾品則是把新鮮藻體用鹽醃漬一定時間，再於陽光下曬乾而成。品質以淡乾品為好。

- **主要產地**：中國大陸遼寧、山東、江蘇、浙江、福建、廣東沿海均產。
- **原料特色**：海帶乾的營養豐富，其中以褐藻酸、粗蛋白、甘露醇、醣等的含量較高，並含胡蘿蔔素、維生素B1和B2，以及鐵、鈣等成分，其碘的含量為各種食物之最。常食可治甲狀腺腫大、頸淋巴結腫、慢性氣管炎、咳喘、肝脾腫大、水腫、高血壓和高血脂等症。
- **料理運用**：入饌多用於燉、燒、拌。

【石花菜】

又稱「石華」、「草珊瑚」、「瓊枝」。為紅翎菜科植物瓊枝的藻體。

- **主要產地**：主要產於中國大陸廣東、海南沿岸。
- **原料特色**：狀如珊瑚，軟骨質，有紅、白二色。紅色稱草珊瑚，白色稱瓊枝。
- **料理運用**：多以乾品入饌，宜涼拌，成菜爽脆可口。

【瓊脂】

又稱「瓊膠」、「凍粉」、「洋菜」。以水生植物石花菜為主要的原料提取之凍乾品。

- **原料特色**：麵條狀，白色或淺褐色，具光澤，無臭無味，質輕而脆。
- **料理運用**：能在冷水中膨脹，但不溶於水。加水蒸或煮沸，能溶解成黏液，冷卻後成半透明的凝膠狀物。根據其這種特性，在菜、點製作中，第一種方法多用於冷菜中的拌菜：如凍粉三絲、凍粉雞絲等。第二種方法主要用於冷菜中的凍菜：如水晶鴨條、雞絲凍等以及各種果凍。也普遍用於裱花蛋糕所需的洋菜糖。

【紫菜】

又稱「索菜」、「紫英」，為紅毛菜科植物紫菜的葉狀體。因其顏色紫紅或紫綠、紫藍，故名。生於淺海潮間帶岩石上，中國大陸沿海地區已進行人工養殖。品種主要有罈紫菜、條斑紫菜、甘紫菜等。

- **原料特色**：紫菜乾品富含蛋白質和碘，並含脂肪、糖、粗纖維、多種維生素和礦物質，營養豐富。供藥用，有化痰軟堅、清熱利尿的功能。
- **料理運用**：入饌主要用於湯菜、冷菜及用作象形拼盤各種卷的皮料等。

第三章
調料與常用藥材、添加劑

一、調味品、油脂

【食鹽】

又稱「鹹鹺（音同「嵯」）」。為海水或鹽井、鹽池、鹽泉中鹽水經煎曬而成的結晶。品種有海鹽、湖鹽、井鹽三種，依其加工工藝的不同，還有洗滌鹽和精鹽等。

• **主要產地：**海鹽在中國大陸沿海地區均產。湖鹽（又稱池鹽），主產於內蒙古、新疆和青海等地。井鹽主產四川、雲南。

• **料理運用：**鹽是主要的鹹味調味品，使用非常普遍。歷來被譽為「百味之主」，不僅是加工醃製食品的主要調料，而且還廣泛地用於川菜的各種味型。另外，在烹調中還常利用鹽的滲透壓除去原料中的苦味或澀味。鹽也是製作麵點不可缺少的輔料，除用於麵臊和麵餡的調味外，也常用於麵團，有增強麵團勁力、改善成品特色和調節發酵速度的作用。

【醬油】

又稱「清醬」、「醬汁」、「豉油」。是以黃豆、小麥等為原料，經蒸料、拌料、拌麴、踩池、倒坯、發酵等工藝加工而成的棕褐色液體。中國生產醬油的歷史悠久，各地均有生產。醬油按生產方法的不同，分天然發酵醬油、人工發酵醬油和化學醬油（現已停止生產）三類。

天然發酵醬油是利用空氣中的微生物進行發酵，成品風味獨特，鮮美，味醇，品質最佳，但因出品率低，原料耗用大，週期過長，不能滿足供應，故除少量生產外，多不用此法。

人工發酵醬油是通過人工製麴，加溫發酵而成的，其工藝又分低鹽固態發酵和無鹽固態發酵兩種，目前推廣的是低鹽固態發酵工藝，此法週期短，出品率高，蛋白質利用率可達75～80%，成品品質雖不及天然發酵醬油，但其風味、色澤、滋味以及營養成分都能達到食用要求。四川醬油的生產多用低鹽固態發酵工藝或結合傳統工藝釀製而成。優質產品有成都的大王醬油、德陽的精釀醬油、江油中壩的口蘑醬油、及郫縣的犀浦醬油等。

• **原料特色：**醬油的營養成分主要是蛋白質、碳水化合物等，所含的18種氨基酸中，8種是人體不能合成而又必需，醬油中均有一定的含量。醬油的品類很多，品質均以顏色紅褐，具晶瑩感，有醬香和酯香氣，味鮮美醇厚，柔和味長為佳。

• **料理運用：**在烹調中有調味、提色、增鮮的作用，廣泛用於冷菜、熱菜以及麵點、小吃的調味。

1. 淺色醬油

又稱「本色醬油」、「白醬油」、「生抽」。

- **原料特色**：成品具有在發酵過程中自然形成的色澤和香味，顏色較淡，附著力小。
- **料理運用**：在烹調中多用於調味和增鮮。

2. 深色醬油

又稱「濃色醬油」、「鹹紅醬油」、「老抽」。是在淺色醬油的基礎上再經複曬，使之增色、濃稠而成。

- **原料特色**：成品色濃、附著力強。
- **料理運用**：在烹調中，除用於調味、增香外，還有提色的作用。多用於涼拌菜的調味以及麵條的碗底。

3. 甜紅醬油

又稱「甜醬油」。是以黃豆製成醬坯，配以紅糖、飴糖、食鹽、香料、酒麴釀製而成。行業中也有以淺色醬油加紅糖、香料等在鍋內熬成的，其風味亦佳。

- **原料特色**：成品鹹中帶甜，香味濃郁，味道鮮美，醬汁稠濃。
- **料理運用**：川菜中主要用於涼拌菜和麵食的調味，也用於部分原料上漿上色。

4. 蠔油

又稱「牡蠣醬油」。為加工蠔豉所餘的湯，經過濾、濃縮而成的調味品。

- **主要產地**：主要產於中國大陸南方或沿海地區，以廣東所產最為著名。
- **原料特色**：蠔油色紅濃稠，營養豐富，味鮮美。
- **料理運用**：川菜中主要用於燒製家常菜式和火鍋。

【 豆醬 】

又稱「黃醬」、「大醬」，為東北特產。是以大豆、麵粉為原料，大豆經浸泡、蒸煮、冷卻後加麵粉、種麴製成豆麴，再加鹽水發酵而成。

- **原料特色**：成品色澤紅褐或棕褐色，有醬香和酯香氣，味鮮而醇厚，鹹淡適口。
- **料理運用**：川菜中主要用於醬燒菜式或炸醬麵臊。

【 甜麵醬 】

又稱「甜醬」、「金醬」，各地均產。是以麵粉為原料，加水、老麵後揉勻，切塊蒸熟，冷卻打碎，接種麴後入缸、下鹽水發酵而成。

- **原料特色**：成品黃褐色或棕紅色，有醬香和酯香氣，味醇厚，鮮甜適口。
- **料理運用**：川菜中多用於醬燒、乾醬類菜式、調製蔥醬碟以及需醬增色增味的菜式，亦用作醃製食品、麵臊、麵餡的主要調料。

【 豆瓣醬 】

又稱「豆瓣」，四川特產。以胡豆為原料，經去殼、浸泡、蒸煮（或不蒸煮）製成麴，然後按傳統方法（豆瓣麴下池、加醪糟，也可加白酒、鹽水淹及豆瓣，任其發酵）或固態低溫發酵法（豆瓣麴加鹽水拌和，出麴後補加食鹽發酵）製成豆瓣醅。成熟的豆瓣醅如配入辣椒醬、香料粉，即成辣豆瓣；如配入香油、金鉤、火腿等，即成香油豆瓣、金鉤豆瓣、火腿豆瓣等，統稱為鹹豆瓣。

- **原料特色**：辣豆瓣色澤紅亮油潤，味辣而鮮，是川菜的重要調味品，以郫縣所產為佳。鹹豆瓣黃色或黃褐色，有醬香和酯香氣，味鮮而回甜，為佐餐佳品，以資陽臨江寺所產最為著名。

【 豆豉 】

又稱「豉」、「康伯」、「納豆」。為以黃豆、黑豆經蒸煮、發酵而成的顆粒狀食物。中國遠在一千四百多年前，豆豉的製作在民間就十分普及，並已成為人們喜愛的食品。按工藝、用料和風味的不同，豆豉又分為乾豆豉、薑豆豉、水豆豉三種。

1. 乾豆豉

以黃豆或黑豆為原料，經浸泡、蒸軟、出麴，加鹽、酒、醪，入池密封發酵而成。

成品光滑油黑，滋潤散籽，味美鮮濃，酯香回甜，川菜中多用作配料和調料。四川成都的太和豆豉和重慶的潼川豆豉、永川豆豉品質最佳。

2. 水豆豉和薑豆豉

均以黃豆爲原料，經煮熟、天然發酵後，加食鹽、酒、辣椒醬、香料、老薑米拌与即成薑豆豉，如再加煮豆水即爲水豆豉。此兩種豆豉多爲家庭製作，用作家常小菜。

【豆腐乳】

又稱「腐乳」，爲豆腐的釀製品。是用豆腐塊作坯，經發黴（自然或用毛黴種麴）、鹽漬、灌湯、密封發酵而成。品類繁多，風味各異。按大類可分爲白豆腐乳、紅豆腐乳（又稱紅方）、南味豆腐乳（又稱青方、臭豆腐乳）、香糟豆腐乳以及由以上各類派生的金鉤豆腐乳、五香豆腐乳、麻辣豆腐乳和白菜豆腐乳等。

- **主要產地**：中國大陸特產，各地均有生產。四川與重慶主產豆腐乳的地區不少，名品也多。如夾江、樂山五通橋、豐都、遂寧、彭山、成都、大邑、石寶寨、邛崍等地所產的豆腐乳，都是四川省內或中國大陸內的優質產品，有的不僅暢銷全中國，而且還遠銷海外。
- **原料特色**：豆腐乳不僅營養豐富，而且有易於消化吸收、增進食慾的優點，是人們喜愛的佐餐食品。其汁水又是菜餚用以增鮮、突出風味的特殊調料。

【糖】

又稱「餳」（音同「行」）、「糖霜」。爲用甘蔗、甜菜等爲原料提煉而成的結晶體甜味品。中國是世界上製糖最早的國家之一，距今有約2000年的歷史。根據製糖原料的不同，主要分甘蔗糖和甜菜糖兩種。根據生產方式，可分爲機製糖和土糖兩類。通常是按其色澤和形態劃分，主要有白砂糖、綿白糖、紅糖、冰糖等品種。

- **主要產地**：甘蔗糖主產於中國大陸廣東、福建、廣西、四川、雲南、以及臺灣等地；甜菜糖主產於中國大陸黑龍江、吉林、內蒙古、新疆等地。
- **原料特色**：糖的主要成分爲碳水化合物，是提供和補充人體必需熱量的主要原料。糖因具有甜美的滋味而廣泛地用於食品（如飲料、糖果、糕點等）工業中。
- **料理運用**：在烹調中，糖除主要用於甜菜、甜食和甜羹外，還廣泛用於調味，起上色、矯味和體現風味的作用。糖也是製作麵點的重要輔料之一，調製麵團時摻入適量的糖，有改善麵團品質的功效。

1. 白糖

又稱「白砂糖」、「石蜜」、「白霜糖」。以甘蔗或甜菜爲原料精製而成。

- **主要產地**：四川主要產於內江、西昌等地，尤以內江爲盛，素有「甜城」之稱。
- **原料特色**：色澤潔白發亮，晶體整齊均勻，糖質堅硬，水分、雜質較少，是食糖中品質較好的品種。按其晶粒大小，又分粗砂、中砂、細砂三種。
- **料理運用**：白糖在川菜中的使用極爲廣泛，除用於調味外，也用於甜菜的拔絲、掛霜以及甜點餡的製作。

2. 綿白糖

又稱「綿糖」，以甘蔗或甜菜爲原料精製而成。

- **原料特色**：成品色白，晶粒細小、柔軟，在水中溶解快。按其加工方式的不同，又有精製綿白糖和土製綿白糖之分。品質以前者爲佳，後者其色稍暗而微黃。
- **料理運用**：烹調中主要用於調味、甜點餡或飲料。

3. 紅糖

又稱「赤糖」、「黃糖」，以甘蔗爲原料加工而成。

- **主要產地**：四川紅糖多爲土製，產地也多，以資中、西昌等地最好。
- **原料特色**：分機制和土製兩種，機制紅糖又稱黃砂糖、赤砂糖，其晶體似砂粒，紅褐或黃褐色，含糖量低於白糖；土製紅糖

有紅褐、青褐、赤紅等色，糖味濃厚，有的略帶焦味，含水分、雜質較多，一般以色淺者品質較好。形狀有片、磚、碗等幾種。也供藥用，有補中緩肝、活血化瘀的功效。

- **料理運用**：紅糖在烹調中主要用於調味增色和作糕點的餡料。

4. 冰糖

為白砂糖煎煉而成的塊狀結晶，因形如冰塊，故名。

- **原料特色**：冰糖顏色有白、黃之分，透明或半透明，以白色透明者品質最佳。冰糖含水分、雜質少，糖味純正，並具有補中益氣、和胃潤肺的功效。
- **料理運用**：在川菜烹調中，多用以與滋補食物配合。

5. 飴糖

又稱「麥芽糖」、「膠飴」、「糖稀」、「清糖」。為米或麥芽等經發酵、糖化製成的糖類食品，中國大陸各地均產。

- **原料特色**：飴糖有軟硬之分。入饌入藥，均以軟者為佳。軟飴糖為一種黃褐色的濃稠液體，黏性大，甜爽適口，含麥芽糖、葡萄糖及糊精等。供藥用，有緩中、補虛、生津、潤燥的功效。
- **料理運用**：川菜烹調中用於燒烤菜式（如烤乳豬、烤鴨等），起上色酥皮的作用。

【蜂蜜】

又稱「石蜜」、「蜜」、「蜂糖」。為蜜蜂科昆蟲蜜蜂所釀的蜜糖。中國大陸大部地區均產。

- **原料特色**：蜂蜜的主要成分是果糖和葡萄糖，並含麥芽糖、糊精、樹膠以及多種微量元素。品質以水分少，有油性，稠如凝脂，味甜而不酸，氣芳香，潔淨，無雜質者為良。供藥用，有補中、潤燥、止痛、解毒的功效。
- **料理運用**：供食用，主要用於蜜製的甜菜和糕點。

【醋】

又稱「苦酒」、「淳酢（同醋）」、「醯（音同「西」）」。為以米、麥、高粱或酒、酒糟等釀成的含有乙酸的液體。中國製醋的歷史已有近3000年，各地均產。種類繁多，一般以所用的主要原料命名，如米醋、酒醋、麩醋等。也有以風味和工藝不同而命名的，如陳醋、香醋、燻醋、甜醋等。四川醋多用大米、小麥、麩皮、糯米等加多種名貴中藥材精釀而成。優良產品有閬中的保寧醋、渠縣的三匯特醋和自貢的曬醋等。

- **原料特色**：醋不僅具有色澤棕褐，酸味柔和，醇香濃郁的特點，而且還具有殺菌、防感冒、開胃健脾、清心益肺、降血壓、增食慾的功能。
- **料理運用**：在烹調中除體現多種風味外，還可以壓腥、提味。炒菜時酌量加醋還可以保護食物中的維生素C，不受或者少受破壞。

1. 白醋

多以糯米等為原料，經製麴、浸泡、蒸料、糖化發酵、酒精發酵而成。

- **原料特色**：成品無色透明，味酸而且帶有酒香。
- **料理運用**：多不下鍋，主要用於一些需要保持原料固有色彩（主要指蔬菜一類）或不需上色的菜式。

2. 醋精

以冰醋酸為原料，經蒸餾精製而成。其風味和用途與白醋同。

【檸檬汁】

用鮮檸檬汁或罐頭檸檬汁，加鹽、白糖、味精等而調成的味汁。

- **原料特色**：色淡黃，味酸甜爽口。
- **料理運用**：川菜中主要用於冷菜調味。

【番茄醬】

為番茄的加工製品。是用果肉厚的成熟番茄，經去皮、磨碎、篩濾、濃縮、摻糖、裝罐等工序製作而成。中國大陸各地均產。

- **原料特色**：成品有色紅，細膩，味甜酸可口的特點。
- **料理運用**：在川菜中，主要用於茄汁類菜式，也用作酥炸類菜式所配生菜的調料。

【乾辣椒】

為鮮紅辣椒的乾製品，川菜的重要調味品。用於製作乾辣椒的多屬色澤較好、辣味較重的品種，如二金條、七星椒等。用乾辣椒加工而成的辣椒粉、辣椒油、糍粑辣椒等，也是川菜多種味型必不可少的調味品。

- **原料特色**：選用時，品質以色澤紅潤，身乾肉厚，大小均勻，味辣，完整且帶蒂者為佳。
- **料理運用**：川菜中，乾辣椒廣泛用於冷菜、熱菜以及火鍋等。

【泡紅辣椒】

又稱「魚辣子」，為鮮紅辣椒的鹽漬製品。四川特有的調味料，多用泡菜鹽水浸漬而成。

- **原料特色**：品質以色鮮紅，肉厚，酸鹹適度，辣而不烈為佳。
- **料理運用**：可作泡菜直接食用，也可作菜餚的小配料（四川俗稱小料子、小賓俏），用以增色、增味。其主要用途則是作為魚香味型的主要調料，家常味型的輔助調料，用以增色和體現風味。

【胡椒】

又稱「浮椒」、「玉椒」、「古月」。為胡椒科植物胡椒的果實，經曬乾之後研細供用。

- **主要產地**：原產熱帶亞洲，中國大陸廣東、廣西、雲南，以及臺灣均有栽培。
- **原料特色**：胡椒分黑、白兩種。黑胡椒品質以粒大飽滿，色黑皮皺，氣味強烈者為好；白胡椒品質以個大，粒圓堅實，色白，氣味強烈者為良。胡椒的主要成分是澱粉、粗脂粉、粗蛋白和可溶性氮。其辛辣芳香味主要來源於所含的胡椒鹼和芳香

油。入藥，性味辛、熱，有溫中、下氣、消痰、解毒之功。
- **料理運用**：入饌主要用於燒燴類菜式，也用於湯菜，藉以增味、增香。

【芥末】

又稱「苦辣粉」。為十字花科植物芥菜的種子，經乾燥、磨細而成的辛辣味調味品。以芥末粉調味，在中國已有二千多年的歷史。

- **主要產地**：中國大陸各地均產，主產於北京、上海、廣州等地。
- **原料特色**：芥末粉品質以顏色黃潤，無油臭者為佳。用開水調成醬再燜後，具有強烈刺鼻的辛辣味。
- **料理運用**：川菜中主要用於冷菜和小吃。除芥末粉外，現已有專門生產的芥末醬、芥末膏、芥末油，其作用相同。

【咖喱粉】

為用多種香辛原料配製的以辛辣味為主的粉末狀調味品。原盛行於東南亞和南亞次大陸。咖喱為泰米爾文的音譯，意為調味。二十世紀初傳入中國，主產於上海。其基本構成為薑黃、白胡椒、芫荽子、小茴香、桂皮、薑片、八角、花椒等。

- **原料特色**：具有顏色薑黃，味辣而且香的特點。
- **料理運用**：川菜中主要用於咖喱雞、咖喱牛肉等菜式。

【孜然】

又稱「安息茴香」。為傘形科植物安息茴香的果實，乾燥後研細用作辛辣味調味品。產於新疆南部。孜然是維吾爾語譯音。

- **原料特色**：果實形似小茴香，色墨綠，具有濃烈的辛香味，有除異、增香、調味的作用。
- **料理運用**：川菜中主要用於腥膻味較重的原料中，如串燒羊肉、孜然鱔絲等。

【沙茶醬】

又稱「沙爹」。沙茶和沙爹均為印尼語的譯音。是一種用多種原料製成的，以辛香味為主的複合味調味品。中國大陸南方沿海地區均有商品性生產。

- **原料特色**：沙茶醬味香辣而濃郁。原主要流行於東南亞國家。地區不同，原料構成和風味特色也不盡一致。傳入中國後，對其構成作了部分調整。主要原料有蝦肉、蒜頭、洋蔥、辣椒、茴香、肉桂、花生醬、白糖等。
- **料理運用**：川菜中，主要是用在火鍋和涼菜中。

【花椒】

又稱「大椒」、「蜀椒」、「川椒」，為芸香科植物花椒的果實，曬乾後供用，原產中國。

- **主要產地**：中國大陸各地均有分布，主產於甘肅、陝西、四川、河北、河南、山東、山西、雲南等地。
- **原料特色**：四川主產於茂縣、金川、平武等地的稱西路椒，其特點是粒大，身紫紅，肉厚，味香麻；主產於綿陽、涼山等地的稱南路椒，有色黑紅，油潤，味香，麻味長而濃烈的特點，其中以漢源清溪所產品質最好，素有「貢椒」之譽。另外，四川涼山還出產一種青花椒（又稱土花椒），色青紅，香麻味濃烈，但略微帶有苦味。
- **料理運用**：花椒以及用其加工的花椒粉，是川菜的重要調味品，為麻辣、椒鹽、椒麻、煳辣、怪味等味型的主要調料，藉以體現風味。此外，花椒還因其具有除異增香的特點，也常作為香料，用於蒸、燉、滷、鹽漬等類菜式。

【花椒油】

又稱「椒油」，為生花椒用熱油浸泡而成的調味品。既保留了花椒香麻的風味特點，又可避免因使用花椒粉而損害菜餚的感官性能。

- **料理運用**：在川菜中主要用於冷菜，用於燒、炒類菜式中，可代替花椒粉。

【味精】

又稱「味素」。為以澱粉為原料加酸分解，把澱粉轉化為糖，通過細菌發酵轉化為谷氨酸，再加鹼中和，脫色、濃縮、結晶、烘乾而成的白色粉末狀或結晶體。1866年發現於德國，二十世紀初誕生於日本。中國大陸味精的生產始於1923年，現全國各地均有生產。

- **原料特色**：味精的主要成分是谷氨酸鈉，其產品規格按谷氨酸鈉的含量劃分為99%、95%、90%、80%四種。其中99%的味精為晶體，其他三種是分別加入5%、10%、20%的助解劑（食鹽）配製而成的粉體或結晶體。六〇年代末期，國外出現了一種用2～12%不同比例的呈味核苷酸與谷氨酸鈉混合而成的強力味精（又稱複合味精），其鮮味比一般味精高了若干倍，為一種高級調味品。這種強力味精，中國大陸已於七〇年代開始生產。
- **料理運用**：味精在烹調中主要用以增鮮，廣泛地用於菜、湯、麵、點中。味精在烹飪中的使用應注意以下幾點：（1）不要在高溫（160℃）下使用，否則會使味精分子內脫水，產生一種焦谷氨酸鈉的物質，失去鮮味，所以最好在炒菜、燒湯起鍋時加入，以保持鮮味；（2）用於涼拌菜時，可先用溫湯或溫水溶解後再用，以利味精加速溶解；（3）在鹼性食品中可酌加食醋中和其鹼性；防止谷氨酸二鈉的生成，降低味精的效用。

【雞精】

以鮮雞、鮮雞蛋為主要原料精製而成的高級調味品。

- **原料特色**：味鮮美，色淡黃，顆粒狀。主要成分除雞、蛋外，還有麩酸鈉、核苷酸、鹽、糖等，營養豐富，含多種氨基

酸。

• **料理運用**：川菜中主要用於燒燴類菜式和湯菜。

【芝麻醬】

又稱「麻醬」，為芝麻的加工製品。用上等芝麻經篩選、水洗、焙炒、風淨、磨醬等工序製作而成。

• **主要產地**：中國大陸各地均產，以湖南常德所產最為著名。

• **原料特色**：成品顏色黃褐，質地細膩，油潤香濃。

• **料理運用**：川菜中主要用於麻醬、怪味味型，也用於甜點、甜食和甜菜。

【五香粉】

主要以沙薑、八角、草果、桂皮、甘松（也有以茴香、桂皮、花椒、乾薑、丁香）等原料研磨而成的粉末狀調味品。因具多種香味，故名。

• **原料特色**：品質以質細潔淨，鬆散乾爽，香味濃郁而無黴味者為佳。

• **料理運用**：川菜中，除多用於滷菜外，還廣泛用於香酥、五香類菜式。

【八角】

又稱「八角茴香」、「大茴香」、「大料」。為木蘭科植物八角茴香的果實，乾燥後供用。是中國大陸特有的經濟作物。

• **主要產地**：主產於中國大陸廣西、廣東、雲南等地。

• **原料特色**：八角形狀如五角星，具有濃烈的芳香味。品質以色紫紅，個大，油多，香濃者為佳。亦供藥用，性味辛甘、溫，有溫陽、散寒、理氣的功效。

• **料理運用**：烹調中多作為香料，用於滷菜和部分燒菜。

【小茴香】

又稱「茴香」、「穀茴」、「小香」。為傘形科植物茴香的果實，乾燥後供用，原

產地中海地區。

• **主要產地**：中國大陸各地普遍栽培。主產於內蒙古、山西、甘肅、陝西等地。

• **原料特色**：小茴香大小若穀，氣芳香。品質以顆粒均勻飽滿，顏色黃綠，香濃味甜者為佳。也供藥用，性味辛、溫，有溫腎散寒、和胃理氣的功用。

• **料理運用**：烹調中主要作為香料，用在滷菜之中。

【山柰】

又稱「三柰子」、「沙薑」、「山辣」。為薑科植物山柰的根莖。經洗、切片、燻、曬乾後供用，原產印度。

• **主要產地**：主產於中國大陸廣東、廣西、雲南，以及臺灣等地。

• **原料特色**：山柰切片斷面為灰白色，富於粉質，光滑而細膩，氣芳香，味辛辣。品質以體乾，色白，片大，氣濃厚而烈味強者為佳。也供藥用，性味辛、溫，有溫中、消食、止痛的功用。

• **料理運用**：川菜烹調中主要用作香料。

【桂皮】

為樟科植物天竺桂或川桂等的樹皮，陰乾後供用。

• **主要產地**：主要產於中國大陸廣西、廣東、浙江、湖南、湖北、四川等地。

• **原料特色**：桂皮的外皮黑棕色或黑褐色，內皮暗紅棕色或黑棕色，氣清香而涼，味微甜辛。品質以皮薄，呈捲筒狀，香氣濃烈者為佳。亦供藥用，性味辛、溫，有暖脾胃、散風寒、通血脈的功效。

• **料理運用**：烹調中主要用作香料。

【紫蘇】

為唇形科植物皺紫蘇的莖葉。原產中國大陸，野生或栽培。分布幾遍全中國大陸。

• **原料特色**：嫩葉可充蔬，乾燥莖葉供用。品質以葉大，色紫，香味濃為佳。亦供藥用，性味辛、甘，有發表散寒、理氣寬中

的功能。

• **料理運用**：烹調中用作香料，可避魚腥味，解魚腥毒。

【草果】

又稱「草果仁」、「草果子」。為薑科植物草果的果實，乾燥後供用。

• **主要產地**：主產於中國大陸貴州、雲南、廣西等地。

• **原料特色**：草果呈橢圓形，表面灰棕色或紅棕色，有顯著的縱溝及稜線，種子破碎時有一種特異的氣味。品質以個大，飽滿，表面紅棕色者為佳。也供藥用，性味辛、溫，有燥濕除寒、祛痰截瘧、消食化食的功能。

• **料理運用**：烹調中主要用作香料。

【高良薑】

又稱「良薑」。為薑科植物高良薑的根莖，因產於廣東高良而得名。四川、貴州等省亦產。

• **原料特色**：肉白色，氣味芳香，切片乾製後，肉色變深。中醫學認為其性味辛、熱，能消食解酒，暖胃散寒，有健脾胃的功效。

• **料理運用**：川菜烹飪中用作香料，一般與其他香料配合成五香料，用於滷水中。

【肉豆蔻】

又稱「豆蔻」、「肉果」。為肉豆蔻科植物肉豆蔻的乾燥種仁，樹為常綠喬木。原產印尼馬魯古群島。中國大陸以廣東所產的為好。

• **原料特色**：品質以色淡褐，卵圓形，果實飽滿有香氣者為上品。中醫學認為其味辛、性溫，可溫中、下氣、消食、固腸，能增進食慾，幫助消化。

• **料理運用**：用於烹調能去異味，增辛香，常用於滷菜。

【食茱萸】

又稱「檓（音同「毀」）、「艾子」。為芸香科植物樗（音同「初」）葉花椒的果實，乾燥後供用。

• **主要產地**：主產於中國大陸東南部，四川也有出產。

• **原料特色**：自古與椒、薑一起被譽為「三香」，用於羹臛。果實紅色，味辛香。亦供藥用，有暖胃燥濕之功。

• **料理運用**：在烹調中多用於魚餚，以除異增香。此法主要流行於四川達川一帶。

【藿香】

又稱「排香草」。為唇形科植物藿香的莖葉。中國大陸各地均有分布。

• **主要特色**：味略甜，並具有特殊的芳香氣味，可提取芳香油。乾燥後可供藥用，有解暑、化濕、和胃、止嘔的功能，適用於感冒、暑濕、頭痛發熱、胸悶腹脹、嘔吐、泄瀉等症。

• **料理運用**：嫩葉可作香料，主要用於豆瓣魚、漬胡豆等菜式中。

【薄荷】

唇形科植物薄荷的葉子，多年生草本。

• **主要產地**：中國大陸栽培較廣，以安徽、江蘇、江西等省為多，尤其以蘇州所產者為好。

• **原料特色**：有紅梗和青梗兩種，紅梗較好。中醫學認為其性清涼，味辛，有異香，有祛腎氣、消散風熱、及清利頭目的功用。

• **料理運用**：川菜中主要用於清涼飲料和夏季部分小吃、點心中。

【陳皮】

又稱「橘皮」、「紅皮」、「貴老」。為芸香科植物福橘或朱橘等的果皮，乾燥後供用。

• **主要產地**：產於四川、浙江、福建等地。

• **原料特色**：品質以色紅乾爽，無黴，香味

濃烈者為佳。也可藥用，其性味辛苦，溫，有理氣、調中、燥濕、化痰的功效。

• **料理運用**：川菜中主要用於陳皮味型的菜式，如陳皮雞、陳皮牛肉、陳皮鱔魚等。

【 紹酒 】

又稱「紹興老酒」、「黃酒」、「料酒」。以糯米、黏黃米和麴、酒藥釀成的飲料酒。

• **主要產地**：中國大陸各地均產，以東南地區為多，其中以浙江紹興所產最著名。

• **原料特色**：成品黃色透明，酒精度低（乙醇含量15%左右），具有柔和的酒味和特殊的香味。

• **料理運用**：除供飲用外，也用作調料，起除異、增香、提色、和味的作用，因而被廣泛地用於燒、燴、燜、燉等菜式。

【 醪糟 】

又稱「酒釀」。為糯米和酒麴釀製而成的酵米。四川以前多為家庭製作，俗稱蒸醪糟。也有小型作坊作商品性生產，如成都的「金玉軒」即是以此出名。

• **原料特色**：成品色白汁多，味純，酒香濃郁。醪糟還可供藥用，有益氣、生津、活血的功能。

• **料理運用**：在川菜中，主要用作配料（如醉八仙、香醪鴿蛋等）、調料（如糟醉冬筍、醉雞等），也可代替紹酒使用。

【 香糟 】

為用小麥和糯米加麴發酵而成的一種特殊調味品。

• **主要產地**：主要產於中國大陸浙江杭州、紹興等地。

• **原料特色**：成品色黃微紅，酒香濃郁。

• **料理運用**：除可直接用以糟魚、糟蟹等外，主要用作調料。川菜中主要用於突出其風味的菜式。

【 食用油脂 】

為從大豆、玉米、芝麻籽、花生仁、油菜籽、葵花籽等植物原料和豬、牛、羊等動物原料中提煉出來的，供食用的油脂的統稱。在常溫下呈液態者稱「油」，呈固體態的稱「脂」。

• **原料特色**：主要成分是脂肪酸（飽和脂肪酸和不飽和脂肪酸）、磷脂、維生素A、D、E等，是提供人體熱能的主要食物。其所含的不飽和脂肪酸又是人體不可缺少的物質。營養學以油脂所含不飽和脂肪酸量的大小，評定其營養價值的高低。據分析證明：植物油的含量高於動物油脂，而植物油中又以豆油、玉米油、葵花籽油的含量較高。

• **料理運用**：食用油脂因其特有的香味，素潔、透明且富光澤的質感，醇美適口的滋味，被廣泛地用於食品製作和菜點烹調。

【 精煉油 】

指經精工煉製的食用植物油。按其煉製程度的高低分為沙拉油、高級烹調油、一級油和二級油四個等級。

1. 沙拉油

為精煉油中最高等級的食用植物油，它是用毛油經脫膠、脫酸、脫色、脫臭、脫溶、脫水、脫雜等多種工藝精製而成，具有無色，無味，無氣味，液體清澈如水的特點，烹調中多用於需保持成品的自然顏色和口味的菜點。

2. 高級烹調油

是在一級油的基礎上，再經脫異味的處理，其特點是顏色淺黃、酸價低。

3. 一級油

經脫膠、脫臭、脫色、脫酸處理後的產品，品質較二級油好。

4. 二級油

由毛油（又稱粗製油）經水洗、鹼煉，除去油中殘留的對人體有害的化學溶劑或其他有毒物質而成的，雖可供食用，但因其有色深、油煙大、酸價較高的缺點，故在中國

大陸已被逐漸淘汰。

【調和油】

為近年來出現的一種用多種精煉的植物油（如花生油、黃豆油、玉米油、菜籽油等）調配而成的食用油。

- **原料特色**：顏色淺黃，清澈透明，營養豐富，加熱後不起煙、不起泡。
- **料理運用**：廣泛地用於菜、點的烹製。

【豆油】

又稱「黃豆油」，從大豆裡提取的油。

- **主要產地**：中國大陸各地均產，主產於東北地區。
- **原料特色**：依製作方法分冷壓和熱壓兩種。冷壓豆油色淡黃，生豆味較淡；熱壓豆油為琥珀色，豆味較濃。營養價值高於其他油脂，為中、老年人，特別是高血壓、心血管和肥胖病人的理想食用油。

【菜油】

又稱「菜籽油」、「清油」，為從油菜籽中提取的半乾性油。

- **主要產地**：主要產於中國大陸長江流域及西南各省，為這些地區最主要的食用油。
- **原料特色**：顏色金黃，透明，含有油菜籽的特殊氣味。其穩定性好，凝固點低，廣泛用於食品加工。
- **料理運用**：在川菜烹調中，適宜多種烹法，同時也是用以加工製作辣椒油、花椒油和豆瓣油的主要原料。

【芝麻油】

又稱「麻油」、「香油」，為從芝麻籽中提取的油。中國大陸各地均產。按加工方法的不同分冷壓麻油、大糟麻油、小磨麻油幾種，品質以小磨麻油為最好。

- **原料特色**：小磨麻油是用芝麻籽經淘洗、焙炒、磨漿製成醬後，再加開水，振盪提取而成。成品紅褐色，香味濃郁，是調味佳品，廣泛用於川菜的多種味型。中醫學

認為，芝麻油性味甘、涼，有利便、和五臟、助消化、消飽脹、降血壓、順氣和中、解毒生肌、平喘止咳的功效。對糖尿病、冠心病、貧血、便秘等症狀有一定的療效。

【花生油】

又稱「果油」，從花生仁中提取的油。

- **主要產地**：中國大陸各地均產，主產於華北和東北地區。
- **原料特色**：有冷壓和熱壓兩種。冷壓花生油色淺黃，透明，氣味和滋味均好；熱壓花生油色淺黃，透明，略帶炒花生仁的香味，亞油酸含量較高。
- **料理運用**：在烹調中，其應用範圍與菜籽油同。

【玉米油】

又稱「玉米胚芽油」，為從玉米種子的胚芽提取的半乾性油。

- **原料特色**：色淡黃，透明，脂肪酸含量高，有降低人體膽固醇、防止動脈硬化的功能。
- **料理運用**：用於炒菜，能增加菜餚的色澤和香味。

【葵花籽油】

又稱「向日葵油」，為從向日葵籽裡提取的油。

- **原料特色**：顏色淡黃，透明，味香。亞油酸含量高，熔點較低，易被人體消化吸收，吸收消化率高達98%。還含有豐富的胡蘿蔔素和維生素E，有抗癌、抗衰老的作用，並可防止血管硬化。被譽為「高級營養油」和「滋補美容劑」。

【豬油】

為從豬的脂肪組織中提煉出來的油脂。用於提取豬油的有板油、雞冠油、雜油以及肥膘等，以板油提取的品質最好。

- **原料特色**：豬油液態時清澈透明，固態時

呈白色軟膏狀，有良好的香味。溶點一般低於人體的溫度，容易被人體消化吸收，是人們主要的食用油之一。

- **料理運用**：在川菜中，多用於炒、熘、炸、煨、燒、燴類菜式，並常作白汁、白湯以及甜鹹點心的胚皮、餡心的主要調配料，用以增加滋味和色澤。

【牛油】

為從牛的脂肪組織中提取的油脂。

- **原料特色**：常溫條件下呈白色或淡黃色固體。飽和脂肪的含量比豬油高。溶點高於人體的體溫，不易被人體吸收。
- **料理運用**：在川菜中，主要用於清真菜式、部分小吃以及火鍋。

【雞油】

為從雞的脂肪組織中提取的油脂。提取方法有蒸、熬兩種。

- **原料特色**：液態時淡黃，透明，有鮮味；固態時呈金黃色軟膏狀。
- **料理運用**：川菜中多用於白汁菜式，有增加滋味和色澤的作用。

【澱粉】

又稱「芡粉」、「團粉」、「粉麵」。為從天然植物中提取的供食用的粉末狀製品。用於提取澱粉的原料很多，有綠豆、豌豆、蠶豆、菱、藕、荸薺、百合、葛根、焦芋、木薯、紅苕、玉米、土豆等。四川常用的主要有綠豆粉、豌豆粉、玉米粉、紅苕粉等。其中以簡陽所產的全青豆粉較著名。

- **原料特色**：澱粉一般具有色白質細的特點。廣泛用於菜餚的烹調。
- **料理運用**：乾粉除供菜餚的直接上粉外，還可以與水、蛋、發酵粉、蘇打粉、泡打粉等配合，調製成各種漿、糊，用之於菜餚，能起增加色澤，調和滋味、保溫、使菜餚質地鮮嫩或酥香的作用。

二、料理常用中藥材

【丁香】

又稱「丁子香」、「支解香」。桃金娘科，常綠喬木。

- **主要產地**：原產印尼，中國大陸廣東、廣西也有栽培。
- **原料特色**：中醫學上以乾燥花蕾入藥。有溫中、暖腎、降逆的功能，適用胃寒呃逆、嘔吐反胃、心腹冷痛及腎虛陽痿、寒濕帶下等症。
- **料理運用**：食療中多作配料，亦作香料，如丁香?魚、丁香雞、丁香梨等。

【人參】

又稱「神草」、「地精」。五加科，多年生草本。品種有野生的野山參、栽培的園參和移山參、經蒸製的紅參等。

- **主要產地**：主要產於中國大陸東北。
- **原料特色**：中醫學上以乾燥根入藥。入饌則乾、鮮均可。人參性溫、味甘微苦，有大補元氣、生津止渴、安神益智的功能。主治虛脫、虛喘、崩漏失血、驚悸以及一切元氣虛弱、氣虛津少等症。
- **料理運用**：在食療中，多與雞、熊掌等性溫食物配伍，如參茸熊掌、人參鹿肉湯、人參魚肚、人參菠餃、人參湯圓等。

【三七】

又稱「金不換」、「血參」、「田七」。五加科，多年生草本。

- **主要產地**：產於中國大陸雲南、廣西、四川、西藏、湖南、湖北等地，而以雲南所產為優。
- **原料特色**：中醫學上以乾燥根入藥，性溫、味甘微苦，有止血、散瘀、消腫、定痛的功能。外用、內服均可，主治跌打損傷以及多種出血病症等。

- **料理運用**：食療中多與肉食品燉食，如田七蒸雞、太白鴨子、紅杞田七雞等。

【大棗】

又稱「乾棗」、「紅棗」、「良棗」。鼠李科，落葉喬木。

- **主要產地**：原產中國，以河北、山東、河南、四川、貴州、陝西、甘肅、山西等地為多。
- **原料特色**：果供食用，亦供藥用。乾果有紅棗、黑棗之分，入藥以紅棗為好。大棗性味甘溫，有補脾和胃、益氣生津、調營衛、解藥毒的功能。適用脾虛少濕、脾弱便溏、氣血不足、心悸怔忡等症。
- **料理運用**：食療中多用於粥、糕，也作配料，如神仙鴨、玫瑰棗糕、大棗人參湯、大棗粥等。

【川芎】

又稱「芎藭（音同「兄窮」）」、「香果」。傘形科，多年生草本。

- **主要產地**：分布於四川、貴州、雲南一帶。多為栽培。四川主產於都江堰、崇慶、溫江等地。
- **原料特色**：其苗可食，芳香似芹。中醫學上以乾燥根莖入藥，性味辛、溫，有活血行氣、袪風止痛的功效。適用血虛頭痛、脅痛腹疼、寒痹筋攣、婦女閉經等症。
- **料理運用**：在食療中，多與補血、袪風藥食配伍，如川芎魚頭、川芎肘子、川芎黃芪粥、八珍湯等。

【川貝母】

又稱「虻」、「貝父」。百合科，多年生草本。

- **主要產地**：主產於中國大陸四川、雲南、西藏等地，甘肅、青海也產。四川主要產於甘孜、阿壩等高寒地帶。
- **原料特色**：川貝母分青貝、爐貝和松貝三種。品質以松貝最優，歷來被視為藥中佳品。中醫學以乾燥鱗莖入藥，性味苦甘、涼，有潤肺、止咳、化痰的功效。適用虛癆咳嗽、肺熱咳嗽、咯血吐痰等症。
- **料理運用**：在食療中多用作輔料，常與養陰潤肺的食物配伍，如川貝雪梨、川貝蒸雞、川貝雪梨燉豬肺。

【川續斷】

又稱「鼓槌草」、「和尚頭」。川續斷科，多年生草本。

- **主要產地**：主要分布於中國大陸四川、湖北、湖南、雲南、西藏等地。
- **原料特色**：中醫學上以乾燥根入藥，性味苦辛、微溫，有補肝腎、續筋骨、調血脈的功效。主治腰膝酸痛、筋傷骨折、帶下等症。
- **料理運用**：在食療中，常與補腎強筋的藥食配伍，如川斷杜仲燉豬尾、續斷燉豬腰等等。

【山楂】

又稱「紅果」、「杭（音同「球」子」，薔薇科。

- **主要產地**：有北山楂和野山楂之分。前者為落葉喬木，主產於山東、河北、河南等地，果實味酸微甜，多用以製糕、醬，亦可生食；後者為落葉灌木，分布於遼寧、江蘇、浙江、雲南、四川等地。
- **原料特色**：中醫學上以乾果入藥，性味酸甘、微溫，有健脾、活血化瘀的功效。主治飲食積滯、胸腹痞（音同「匹」）滿、疝氣、血瘀閉經等症。現在多用以治療冠心病。
- **料理運用**：在食療中作主要配料用，如山楂牛肉乾，山楂核桃茶等。

【天麻】

又稱「明天麻」、「水洋芋」。蘭科，多年生寄生草本。

- **主要產地**：主產於中國大陸雲南、四川、貴州等地。四川主要產於雅安、樂山以及涼山、甘孜、阿壩等地。

- **原料特色**：中醫學以乾燥根莖入藥，性味甘、平，有息風、定驚的功能。對肝風內動所致的頭痛、頭暈、目眩、體肢麻木、半身不遂、語言塞澀、小兒驚癇動風等症有奇效，歷來被譽為「治風之神藥」。
- **料理運用**：在食療中，常與祛風定驚、補腦的食物配伍，如天麻魚頭、天麻乳鴿、天麻豬腦、天麻羊頭等。

【牛膝】

又稱「百倍」、「雞骨膠」。莧科，多年生草本。
- **主要產地**：有懷牛膝和川牛膝之分。前者主產河南，後者主產四川。
- **原料特色**：中醫學以乾燥根入藥，性味甘苦酸、平，生用散瘀血，消癰腫；熟用補肝腎，強筋骨。
- **料理運用**：在食療中，常與強筋補腎藥食配伍，如牛膝蹄筋、牛膝鹿筋等。

【巴戟天】

又稱「巴戟」、「雞腸風」。茜草科，纏繞或攀援藤本。
- **主要產地**：主產於廣東、廣西等地。
- **原料特色**：中醫學以炮製後的根入藥，性味辛甘、溫，有補腎陽、壯筋骨、祛風濕的功效。主治陽痿、少腹冷痛、小便不禁、子宮虛冷、風寒濕痹、以及腰膝酸痛等症。
- **料理運用**：在食療中，常與補虛益腎藥食配伍，如巴戟燉鹿鞭、巴戟燉豬大腸等。

【玉鬚】

又稱「玉米鬚」。為禾本科植物玉蜀黍的花柱。
- **原料特色**：性味甘、平，有泄熱、利尿、平肝、利膽的功能。適用於腎炎水腫、高血壓、糖尿病、黃疸肝炎、以及吐血衄血等症。
- **料理運用**：在食療中，多作配料使用，如玉鬚烏雞、玉鬚肉、玉鬚金龜湯、玉鬚蚌肉湯等。

【甘草】

又稱「美草」、「蜜草」、「甜草」。豆科，多年生草本。
- **主要產地**：產於中國大陸東北、西北和華北等地。
- **原料特色**：中醫學上以乾燥根及根狀莖入藥，性味甘、平，有緩中補虛、瀉火解毒、調和諸藥的功能。炙用治脾胃虛弱、肺虛咳嗽等症；生用治咽痛、癰疽腫毒、小兒胎毒等症。
- **料理運用**：在食療中，主作配料，生用多與清熱解毒藥物為伍；炙用常與益氣和中的藥食相配。

【石斛】

又稱「林蘭」、「杜蘭」、「金釵花」。為蘭科植物金釵石斛（音同「胡」）或其多種同屬植物的莖。多年生常綠草本，品類頗多。
- **主要產地**：主要分布於中國大陸長江以南各地區。
- **原料特色**：石斛性味甘淡、微寒，有生津益胃、清熱養陰的功效。主治熱病傷津、陰虛內熱、口乾煩渴等症。
- **料理運用**：在食療中多作飲料，如石斛甘蔗飲、石斛冰糖水等。

【北沙參】

又稱「海沙參」、「銀條參」。為傘形科植物珊瑚菜的乾燥根，多年生草本。
- **主要產地**：主產於中國大陸山東、河北、遼寧、江蘇等地。
- **原料特色**：性味甘苦淡、涼，有養陰清肺、祛痰止咳的功效。主治肺熱燥咳、虛癆久咳、陰傷咽乾、口渴等症。
- **料理運用**：在食療中，常與補陰清熱的藥食配伍，如沙參玉竹燉老鴨、沙參蟲草燉龜肉、沙參燉肉、益胃湯、沙參百合冰糖煎等。

【白术】

又稱「山薊（音同「寄」）」、「山芥」、「山精」。菊科，多年生草本。

- **主要產地**：為中國大陸浙江特產，福建、安徽、江蘇、江西、湖南、湖北、四川、貴州等地均有栽培。
- **原料特色**：中醫學上以乾燥根莖入藥，性味苦甘、溫，有補益脾胃、燥濕和中的功效。主治脾虛少食、便溏泄瀉、自汗水腫、胎氣不安等症。
- **料理運用**：在食療中，常與益脾補氣的食物配伍，如白術鯉魚塊、白術餅等。

【白豆蔻】

又稱「豆蔻」、「白蔻」、「殼蔻」。薑科，多年生常綠草本。

- **主要產地**：原產亞洲東南部。中國大陸廣東、廣西、雲南、貴州等地也有栽培。
- **原料特色**：中醫學上以乾燥果實入藥，性味辛、溫，有行氣、暖胃、消食、寬中的功效。主治胃痛、腹悶、腹脹、嘔吐、噯氣等症。
- **料理運用**：在食療中，常與健補脾胃的藥食配伍，如豆蔻烏雞、參蔻鱘魚、豆蔻發糕、豆蔻饅頭、豆蔻炒手。

【生地黃】

又稱「生地」、「牛奶子」。玄參科，多年生草本。

- **主要產地**：主產於河南、浙江等地，以河南所產者為最著名。
- **原料特色**：中醫學以新鮮或乾燥根莖入藥，性味甘苦、涼，有滋陰、養血的功效。主治陰虛發熱、煩燥消渴、月經不調、陰虛便秘等症。
- **料理運用**：在食療中，常與滋陰益血的食物配伍，例如生地煎羊肝、當歸生地燜羊肉等。

【百合】

又稱「白百合」、「白花百合」。百合科，多年生草本。

- **主要產地**：中國大陸河北、河南、陝西、甘肅及東南、西南等地區均有栽培。
- **原料特色**：乾燥鱗莖供食用，多用於製粥和「八寶」餡料。也供藥用，性味甘微苦、平，有潤肺止咳、清心安神的功效。適用於肺熱燥咳、勞嗽咳血、低熱虛煩、驚悸失眠等症。
- **料理運用**：在食療中，常與潤肺止咳的藥食配伍，如百合仙桃、百合雌雞、百合灌藕、蜂蜜百合等。

【當歸】

又稱「乾歸」。傘形科，多年生草本。

- **主要產地**：產於中國大陸甘肅、陝西、四川、湖北、雲南、貴州等地，多為栽培。
- **原料特色**：中醫學上以乾燥根入藥，性味甘辛、溫，有補血和血、調經止痛、潤燥滑腸的功效。適用於血虛脾性疼痛、婦女閉經痛經以及月經不調等症。
- **料理運用**：在食療中，常與補血和血的藥食配伍，如當歸生地燉羊肉、當歸羊肉羹、當歸燉雞等。

【肉桂】

又稱「紫桂」、「玉桂」。樟科，常綠喬木。品種有官桂、企邊桂、板桂等。

- **主要產地**：產於中國大陸福建、廣東、廣西、雲南等地。
- **原料特色**：中醫學上以乾燥的幹皮和枝皮入藥，性味辛甘、熱，有補元陽、暖脾胃、除積冷、通血脈的功能。主治腎陽虛衰、心腹冷痛、久瀉、痛經、陰疽等症。
- **料理運用**：肉桂皮細肉厚，油性大，香味濃烈，在食療中多作香料使用，如砂桂雀肉、肉桂雞肝。

【肉蓯蓉】

又稱「肉鬆蓉」、「金筍」。列當科，多年生寄生草本。

- **主要產地**：主要產於中國大陸內蒙古、陝

西、甘肅、寧夏、新疆等地。

- **原料特色**：中醫學上以乾燥肉質莖入藥，性味甘酸鹹、溫，有溫補胃陽、益精血、潤燥滑腸的功效。主治腎虛陽痿、遺精、腰膝痛和腸燥便秘等症。
- **料理運用**：在食療中，常與補腎壯陽的食物配伍，如蓯蓉羊肉羹、蓯蓉羊肉粥、杞鞭壯陽湯等。

【麥冬】

又稱「沿階草」、「麥門冬」。為百合科植物沿階草的塊根，多年生常綠草本。

- **主要產地**：中國大陸大部地區均有分布，以浙江、四川為盛。野生或栽培。有杭麥冬、川麥冬、土麥冬幾種。
- **原料特色**：乾品入藥，性味甘微苦、寒，有養血潤肺、清心解煩、生津益胃的功效。適用於肺燥乾咳、虛熱煩渴、咽乾口渴、吐血咯血、腸燥便秘等症。
- **料理運用**：在食療中，常與養陰生津的食物配伍。除用作配料外，多作藥飲，如麥冬煎、麥冬烏梅飲、銀麥甘桔飲、麥冬茅根飲等。

【杜仲】

又稱「思仙」、「思仲」。杜仲科，落葉喬木。中國特產。

- **主要產地**：主產於中國大陸四川、陝西、湖北、河南、貴州、雲南等地。遠在南北朝，四川杜仲就以品質佳而聞名於世。
- **原料特色**：中醫學上以乾燥樹皮入藥，性味甘微辛、溫，有補肝腎、強筋骨、安胎的功效。適用於腰脊酸疼、足膝無力、小便餘瀝、陰下濕癢、胎漏、高血壓等症。
- **料理運用**：在食療中，常與補肝腎的藥食配伍，如杜仲燒牛筋、杜仲羊腎、杜仲豬腰等。

【苡仁】

又稱「薏苡仁」、「薏米」、「珍珠米」。禾本科，一年或多年生草本。中國大

陸大部地區均有出產。四川自古有之。南宋詩人陸游曾詩讚崇慶所產：「唐安薏米白如玉。」

- **原料特色**：中醫學上以乾種仁入藥，性味甘淡、涼，有健脾、補肺、清濕、利濕的功能。主治泄瀉、濕痹、筋脈拘攣、水腫、腳氣等症。
- **料理運用**：在食療中，常與健脾利濕的藥食配伍，如苡仁粥、苡仁燉豬蹄、雪花雞湯、苡仁抄手等。

【芡實】

又稱「雞頭」、「雁頭」。為睡蓮科植物芡的成熟果實。

- **主要產地**：主產於中國大陸江蘇、湖南、湖北、山東等地。
- **原料特色**：芡實性味甘澀、平，有固腎澀精、補脾止泄的功效。主治脾虛泄瀉、腎虛遺精、淋濁帶下、小便不禁等症。
- **料理運用**：在食療中，常與固腎健脾的藥食配伍，如芡實燉老鴨、芡實八珍糕、芡實茯苓粥等。

【何首烏】

又稱「地精」、「赤斂」。蓼科，多年生纏繞草本。

- **主要產地**：主產於中國大陸河南、湖北、貴州、四川、江蘇、廣西等地。
- **原料特色**：中醫學上以塊根（生用或炮製）入藥，性味苦甘澀、微溫，有補肝益腎、養血、袪風的功效。適用於肝腎陰虧、鬚髮早白、腰酸骨痛、遺精崩帶、腸風久痢等症。
- **料理運用**：在食療中，常與補肝益腎的食物配伍，如首烏肝片、首烏黑豆湯、首烏紅棗蛋等。

【沙苑子】

又稱「沙苑蒺藜」、「夏黃草」。為豆科植物扁莖黃芪或華黃芪的種子。為多年生草本。

- **主要產地**：主產於中國大陸陝西、山西、河北等地。
- **原料特色**：沙苑子性味甘、溫，有補肝、益腎、明目、固精的功效。主治肝腎不足、腰膝酸痛、目昏、遺精早洩、小便頻數、遺尿、白帶等症。
- **料理運用**：在食療中，常與補肝益腎藥食配伍，如沙苑子燉豬腰、沙苑蓮子湯、沙苑魚肚等。

【靈芝】

又稱「靈芝草」、「三秀」、「菌靈芝」。為多孔菌科植物紫芝或赤芝的全株。中國大陸大部地區均有分布。

- **原料特色**：靈芝性味甘、平，有益精氣、強筋骨的功效。主治心悸失眠、健忘、神疲乏力等症。現用以治神經衰弱、慢性支氣管炎、慢性肝炎、冠心病等。
- **料理運用**：在食療中，常與補肝益血藥食配伍，如靈芝粉蒸肉餅、靈芝蹄筋湯、靈芝黃芪燉肉等。

【附片】

又稱「附子」。為烏頭塊根的乾燥側根。毛茛科，多年生草本。因有毒，須經炮製以減少其毒性，故又稱製附子。品種有鹽附子、黑順片、白附片等。

- **主要產地**：主產於四川、陝西等地。
- **原料特色**：附子性味辛甘、熱，有回陽補火、散寒除濕的功效。適用於心腹冷痛、脾瀉冷痢、風寒濕痹，以及一切沉寒痼冷之症狀。
- **料理運用**：在食療中，常與狗肉、羊肉等溫性食物配伍，例如附片羊肉、壯陽狗肉湯等。

【阿膠】

又稱「盆覆膠」、「驢皮膠」。為馬科動物驢的皮去毛後熬成的膠塊。

- **主要產地**：主產於山東、浙江，以山東所產最著名。

- **原料特色**：阿膠性味甘、平，有滋陰補血、安胎的功能。適用於血虛、虛癆咳嗽、吐血、衄（音同「惡」）血、便血、婦女月經不調、崩中胎漏等症。
- **料理運用**：在食療中多與滋陰補血的藥食配伍，如阿膠肝片湯等。

【砂仁】

又稱「縮砂仁」、「縮砂蜜」。為薑科植物陽春砂或縮砂的成熟果實或種子。陽春砂仁又名春砂仁、蜜砂仁、土蜜砂。主產於中國大陸廣東、廣西、雲南等地；縮砂仁又稱西砂仁、進口砂仁，主產於越南、泰國、緬甸、印尼等國。

- **原料特色**：砂仁性味辛、溫，有行氣調中、和胃醒脾的功能。主治腹痛痞脹、食滯嘔吐、冷痢寒泄、妊娠胎動等症。
- **料理運用**：在食療中多用作調（香）料，常與健脾和胃藥食配伍，如砂仁黃芪豬肚、砂仁豬腰、砂仁肘子等。

【茯苓】

又稱「茯菟（音同「吐」）」、「雲苓」。為多孔菌科植物茯苓的乾燥菌核。

- **主要產地**：主產於中國大陸安徽、湖北、河南、雲南，以雲南所產品質較佳。貴州、四川、廣西等地亦產。
- **原料特色**：茯苓性味甘淡、平，有健脾利水、寧心安神的功效。主治少食脹滿、小便不利、浮腫、驚悸、失眠、健忘等症。
- **料理運用**：在食療中，常與健脾、利水、安神藥食配伍，如參苓黃燜鴨、三仙糕、茯苓包子、茯苓雞肉抄手等。

【南沙參】

又稱「沙參」、「泡參」、「土人參」。為桔梗科植物輪葉沙參、杏葉沙參或其他同屬植物的乾燥根。

- **主要產地**：主產於中國大陸安徽、江蘇、浙江、貴州、四川、雲南等地。
- **原料特色**：性味甘微苦、涼，有養陰清

熱、祛痰止咳的功能。主治肺熱燥咳、陰傷咽乾、喉痛等症。

- **料理運用**：在食療中，常與清熱止咳的藥食配伍，如南沙參冰糖煎、南沙參燉肉、南沙參煮蛋等。

【枸杞】

又稱「枸杞子」、「杞子」、「枸杞果」。茄科，落葉小灌木。

- **主要產地**：中國大陸各地均有分布，以寧夏、甘肅所產的寧夏枸杞品質最好。
- **原料特色**：中醫學以成熟果實入藥，性味甘、平，有滋腎、潤肺、補肝、明目的功效。主治肝腎陰虧、腰膝酸軟、頭暈、目眩、目昏多淚、虛癆咳嗽、消渴、及遺精等症。
- **料理運用**：在食療中，常與滋陰補腎藥食配伍，如枸杞燉兔肉、桃杞羊腎、紅杞田七蒸雞、杞菊魚頭、桃杞雞丁等。

【柏子仁】

又稱「柏實」、「柏子」、「柏仁」。為柏科植物側柏的乾燥種仁。

- **主要產地**：產於山東、河南、河北等地。
- **原料特色**：柏子仁性味甘、平，有養心安神、潤腸通便的功效。主治驚悸、失眠、遺精、盜汗、便秘等症。
- **料理運用**：在食療中，常與補益藥食配伍，如柏子仁雞、參乳鹿胎等。

【黨參】

又稱「上黨人參」、「黃參」、「中靈草」。桔梗科，多年生草本。

- **主要產地**：分布於中國大陸東北、華北和西北各地。同屬的尚有主產山西的潞黨參和主產四川的川黨參等。
- **原料特色**：中醫學以乾燥根入藥。性味甘、平，有補中、益氣、生津的功能。主治脾胃虛弱、氣血兩虧、體倦無力、食少口渴、久瀉、脫肛等症。
- **料理運用**：在食療中，常與補氣健脾藥食配伍，如參芪芡實燉豬腰、黨參燉肉、參苓黃燜鴨、黨參豬腎羹等。

【益母草】

又稱「益母」、「月母草」。唇形科，一年或二年生草本。中國大陸大部地區都有生產。

- **原料特色**：中醫學以乾燥全草入藥。性味辛苦、涼，有活血、祛瘀、調經、消水的功效。主治月經不調、胎漏難產、胞衣不下、產後血暈等症。
- **料理運用**：食療方中有益母雞等。

【桑椹】

又稱「桑實」、「桑甚子」。桑科，落葉喬木。

- **主要產地**：中國大陸各地均產，主產於江蘇、浙江、湖南、四川、河北等地。
- **原料特色**：中醫學以乾燥果穗入藥。性味甘、寒。有補肝、益腎、熄風、滋液的功效。主治肝腎陰虧、消渴、便秘、目暗、耳鳴、瘰鬁（音同「裸歷」）、關節不利等症。
- **料理運用**：在食療中常用於煎湯、釀酒，如桑椹煎、桑椹醪等。

【黃芪】

又稱「黃耆（音同「奇」）」、「獨根」、「蜀脂」。豆科，多年生草本。

- **主要產地**：分布於中國大陸東北、華北、甘肅、四川、西藏等地。
- **原料特色**：中醫學以乾燥根入藥。生用或蜜製均可。性味甘、微溫，生用有益衛固表、利水消腫、托毒生肌的功效，治自汗盜汗、血痹浮腫等症；炙用有補中益氣功能，主治內傷勞倦、脾寒泄瀉等症。
- **料理運用**：在食療中，常與補氣藥食配伍，如黃芪豬肉湯、黃芪鵪鶉、黃芪羊肉、歸芪蒸雞、參芪蜜蘿蔔等。

【黃精】

又稱「龍銜」、「太陽草」、「黃芝」。百合科，多年生草本。

• **主要產地**：分布於中國大陸東北、華北各地區。

• **原料特色**：中醫學以乾燥根狀莖入藥。性味甘、平，有補中益氣、潤心肺、強筋骨的功效。主治虛損寒熱、筋骨軟弱、風濕疼痛、風癲癬疾等症。

• **料理運用**：在食療中，常與補益肺腎的藥食配伍，如黃精燉肉、黃精甲魚、黃精豬肘等。

【熟地黃】

又稱「熟地」。玄參科，多年生草本。

• **主要產地**：主要產於中國大陸河南、浙江等地。

• **原料特色**：中醫學以蒸曬後的乾燥根莖入藥。性味甘、微溫，有滋陰補血的功能。適用於血虛所致的心悸、失眠、頭暈、眼花、月經量少色淡、面色淡白以及肝腎陰虛所致的午後潮熱、遺精、耳鳴、盜汗、脫髮、腰膝酸軟、腳跟痛等症。

• **料理運用**：在食療中，常與滋陰補血的藥食配伍，如補血雞湯、地黃狗肉、紫桃海參、烏髮湯等。

三、食品添加劑

【防腐劑】

又稱保藏劑。具有抑菌作用的物質。中國大陸常用的有苯甲酸鈉（又名安息香酸鈉）和山梨酸鉀（又名花楸酸鉀），主要用於醬油、醋、果醬類，最大使用量為1克／千克，另外還可用於低鹽醬菜、麵醬類、蜜餞類、葡萄酒、果子酒、汽酒、汽水、濃縮果汁。中國大陸還允許使用對羥基苯甲酸乙酯（又稱尼泊金乙酯）、對羥基苯甲酸丙酯、對羥基苯甲酸丁酯作為防腐劑。

【食用色素】

以食品著色為目的的食品添加劑。食用色素按其來源和性質分為天然色素和合成色素兩大類。

1. 食用合成色素

中國大陸允許使用的合成色素有莧菜紅、胭脂紅、檸檬黃、日落黃、靛藍、亮藍、櫻桃紅、新紅。使用範圍為糖果、糕點、罐頭、果味水、果味粉、果子露、汽水、配製酒。莧菜紅、胭脂紅、櫻桃紅、新紅的最大使用量為0.05克／千克；檸檬黃、日落黃、靛藍為0.1克／千克；亮藍為0.025克／千克。

2. 食用天然色素

有紅麴米（紅麴色素）、甜菜紅、薑黃素、β－胡蘿蔔素、紫膠色素、紅花黃、葉綠素銅鈉、糖色、梔子黃色素、辣椒紅、可可色素、葡萄皮提取物、紫草醌。其中，紅麴米、甜菜紅、薑黃素、糖色不限制使用量。天然色素使用範圍與合成色素相同。糖色除用於醬油、醋、醬菜、香乾外，烹飪中還用於燒菜、蒸菜上色。

【發色劑】

在食品加工中，能與食品中的某些成分作用而使食品呈現良好色澤的物質。中國大陸允許使用的發色劑有亞硝酸鈉、硝酸鈉、硝酸鉀（又稱火硝、土硝、硝石、鹽硝），最大使用量為：亞硝酸鈉0.15克／千克；硝酸鈉、硝酸鉀0.5克／千克，允許使用於肉類罐頭和肉類製品，如醃肉、香腸。飲食行業常將發色劑用於醃臘製品以改善色澤。

【漂白劑】

能破壞、抑制食品的發色因素，使食品褪色或使食品免於褐變的物質。中國大陸允許使用的漂白劑有二氧化硫、無水亞硫酸鈉、亞硫酸鈉、保險粉（低亞硫酸鈉）、焦亞硫酸鈉。燃燒硫磺產生二氧化硫用於燻蒸粉絲、蜜餞、乾菜、乾果，其他漂白劑用於食糖、餅乾、罐頭、糖果、蜜餞，最大使用

量爲：無水亞硫酸鈉、亞硫酸鈉0.6克／千克；保險粉0.4克／千克；焦亞硫酸鈉0.45克／千克。漂白劑可以用在麵點和焙烤製品當中。

【食用香精】

用各種香料和稀釋劑調合而成並用於食品的物質。分爲水溶性和油溶性兩大類，常用的有橘子、檸檬、香蕉、鳳梨、楊梅、香草、奶油、薄荷、留蘭香等香型。

1. 食用水溶性香精

用蒸餾水、乙醇、丙二醇或甘油爲稀釋劑加香料調合而成，用於汽水、冷食品、配製酒、果汁粉。

2. 食用油溶性香精

用植物油、甘油或丙二醇爲稀釋劑加香料調合而成，用於餅乾、糖果及其它焙烤食品中。

【食用香料】

具有揮發性的有香物質。分爲天然和人造香料兩大類。

1. 天然香料

主要有甜橙油、橘子油、檸檬油、留蘭香油、薄荷素油、桉葉油、桂花浸膏、墨紅浸膏，這些香料可用於配製各種香精，也可直接加入食品中。

2. 人造香料

主要有香草粉（香蘭素）、人造苦杏仁油（苯甲醛）、乙基香蘭素、檸檬醛、洋茉莉醛、甲位戊基桂醛、乙酸異戊醋等，可用於調製各種香精，也可直接用於食品中。

【調味劑】

用於增加食品味感的添加劑。常用的有鮮味劑、酸味劑和甜味劑。鮮味劑有味精（谷氨酸一鈉）、5'－肌苷酸鈉、天門多氨酸一鈉、精氨酸、烏苷酸二鈉；酸味劑有檸檬酸、乳酸、酒石酸、蘋果酸、醋酸、磷酸；甜味劑有糖精、糖精鈉、甘草酸、甜葉菊甙、二氫查耳酮。在烹飪中常用的爲味精、醋酸、檸檬酸、糖精，糖精的最大使用量爲0.15克／千克，其他不限量。

【增稠劑】

用於改善食品物理性質，增加黏滑適口感覺的物質。常用增稠劑有澱粉、瓊脂、明膠、海藻酸鈉、羥甲基纖維素鈉、果膠。烹飪上用得最多的爲芡粉（澱粉）、凍粉（瓊脂）、明膠。

【乳化劑】

分子中具有親水基團和親油基團的物質。它可使油和水均勻地分散而形成穩定的乳濁液，同時還可防止麵包老化。中國大陸允許使用單硬脂酸甘油酯、大豆磷脂、山梨糖醇酐脂肪酸酯，可用於巧克力、糖果、飴糖、人造奶油、麵包中。

【膨鬆劑】

使食品膨鬆或酥脆的化學物質。分爲鹼性膨鬆劑和複合膨鬆劑兩大類。前者主要有食用小蘇打（碳酸氫鈉）、碳酸氫銨；後者主要有發酵粉、明礬。膨鬆劑主要用於麵點和焙烤製品中。

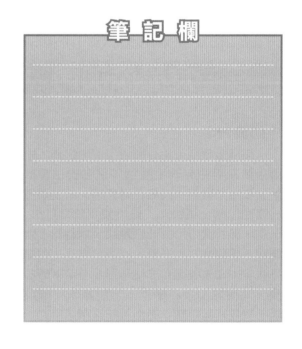

筆 記 欄

第四篇

技術用語

第一章
烹飪概念術語

一、烹飪一般

人們對菜餚的色、香、味、形、質的要求也千差萬別，因而形成了多種多樣的烹製方法和調味方法。

【烹飪技術】

做飯做菜的技術。這裡的飯是指除菜餚之外，用各種米、麵、薯等類原料爲主製成的各種飯、粥、糕、點等食品。其製作技術包括：選料、粗加工、精加工和烹製等各個工序的操作技術。做菜的技術即烹調技術。見「烹調技術」條。

【烹調技術】

製作菜餚的技術。包括：選料、初加工、切配、烹製、調味和裝盤等各道工序的操作技術。每道工序，每個環節都相互作用，互爲影響，任何疏忽都將直接影響成菜品質。只有在每個工序上都達到了應有的品質標準，烹調的任務才得以完成。在整個烹製過程中，掌握火候，準確調味，是技術操作的關鍵，應十分注意。

【烹調方法】

製作菜餚的方法。泛指菜餚製作過程中，最後成菜的方法（可用一法或同時用幾法）。包括：火候的運用、口味的調製。由於烹飪原料的性能、質地、形態各有不同，

【烹製法】

利用加熱和鹽、糖、醋、酒等的生化作用，使經過加工處理的原料致熟成爲菜餚的方法。烹製法中，絕大多數是以油、水、蒸氣等爲熱傳遞的介質，通過傳導、對流或熱輻射等導熱方式而完成的。其中如用油傳熱的炒、熘、爆、煎、炸、鍋貼等；用水傳熱的煮、燴、氽、煨、燜、燒、滷等；用蒸氣傳導熱的蒸和利用熱輻射直接使原料致熟的烤等。

此外，還有用其他物質，如沙、鹽、泥等傳熱的沙炒、鹽炒、泥烤等。這些方法的主要區別在於導熱方式的不同，所用火力的大小、加熱時間的長短不同。另外還有不經過加熱而以鹽、糖、醋、酒等的生化作用使原料成菜的方法，在烹製法中爲數不多，主要有泡、醉、醃、漬、拌等。

【調味方法】

調製口味的方法。調味的目的是爲了除去原料的腥、臊、膻等異味，增加菜餚的鮮美。能否正確掌握調味的方法，是直接關係到菜餚的色、香、味能否達到完美境地的一個關鍵。

在調味中應注意：菜餚對色、香、味的要求；人們的飲食習慣；各種味型的調製要領；季節、氣候變化的特點等，從而調製出具有傳統特色且適合食者口味的味型。在製作菜餚時，應注意掌握調味品的品質、性能、構成的比例、用量的多少、投放時間的先後等等。此外，還應掌握一些調味品的加工複製方法，便於使用。

二、烹飪術語

【炙鍋】

即炙炒鍋。是爆、炒一類菜餚或攤蛋皮、攤雞片等臨烹前的一道操作程式。其方法是將炒鍋置爐上，用旺火燒至溫度很高時（有時鍋底幾乎呈紅色，此即所謂的辣鍋），舀進冷油並用炒瓢邊淋邊攪，使之向四方散開，潷去油，反覆進行兩次，然後才進入下一步程序。炙後的鍋光滑、油潤、乾淨，原料下鍋受熱均勻，不易巴鍋。不僅方便操作，而且能保證菜餚的品質。

【拿火色】

指掌握菜餚烹製的火候。火色包括火力的大小，加熱時間的長短，以及原料所應達到的成熟程度。由於烹製方法不同，菜餚的質地要求各異，故火色亦應有所區別。如爆炒的菜餚要求急火短炒，成菜質地細嫩；炸製的菜餚要求正確掌握油溫和時間，成菜質感外酥內嫩；煨、燉的菜餚要求文火久燒，成菜質感㸆糯（食物爛糊、軟和）等等。

【搶火】

指對於爆、炒、燴一類以旺火旺油烹成的菜餚，在烹製時注意油溫、把握時機、及時投料的操作術語。行業中把這類菜稱為搶火菜。而將這種操作形象地喻為火中取寶。

【碼味】

又稱「打底味」、「打底鹽」。烹飪原料加熱前的調味。用鹽或醬油、料酒等調味品，把原料調拌或浸漬一下，使其先有一個基本的滋味。碼味對原料有滲透入味、除異增鮮的作用。碼味時，須根據所烹菜餚的烹製程序或烹製法以及菜餚風味特色的需要，決定碼味所用的調味品和時間長短。

【碼芡】

又稱「上漿」。指根據烹調方法和成菜要求在加工成形的原料表面黏附一層薄薄的芡汁的操作方法。用於炒、爆、熘類菜餚的原料，目的是保持原料的營養成分、水分和鮮味，並使原料形態光潤飽滿，質地細嫩。運用中要求掌握碼芡時機，一般在原料快下鍋時碼芡、芡汁要乾稀適度。

【穿衣】

又稱「掛糊」。指根據烹調方法和成菜要求在加工成形的原料表面黏裹一層糊芡的操作方法。用於炸製菜餚和半成品的裹糊。目的是保持原料的營養成分、水分和鮮味，使原料形態飽滿，菜品脆酥、鬆香。運用中糊芡要乾稀適度；裹糊要厚薄均勻。

【撲豆粉】

指在碼味後的半成品原料上輕輕拍上一層乾細豆粉的方法。烹調中多用於炸製的菜餚，使菜品具有酥脆爽口的特點。如軟炸肫花、菊花魚等。

【對滋汁】

亦稱「對味」。在烹製菜餚時，根據成菜需要，臨時將幾種調味品（其中一部分要加水豆粉）調勻而成滋汁，以便使用。

【烹滋汁】

又稱「烹芡汁」。指將預先調製好的滋汁（芡汁）根據菜品需要。適時地烹入鍋內的操作方法。常用於炒、爆、燴一類菜餚。

運用中應掌握適當的烹入時機，滋汁從原料周圍烹下，汁濃亮油即可，以保證菜品質嫩、巴味。

【勾芡】

又稱「扯芡」。指菜餚成熟時，在鍋內湯汁中放一定量的水豆粉，通過高溫糊化使菜餚中湯汁濃稠的操作方法。主要運用於燒、燴一類菜餚。不僅有增加湯汁的黏性和濃度，使菜餚更加入味，保證成菜的口味特點的作用，而且有使菜餚色鮮發亮，保持溫度的作用。勾芡的芡汁濃度應由成菜要求確定。烹調中根據芡汁濃度不同，芡汁又分為二流芡、米湯芡、玻璃芡三種。

【收汁】

指使菜餚的湯汁濃稠的操作方法。烹調方法和成菜要求不同，收汁的程度也不同。炸收、乾燒類菜餚是將湯汁收乾入味（又稱收乾）；炒、爆、熘類菜餚是烹入滋汁，收汁亮油；燒、燴類菜餚則是勾芡收汁，亮汁亮油。

【收乾】

見「收汁」條。

【掛汁】

又稱「澆汁」。指原料成熟裝盤後將鍋內芡汁澆於菜品之上的方法。運用中要求澆勻澆透，芡汁適量，菜品如糖醋里脊、白汁全雞等。

【餵】

烹調過程中的一個環節。指在菜品烹製前，將原料或半成品先用鮮湯汆一二次，再用有味的沸湯浸泡，使之入味的方法。適宜於本身鮮味較差而又不宜久烹的原料，如海參、魚肚等。除使原料入味外，還有使原料保持一定溫度、利於烹調的作用。

【吃味】

菜餚烹製過程中酌加調料，給烹飪原料上味的程序。多用於燒、燴、燜、煨、燀一類菜餚。吃味的味，多指鹹味而言。

【入味】

又稱「進味」。在烹調中，使調味品的味道滲透於原料的內部。如說：「這個菜燒入味了」；「菜已進味」。

【嚐味】

也稱「品味」。判別菜餚是否符合口味要求的口感鑒定方法。

【明油】

又稱「尾油」。菜餚起鍋時酌加一點熟油，以增加其光澤。這種方法在行業中也稱搭明油。多用於燒、燴一類菜餚。明油，一般用雞油、豬油和芝麻油等。但有的在烹製炒、熘、爆一類菜餚時也搭明油，則是不正確的。

【走油】

一種半成品的加工方法。多用於蒸、煨一類的菜餚和豬方肉、豬肘等大塊原料。操作時原料先經出水，然後放入油鍋炸或爆，以除去部分油脂，增加原料的色澤和香味。操作方法：原料下鍋前要擦乾水分，油溫高，油量大（也有油溫高、油量小的，此為爆），原料下鍋時皮朝下，並蓋上鍋蓋，以避免油水飛濺。

【梭油鍋】

又稱「跑油」。一些菜餚在烹製前，根據原料的質地和成菜的要求，先將原料放入油鍋中微炸一下，稱為梭油鍋。其作用是保持原料形態的完整，使原料增色增香，以便進行再烹製。

【進皮】

將原料在烹製前先下油鍋微炸至表皮略

帶皺紋或微微變色和翻硬的方法。此法多用於燒、蒸一類菜餚的半成品加工和軟炸類菜餚的定型。

【打蔥油】

燴、燜、燒以及湯一類菜餚臨烹前的一道操作程式。操作時，將炒鍋放爐上，下油燒熱，再放長蔥節和拍破的整薑入鍋煸炒，炒出香味後下原料同煸或摻湯燒開，打去薑蔥，再下原料燴、燒。打蔥油有除異增香和提鮮的作用。

【出水】

又稱「出一水」、「飛水」。將原料整理清洗後，投入開水中汆到一定時間以除去腥、臊、膻等異味的操作方法。出水時要注意：火旺、水開、水量大，撇盡水面浮沫，保持原料清潔，根據原料的大小、多少、老嫩，掌握出水時間。

【緊皮】

將原料放入開水鍋中微煮或微燙，使其肌肉緊縮、表皮伸展的方法。多用於家禽類的原料。

【收汗】

指原料從開水鍋內撈出，其表皮隨熱量散失而自然乾燥。如滷鴨、滷肉、滷心舌等，出鍋後，須經收汗才加工或出售。

【攤】

一種半成品的加工方法。多用於經加工處理的茸糊狀或流態的原料。操作時用小火，不用油或微用油（以不黏鍋為度），先將鍋烤熱或燙熱，再用手提起，舀原料下鍋後浪成薄而大張的片，一熟即提起。如芙蓉雞片的雞片，用作配料的蛋皮、羅粉等。

【煵】

煵，音同「南」。一種半成品或調味品的加工方法。即將刀工處理成泥、末狀的原料放入鍋中，加油，用中火炒乾水氣，或炒出顏色，炒出香味的方法。如：煵肉末、煵豆瓣等。

【煸】

烹調過程中的一個環節。將經加工處理過的小型原料放入鍋中加熱、翻撥，使之脫水、去異味、增香，以便於再用燒、燜等法最後烹製成菜。適用於雞、鴨、豬肉、鱔魚以及作配料用的蔬菜類的原料。操作時，用旺火旺油，料不碼芡，油量較小，一般要加薑、蔥、少許鹽或酌加花椒同時煸炒，至鍋內無水、溢出香氣即可。

【黏糖】

烹調過程中的一道程序。即將經烹製至熟的條、塊形半成品放入炒好的糖汁鍋中，使之黏裹一層糖汁，晾冷凝結成菜的一種方法。成菜有甜香酥嫩的特點。菜品如糖黏羊尾、麻圓肉、玫瑰鍋炸、怪味花仁、醬酥桃仁等。

【燻】

烹調過程中的一個環節。是將經加工處理後的原料放於燻爐上，利用木屑、茶葉、柏枝、穀草等燃料不完全燃燒時的濃煙，使之吸收，增加菜餚特殊香味的一種方法。多用於雞、鴨、魚、豬肉等原料。成菜有色澤美觀、煙香味濃、乾燥防腐的特點。

燻不能直接成菜，一般要配合其他烹製法共同成菜，或在烹製程序之中，或在烹製程序之後。在烹製中的為生燻，如樟茶鴨子、煙燻鴨子、臘肉等；在烹製後的為熟燻，如煙燻子雞、五香燻魚、煙燻排骨等。

【滑】

一種將刀工處理成絲、片狀的原料放入溫油或開水鍋中加熱使熟的烹製方法。多用於要求顏色白淨、質地滑嫩的如雞、魚、豬精肉等原料烹製的菜餚。滑可分油滑和水滑兩種。

- **油滑**：油滑方法同鮮熘（見「鮮熘」條）。
- **水滑**：旺火、開水，水量要大，原料碼味碼蛋清芡，入鍋略燙，用筷子輕輕撥散，水再開時打起。多用作湯菜的半成品，如酸菜雞絲湯、酸菜肉絲湯等。

【冒】

將冷後經刀工成形的絲、片、塊等小型熟料盛於焯瓢或漏瓢內，再放入滾開的湯中一起一落，反覆幾次，使原料致熱的方法。

【過】

烹調過程中的一個環節。指菜餚烹製前，將原料或半成品放於焯瓢中，舀開水或沸湯淋幾次，以進一步除去原料中的鹼味（如魷魚、墨魚、豆腐等）和半成品所沾附的油膩（如油滑過的蝦仁、雞絲等）以及對原料或半成品進行加熱處理的方法。

【透】

用多量冷開水將剛汩過的蔬菜半成品迅速浸透至涼。其作用為保持菜色的鮮潔，除去菜中澀水。

【餾】

又稱「餾籠」，將已蒸熟但又放冷的菜餚或點心再次入籠蒸熱的方法。

【搭一火】

又稱「打一火」。將呈茸糊狀的原料或工藝菜的坯子放入籠內，進行短時間的蒸製，使之半熟、剛熟或定型的方法。

【汩】

汩，音同「膽」。一種半成品加工方法。即將經加工處理的原料放入開水鍋中微煮至斷生，迅速撈起，再漂於冷開水中的方法。適用於蔬菜原料。成品有色鮮質脆的特點。如汩菜心、汩豇豆、汩綠豆芽、汩白菜等菜餚。

【醃】

一種半成品的加工方法。指將經加工處理的大塊或整形原料抹上鹽或醬油、酒、花椒等調料，放入缸內使之浸漬入味，取出晾乾的方法。多用於雞、鴨、鵝、兔、魚、豬肉、豬雜、牛肉、牛雜以及部分野味等類的原料。

由於原料的色、質和成品要求各有不同，因此，調料的構成和用量也有區別。醃雖是一種比較簡便的半成品加工方法，但技術要求很高。除熟悉和掌握原料的性質和調料的組合外，還要善於選料、下料，並根據氣候的不同，正確掌握調料用量的多少，醃製（包括下缸、翻缸、起缸）時間的長短。醃製的成品顏色美觀，便於收貯，是一種保存肉食品的好方法。

【醬】

一種半成品的加工方法。即將經加工處理的大塊或整形原料抹上鹽、酒、甜醬等，晾通風處，使之入味、乾燥的方法。多用於雞、豬肉一類的原料。如太白醬肉、京醬風雞等。

【汆腳貨】

指將前一天或當天剩下的半成品入開水鍋中煮透的方法。有殺菌消毒、便於收貯的作用。

【入籠】

又稱「裝籠」。即將要蒸製的菜餚有順序地擺入籠內。裝籠的一般要求是，色深不易熟的放下面，色淺易熟的放上面。裝籠的方法是先裝四周，後裝中間。如果菜餚多了，可以重碗（兩個抬一個），不平時可用筷子墊。

【花籠】

又稱「揀花籠」。籠鍋上將蒸熟的菜品進行調整，便於走菜的一種方法。由於品種多，有的在上，有的在下，走菜吃力費時。

花籠即是把籠端下鍋，將不同花色的菜餚揀入一籠，再置鍋上保溫，便於翻用。

【泄蓋】

蒸菜過程中一種調節火候的方法。即是將籠蓋泄開，散失一部分蒸氣並減輕蒸氣的壓力，達到不致蒸過頭又能保持一定溫度的目的。

【腰籠】

又稱「腰蓋」。在蒸的菜和餾的菜同裝一籠時，用以將兩者隔開的一格籠蓋。其作用是使籠內蒸氣各有所施，既不影響菜餚的蒸製，又達到了菜餚的保溫目的。

【回籠】

對需存放的蒸菜進行加熱處理的方法。即將晾冷的蒸菜重新放入籠內，上鍋用旺火蒸至透心，取下收貯。其作用是消毒殺菌、防止菜餚變質變味。

【出坯】

燒烤一類菜餚的原料經整治乾淨後，再放入開水煮燙或用火苗燖過，使之成為半成品（又稱坯子）的一道工序。多用於雞、鴨、鵝、豬方肉和奶豬等原料。

由於菜餚的要求不同，雞、鴨、鵝和奶豬是放開水中煮燙，使之緊皮並除去血水；而豬方肉則用火苗燖過，刮去粗皮，使之皮薄，利於烤製。

【晾坯】

緊接著出坯而進行的一道工序。多用於雞、鴨、鵝、奶豬一類原料。這類原料入開水鍋煮燙至緊皮後，馬上提起，趁熱抹上一層薄薄的紅醬油、料酒或飴糖，再放於通風處，使之上色收汗。

【燖方】

專用於烤酥方的原料出坯。燖方是烤酥方的一個重要步驟。「烤方不用巧，只要四角燖得好」。操作時，先將豬方肉處理乾淨、上叉，再將肉皮一面向爐，讓火苗燖方肉的表皮、四角和四周，直至燖出一層黑痂，並自行脫落；然後取出叉子，將方肉放溫水中刮洗乾淨，清洗一次取出，抹上用薑、花椒、蔥花、鹽和料酒等調成的味料，蓋上乾淨紗布備用。

【吊膛】

專指叉燒奶豬在烤製豬身時，先將豬腹一面向下，烤乾膛內水氣的一道程序。其作用是不因水的透出而烤花；利用皮下脂肪的作用使內皮易酥，為下一步的烤皮創造條件。吊膛時，火不宜大，要將杠炭火（杠炭結構較木炭緊密，比木炭硬）勾平散開，慢慢烤製，直至以手觸之無水、不黏為度。

【滾叉】

指叉燒類菜餚在烤製過程中對叉柄的運用。明爐烤由於火力分散，所以在烤製中，必須視情況隨時改變原料著火的方向，使之各處受熱均勻，色、質一致。操作中應做到「兩慢一快，眼觀全面，照顧四方」。所謂「兩慢一快」，是指兩個側面要慢烤、多烤，中間要少烤、快烤。

【斷生】

指原料烹製到剛熟而未熟透的初熟狀態。多是對質地鮮嫩的原料在烹製時的火候要求。

【散籽】

指動物原料經切成絲、丁、片等形狀並已碼味碼芡、下油鍋翻炒後，原料彼此分開、互不黏連的狀態。為菜餚成菜的品質標準之一。

【發白】

通過感觀鑒定原料成熟度的用語之一。一般指動物原料經加工成絲、丁、片、塊等形狀，碼芡後，在下鍋烹製的過程中，顏色

由深變淺的現象。此時原料的成熟度相當於斷生的程度。

【亮油】

對爆、炒、熘一類菜餚成菜的感觀要求之一。在烹製這一類菜餚時，要求準確掌握用油量、滋汁和火候，這樣才能使成菜盛入盤內後，菜餚周圍吐出一圈適量的油，即通常所謂的「亮油一線」。亮油有使菜餚色澤美觀、統汁統味、有油而不重、油少能保溫的優點。但忌亮油過多。

【魚籽蛋】

檢驗炒製澱粉質原料至熟程度的形象用語。如炒製洗沙，當豆沙水分快乾的時候，鍋內冒出魚籽樣的小白泡，表明原料已翻沙，可加糖炒化後起鍋。

【翻沙】

亦稱「返沙」。指含澱粉質的豆、莖根類原料，經熟製後加工成泥，再入鍋用油翻炒至脫水、散酥呈沙糯狀。

【散火】

又稱「散氣」，指燒、蒸等類菜餚在烹製過程中因火熄、水乾或斷汽等原因而中斷加熱的事故。散火會造成走油、色敗、變味、生熟不勻、炪硬不一的後果。

【傷油】

烹調失敗的一個現象。指在半成品加工（如打糝）或烹製菜餚時，用油量超過了要求的範圍，致使半成品或菜餚不能達到烹調的要求。成品油重有使人生厭、影響味道和食時膩口的缺點。

【夾生】

泛指主食及薯類原料沒有熟透的質（口）感。如米飯的飯粒有硬心；紅苕、土豆等有硬塊頂刀等似熟非熟的質（口）感。

【蜂窩眼】

指在烹製過程中，原輔材料出現的如蜜蜂窩巢的形狀，一般作檢驗菜餚的火候（如芙蓉蛋）或點心是否鬆泡的用語。

【鍋螞蟻】

因炙鍋不好或烹調失當，原料巴鍋至糊變焦，又沒有清洗乾淨，鍋內殘存的很多黑點細粒，形似螞蟻，故名。鍋螞蟻嚴重影響菜餚的觀感，應當摒除。

三、味與味型

【味】

指呈味物質對人的味蕾產生刺激而得到的感覺。它既包括人們喜愛的味道，也涵蓋著人們不能接受的惡味。

【五味】

以人們味的感覺為區別的五種味道。川菜烹飪以鹹、甜、麻、辣、酸為五味。中國藥物學以酸、苦、甘、辛、鹹為五味。辭書以甜、酸、苦、辣、鹹為五味。也泛指各種味道。如用於褒義的「五味調和百味鮮」；用於貶義的「五味令人口爽」（老子語。爽：傷敗）等等。

【基本味】

烹調菜餚的各種基本味道。川菜烹飪以鹹、甜、麻、辣、酸為基本味。基本味是調製各具特色的複合味的基礎，因此各種基本味都應該有它的自身的而且為人們所接受的調味品，用以調和出多種多樣、鮮香適口的菜餚來。

但在外地的烹飪界中有以鹹、甜、酸、苦為基本味者；有以鹹、甜、酸、苦、辣為基本味者；還有以鹹、甜、酸、苦、辣、鮮、香為基本味者，尚無定論。

【複合味】

由兩種或兩種以上的不同味道的調味品調和而成的味道。川菜烹調中，除極少數外，都是複合味。常用的二十多種味型，無不如此。

【鹹味】

鹽（井鹽、湖鹽、海鹽、岩鹽）及各種含鹽分的醬油等調味品的味道。鹹味是調味中的主味，是調製各種複合味的基礎。

- 作用與使用原則：鹹味能解膩、提鮮、除腥、去膻，能突出原料中的鮮香味道，「珍饈美味離不得鹽」，「無鹹不成菜」之說，蓋出於此。在運用鹹味調味品時，要根據成菜特色的要求，恰當使用，才能鹹而不傷。

【甜味】

各類糖、蜂蜜以及各種含糖調味品的味道及某些烹飪原料所含的醣經過酶的作用分解而產生的味道。呈甜味感覺的物質有單糖、低聚糖、果糖、葡萄糖、麥芽糖、乳糖以及鄰黃醯苯醯亞胺（糖精）等。

- 作用與使用原則：甜味可增強菜餚的鮮味，並有特殊的調和滋味的作用，如緩和辣味的刺激感，增加鹹味的鮮醇等。運用各種糖調製甜香菜餚時，須掌握甘而不濃的原則。川菜常用味型中的甜香、糖醋、荔枝、魚香、怪味、鹹甜等，都有不同程度的甜味，須視其風味所需，恰當使用。

【麻味】

花椒的辛麻香味道。其麻味，由所含揮發油產生。揮發油的成分則是是牻牛兒醇、檸檬烯、枯醇等組成。花椒有散寒除濕、解魚腥毒、加強胃的運動、促進食慾的功能。

- 作用與使用原則：食用花椒，有辛香、麻醉而舒適的感覺。運用花椒調味，須掌握麻而不烈的原則，適量使用。川菜常用味型中的麻辣、椒麻以及煙香、五香、怪味、陳皮各味，都有不同程度的辛麻香

味，調製時需靈活掌握。

【辣味】

辣椒、胡椒、薑、蒜、蔥、咖喱、芥末等帶刺激性的味道，也稱辛味。在川菜烹調中，以辣椒為主要的辣味調料。辣椒果實含有辣椒鹼、二氫辣椒鹼、辛醯香莢蘭胺等辛辣成分，並有隱黃素、辣椒紅素、胡蘿蔔素等色素，還有維生素C、檸檬酸等物質。人對於辣味的感覺，不僅由味蕾引起，也是同嗅覺、膚覺、熱覺、痛覺相聯繫的，是整個味分析器統一活動的結果。

- 作用與使用原則：食用辣椒，可以直接感受到唾液分泌及澱粉酶活性增加，能促進食慾，加強胃的運動，強烈刺激感覺神經末梢，引起溫暖感。運用辣味調味品，須掌握辣而不燥、辛而不烈的原則，謹慎而巧妙地使用。川菜常用味型中的麻辣、香辣、煳辣、酸辣，以及薑汁、蒜泥、紅油、家常、怪味、魚香、陳皮、芥末各味，都有不同程度的辣味，調製時，要根據成菜的要求，對調味品的選擇、用量的多少，悉心體會，兼善使用。

【酸味】

醋、醋精、酸梅及泡菜的乳酸、醃漬菜的醋酸等的味道。

- 作用與使用原則：酸味可促使烹飪原料中的鈣質分解，有除腥解膩、提鮮增香的作用。運用醋等調味品，須掌握酸而不酷的原則。川菜常用的糖醋、荔枝、酸辣、魚香、怪味等味型，都有不同程度的酸味，調製時需靈活掌握。

【香味】

可以形成香味的調味品主要有酒、蔥、蒜、薑、花椒、辣椒、桂皮、丁香、大茴香、小茴香、五香粉、芝麻、芝麻油、芝麻醬、花生醬、桂花、玫瑰、酒糟、白豆蔻以及食用香精等。某些烹飪原料中含有一些醇、酯等有機物，經氧化後也產生香味。

- **作用與使用原則**：應用於調味的香味複雜多樣，其作用可使菜餚具有不同的芳香氣味，刺激食慾，還可去腥解膩。川菜常用的二十多種味型中，直接表現各種芳香氣味的就有魚香、煙香、五香、醬香、甜香、香糟等味型。使用各種香味調味品時，要因菜而異，因人而異，度情審勢，靈活掌握。

【鮮味】

由原料自身或鮮味調味品所含穀氨酸、肌苷酸、琥珀酸等呈鮮物質所產生。

- **作用與使用原則**：可提鮮增香，使餚饌滋味鮮美。鮮味調味品有味精、雞精、蝦醬、蠔油、菌油、各種高級的湯料及一些含有呈鮮物質的烹飪原料。

【本味】

就詞義講是指烹飪原料本身具有的味道。但在四川烹飪界中通常是指烹飪原料本身具有的清鮮或鮮美的味道，如綠葉蔬菜的清鮮味，肉類的鮮味，所謂「菜存本味」，即指此。四川部分地區也有以鹹味為本味的，如說「此菜缺少本味」、「此菜吃本味」，即指鹹味而言。

【苦味】

存在於杏仁、柚皮、陳皮、檳榔、川貝母、天麻、當歸等作為食療饌餚原料的中藥材之中，也存在於苦瓜、白苣（白萵筍）、苦筍等蔬菜之中。呈苦味感覺的物質有植物鹼、單寧類物質等。

- **作用與使用原則**：川菜調味時，也常在辛香味中加入陳皮，但僅是為增加其特殊芳香氣味，絕不能突出苦味；即使是烹飪原料中自身的苦味，也通過烹調努力減弱，力求形成清香爽口的特殊風味。

【腥味】

水生動物原料中的不良氣味。《呂氏春秋·本味》：「水居者腥。」如魚、蝦、蟹、鱉、鮑、參、翅、肚。

【臊味】

肉食或動植物兼食的動物原料中的不良氣味。《呂氏春秋·本味》：「肉玃者臊。」如犬、野禽、野獸。

【羶味】

羶通「羴」。草食類動物原料中的不良氣味。《呂氏春秋·本味》：「草食者羶。」如牛、羊、兔。

【澀味】

植物原料中所含草酸、鞣酸等物質所產生的不良味道，會使舌頭稍感麻木。如未經烹調的菠菜、某些品質低下的筍等。

【異味】

多指動植物烹飪原料中的不良氣味和不正常氣味，如腥味、羶味、臊味、澀味、食物腐敗的氣味等。

【調味】

調和滋味。運用各種調味品和調製方法，使烹飪原料成為具有多樣口味和風味特色的菜餚。在烹飪菜餚的整個過程中，調味是決定風味品質的關鍵。調味的作用是除去異味、增進美味、確定風味。使用某些調味品，如醬油、乾辣椒、豆瓣等，還能豐富菜餚的色彩，使之賞心悅目。

- **調味原則**：下料必須恰當、適時；嚴格按照一定的規範進行；根據季節變化靈活調節；根據原料的不同性質區別運用。川菜歷來重視調味。常用的二十多種味型的出現，便是川菜調味變化多端的客觀反應。

【加熱前調味】

原料烹製前進行的調味。採用碼味、醃漬等方法，以確定菜品的基本味。有些烹法在加熱中無法調味的（如蒸、烤），也須在加熱前一次將味調好。

【加熱中調味】

菜品在加熱過程中的調味。烹製時按菜品口味要求，在適當時機加入各種調味品，以確定菜品口味。此法也可預先對好滋汁在烹調中烹入。

【加熱後調味】

菜品成熟後進行的調味。一些菜品在加熱前或加熱中未調味（或未調夠味），必須在加熱後用拌、蘸等方法調味或予以補充及增加風味。此法多用於冷菜，部分熱菜也有使用。

【混合調味】

將加熱前調味、加熱中調味、加熱後調味三種方法混合使用的調味法。三種調味法中可兩種組合或三種組合。

【單一味調味品】

只具有一種味道的調味品。如鹹味的食鹽、醬油，甜味的白糖、紅糖、飴糖、冰糖、蜂蜜，酸味的麩醋、白醋、醋酸，麻味的花椒，辣味的辣椒、薑、蔥、蒜、芥末等調味料。

【複合味調味品】

兩種或兩種以上單一味調味品製成的調味品。如泡紅辣椒（辣、鹹、酸味）、甜醬（甜、鹹味）、甜紅醬油（甜、鹹味）、郫縣豆瓣（鹹、辣、酸味）等。

【味型】

用幾種調味品調和而成的，具有各自的本質特徵的風味類別。如家常味型，皆以郫縣豆瓣、川鹽、醬油調製，因不同菜餚的風味所需，或用元紅豆瓣，或用泡紅辣椒，但其共同的風味特徵則是鹹鮮微辣。

川菜常用的二十多種味型，都互有差異，各具特色，反映了調味變化之精微，並形成了四川菜系的獨特風格。

【家常味型】

川菜常用味型之一。「家常」一詞，按辭書意為「尋常習見，不煩遠求」。川菜以「家常」命味，取「居家常有」之意。

- **特點**：鹹鮮微辣。因菜式所需，或回味略甜，或回味略有醋香。廣泛運用於熱菜。
- **烹製方法**：以郫縣豆瓣、川鹽、醬油調製而成。因不同菜餚風味所需，也可酌量加元紅豆瓣或泡紅辣椒、料酒、豆豉、甜醬及味精。
- **應用範圍**：家常味的鹹鮮微辣的程度，因菜而異。應用範圍以雞、鴨、鵝、兔、豬、牛等家禽家畜肉類為原料的菜餚，海參、魷魚、豆腐、魔芋以及各種淡水魚為原料的菜餚。如家常海參、回鍋肉、鹽煎肉、家常豆腐、家常牛筋、太白雞等。

【魚香味型】

四川首創的常用味型之一。因源於四川民間獨具特色的烹魚調味方法，故名。

- **特點**：鹹甜酸辣兼備，薑蔥蒜香氣濃郁。廣泛用於熱菜，也用於冷菜。
- **烹製方法**：以泡紅辣椒、川鹽、醬油、白糖、醋、薑米、蒜米、蔥顆調製而成。用於冷菜時，調料不下鍋，不用芡，醋應略少於熱菜的用量，而鹽的用量稍多。無論是用於冷菜或熱菜，糖和醋皆不能傷，也不能缺。
- **應用範圍**：熱菜應用以家禽、家畜、蔬菜、禽蛋為原料的菜餚，特別適用於熘、炸、炒之類的菜餚。如魚香肉絲、魚香烘蛋、魚香茄餅、魚香八塊雞、魚香油菜薹等。冷菜應用範圍以豆類蔬菜為原料的菜餚，如魚香青豆、魚香豌豆等。

【麻辣味型】

川菜常用味型之一。

- **特點**：麻辣味厚，鹹鮮而香。廣泛應用於冷、熱菜式，主要由辣椒、花椒、川鹽、味精、料酒調製而成。
- **烹製方法**：其花椒和辣椒的運用則因菜而

異，有的用郫縣豆瓣，有的用乾辣椒，有的用紅油辣椒，有的用辣椒粉；有的用花椒顆，有的用花椒末。因不同菜式風味的不同需要，可酌加白糖或醪糟汁、豆豉、五香粉、香油。調製時均須做到辣而不死，辣而不燥，辣中有鮮味。

- 應用範圍：以雞、鴨、鵝、兔、豬、牛、羊等家禽家畜肉及內臟為原料的菜餚，以及乾鮮蔬品、豆類與豆製品等為原料的菜餚。如水煮肉片、麻婆豆腐、麻辣牛肉絲、牛舌萵筍、麻辣雞片、毛肚火鍋等。

【怪味味型】

四川首創的常用味型之一。因集眾味於一體，各味平衡而又十分和諧，故以「怪」字褒其味妙。

- 特點：鹹、甜、麻、辣、酸、鮮、香並重而協調。多用於冷菜。
- 烹製方法：以川鹽、醬油、紅油、花椒粉、麻醬、白糖、醋、熟芝麻、香油、味精調製而成。也有加入薑米、蒜米、蔥花的。調製怪味的各種調味品，要求比例恰當，互不壓抑，相得益彰。
- 應用範圍：以雞肉、魚肉、兔肉、花仁、桃仁、蠶豆、豌豆等為原料的菜餚。如怪味雞絲、怪味花仁、怪味酥魚、怪味兔丁等菜品。

【椒麻味型】

川菜常用味型之一。

- 特點：椒麻辛香，味鹹而鮮。多用於冷菜。尤適宜於夏天。
- 烹製方法：以川鹽、花椒、小蔥葉、醬油、冷雞湯、味精、香油調製而成。調製時須選用優質花椒，方能體現風味；花椒顆粒要加鹽與蔥葉一同用刀鍘茸，令其椒麻辛香之味與鹹鮮味結合在一起。
- 應用範圍：以雞肉、兔肉、豬肉、豬舌、豬肚為原料的菜餚。如椒麻雞片、椒麻肚絲、椒麻兔絲、椒麻舌掌等。

【酸辣味型】

川菜常用味型之一。

- 特點：醇酸微辣，鹹鮮味濃。多用於熱菜，也用於冷菜。
- 烹製方法：以川鹽、醋、胡椒粉、味精、料酒調製。調味品的選用因菜餚不同風味的需要而定。調製酸辣味，須掌握以鹹味為基礎，酸味為主體，辣味助風味的原則，用料適度。
- 應用範圍：以海參、魷魚、蹄筋、雞肉、雞蛋、蔬菜等為原料的菜餚。如熱菜有酸辣海參、酸辣魷魚、酸辣蝦羹湯、酸辣蛋花湯；冷菜的酸辣味，應注意不用胡椒，而用紅油或豆瓣，主要用於小菜的拌製，如酸辣萵筍、酸辣蘿蔔絲等。

【糊辣味型】

川菜常用味型之一。

- 特點：香辣鹹鮮，回味略甜（熱菜回味則略帶甜酸）。廣泛運用於熱菜和冷菜。
- 烹製方法：以川鹽、乾紅辣椒、花椒、醬油、醋、白糖、薑、蔥、蒜、味精、料酒調製而成。其辣香之味是以乾辣椒節在油鍋裡炸，使之成為糊辣殼而產生的，火候不到或火候過頭都會影響其味，烹調時須特別注意。
- 應用範圍：以家禽家畜肉類為原料的菜餚，及以蔬菜為原料的菜餚。如宮保雞丁、花椒雞丁、宮保腰塊、燒拌冬筍、熗綠豆芽等。

【紅油味型】

川菜常用味型之一。

- 特點：鹹鮮辣香，回味略甜。
- 烹製方法：以特製的紅油與醬油、白糖、味精調製而成。部分地區加醋、蒜泥或香油。多用於冷菜。調製紅油味時，須注意掌握其辣味應比麻辣味型的辣味輕。
- 應用範圍：適用於以雞、鴨、豬、牛等家禽家畜肉類和肚、舌、心等家畜內臟為原料的菜餚，也適用於塊莖類鮮蔬為原料的

菜餚。如紅油皮扎絲、紅油雞片、紅油黃絲、紅油牛肚梁、紅油筍片等。

【鹹鮮味型】

川菜常用味型之一。

- **特點**：成菜鹹鮮清香。廣泛運用於冷、熱菜式。
- **烹製方法**：常以川鹽、味精調製而成。因不同菜餚的風味需要，也可用醬油、白糖、香油及薑、鹽、胡椒調製。調製時，須注意掌握鹹味適度，突出鮮味，並努力保持蔬菜等烹飪原料本身具有的清鮮味；白糖只起增鮮作用，須控制用量，不能露出甜味來；香油亦僅僅是為增香，須控制用量，勿使過頭。
- **應用範圍**：以動物肉類、家禽家畜內臟及蔬菜、豆製品、禽蛋等為原料的菜餚。如開水白菜、雞豆花、鴿蛋燕菜、白汁魚肚捲、白汁魚唇、鮮熘雞絲、白油肝片、鹽水鴨脯等。

【蒜泥味型】

川菜常用味型之一。

- **特點**：成菜蒜香味濃，鹹鮮微辣。多用於冷菜。
- **烹製方法**：以蒜泥、複製紅醬油、香油、味精、紅油（也有不用紅油的）調製而成。調製時必須用現製的蒜泥，以突出蒜香味。
- **應用範圍**：以豬肉、兔肉、豬肚及蔬菜為原料的菜餚。如蒜泥白肉、蒜泥肚片、蒜泥黃瓜、蒜泥蠶豆等。

【薑汁味型】

川菜常用味型之一。

- **特點**：薑味醇厚，鹹酸爽口。廣泛用於冷、熱菜式。
- **烹製方法**：以川鹽、薑汁、醬油、味精、醋、香油調製而成。調製冷菜時，須在鹹鮮味適口的基礎上，重用薑、醋，突出薑、醋的味道；調製熱菜時，可根據不同

菜餚風味的需要，酌加郫縣豆瓣或辣椒油，但以不影響薑、醋味為前提。

- **應用範圍**：以雞肉、兔肉、豬肘、豬肚、綠葉蔬菜為原料的菜餚。如熱菜的薑汁熱窩雞、薑汁肘子；冷菜的薑汁嫩肚絲、薑汁豇豆、薑汁鴨掌、薑汁菠菜等。

【麻醬味型】

川菜常用味型之一。

- **特點**：成菜帶有芝麻醬香，鹹鮮醇正。多用於冷菜。
- **烹製方法**：以芝麻醬、香油、川鹽、味精、濃雞汁調製而成。少數菜品也酌加醬油或紅油（如麻醬鳳尾）。調製時芝麻醬要先用香油調散，令芝麻醬的香味和香油的香味融合在一起，再用川鹽、味精、濃雞汁調和。
- **應用範圍**：以肫肝、魚肚、鮑魚、蹄筋等為原料的菜餚。如麻醬魚肚、麻醬響皮、麻醬蹄筋等。

【醬香味型】

川菜常用味型之一。

- **特點**：成菜醬香濃郁、鹹鮮帶甜。多用於熱菜。
- **烹製方法**：以甜醬、川鹽、醬油、味精、香油調製而成。因不同菜餚風味的需要，可酌加白糖或胡椒粉及薑、蔥。調製時，須審視甜醬的質地、色澤、味道，並根據菜餚風味的特殊要求，決定其他調料的使用份量。如甜醬酸度過重，則應適量加白糖；如甜醬色澤過深，則可用香油或湯汁加以稀釋，令色稍淡。
- **應用範圍**：以鴨肉、豬肉、豬肘、豆腐、冬筍等為原料的菜餚。如醬燒鴨子、醬燒肘子、太白醬肉、醬燒豆腐、醬燒冬筍、醬酥桃仁等。

【煙香味型】

川菜常用味型之一。

- **特點**：鹹鮮醇濃，香味獨特。

- **烹製方法**：這種味型主要用於燻製以肉類為原料的菜餚。以稻草、柏枝、茶葉、樟葉、花生殼、糠殼、鋸木屑為燻製材料，利用其不完全燃燒時產生的濃煙，使醃漬上味的雞、鴨、鵝、兔、豬肉、牛肉等原料再吸收或黏附一種特殊香味。

  如用樟樹葉與茶葉燻烤的樟茶鴨子、用糠殼或穀草燻烤的臘肉、用柏樹枝燻烤的香腸等等，都各具不同的煙香味道。煙香味型廣泛用於冷、熱菜式。應根據不同菜餚風味的需要，選用不同的調味料和燻製材料。

- **應用範圍**：以家禽家畜等肉類為原料的菜餚。如樟茶鴨子、煙燻牛肉、煙燻排骨、米燻雞等。

【 荔枝味型 】

川菜常用味型之一。

- **特點**：成菜味似荔枝，酸甜適口。多運用於熱菜。

- **烹製方法**：以川鹽、醋、白糖、醬油、味精、料酒調製，並取薑、蔥、蒜的辛香氣和味而成。調製此味時，須有足夠的鹹味，在此基礎上方能顯示酸味和甜味；糖略少於醋，注意甜酸比例適度；薑、蔥、蒜僅取其辛香氣，用量不宜過重。因不同菜餚風味的需要，可酌加泡辣椒、豆瓣或香油。

- **應用範圍**：以豬肉、雞肉、豬肝腰、魷魚及部分蔬菜為原料的菜餚。如合川肉片、鍋粑肉片、荔枝腰塊、荔枝鳳脯、荔枝魷魚捲等。

【 五香味型 】

川菜常用味型之一。

- **特點**：所謂「五香」，是指在燒煮食物時加入的數種香料。廣泛用於冷、熱菜式。

- **烹製方法**：其所用香料通常有山奈、八角、丁香、小茴、甘草、沙頭、老蔻、肉桂、草果、花椒等，根據菜餚需要酌情選用。以上述香料加鹽、料酒、老薑、蔥

等，可醃漬食物、烹製或滷製菜餚。

- **應用範圍**：以動物肉類及家禽家畜內臟為原料的菜餚，和以豆類及其製品為原料的菜餚。如香酥雞、八寶香酥鴿、五香燻牛肉、五香排骨、五香豆腐乾、五香滷斑鳩、五香禾花雀、五香鱔段、五香燻魚等菜品。

【 香糟味型 】

川菜常用味型之一。

- **特點**：醇香鹹鮮而回甜。廣泛用於熱菜，也用於冷菜。

- **烹製方法**：以香糟汁或醪糟、川鹽、味精、香油調製而成。因不同菜餚的風味需要，可酌加胡椒粉或花椒、冰糖及薑、蔥。調製時，要突出香糟汁或醪糟汁味的醇香。

- **應用範圍**：以雞、鴨、豬、兔等家禽家畜肉類為原料的菜餚，及冬筍、銀杏、板栗等蔬果為原料的菜餚。如香糟雞、香糟魚、糟蛋、香糟兔、香糟肉、糟醉冬筍、糟醉銀杏等。

【 糖醋味型 】

川菜常用味型之一。

- **特點**：成菜甜酸味濃，回味鹹鮮。廣泛用於冷、熱菜式。

- **烹製方法**：以糖、醋為主要調料，佐以川鹽、醬油、味精、薑、蔥、蒜調製而成。調製時，須以適量的鹹味為基礎，重用糖、醋，以突出甜酸味。

- **應用範圍**：以豬肉、魚肉、白菜、萵筍、蜇皮等為原料的菜餚。如糖醋里脊、糖醋排骨、糖醋脆皮魚、糖醋爆蝦、糖醋白菜、糖醋胡豆、糖醋豌豆等。

【 甜香味型 】

川菜常用味型之一。

- **特點**：成菜純甜而香。多用於熱菜，也用於冷菜。

- **烹製方法**：以白糖或冰糖為主要調味品，

因不同菜餚的風味需要，可佐以適量的食用香精，並輔以蜜玫瑰等各種蜜餞，櫻桃等水果及果汁，桃仁等乾果仁。調製方法主要有蜜汁、糖黏、冰汁、撒糖等。無論使用哪種方法，均須掌握用糖份量，過頭則傷。

- **應用範圍**：以乾鮮果品及銀耳、魚脆、桃油、蠶豆、紅苕等爲原料的菜餚。如核桃泥、魚脆羹、冰糖銀耳、杏仁豆腐、冰汁桃脯、炸荷花、糖黏羊尾等。

【 陳皮味型 】

川菜常用味型之一。

- **特點**：陳皮芳香，麻辣味厚，略有回甜。多用於冷菜。
- **烹製方法**：以陳皮、川鹽、醬油、醋、花椒、乾辣椒節、薑、蔥、白糖、紅油、醪糟汁、味精、香油調製而成。調製時，陳皮的用量不宜過多，過多則回味帶苦；白糖、醪糟汁僅爲增鮮，用量以略感回甜爲標準。
- **應用範圍**：以家禽家畜肉類爲原料的菜餚。如陳皮雞、陳皮牛肉、陳皮兔丁、陳皮燒肉等。

【 芥末味型 】

川菜常用味型之一。

- **特點**：鹹鮮酸香，芥末沖辣。多用於夏秋季冷菜。
- **烹製方法**：以川鹽、醋、醬油、芥末、味精、香油調製而成。調製時，先將芥末用湯汁調散，密閉於盛器中，勿使洩氣，放籠蓋上或火旁㷛（炙、燒）起，臨用時方取出；醬油宜少用，以免影響菜品色澤。
- **應用範圍**：魚肚、雞肉、鴨掌、粉條、白菜、豬肚等爲原料的菜餚。如芥末嫩肚絲、芥末魚肚、芥末鴨掌、芥末雞絲、芥末春餅等。

【 鹹甜味型 】

川菜常用味型之一。

- **特點**：成菜鹹甜並重，兼有鮮香。多用於熱菜。
- **烹製方法**：以川鹽、白糖、胡椒粉、料酒調製而成，因不同菜餚的風味需要，可酌加薑、蔥、花椒、冰糖、糖色、五香粉、醪糟汁、雞油。調製時，鹹甜二味可有所側重，或鹹略重於甜，或甜略重於鹹。
- **應用範圍**：以豬肉、雞肉、魚、蔬菜等爲原料的菜餚。如冰糖肘子、櫻桃肉、板栗燒雞、芝麻肘子等。

【 椒鹽味型 】

川菜常用味型之一。

- **特點**：香麻而鹹。多用於熱菜。
- **烹製方法**：以川鹽、花椒調製而成。調製時鹽須炒乾水分，舂爲極細粉狀；花椒須炕香，亦舂爲細末。花椒末與鹽按1：4的比例配製，現製現用，不宜久放。
- **應用範圍**：以雞、豬、魚等動物肉類爲原料的菜餚。如椒鹽八寶雞、椒鹽蹄膀、椒鹽里脊、椒鹽魚捲等。

【 茄汁味型 】

川菜近年引進及發展的味型。

- **特點**：甜酸適口，茄汁味濃。多用於熱菜中的煎炸菜品。
- **烹製方法**：以鹽、番茄醬、糖、白醋、料酒、薑、蔥、蒜調製而成。調製時番茄醬須用溫油炒香、出色。
- **應用範圍**：各種煎、炸類熱菜。如茄汁大蝦、茄汁魚條、茄汁牛柳、茄汁肉脯等。

第二章
烹飪前準備工作

一、原料加工

【乾料漲發】

指將各種乾貨原料漲發加工，使之吸水，恢復鮮嫩狀態，並去掉腥膻異味的操作過程。其目的是使乾、硬、老韌的原料變得柔嫩適口，便於烹調食用。操作要求：熟悉乾料性質；掌握漲發的時間、溫度、次數。不同的乾料用不同的液體漲發。根據所用液體的不同，可區分為水發、油發、鹼水發三大類。

【水發】

指將乾料放入水中，使其吸水膨脹，恢復原來鮮嫩狀態的漲發方法。根據水溫不同，又分冷水發和熱水發。

【冷水發】

指利用冷水使乾料膨脹的方法。操作中又細分為泡發、配合發兩種。

- 泡發：指將乾料直接泡入冷水中，使其自然吸水膨脹的方法。根據乾料老嫩、大小決定泡發時間，泡發的水應常換。泡發適用於體薄小、鬆散、吸水力強的植物類乾料，如木耳、黃花等。

- 配合發：指在採用其他漲發方法前先用冷水泡軟或經其他漲發方法加工後再用冷水泡軟的方法，如鹼發魷魚、油發蹄筋都要採用冷水配合發製。

【熱水發】

指利用熱水使乾料吸水膨脹的漲發方法。又有泡發、燜發、蒸發之分。

【泡發】

指將乾料直接放入熱水中浸泡，使之吸水膨脹的方法。此法不需繼續加熱，適用於一次性發好的體小乾料，如粉條、豆筋等原料。

【燜發】

指將乾料入水加熱煮開，加蓋改微火保持一定溫度至乾料吸水發透的方法。適用於皮厚、體大、質堅硬的乾料漲發，如熊掌、海參等。

- 操作方法：乾料先用冷水浸泡，再進行燜發，燜時先用旺火煮開，再以微火使水溫保持70～80℃的溫度；燜發時間以乾料發透為準，如有先發透的應先撈出。

【蒸發】

指利用蒸氣傳熱，使原料吸水膨脹的方法。適用於保形保鮮的乾料漲發，如干貝、

鮑魚等。

- **操作方法**：運用中要求先將乾料洗淨，再加適量湯或水，放入籠中蒸發。

【 油發 】

指將乾料浸於油中，使其受熱膨脹至鬆泡、酥脆的漲發方法。一般在油發後要結合熱水漲發方法，使原料由脆變軟，便於烹調食用。此法適用於膠質重的動物類乾料，如蹄筋、響皮⊕、魚肚等。

- **操作方法**：冷油下鍋，逐步升溫，待乾料起小泡時撈入另鍋保溫；鍋內油溫升至七成熱時，再倒入乾料，使之突然受熱脹發。發製中要勤翻動，使其受熱均勻，才容易發透。

⊕響皮是將豬皮用熱油炸，炸得金黃起泡，再放置晾乾。

【 鹼水發 】

又稱「鹼發」。指利用鹼溶液使乾料表面腐蝕、脫脂，儘快吸收水分、恢復原來的軟嫩狀態的漲發方法。適用於質硬、水分不易滲透的乾料，如墨魚、魷魚等。

- **操作方法**：先將乾料用冷水浸泡回軟再入鹼水掌握鹼水濃度和漲發時間，應根據季節氣溫和乾料的硬度、形狀、老嫩加以調整。同時，漲發時間和鹼水濃度互相制約，時間長則濃度小，濃度大則時間短。乾料浸泡入鹼水需加溫時，一般保持60～70℃的溫度；鹼水濃度一般為5%，即純鹼0.5公斤，清水10公斤摻和一起。漲發中應隨時觀察乾料漲發情況，以發至柔軟、透明為準。

【 透鹼 】

指將鹼發後的原料用清水漂去鹼水，消除鹼味的方法。應注意的是，如果發好的原料不急於使用，則可保留一定的鹼度，以免縮筋。

【 漲發魚翅 】

指用熱水漲發魚翅的操作方法。操作時先將魚翅剪去薄邊，用小火燜煮至邊捲，拆去魚骨、腐肉，清水浸漂去腥味，取出魚翅即可。

- **漲發要求**：魚翅品種、品質不同，漲發時間亦不同，應分別漲發；漲發中保持小火燜煮；沙粒反覆褪盡；取翅時儘量保持魚翅排列形狀。漲發熟魚翅則不褪沙，其他與上述相同。

【 漲發海參 】

指用熱水漲發海參的操作方法。操作時將海參用熱水燜煮回軟，開肚去腸後，用清水洗淨，再保持70～80℃的溫度燜煮至膨脹、軟嫩。

- **漲發要求**：有刺參可直接燜泡，無刺參應先用火燎皮⊕。根據海參品種及皮的厚薄決定燎的程度。燎後放入熱水中泡軟，刮去粗皮再進行燜煮。勤觀察漲發程度，由於海參大小不同，老嫩不一，應隨時撈出已發好的海參。

⊕燎皮是將皮放在火上烤，烤到一定程度，再用刀刮淨皮上面燻黑的部分。

【 漲發魷魚 】

指用鹼水漲發魷魚的操作方法。

- **漲發要求**：操作中先將魷魚用冷水浸泡回軟，撕皮去軟骨，改刀後放入鹼水中浸泡約5小時，然後加熱並保持在60～70℃的溫度，至魷魚柔嫩透明時撈出，用清水透去鹼水。漲發中要求魷魚頭、鬚分開漲發，勤觀察漲發程度。

【 放響皮 】

指以油漲發乾豬肉皮的操作方法。

- **操作方法**：操作時，肉皮先用溫水洗淨並揾乾水分，入溫油浸泡，並用文火使油溫逐漸由低到高；待肉皮變捲曲時，兩手各執一把湯瓢，用力把捲曲的肉皮推直，並不斷用熱油澆淋。發至肉皮鬆泡、膨脹時

撈出，入清水浸泡至柔軟。用時改刀並用開水汆去油膩。

【放蹄筋】

指以油漲發豬蹄筋的操作方法。

• **操作方法**：操作時先將蹄筋用熱水洗淨晾乾，入溫油中浸泡至軟，然後用小火使油溫逐漸升高。兩手各執一瓢將蹄筋舀起，又放下，如此不斷操作。放蹄筋時油溫不能太高，如太高了則要將鍋端離火口或降溫，直放至蹄筋鬆泡時撈起，放入清水浸泡回軟。

【宰殺】

多用於對家禽類原料（如雞、鴨、鵝、鴿等）的初步加工。宰殺家禽前，先備一個碗，碗內裝清水和少許鹽，宰殺時一手抄住其雙翅並捏住頸部，於殺口處拔去少許頸毛，然後割斷氣管和血管，將身子倒過來，讓血流入碗內。

• **注意事項**：在宰殺家禽時必須割斷血管和氣管，並放盡血。如氣管血管未割斷，血就不能流盡，而不把血放盡，肉質就會發紅（即通常所說的「嗆血」），成為不合格的原料，用這種原料烹製的菜餚，其色味都不能達到要求的標準。

【殺口】

指宰殺家禽時下刀的刀口處。操作中要求刀口與下頜（口腔下部位的骨骼與肌肉組織）平行，下刀準確，殺口小，以免影響禽肉的色和形。

【放血】

指在宰殺家禽時，割斷其頸部血管，使其血流盡至死的操作方法。操作中要求放盡血，達到肉白淨不發紅、血腥味小的目的。

【燙毛】

指將宰殺後的家禽放入75～85℃熱水中使其毛孔遇熱放大，易於拔毛的操作方法。要求燙至禽毛一拔即掉，又不能因水溫過高而傷皮。操作中應掌握好燙毛的水溫和時間。燙老禽比燙嫩禽時間長、水溫高；冬季水溫較夏季略高；燙鴨比燙雞的水溫低而時間長。

【剖腹取臟】

指剖開宰殺去毛後的家禽的胸腹腔，取出內臟的操作方法。根據烹調要求細分有大開、小開、背開、尾開四種方法。

【大開】

又稱「腹開」、「膛開」。指先在去毛後的家禽的頸背割開一口，取出嗉囊、氣管、食管，再在腹部與肛門之間劃開約7公分長的口，取出內臟的方法。一般用於家禽初加工。

【小開】

又稱「肋開」。指先在去毛後的家禽的頸背割開一口，取出嗉囊、氣管、食管，再在肋處開5公分長的小口，掏出內臟的剖腹方法。用於烤製家禽菜餚的原料初加工。

【背開】

又稱「脊開」。指在去毛後的家禽脊背正中破骨開腔，取出內臟的方法。用於清蒸、油淋家禽菜餚的原料初加工。

【尾開】

指先在去毛後的家禽頸背割開一口，取出嗉囊、氣管、食管，再在尾脊處橫開7公分長的口，取出內臟的方法。用於醃燻、酥炸家禽菜餚的原料初加工。

【整料出骨】

指將初加工後的整只原料剔出全部或主要骨骼，並保持原料體形完整的操作方法。適用於鮮活家禽、水產品原料。操作中要求熟悉原料肌肉與骨骼生長部位，下刀準，運刀穩，不傷外皮。

【分檔取料】

指將剔骨後的家畜、家禽等整只原料按烹調要求，根據機體組織部位和質量的不同，有選擇性地取料的操作方法。操作中要求從肌肉間筋絡處下刀，不傷肌肉的完整。

【剔肉】

又稱「下肉」、「出骨」。指將已宰殺的動物原料的骨骼與肌肉分離開來的操作方法。操作中要求：熟悉骨骼結構，確定去骨的先後順序；下刀從骨骼關節處，刀貼骨骼進行，儘量做到骨不帶肉、肉不帶骨。

【劃鱔魚】

整治鱔魚的方法。操作時先將鱔魚擊昏，把頭釘在木板上，用小刀從頸部下刀順背脊往下直剖至尾，去除魚骨、內臟、頭、尾不用，取中段烹調菜餚。

【摳腳魚】

整治腳魚（即甲魚，俗稱鱉）的方法。操作時將腳魚仰面放置，宰去頭，入開水鍋中煮片刻，撈出放清水中漂冷，然後用小刀挨著裙邊去殼，刮去粗皮，摳去內臟，用水洗淨備用。

【擠蝦仁】

獲取蝦肉的方法。操作時，先將鮮蝦淘淨，左右手各捏住蝦的頭尾一端，用力將蝦肉從頸部擠出，漂於清水中備用。此法適用於中等鮮蝦。如是海蝦或鮮蝦較大，為提高出肉率，保持蝦肉完整，亦可採取剝殼法。

【熬豬油】

烹製前的準備工作之一。是將生豬油製成熟豬油，以便在烹調中使用。生豬油包括板油、網油、雞冠油、腳油以及肥膘等。品質以板油為最好。

- **注意事項**：在熬豬油時應注意生豬油要先洗淨，滴乾水分，再砍成大小一致的丁顆（不宜太大）；火力以中火為好；熬製時不時用湯瓢攪動或鍋鏟來鏟底，待油渣現淺黃色時，用力壓緊擠乾後撈出。若油有變味情況，可酌加花椒、生薑同熬。

【煉菜油】

烹製前的準備工作之一。將生菜油在鍋中加熱製熟。

- **注意事項**：下油量要根據鍋的大小而定，一般要求油面離鍋口至少6公分；火不宜大，火苗不能燎過鍋口；煉油時，人不能隨意離開；掌握油的成熟程度，過熟則色黑味焦，過生則色黃有生油味。通常鑒定油的成熟度的方法有：一看油泡是否散盡，二看油色是否變淺。

【改賓俏】

賓俏，指烹調菜餚所用的配料（又稱輔料）和部分調料。按其作用的不同，又分大賓俏和小賓俏。大賓俏即配料。其在菜餚中的作用是增加色彩，豐富內容，調節口味，合理營養。

用作配料的原料很多，如時鮮蔬菜、乾果鮮果、禽畜蛋豆以及乾貨藥材等。大賓俏的刀工處理應結合菜餚的要求和配菜中配形、配色、配質的有關原則進行。最基本的要求是：成形大方、規則整齊。小賓俏，見「改小料子」條。

【改小料子】

小料子又稱小賓俏，指菜餚烹調中的小型調料，如薑、蔥、蒜、泡紅辣椒、乾辣椒、花椒等。小料子在菜餚烹製中有除異、排腥、增味、增色、增香的作用。尤其在川菜中，小料子還是不少味型的重要組成部分。根據菜餚的不同要求和配菜中配形的原則，小料子都應用刀工處理成各種形態。

- **薑**：可以處理成薑片（多用於爆炒類菜）、薑米（多用於魚香味的調製）、薑末、薑絲（用於對毛薑醋）、薑塊（多用於燒煮一類的菜式）和薑汁（把薑塊拍破擠汁）等。

- 蔥：可以處理成蔥花、開花蔥（多用於配蔥醬碟）、蔥絲、蔥末、寸節蔥、蔥段（比蔥節長）、馬耳蔥（形似馬耳朵、多用於爆炒熘一類的菜）、礤礤蔥（又稱蔥彈子，長短和直徑相等，由粗蔥切成，多用於炒丁形的菜餚）、魚眼睛蔥（用小蔥切成，用於魚香味和糖醋汁中）等。
- 蒜：可加工成蒜片（多用於炒菜）、蒜瓣（或獨蒜、多用於燒魚鮮一類的菜式）、蒜米（多用於調製魚香味）、蒜泥（用於調製蒜泥味）等。
- 泡紅辣椒：也可以分別加工成段、馬耳朵、魚眼睛、絲、節、末等形狀。其他如乾紅辣椒、花椒等小料子在使用時也應加工處理。

【 製蒙子 】

多用於色白細嫩、成泥茸狀的菜餚，如雪花雞淖、雞豆花等。其用法是待菜餚裝盤或碗後，於菜餚面上撒微量蒙子，有增色和調劑口味的作用。蒙子多用火腿或金鉤（蝦米）鍘細而成。

【 捶茸子 】

多用於製糝和清掃特製清湯。用於製糝的見「製糝」條。掃湯所用的有紅茸、白茸兩種，其作用是增加湯的鮮味，除去湯中浮油，使湯更加清澈。紅茸用淨豬瘦肉，白茸用雞脯肉，分別以刀背密密捶茸，分裝碗內，加適量清水或冷湯澥散備用。

【 白茸 】

見「捶茸子」條。

【 紅茸 】

見「捶茸子」條。

【 製糝 】

又稱「打糝」、「攪糝」。指將色淺、味鮮、質細嫩的動物類原料捶茸，加雞蛋清、水、鹽、油、水豆粉攪製成茸糊狀的操作方法。

製糝所用的主料應選用色淺、質嫩、筋少的原料，如雞脯肉、魚肉、兔背柳肉等。製糝所用的肥膘（豬的皮下脂肪層）、化豬油、雞蛋清、豆粉等輔料均應選色白、新鮮、無雜質者。

捶茸時菜墩上可墊上一張生豬肉皮，開始捶時用力不能過大，應先捶鬆、次捶細、再捶茸，然後排筋，最後輕輕剁一遍。捶出的肉茸標準應達到細爛無顆粒。捶肥膘亦如此法。

攪糝時一般按一水、二油（肥膘茸或化豬油）、三蛋（蛋清）、四鹽、五豆粉的順序下料。成品以色白，發亮，泡嫩，入水不沉、不散為標準。

【 製洗沙 】

指將綠豆或紅豆經煮、壓、炒製成泥沙狀的甜餡料的操作方法。製沙一般有兩法：一是用綠（紅）豆煮杷後撈出，擠壓成泥，絲籮過濾，所出的漿沉澱後渾去水，取出豆沙入油鍋炒乾水氣，翻沙加糖即成。此法製出的豆沙細膩、品質高。二是用綠（紅）豆煮杷後撈出擠壓成泥，下油鍋炒乾水氣，至翻沙時加糖即成。此法簡便易行。

- 注意事項：綠（紅）豆必須煮杷；擠壓要細，以免影響豆沙品質；中火慢炒，邊炒邊加油，不斷鏟動鍋底以免巴鍋；炒翻沙時加糖，糖化起鍋，不可久炒。

【 攤羅粉 】

羅粉又稱「粉皮」。指用湯瓢或搪瓷盤製粉皮的方法。運用中將水豆粉調勻，湯瓢或搪瓷盤先燙熱，舀入水豆粉，轉動湯瓢或搪瓷盤使其黏勻，再放入開水中燙一下，然後合盤、瓢浸入冷水中，取下粉皮備用。

【 收糖清 】

又稱「熬糖水」。指將白糖與水熬成糖液的方法。運用中要求糖液濃度應根據菜品需要而定。甜羹湯菜品的糖液以糖熬化後稍

濃爲準，如銀耳果羹、醉八仙等。淋糖液類甜菜的糖液則應濃稠有黏性，如冰汁涼柚、蜜汁桃脯等。另外根據菜品的需要，還可先用雞蛋清清掃糖水，以保證熬出的糖液清澈發亮。

【清糖水】

清掃糖水使之清澈透明的方法。用於清糖水的原料原有雞鴨血、肉茸和雞蛋清等，現多用雞蛋清。作法是將白糖或冰糖加清水熬化，燒沸，倒入雞蛋清，用湯瓢微微攪一下；待泡沫浮面後即將鍋端起，放一半在爐上，使泡沫集中一處，隨即用漏瓢撈起，把糖水裝於盆內備用。

【炸酥肉】

指豬五花肉改刀，裹全蛋豆粉下油鍋炸製成半成品的加工方法。運用中一般分炸門板酥、炸砣砣酥兩種。炸門板酥是將五花肉片成片，裹上全蛋豆粉，逐片下鍋炸製呈金黃色的方法。炸砣砣酥是將五花肉改成小塊，裹全蛋豆粉下鍋炸製的方法。

炸製酥肉要求，選用豬五花肉或泡泡肉（鬆軟的豬皮下脂肪層）；全蛋豆粉乾稀適當，裹時厚薄均勻；炸製中豆粉必須炸熟；炸時油溫一般掌握在六七成熱。

【煮連殼鴿蛋】

連殼鴿蛋煮熟去殼後主要用作一些高級湯菜的輔料，如燕菜鴿蛋、銀耳鴿蛋、竹蓀鴿蛋等。因鴿蛋體小、殼薄、質嫩，故煮時要用冷水下鍋、火宜小、只讓水保持小沸狀，如水大沸則須加少許冷水降溫，煮至蛋殼開裂時撈起，用冷水浸泡，剝殼備用。

【煮荷包鴿蛋】

先將新鮮鴿蛋逐個打入盛有冷水的碗內；待鍋內水燒至沸騰時，用瓢在鍋內將水攪成旋渦狀，再將碗中鴿蛋沿鍋邊順勢徐徐倒入；待鴿蛋均凝結成形時，將鍋提離火口，打入涼水中漂起備用。適宜於作高級湯菜的配料。煮荷包鵪蛋、荷包雞蛋，亦如同此法。

【晾響皮】

將豬坐臀皮刮洗乾淨，煮熟後撈出，理直壓平，晾涼後鏟淨肥肉，掛在通風處晾至極乾。

【洗麵筋】

將麵粉用水洗去澱粉，提取麵筋質的方法。操作時取麵粉、精鹽適量，加清水拌合均勻，揉成麵團，用布袋包起，放入盛水的大瓷盆中反覆搓洗（中途可換水一次），見袋內無明顯粉質溢出即停。袋內餘下部分呈現蜂窩眼，扯起有筋力即爲麵筋。

【製陰米】

將糯米淘淨，用水稍浸泡，撈出瀝乾水分，入籠（用甑子亦可。竹編的蒸製原料的器皿）用旺火蒸熟，取出攤開晾乾即成。作菜點時可沙炒，可油炸，多用於甜菜製品。如芝麻圓子等。

【製生菜】

指將鮮嫩蔬菜經改刀拌味成菜的方法。多與軟炸、酥炸類菜餚配合使用。製法：選蓮花白或去皮的萵筍、蘿蔔切成細絲，用冷開水漂起，食時撈出，擠乾水分，拌入糖醋味汁即成。

【攪蛋泡】

指把雞蛋清抽攪成泡沫狀的方法。運用中要求順一個方向，一氣抽攪成呈固體形態的泡沫。

【起滷水】

製作滷汁的方法。操作方法：鍋內化豬油燒熱，下冰糖渣炒成糖汁，酌加清水稀釋，再加料酒、整薑蔥、鹽、醬油，然後加足水，下裝有花椒、八角、山柰、草果、桂皮、胡椒等的小布袋（稱香料包）燒沸，放

入要滷的原料，待原料滷熟後，滷水也製成。滷水不用時，要燒沸後盛土罐內存好；再用時可根據情況酌加調料。

【複製紅醬油】

調味品的複製方法。操作時，將醬油、紅糖、香料（八角、山柰、草果，均微量）入鍋，用微火慢熬而成。待晾涼後，略放入些味精增鮮。一般用於冷菜和麵食調味。

【製花椒油】

調味品的加工複製方法。操作時，選優質花椒，放入五成熱熟菜油中酥出香味，棄椒顆取其油而成。隔宿使用，香麻效果方佳。一般用作涼拌菜餚的調味。

【製豆瓣油】

調味品的加工複製方法。操作時，將郫縣豆瓣剁細，置油鍋內以四成熱油熥出香味，至油呈紅色時起鍋、晾涼即成。一般用於蘸食或拌食的調料。

【製豆豉鹵】

調味品的加工複製方法。操作時，將豆豉春茸，用熟菜油潷散成糊狀，置油鍋內以三四成油溫熥出香味，加適量的開水燒至開，再加味精，並勾二流芡和勻起鍋，晾涼即成。一般作涼拌菜餚或涼粉類小吃的調味之用。

【製辣椒油】

又稱「製紅油」、「製紅油辣椒」、「製熟油海椒」。調味品的加工複製方法。操作時，取菜油入鍋熬煉至熟，將鍋端離火口，菜油涼至六成熱時倒入盛有辣椒末的盆內攪勻，待酥出香味、油呈紅色即成。隔宿使用，香辣效果更佳。一般用作冷菜調味。根據菜餚需要，可只用紅油，也可將紅油與紅油中的辣椒末混合使用。

【炒糖汁】

糖汁又稱「糖色」。指用少量油炒糖（多用冰糖或白糖），加熱到180～190℃以上時，糖分子產生聚合作用而變成棕褐色，再加熱水成糖色液的操作方法。操作中要求根據菜品需要確定炒的糖色深淺；一般炒至翻泡、成醬色為準。

二、原料成形

【絲】

刀工成形的一種，指原料加工而成的細長如線如絲的形狀。根據成菜要求及原料性能，又分為頭粗絲、二粗絲、細絲、銀針絲等規格。

【頭粗絲】

指絲狀烹飪原料中最粗的絲。長約6.6～10公分，粗約0.4～0.7公分見方，如萵筍絲、魚絲、雞絲等。

【二粗絲】

絲狀烹飪原料的粗細次於頭粗絲者，稱二粗絲，又稱「香棍絲」。約8～10公分長，0.3公分見方。如肉絲、白肉絲、兔絲、蘿蔔絲等。

【細絲】

又稱「火柴棍」、「三粗絲」、「麻線絲」。指8～10公分長、0.1～0.2公分見方的絲。如皮紮絲（響皮切成的絲）、黃絲（黃色的豆腐皮切成的絲）、生菜絲等。

【銀針絲】

指10公分長、0.1公分見方的絲，因細絲如銀針，故名。是絲中最細的一種。如紅鬆（豬肉鬆）、土豆鬆、蘿蔔銀針絲等。

【片】

刀工成形的一種，指運刀加工而成的張片大而薄的原料形狀。在運刀加工時，可採用切法製片，亦可採用片刀法製片。根據烹調與菜餚要求的不同，成片狀的規格又分牛舌片、指甲片、菱形片、魚鰓片、柳葉片、骨牌片、斧楞片、燈影片、麥穗片、火夾片等類型。

【麥穗片】

指經運刀加工後的鋸形長方片。加工時，先在長10公分、厚3.3公分的長方塊原料上，將刀口平行於原料的寬邊，拉刀斜剞進0.5公分深，再以0.5公分的刀距反刀斜剞0.5公分深，呈齒狀，連續剞完後順長直切成厚0.7公分的片。多用於脆性植物原料。如蘿蔔、萵筍等。

【燈影片】

又稱「大薄片」。指長10公分、寬5～6.5公分、厚0.1～0.2公分的片。多用植物原料製片，如紅苕（紅番薯）、白蘿蔔等。也有少數用動物原料製片的，如製燈影牛肉的片。

【火夾片】

又稱「火夾塊」、「火連塊」。指兩片相連的片狀原料。刀工處理時，採用推刀切或鋸切，第一刀不切斷，第二刀切斷纖。原料成形可以是長方片或圓片形。一般厚度為0.7～1公分。動植物原料均可，如製作夾沙肉的連皮熟肥膘肉及茄子等。

【斧楞片】

指4～10公分長、橫截面為平行四邊形的片。因上厚下薄，形如斧頭背，故名。如海參片、叉燒肉等。

【骨牌片】

因形如舊時娛樂工具骨牌，故名。分大骨牌片和小骨牌片兩種。大骨牌片規格為長6～6.6公分、寬2～3公分、厚度為0.3～0.5公分。小骨牌片規格為長4.6～5公分、寬1.6～2公分、厚度為0.3～0.5公分。多用於動、植物原料。如蘿蔔、火腿、老蛋糕（雞蛋放入澱粉和鹽蒸製的一種半成品，固態，有一定韌性）、冬筍、萵筍等。

【柳葉片】

指厚度為0.3公分、形如柳葉的片。多用於豬肝一類原料。

【菱形片】

又稱「斜方片」、「旗子片」。指厚度為0.3公分，長對角線為5～6公分，短對角線為2.6～3公分的平行四邊形片。多用於植物類嫩脆原料。例如萵筍、黃瓜、冬筍、茱頭等。

【魚鰓片】

指經直刀剞、再拉刀斜剞3～5刀而成形的片狀原料。因形如魚鰓，故名。多用於質地嫩脆的動物原料。如豬腰、豬肚頭等。

【指甲片】

指1公分見方、厚度為0.2～0.3公分的片。因形如指甲，故名。適用於動、植物原料。如豬肉、牛肉、魚肉、海帶、火腿、冬筍、蛋皮等。

【牛舌片】

又稱「刨花片」。指厚度為0.06～0.1公分、寬2.5～3.5公分、長10～17公分的片。因片薄而長，經清水泡後自然捲曲，形如牛舌、刨花，故名。多用於嫩脆的植物原料。如萵筍、蘿蔔等。

【塊】

刀工成形的一種，指運刀加工而成的不同形狀的立體原料。因菜餚的不同需要，主要規格又分滾刀塊、梳子塊、骨牌塊、菱形塊、旗子塊、荔枝塊、菊花塊、松果塊、吉

慶塊。

【菊花塊】

指經交叉直剖後成正方形的塊狀原料。因原料受熱收縮後形如菊花，故名。運刀加工後，原料一般厚度為1.6～2.6公分，進刀深度為原料厚度的3／4，刀距寬度為0.3～0.6公分。交叉剖後刀紋應互相垂直，再改成3.5～5公分見方的塊。多用於質地細嫩的動物原料。如豬里脊肉、魚肉、胗肝、兔肉、雞肉等。

【荔枝塊】

指經交叉反刀斜剖後成菱形的塊狀原料。因原料受熱收縮後形似荔枝果，故名。運刀加工後，原料厚度一般為0.5～0.7公分，進刀深度為原料厚度的2／3，刀距為0.3～0.5公分，交叉剖刀的刀紋要互相垂直。剖後改成長4～5公分、寬2.5～3.5公分的菱形塊。適用於質地嫩脆的動物原料。如豬腰、豬肚頭、雞胗、魷魚等。

【吉慶塊】

指經運刀加工後呈現「吉慶」（佛教寺廟中僧人念經時伴奏的敲擊樂器，即框形木架上懸掛的小銅鑼，呈現品字形）形的塊狀原料。

加工時，先將原料切成四方塊，接著在原料每面1／2處用刀尖或刀跟切一刀，深度為原料厚度的1／2。要求刀紋互相垂直相連。吉慶塊大小則根據烹調要求確定。如在改成四方塊後，先在每個楞角上刻花紋，再進行改刀，稱之為花吉慶。適用於植物原料。如蘿蔔、萵筍、土豆（馬鈴薯）、荸薺等食材。

【松果塊】

指經交叉直剖後成三角形的塊狀原料。因原料受熱收縮後形如松果，故名。運刀加工後，原料厚度一般為0.7公分，進刀深度為原料厚度的2／3，刀距寬度為0.3～0.5公分。剖後改成邊長為4～5公分的等邊三角形。多用於動物原料。如豬腰、豬肚頭、魚肉等。

【旗子塊】

又稱「斜方塊」。指經運刀加工而成的平行四邊形塊狀原料。因形如旗幟，故名。多用於脆性植物原料。例如蘿蔔、萵筍、荸薺等。

【菱形塊】

指經運刀加工而成的菱形塊狀原料。多用於脆性植物原料。例如蘿蔔、萵筍、荸薺等食材。

【骨牌塊】

指經運刀加工而成的長方體原料。因形如骨牌，故名。其長、寬規格與骨牌片同，厚度為1.2～1.5公分。多用於脆性植物原料。如蘿蔔、萵筍、荸薺等。

【梳子塊】

又稱「梳子背」。指經滾料切後形如梳子背的多棱形原料。由於切時滾料的角度較滾刀塊切時滾動的角度小，因而加工後的原料體薄較小，如梳子背，故名。多用於脆性植物原料。例如萵筍、春筍、冬筍、胡蘿蔔等食材。

【滾刀塊】

指經滾料切後的多棱形塊狀原料。多用於脆性植物原料。如萵筍、蘿蔔、胡蘿蔔、土豆、芋子（小芋頭）、紅苕等。

【條】

刀工成形的一種，一般的規格為4～5公分長、0.7公分見方。在運刀加工時，先切厚片再重疊改條，亦可先切長條再改短或切片後直接將每片改條。因菜餚的不同需要，其規格又分一指條、筷子條、象牙條、麥穗條、鳳尾條、眉毛條。

【鳳尾條】

又稱「鳳尾形」。指經反刀斜剞再交叉直剞後成條狀的原料。運刀加工後，原料厚度為0.7～1公分，進刀深度為原料厚度的2／3，反刀斜剞刀距為0.7公分，直刀剞刀距為0.3公分，交叉刀紋應互相垂直。

所謂「三刀三葉鳳點頭」，即為：直刀剞二刀，第三刀斷纖，並且每刀要將原料前端1／3斷開，使原料受熱收縮後形如鳳凰三條尾。條長為6.5～10公分。適用於動物原料的加工。如豬腰等。

【麥穗條】

指經交叉反刀斜剞後成條狀的原料。因原料受熱收縮後形如麥穗，故名。運刀加工後，原料厚度一般為0.7公分，進刀深度為原料厚度的2／3，刀距寬度為0.4～0.6公分。剞後改成寬3.5～4公分、長8～10公分的長方條。適用於韌性強、收縮性大的動物原料。如豬肚、魷魚等。

【眉毛條】

又稱「眉毛形」。指經反刀斜剞再交叉直剞後成條狀的原料。運刀加工後，原料厚度、進刀深度、剞刀距離均與鳳尾條相同，但在直剞時每刀不將前端斷開，改條較鳳尾形短，一般為6.6公分長。適用於動物原料。如豬腰等。

【象牙條】

指長5公分、截面呈三角形的條狀原料。運刀加工時，原料先切成0.8～1公分的厚片，再切成三棱形條。適用於植物原料。如冬筍、高筍等。

【筷子條】

又名「筷子頭」。指4公分長、0.7公分見方的條狀原料。因形如方筷子頭端，故名。適用於脆性植物原料。例如萵筍、荸頭等食材。

【一指條】

又名「一字條」。指如手指大小的條狀原料。具體運用中分大一指條、小一指條兩種規格。大一指條：6公分長，1.3～1.6公分見方。小一指條：5公分長，1～1.1公分見方。用動、植物原料均可。如兔糕（兔肉茸蒸製成的糕）、雞糕（雞肉茸蒸製成的糕）、蘿蔔、肉等。

【丁】

刀工成形的一種，指1～1.7公分見方的小方塊。用動、植物原料均可。如雞丁、肉丁、兔丁、萵筍丁等。

【顆】

刀工成形的一種，又稱「小丁」。指0.7～1公分見方的原料。用直切法切製。用動植物原料均可。如肥膘顆、蝦仁顆、大頭菜顆、蔥顆等。

【粒】

刀工成形的一種，指0.3～0.7公分大小、成形不規則的原料。因形如米粒或綠豆粒，故名。用切或剁法進行加工。動、植物原料均可。如肉、慈菇、蜜餞、冬筍等。

【末】

刀工成形的一種，指0.3公分大小、成形不規則的原料。一般採用剁法進行加工。如肉末、薑末、蔥末等。

【泥】

指呈泥茸狀的原料。通常用植物原料製成。如蠶豆泥、紅苕泥、土豆泥等。又指捶剁得極細爛的原料，也稱「茸」。適用於動物原料。如雞肉、魚肉、蝦肉等。

【段】

段與節同。指條形原料切為較長的節子。如長蔥段、鱔段、竹蓀段等。

【茸】

同泥，見「泥」條。

【糁】

精加工半成品，色潔白發亮，質嫩鬆泡的糊狀物。一般以茸狀動物性原料為主料，加清水、豬肥膘（或豬板油）茸、雞蛋清、水豆粉、鹽攪製而成，多用作川菜高級菜餚，如雞蒙葵菜、三色魚圓、魚香酥皮兔糕。根據主料不同，糁分雞糁、魚糁、兔糁、肉糁、蝦糁、豆腐糁等。

【開花蔥】

又稱花蔥。指兩端呈翻花樣的蔥節。選用中粗蔥的蔥白，先切成5公分長的段，再將兩端劃成約1.8公分深的細絲，泡入清水內，使兩端細絲捲曲似花形即成。適用於軟炸、酥炸、燒烤等類菜餚所配的蔥醬味碟。

【寸節蔥】

又稱「寸蔥」、「蔥節」。指選用中粗蔥切成的3～3.5公分長的段。適用於炒、爆、燴、涼拌等烹調方法製作的菜餚。

【長蔥段】

又稱「馬蹄蔥」。指選用粗或中粗蔥切成的6.5～8公分長的段。適用於蔥燒、乾燒等烹調方法製作的菜餚。

【馬耳蔥】

又稱「馬耳朵蔥」。指呈菱形的蔥段，因形如馬的耳朵，故名。選用中粗蔥用斜切法切成長約3～3.5公分的段即成。適用於炒、爆、熘等烹調方法製作的菜餚。

【礫磽蔥】

又稱「蔥彈子」、「彈子蔥」。因形如礫磽，故名。選用粗或中粗蔥切成1～1.2公分長的顆。適用於炒、爆、熘等烹調方法所製作的主料為丁形的菜餚。

【魚眼蔥】

又稱「顆子蔥」、「蔥顆」。因形如魚眼，故名。選用細蔥切成約0.5公分長的顆。適用於魚香和糖醋芡汁中。

【蔥花】

指選用細蔥切成約0.3公分長的粒。適用於湯菜、涼拌菜、味碟等的調味。

【蔥末】

指選用細蔥切細剁碎的末。適用於某些菜品，例如蔥末肝片和怪味、椒麻味汁的調味等。

【蔥絲】

指選用粗蔥剖開切成長7～8公分的細絲。適用於以涼拌、炸熘等烹調方法製作的菜餚。

【薑蒜片】

指川菜調味所用的薑片、蒜片。製作時，用鮮生薑洗淨去皮，大蒜去皮後，均切成約1公分見方、0.2公分厚的片。適用於炒、爆、熘、燴等烹調方法所烹製的片形菜餚。

【薑蒜米】

指川菜調味所用的薑米、蒜米。製作時將鮮生薑洗淨去皮，大蒜去皮後，均切成0.1～0.2公分見方的粒。適用於炒、煸、燒等烹調方法所烹製的絲、塊形菜餚和魚香味、糖醋味等類菜餚。

【薑蒜絲】

指川菜調味所用的薑絲、蒜絲。薑絲是用鮮生薑洗淨去皮後切成的2公分長、0.1～0.2公分見方的絲。蒜絲是用去皮大蒜切0.1～0.2公分見方、長度視大蒜大小而定的絲。適用於炒、炸、熘、煸、燒等烹調方法所烹製的絲、塊、整形的菜餚。

【薑末】

指不足0.1公分見方的細薑粒。用鮮生薑洗淨去皮切成。適用於調製薑汁味或毛薑醋味碟。

【蒜泥】

指用去皮大蒜製成的泥。常用於調製蒜泥味等。

【蒜瓣】

指去皮後的瓣蒜和獨蒜。多用於燒魚鮮一類的菜餚。

【梗薑蔥】

指川菜調味所用的整形的薑塊和蔥。操作時,把薑塊洗淨去皮拍破和將蔥繫結。常用於燒、蒸、煨、燜等烹調方法烹製的菜餚,亦用於炸收、燻、燒魚等菜餚的碼味。

【馬耳朵泡辣椒】

指呈菱形的泡辣椒段,因形如馬的耳朵,故名。操作時,將泡紅辣椒用斜切法切成長3～3.5公分長的段。適用於炒、爆、熘等烹調方法烹製的菜餚。

【泡辣椒絲】

指用泡紅辣椒去籽、剖開切成的6～8公分長的細絲。適用於涼拌、炸熘、熘的菜餚調味和點綴色澤。

【泡紅辣椒末】

指用泡紅辣椒剁成的細末。適用於魚香、家常味的調製。

【乾辣椒段】

指用乾紅辣椒切成2～2.5公分長並且去籽的段。適用於糊辣味和炸收一類的菜餚。常與花椒配合使用。

【乾辣椒絲】

指用乾紅辣椒去籽後切成6～8公分長的細絲。適用於乾煸、熗等烹調方法烹製的菜餚。

【泡辣椒段】

指用泡紅辣椒去籽切成的4～6公分長的段。適用於乾燒烹調方法烹製的菜餚。

三、刀工火候

【切配】

墩子技術。刀工和配菜兩方面的總稱。

- 切:指用各種刀法把不同的原輔料加工成各種形狀,使同一品種儘量成為粗細、大小、厚薄、長短、深淺都能均勻整齊的半成品。

- 配:包括配料和配菜。配料指菜餚主輔原料的配搭組合,即對每一菜餚的主輔用料,從質、量、形、色、器這五個主要方面進行選擇組合。

  1. 配質:按主輔料質地、性能組配,如軟配軟,硬配硬。

  2. 配量:主料用量確定後,輔料用量不得超過主料,不能喧賓奪主。

  3. 配色:分順色(即和諧的顏色)、岔色(即對比強烈的顏色)。

  4. 配形:主輔料的形狀統一協調,如絲配絲,丁配丁,片配片等。

  5. 配器:根據菜餚的形態、顏色、數量配以相宜的盛器。

  除上列,配料時尚應考慮到營養成分的配合,以達到養生的目的。

【配菜】

指一組或一席菜餚間的組合。組合時應注意原料、口感、味型、色澤、烹調方法等方面的關係,使一組或一席菜餚原料豐富,色澤悅目,質地多樣,製法各一,味型互異。同時,也應注意時令季節,以適應不同食客的不同要求。

【刀工】

指在墩子上用刀加工原料的技巧和功夫。在運用刀工技術中。應掌握原料性能，根據烹調要求，加工成規格正確、斷連分明、整齊美觀、均勻一致的半成品，並應注意物盡其用，避免浪費。

【刀功】

指用刀的功夫。一般指用刀的技巧而言。即在切、片、砍、剖、削、鍘以及其他各種刀法中，如何巧妙地使用技巧，有輕有重，有快有慢，有前有後的運刀。

【刀法】

指用刀的方法。即根據成菜的需要，將各種不同的原料，用刀加工成各種不同形狀的方法。川菜常用的刀法有切、片、剖、砍、斬、捶、剔、排、劃、鍘、剖、剁、刷、削、剜、雕、刮等二十餘種。

【刀口】

指烹飪原料（或熟製品，如某些冷菜）經刀工成形後，對刀工好壞進行感觀鑒定的用語之一。刀口本指刀刃、刀鋒，此處指刀刃斷開原料（或熟製品）的接觸線。刀口的好壞，主要表現在條、塊、片等形狀原料（或熟製品）的厚薄、粗細、規格諸方面。

如紅油雞塊，刀口要求粗細均勻、大小一致；如火腿片，刀口要求厚薄均勻、寬窄一致，等等。另也有稱將原料用刀加工成各種形狀為刀口的。

【刀面】

指改刀加工後原料（或熟製品）成形（多指片、塊狀）的橫斷面。是烹飪原料（或熟製品，如某些冷菜）經刀工成形後，對刀工好壞進行感觀鑒定的用語之一。

好的刀面應該是平順光滑、不現梯子坎、不穿花等。又指「刀面子」，即冷菜擺盤時，按刀口順序將面料平鏟刀面上，再托擺到盤中的蓋面熟料。

【刀路】

指刀在肌肉筋絡間運行的路線。

【改刀】

指將整形原料或經粗加工的大塊原料，進行改小的刀工處理。

【排筋】

指用刀將肉茸中的細筋挑出來的技法。

【切】

指刀與所用原料保持垂直角度，自上而下用力的一種刀法。常用於無骨原料。切又分為直切、推切、鋸切、滾料切和翻刀切。

【直切】

又稱「跳切」。指刀與菜墩垂直、運刀方向直上直下的切法。適用於脆性植物原料，如蘿蔔、萵筍、苤藍等。運用時，要持刀穩，手腕靈活；左右兩手密切配合，有節奏地運動；刀身與原料始終保持垂直。

【推切】

指運刀方向由後上方向前下方推動的切法。適用於細嫩帶韌性的原料。例如肥肉、瘦肉、大頭菜等。運刀時，著力點在刀刃的後端。

【鋸切】

又稱「推拉切」。是一種將刀前後運動、形似拉鋸的運刀方法。運用於質堅硬或鬆軟易碎的熟料。如：滷豬肝、回鍋肉、麵包等。運刀時，進刀要輕，運刀要穩，收刀要乾脆俐落。

【滾料切】

俗稱「滾刀切」、「滾切」。指刀與原料垂直、原料隨著刀的運動不斷滾動的切法。適用於質嫩脆、體積較小的圓形或圓柱形植物原料。如蘿蔔、茭筍（茭白筍）、土豆、芋子等。滾切時，左手控制原料，按成

形規格確定滾動角度，切一刀滾動一次。滾切後的原料成形又分成梳子背、滾刀塊等幾種。

【翻刀切】

指以推切爲基礎、待刀刃剛斷開原料時刀身順勢向外偏倒的運刀手法。主要用於推切，便於切形整齊，保持刀口，成形後不巴刀身。要注意掌握刀刃斷料的瞬間順勢翻刀的操作要領。

【拖刀切】

又稱「拉刀」。指運刀方向由前上方向後下方拖拉的切法。適用於體積小、細嫩而有韌性的原料。如雞脯肉、瘦肉。拖切時，進刀輕輕向前推，再順勢向後下方一拉到底（即所謂「虛推實拉」），便於原料斷開並且成形。

【片】

指刀與墩平行或呈銳角向原料進刀的刀法。適用於無骨帶韌、煮熟回軟等軟性、脆性原料。根據原料脆、硬、韌、鬆、軟等質地的不同，又分推拉刀片、拉刀片、斜刀片、反刀斜片等幾種。

【拉刀片】

指刀身與墩面平行，邊片邊將刀向裡側拉進的片法。適用於體小、嫩脆或細嫩的動、植物原料，如萵筍、蘿蔔、蘑菇、豬腰、魚肉等。拉片時，刀身始終與原料平行，手指平按原料，刀刃後部片入原料，邊片邊將刀向裡側拉進，力度適當；出刀果斷，一刀斷料。

【推拉刀片】

又稱「鋸片」。指來回推拉的片法。適用於體大、韌性強、筋多的原料，如牛肉、豬肉等。推拉片時，進刀緩，出刀乾脆。

起片有從上片或從下片兩法：從上起片，原料厚度便於掌握，但原料成形不易平整；從下起片，原料成形平整，但原料厚度不易掌握。操作中一般採用每片末端不片斷，翻轉180度再接片的方法，原料成形張片大，呈摺扇形，便於繼續刀工處理。

【斜刀片】

指刀與原料呈銳角，刀口向左，運刀由外向裡，一刀斷料的片法。適用於質軟性韌、體薄的原料。如魚、豬腰、雞脯等。斜片時，進刀要輕準，出刀要果斷；手指輕按原料，刀刃片斷料時，手指順勢將片下的原料往後一帶，再片第二片。

【反刀斜片】

指刀與原料呈銳角，刀口向外，運刀方向由內向外的片法。適用於體薄、韌性強的原料。如玉蘭片（筍片）、熟肚等。

運刀時，手指隨運刀角度變化而抬高或放低；運刀角度大小則根據原料成形要求及原料厚度而定；每片下一片，按原料的手須向後移動一次，每次移動距離須相等，使片下的原料厚薄一致。

【抖刀片】

指在平刀片時，刀刃向左推進中不停地上下抖動，使原料上下兩面出現規則的波紋的片法。此法多用於具有彈性的原料。如：皮凍、涼粉。

【剞】

俗稱「剖」。爲規範術語，應統一使用「剞」。指用切、片刀法在經加工後的坯料上，進行切、片成不斷、不穿的規則花紋的刀法。適用於質地脆嫩、收縮大、形大體厚的原料。

如腰、肚、肉、魚等運用此法，可成松子、荔枝、麥穗、簑衣、梳子等形。剞花時要注意花子明顯，花紋深淺均勻一致，下刀的深度應根據原料性質和用途而定，一般爲原料厚度的3／5～4／5。由於原料質地性能不同，可分別用反刀斜剞、拉刀斜剞、直刀

剞等。

【反刀斜剞】

指刀與菜墩、原料呈銳角，刀口向外，運刀方向由內向外的剞法。

【拉刀斜剞】

指刀與菜墩、原料呈銳角，一手按料，一手執刀，刀口向左，運刀方向由外向裡拖拉的剞法。

【直刀剞】

指刀與原料、菜墩垂直，由後上方向前下方運刀的剞法。多用於軟、脆性的原料，如豆乾、豬里脊肉、豬腰等。

【砍】

又稱「劈」。指持刀用力向下砍（劈）開原料的刀法。分別有直砍、跟刀砍、拍刀砍數種。

【直砍】

指運用臂力，將刀對準要砍的部位，垂直向下斷開原料的砍法。適用於帶骨原料，如豬排骨、龍骨（大魚骨）。砍時，要下刀準，速度快，用力大，一刀砍斷。如需複刀則必須砍在同一刀口處。

【跟刀砍】

指將刀刃先穩嵌進要砍原料的部位，左手托住原料，刀與原料一齊起落，垂直向下斷開原料的砍法。適用於帶骨原料豬蹄、豬頭等。砍時，左右手要密切配合，雙手持原料與刀同時舉起，下落時左手在原料落墩子同時迅速離開。

【拍刀砍】

指刀刃砍進原料後未能砍透，以左手後掌猛拍刀背、使原料斷開的砍法。此法多用於成品加工，如燒鴨、滷雞等。

【斬】

指從原料上方垂直向下猛力運刀斷開原料的刀法。適用於斬肉類、帶骨禽類、魚類原料。斬時，要運刀準確，落刀敏捷、俐落；一刀兩斷，刀口整齊，成形均勻。

【捶】

指刀與菜墩垂直，刀背向下運動，直上直下，將原輔料加工成泥、茸狀的刀法。適用於各種肉類原料。捶茸時，刀背應與菜墩成垂直，有節奏、有順序地左右移動，均勻捶製。

【剔】

又稱「剔肉」、「剔骨」。指分解帶骨原料、除骨取肉的刀法。用於畜、禽類原料。剔時，刀路要靈活，下刀要準確，隨原料部位不同交叉使用刀尖、刀跟，分檔取料要完好。

【背刀】

又稱「刀背排」。指用刀背在原料表面從左至右輕輕排擊，把原料排鬆，使它在下鍋煎炸炒時不致捲縮。

【剞】

指用刀跟尖戳刺原料（常用在雞腿、豬蹄筋上密戳輕剞），但不使斷開的刀法。剞後使原料鬆弛平整，易於入味成熟。如烹製蹄燕、太白雞、魚香八塊雞，均需將蹄筋、雞腿排鬆剞一遍。

【鍘】

指刀與墩垂直，刀跟著墩，刀尖抬起；刀跟抬起，刀尖著墩，一頭上一頭下地反覆鍘細原料的刀法。適用於鍘花椒、辣椒、花生米、蜜餞等。鍘時，右手握刀柄，左手持刀背前端，並隨同原料變化移動刀位，直至鍘細鍘勻。

【剖】

指用力將整形原料分開的刀法。如雞、鴨、魚剖腹時，根據烹調需要掌握下刀部位及剖口大小，準確運刀。

【剁】

指用力以手腕為主，帶動小臂，刀稍高於原料再垂直向下斬碎原料的刀法。適用於去骨後的肉類。剁時，兩手操刀，手腕用力，提刀高度，以能斷原料為準；運刀節奏均勻，酌情翻動原料，剁勻剁細。

【剔】

使肉離骨的加工方法。如剔黃鱔。烹調中常與剝法結合，用於對雞、魚等進行整料出骨。

【削】

指用刀去除原料表面一層或將原料成形的加工方法。分大刀削（如菜刀）和小刀削（如水果刀）。

• **大刀削**：一手拿原料，一手持菜刀，刀背向裡，刀刃向外推出削去原料表皮。如削蘿蔔皮、削青筍皮。

• **小刀削**：用水果刀將土豆、蘿蔔等削成各種珠形或其他形狀。

【剜】

用刀將原料挖空的加工方法。烹調中用於瓤餡菜餚或原料加工，如冬瓜、西瓜、苦瓜、雪梨去瓤等。

【刮】

用刀將原料表皮或污垢去掉的加工方法。如刮肚子、刮魚鱗等。

【食品雕刻】

在可供雕刻的原料上，雕刻出各類動植物形象、圖案花紋以及吉祥詞語等，供作席面或菜餚裝飾。有多種技法，如「平雕」、「凹雕」、「浮雕」、「圓雕」、「鏤空」等種類。

【平雕】

多將蔬菜原料（如黃瓜、胡蘿蔔等）修成長段，順刻為花鳥或昆蟲形狀，然後切片而成。常用於花色拼盤，或作熱菜配料。

【凹雕】

在果蔬原料（如西瓜、南瓜、冬瓜等）的皮面上雕刻成各種陰紋圖案，使圖案的線條凹於原料表面。常用於冬瓜盅等原料的皮面雕刻。

【浮雕】

也稱「凸雕」。在果蔬原料（如西瓜、南瓜等）的皮面上雕刻成各種陽紋圖案，使圖案的線條凸於原料表面。常用於西瓜燈的皮面雕刻。

【圓雕】

也稱「整雕」、「立體雕」。將根類或果類蔬菜原料（如青蘿蔔、胡蘿蔔、黃瓜等）雕刻成立體的花、鳥、蟲、獸等形象。如半身孔雀或牡丹、菊花等。

【模具雕刻】

即用金屬皮製成的各種象形模具（如梅花、柳葉、蝴蝶、羽毛等形狀）扣壓質地脆嫩的原料（如青筍、蘿蔔、土豆），使之成形。常用於冷、熱菜的裝飾。

【鏤空】

將根類或瓜類原料立體雕刻成形後，剜去中間部分，使其成中空，或將瓜盅的凹雕線條刻透，形成鏤空花紋。有些鏤空雕件，可在其中安置蠟燭或燈具。

【刻花】

又稱「挖刀刻」。一手托著削成半球形的胚料，一手用刀在上面刻出花瓣形，再削去多餘部分，最後刻成花。如刻大麗花、菊

花等。

【轉刀刻】

又稱「削花」、「雕花」。一手握小刀，一手轉動原料，順其圓弧刻成各種花形的花瓣，並削去多餘的部分，雕刻成花。如刻月季花等。

【蒙】

指將打好的穈黏裹在鮮菜心等原料上的加工方法。是製作高級菜餚的精加工方法之一。一般蒙製後的原料放入清湯中加熱製成熟，便成為高級湯菜。

• **烹製方法**：所用的穈乾稀適度，以下鍋前蒙上不變形，受熱後質鬆、泡嫩為佳；所蒙的原料如有異味，應先出水，以保證菜品質量。

• **食材選擇**：蒙製菜品的原料多選用鮮嫩色綠的時令蔬菜或菌類。如雞蒙葵菜、雞蒙竹蓀等。

【貼】

指將幾種加工成形的原料黏附一體，成為有固定形狀的半成品的加工方法。是製作高級菜餚的精加工方法之一。

• **烹製方法**：貼製的底板原料為麵包或肥膘；主料一般在改刀、碼味後再貼，如雞片、魚片等。

• **食材選擇**：此法所用的原料多以雞、魚、肚、腰、豆腐等為主料，一般以味鮮的原料為輔料，如金鉤、火腿、冬筍、香菌。菜品如鍋貼雞片、鍋貼豆腐等。

【釀】

飲食業也稱「瓤」，為規範術語，應統一為「釀」。指以加工成細小的原料為餡，填進另一種原料中的方法。是製作高級菜餚的精加工方法之一。一般釀後的原料須結合蒸或炸方能成菜。

• **烹製方法**：餡心散口不膩，味清淡不濃；釀餡不宜過多，以免受熱脹破。釀製菜品

根據餡心的口味和原料的變化，分甜味餡釀品、鹹味餡釀品兩大類。

1. 甜味餡釀品是以糯米、豆沙、蜜餞等原料作甜味餡料，如釀梨、玫瑰茄餅等。
2. 鹹味餡釀品是以味鮮的動植物原料作餡料，如糯米雞、八寶鴨子等。

【捲】

指以製成片形的原料作皮，內裏餡料捲成圓形、橢圓形或如意形的方法。是製作高級菜餚的精加工方法之一。原料捲成形後一般須結合炸、蒸、燒等法成菜。

• **烹製方法**：皮、餡黏牢（一般用蛋清豆粉作黏合液，先均勻抹在皮料上，再放上餡料）；捲形要符合要求，有的須固定形狀後再進行熱處理（例如製如意蛋捲，捲好後用紗布定型再進行蒸製）；餡料應細嫩鮮香。

• **食材選擇**：用於製捲的原料廣泛，蔬菜、肉類、蛋皮、網油均可作皮料，而餡料一般用本味鮮美的原料，如火腿、冬筍及肉的絲、末、茸等。此外，捲也指經裹製成形的半成品或菜品，如蛋捲、菜捲、紅燒鴨捲、網油雞捲等。

【傳熱】

亦稱「熱傳遞」。物質系統內的熱量轉移過程。它通過熱傳導、對流和熱輻射三種方式來實現。在實際的傳遞過程中，這三種方式往往是伴隨著進行的。食物的烹製、原料由生變熟的過程，也是靠這三種方式來完成。

例如在烹飪中，爐內燃料燃燒時產生的熱能以傳導、輻射和對流等方式，傳遞給用於烹飪的主要熱交換器的鐵鍋，鐵鍋由冷變熱，其熱能又是以油、水、蒸氣或鹽、沙、泥等為介質，通過對流或傳導方式傳給烹飪原料，使之受熱成熟。

【熱傳導】

亦稱「導熱」。熱量傳遞的一種基本方

式。熱傳導是由於大量分子、原子或電子的互相撞擊，使能量從物體的溫度較高部分傳至溫度較低部分的過程，是固體中熱傳遞的主要方式。例如烹飪中的貼鍋炒、鹽炒、沙炒等法，就主要是以傳導方式把熱傳遞給原料的。

【對流】

指液體或氣體中較熱部分和較冷部分之間通過迴圈流動並相互攪和，使溫度趨於均勻的過程。對流是液體或氣體中熱傳遞的主要方式，如烹飪中的炸、煮、滷、燒、蒸等法就主要是以對流的方式把熱傳給原料的。

【熱輻射】

傳熱的方式之一。與熱傳導、對流不同，它能把熱能以光的速度穿過真空從一個物體傳給另一個物體。烹製方法中的烤，就是利用烤爐的輻射熱直接使原料受熱成熟的方式。

【火候】

烹飪原料在加熱至熟的過程中所用火力大小和時間長短的總稱。火候，是烹飪技術的基礎和核心，也是關係到烹飪是否成功的關鍵。

由於烹飪原料的性質、形態各不相同，成菜後對形、色、味、質的要求也千差萬別，因此對火候（包括火力的強弱，加熱時間的長短，傳熱的工具，傳熱的介質，導熱的方式）的掌握和運用就各不相同，從而產生了各式各樣的烹飪方法。

【旺火】

又稱「大火」、「猛火」、「武火」。烹飪時所使用的最大火力。特徵是火焰高而平穩，呈黃白色，光度明亮，熱氣逼人，火力強而集中。適宜於炒、爆、燴、炸、蒸等烹製法以及原料的汆泹。

【中火】

又稱「溫火」。其火力僅次於旺火。特徵是火焰低而搖晃，呈紅色，光度較暗，熱氣襲人。適宜於煎、鍋貼、熘、乾煸、燴、煮等烹製法。

【小火】

又稱「文火」。其火力較弱。特徵是火焰細小而時起時落，呈青綠色，光度暗淡，熱氣小。適宜於較長時間加熱的烹製法，如燒、燉、燜等。

【微火】

又稱「弱火」、「細火」。其火力微弱。特徵是有火無焰，呈暗紅色。一般用於長時間烹製成菜的方法，如煨、燻等。另亦作成菜後保溫之用。

【明火】

有焰而明亮的火。

【暗火】

火苗似燃非燃，將滅未滅，扇之使能復燃的火。

【子母火】

又稱「灰火」。指用鋸末、穀殼等作燃料，將火種置於其中，慢慢地由內及表地燃燒，有熱力而微弱，雖燃而無焰。多作煨食物之用。

【活火】

指有焰的火。旺火、中火、小火都屬於活火。

【死火】

原本指熄滅之火，現在也有稱暗火為死火的。

【武火】

指猛烈燃燒的火。等同於旺火，見「旺

火」條。

【文火】

指燃而不烈的火。等同於小火，見「小火」條。

【急火】

指爆、炒一類菜餚烹製時所用的火候。其火力大、時間短。也泛指旺火，見「旺火」條。

【慢火】

指燒、燜一類菜餚烹製時所用的火候。其火力小、時間長。也泛指小火，見「小火」條。

【火眼】

又稱「火口」。指爐膛與鍋底的接觸圈。根據爐灶結構的不同，又分正火眼和偏火眼。另指炒灶。

【正火眼】

又稱「主火眼」。指正對爐膛的火眼。主要用於烹製菜餚。

【偏火眼】

又稱「支火眼」。指爐膛中所設的分支火眼。其火力來自正火眼爐膛中的通火道。一般用於燜、燒、煨、燀等類菜餚的烹製或成菜的保溫。

【油溫】

油在鍋中經加熱後達到的溫度。在烹飪中，由於烹製方法的不同，要求的油溫也是各不相同的。油溫的掌握，是一項比較複雜的技術。不僅需要能正確鑒別不同程度的油溫，還需要能根據火力的大小、原料的性質以及投料的多少，正確地掌握和使用油溫、油量。

油溫的測定，除少數大油量的可以借助油溫表外，多數的還是靠人們的實踐經驗，靠人的感觀來測定。依據實踐經驗，油溫大致可以分為溫油、熱油和旺油等三種。

【溫油】

溫度為90～130℃的油。在鍋內的表現為：無青煙，無響聲，油面較平靜。原料下鍋時，其周圍會出現少量的氣泡。適宜於熘、滑一類的烹製方法。

【熱油】

溫度為130～170℃的油。在鍋內的表現為：微有青煙，油從四周向中間翻動。原料下鍋時，周圍出現大量氣泡，但無爆聲。適宜於浸炸、炒、煎、鍋貼一類的烹製法。

【旺油】

溫度為170～230℃的油。在鍋內的表現為：有青煙，油面有微沸狀，用炒瓢攪動時有響聲。原料下鍋時，周圍出現大量氣泡，有爆聲。適宜於煸、炒、爆、炸一類的烹製方法。

【冷油】

又俗稱「熱鍋冷油」。冷油的油溫與溫油相同。

【油溫成數】

四川飲食行業對油溫的劃分，習慣於將所用油溫稱為「幾成熱」，即是指油溫的一個大致幅度。通常的劃分是一至八成，其油溫的幅度為30～230℃。

一成油溫為25～30℃，二成熱的油溫為30～60℃，可用於浸放響皮和乾蹄筋。三四成熱的油溫為90～130℃，適於熘和浸炸。五六成熱的油溫為130～170℃，適宜於乾煸、煎、鍋貼等。七八成熱的油溫為170～230℃，適宜於煸、燴、炒、爆、炸等。同一種烹製方法的油溫幅度並不是絕對的，還應根據菜餚烹製的要求、數量和爐內火力的大小靈活掌握。

【沸點】

液體開始沸騰時的溫度。沸點隨外界壓力而改變,壓力低,沸點也低。水在標準大氣壓下的沸點是100℃。

【大沸】

即沸騰。液體到達一定溫度時急劇轉化為氣體的現象。這時不僅液面發生汽化,而且液體內部也發生汽化,產生氣泡。此種水溫在烹調中一般用於蒸或汩、汆原料。

【魚眼泡】

又稱「魚眼沸」、「魚眼水」。鍋內水受熱後將要沸騰時所冒起的形如魚眼的水泡。此時的水溫為85～90℃,一般用於家禽、家畜的燙毛。

【蟹眼泡】

又稱「蟹眼沸」、「蟹眼水」。鍋內水受熱後似沸未沸時所冒起的形如螃蟹眼的水泡。此時的水溫為80～85℃,一般用於家禽的燙毛。

【三把水】

指宰殺後的家禽燙毛時所用的水溫。當鍋內熱水呈蟹眼泡、水溫達80～85℃時,手在水裡連摸三把就感到不能再忍受的溫度,稱為三把水。

【上汽】

指蒸菜時,鍋內水的溫度達100℃時,水急劇轉化為氣體並通過蒸籠而逸出的現象。此時為菜餚進入蒸製的開始,行業中往往以上汽為起點來計算時間。

【大汽】

指蒸菜時,鍋中的水不斷沸騰,水蒸氣隨之增多,籠內蒸氣的壓力也越來越大,直至沖出呈大汽蓬蓬的現象。這種現象飲食行業中叫上大汽。

【圓汽】

又稱「汽圓」。指蒸菜時,籠內的蒸氣越來越多,壓力越來越大,急促地向上沖,籠蓋上的汽散不了形成汽柱的現象。這時籠內的溫度最高,壓力也最大。

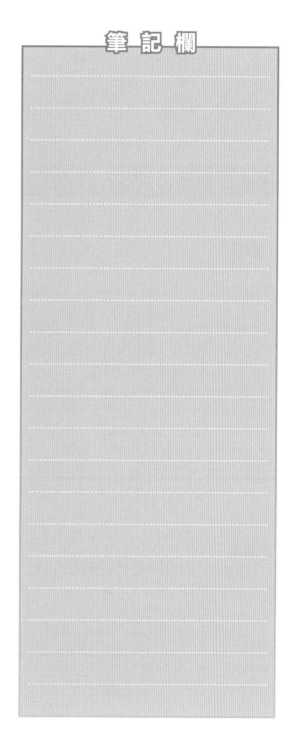

筆 記 欄

第三章
烹飪過程與技術

一、粉芡湯汁

【原湯】

用一種原料（絕不能混入其他原料）加清水熬成的具有原汁原味的湯。多用於湯菜合一或以同一類原料烹製的湯菜和燒菜。如原湯燉肘、原湯燉雞、清燉牛尾湯、清蒸鴨子，也用於烹蘿蔔連鍋的肉湯、烹青筍燒雞的雞湯、烹蟲草鴨舌的鴨湯等等。

• 烹製方法：將原料治淨，加足清水，酌加薑蔥，用微火久煨或中火慢燉，或入籠蒸製而成。用微火久煨和蒸製而成的湯，湯色清澈，味美清鮮，如雞湯、鴨湯、牛肉湯等；用中火慢燉的湯，湯色濃白，味淡而香，例如肘子湯、骨湯、肉湯、羊雜湯等湯品。

【頭湯】

從煮生料的湯鍋內提取的首批湯。用於提取頭湯的原料有雞、鴨、豬肉、豬肘、豬蹄、豬肚、棒子骨、雜骨等。

這些原料有的是入湯內作出水處理，有的是煮製成熟料。由於是提取的首批湯，所以有色白而濃、鮮香肥美的特點。多用作中等湯菜和燒、燴一類菜餚的湯汁。

【二湯】

又稱「毛湯」。與頭湯相對而言。部分頭湯提取或部分原料撈出後，另加清水繼續熬製的湯。這種湯色淡不濃、鮮味不足，作一般菜餚的調味和汆湯用，也可用作便湯。

【毛湯】

即二湯，見「二湯」條。

【鮮湯】

用豬肉、豬骨等熬成的湯。其色淺，鮮味不足。多用作一般湯菜的湯汁或炒菜對滋汁用。另外，也有稱沸湯為鮮湯的。

【清湯】

高級湯汁之一。用老母雞、鴨子、豬排骨、火腿蹄子等加清水熬製而成。成品有清澈見底、味美清鮮的特點。適用於一切清湯菜餚，如清湯燕菜鴿蛋、口蘑肝膏湯、竹蓀鴿蛋、繡球干貝等，也適用於部分以清湯作調味料的燒、燴一類的菜餚，如四吃露筍、白汁菠菜捲、白汁豆腐餅等。

• 烹製方法：將雞、鴨、排、蹄等治淨，放水鍋中用旺火燒開，打去浮沫，改用小火慢熬約1.5小時，撈起雞、鴨用熱水洗淨，用紅茸子掃湯，並將掃湯打起的茸子壓製成餅，連同雞鴨放入湯內，仍用小火吊起

備用。用時，按需要量舀入另一鍋內燒開，用白茸掃湯一至二次，灌入菜中。如作調料用，可不再掃。

【吊湯】

又稱「墜湯」。

- **烹製方法**：一種用小火慢熬的製湯方法。吊湯時，火不能大，湯不大開，始終保持似開非開狀，即通常所謂的「菊花心」。此法主要用於清湯的後期製作。

【墜湯】

即吊湯。見「吊湯」條。

【掃湯】

烹製清湯過程中的一個環節。目的是使湯色更加清澈，並增加湯的鮮味。

- **烹製方法**：將湯燒開，茸子投入後用湯瓢攪動一下，然後將鍋端離火口，使其一半枕在爐口，湯呈半邊開、半邊不開狀，待茸子浮面時打去浮渣，澄清即可。

【奶湯】

高級湯汁之一。用老母雞、鴨子、豬肘、豬肚、豬蹄等加清水熬製而成。成品有濃白如奶、香鮮味濃的特色。適用於一切奶湯菜餚，例如奶湯鮑魚、奶湯海參、奶湯魚肚、奶湯大雜燴、奶湯素燴等，也適用於部分以奶湯作調味料的白汁菜心、火腿鳳尾等菜品。

- **烹製方法**：將雞、鴨、肚、肘等治淨，放入水中用旺火燒開，打盡浮沫，用蓋蓋緊密，繼續用旺火熬至湯白而濃時，將湯舀起晾一下，用絲籬濾去沉澱備用。用時燒開吃味。應注意的是，清水要一次加足，中途不再另加。

【紅湯】

高級湯汁之一。用老母雞、鴨子、豬肘、豬蹄、火腿蹄子和口蘑等加清水熬製而成。成品有顏色淺紅、口味醇厚的特點。多

作高級菜餚（特別是紅燒、乾燒一類）的輔助湯汁。例如紅燒魚翅、乾燒鹿筋、罈子肉等菜品。

- **烹製方法**：將雞、鴨、肘、蹄等治淨，放入水中用旺火燒開，打去浮沫，改用小火，再加口蘑、料酒、醬油和胡椒粉等，蓋上蓋（但勿過緊密），繼續熬至湯濃稠時即成。

【魚湯】

用鮮魚或鮮魚頭、骨架和刀工處理的餘料加清水熬成的湯。成品有色白湯濃、鮮香醇正的特點。多用於以魚湯烹製的菜餚，如魚羹菜頭、魚羹菊花鍋等，也適用於以魚湯作湯汁的筵席中點，如魚羹麵、魚羹抄手等菜品。

- **烹製方法**：先將鮮魚（多用小魚）治淨，炒鍋內化豬油燒熱時，下薑蔥煸炒出香味後撈起不用，再將魚放入，兩面煎炸透心，加料酒、開水，酌加花椒等，用旺火熬10多分鐘，即改用小火慢熬備用。用時，打去骨渣，加鹽吃味。

【素湯】

用黃豆芽、口蘑和香菌、芽菜或多菜等素料加清水熬成的湯。成品有色黃清澈、湯味清香的特點，主要用作於素菜的湯汁和調味。

- **烹製方法**：先將黃豆芽、芽菜、口蘑等擇洗乾淨，入鍋加適量清水和鹽少許，先用旺火燒開再改用小火熬製而成。

【二流芡】

指呈半流體狀的芡汁。多用於湯汁不太多的燒、燴、炸、熘和以湯為主的羹湯一類的菜餚。如糖醋脆皮魚、豆瓣鮮魚、麻婆豆腐、大蒜干貝、八寶豆腐羹、酸辣蹄筋等。要求芡汁既要與主料交融一起，又呈流態。

【玻璃芡】

指色澤晶瑩半透明的漿狀芡汁。多用於

白汁類菜餚，特別是一些造型美觀、色彩豐富的菜餚。如八寶素燴、三元白汁鴨、干貝三色葫蘆等。

要求芡汁較稀、澆於菜上，一部分黏附在菜上，以增加菜餚的光澤和透明感；一部分流入盤底，光潔明亮。

【米湯芡】

又稱「薄芡」、「清二流芡」。指濃如米湯的芡汁。多用於白燒、燴類菜餚，如金鉤菜心、番茄燴鴨腰等。這種芡比玻璃芡更薄，僅僅是使湯汁略略變得濃稠一點，可以起到一定的提味和保溫的作用。

【對汁芡】

用水豆粉加其他調味品對成的芡汁。所用調味品根據菜餚的味型而定。多用於爆、炒、熘一類的菜餚。如魚香大蝦、火爆肚頭、辣子雞丁、鮮熘魚片等。

因這一類菜餚加熱時間短、操作速度快，故要求在臨烹前將芡汁對好，待菜一熟即烹汁下鍋。這種用芡方法，既能使菜餚統味，又能保持菜餚的鮮嫩。

【乾豆粉】

又稱「乾細豆粉」、「乾澱粉」。泛指各種無粗顆粒的細粉狀澱粉。烹調中用於調製蛋清豆粉、全蛋豆粉以及一些炸製菜餚的原料撲粉，如網油腰捲、糖醋東坡墨魚等。

【水豆粉】

又稱「濕澱粉」。指用清水與澱粉混合而成的芡汁。烹調中一般用於原料碼芡，如炒、熘、爆類菜餚；對滋汁，如爆、熘、軟炒類菜餚的芡汁；菜餚勾芡，如燒、燴類菜餚的勾芡。

【蛋清豆粉】

指用蛋清與乾細豆粉調製而成的糊芡。烹調中用於鮮熘、軟炸以及一些菜品原料之間的黏合，如熘雞絲、軟炸肚頭、鍋貼魚片

等菜品。

【蛋豆粉】

又稱「全蛋豆粉」。指用全蛋與乾細豆粉調製而成的糊。烹調中用於炸、煎等類菜餚，如軟炸里脊、合川肉片等。

【蛋泡豆粉】

指用泡狀蛋清與乾澱粉、麵粉調製而成的糊。烹調中用於一些炸製菜餚，如炸豆沙球、軟炸口蘑等。

【麵包粉】

用吐司研碎而成的細粉。多用於酥炸一類的菜餚。如酥皮兔糕、龍鳳火腿、雙吃魚捲等。

成菜有色澤深黃、酥香可口的特點。使用麵包粉時多與蛋液、乾豆粉配合，即成形原料製熟或醃漬後，撲上一層乾豆粉，於蛋液中拖過，再滾一層麵包粉，最後放入油鍋中煎或炸製成菜，這種上粉方法又稱「拖蛋滾麵包粉」。

二、烹製方法

【炒】

將原料放入鍋中加熱並隨時翻動使之成熟的一種烹製法。適用於經過加工處理的絲、丁、片、末、泥等小型原料的烹製。按熱傳遞的介質分，有貼鍋炒、沙炒、鹽炒、油炒等；按對菜餚質地的要求分，又有生炒、熟炒、小炒和軟炒數種。

【生炒】

炒法之一。
- **適用範圍**：多用於蔬菜、乾果、乾豆以及豬、牛、羊、兔、雞等肉類菜餚、食品的烹製。
- **烹製方法（1）**：乾果、乾豆，如花仁、

瓜子、板栗、胡豆、豌豆等，多用貼鍋炒、沙炒、鹽炒等法。炒時，火力為中火，時間較長，不用油或少用油，不斷翻撥至熟。成品以乾香、酥脆為其特色。如炒乾胡豆、糖炒板栗、鹽炒花仁等。

- **烹製方法（２）**：新鮮蔬菜的炒製，用熱油、旺火，迅速撥炒至熟。成菜有鮮脆的特點。如素炒豌豆尖、炒油菜薹、炒野雞紅、白油青筍絲等。
- **烹製方法（３）**：炒製肉類原料，不碼芡，中火，熱油，炒至原料水分稍乾時，加調、配料再炒至熟。菜餚見油不見汁，質地酥中帶軟。如鹽煎肉、牛肉末炒泡豇豆、碎肉芹菜等。

【熟炒】

炒法之一。
- **適用範圍**：適用於以成熟原料為主烹製的菜餚。
- **烹製方法**：炒時，用旺火，熱油，料不碼芡，油不宜多。原料入鍋炒出香味後，加調、配料迅速撥炒起鍋。
- **成菜特色**：成菜後，見油不見汁，質地以乾香為特點。如回鍋肉、薑爆鴨絲、回鍋香腸等。

【小炒】

炒法之一。又稱「隨炒」，為川菜烹製中最有特點、運用最廣的一種炒法。最能體現川菜烹製中小鍋單炒，不過油，不換鍋，臨時對汁，急火短炒，這種炒法有一鍋成菜的特殊風格。
- **適用範圍**：多用於以經過刀工處理成小型的動物原料為主烹製的菜餚。
- **烹製方法**：烹製時，原料碼味，碼芡，旺火，先用熱油炒散，再加配料，然後烹滋汁迅速翻撥簸鍋收汁亮油至熟。
- **成菜特色**：按此法烹成的菜餚，有散籽亮油、統汁統味、鮮嫩爽滑的特點。如魚香肉絲、宮保雞丁、炒雜瓣、白油肝片、家常羊肉、芹黃牛肉絲等。

【軟炒】

炒法之一。
- **適用範圍**：主要用於經加工成泥茸狀或呈半流態的原料入鍋炒製而成的菜餚。
- **烹製方法**：炒時，先將原料用湯或水澥散，或加蛋或加蛋清，或加豆粉等拌勻，然後入鍋，用旺火、旺油（或熱油，較其他炒的油量為大）迅速翻撥至熟。
- **成菜特色**：成菜有細嫩或酥香、油潤的特點。如雪花雞淖、白油嫩蛋、核桃泥、扁豆泥等。

【爆】

一種將經過花刀處理成塊狀的原料，在旺油鍋中速烹使熟的烹製方法。
- **適用範圍**：多用於以質地脆嫩的原料，例如豬肚頭、豬肝、豬腰、雞鴨肫等烹製的菜餚。
- **烹製方法**：烹製時，用旺火，熱鍋旺油，將原料臨時碼味碼芡（芡不宜稀）後下鍋，待原料的花形爆開便烹滋汁，迅速翻簸起鍋。
- **成菜特色**：成菜有花形美觀、質地脆嫩滑爽的特點。如火爆肚頭、荔枝腰塊、火爆雙脆、宮保肝花等。

【熘】

將經加工處理的絲、丁、片、塊等小型或整型（多屬魚類）原料，或油滑，或炸，或蒸，使熟後再放入已炒好芡汁的鍋中，使芡汁黏裹成菜的一種烹製方法。按對菜餚質地的要求分，有鮮熘和炸熘兩種。

【鮮熘】

熘法之一。又稱「滑熘」。
- **適用範圍**：多用於質地細嫩鬆軟的動物原料烹製的菜餚。
- **烹製方法**：烹製時，用熱鍋溫油（俗稱熱鍋冷油），油量較大，中火，原料碼味，碼蛋清豆粉，待油溫至三成熱時，投料下鍋，用筷子輕輕撥散，然後潷去滑油，加

配料，烹滋汁，翻簸起鍋。
- **成菜特色**：用此法製成的菜有質地鮮嫩的特點。如熘雞絲、香花魚絲、包肉片、翡翠蝦仁、鮮熘魚片等。

【炸熘】

熘法之一。
- **適用範圍**：多用於魚、雞、豬等質地細嫩的原料烹製的菜餚。
- **烹製方法**：烹製時，先將原料醃漬上味（或烹熟），再裹上蛋豆粉或水豆粉，或不裹，然後放入旺火，熱油鍋中略炸定型撈起（如未裹芡，炸一次即可，但要用旺火、旺油）。走菜時再用旺油炸一次撈起，或入鍋裏上烹好的滋汁；或置盤內，澆淋上滋汁而成。
- **成菜特色**：成菜有外酥內嫩的特點。如魚香八塊雞、荔枝魚塊、糖醋脆皮魚、粉條鴨子、魚香脆皮雞等。

【乾煸】

川菜中頗有特點的一種烹製方法。是指將經加工處理成絲、條狀的原料放入鍋中加熱、翻撥，使之脫水、成熟、乾香的方法。
- **適用範圍**：多用於纖維較長、結構緊密的乾魷魚、牛肉、豬肉、鱔魚以及水分較少、質地鮮脆的多筍、雲豆、黃豆芽、苦瓜等原料烹成的菜餚。
- **烹製方法**：烹製時用中火，熱油，將原料入鍋不斷翻撥，至鍋中見油不見水時，加調、配料繼續翻撥至乾香而成。
- **成菜特色**：成菜有酥軟乾香的特點。如乾煸魷魚絲、乾煸鱔絲、乾煸多筍、乾煸四季豆、乾煸肉絲、乾煸牛肉絲等。

【煎】

將經加工處理成流態或餅塊狀的原料，放入鍋中加熱使熟，並使兩面表皮酥脆的一種烹製方法。
- **適用範圍**：煎法，可以直接成菜，如煎豆芽餅、煎蛋等；也可與其他烹製法配合成

菜，如合川肉片、家常豆腐、芝麻蝦餅等菜餚。
- **烹製方法**：煎時，用中火，熱油，原料是否碼芡則根據菜餚要求而定，料入鍋後，先煎一面，至色黃質地酥脆時再翻面煎製而成。
- **成菜特色**：成菜一般具有外酥內嫩的特點。如屬煎燒一類的菜餚，其特點則為外綿軟內細嫩。

【鍋貼】

指將幾種原料黏合在一起呈餅狀或厚片狀，放入鍋中加熱，使貼鍋的一面酥脆，另一面軟嫩的烹製方法。
- **適用範圍**：多用於以底面為肥膘、吐司，上面用糝和鮮嫩原料烹製的菜餚。
- **烹製方法**：烹製時，用小火或中火，熱油，油量少，加熱時間較長，至底面色呈金黃、質地酥脆而上面的原料已成熟即可。如金錢雞塔、鍋貼蝦仁、鳳眼鴿蛋、鍋貼魚片、五彩豆腐等。

【炸】

一種將經加工處理的條塊或整形的原料，放入大油量熱油鍋中加熱使熟的烹製方法。適用的範圍很廣。炸法，既是一種能單獨成菜的方法，又能配合其他烹法，如熘、燒、蒸等共同成菜。

按菜餚的質地要求，有清炸、軟炸、酥炸之分；從火候的運用上分，又有浸炸、油淋等法。

用此法的要求是旺火，旺油或熱油，油量要大於原料量的數倍；原料碼味碼芡與否則根據菜餚的需要而定；條塊狀原料宜抖散下鍋，整形原料宜用抄瓢托著或抓子抓著下鍋，原料以炸至皮酥為度。

【清炸】

炸法之一。
- **適用範圍**：多用於烹製要求質地外香脆、內鬆軟的菜餚。

- **烹製方法**：烹製時，用旺火、旺油，原料不碼芡，不撲粉，下鍋一次炸成。如晾乾肉、陳皮雞、香酥鴨子、炸扳指、樟茶鴨子、椒鹽八寶雞等。

【軟炸】

炸法之一。

- **適用範圍**：多用於烹製要求質地外鬆脆、內鮮嫩的菜餚。原料一般爲條塊狀。
- **烹製方法**：烹製時，第一次用旺火、熱油，原料碼蛋清豆粉，下鍋炸至進皮撈起；第二次用旺火，旺油，投料入鍋，炸至原料色微變深撈起裝盤。如軟炸子蓋、炸仔雞、炸桃腰、軟炸冬筍、軟炸口蘑等菜餚。

【酥炸】

炸法之一。

- **適用範圍**：多用於烹製要求質地外酥內嫩的菜餚。
- **烹製方法**：烹製時，用旺火、熱油，原料碼蛋豆粉或水豆粉，或撲乾豆粉、麵包粉、米粉，或用豬網油、豆油皮、蛋皮等包裹成捲，先於油鍋中微炸至定型斷生撈起，有的需經整理（如將黏在一起的分開，將捲狀原料改刀），然後用旺火、旺油迅速炸至皮酥色黃即成。如蛋酥鴨子、鍋酥牛肉、桃酥雞糕、網油雞捲、魚香酥皮兔糕、炸蝦包、炸春捲、軟燒方、炸蒸肉等。

【浸炸】

炸法之一。外地多稱「氽」。

- **適用範圍**：多用於烹製原料結構緊密，成菜質地要求鬆脆的菜餚。如油酥花仁、燈影牛肉、煙燻排骨、五香鴨子、香酥肉捲、鍋燒散鴨、麻酥雞等。
- **烹製方法**：一種將經加工處理的原料放入溫油鍋中，讓油溫慢慢升高，使原料炸透的方法。

【油淋】

炸法之一。

- **適用範圍**：多用於烹製質地細嫩或雖已製熟但已晾冷了的菜餚。適用於雞、鴨、鵝、兔等原料。
- **烹製方法**：一種將經加工處理的整形原料用抓子抓住，不入油鍋，置鍋上用滾油反覆淋燙使熟或使熱的方法。
- **成菜特色**：成菜有色澤紅亮，皮酥內嫩，不失原味，不浸油的特點。如油淋仔雞、油淋兔、脆皮香糟鵝等。

【熗】

川菜烹調中的一種特殊方法。

- **適用範圍**：多用於質地脆嫩的蔬菜烹製的菜餚。
- **烹製方法**：此法與生炒的不同點：先將乾紅辣椒節與花椒在鍋中用油炒出香味後，下原料同炒，使麻辣味熗入原料，再加其他調味品速炒而成。如熗黃瓜皮、熗綠豆芽、熗蓮白、熗白菜捲等。

【烘】

- **適用範圍**：多用於以蛋品烹製的菜餚。
- **烹製方法**：將原料放入適量的油鍋中，先用中火後用小火，使之鬆泡、成熟的烹製方法。
- **成菜特色**：成菜有皮酥香、內鬆泡的特點。如魚香烘蛋、椿芽烘蛋、瀘州烘蛋、鬆花肉等。

【氽】

一種把加工處理成絲、片、塊和圓子（丸子）形的原料放入開水中使之成熟的烹製方法。氽可直接成菜。例如肉絲罐湯、肝片湯、肉片湯等。也是烹製高級湯菜的一道工序，原料以糝爲多，即將原料氽熟撈起盛碗內，另灌清湯而成。例如清湯雞圓、五色魚圓、清湯浮圓等。

- **適用範圍**：多用於烹製要求質地鮮嫩的湯菜。原料多爲雞、魚、豬肉以及豬肝等。

- **烹製方法**：用余法時常有兩種情況。第一種情況：旺火，湯開，湯量適度，原料碼味碼芡，入鍋微煮，再用筷子撥散，湯再開後連湯帶菜裝碗；第二種情況：旺火，水開水寬，下圓子略煮，至熟撈起。此外，余還是對動物性「腳貨」（動物的內臟、下腳料等）進行熱處理的一種方法。目的是消毒殺菌，便於收貯。操作時要求旺火，水開水寬（水要多），原料下鍋煮至過心撈起，晾冷收貯。

【燙】

一種將經過加工處理成絲、片、塊狀的原料放入開水中使之成熟或改變形態的烹製方法。

- **適用範圍**：多用於烹製要求質地脆嫩的菜餚的半成品。適宜於豬肚頭、豬腰、雞鴨肫、蜇皮一類的原料。如多菜腰片湯、清湯雙脆、佛手蜇捲、清湯腰方、芥末脆肚絲等。
- **烹製方法**：一種是用旺火、開水，水要寬，料不碼芡，原料用焯瓢裝上，入水燙成；另一種是將原料裝大碗內，舀開水或開湯燙之，如此幾次，使熟即可。

【沖】

將加工處理成流態的原料，放入油鍋或開湯中加熱使熟並使成團、成片的一種烹製方法。

- **適用範圍**：此法使用不甚廣泛，主要用於烹製要求色白細嫩的菜餚或半成品。如雞豆花、肉豆花以及芙蓉雞片的雞片等。其操作分湯沖和油沖兩種。
- **湯沖**：先用旺火、開湯，湯量較大，原料入鍋後微微攪動即移至小火，使湯保持似開非開狀，至原料成團、湯清即可。
- **油沖**：旺火，熱化豬油，油量較大，舀原料沿鍋邊流下，成片後微炸撈起。此外，也有稱石膏豆花的製作和水發魷魚、墨魚用開水除鹼的方法為沖的。

【燉】

將經加工處理的大塊或整形原料，放入鍋或其他陶瓷器皿中加水，用慢火加熱使熟至炰軟的一種烹製方法。

- **適用範圍**：多用於以雞、鴨、豬肘、豬蹄、牛肉、牛尾等原料烹製的菜餚。
- **烹製方法**：烹製時，先將原料出水，入鍋或其他器皿中，加足水並酌加薑、蔥等，在旺火上燒開，打盡浮沫，然後改用小火或微火，蓋上蓋，久烹至熟。
- **成菜特色**：成菜具有湯多味鮮、原汁原味，形態完整，炰而不爛的特點。如三菌燉雞、雪豆燉肘、清燉肘子、綠豆燉豬蹄、清燉鹿沖、清燉牛尾湯、當歸燉雞等菜餚。

【煮】

將經加工處理的形大體厚或整形的原料放入開水鍋中加熱使熟的一種烹製方法。

- **適用範圍**：多用於烹製菜餚的半成品，與燒、燴、拌等烹法配合成菜。如煮雞、牛肉、豬肉，煮豬的內臟，煮冬筍、鮮筍以及煮用蔬菜加工成形的葫蘆、吉慶和圓子等。此法也可單獨成菜，但主要用於烹製蔬菜、豆製品和蛋品一類的湯菜。如多菜豆芽湯、菠菜湯、白菜豆腐湯、煎蛋湯、酸菜豆瓣湯等。
- **烹製方法**：操作時，如製半成品，原料下鍋，加薑、蔥、水，水量應大於原料量數倍，先用大火燒開，打去浮沫，再移至中火烹熟；如做湯菜，用旺火或中火，加湯，湯量以菜餚的需要而定，原料下鍋後稍熟即可加調料，至全熟則連湯帶菜盛碗中即可。

【燒】

一種將經加工處理的原料或半成品，入鍋加湯（或水）、調料等，先用旺火，再用中火或小火使熟的烹製方法。此法運用十分廣泛。適用於烹製山珍海味、禽畜、水產、蔬菜、豆製品和乾果類的原料。

根據原料質地、性能的不同和菜餚的需要，在燒製前，原料有的要經過煸或炒，有的要經過煎或蒸，有的要經過炸或煮。燒的烹製法，可分為下列幾類：

- **以色澤分**：有紅燒、白燒。
- **以突出某一調味料分**：有蔥燒、醬燒、家常燒。
- **以原料的生熟分**：有生燒、熟燒。

此外，還有一種特殊的燒法，即要求自然收汁的乾燒。用燒法烹製成的菜餚，一般具有色澤美觀、亮汁亮油、質地鮮香軟糯的特點。

【紅燒】

燒法之一。紅燒類的菜餚多借助於糖汁或醬油、料酒、葡萄酒等提色，使原料或芡汁呈棕紅色，故名。

- **適用範圍**：多用於烹製要求色澤紅亮、質地㸆軟的菜餚，適用於本色較深的原料。
- **烹製方法**：烹製前，原料一般要經過煮或炸或蒸或煎等法製成半成品。烹製時，先打蔥油，再加鮮湯，下原料，旺火燒開，打盡浮沫，加調料、糖汁等，改用中火或小火燒至原料㸆軟，最後旺火，勾芡或不勾芡，收汁起鍋。如莕菜獅子頭、紅燒魚、紅燒捲筒雞、紅燒鴨捲、神仙鴨子、紅燒什錦、紅燒魚唇等。

【白燒】

燒法之一。

- **烹製方法**：基本作法與紅燒同。與紅燒不同的是不加糖汁、醬油等著色調味料，以保持原料自身的顏色；用芡宜薄，以既能使原料入味，而又不掩蓋其本色為好。
- **成菜特色**：用此法成菜，有色澤素雅、清爽悅目、質地鮮嫩或㸆軟的特點。如三菌燒雞、白果燒雞、火腿鳳尾、干貝菜心、銀杏白菜、蒜燒肚條、白汁鮮魚等菜餚。

【蔥燒】

燒法之一。

- **適用範圍**：多用於烹製要求突出蔥的辛香味的菜餚。
- **烹製方法**：烹製時，先將蔥節在油鍋中煸一煸，再加進鮮湯，放入經蒸或煎或餵過的原料，用旺火燒開後加調味料，改用中火或小火燒至成熟入味，勾芡收汁起鍋。
- **成菜特色**：成菜有亮油亮汁、顏色清爽、富有蔥香的特點。如蔥燒海參、蔥燒牛筋、蔥燒魚等。

【醬燒】

燒法之一。

- **適用範圍**：多用於烹製要求突出甜醬的甜鹹香味的菜餚。適用於經過加工處理成條塊狀的冬筍、茭白、茄子、苦瓜等一類的原料。
- **烹製方法**：烹製時，先將甜醬下鍋炒香，再加調料和適量鮮湯炒勻，然後放入炸過的原料燒至甜醬汁均裹附於原料上即成。
- **成菜特色**：成菜有見油不見汁、顏色深黃、質地軟脆的特點。如醬燒茭白、醬燒苦瓜、醬燒茄子等。

【家常燒】

燒法之一。川菜中使用最廣的、突出家常味的一種燒菜方法，有濃郁的地方風味。川菜眾多的味型以及富有民間特點的不同風格，都能通過家常燒這種方法表現出來。

- **適用範圍**：其使用的原料十分廣泛，高至山珍海味，低至時蔬小菜，都可用此法烹製成菜。
- **烹製方法**：烹製時，用中火、熱油，先將豆瓣下鍋煸炒，煸至油呈紅色出香味時加湯，燒開後再打去渣，放原料、配料、調料（或下原料、配料和調料略炒後，再加湯），湯再燒開後，改用小火慢燒，至成熟入味，勾芡汁而成。
- **成菜特色**：成菜有醇濃、鮮燙的特點。如家常海參、魔芋鴨子、太白雞、芋兒燒雞、軟燒子鯰、辣子魚、豆瓣鮮魚、泡菜鯽魚、麻婆豆腐、苤藍燒牛肉、大蒜燒鱔

魚、魚香茄條、燒米涼粉等。

【生燒】

燒法之一。

- **適用範圍**：適用於質老筋多、鮮味不足或質地鮮嫩的原料。因原料不同，烹製時所用火候也不同。
- **烹製方法（1）**：烹製質老筋多的原料，一般要先經出水處理，然後入鍋加鮮湯（或水），用旺火燒開，去盡血泡和浮沫，改用中火或小火，加調料慢燒至軟，再改用旺火收汁而成。成菜汁濃入味，柔軟耐嚼。如紅燒牛掌、家常魚唇、蔥燒裙邊、燒牛肉等。
- **烹製方法（2）**：烹製質地鮮嫩的原料，一般要先經煸或炒、煎、炸，然後加湯（或水），以旺火燒開後改用中火燒至成熟，最後用旺火收汁起鍋。成菜見汁見油，色澤美觀，質軟鮮嫩。如生燒雞翅、香菌燒雞、生燒筋尾舌、紅燒舌掌、糖醋鮮魚等。

【熟燒】

燒法之一。

- **適用範圍**：多用於烹製要求成菜迅速、質地炤軟、油而不膩的菜餚。原料一般為經加工成條塊狀的熟料，以雞、鴨、豬肉一類為常用。如薑汁熱窩雞、豆瓣肘子、紅燒什錦、紅燒排蹄、大蒜燒肥腸等菜餚。
- **烹製方法**：其基本方法與生燒同。

【乾燒】

燒法之一。

- **適用範圍**：乾燒適用於鹿筋、魚翅、魚等原料。
- **烹製方法**：一種用中火加熱，使湯汁全部滲入原料內部或黏附原料上的烹製方法。烹製時要求用中火慢燒，自然收汁。切勿用芡。
- **成菜特色**：成菜有油亮味濃的特點。如乾燒鹿筋、乾燒玉脊翅、乾燒岩鯉、乾燒臊

子魚、乾燒腦花等。

【燸】

又作「燸」、「𤏵」。四川民間烹製家常菜的一種傳統方法。燸音同「都」。

- **適用範圍**：大部分用於烹製豆腐、鮮魚類等菜餚。
- **烹製方法**：其法與「燒」大致相同。烹製時，火要小，湯要少，慢慢地燒（燒時，湯面不斷地冒大氣泡，並有咕嘟咕嘟的聲音），直至原料本身水分排出、調味品滲入時收汁起鍋。
- **成菜特色**：成菜質地細嫩、鮮香入味。如麻婆豆腐、白油豆腐、乾燒臊子魚、泡菜魚等。

【軟燸】

又稱「軟燒」。

- **適用範圍**：多用於魚類原料的烹製。
- **烹製方法**：其法與燸基本同，區別是，原料治淨後不經煎、炸，而是直接入滋汁鍋中燒；或先入溫油鍋中略跑一下，加調料、鮮湯燒開後改以小火慢燒至熟。
- **成菜特色**：成菜鮮嫩入味。如軟燒子鯰、軟燸豆瓣鯽魚等。此法適於烹製單份菜，如烹製多份菜則難以保證魚的形體完整。

【燴】

- **適用範圍**：多用於烹製成菜迅速，口味清淡的菜餚。
- **烹製方法**：將兩種以上的成熟或易熟的原料放入鍋中，加湯、調料，用中火加熱入味成菜的一種烹製方法。
- **成菜特色**：成菜有用料多樣、色彩豐富、菜汁合一、清淡爽口的特點。如番茄燴鴨腰、雞皮魚肚、魷魚腐皮、三海燴、百花魚肚、三鮮豆腐、八寶素燴等。此法與白燒有某些相似處，但不同的是：燴所用的加熱時間短，湯汁多，用芡薄。

【燜】

- **烹製方法**：將經加工處理的原料（以小型的居多）先在鍋中加少量油爆炒後，再加湯汁、調味品，用大火燒開，加蓋後用中火加熱使熟；或大火燒開再改用小火，蓋緊鍋蓋，慢燒使熟的一種烹製方法。

  燜的時間不如煨、燒長。湯汁的用量也較煨、燒少，要求一次加足，中途不加不減。燜的一個最大特點就是烹製中必須加蓋，不使走汽，利用汽的壓力，加速原料成熟。同時，味汁自然濃縮或滲入原料內，使之入味。起鍋勾芡與否，要視原料的性質而定。

- **成菜特色**：用燜法製成的菜，有軟嫩鮮燙的特點。如白油青圓，油燜筍尖、家常雲豆、家常鮮筍、黃燜蘑菇雞、黃燜大鰱魚頭等。

【煨】

- **適用範圍**：多用於烹製豬肉、雞肉等一類的菜餚。

- **烹製方法**：一種將加工處理成塊狀的原料入鍋加鮮湯燒開，再改用小火或微火，加調、配料（多數不加配料）吃味，上色，慢燒使熟並使汁濃的烹製方法。

- **成菜特色**：成菜有色紅油亮、汁濃味醇、炟糯肥美的特點。如罈子肉、紅棗煨肘、燒皺皮肉、香糟肉、東坡肉、燒帽結子、罐罐煨雞、板栗燒雞等。此法與燒、燒的不同點是，火力有時較燒、燒還小，湯汁依靠原料自身的膠質使濃。

【燒】

- **適用範圍**：適用於一些大塊、質地綿韌、富含膠質的原料。燒和燒往往是配合使用的，特別是一些膻味較重、鮮味較差、質地綿韌的山珍海味類原料，都必須先經過久燒慢燒，使之變軟入味，再換鍋收汁而成。

- **烹製方法**：將經加工處理的原料放入鍋中，再加湯汁、配料（多用以取味和稠

湯）、調料，用大火燒開再用小火（一般放於火力較弱的偏火眼上）慢燒使熟的一種烹製方法。

- **成菜特色**：成菜有質地柔軟、味道醇香、汁濃黏口的特點。如乾燒鹿筋、紅燒魚翅、三鮮鹿掌、紅燒魚唇等。此外，燒也泛指將燒製成熟的菜餚用微火加熱保溫的方法。

【蒸】

- **適用範圍**：適用的範圍非常廣泛。無論是大型、整形原料，還是小型、流態或半流態原料；無論是質老難熟的原料，還是質嫩易熟的原料，都可以運用此法成菜。

- **烹製方法**：利用水蒸氣為傳熱介質使食物成熟的一種烹製方法。既用於菜餚、食品的烹製，又用於原料的漲發，半成品的加熱、定型，並配合其他的烹製方法，共同完成菜品的製作。蒸製的菜餚，由於原料不需翻動，受熱均勻，所以有形態不變、原味不失的特點。

- **蒸法的技術關鍵**：要能根據原料的性能和菜餚的要求，正確使用火候。其中包括蒸氣的大小、加熱時間的長短以及籠鍋技法的不同運用等。蒸，既是一種簡便易行，卻又是一種技術複雜、要求很高的烹製方法。

- **蒸的分類**：通常又分清蒸、旱蒸和粉蒸等幾種。

【清蒸】

  蒸法之一。

- **適用範圍**：多用於烹製要求顏色豐富、口味清淡、質地鬆軟細嫩的菜餚。適用於雞、鴨、魚、蛋以及豬雜等原料。

- **烹製方法**：烹製時，成型原料一般要先經出水處理，蛋和豬肝之類要製成液態；然後將原料入容器內，加調料（以薑、蔥、鹽、料酒等為主，忌用醬油等深色調味品），酌加好湯，入籠用大火或中火蒸製而成。如清蒸全雞、奶湯大雜燴、銀杏鴨

脯、蟲草鴨舌、清蒸鴨條、歸芪蒸雞、清蒸鯰魚、芙蓉蛋、肝膏等。

【旱蒸】

蒸法之一。

- **適用範圍**：多用於烹製要求色白味清、質地鮮嫩或烀糯的菜餚以及雞糕、魚糕、肉糕和蛋糕等半成品。
- **烹製方法**：是從清蒸派生出來的一種方法。旱蒸原料入籠烹製時只加調料不加湯汁，容器一般要加蓋，或用皮紙封口，或以豬網油蓋面。旱蒸菜品由於味淡汁少，因此，走菜時一般要灌湯，或掛白汁、糖清，或淋味汁，或配味碟；有的還須經炸製，而最後成菜。如旱蒸鴨、旱蒸腦花魚、薑汁肘子、八寶鴨子、八寶飯、八寶釀梨、蜜汁釀藕、釀苦瓜、龍眼鹹燒白等菜餚。

【粉蒸】

蒸法之一。因此種方法均要拌和大米粉，故名。

- **適用範圍**：適用於雞、鴨、魚、豬肉、牛肉之類的原料。
- **烹製方法**：烹製時，原料一般要經刀工處理成片、塊、條狀，然後裝盆內，加調料、米粉拌均勻，裝蒸碗內，或逐片（塊）用荷葉包上再裝蒸碗內，入籠大汽蒸熟。
- **成菜特色**：成菜具有炟軟滋潤、味濃而香、油而不膩的特點。如小籠牛肉、五香蒸肉、刨花蒸肉、粉蒸鱔魚、粉蒸鴨條、荷葉粉蒸雞、荷葉粉蒸鯰魚等。

【烤】

利用輻射熱傳導使得原料至熟的一種烹製方法。

- **適用範圍**：適用於雞、鴨、鵝、魚、奶豬、豬方肉、火腿等大塊或整形原料。烤製原料在烹製前，一般要經過出坯，或釀餡、包裹（用豬網油或荷葉、泥土）等工序，然後根據原料的大小、性質以及設備不同，正確掌握烤製的火候。
- **成菜特色**：烤法製成的菜餚，具備有色澤美觀、形態大方、皮酥內嫩、香味醇濃的特點。
- **烤的分類**：根據設備的不同，烤又分掛爐烤、明爐烤和烤箱烤。

【掛爐烤】

烤法之一。又稱「暗爐烤」。是指將原料掛於可以封閉的烤爐內烘烤至熟的方法。其優點是：溫度較穩定，原料受熱均勻，容易熟透，所用的時間也較短。適用於雞、鴨、鵝等原料。如掛爐雞、軟燒鴨子、軟燒仔鵝等。

【明爐烤】

烤法之一。又稱「叉燒」。原料在烤前，有的要經過醃漬入味，有的要裝餡或包豬網油，均要上叉。烤時，放於敞口的火爐或火池上，不斷翻動、烘烤至熟。

此法的優點是：設備簡單、方便易行、火候易於掌握。適用於奶豬、豬方肉、雞、魚、火腿等大塊或整形原料。如烤奶豬、燒酥方、叉燒魚、叉燒全雞、罐兒雞、叉燒火腿等。但是，明爐烤火力分散，用的時間也較長，因此，技術上的難度也較大。

【烤箱烤】

烤法之一。將原料置於特製烤箱中加熱，稱烤箱烤。火力在烤箱周圍，依靠烤箱內壁熱輻射使食物成熟。食品與火不直接接觸，所以受熱比較均勻。此法也用於麵點的烤製。

【糖黏】

烹調過程中的一道程序。即將經烹製至熟的條、塊形半成品放入炒好的糖汁鍋中，使之黏裹一層糖汁成菜的一種方法。

根據糖汁炒製及用料的不同，可以分為兩種：

1. 用糖、水炒製的糖汁，適用於晾冷凝結或掛霜類菜品，如糖黏羊尾、麻圓肉、玫瑰鍋炸、怪味花仁、醬酥桃仁等。
2. 以油、糖、水炒製的糖汁，糖裹在半成品上，趁熱上桌，使其食時有拔絲效果，用這種糖汁成菜的方法被行業稱為拔絲，適用於各種拔絲菜品，如拔絲香蕉、拔絲蘋果、拔絲山藥、拔絲橘子等。

【炸收】

川菜中涼菜的一種烹製方法。指將經清炸的半成品入鍋加調料、鮮湯，用中火或小火慢燒，使之收汁亮油、回軟入味的方法。成菜具有色澤棕紅、酥軟適口的特點。如陳皮雞丁、花椒鱔魚、芝麻肉片、麻辣肉乾等菜餚。

【滷】

將經加工處理的大塊或整形原料放入滷水鍋中加熱煮熟入味的一種烹製方法。多用於烹製雞、鴨、鵝、兔、蛋、豬肉、豬雜、牛肉、牛雜等原料。成菜有色澤美觀、香味醇厚、炬軟適口的特點。

- **烹製方法**：烹製時，原料一般應先經出水或煮至半熟（有的還要用硝、酒等醃過，以除去血腥異味），入鍋後先用旺火煮片刻，再改用小火慢煮，直至熟軟入味。在煮的過程中，還須隨時打盡滷汁面上的浮沫，以保持滷水的純淨。如多料混合滷時，質老耐煮的應放在下層，質嫩易熟的應放在上面。
- **滷的種類**：由於對菜餚色澤的要求不同，滷又分紅滷和白滷。紅滷為重色，滷水加糖汁、醬油等，成品色澤紅亮。如五香滷肉、五香滷斑鳩、滷雞、滷鴨及滷豬的心、舌、肚等。白滷為淺色，滷水不加糖汁、醬油，成品色澤淡雅。如五香花仁、五香滷豆腐乾、白滷雞等。

【拌】

川菜中冷菜的一種烹調方法。是將經加工處理成絲、丁、片、塊、條形的生料或熟料加調料拌勻使熟入味的一種方法。運用非常普遍，地方風味濃郁。有用料廣泛、製作精細、味型多樣、品種豐富的特點。

用於拌菜的原料包括山珍海味、禽畜魚鮮、瓜果蔬菽（菽為豆類的總稱）等。在拌製前，原料一般都有一個醃漬或加熱致熟的程序，然後刀工成形，拌以味汁。所用味型視菜餚的要求而定。

拌菜的特點是色澤美觀，鮮脆軟嫩。至於味汁的運用，則根據菜餚的特點以及對菜品的各種要求，又分拌、淋、蘸等三種。

- **拌**：多用於不需拼擺造型的菜餚，要求現吃現拌，不宜拌得太早，拌早了要影響菜的色、味、質。如麻辣兔丁、薑汁菠菜、紅油三絲、怪味雞塊、麻醬鳳尾等。
- **淋**：多用於筵席冷碟。臨開席時才淋味汁，由客人拌勻取食。如椒麻雞片、芥末鴨掌、薑汁肚花、糖醋蜇捲、銀芽雞絲、魚香青圓、蒜泥白腰等。這種方法的好處在於，一可以體現冷碟的刀工裝盤技術，二可以保證成菜的色、味、質。
- **蘸**：多用於一菜多味的菜餚。如雙吃雞片、四上玻肚、四味鮑魚等。

【泡】

是四川地區家喻戶曉、流行頗廣的一種做菜方法。指將經加工處理的原料放入用鹽、花椒、酒、多種中藥材以及冷開水製成的溶液中浸泡，利用鹽水中產生的乳酸等有機化合物使熟、入味出香的方法。多用於質地鮮脆的蔬菜。

- **成菜特色**：成菜有原色不變、質地鮮脆、酸鹹爽口的特點。如泡豇豆、泡青豆、泡黃瓜、泡甜椒、泡子薑、泡紅辣椒、泡苦瓜、泡茄子、泡蒜薹、泡青菜、泡青筍等。泡菜的時間可長可短，久泡的關鍵在於鹽水的管理；短泡一般隔天即可食用。
- **烹製方法**：一是將原料放入由冷開水、鹽、紅糖等製成的溶液中浸泡使熟。成菜顏色棕黃，質地鮮脆，味道甜鹹。如泡甜

子薑、泡甜藠頭、泡甜蒜、泡甜蒜薑等。
二是溶液用冷開水、鹽、白糖、果酸（如
檸檬酸）或白醋等調成。成菜有顏色不
變、質地鮮脆，味道酸甜的特點。如珊瑚
雪條、珊瑚荷心、珊瑚蘿蔔捲等。

【清】

一種將炒熟的原料趁熱放入盛有調味汁
的碗中、加蓋，使之浸泡入味、膨鬆回軟的
方法。適用於豆類原料。如醋漬胡豆、糖醋
豌豆、魚香黃豆等。

漬也指烹調過程中一個環節，即通常所
說的碼味。此外，漬還指醃漬，用於對蔬菜
的消毒殺菌，去苦除澀。如泡菜泡製前的加
工和拌菜前的鹽漬。

【糟醉】

冷菜的一種烹製方法。是將經處理過的
生料或熟料用酒或糟汁浸漬使熟或增加其酒
香味的一種方法。成菜有清鮮爽口、富有酒
香的特點。如醉鮮蝦、南鹵醉蝦、糟醉冬
筍、南糟醉蟹等。

【凍】

利用原料本身的膠質或另加豬皮、瓊脂
（洋菜）等經熬製後的凝固作用，使菜品凝
結成塊，成爲晶瑩透明、鮮嫩爽口菜品的一
種烹製方法。凍的成品分甜、鹹兩種，鹹的
多用於以豬肘、雞、鴨、蝦、蛋等原料爲主
製成的冷菜；甜的多用於乾、鮮果爲主製成
的冷餡。

• **烹製方法**：鹹的多以豬皮爲主，甜的則只
用瓊脂。在凍的熬製中，鹹的用清湯，甜
的用糖水，爲使菜品晶瑩透明，一般都要
清掃一至二次。鹹的凡與凍料共同成菜的
原料，都要先製成熟品，再加工成形，如
綠豆凍肘、雞絲凍、蝦環凍、水晶肘子、
桂花凍、水晶鴨條等。甜的如龍眼凍、枇
杷凍、什錦果凍、銀耳果凍等。

三、麵點技術

【酵母發酵】

是利用微生物——酵母菌在適當的溫
度、濕度條件下迅速生長繁殖、分泌出酵素
即酶，並在酶的化學催化作用下，分解出二
氧化碳氣體，使麵團膨鬆脹大，內部出現蜂
窩狀的孔。

【物理膨鬆】

是利用各種器械在高速攪打的過程中，
將空氣不斷地攪進流體原料內，使之產生氣
泡而達到膨鬆狀態，在受熱的情況下，氣泡
膨脹使成品達到鬆軟泡嫩的效果。例如烹製
雞蛋糕。

【化學膨鬆】

是將一些化學膨鬆劑（如泡打粉、臭粉
⊕、發酵粉等）摻和於麵團之中，使其產生
化學分解作用，釋放出二氧化碳氣體，使麵
團在加熱過程中膨脹和鬆散。如饅頭、包
子、桃酥等。

⊕臭粉，學名碳酸氫氨，化學膨大劑的
其中一種，用在需膨鬆較大的西餅之中。

【酥點】

麵點的一種類型。油水麵包油酥麵經擀
製後作皮料，包裹各式餡料，入油鍋或烤箱
製熟而成。此類麵點具有形美、滋潤、鬆
酥、層次多的特點。如鮮花餅、龍眼酥、菊
花酥等。

【蒸點】

泛指由蒸氣製熟的麵點。包括發麵、子
麵、雞蛋調製的多種麵團的製品。如包子、
饅頭、涼蛋糕、油花等。

【煎點】

用平底鍋，放入少許油脂，將坯放入煎熟的點心的統稱。具有脆軟鮮香的特點。煎時，多用中火，油脂不宜多，將點心坯的底部淹著即可。如煎餅、煎包子、煎牛肉焦餅等點心。

【烤點】

用烤爐、烤箱烘烤而成的點心的統稱。具有酥鬆、爽口的特點。烘烤時，須注意火候，使烤點受熱均勻。如烘蛋糕、烤製酥點、麵包等。

【煮麵點】

在鍋內以開水或沸湯將麵條、湯圓、水餃等煮熟，統稱煮麵點。煮麵點時湯宜寬（水多），火宜稍旺。如此，煮出的麵點方能爽滑、利索（不沾黏）。

【和麵】

在麵點粉料中加入水或油脂、蛋液等原料，攪拌或揉搓成有黏性的麵團，供製作麵點之用，此過程稱和麵。方法有拌、調、攪等，經過揉、拌、擦、摔等方法將其揉勻，達到有筋力、柔潤、光滑或酥軟等要求。

【麵團】

即和好成塊的麵。

【水調麵團】

麵團之一。以麵粉或米粉加水調製的麵團。加入冷水者稱子麵團，加入溫水者稱為溫水麵團，加入開水者稱燙麵團。

【子麵】

用麵粉加清水揉合的麵團稱子麵。在麵粉中加進適量的清水（或根據製作品種的要求加進鹽、蘇打、白礬）揉按而成。根據其含水量的多少分為硬子麵、軟子麵、炟子麵三種。子麵亦有用菜汁和麵粉揉製而成的，如用菠菜汁、小白菜汁等。

- 硬子麵：含水量較少，適宜於製作手工麵條、抄手皮、燒麥皮（燒麥又稱燒賣）等類。
- 軟子麵：含水量介於硬子麵和炟子麵之間，適宜於製作水餃皮、支耳麵、海螺麵、甜水麵等。
- 炟子麵：含水量較多，宜於製作油條、春餅皮、饊子等。

【燙麵】

將麵粉或水調麵團入鍋內用開水燙或煮熟製成的麵團。一種是鍋內燒開水，將麵粉慢慢倒入開水內，邊倒邊用擀拑攪燙成團；另一種是將麵粉先用冷水揉合成麵團，再擀成薄片入開水煮燙後起鍋在案板上揉成。由於經過煮燙過程，麵粉內的麵筋質受到一定的破壞，麵團的韌性較差，但具有一定的彈性，略帶甜味。燙麵製成的點心具有細嫩化渣的特點。如玻絲油糕、鳳尾酥、合糖油糕、燙麵蒸餃等。

【三生麵】

用開水在案板上或盆內沖燙麵粉而成的麵團。因整個麵團中有三成是生麵粉，故名。根據其麵團中熟與生的比例亦稱「二生麵」、「四生麵」等。三生麵筋力較燙麵為好。宜做各種炸、烤、煎、烘的點心皮料。成品有酥、脆、香的特點。

【膨鬆麵團】

麵團之一。指在調製的麵團中加入添加劑，或採用特殊的調製方法，通過微生物作用或化學催化、物理方法使麵團產生蜂窩孔。熟製成品鬆軟可口。膨鬆法有酵母膨鬆、化學膨鬆、物理膨鬆等。

【發麵】

發麵即加進酵種後發酵膨鬆的麵團。由於麵粉加進適量的清水和酵種，在適當的溫度和濕度的條件下，酵母菌迅速繁殖並且由於酶的催化作用，分解產生二氧化碳氣體，

使麵團膨脹，內部出現蜂窩狀的小孔，並有一定的酸性氣味。

麵發好後應加入適量的鹼性物質（蘇打、白鹼）揉勻，達到鹼酸中和的目的，用於製作各種蒸、炸、烤等類的點心食品，如燕窩餅、龍眼包子、油餅、笑果子和各種鍋魁、千層大餅等。發麵可分為老發麵、登發麵、仔發麵三種。

- **老發麵**：發酵時間較長，酸味重，筋力較差，用於做喇嘛糕等類點心。
- **登發麵**：發酵剛到發足的程度，宜做包子、千層糕等類點心。
- **仔發麵**：發酵時間較短，韌性好，宜做仔麵饅頭、烤點等。

【老麵】

俗稱「老酵」，即發麵的酵種。是經發酵而成的麵團，但發酵時間較長，酸味重。一般作為激麵的酵母用。在激製發酵麵團時用清水將老麵改散（捏散）和入麵粉之中，揉擺而成。

【激麵】

將酵母用水稀釋後和入麵粉再揉製成團的方法。激麵時，必須根據季節和氣溫的變化來調節水溫，並根據其使用量和氣溫來調節酵母麵使用量的多少。激好的麵團經過發酵後，應為膨脹鬆軟之狀，並呈現無數蜂窩狀的氣孔。

【嗆麵】

老麵發酵的一種。將紮好鹼的發麵嗆入部分乾麵粉再揉勻，使之製成品乾硬、有勁、色白，稱嗆麵；直接將乾麵粉搓揉入老麵，再發酵，發足，製成品表面脹裂、筋力少，亦稱嗆麵。前者用於硬麵饅頭、高椿、門丁等，後者用於白結子、開花饅頭等。

【紮鹼】

又稱「下鹼」。是在發酵的麵團內加進適量的鹼性物質（蘇打、白鹼），使之達到鹼酸中和的目的。經過紮鹼的麵團柔韌有力，色白泡嫩。紮鹼是發酵麵點製作的一個關鍵性環節。

【跑鹼】

又稱「走」鹼。紮好鹼的發麵團，在較長時間不製作，酸鹼中和後又繼續發酵而形成缺鹼或蒸製時火力不夠，使鹼散發過多而成的跑鹼現象。

【正鹼】

麵團的下鹼量恰到好處稱正鹼。用正鹼麵團蒸出的成品色白、泡嫩、味香略甜。檢查是否為正鹼，可用眼觀、手拍、鼻聞等法進行。

【缺鹼】

指在發酵麵團中的下鹼量少於發酵麵團本身的需求量。缺鹼不能完全達到鹼酸中和的目的，因而成品的色暗白，不泡嫩，酸味重，易變形。缺鹼時，可以根據麵團的具體情況酌加蘇打或白鹼，以資補救。

【傷鹼】

亦稱「黃鹼」、「大鹼」。是指發酵麵團內的下鹼量超過了需要量所造成的成品色黃，鹼味重，不泡嫩的現象。

【花鹼】

發麵紮鹼後搓揉不勻，成品出現黃色斑塊的現象。

【籽眼】

在麵團和一些糕點的橫切面，出現大小均勻的小孔，稱籽眼。根據籽眼可判斷麵團的發酵程度、下鹼量是否正確。蒸製後的籽眼，還可以判斷糕點生熟的程度。

【 礬、鹼、鹽麵團 】

膨鬆麵團之一。和麵時根據需要加入數量不等的礬、鹼、鹽等添加劑製成的麵團。麵團中礬（硫酸鋁鉀）、鹼（碳酸鈉）起化學反應，生成膠狀體氫氧化鋁和二氧化碳氣體，致使麵團膨鬆；鹽在麵團中增強筋力、保持氣體。多用於油條等製品。

【 油酥麵團 】

麵團之一。用油和麵粉或用油、水和麵粉及部分用油水、糖調製成的麵團。油酥麵團分為油酥麵、油水麵、糖油水麵幾種。

【 油酥麵 】

用豬化油或菜油和麵粉揉製而成的麵團。油酥麵團鬆軟滋潤，無筋力，一般和其他麵團（如油水麵、子麵、子發麵等）配合使用。宜作各種炸、烤、烘點心的皮料，在麵皮中起酥香、鬆散和便於造型的作用。

【 油水麵 】

用豬化油或菜油加清水與麵粉揉製而成的麵團。油水麵滋潤鬆軟，一般和油酥麵配合使用。宜做各種炸、烤、烘點心的皮料。成品有酥鬆、脆香的特點。如鮮花餅、龍眼酥、海參酥、酥皮雞餃等。

【 糖油水麵 】

用飴糖（或白糖）、清水、豬化油（或菜油）與麵粉揉製而成的麵團。質地鬆軟，宜製烘、烤類點心的皮料。成品有酥鬆、香脆的特點，亦便於存放。

【 酥皮 】

也稱「開酥」、「包酥」、「起酥」。由油酥麵、油水麵兩種麵團包製製成的麵皮。用於酥點的製作。使用中有大包酥和小包酥兩種。

【 大包酥 】

酥皮的一種。用較大塊的油水麵包入油酥麵，經掌壓，擀薄，捲筒，擀開，疊層，捲筒，扯劑，擀皮等手法製成麵皮。用於大批量生產油酥點心。

【 小包酥 】

酥皮的一種。油酥麵和油水麵分別扯成較小的劑子，油水麵中包入油酥麵，擀成長片，捲筒，對摺三層，壓扁擀長片，再捲筒，壓扁製成麵皮。用於小批量及精細酥點製作。

【 明酥 】

酥皮的一種。製成的酥點酥層外露、表面能看見酥層的酥皮。如玉帶酥。

【 暗酥 】

酥皮的一種。製成的酥點酥層暗藏、表面不見層次的酥皮。如鮮花餅。

【 酥紋 】

在各種酥貨點心中出現的花紋稱酥紋。酥紋應清晰、層次均勻。酥紋是麵皮包入酥麵後經擀、疊等工序，再用刀切開的橫斷面出現的花紋。

【 鬆酥 】

是在麵粉內加進適量油脂、白糖、雞蛋揉勻而成的麵團。適宜於製作各種酥鬆的烤點。例如桃酥、芝麻酥、杏仁酥等點心。鬆酥製作的點心具有酥、香、脆、鬆、化渣的特點。

【 麥酥麵團 】

麥酥麵團又稱「擘酥麵團」。多用於烤、烘等類點心。製作麥酥麵團，先要將豬油熬製好，待冷卻後加進適量麵粉揉勻，經冷凍凝結成塊；另以麵粉、水、雞蛋、白糖揉和成麵團。將凍好的油麵，包入糖油蛋麵團中疊好，用滾筒（走棰）滾壓成皮。如此進行三次即成。疊皮時應對端正，滾壓用力要均勻。

【吊漿粉】

指糯米、大米、混合米這三種吊漿粉的統稱。

- **糯米吊漿粉**：是用上等糯米浸泡後，以米和水磨細，再吊乾水分的粉料。宜做湯圓、珍珠圓子等皮料。
- **大米吊漿粉**：用上等大米浸泡後，以米和水磨細，再吊乾水分的粉料。宜做各種米製點心。
- **混合米吊漿粉**：乃選用糯米、大米混合浸泡後磨細，並吊乾水分的粉料。宜作各種炸、蒸類的點心。

【發漿】

指已發酵的米漿。大米浸泡後磨成細漿，加進酵種發酵而成。使用時，應加進白糖（或紅糖）、蘇打等攪勻。可製作白糕、白蜂糕、黃糕、熨斗糕之類的點心。

【蛋漿】

指調製或經過攪打後的蛋糊。攤蛋皮的蛋漿是用鮮雞蛋加入輔料調製而成。做蛋糕使用的蛋漿是經過攪打後成泡狀的蛋漿，膨脹度較大。

【全蛋麵】

雞蛋去殼，和以麵粉，反覆揉製而成的麵團。全蛋麵為半成品，呈中黃色，麵性較硬，耐煮耐蒸。可製作金絲麵、四喜餃、梅花燒麥等。只用雞蛋清與麵粉揉和的麵團，則可製作銀絲麵。

【雜糧粉麵團】

麵團之一。玉米等雜糧磨成粉，以水調成的麵團（也有加入糯米粉或麵粉的）。用於風味點心製作，如酥炸金糕等。

【薯類麵團】

麵團之一。用紅薯、土豆、山藥、芋等薯類經蒸（煮）熟，去皮，揉細加入輔料（麵粉、糯米粉、糖、油等）製成的麵團。

用於風味小吃製作，例如紫薇餅、火腿洋芋餅等。

【攪麵漿】

將麵粉加水及不同輔料（糖、蛋、老麵等），以木棍攪和成較稀的麵漿。用於蛋烘糕等風味小吃。

【按麵】

又稱「揉麵」。是將和好的各種麵團用雙手反覆地揉按至細滑、韌而有力的麵團。經揉按後的麵團更利於製作各種麵點。按麵也有使麵團內的各種配料（如鹼、糖、油水、蛋）達到均勻的目的。

【循麵】

麵團按好後的一種緩解方法。在按麵過程中，由於不斷地揉按，麵團出現硬而綿的情況，不利於操作。循麵即是把麵團放在案板上或盆內，用乾淨紗布蓋好，使麵團自行緩解，以達到鬆泡的目的。

【擦麵】

多用於油酥麵團及米粉麵團。油酥麵和好後，以手掌跟部將麵團一層一層向前邊推邊擦，推擦完後，收回揉成團，再反覆照前法幾次，至油與麵混合均勻滋潤。此法還用於波絲油糕的燙麵加油過程。

【搓條】

麵團和好後，分塊，拉成長條，以雙手掌根在麵條上搓拉，使之成為圓潤、光潔、粗細一致的圓條。

【下劑】

麵團搓條後，按成品要求分成若干小塊，供進一步加工的方法。下劑可分為扯節、刀切（砍）等法。

【劑子】

各種麵劑的統稱。按照點心成品的具體

要求，用手扯（或用刀切）成大小相等的麵劑，稱劑子。扯劑子時應做到手穩、準，劑子的大小均勻，規格一致。

【包皮】

泛指各種包餡用的皮料。如包子皮、抄手皮、水餃皮以及各種炸、蒸、煮、烘、煎點心的皮料等。

【扯節】

下劑方法之一。劑條搓成後，左手鬆握劑條，右手拇指緊貼左手虎口抓住麵劑條，快速用刀向外或向內運用，扯斷麵劑條，成劑子。扯節要求用力均勻，劑子大小均勻，劑子形態完整。

【砍節】

下劑方法之一。麵團搓成條後，置案板上，用刀按麵點大小要求砍成節。用於饅頭等麵點製作。

【砍劑】

下劑方法之一。因一些麵團比較軟，無法搓條，一般用手拉成長條片，再用刀砍成劑片。供製作點心使用，如油條。

【製皮】

將麵劑製成便於包餡、成形的皮料。因品種不同，製皮可有按皮、壓皮、擀皮、捏皮等法。

【按皮】

製皮法之一。下劑後搓圓，用手按成邊薄中厚的圓皮。用於較軟的麵團。常用於製糖包子等。

【壓皮】

製皮法之一。下劑後用手略按，再以刀面平壓劑子，使之成麵皮。多用於米粉麵團製皮。

【捏皮】

製皮法之一。先將劑子捏圓，用拇指在麵劑中捏出一圓坑，再包餡、收口。用於湯圓、薯類製品製作。

【擀皮】

製皮法之一。用小擀拖、大麵杖、走槌等工具將團劑（或麵團）碾壓成麵皮。用於水餃皮、蒸餃皮、抄手皮、燒麥皮等。

【攤皮】

用稀軟麵團在加熱的平鍋上拖動，使之黏上一層，烙熟後揭起。主要用於春捲皮。攤皮技術性強，一般由專門人員製作。

【掌壓】

即用手掌壓製各種麵皮。如壓製發麵類的包子皮、部分炸點的皮料，水餃皮亦有用手掌壓的。掌壓不用其他工具，速度較快，使麵皮成邊薄中厚狀，以便於包餡成形。

【觀音掌】

又稱「梭掌」。切製手工麵條的一種手法。切麵條時，一手握切麵刀，另一手的手指伸直，壓住麵皮，刀面貼住大姆指關節處，慢慢向後移動，使刀受力均勻，切出的麵條粗細一致。

【佛手掌】

切製手工麵條的一種手法。指未握刀的手，手指彎曲，壓住麵皮，頂住刀面慢慢地向後移動，使刀不易擺動，受力均勻，切出的麵條粗細一致。

【切麵】

麵團擀成厚薄均勻的大片，撲粉後疊層，用麵刀按要求切成粗細均勻的麵條。現在有手工切麵和機器切麵兩種。另外泛指機器切出的麵條。

【餡心】

用各種不同原料經加工、熟製或拌製後，用於點心包入皮料內的心料。

【葷餡】

以畜肉、禽肉及水產等原料製成的餡心，生熟均有。

【素餡】

也稱菜餡。以新鮮蔬菜及植物乾料漲發後製成的餡心。

【葷素餡】

又稱為菜肉餡。葷料及素料各半製成的餡心。

【鹹餡】

泛指在味感中以鹹味為主（如鹹鮮味、家常味、椒鹽味等）的各種餡心。成餡的用料極為廣泛，四季時令蔬菜、家禽、家畜、魚蝦類、海味類（魚翅、鮑魚、海參、魷魚等）均可。成餡宜於製作蒸、炸、煮、烙、烤、煎、烘等類的點心。

【甜餡】

各種甜味餡心的總稱。甜餡一般選用白糖、紅糖、冰糖等為主要原料，並在甜餡中加進各種蜜餞、果料。常根據其蜜餞和果料的名稱決定餡心的名稱。如經常使用的玫瑰、棗泥、冰橘、桂花、桃仁、松子、花仁、芝麻等，均屬此類。

【甜鹹餡】

指既有甜味又有鹹味的餡心。甜鹹餡在入口後，味覺首先感到甜隨之又感到鹹味。甜鹹餡有爽口不膩的特點。如火腿、金鉤、醃肉、蔥油等。

【生餡】

全部採用生料攪拌而成的餡心。這種餡心含水量較大，具有鮮嫩、汁多的特點。生

餡選用家禽、家畜、水產品、蔬菜類做原、輔料。蒸、炸、煮、烙、烘、烤等類的點心都可採用。

【熟餡】

指經煮、炒、燒等烹製法製熟的餡心。熟餡具有鬆散、爽口的特點。製作熟餡的原料亦很廣泛。蔬菜、家畜、家禽、魚蝦、海產品等類均可。熟餡一般適用於各種蒸、炸、烤、烘、煎等類的點心。

【生熟餡】

即用生料、熟料合製而成的餡心。例如有的包子餡心採用生肉、熟肉各一半的拌製法。有的燒麥餡心也採用生肉、熟肉合拌的方法。生熟餡有既散籽（鬆散）又鮮爽的特點。

【糖餡】

以糖為主料，加上豬油及少量輔料製成。如玫瑰餡、附油餡等。

【泥茸餡】

用植物果實或種子為主料，加工成泥茸狀，配以糖、油製成。質地細膩，帶有不同果實香味。如洗沙餡、棗泥餡、豆茸餡、蓮茸餡等。

【果仁蜜餞餡】

用熟製的果仁和蜜餞切細，加糖、油製成。質地鬆散、有果仁和蜜餞香味。如五仁餡、冰橘餡、什錦餡等。

【拌餡】

用手或工具將餡心的主、輔料和調味品拌和均勻的製作方法。餡應根據其品種的具體要求拌製。如抄手餡要求在拌攪時加冷湯，應慢慢地加，否則不吸水；蔬菜餡心，則應邊拌邊做，以免蔬菜出水而影響品質。

【吐水】

一般指餡心滲出湯水的現象。餡心吐水的原因是餡心剁得不細，肉茸不含水；攪拌方法不當；鹽和醬油拌入的時間過長。

【包餡】

將已製好的各種餡心，按照其所製點心的具體要求，分別包入皮料成形。如包抄手、包水餃、做包子以及包各種炸、烤、蒸、煮、煎、烘類點心的餡心等。

【包入法】

常用於包子、餃子、點心等多數品種。一般為麵皮攤開，中間填上餡心、包捏成形。可有提花、捏花等法。

【捏攏法】

用於燒麥（又稱燒賣）等。皮料較薄、餡心較多，填餡後以右手將麵皮向上捏攏，一般為露餡，不封口。

【捲筒法】

麵團擀成大張麵皮，抹上油及餡料，捲成筒，再切劑成形的上餡方法。常用於夾心花捲、肉鍋魁等品種。

【揀籠】

蒸籠中墊布或其他物品（刷籠的可不墊），再將麵點生坯按一定距離放入，為蒸製作準備的方法。

【穿糖】

又稱「穿糖衣」。是將白糖或紅糖溶於水或油內，經加熱後黏附於點心上的一種製作法。穿糖應嚴格掌握好火候，火嫩了穿不上，火老了既穿不上而且要焦，影響點心的形色。

【刷盞】

用油刷沾油，刷於蒸、烤點心的花型盞內，以防止點心成熟後與盞黏連而不易起脫。應注意不要漏刷邊角。

【刷籠】

用排刷沾油刷蒸籠。刷籠要根據具體品種的要求，刷上豬化油或熟菜油。刷籠的目的是防止點心蒸熟後與籠底相黏連，而影響點心成品的品質。

【伸皮】

一般蒸點的表面層色白、光滑、無皺，稱伸皮。要達到伸皮的效果，須下鹼正，揉按勻，出坯好，火力足。

【筋力】

指麵團中的麵筋質成分的多與少。由於麵粉中含有麵筋質，揉製好的麵團柔韌有力。麵團筋力與麵粉品質的好壞關係極大，一般地說，經過同樣的操作過程，麵粉品質好的，筋力就好。

【荷葉邊】

指麵皮經小擀拃和葫蘆錘（軲轆錘）壓製後，呈中心微厚、邊薄而有波皺的荷葉形。適宜於製作蒸製的點心。如各種燒麥的皮料。

【現口】

是指部分點心在包餡時，中心留一小孔，使餡心露出一點。露出餡心可以在一定的程度上使餡心內的氣體放出，以免爆裂；亦可讓食者觀察，誘人食慾。

【封口】

指將各種餡心包入皮料後，使之不漏的一種製作方法。需要封口的點心一定要封牢，否則將影響其成品的色、香、味、形。

【浸油】

在炸、烤點心的製作過程中，由於操作不當、火候不均出現的嗆油現象稱為浸油。浸油的點心色澤不美觀，入口油膩不酥香。

【澄麵團】

無麵筋質的麵團。澄麵是將麵粉加清水揉製成團，再用清水慢慢洗去麵筋質，將沉澱下來的澱粉經乾燥而成。具有色白、微透明、細嫩、可塑性強的特點。多用於花色點心，如玉兔餃、金魚餃、水晶鵝等。

【瓊脂凍】

用瓊脂（又稱凍粉、洋粉、洋菜）加水經熬或蒸製而成的凍。熬製或蒸製時加進適量的清水和白糖，待溶化後裝入所需要的容器內，冷卻即成。瓊脂凍具有透明、細嫩、香甜爽口的特點。適宜於製作各種果凍。

【菠菜汁】

鮮菠菜洗淨捶茸擠出的汁。具有色翠綠、味清香的特點。用其調製的麵團色美、味鮮，富含營養。如青菠麵、翡翠燒麥、菠汁水餃等。

【胭脂糖】

用食用紅色素染成的糖粉。在點心製作中用作色的裝飾，增加美感。如燕窩酥、水晶餃、馬蹄酥、涼糍粑等。

四、裝盤造型

【裝盤】

成菜工序之一。指將冷菜或熱菜製成後裝入盤中。裝盤有多種方法和形狀，可分為冷菜裝盤法和熱菜裝盤法兩大類。

【熱菜裝盤法】

指將烹製成的熱菜裝入盤中的方法。由於菜餚的原料形狀不同，烹調方法不同，因此，裝盤的方法也多種多樣。

【一次倒人法】

熱菜裝盤法之一。將製成的菜餚迅速地一次傾倒於盤中。要求位置恰當，形狀整齊，盤邊不濺油蹟。

【分次倒人法】

熱菜裝盤法之一。一般適用於主、配料數量差別不大的勾芡菜。先將配料部分盛入盤中，然後將主料部分鋪蓋在上面，使主料突出。

【堆盤法】

熱菜裝盤法之一。菜餚製成後，用手勺分次從鍋中舀出，裝入盤中，使菜餚堆如饅頭形或寶塔形。要求飽滿端正。

【撥入法】

熱菜裝盤法之一。一般適用於熘、炒、爆等類的菜。菜餚製成後，用手勺分數次撥入盤的中心，堆成饅頭形。

【拖入法】

熱菜裝盤法之一。適用於整隻原料。菜餚製成後，用手勺或鍋鏟鏟起菜料一端，或將鍋略掀一下，趁勢將手勺或鏟迅速插到菜料下面，利用鍋內芡汁的潤滑，將菜料拖入盤中。

【擺入法】

熱菜裝盤法之一。多用於花色菜或一菜兩做、一菜三做的菜。菜餚製成後，用筷子或其他工具將其一一從鍋中夾出，分主次或按規定的要求，擺在盤中適當的位置上。

【澆汁法】

熱菜裝盤法之一。多用於先過油後澆汁的菜。將原料油炸後撈出瀝油，裝入盤中；另用鍋製汁並澆在上面。如糖醋脆皮魚、菊花魚等即用此法。

【翻扣法】

熱菜裝盤法之一。將原料改刀後擺在碗中（底面朝下）加入調味料或湯，上籠蒸熟

後倒扣盤內。也有的扣盤前須先潷出湯汁，燒製勾芡後再澆在菜上。

【冷菜裝盤法】

指將製成的冷菜料改刀成所需形狀（有的料不改刀，如鹽水蝦等）裝入盤中的方法。它有多種方法和形狀。

【排】

冷菜裝盤法之一。指將冷菜料切成整齊刀形，排入盤中。如火腿冷盤。

【疊】

冷菜裝盤法之一。指將冷菜料切成整齊刀形後，一一疊入盤中。多用於什錦冷盤的拼製。

【圍】

冷菜裝盤法之一。將冷菜料切成整齊刀形後，在盤中排列成環形，層層圍繞，顯示出層次和圖案花紋。例如松花蛋（皮蛋）冷盤，將蛋切成橘瓣塊，在盤中圍成菊花的圖案。

【碼】

冷菜裝盤法之一。指將冷菜料逐個（片）碼齊成形。如鹽水蝦，可碼成圓形垛之類的形狀。

【扣】

冷菜裝盤法之一。將冷菜排列在扣碗或其他模具中，澆入瓊脂之類的汁（也有不澆汁的），凝固後翻扣盤中。大件的可改刀，小件的排疊整齊即可。

【拼】

冷菜裝盤法之一。將不同質地、不同顏色的冷菜料改刀後，拼在同一盤中。因用料數量不同，有「單拼」、「雙拼」、「三拼」、「四拼」等；因拼製形狀不同，有平面拼、立體拼、花拼等。

【平面拼】

冷菜裝盤法之一。將冷菜料切成所需形狀，在盤中拼擺成平面的花、鳥等圖案。

【立體拼】

冷菜裝盤法之一。運用各種刀法或手法，把冷菜料加工成所需形狀，在盤內拼擺出各種立體象生造型。如孔雀冷盤、鳳凰冷盤、蝴蝶冷盤。

【花色拼】

冷菜裝盤法之一。將冷菜料切成所需形狀，在一隻盤內拼擺成花鳥等各色圖案形象。如扇子、牡丹、雄雞報曉、青松白鶴。

【蓋面】

也稱「碼面」。冷菜裝盤法之一。指將品質最好、刀形整齊的冷菜料覆蓋在最上層。如鹽水鴨、鹽水鵝或滷雞等裝盤時，先以頭、頸、翅、脊等墊底，再以腿肉蓋邊，脯肉切好排齊後覆蓋在最上面。

【牽花】

指在菜品上鑲嵌上各種優美圖案，用以美化菜餚和增加氣氛的方法，適用於工藝性強的冷熱菜餚。如在工藝菜餚上鑲嵌上梅、蘭、竹、菊或福、祿、壽、喜等圖案。

【圍邊】

又稱「鑲邊」。指菜餚裝盤以後在菜品周圍加擺上色鮮形美的雕花和番茄、泡辣椒、芫荽、橘瓣等，用以美化菜餚、調劑口味的方法。

【抓抓碟】

冷菜裝盤法之一。指將冷菜切成片或絲後，隨意堆入盤中，不作排碼拼擺。如蔥油海蜇絲。

【橋形】

冷盤傳統拼擺形式之一。因形如拱橋，

故名。具體操作：將原料改成規格一致的長方片（或長方條），在盤內砌成兩個階梯形，橫截面爲直角三角形；用原料改長方片連結在兩個直角三角形的頂端；再用長方片按刀口等距整齊地擺成半圓橋形，根據菜餚需要，亦可擺砌成三孔或多孔橋形。

【和尚頭】

冷菜的一種傳統裝盤形式。因呈半圓球狀，形似和尚禿頂，故名。具體操作：先用部分原料在圓盤內堆砌成半圓球體雛坯；再將原料改成規格一致的長方片，按刀口等距、整齊地排成三行（先裝側面兩行，後裝中行），覆蓋於雛坯上即可。

【一封書】

冷菜或蒸菜的一種傳統裝盤或定碗形式。具體操作：用稍長原料改成長方片，按刀口等距排列，整齊裝盤。因形如書頁狀，故名。

【三疊水】

菜餚的一種傳統裝盤形式。多用於冷菜。具體操作：先取菜餚的片（或條），按順序擺成兩行，然後再在兩行中部覆蓋一行即成。要求刀工處理時注意厚薄均勻，長短一致，並按刀口等距排列，整齊入盤。

【風車形】

傳統裝盤形式之一。因形似風車，故名。多用於冷盤拼擺。具體操作：用葷素原料改成厚薄一致的長方片，將色澤和葷素岔開，按刀面等距、整齊地裝入圓盤；裝盤時，原料要下寬上窄、前搭後、順時針方向鑲擺一周（圈）；圓盤中部可用其他冷菜堆擺成形。

【城牆垛】

冷盤的傳統拼擺形式之一。因形如城牆的垛墩，故名。主要用於高莊對鑲冷盤拼擺。具體操作：將原料改成均勻的長方條，在圓盤一側按搭橋法砌成菱形牆垛；再取料改成稍大於長方條的薄片，按刀口平行疊好，覆蓋於牆垛上。圓盤的另一側，可用其他冷菜堆砌和用蘿蔔花點綴而成。

【扇面】

冷菜傳統拼擺形式之一。因成形後上寬下窄，上下端呈孤線，形似摺扇葉狀，故名。具體操作：先將原料切成規格一致的長方形片，按刀口等距排列成摺扇裝入盤。

【一顆印】

冷盤的傳統拼擺形式之一。因形如印章，故名。具體操作：將原料改成規格一致的長方片（或長方條），在盤內一橫一豎地交叉砌成正方體，其高度視原料多少而定。

【品字形】

冷盤傳統拼擺形式之一。因形如「品」字，故名。具體操作：將原料改成規格一致的長方條（或長方片），在盤內一橫一豎地交叉砌成三個方塊墩；按同一方法在三個方塊的中部再砌一個方塊（墩）即成。

第五篇

行業用語

第一章
店鋪和從業者相關用語

一、行業店鋪大觀園

【飲食行業】

飲食行業是專門為烹製飲食品提供設備、場所和服務性勞動，供顧客消費的行業。飯店、酒家、中西餐廳、菜館、飯館、甜食店、冷飲店、風味食店、小吃店、麵館、流動食攤等等，都屬於飲食行業。無論店子等級的高低，經營規模的大小，都具有加工、銷售、服務這三種互為聯繫、不可分割的社會職能。中國大陸當前飲食行業按經濟性質分為國有企業、集體所有制企業、個體私營企業、鄉鎮企業、外商獨資和合資企業六類。

【勤行】

對飲食行業的一種通俗稱呼。

【油大行】

對常與油湯油水接觸的飲食業職工的稱呼。舊時，其詞義演變成社會上對飲食行業的蔑稱。

【燕蒸業】

又稱「燕蒸幫」。以前飲食業中的一大經營業別，以經營大菜和承辦筵席為主要業務。包括包席館和南堂兩個部分。「燕」通宴，即「筵宴」的省文；「蒸」，「掛籠」之意，是區別於其他飯鋪、炒菜館的重要標誌，因最早的飯鋪和炒菜館是不用蒸籠的。

【飯食業】

又稱「飯食幫」、「飯幫」。以前飲食業中的一大經營業別，包括「紅鍋炒菜館」，即四六分飯鋪、便飯館和豆花館等。飯食業以經濟實惠，進餐方便為特點，以經營炒菜、小菜、豆花飯為主要業務，不承辦筵席，不製售海產類的菜餚。

【麵食業】

又稱「麵食幫」。以前飲食業中的一大業別，經營多種麵食。以成都為例，麵食業由四個部分組成：行籠鋪，經營壽桃、壽麵以及各種鍋魁；什件行，包括麵店和部分冷酒館；餛飩行，經營抄手；杵子行，經營爐橋麵等。

【醃滷業】

又稱「醃滷幫」。飲食行業中一個以製售醃、滷、燻食品為主的業別。很早以前，四川民間就有多臘月做醃肉、端午節做滷肉的習俗。到十九世紀末，才有人以醃臘為業，於春節前後的兩三個月中，大量製作醃

臘食品供應市場。此時的醃臘店只售生貨，不賣熟食。直到清末民初，才開始出現了以經營燻滷食品為主的「肉脯店」。二〇年代初期，由於醃滷攤、店以及「冷酒館」不斷增多，逐漸形成了一個行幫，醃滷業因此應運而生。

【燒臘】

泛指滷、煙燻、醃臘一類的食品。如：醃肉、香腸、滷肉、煙燻鴨子、板鵝等等。

【滷菜】

用滷法烹製的菜餚。滷是冷菜的一種烹製方法。將整隻鴨、雞以及大塊肉等放入滷水（用麵醬、冰糖汁、鹽、多種香料和鮮湯等製成）中煮熟後晾冷即成。

【鴨子業】

原成都飲食業中一個單獨的業別，以製作、售賣鴨子製品為主。此業季節性強，每年農曆八月底到九月秋鴨上市之時為最忙。最初，成都專業鴨子鋪不多，一般都是作坊。作坊將鴨子加工成成品，賣給攤販和冷酒館，季節一過，作坊也就關門。現鴨子業已納入醃滷業中，旺季時仍以製作鴨子為主，淡季時則製作一些其他的醃臘食品。

【水濕行】

屠宰、醃滷鴨子等行業的總稱。因從事這類工作的人，成天都和水打交道，故名。

【筵蜀幫】

此說主要流行於二十世紀三四〇年代的重慶一帶。重慶飲食業稱呼在重慶開餐館或幫工的成都廚師為「筵蜀幫」。

【包席館】

又稱「冷包席館」。餐館業的一種經營類型。以操辦筵席為主要業務。包席館一般沒有座場，以上門服務為主。客人包席須提前一天預定，店主根據要求，買辦原料，雇

請廚師。筵席的各種菜點先在店內製成半成品，屆時，廚師隨「酒席擔子」（盛有菜點的半成品和筵席所需的杯盤碗盞等）到客人住宅或要求的遊宴所在地烹製成菜。包席館的主廚和買辦（今稱採購）為相對的長期雇用，其他的技術人員則多是本店藝徒。

【南館】

又稱「南堂」，南館為「江南館子」的簡稱。成都的南館在十九世紀初就已經出現。清代嘉慶人嚴樵叟在其《成都竹枝詞》中所寫「『三山館』本蘇州式，不及新開四大園。請客何須自設饌，包來筵席省操煩」可證。最初的南館多為江浙人或江浙廚師所開，以經營江浙風味為主。菜品蒸炒俱全，陳設雅致，設備齊全，表示江南派頭。以後，蜀人吸收南館經營形式之長，代之以四川風味，經營零餐並承辦筵席和出堂等業務。逐漸形成一類綜合性的餐館。為區別於其他餐館，而以「南堂」稱之。也有稱「川南堂」、「變南堂」以及「包席館帶南堂」等。後有將「南堂」作「南塘」；「川南堂」作「餐南堂」者，皆誤。

【餐廳】

舊時專指經營西餐食品的餐館，現指中、西高級、中級餐館。高級餐廳如味苑餐廳、成都餐廳；中級餐廳如幸福餐廳、努力餐廳等。高級餐廳的經營設施，烹飪技藝，服務水準，衛生設備均與高級飯店相同。中級餐廳以零餐散座為主要業務，同時也承包筵席，通常陳設較為講究，設備比較齊全，經營傳統名餚，也有兼營麵點小吃。餐廳也指供進餐用的餐室，一般是指大旅館、火車站、飛機場等附設的營業性食堂。

【飯店】

通常指大型和高級的飲食服務綜合企業。凡以高級飯店稱呼者，均設住宿、餐飲等部門，並有經營場所寬敞、陳設雅致的特點。餐飲部則多設有普座餐廳、雅座餐廳、

風味小吃餐廳、宴會廳。烹飪水準在當地較高，有特級或一級廚師，三級以上的廚師占從事烹飪職工的1/5，能烹製本菜系具有特色風味的各式大菜，能製作各種高級點心、風味小吃。服務水準在當地是較高的，衛生設備也較好。四川的「飯店」也指一般的炒菜館，取名「飯店」是為了區別於麵鋪、小吃店。

【 飯館 】

出售飯菜的店鋪，也叫飯店或館子。

【 食堂 】

又稱「飯廳」，亦指機關團體中供應本單位職工吃飯的地方，也有將飯館稱為食堂，如成都飲食業的齊魯食堂、回香食堂。

【 四六分飯館 】

舊時四川一般飯館的別稱。以成都為例，除包席館、南館外，還有以經營炒菜為主的炒菜館，以主營小菜飯、豆花飯並代客加工的飯鋪。炒菜館、飯鋪分工嚴格，各為一業，直至清末，兩者方互相兼營，統稱四六分飯館。四六分的分，是一種計價單位，炒菜館的炒菜每份四分，六分為一份半（相當於現在的中份菜）。顧客買菜多買四分、六分，於是行業中就將四六分作為對一般飯館的稱呼。

【 便飯鋪 】

以經營小菜、豆花飯為主要業務的飯鋪。具有經濟實惠，方便顧客的特點。這類便飯鋪，多設於中小城鎮或大城市市郊場鎮。有的便飯鋪，還為顧客加工食物。

【 豆花館 】

以出售豆花為主，兼賣酒、菜、飯的店子。常以豆花為菜佐飯者唯有四川，因此，四川城鄉多有經營豆花的店子。

【 酒館 】

主營冷酒、冷菜的小店，也有兼營麵食的。通常店小，座位少，設備簡單，只供三五人或十來人小酌。

【 冷酒館 】

以賣酒、菜為主的小店。過去，所售菜餚主要是拌豬耳朵、炒花生、乾胡豆以及豆腐乾之類。後來，逐漸增加了一些醃滷食品，如醃肉、滷肉、香腸和滷鴨腳，雞翅等。這類酒館開堂後多不動煙火，菜在開堂前做好，故在酒館之前，冠之以「冷」字。

【 冷啖杯 】

主營白酒、啤酒和下酒菜的小店。冷啖杯經營的下酒菜不管葷、素都預先烹製成菜，晾冷後供應顧客。由於營業時不需動火加熱菜品故名「冷啖杯」。經營特色相似於早年的冷酒館。

【 冷飲 】

泛指汽水、橘子水、廣柑水、香蕉水、檸檬水、酸梅湯、杏仁水、綠豆湯等清涼飲料。霜淇淋、冰糕、雪糕等冷製品，也可列入廣義的冷飲範疇。

【 冷飲店 】

以經營汽水、檸檬水、霜淇淋等飲品為主的小店。冷飲店一般也供應一些蛋糕、麵包類點心，外賣冰糕、雪糕。由於品種季節性強，多數冷飲店夏、秋季經營冷飲，冬、春季則以火鍋為主營業務。

【 小吃 】

又稱小食，飲食業中出售的年糕、湯圓、油條等食品的統稱。飯館中分量少而價錢低的菜點，也稱小吃。

【 小吃店 】

經營普通小吃的店子。又稱小食店。如早點鋪，夜宵店，饅頭鋪，燒餅店，抄手

店，餅子店等。

【小吃餐廳】

以供應名小吃，小吃套餐，小吃筵席爲
主的餐廳。小吃套餐是指把鹹、甜、乾、
稀、葷、素、米、麵等各種小吃品種組合成
套，以每套的形式供應顧客。小吃筵席是指
以各種小吃作爲筵席的主體，配以一定數量
的涼菜和熱菜組合成筵席供顧客品嘗。

【甜食店】

出售甜味食品的小店。通常經營糕餅、
飲料、醪糟、湯圓、荷包蛋等。

【火鍋】

傳統飲食名稱。普通的火鍋，通常在桌
面中部挖一圓形孔，下置爐灶，上安小鐵
鍋，依法熬製滷水，倒於鍋內，並用井形木
（或竹）架置鍋中，以方便互不認識的顧客
各自燙煮食物。所售食物，皆盛於小盤之
中，有葷有素，可豐可儉，顧客可隨意自
選。大餐館的火鍋則比較講究，多用特製的
火鍋放在桌面上，分清湯、紅湯兩種滷水。
葷素生菜皆講究刀面，令人既感雅潔，又有
團圞之樂。四川傳統的火鍋爲毛肚火鍋，最
講究的火鍋爲菊花鍋。

【火鍋店】

專營火鍋品種以饗顧客的飲食店。此類
店鋪、酒樓專以火鍋（如毛肚火鍋、酸菜魚
火鍋、啤酒鴨火鍋、羊肉火鍋、火鍋雞、火
鍋魚、火鍋海鮮等）作爲當家菜品，備有毛
肚、黃喉、鱔魚片、午餐肉、豆尖、藕片、
金針菇、香菇、白菜、豆芽、粉條、鴨血等
供客人點菜，或將各種配料開架由客人自
取、自選。除火鍋配料外，一般還配有幾種
小吃（八寶粥、水餃、蔴圓等）佐餐。火鍋
店的湯料主要有紅、白兩種，並配有用香
油、蒜茸調製的味碟。此外，尚有以中藥入
膳的滋補火鍋。

【麻辣燙】

用竹籤將各種食物穿成串，食用時將食
物串在麻辣湯料中燙熟，然後沾辣椒粉食
用，這種成串的食物和燙食方式稱爲「麻辣
燙」。又指經營這類食物串的小店或食攤爲
「麻辣燙」。

【點心】

今通常指正餐外以大米、麵粉爲主所
製成的糕餅類食物。點心原爲動詞，有略
進食物充饑之意（參見宋・吳曾《能改齋
漫錄》）。後演變爲名詞，指小吃之類的
食物（參見宋・周密《癸辛雜識前集・健
啖》）。四川及重慶現今的小吃與點心沒有
嚴格的界限，如江北提絲發糕，既可稱點
心，又可稱小吃。

【點心店】

通常指以出售早點、茶點、糕點爲主的
店鋪。

【涼粉店】

以出售涼粉爲主的店子。有的兼營涼
麵、鍋魁等食品。

【酒樓】

有一定規模和風味特色的綜合性餐館，
能提供正餐、小吃，承辦筵席。

【牛肉館】

經營以牛肉爲主料的餐館。牛肉館供應
的菜品大多比較專一，多採用燒、燉、蒸、
拌等幾種烹製方法製作菜餚。也指伊斯蘭風
味餐館。

【小攤】

指以出售某種食物爲主，設在街邊、路
旁、集市或廣場的流動食品攤擔。古時稱這
類小攤爲「浮鋪」。

【小麵攤】

專營小麵、素麵的街邊小攤擔。

【食擔】

一種盛裝食品的器具（有的地方稱擔子、擔擔）。經營者肩挑著走街串巷，沿街叫賣。食擔經營的品種比較單一，有的只裝食品，不動煙火；有的則一頭裝原材料或半成品，一頭挑火爐，遇有食者則現做現賣。

【川飯分茶】

川菜食店名稱。初見於宋孟元老《東京夢華錄》：「大凡食店，大者謂之分茶。」吳自牧的《夢粱錄》也有「向著汴京開南食麵店，川飯分茶，以備江南往來士夫，謂其不便北食故耳」的記載。

【四司六局】

宋時官方或帶官方性質為筵宴服務的機構。官府的春宴、鄉會、鹿鳴宴、文武官試中所設的同鄉宴，以及聖節滿散的祝壽公筵，富豪士庶的吉筵凶席等，皆可請四司六局操辦。四司六局各有所掌，其分別是：

- 「帳設司」：負責宴會廳的陳設和佈置。
- 「茶酒司」：又稱「賓客司」，負責接待賓客，供應茶水以及席中的酌酒、上菜。
- 「廚司」：負責菜品製作。
- 「台盤司」：負責筵席所用的餐具及其清洗。
- 「果子局」：負責籌辦時新水果及南北京果。
- 「蜜煎局」：負責供應蜜煎。
- 「菜蔬局」：負責時鮮蔬菜。
- 「油燭局」：負責燈火照明。
- 「香藥局」：負責提供一些醒酒的香藥、湯、餅。
- 「排辦局」：負責桌椅及灑掃擦抹之事。

【菜系】

以特定的地區物產為基礎，以特定的文化習俗為指導，形成了特定風格的烹飪流派。中國烹飪約定俗成的四大菜系指：川菜，魯菜，粵菜，淮揚菜。八大菜系指：川、魯、粵、揚、閩、浙、徽、湘。

二、認識工職工種

(一) 紅案：負責菜餚烹製

飲食行業的三大工種（紅案、白案、招待）之一，負責菜餚的烹製，工作內容包括從原材料的初加工、精加工，半成品的組配到烹調成菜等全部工藝流程。因菜餚烹製是以爐灶與火為基本手段，故稱紅案。根據工作內容和責任的不同，紅案又細分為：爐子、墩子、冷菜、籠鍋和水案等若干工種。此外，還有一些直接為紅案服務的如雜務、大灶、菜雜等工種，也屬紅案的範疇。

【爐子】

原指烹製菜餚所用的設備，現用作製餚工種的代稱，負責菜餚的烹調。工作內容：根據客人的需要、菜餚製作的要求，運用與之相適應的烹調方法烹製菜餚。「爐子」是菜餚烹製的最後一道工序，其工作的好壞，直接關係到菜餚品質，是飲食行業的主要工種之一。

【墩子】

原指切菜用的砧板，現用作切配工種的代稱。負責烹飪原料的精加工和半成品的組配。

- 原料加工：將整治乾淨的原料進行分檔處理，再根據菜餚的要求運用各種刀法，將原料加工處理成各種形態的半成品。
- 半成品組配：即根據菜餚要求，依照配形、配色、配質和配器的原則，對所需半成品原料進行組配，供爐子烹製成菜。

此外，墩子的工作內容還包括，制定原料的購進計畫（即通常所謂「開買

帳」），核算成本和編製筵席菜單等。墩子是企業的核心，關係到菜品質量的好壞、企業經營的成敗，故一般應由經驗豐富的廚師擔任。按其內容的不同，墩子又分生墩子和熟墩子兩個部分。

【熟墩子】

又稱「冷墩子」。屬墩子的一個組成部分。原主要負責熟食的加工和冷菜的製作，現已從墩子中劃分出來，成為一個獨立的工種，即冷菜（見下列冷菜說明）。另外，飲食行業中切製熟料的砧板，亦稱熟墩子。

【生墩子】

屬墩子的一個組成部分，因所切原料為生料，故名。

【冷菜】

負責冷菜製作。原屬墩子的一個部分（稱熟墩子）。現已成為與熱菜（爐子）、蒸菜（籠鍋）並列的一項工種。工作內容，根據冷菜的要求，運用不同的刀法、烹製法和調味方法，製作冷菜菜餚；負責配製筵席的冷碟（其中包括高級筵席的花式、造型拼擺等）。冷菜有迎賓菜、見面菜之稱，其地位和作用非常重要。

【籠鍋】

原指製作蒸菜所用的器具，現用作蒸菜工種的代稱。從性質上看，籠鍋本屬製餚範圍，但因其有自身的特點，故行業中將它作為一個獨立的工種。籠鍋負責蒸菜的製作、半成品的加工及部分乾貨原料的發製。籠鍋是紅案的基礎工種之一，必須掌握墩子（如下料、切配）、爐子（如拌味、火候）的一些技法，所以，行業中往往將籠鍋工作人員作為墩、爐工種的遞補力量，作為培訓廚工的基礎工種之一。

【水案】

原指整治烹飪原料所用的案板（俗稱「水案板」），現指原材料初加工這一工種。工作包括：雞、鴨的宰殺、剔剮；雞、鴨、鵝掌的剝製；剖製鮮魚、蝦、蟹；部分海產品和乾貨的泡發。此外，還應負責灌填鴨、宰殺奶豬及其初加工等。水案是紅案的一個基礎工種，直接為墩子服務，不僅要求要有嫻熟的技術，而且還應掌握識別各種原料性能的知識。

【大灶】

負責煮飯、製鍋粑等事，一般還要負責供應職工伙食。大灶直接為紅案服務，作用不可忽視。因其做飯所用的爐灶比炒灶大，故名大灶。

【菜雜】

負責小菜菜品的製作（各種涼拌小菜，各種泡菜，用各種乾、鮮豆和豆製品做成的菜餚），並負責泡製烹製熱菜所用的各種調味品，如泡紅辣椒、泡子薑、泡青菜等。四六分飯館、豆花小菜飯鋪多設菜雜這一工種。

【雜務】

為紅案諸工種的後勤和助手。因其工作內容既多且雜，故名。雜務工作以前為行業藝徒必修的第一課，現也多作為對新職工進行基本訓練的內容。其工作包括打掃環境衛生、洗碗、搭火、捶炭、擇洗小菜、刮洗豬雜、拈毛、舂花椒粉、胡椒粉、蒜泥、薑汁以及湯鍋的摻湯換水、推磨、打雜油和下火等等。餐廳中多設雜務，一般飯店，雜務包括在水案之中。

(二) 白案：負責糕、糰、麵、點製作

飲食行業的三大（紅案、白案、招待）工種之一，負責糕、糰、麵、點的製作。工作包括從原料初加工、精加工到製作成品的全部工藝流程。糕、糰、麵、點的製作，多

與米、麵有關，為區別於紅案，以白案稱之。根據工作內容和責任的不同，白案又分大案、小案和麵鍋等幾種。

【大案】

負責大宗麵食點心的製作。因其所用案板較大，故名。工作包括：手工麵條、抄手皮的擀製；各種包子、饅頭、花卷、抄手、水餃等點心的製作。大案的生產量較大，其製作的成品多用於早點以及專業麵店或小吃店的供應。

【小案】

負責筵席點心的製作。因其使用的案板較小，生產量也不大，故稱小案。工作內容主要根據筵席或供應的需要，有計劃地製作各種糕、糰、麵、點。小案多見於餐廳和綜合小吃店。

【麵鍋】

原指煮麵條所用的鍋，現指煮製麵條這一工種。工作包括製作各種麵臊、煮麵、挑麵等。此工種多見於專業麵店。

(三) 招待：負責接待顧客

飲食行業的三大工種（紅案、白案、招待）之一，負責接待顧客，工作包括：迎接顧客、安座問好、介紹菜品（包括開單和口頭介紹）、端菜上桌（筵席服務還要包括檯面的設計和製作）、結算帳目、送客出門等。招待是飲食行業第一線的工作，直接關係到企業聲譽和經營成果，故飲食行業中有「頭堂二爐三墩子」之說。招待工作人員不僅要有嫻熟的接待技術，而且還要具備多方面的知識。以前飲食行業飯館中的招待，又分頭招待、二招待和走菜（俗稱「端工」）三種。頭招待負責接客安座，介紹菜餚，結帳送客；二招待負責端湯端飯，協助頭招待；走菜則主要負責端菜。另外，坐櫃和飯鍋也直接接觸客人，屬招待工種。

【坐櫃】

負責收款，售票，接包筵席，製定席單，觀察堂口等工作。坐櫃是聯繫顧客和服務員、廚房和招待之間的樞紐。坐櫃工作人員必須瞭解本企業的經營特色、經營品種和價格，耐心解答顧客提出的問題，並及時將顧客的要求轉達廚房和招待。坐櫃的工作通常由本企業有經驗的服務人員擔任。

【收銀員】

餐飲行業執行「坐櫃」任務的服務員，收銀員的主要職責有：售票、宴會結帳、收款及填寫支票、編製收款日報等。

【飯鍋】

負責舀飯並協助雜條工作，飯鍋之名來自於熟飯加熱的亮飯鍋。從事這一工作的人，舊時稱為「鬥戶」。

(四) 廚師：本指長於烹飪並以此為業者，現多指飲食業的技術職稱

廚師按其技術水準分五級廚師、四級廚師、三級廚師、二級廚師、一級廚師和特三級廚師、特二級廚師、特一級廚師八個等級；按其烹製特點，可分為紅案廚師和白案廚師兩類。

- **紅案廚師**：能夠熟練掌握菜餚烹製過程中每一個環節或每一個工種的技術，包括水案、籠鍋、墩子、冷菜和爐子等。所做的菜餚在色、香、味、形方面，均能達到成菜要求的品質標準；並能合理使用原材料，正確核算成本，有傳藝授徒、指導操作的能力。

- **白案廚師**：能夠熟練掌握各種米、麵的性能，調製各種不同用途的麵團、餡心、麵臊，掌握蒸、炸、煮、烤等操作技術。所製的糕、糰、麵、點能達到形美、味好、質優、量準的要求；並能合理使用原材

料，正確核算成本和指導藝徒，從事教學。

【烹調師】

國家勞動部《職業技能鑑定規定》頒佈的廚師的技術職稱。烹調師分為初級烹調師、中級烹調師、高級烹調師。根據工種不同又分為中式烹調師、西式烹調師。白案廚師稱為中式麵點師。

【廚師長】

大、中型飯店及餐館主持廚務的技術首腦。通常由所在店烹飪技術最高、富有經驗，並具有一定組織才能和一定聲望的廚師擔任。廚師長的職責為負責廚房全面工作，安排工作計畫，調配勞力；組織廚房工作人員準備原材料和進行加工製作，指揮和安排日常供應和酒席、宴會，並參與名菜製作；組織廚房工作人員學習技術和師傅傳藝、徒弟學藝；對加工製作的菜點品質進行督促檢查，及時糾正違反操作規程，違反物價政策的現象，對達不到品質要求的半成品或成品及時組織補救；指揮廚房人員收撿腳貨，打掃場所和所用的炊用具。

【紅案廚師】

對專門從事大菜、熱炒、籠鍋、冷菜等烹調工作的廚師稱呼。在大、中餐館，紅案廚師通常分為墩子、爐子兩種。負責墩子的廚師職責為提出每日需用原材料計畫；負責動物原材料的整料去骨，山珍海味的初步加工和高中檔菜餚原料的切配成形，拼配主料、輔料；飯口、酒會、宴會臨案操作指揮；準確核算菜餚原材料成本；輔導徒工練習操作，學習技術；組織廚工、徒工日終盤存原材料和晚上收撿工作。負責爐子的廚師職責為提出每日需用的調料（包括輔料和調味品）計畫；組織廚工加工當日出售菜餚所需的半成品材料；組織廚工、徒工進行日終盤存原材料和晚上收撿工作，以及班前啓用爐口，班後封閉爐口；負責高中檔菜餚和特色風味菜品的烹調製作；飯口、酒會、宴會臨灶操作和指揮；輔導徒工練習操作，學習技術；會同墩子廚師核算原材料成本和售價。

【白案廚師】

對專門從事糕、糰、麵、點等烹製工作的廚師稱呼，其職責在提出每日需用原材料計畫；組織廚工、徒工進行日終盤存原材料和晚上收撿工作；負責高中檔米、麵食品，點心和特色風味點心的製作；飯口、酒會、宴會臨案操作指揮；輔導徒工練習操作、學習技術；準確核算材料成本和售價。

【冷菜廚師】

對專門從事醃漬、冷滷、拌和等冷菜烹調工作的廚師稱呼，屬紅案廚師範疇，負責提出每日所需原材料的計畫；組織廚工、徒工進行日終盤存和收撿工作；負責高中檔冷碟的製作和雕花造型；飯口、酒會、宴會臨場操作指揮；輔導徒工練習操作；負責妝點櫥窗和食品加熱處理；準確核算菜餚成本和售價。

【服務技師】

服務人員的技術職稱。分五個等級，最高者為特一級宴會設計師。其技術等級標準包括：精通餐廳服務的全面業務，能熟練地擔任各種大型或國際性宴會、酒會的組織工作；精通各種筵席的擺檯方法，上菜配酒規劃；掌握各種餐具的使用方法以及對外賓、國內各民族的接待知識；會一種外語並能熟練地用外語接待賓客；能系統地總結經驗，提高服務工作水準，有培養高級服務人員的能力，能編寫或口授服務工作講義。

【廚工】

對專門從事烹調的初學者的稱呼。廚工在廚師的指導下進行操作。

【紅案廚工】

對在廚師指導下進行大灶、熱炒、籠鍋、冷菜等烹調工作的初學者的稱呼。負責墩子的紅案廚工的職責包括：負責高中檔菜餚原料的切配，中低檔菜餚原料的切製成形，拼配主、輔原料；負責對隔日原材料進行處理，整理冰箱和貯藏物料；準確核算菜餚成本；帶領徒工進行日終盤存和收撿工作。負責爐子的紅案廚工職責包括：負責高中檔菜餚的配合加工，中低檔菜餚的烹調製作以及加底回鍋；負責對墩子上交來的隔日原材料進行處理，擇洗配製各種烹調佐料，清撿（清潔整理）各種工具、用具；核算菜餚成本和售價；帶領徒工進行日終盤存和收撿工作。

【白案廚工】

對在廚師指導下製作糕、糰、麵、點等工作的初學者的稱呼，其職責包括：負責一般麵點的加工製作和高中檔酥麵、點心的配合加工；帶領徒工對隔日原材料進行加熱處理，整理冰箱和貯藏物料，搞好工具用具、佐料用料的整理清撿；準確核算成本和食品售價。

【冷菜廚工】

對在廚師指導下進行醃漬、冷滷、拌和等烹調工作的初學者的稱呼，屬紅案廚工範疇，其職責為負責各種原材料的滷、醬、醃、拌、燴、燻和中低檔冷盤的烹調、切配拼擺；帶領徒工對隔日原材料進行處理，整理冰箱和貯藏物料，整理清撿各種工具用具，盤存原、輔材料；準確核算菜餚成本和售價。

【服務員】

也稱「招待員」。指飲食行業中招待客人的工作人員。古時稱酒家、酒保、店小二、庸保、行案、小夥計。二十世紀四〇年代前稱堂倌、跑堂、麼師（川話）、茶房等。四〇年代以後稱服務員、招待員。中華人民共和國商業部規定了飲食行業服務員技術等級為：一級服務技師、二級服務技師、一級服務員、二級服務員、三級服務員、四級服務員，以標誌不同的服務技術水準。

【迎賓員】

餐廳、酒樓設置專為迎接顧客、引導顧客入座的服務員。迎賓員一般都著裝站立於餐廳、酒樓大門內側，主動、熱情地招呼就餐客人，並為客人引導安座。

【領班】

飯店餐廳服務員的領頭人。舊時稱為「堂頭」或「頭招待」。主要負責指揮、協調一組服務員的接待工作，召開班前會，處理顧客諮詢。

【七匹半圍腰】

又稱「七角半活路」，是舊時飯館中所有工種的總稱。所謂「圍腰」原為飯館工作人員工作時圍在腰上的布塊。這裡則是指根據各工種的技術高低，作用大小來確定其小費分配的計算單位。如「一匹圍腰」（一角活路），可分得一份「小費」，而「半匹圍腰」（半形活路）只能分得半份。「一匹」大多指技術性較強的工種，「半匹」則主要指技術性不強的輔助工種。由於各地區、各飯館的情況不同，所以「七匹半圍腰」的具體內容也不盡一致。有稱招待、爐子、墩子、冷菜、籠鍋、白案（或飯鍋）、水案和雜務（半匹）為「七匹半」；有稱招待、爐子、墩子、冷菜、籠鍋（各為一匹）、飯鍋、湯鍋、水案、雜務（各為半匹）為「七匹半」；亦有稱墩子、爐子、燒烤、籠鍋、冷碟、大案、小案各為一匹，水案為半匹。此外，還以「七匹半圍腰」美言事廚者具有多種技能。

【餐廳主管】

為餐廳業務經營的負責人，負責完成餐廳經營計畫及各項經濟指標的實施，分析研

究餐飲市場的形勢，制定合適的行銷策略與餐廳內部的規章制度，並貫徹實施，也負責餐廳各項外來業務的接待，協調餐廳內部各項工作。

【餐飲總監】

監督餐廳日常經營活動的執行人，主要工作為監督餐廳服務品質和菜品質量以及餐廳的行銷策略，並適時的提出具體的改進措施以供餐廳經理決策。

【行政總廚】

餐廳廚房業務的負責人，其工作包括組織制定廚房工作流程，管理廚師和廚房工作人員，協調廚房各工種勞動組合，管理廚房貨源進、銷、存，考核廚房人員的業務水準，負責業務技術培訓。

【掌墨師】

又稱「坐押師」。舊時稱在包席館和南堂中主理廚政的廚師，相當於現在的廚師長。多由本店的頭爐或頭墩擔任。掌墨師原指木工中的關鍵人物，木活好壞取決於掌墨師的水準。飲食業借用此名，用以表明主廚者在烹飪中的重要地位。

【頭爐】

又叫「頭爐子」，原為餐廳、飯館廚房中排列在第一個的爐灶。行業又引申為指某店烹調技藝最好的紅案廚師，廚房裡頭一個爐子通常由該廚師負責操作。主要負責筵席菜餚和高級菜品的烹製。

【二爐】

又叫「二爐子」，其技術水準僅次於頭爐。主要任務是烹製供應零餐散座的菜餚和製作高級湯菜所用底湯（如清湯、奶湯等），並協助頭爐工作。

【三爐】

又叫「三爐子」，主要負責一般菜餚、燒燴菜、一般湯菜的製作。

【頭墩】

又稱「頭墩子」，其責任是計畫當日和次日原材料的使用和進貨，安排供應品種，編制筵席功能表，組織安排整個切配工作，並負責燒烤、糝、蒙、貼、釀以及各種名貴菜餚的半成品的製作。通常是由本店經驗豐富、技藝精湛的廚師擔任。有的餐館由廚師長擔任，故又有「掌墨師」之稱，之後成了廚師技術等級的一種代稱。

【二墩】

又稱「二墩子」，負責一般菜餚的切配，有時也協助頭墩工作，收堂後還要負責各種生、熟原料的汆、燙等工作。

【三墩】

又稱「三墩子」，負責烹製菜餚所需的各種輔料和調料（川話也有稱為小賓俏）的切配。

【盤工】

又稱「管碗匠」，包席館中負責碗盞家俱的人。出堂辦席時，由他挑上酒席擔子，裝上所需的餐具到指定地點，席間也負責部分輔助工作，包席結束清洗整理所帶餐具並挑回本店。現今已無此工種，餐具由洗碗工清洗管理。

【掌子】

飯鋪中的臨時工，舊時在飯鋪幫工的工人，由於某種原因臨時不能持續幹活，但又怕失業，就找相好的失業同行頂替自己做三五天工。這樣既可解決自己的問題，又可幫助朋友解決暫時的困難，這個頂缺的工人就是掌子。而這種做臨時工的活動，則叫「打掌子」。

三、業務經營範疇

【飯口】

指餐館、飯館進餐人數最多、業務最忙的時間,通常是中午和晚上正餐時間。飲食店應在飯口時間配備足夠的服務人員,全力接待好顧客。

【開堂】

飲食業店鋪開始營業稱爲開堂。開堂前廚房進行原材料粗加工和精加工,準備調輔料;招待員清掃店堂,安放好桌、椅,備齊小餐具,然後打開大門營業。

【收堂】

飲食業店鋪停止營業稱爲收堂。收堂後不再接待顧客,售票員結帳,廚房收撿存貨,招待員繼續爲已就餐的客人服務(添飯,加湯等)。

【湧堂】

指餐廳、飯館的營業高峰,即就餐顧客人數達到滿座的時候。

【吊堂】

餐廳、飯館爲準備貨源或工人輪休,營業處於低峰時,以少數品種維持營業。

【冷堂】

指餐廳、飯館的營業處於低峰,就餐顧客稀少,店堂冷清的行語。

【亮堂】

指餐廳、飯館的營業冷清,基本上無就餐顧客的行語。

【走班】

餐廳、飯館午後吊堂時,一部分人員離開崗位外出休息一段時間,稱之爲「走班」。

【正餐】

指飯店、餐館供應的午飯、晚飯。現在的消費習慣,顧客多在正餐時間內吃午飯和晚飯。因此,必須作好正餐供應,以應付顧客需要。

【便餐】

指顧客進餐無一定的特殊要求,根據飯店供應的品種,隨便買幾份菜佐酒、下飯,稱爲便餐。

【零餐】

是飲食行業中與包訂席桌相對而言的供應方法。顧客隨到隨吃,吃啥買啥,稱做零餐供應或供應零餐。

【散座】

飲食店鋪爲零餐顧客提供的餐位,也指零餐點菜的顧客。

【點菜】

根據餐廳提供的菜簿(菜單)、菜牌所列菜點,食客按其所好,隨意選擇,自行定菜,叫做點菜。

【合菜】

餐館根據食客每人或幾人所定的金額,配成幾種適合顧客需要的菜色稱爲合菜。通常由兩葷兩素一湯,或三葷一素一湯組合而成。其菜餚用料的貴賤,則取決於預訂合菜者所出價錢的多少。

【包飯】

餐廳、飯館中的一個服務專案。由飯館和顧客雙方約定,一方按月付給規定的飯金,一方負責供給飯食。包飯的標準可高可低,包一餐、三餐均可。另外,凡單位開會向餐廳、飯館訂的會議伙食,每人每天按一

定價格收費，也稱包飯。

【出堂】

本指南堂館的一項經營業務，即派廚師出堂，上門為客人包辦筵席。現亦稱顧客到店買飯買菜後端出店外為出堂。菜餚出堂也稱「外賣」。

四、設施服務

【招牌】

寫有店名，掛在門前或寫在門面牆壁上作為店鋪標誌的牌子。飲食業歷來很講究招牌名稱，有的名稱十分文雅而富詩意，如頤之時，不醉勿歸小酒家，帶江草堂，星臨軒，小稚等。

【櫥窗】

飯店、餐館等店鋪用以顯示經營特色和烹飪技藝，招徠顧客的宣傳設施。川菜餐館的櫥窗一般是以涼菜間作為展示菜品的視窗，常以名酒、菜點或半成品陳列其中。櫥窗陳設，應具有豐滿樸實，美觀大方，清潔衛生的特點。

【望子】

也叫「酒簾」、「酒望」、「酒旗」。古時酒家懸掛的布招，用布綴於竿頭，懸在門前，招引顧客。

【幌子】

即「望子」，又指「酒旗」。古時店鋪用來招引顧客的布招，又特指酒店的望子。

【堂口】

又稱「堂面」、「店堂」。餐廳、飯店中客人用餐的地方。

【雅座】

指餐廳、酒樓中陳設比較精緻、座場比較舒適的小房間。

【帳檯】

收款結帳的服務工作檯，通常設在店堂內門口的左右側，根據服務方式（或「先吃後付」，或「先買後吃」）的需要，設一人或兩人結帳。凡以先吃後付方式服務者，其帳檯應面對店堂，便於收款人員與食客聯繫，以節省顧客結帳時間。

【座頭】

舊時計算飯鋪、餐館規模大小的單位。一個座頭即一張餐桌。

【餐位】

進餐客人的座位。又作為餐廳、飯館規模的計算單位，以一客一座的形式計算。

【餐桌】

供進餐用的桌子。有圓桌、方桌和條方桌多種。

【圓桌】

餐桌的一種。有大、中、小之分。大圓桌一般用於宴會，有十個座位（圓面直徑約為160公分），最大的可坐二十人，在宴會上作首席用。中圓桌設八個座位（圓面直徑約為140公分），多用於零餐散坐。小圓桌坐四人（圓面直徑約80公分），常見於小吃、麵食、點心店和冷飲店。

【八仙桌】

餐桌的一種。用料考究，製作精緻的一種大方桌，每方可以坐兩個人，一桌共坐八人，故名。傳統筵席和家宴時常用八仙桌作為餐桌。

【長桌】

餐桌的一種。舊時中餐多用此桌，一般

只坐三方。現多用於西餐、宴會或咖啡店。

【桌圍】

裝飾餐桌的桌布。用綢緞製成，上繡盤金花，用於餐桌的圍邊，其作用是美化場面。舊時多用於官府士紳舉辦的宴會上。

【桌布】

鋪設於餐桌上的專用布料，有裝飾餐桌和保護進餐者衣褲的作用。桌布一般為純棉製成，也有滌棉或塑膠薄膜製的簡易桌布。

【轉檯】

餐廳、飯店特製的桌面。圓形，置圓桌檯面正中，菜放其上，可以轉動。客人可按自己的喜好取食菜餚。

【落檯】

筵席服務放置瓶酒、飲料、備用小餐具以及傳送、整理菜點的桌子，又稱「備餐檯」，多置於方便服務員工作的地方。

【菜牌】

書寫、公佈本店當日供應菜餚的名稱、價格的掛牌，供顧客點菜之用。因多用白粉書寫，故又稱「粉牌」。

【粉牌】

見「菜牌」說明。

【水牌】

原為供人寫字用的特製木板，用水洗去字跡後可再寫，故名。後用作飯店菜目牌的代稱，又稱「粉牌」、「菜牌」。

【菜簿】

飯店餐館中供顧客點菜使用，記有菜品名稱、銷售價格的簿子。有的飯店每席一本，有的飯店每個服務員一本，隨身攜帶，供客人索閱點菜。

【手牌】

餐廳、飯店中給客人挑選菜品的小型菜牌。多用木相框或塑膠框製成。

【酒席擔子】

從前包席館和南堂館出堂所用的席擔子，用以盛裝餐具、用具、調料、湯以及菜餚半成品等，挑到客家，上門辦席。

【抬盒】

裝盛菜餚、點心的木盒子。舊時，為了給人祝壽或喪悼，由主辦人出資請包席館做一桌現成的菜點，裝入抬盒，由人抬著送去，多作「供席」之用。

【服務態度】

服務員在接待顧客中，禮節、禮貌、儀容、語言等表現的總稱。以主動、熱情、耐心、周到為其衡量標準。它是服務品質好與不好的重要標誌之一，服務態度，關係到企業的聲譽和經營成果。

【禮節】

社會生活中，人們所應遵循的禮法條規和道德標準，由歷史傳統和風俗習慣而形成並為大家共同遵守的禮儀程式。餐館日常服務工作中的禮節是：迎請顧客、招呼問好、安座介紹、上飯上菜、送客道別。宴會服務的禮節是：恭迎賓客、招呼問好、敬茶送水、照顧安座、依序斟酒、上菜上飯、撤換餐具、站立侍應、送客道別。

【禮貌】

通常指一個人在語言和動作上一種謙遜、恭敬的表現。日常服務和宴會服務的禮貌是：招呼請座、稱呼得當、請不離口、態度謙和、行走輕快、禮讓得體、道別熱情。宴會服務的禮貌要求更高一些，不可當著賓客打噴嚏、咳嗽、搔癢、抽煙；不可打聽賓客職業、年齡、收入；不可指手劃腳、交頭接耳、評頭品足、高聲喧嘩；不可與顧客搶

前爭路，隨意打斷賓客談話。如果違反以上各點都有失禮貌。

【迎賓】

一種服務程式。也指餐廳、酒樓大門前迎接顧客，介紹本店風味特色，前行引座的服務員。設置迎賓表達了酒店、餐廳對顧客的熱情歡迎，融洽了服務員與顧客之間的人際關係，反映了餐廳、酒樓的服務檔次，表現出服務人員的美好心靈和高尚情操。

【班前例會】

餐廳工作人員每日上崗（上班）前例行召開的短會。前檯班前會主要檢查服務員服裝和儀容，交待當班客人訂座情況，廚房菜品準備情況，講解當日功能表，安排勞動組合；廚房班前會檢查廚師著裝和個人衛生，交待存貨、進貨情況，安排當日菜品和勞動組合。

【宴會服務】

餐廳、酒樓的一整套服務流程，包括宴會前的擺檯、熟悉功能表、瞭解客人、迎賓、認客、安座、上香巾、斟茶等服務內容；宴會開始後斟酒、水、飲料，走菜，介紹菜品、分菜，上小吃、水果、香巾，換小餐具等服務內容；宴會結束後的核帳，送客，撤檯，清理小餐具，清掃餐室衛生等服務內容。

【服務到桌】

指售票或開單到桌，杯、筷送到桌，酒、菜、飯送到桌等工作，是接待零售顧客的一種傳統服務方式。

【先吃後算】

顧客先進餐、後付款，稱先吃後算，是餐館的傳統服務形式，較先買後吃的服務方式更方便顧客。先吃後算有兩種方法：

• 開單制：廚房憑單做菜，餐後憑單到櫃檯結帳。

• 喊堂制：菜喊進廚房，餐後憑盛器計價，喊帳上櫃，櫃檯收款。喊堂制要求服務員口齒清楚，喊出韻味，牢記價格，結算準確，動作敏捷，不錯不亂。

【安座】

安排座位之意。服務員接待零餐和筵席顧客的工作內容之一。安座應體現主動、熱情的服務精神。見顧客進店，服務員即應主動迎上去，安排在適當的餐位上。例如習慣上，老年人和腦力勞動者，一般喜歡安靜，可安排在靠壁的地方。若進餐顧客較多，而某些餐桌又未坐滿時，可徵得顧客同意後「鑲座」（併桌），既能滿足客人需要，又可發揮設備的利用率。

【開單】

指餐廳服務員把顧客所點的菜品、酒水、飲料等用一張功能表的形式作出記錄。單據一般一式三份（一份交顧客、一份交廚房、一份交櫃檯）。單據必須註明桌號、顧客有否特殊要求（如「免紅」、「辣輕」、「清蒸」等）。

【點酒】

顧客就餐時選擇自己喜好的酒品，稱為點酒。點酒服務要求服務員能熟練地掌握酒的分類、各種名酒特色、產地、價格及飲用方式，由服務員介紹後供顧客選擇，也可以由顧客自行選定酒類品種。

【執檯】

在筵席中臨場直接服務的工作稱執檯。臨場服務的人員叫執檯服務員。執檯服務員的主要職責是：迎客安座，斟酒，上菜，介紹菜品，分菜，撤盤，上香巾，送水果，結帳，送客等。

【上酒】

宴前，執檯服務員根據筵宴主辦人的要求，事先將需用的白酒、果酒、啤酒、飲料

等放置於落檯上，稱為上酒。通常，上酒的數量要較要求的數量多一些，以備臨時增加的需要。

【上菜】

指服務員送菜上桌，為服務技術之一。零餐散座的上菜，應以先冷菜、酒，後熱菜、湯、飯的次序依序上桌，不可亂套。高級筵席，則須嚴格按功能表順序進行，不能錯亂。上筵席菜，須從第二主人即下方左邊入桌，不可從主賓和其他客人的座位側端上。端菜時菜不能高過客人的肩頭，更不能從客人頭上過去。每上一道菜之前，應將菜放在落檯上，先整理檯面，撤換菜盤，或移動盤位，留出空位後再上。同時須注意檯面菜盤擺的形狀。檯面是三個菜盤，可擺成三角形，四個菜盤可擺成方形或菱形，五個菜盤可擺成梅花形。移動的菜盤應往下移。新上的菜應放於主賓面前。整形的全雞、全鴨、全魚之尾不能對著主位。上菜的動作要自然、大方、敏捷、輕巧，手要穩，心要細，不流湯汁，不可失誤。

【走菜】

服務員將廚房烹製好的菜餚端送上桌。

【打割子】

幫助執檯服務員傳菜的稱呼。

【托盤】

飯店、餐廳、酒樓服務員派送酒水、菜點的服務流程。托盤要求：左手肘臂彎曲成直角，手肘離腰，手指托盤，掌成凹形，行走做到頭正、肩平、上身直。托盤服務體現了餐廳服務工作的規範化和文明禮貌水準。

【斟酒】

高級筵席服務技術之一。事先應瞭解各種瓶酒的性能，熟練地掌握鐵蓋、木塞蓋、膠蓋等各種瓶酒的開瓶方法。開瓶前不宜搖動酒瓶。開瓶時瓶口不可向著客人，左手握緊酒瓶中部，右手持開刀，動作要輕、穩、準，避免瓶口破裂。斟酒時，先用左手持酒瓶，右手用潔白餐巾擦淨瓶口，然後換右手從客人座位的右方斟酒，動作要自然大方，輕輕倒入杯內。將斟好時，要順勢輕輕轉動瓶口，避免酒液四濺或漏滴在客人身上。不同的酒杯斟不同的酒，不能錯亂。斟酒的順序應從主要客人斟起，其次是宴會主人，然後從左邊依次斟完。斟酒的量以倒入酒杯的八分為好，客人要求滿斟時亦可斟滿。

【分菜】

舊時，主人以箸夾菜，分奉客人表示敬意，稱「分菜」或「奉菜」。四川飲食行業則指宴會中，根據主人的要求，服務員用餐具將部分菜餚均等分夾於每個食者的接食盤中（湯菜則用勺分別舀於食者的口湯杯中）。服務員分菜時，首先應照顧主要客人，依序而行。分菜是一種較高的技術，動作要輕，不能把湯汁濺落在客人身上，要注意分菜均勻，不能先多後少，更不容許只分給一些人，不分給另一些人。分菜的方法可細分為：執檯分菜，落檯分菜，托盤分菜。

【撤盤】

撤去筵席檯面上已經吃完或留下極少菜餚的盛器叫撤盤。撤盤的主要目的既是為了使席面美觀，又是為了解決席面上陳放不了菜盤的問題。服務人員在撤盤時要注意掌握適當的時候，否則會對筵席氣氛帶來不好的影響。

【上茶】

服務流程之一。上茶的主要作用是表示對客人的尊敬，讓進餐的客人感受到熱情的接待。對有飲茶嗜好的客人，可根據需要提供其他服務。上茶時，應先注入少量開水於茶盅（碗）內將茶葉悶一悶，待茶葉發開後，再沖入開水（水不宜多，以七分為度）端上供飲。茶冷了要換水，上茶時手不能拿著茶杯口，有的要用托盤端上。

【上毛巾】

舊時稱「打帕子」。以前為餐館招待的一個服務專案，現為餐館筵席服務的一個流程。筵席進行中，服務員至少要上三次毛巾：一頭、一中、一尾。如天氣炎熱或高規格的筵席，還要多上幾次。冷天的毛巾要燙，熱天的毛巾溫熱即可。若客人因特殊需要，應主動送上毛巾。毛巾要求清潔衛生，一般要噴上香水，也稱之為「上香巾」。

【上飯】

餐廳和飯館的服務流程之一，分便餐和筵席兩種。便餐上飯多根據食客要求，按所需的數量每人上一碗，亦可盛於一大的容器內，並放入飯瓢，同時配上人數所需的飯碗，任顧客自取。筵席上飯則宜少，上飯時間一定要在客人示意後方不失禮，亦不致造成浪費。

【上水果】

餐廳筵席服務流程之一。客人用餐完畢，將檯面清理乾淨後，上時鮮水果，供客人清口、解酒之用。水果要新鮮質好，清潔衛生。有的需要去皮，有的需要切散，有的還需插上牙籤。裝配成形態美觀、色彩豔麗的果盤上席，如果是整果則應上「每人每」，用盤子裝好並配上水果刀。

【撤檯】

便餐、筵宴終了，客人離席，服務員撤走檯面上的杯、盤、碗、盞等大小餐具，稱撤檯。

【結帳】

顧客用餐完畢，結算帳務稱結帳，適用於先吃後算的服務方式和承包筵席，現在也稱為「買單」。

【清場】

指服務員送走客人以後，對客人用餐場地的清掃和整理，是筵席服務工作的最後一道程序。清場的內容主要包括：清點酒水併入箱裝好；清點餐用具，特別是價值昂貴的餐用具（如象牙筷、銀餐具等），擦洗乾淨、放入餐櫃；整理桌椅和地面的衛生；關好門窗、切斷電源等。最後還要請招待組長檢查後服務員方能離去。

【送客】

服務流程之一。顧客就餐結束，準備離開時服務員應及時在餐室或餐桌旁站立送客，並應彬彬有禮地向客人說「走好」、「歡迎再次光臨」等謙語。送客體現了餐廳對顧客的尊重，也體現了餐廳的服務品質。

【翻檯】

為提高餐桌的利用率，在營業時間內多供應顧客，第一輪用餐完畢，立即安排第二輪，稱為翻檯。節假日中承包筵席較多，一輪安排不完，可在用餐時間上提前或延後，作翻檯處理。

【帶青、免青、免紅】

麵條中加放綠葉蔬菜，如蘆筍葉、菠菜、豌豆尖等稱帶青，反之不放綠葉蔬菜稱免青。麵條中不加紅油辣椒，稱免紅。

【提黃】

指煮麵條至顏色變黃時就起鍋，不要煮得太軟。

【乾筅】

也稱「乾撈兒」。麵條在麵筅裡瀝去水分，碗中只有調料，不另加湯汁稱為乾筅。

【白提】

指剛煮好且不加調料、湯汁以及臊子的麵條。

【帶壯】

要求湯麵裡的油多一些，麵條的份量多一些。

【大青、小青】

麵條中的綠葉蔬菜稱大青。麵條中的蔥花稱小青。

【喊堂】

也稱「鳴堂叫菜」，飯鋪的傳統服務方式。服務員給客人安座後，先擺上小餐具，即介紹菜品，然後把定下的菜飯，以口喊形式通知廚房；待顧客餐畢結帳，又以口喊形式，通知收款檯，稱為喊堂。

【鑲座】

飯口時間零餐散座顧客擁擠，服務員主動與已在座的顧客商量，再安排顧客同桌入座用餐，稱鑲座。

【飯上叫】

指顧客在用餐過程中需要加菜的招待用語，這類情況就必須特殊處理，菜出得越快越好。

【帶快】

招待用語。一般是指為照顧趕時間的顧客而要求廚房出菜（或食品）快一些。

【回燒】

招待用語。指將顧客食用之剩菜再燒一次之意。如豆瓣魚打去刺渣後，加些蔬菜或豆腐回燒，以供食用。

【乾盤子】

不見油、汁的下酒菜，可以是醃滷一類如醃肉、滷肉、香腸、煙燻鴨和鹽水雞等；也可以是乾果、乾豆、豆製品，如鹽炒花仁、沙胡豆、五香豆腐乾之類。

【亮鍋飯】

四川農村集市或中小城鎮的賣飯方式。把煮飯的爐、鍋都擺在進出店堂的顯眼處，「亮」給顧客看見。亮鍋飯通常不用甑，將燜鍋飯直接舀入鍋裡熱著備用，具有熱烙、

滋潤的特點。

【帽兒頭】

農村集市小飯鋪和城鎮四六分館盛飯時，先於碗中舀一些飯，再以木瓢盛飯於其上，稍緊壓成圓形。因其圓形似舊時人們帶的瓜皮帽，故稱帽兒頭。

【便湯】

方便顧客的湯。一般用毛湯加調料勾調而成，也有加小菜燒成。便湯不收費，是飯館的便民措施。

【甜湯】

指放醋後帶酸味的便湯，也有稱無鹹味的便湯為甜湯。

【兩吃】

一種菜餚同時配以兩種不同味碟蘸食，稱為兩吃；或一種原料做成兩樣不同風味的菜餚，如兩吃鱔魚。

【雙上】

某一菜餚同時上兩份。

【水碗】

普通筵席上用以洗滌調羹（湯匙）盛有白開水的碗。與甜羹或須用調羹取食的甜菜同上。

【水肉】

指燒豬、燒方將酥皮剝去後餘下的肉，通常是不食用的，若顧客需要，亦可再加工烹製後供其食用。

【過中】

在筵席中冷碟後面上的麵點，供客人食用，稱為過中。

【過橋】

也稱「過江」，飲食菜點的一種進食方

式。如過橋抄手，即是把抄手舀於一碗，調料另盛於一小碟內，食客將抄手在調料中蘸食。這種食用方式，稱「過橋」。食用過江豆花，亦是豆花與調料分盛於碗碟中，將豆花在調料中蘸食，稱「過江」。

【隨手】

服務員工作時所拿的抹布代稱，因隨時拿在手中，故名。

【收撿】

飲食行業在每天供應完畢以後，對剩下的原輔材料、餐具、用具，爲了避免變質、丟失而進行的處理、存放工作，統稱收撿。收撿是廚房十分重要的工作，一般都指定專人負責管理。剩下來的半成品、成品、原料，當燒的燒，當汆的汆，當進冰櫃的進冰櫃，才不致造成浪費和損失。

【宵夜】

從前，部分四川人習慣於每日吃兩頓飯，有的人家於兩餐之外，還要在夜晚八九點吃點東西（多爲酒菜、麵條之類），稱爲「宵夜」，又稱「消夜」，有借飲酒消遣的方式度過這一個夜晚之意。

【高醋矮醬油】

傳統飲食俗語，即將醋盛於高壺內，醬油盛於矮壺內，同置餐桌（或餐櫃）上，以示區別。此習已約定俗成，老幼皆知，至今四川仍在沿用。

【打牙祭】

原指每逢月初、月中吃一頓有葷菜的飯，今泛指吃一頓豐盛的飯。

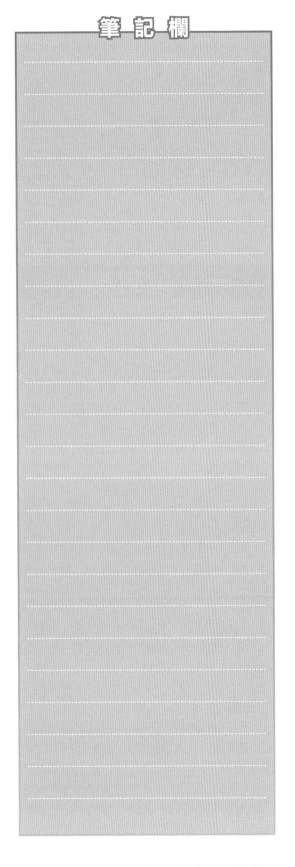

筆 記 欄

第二章 菜餚和筵席相關用語

一、菜餚美稱

【一品】

本指封建社會的最高官階，如太師、太傅、太保或太尉、司徒、司空，皆是官居一品。飲食行業借用此詞，形容菜餚的名貴高級，也有指某種菜餚原料形態完整者，如：一品酥方，一品燕窩，一品豆腐，還有用以指菜餚數量，如：大碗公菜一品，中碗菜一品，八仙鴨子一品，紅燒海參一品等。

【三元】

取三元吉祥之意命名菜餚。古時，有以天、地、人為三元；也有以狀元、會元、解元為三元；或以每年正月初一為三元，因此日為歲之元、月之元、時之元，願開年大吉，祝諸事如意。菜餚中的「三元」多指三種不同的配料製成球形，烹製成菜。如：三元白汁鴨，三元魚脆等。

【三鮮】

由三種鮮美烹飪原料組成的菜餚名稱，如三鮮鮑魚、三鮮鍋巴等。在配料時用三種海味原料，稱「海三鮮」；用三種蔬菜原料，則稱「素三鮮」。一般常用的三鮮則是「雞火筍」（雞肉、火腿、冬筍）。三鮮所指的原材料，既可以作主料又可以作輔料。

【四寶】

稱用四種不同原料或用禽類（主要指鴨子）身上的四種小件烹製而成的菜餚。如四寶湯等。

【四喜】

即指有四種顏色或四種原料組成的菜餚、點心，也指以一種原材料製作成四個份量相等的形狀，用一個盛器盛裝的菜餚，如：四喜蝦餅，四喜吉慶等。四喜原意是指人們最值得慶賀的四件事。舊有《四喜》詩：「久旱逢甘雨，他鄉遇故知。洞房花燭夜，金榜掛名時。」（見宋・洪邁《容齋四筆》），今冠之菜名，意為祝人吉祥。

【五柳】

稱五種長而細的絲配成的菜餚，取柳絲長、柳葉細之意。一般用作烹飪魚類菜餚的配料，如：五柳魚，五柳鯰魚等。晉陶淵明自號「五柳先生」，以五柳名菜，有美其名之意。

【五福】

原出《尚書・洪范》。所言五福，一曰壽，二曰富，三曰康寧，四曰攸好德（所好者德），五曰考終命（善終不夭）。川菜以此詞名菜，寓吉祥如意，祝福長壽之意。如：五福魚圓，五福雞圓等。

【六合】

借用天、地、東、西、南、北這「六合」而寓菜以美意。六合同春菜式的造型，又諧六（鹿）合（鶴）之音，塑成鹿鶴，寓祝人健康長壽之意。

【麒麟】

古代傳說中的一種珍貴動物，其狀如鹿，獨角，全身生鱗甲，尾像牛。多作爲吉祥的象徵。飲食行業以此名菜，寓意吉祥。如：麒麟魚。

【八珍】

八種珍貴的食物。古代的解釋：「珍，謂淳熬、淳母、炮豚、炮牂、擣珍、漬、熬、肝膋也。」見《周禮·天官·膳夫》「珍用八物」鄭玄注；「所謂八珍，則醍醐、𤟪𪘁沆、野駝蹄、鹿唇、駝乳麋、天鵝炙、紫玉漿、玄玉漿也。玄玉漿即馬奶子。」見陶宗儀《輟耕錄》卷九說迤北八珍；「龍肝、鳳髓、豹胎、鯉尾、鴞炙、猩唇、熊掌、酥酪蟬爲八珍。」見舊版《辭源》。

今言八珍其說不一，有把山珍海味分爲上、中、下八珍。

- 上八珍：狸唇、駝峰、猴頭、熊掌、燕窩、鳧脯、鹿筋、黃唇膠。
- 中八珍：包括魚翅、銀耳、鰣魚、廣肚、果子狸、哈什蟆、魚唇、裙邊。
- 下八珍：有海參、龍鬚菜、大口蘑、川竹蓀、赤鱗魚、干貝、蠣黃、烏魚蛋。

川菜廚師有山八珍、水八珍之說：

- 山八珍：燕窩、熊掌、鹿筋、豹胎、鹿沖、竹蓀、銀耳、猴頭菌。
- 水八珍：指海參、魚翅、鮑魚、魚肚、魚唇、裙邊、魷魚、干貝。另外，八珍也泛指珍貴的食物，如：八珍糕、八珍湯等。

【八仙】

稱用八種原料烹製的菜、羹。川菜中有用八種果料加醪糟製成的甜羹，取杜甫《飲中八仙歌》意，名爲醉八仙。

【八寶】

稱用八種乾果、蜜餞或時鮮蔬菜、筍菌烹製的菜、羹。有甜八寶與鹹八寶之分，甜的如八寶飯、八寶釀梨、八寶粥；鹹的有八寶鴨子、八寶豆腐羹、八寶素燴等。

【什錦】

即指以各種各樣原料做成的菜餚，也指以十種烹飪原料，用燒、燴之法烹製而成的菜餚。用葷料做成的叫「葷什錦」，葷什錦若加海味同烹，則爲海味什錦。視海味原料的不同，又可稱爲海參什錦、魷魚什錦等等，多用作筵席的頭菜。

【龍鳳】

四川飲食行業習慣將豬美稱爲龍，雞美稱爲鳳。凡用豬、雞爲原料製成的高檔菜品，多以龍鳳命名。如：龍鳳火腿、龍穿鳳翅等。

【鳳翅】

四川古有「魚龍、雞鳳、菜靈芝」之說（見清包棟《南中紀聞》），因此雞美稱爲鳳，雞翅爲鳳翅，雞翅又俗稱「大轉彎」。

【如意】

本爲一種器物名，用竹、玉、骨等製成，頭作靈芝或雲葉形，柄微曲，供玩賞之用。廚師則模擬如意頭的形狀，先製成捲，後烹成菜，以如意名之，如：三色如意捲、如意筍捲、如意花捲等。

【繡球】

本指彩綢結成的球形飾物，菜餚中的繡球多指以糝和其他原料製成絨球形浮於湯麵的高級清湯菜，如：繡球魚翅、繡球海參、繡球干貝等。

【珊瑚】

原爲一種供人玩賞或用作裝飾的物件，由海中珊瑚蟲分泌的石灰質骨骼聚集而成，

形似樹枝，多為紅色。菜餚中名「珊瑚」者，多因其主料或配料色紅之故，如珊瑚鴨子、四喜珊瑚球等。

【水晶】

原是一種無色透明的結晶石英，飲食行業中用以稱晶瑩透明呈菱形塊狀的菜餚，如：水晶鴨方、水晶雞、水晶魚脆、水晶枇杷等。

【芙蓉】

木芙蓉，秋天開花，大而美豔，有紅、白、黃等色。菜餚名稱以芙蓉冠之，多取其潔白無瑕之意，如芙蓉雞片、白芙蓉蛋，及其輔之成菜的芙蓉鯽魚、芙蓉雜燴等。

【翡翠】

本指石之最緻密者，光澤如脂，半透明，色鮮綠，用作手釧指環等物，極為珍貴。菜式中的翡翠，則指綠色粒狀原料而言，例如以鮮嫩豌豆與蝦肉合烹而成的翡翠蝦仁。

【鴛鴦】

鳥名，雄曰鴛，雌曰鴦，體小於鴨，嘴扁平而短。雄者羽毛美麗，雌者全體蒼褐色。飲食行業則據此把色成雙、味成雙以及原料成雙的菜點，冠以鴛鴦之名，如：鴛鴦雞淖、鴛鴦海參、鴛鴦酥、鴛鴦糕等。

【金銀】

指菜品呈現白色、黃色兩種顏色者，如金銀肝、金銀肉糕等。

二、筵宴席面

【筵席】

酒席的古稱、本稱。古人席地而坐，筵和席都是鋪在地上的坐具。《周禮·春官·司几筵》賈公彥疏：「凡敷席之法，初在地者一重即謂之筵，重在上者即謂之席。」今國家迎送國賓、社團交際往來、民間紅白事件、宴請客人的酒席皆為筵席。現在四川餐館的筵席，常以用料高低、選料精粗、烹製難易、菜餚貴賤來區分筵席的級別。高級筵席通常是選用山珍海味，配以時令蔬菜，經精心烹調而成。菜餚款式豐富，味型變化多端，講究色、味、形、質，烹飪技藝精湛。普通筵席一般選用豬、牛、雞、鴨、魚、兔等常見肉食品為原料，配以時令蔬菜烹飪而成。菜式鮮美實惠，適應一般消費水準。除餐館的筵席外，四川民間筵席尚有田席、素席、齋席等，詳見各說明。

【宴會】

宴飲的聚會，是為一定目的而舉辦的筵席。古代亦稱作「燕會」、「讌會」、「醼會」。《藝文類聚》引《周官》曰：「以饗燕之禮，親四方之賓客。」《毛詩》：「鹿鳴，燕群臣嘉賓也；常棣，燕兄弟；湛露，天子燕諸侯也。」又曰：「伐木，燕朋友故舊也。自天子至於庶人，未有不須友以成也。親親以睦，友賢不棄，故舊不遺，則民德歸厚矣。」周代以後，為不同目的舉辦的筵席亦有各種不同的宴會名稱。

- **唐代**：進士游宴就有大相識、次相識、小相識、聞喜、櫻桃、月燈、關宴等宴會名目。
- **宋代**：則有春秋大宴、小宴、飲福大宴、曲宴、賜脯、養老等宴名。
- **明代**：則有大宴、中宴、常宴、小宴等宴名。
- **清代**：有元日宴、冬至宴、千秋宴、大婚宴、耕耤宴、凱旋宴、宗室宴、外藩宴、鄉試宴、恩榮宴等宴名。

現在，按性質區分的宴會有：國家元首或政府首長為招待國賓或慶祝節日舉行的國宴；政府及社會團體因外事往來、社會活動、經濟活動舉行的招待宴會；人民群眾因喜慶壽聚娶喪而舉行的紅白喜宴。按舉宴形

式區分的宴會則有中餐宴會、西餐宴會、冷餐會、雞尾酒會、家宴。現代的宴會，有聚餐式、規格化、社交性三個特點，是講究飲食藝術的場合，宴會菜則是體現烹飪水準和表現烹飪文化的重要方面。

【國宴】

國家元首或政府首長為招待國賓而舉行的隆重宴會，以政府首長機關名義舉辦的國慶招待會、新年團拜會，通常也用國宴形式進行。

【壽宴】

也稱「壽筵」，為恭生、祝壽的宴會。

【喜宴】

又稱「喜筵」，為慶賀喜慶之事而張設的宴席，現多指結婚筵席。

【便宴】

一種非正式宴請，比較簡便的筵宴。便宴一般不排定席位，不作正式講話，菜、點道數也可酌減，形式親切、隨意。

【家宴】

在家中以私人名義招待客人的宴會。不拘泥於嚴格的外交禮儀，菜餚可多可少，賓主可自由交談。新聞披露的家宴，通常以國家領導人或社會知名人士在家中舉辦的宴席為主；普通居民於節假日在寓所相聚宴飲，亦稱家宴。

【船宴】

古時上層社會的一種宴會形式。設宴於遊船上，或款待賓客，或家人聚飲。菜餚可在船上烹調（船艙中有灶者），也可先向飯館預訂，到時送至船上。

五代時，孟蜀花蕊夫人《宮詞》中的船宴詞言：「廚船進食簇時新，侍坐無非列近臣。日午殿頭宣索鱠，隔花催喚打魚人。」又言：「半夜遊船載內家，水門紅蠟一行

斜。聖人止在宮中飲，宣使池頭旋折花。」此皆為四川船宴的形象描繪。

【冷餐酒會】

西方宴會的一種形式，是全部用冷菜招待客人的宴會。它的特點是不設座，故又稱「立餐」。賓主可以自由走動，相互敬酒和交談，冷菜、飲料、點心、水果、餐具等設在宴會廳兩邊的長檯上，由賓客自取自吃，服務員只管斟酒。宴會時間短。在宴會廳中間可設少數圓桌，便於放酒水杯子、煙缸等。如果是招待外國元首，也可以設座，但仍是全部用冷菜。

【雞尾酒會】

具有西方傳統特色的宴會形式。雞尾酒會設置酒檯、食檯，一般不設座，形式較為輕鬆活潑，便於客人廣泛接觸和交流。

【自助餐】

餐具、菜品、酒水自取、自選，自我服務的一種飲食形式。自助餐一般都設餐位，菜點展示於餐廳主要位置的餐桌上供就餐客人自由選取，菜點有葷、有素，有冷菜，有熱菜；酒水設專檯供客人選取。較普遍的型式有中餐自助餐、小吃自助餐、火鍋自助餐等。

【中餐宴會】

指具有中華民族傳統特色的宴會，宴會遵循中餐傳統，用圓桌，使用中式餐具，食中國菜餚，飲中國酒，遵照中華民族飲食習俗和禮儀。

【茶會】

又稱「茶話會」，用茶點招待賓客的社交性聚會，是一種簡便而經濟的交際集會。只備茶點、香煙和水果等，不備菜餚。時間可長可短，亦不拘於繁瑣的禮節。

【國賓】

接受本國政府邀請前來訪問的外國元首、政府首長或相當於首長的貴賓。

【主賓】

被邀請的主要賓客。

【陪客】

主人特邀來陪伴客人的人。按外交禮節，根據賓客的級別，以相當級別的人作陪。

【全席】

稱有「座菜」的筵席。「座菜」走在「座湯」之後。「座菜」一般以蒸菜爲主，如蒸肉、燒白、肘子之類；也可以用一些時令鮮蔬和湯菜，如白油青圓、釀苦瓜、白菜圓子和魷魚絲湯等。

【滿漢全席】

滿漢全席爲「滿席」菜餚和「漢席」菜餚的合璧，始於乾嘉時期，多出現於官府之中。滿漢全席饌餚品數多者達200餘款，也有108款、72款等，入饌多選山珍海味。筵宴禮儀、程式、格局都有一套不成文的規矩。各地方的滿漢全席款式亦各不相同，但以廣東、四川、北京的滿漢全席具有代表性。滿漢全席被認爲是我國烹飪技藝發展的一個高峰。

菜單舉例

菜單	菜名
手碟	瓜杏手碟
四對鑲	宣威火腿鑲芹黃冬筍、榨板羊羔鑲凍仔雞絲、紅滷鴿脯鑲醬汁豆筋、甜桶鴨片鑲南糟螃蟹
四朝擺	金川雪梨、玲瓏佛手各二盤
四蜜碗	冰糖銀耳、湘蓮羹、哈士蟆羹、廣荔枝羹
四蜜餞	金絲蜜棗鑲雪梨片、蜜壽星橘鑲鮮慈姑、蜜汁櫻桃鑲洞庭枇杷、蜜汁橄欖鑲白毛廣柑
四熱碟	金錢雞塔、香花肚絲、鍋貼魚片、炸熘田雞腿
八中碗	薺菜春筍、奶湯鮑魚、鴨腰蜇頭、蝴蝶海參、罐兒仔雞、蟹黃銀杏、翡翠蝦仁、金絲山藥
八大菜	清湯鴿蛋燕菜、魚翅燒烏雞白、紅燒南邊填鴨、燒揚州大魚、棋盤魚肚、冬菇仔雞、玻璃魷魚、火腿菜心
四紅	叉燒奶豬、叉燒火腿、叉燒大魚、烤大填鴨
四白	佛座子、箭頭雞、哈耳粑、項圈肉
到堂點	奶皮如意捲、冰汁杏鬧湯
中點	五仁蔥仁餅、蝦仁米粉湯
席點	喇嘛糯米糕、薺菜燒賣、芝麻燒餅、桐州軟餅
茶點	炸窩絲油糕、鮮慈姑餅、水晶包子、蒸玫瑰棋餅、八大杏仁茶
隨飯菜	耳膾宣腿絲、野雞雪裡蕻、豆芽炒鴨皮、香菇建南菜
飯	蠶豆香穀米飯

稀飯	菜心稀飯
甜小菜	蝦瓜、醬瓜對鑲

【燕窩席】

筵席名，以燕窩類菜餚爲頭菜的筵席。又稱「燕菜席」。

菜單舉例

菜單1	菜名
手碟	金川瓜子、甜杏仁
四蜜餞四水果對鑲	蜜壽星桃鑲慈姑、蜜桃脯鑲櫻桃、金絲蜜棗鑲廣柑、蜜瓜條鑲柚子
四對鑲	宣威火腿鑲燴黃瓜皮、子薑鴨片鑲芥末肚，鳳尾鮮魚鑲茭耳胘肝、紅滷鴿脯鑲金鈎豇豆
中盤	南滷醉蝦
四蜜碗	金果銀耳、仙米湘蓮、皂仁桂元、西米桃油
四熱炒	鮮熘鴿鬆、鍋貼南腿、燒田雞腿、糖醋蜇捲
大菜	清湯芙蓉燕菜、魚翅白燴雞麵、叉燒奶豬（帶雙麻酥餅、火腿油花）、清蒸蟲草填鴨（帶千層餅、銀絲捲）、紅燒魚唇、燈籠雞、鮮菜熘蝦餅、旱蒸鰱魚頭、冰汁杏鬧、竹蓀如意捲
中點	三鮮燒賣、抄手湯

菜單2	菜名
冷菜（百鳥圖）：中盤	鳳凰大拼
十圍碟	薑汁雞片（白鶴）、糖醋髮菜（喜鵲）、青椒皮蛋（鸚鵡）、五色魚捲（鴛鴦）、椒油胘肝（灰芙蓉）、蔥油海參（鷹）、芝麻肉鬆（黃鸝）、紅油兔片（天鵝）、樟茶鴨子（畫眉）、糟醉冬筍（犀鳥）
熱菜（山海會）	燕菜鴿蛋湯、乾燒黃魚翅、香酥八寶鴿、蟲草釀鴨舌、紅燒全熊掌、蜜汁蓮花茄、蔥燒乾鹿筋、干貝魚筍捲、珊瑚蛤蟆羹、百花魚肚湯
點心、小吃	纏絲焦餅、海參酥條、洗沙粽子、橘子果凍、素椒雜醬、冰汁銀耳、紅油水餃
隨飯菜	醋漬青椒、旱蒸茄子、糖醋黃瓜、麻辣筍絲

【魚翅席】

筵席名，以魚翅類菜餚作頭菜的筵席。

菜單舉例

菜單1	菜名
手碟	金川瓜子、甜杏仁
四朝擺	佛手、金川雪梨（各二盤）
四冷碟	桶鴨片、燻田雞、燴拌冬筍、香糟魚
四熱碟	白果蜜汁火腿、芹黃熘雞絲、金錢雞塔、熘填鴨肝
中碗	醉鮮蝦
糖碗	刨花黃魚肚鑲銀耳

大菜	乾燒呂宋翅、叉燒酥方、清蒸填鴨、蒜珠白鱔、炸山藥糕、罐兒仔雞、口蘑鴿蛋、番茄蝦仁、菊花蘭片火鍋
中點	三鮮魚湯麵、小菜一碟
席點	火腿包子、芝麻燒餅
四小菜	雲腿耳膾、素炒銀芽、雪裡蕻炒牛肉、燴蓮白

菜單2	菜名
冷菜：中盤	孔雀大拼
八單碟	椒麻雞片、金鉤青筍、蔥燒魚條、夫妻肺片、怪味兔絲、香油桶鴨、芹黃冬筍、燒拌茭白
熱菜	雞燒魚翅、叉燒仔雞、蟲草鴨子、家常牛筋、鳳聚清泉、鬆酥魚塊、蟹黃鳳尾、豆沙雪圓、清湯繡球、銀耳橘羹
小吃	炸蛋捲、土豆餅、鐘水餃、鴛鴦酥。

【海參席】

筵席名，以海參類菜餚為頭菜的筵席。

菜單舉例

菜單1	菜名
冷菜：中盤	鳳戲牡丹
八圍碟	棒棒雞絲、椒油鱔片、薑汁鵝掌、椒麻玻肚、五香桃仁、燒拌春筍、金鉤豇豆、醬酥桃仁
熱菜	家常海參、長生果鴨、金魚鬧蓮、響鈴三鮮、蘑菇鳳尾、涼粉鮮魚、魚香茄餅、麻婆豆腐、釀鍋炸、酸菜繡球干貝
小吃	葉兒粑、冰汁杏鬧、紅油水餃、芝麻酥鍋魁、玻璃燒賣、香醪鴿蛋

菜單2	菜名
冷盤	琥珀桃仁、五香魚條、油淋鴨子、鮮製香腸、青椒火腿絲、鮮滷牛肉、燴黃瓜捲
熱菜	三鮮海參、酸菜魷魚、豆沙鴨脯、家常脆皮魚、香酥仔雞、鍋巴蝦仁、口蘑熘茄心、雞豆花
小吃	蛋烘糕、鮮菜燒賣、成都湯圓、冰糖銀耳、鮮水果凍

【熊掌席】

筵席名，以熊掌菜為頭菜的筵席。

菜單舉例

菜單	菜名
冷菜	迎賓花籃
四對鑲	菊花肫肝鑲蔥油青筍、煙燻鴨脯鑲炸紅鬆、冰糖兔鑲醉板栗、陳皮牛肉鑲珊瑚雪蓮
熱菜	紅燒熊掌、宮保蝦仁、鳳翅海參、魚香鴨子、雞蒙菜心、三圓瑤柱、豆腐鯽魚、銀耳鴿蛋、歲寒三友
小吃	三燴耳麵、菱形蜂糕、南瓜蒸餅、珍珠圓子、花仁盒子、 鴛鴦藕條
隨飯菜	金鉤菜心、甜椒牛肉絲、麻醬鳳尾、燴黃瓜條

【 燒烤席 】

又稱「滿漢燕翅燒烤席」，詳見「滿漢全席」說明。舊稱「燕菜席」、「魚翅席」或「海參席」另加燒烤大菜，爲「燒烤席」。還有稱以「燒烤大菜」爲主菜的筵席爲燒烤席，其菜餚通常是由「六大件」（燕菜、銀耳、魚翅、二湯菜、魚類菜或甜菜、湯類菜或盤魚類）、「六小件」（炒、燴、炸、熘、燒一類的菜）、二或三道點心組成。

【 鮑魚席 】

筵席名，以乾、鮮鮑魚烹製的菜品爲頭菜的筵席。

菜單舉例

菜單1	菜名
冷菜：看盤	金雞獨立
四七寸（對鑲）	火腿鑲蛋鬆、鵝脯鑲銀針、雞片鑲發捲、豬舌鑲吉慶
熱菜	鮑魚鑲梅花口蘑、叉燒全魚（帶沖州餅）、蝴蝶海參（帶火腿餅、鳳眼餃）、燈籠全鴨、龍穿鳳翅、錦橙水晶銀耳（帶鴛鴦酥、水晶酥）、春筍燒舌掌、雙鳳朝陽（座湯）
小菜	鹽水春筍、跳水銀芽、炸黃瓜衣、活捉筍尖

菜單2	菜名
冷菜：中盤	花好月圓
八單碟	薑汁魚絲、椒麻雞片、蛋酥花仁、陳皮牛肉、髮菜捲、怪味兔絲、金鉤豇豆、鬆花皮蛋
熱菜	四吃鮑魚、花仁鴨方、冬瓜燕鑲雞蒙、宮保雞丁、口蘑冬筍、鍋粑肉片、香炸魚片、三色桃脯、灌湯雞絲
小吃	牛肉焦餅、紅油水餃、冰汁湘蓮羹、綠豆糕、酸菜麵

【 風味席 】

用當地特有的風味食品組成的筵席。風味席一般由冷碟、熱菜、名小吃、點心組成，既可品嚐當地風味食品於一席，又可佐酒增加氣氛。

【 裙邊席 】

筵席名，以鱉的裙邊（即鱉裙）烹製的菜餚爲頭菜的筵席。

菜單舉例

菜單	菜名
冷菜：大拼	一衣帶水
八單碟	椒麻鵝舌、米燻仔雞、鹽水鮮蝦、豉汁兔片、糖醋青圓、怪味桃仁、麻辣豆魚、糟醉玉板
熱菜	家常裙邊、叉燒仔豬（帶雙麻酥、銀絲捲）、清湯蜇蟹（帶豆芽煎餅）、樟茶仔鴿（帶荷葉餅）、太白仔雞、乾燒岩鯉、川貝雪梨（帶青豆酥泥）、瓜中藏珍、蟲草全鴨
飯菜	滿山紅翠、香油銀芽、麻婆豆腐、醋熘黃瓜
小吃	紅糖涼糕、雞汁鍋貼、沖沖米糕、蝦茸玉兔

【魷魚席】

筵席名，以魷魚烹製的菜品為頭菜的筵席。

菜單舉例

菜單	菜名
冷菜：四冷碟	白油雞片、軟酥魚、紅油腢肝、糖醋蜇捲（註：腢即肫）
熱菜	白汁荷包魷魚、軟炸蹄膀（帶荷葉餅）、鮮蘑菇肝膏湯（帶鮮肉大包）、醬燒全鴨、魚香茄餅、糖醋脆皮魚、雞燒三菌、玫瑰桃脯、酸菜肉絲湯
飯菜	豇豆肉末、家常牛肉絲、拌黃瓜、燒拌青椒

【魚肚席】

筵席名，以魚肚類菜餚為頭菜的筵席。

菜單舉例

菜單1	菜名
冷菜：中盤	孔雀開屏
八圍碟	椒麻雞絲、紅油頭皮、蔥燒魚條、怪味兔片、醬酥桃仁、醉冬筍衣、金鉤蒜薹、慈姑腢花
熱菜	菠餃魚肚、鍋燒牛肉、海棠菊花雞、樟茶鴨子、干貝素三燴、一品豆腐、脆皮大魚、八寶釀梨、四生火鍋
小吃	鐘水餃、炸春捲、銀耳橘羹、金絲麵、郭湯圓

菜單2	菜名
冷菜	香椿雞絲、芥末嫩肚絲、金鉤玉牌、怪味花仁、鹽水鳳爪、鬆花皮蛋、髮菜捲、麻辣兔丁
熱菜	孔雀魚肚、軟炸仔雞、竹蓀鳳眼鴿蛋、紅燒鱔魚、口蘑鳳尾、八寶釀梨、蠶豆青筍、軟燒仔鵝、蟲草鴨子
小吃	牛肉焦餅、凍糍粑、甜水麵、龍抄手

【魚皮席】

筵席名，以魚皮烹製的菜餚為頭菜的筵席。

菜單舉例

菜單	菜名
冷菜：六冷碟	蔥油腢花、鹽水雞片、香炸魚條、夫妻肺片、糟醉冬筍、醬酥桃仁
熱菜	蔥燒魚皮、網油腰片、開水黃秧白（帶玻璃燒賣）、糟蛋鴨子、八寶釀冬瓜、涼粉魚、青椒熘櫻桃、豌豆泥（帶白汁橙羹湯）
隨飯菜	甜椒肉絲、碎米豇豆、薑汁薤菜、蒜泥黃瓜
小吃	葉兒粑、擔擔麵、鐘水餃、波絲油糕

【雜燴席】

以雜燴作頭菜的普通筵席。一般用豬、牛肉和雞、鴨等原料作菜餚，注重實惠，不尚浮華。用大眾餐具，不太講究席面擺設。

菜單舉例

菜單1	菜名
冷盤	中拼盤（用滷心、舌、肚片、雞塊、燻魚、蜇絲等拼擺）
熱菜	明筍雜燴、椒鹽腦花、鹽水扣雞、豆瓣魚、醬燒鴨條、夾沙肉、五花蒸肉、家常明筍、蝦羹湯
點心	四季花
隨飯菜	紅油頭菜、醋熘青椒、薑汁豇豆、香油榨菜

菜單2	菜名
冷盤：四對鑲	燈影牛肉鑲敘府糟蛋、白市驛板鴨鑲辣白菜捲、棒棒雞絲鑲麻辣豆干、五香燻魚鑲什錦烤尖
熱菜	清蒸大雜燴、香酥鴨子（帶雞絲捲）、乾燒岩鯉、肝膏湯（帶九園大包）、煙燻雞（帶七五燒餅）、火腿鮮筍（帶珍珠圓子）、蒜泥白肉（帶正東擔擔麵）、果羹湯（帶川棗糕）、清燉牛肉（帶開花饅頭）
隨飯菜	鹽水春筍、熗炒銀芽、魚香菜薹、拌側耳根。

【田席】

四川農村流行的筵席，因就田間院壩設筵，故名。其特點是就地取材，不尚新異，菜腴香美，樸素實惠。菜式因以蒸扣為主，亦稱「三蒸九扣」或「八大碗」、「九斗碗」。

菜單舉例

菜單1	菜名
中盤	黑瓜子
四八寸盤	薑汁肚片、魚香排圓、椒鹽炸肝、鬆花皮蛋
熱菜	芙蓉雜燴、白油蘭片、醬燒鴨條、軟炸子蓋、豆瓣鮮魚、熱窩雞、稀滷腦花、紅燒肘子、八寶飯、酥肉湯
點心	金鉤包子
隨飯菜	熗白菜、香油菜薹、泡菜頭、拌胡蘿蔔絲

菜單2	菜名
冷菜：中盤	金鉤蘿蔔乾
九圍碟	糖醋排骨、紅油兔肝、麻醬川肚、炸金箍棒、涼拌石花、熗蓮白菜、紅心瓜子、鹽花生米
四熱吃	熗烏魚蛋、水滑肉片、熗雞松菌、熗白合羹
九大碗	攢絲雜燴、明筍燴肉、燉沱沱酥、椒麻雞塊、肉燜豌豆、米粉蒸肉、五花鹹燒、蒸甜燒白、清蒸肘子
點心	醬肉大包
隨飯菜	紅油菜頭、鹽白菜、冬菜肉末、炒菠菜

【三蒸九扣】

即「田席」。舊時農村辦席，一輪席有二三十桌，因席桌多，出菜要快，因此製作的菜餚多用蒸燉之法烹製，如燒白、粉蒸肉、八寶飯、肘子、扣雞、扣鴨、燉酥肉等。所謂「三蒸九扣」，謂蒸扣菜式之多。

【水八碗】

又稱「肉八碗」，「田席」的一種類別，品級較低。特點是：取料普通，不分季節，製作方便，經濟實惠。一般以豬、牛、羊肉爲其原料，用蒸、燉、燒、炒、滷、拌的烹調方法製作菜餚。格式爲：菜餚連湯（有的地區不連湯）八種同時上桌。

【中席】

一種筵席規格。舊時，官吏豪紳張筵宴客，客人均入正席，而隨從人員，既不能上正席，又不可怠慢，故擇地另設較正席等級爲低的筵席，這種席即「中席」。

【齋席】

也稱素席，由素食菜餚發展演變而來。有文字記述的素食歷史可追溯到周代，《墨子》、《莊子》、《管子》等書均有記載。後道教、佛教提倡吃素，並賦予宗教色彩，吃素稱「齋食」、「齋飯」，並在齋食、齋飯的基礎上，發展成齋席。

齋席主要以豆類及其製品、麵、米、三菇六耳（香菇、蘑菇、草菇、石耳、地耳、銀耳、木耳、黃耳、榆耳）、花生、芝麻、竹筍、蔬鮮果品以及植物油爲原料，精心烹製而成。齋席忌用奶、蛋以外的動物原料，忌用五葷（道家以韭、薤、蒜、芸薹、胡荽爲五葷；佛家以大蒜、小蒜、興渠、慈蔥、茖蔥爲五葷）。

四川烹飪齋席著名的寺院有成都文殊院、新都寶光寺、灌縣青城山天師洞，其以素托葷的仿製水準，清鮮濃香的口味特色，淡雅清麗的饌餚風貌，標新立異的巧妙構思，不同凡響。四川各地少數餐館亦能烹製齋席。

【素席】

以素食菜餚組合而成的筵席。入饌原料及成菜特點，與齋席大體相同，但筵席菜單的格局多同於烹飪行業習見的格式，饌餚常冠以葷食名稱。

菜單舉例

菜單1	菜名
手碟	金川瓜子、甜杏仁
四七寸	冰糖、蜜棗、荸薺、龍眼
八冷碟	火腿、五香滷雞、燻豬耳、鹽水鴨、魚香青皮豆、髮菜捲、香油辣白菜、芹黃拌冬筍
熱菜	三絲魚翅、罐兒雞、鴿蛋銀耳、南邊鴨子、三鮮魷魚燒羅漢齋、五柳脆皮魚、蓮子泥、冬菜三卷湯
中點	鮮花餅、西米羹
席點	白節子、百子橙羹
隨飯菜	紅油頭菜、香油菜薑、熗炒蓮白、韭黃豆干

菜單2	菜名
手碟	瓜子、花仁
九七寸	紅油雞絲、糖醋排骨、煳辣青筍捲、爆醃香腸、五香鴨、椒麻桃仁、麻醬洋菜、廣柑、冰糖
熱菜	蘑菇海參、鍋燒火腿、清湯露筍、三鮮蝦仁、銀杏燒雞、乾煸雲豆、家常豆瓣魚、什錦水果凍、蟲草鴨子
中點	銀絲麵
席點	荷葉餅、南瓜餃、涼糍粑鑲藕絲糕
隨飯菜	薑汁蕹菜、煳辣豇豆、熗黃瓜皮、炒銀芽

菜單3	菜名
七冷碟	紅油雞絲、鹽水鴨塊、陳皮肉、拌三丁、紅蘿蔔鬆、醬桃仁、糟春筍
熱菜	清蒸全家福、鍋貼豆腐、竹蓀鴿蛋、燻鴨脯、罈子肉，宮保雞、糖醋魚、玫瑰鍋炸、什錦素燴
中點	攢絲米粉湯
席點	春捲、豆芽包子、銀耳橘羹
隨飯菜	麻醬筍尖、豆干絲、韭黃榨菜、薑汁鸚鵡

【豆腐席】

　　筵席名，以豆腐爲主要原料（或輔之以豆類、豆製品）烹製的冷熱菜餚組合的筵席。

菜單舉例

菜單	菜名
冷菜：中盤	彩色大拼
八圍碟	銀芽雞絲、金鉤玉筍、豆豉鯽魚、蒜薑干絲、鹽水鴨條、怪味花仁、麻辣牛肉、魚香青圓
熱菜	三海燴豆腐、豆沙燒鴨脯、八寶豆腐羹、魚香酥皮豆腐、蠶豆春筍、麻婆豆腐、紅燒菱角豆腐、豆腐鮮魚、雪花蠶豆泥、魚茸豆腐湯
小吃	擔擔涼麵、綠豆糯、豆芽小包、酸辣豆花、豆沙佛手酥

【席面】

　　筵席上的菜餚和所使用的餐具總稱。

【朝擺】

　　指筵席上的水果。從前，筵宴所用的餐桌是八仙桌（大方桌），更早一些時候，還是條方桌。正式宴會只在三方設座，朝擺即是在筵宴開始之前，先將水果（一般兩種四盤）呈「一」字形擺在不設座的那一方，席終或撤去，或讓客人帶走。

【掛角】

　　將筵席上的糖食、水果碟子，放於方桌面上的四角位置，稱掛角。八人一席的方桌筵席，客人多於八人，置坐於兩方之間亦稱掛角。

【到堂點】

在舉行各種宴會時，有的設有休息場所。當賓客入休息廳後，服務員即送上香茗、點心以示敬意。行業中稱香茗、點心為到堂點。

【中點】

席桌上用於過中（即通常所謂「打尖」，意思是微微吃點東西，使人不感覺餓就行了）的點心。中點一般在客人飲酒之前上席，以防客人空腹飲酒致醉。

【手碟】

筵席上供客人用手取食的碟子。每人面前一個。碟子裡以裝金川瓜子為多，也有裝甜杏仁或松子，也有瓜子、杏仁一起裝的「瓜杏手碟」。

【糖食】

傳統筵席中席面內容之一，包括在「碟子」格式內，常用於「十三巧碟」的組合，一般盛裝冰糖、蜜棗、瓜磚、橘紅等蜜餞。

【冷菜】

席桌菜餚的組成部分。上在大菜之前，用作佐酒。筵席上的冷菜，指單碟和彩盤。彩盤要求造型生動、色彩調和、用料廣泛、味道清鮮；單碟要求岔色、岔味、岔形、講究刀法，堆擺得體，葷素兼備，量少而精。

【單碟】

筵席碟子。一碟盛裝一種菜，它區別於「對鑲」，所以稱單碟。有冷碟、熱碟之分，但熱碟須和冷碟同上，不能單用。筵席上用單碟多少，以筵席規格的高低而定，但均應為雙數，如四單碟、六單碟等。可以根據季節和客人的需要，上二冷二熱或四冷四熱。席上如有中盤，則單碟又稱「圍碟」。

【四七寸碟】

指筵席中用四個七寸（1寸約為3.3公分，全書同）盤子裝的冷碟。因筵席規格不同，用四個八寸盤子的叫四八寸碟，其餘類推。四個冷碟常用於普通筵席。

【高裝】

冷菜拼擺裝盤的方法之一。把已切好的原料，依法疊砌成立體形狀，因成形後的原料在盛器中比一般菜品高些，故稱高裝。高裝成形不拘，但應注意與盛器和其他菜餚的協調配合，以保持席面美觀。

【對鑲】

指一盤共盛兩樣冷菜。零餐中的對鑲不甚講究，有兩樣鑲成即可。筵席上所用的對鑲，則對葷素原料的選擇、色彩的調和、味型的配製，甚至刀工和裝盤，都有嚴格的技術要求。

【中盤】

放在筵席席面中間的冷盤。中盤不能單上，必須與單碟同行。傳統的中盤以鮮蝦製作的菜餚為主，如紅袍醉蝦、醉鮮蝦等，也有用炒花仁、花仁拌豆腐干等，現在的中盤則多用花式拼盤。

【中碗】

傳統筵席席面格式之一。其內容和所處位置均與「中盤」一樣，不同之處在於「中碗」用的是碗。「滿漢全席」中也有「中碗」之名，但主要是就碗的大小而言。

【看盤】

筵席上專供觀賞的食物造型藝術。古代用食物堆疊成形，謂之「飣餖」。明代楊慎《升庵全集》卷六十九《食經》：「五色小餅，作花卉禽珍寶形，按抑盛之盒中累積，名曰鬥飣。」南宋王應麟輯《玉海》：「唐少府監，禦饌用九盤裝纍，名九飣食。今俗宴會，黏果列席前，曰看席飣坐，古稱飣坐，謂飣而不食者。」《辭海》「飣」條：「舊指堆疊於器皿中的蔬菜果品，一般只陳

列而不食用。」《都城紀勝・四司六局》：「果子局，專掌簇盤釘看果。」清代筵席，把看盤擺在一個單獨的桌子上，以供賓客觀賞。有的在席終後，可以給客人帶走，作為「雜包」。

- **看盤與彩盤不同**：看盤是只供觀賞的東西，彩盤必須是可食用的菜餚。現在筵席上有的用食物雕成和平鴿、白鶴、花卉、白鵝等擺在席面中央，以供觀賞，也可稱為看盤。

【工藝菜】

用手工製成具有食用價值和一定觀賞價值的菜餚。分傳統工藝菜和創新工藝菜兩大類。

1. 傳統工藝菜
- **特點**：造型古樸、不尚雕飾，其題材多來源於人們的日常生活。
- **菜色**：如金錢海參、蝴蝶海參、鳳尾魚翅、繡球干貝、荷包魚肚、麒麟魚、四喜吉慶等。

2. 創新工藝菜
- **特點**：造型生動、色彩豔麗，表現的內容多以花、鳥、蟲、魚、獸為主。
- **菜色**：如熊貓戲竹、鹿鶴同春、鳳凰芙蓉、浮波弄影、二龍戲珠等。

【彩盤】

又稱「彩拼」、「花拼」。屬工藝菜，多用於冷菜。

- **特點**：它是用多種比較珍美的食物材料，經過精巧的刀工，用堆、擺、刻、雕、塑等藝術手法，塑造出各種花、鳥、魚、蟲、獸、龍、鳳等栩栩如生的形象或各種美麗的圖案，並用食物的天然色彩美化菜餚。它是一種既可觀賞，又可食用的涼菜集錦。
- **製作原則**：美味可食，不矯揉造作，符合衛生標準。
- **川菜常用的彩盤**：熊貓戲竹、孔雀開屏、白鶴鬧松、金魚鬧蓮、蝴蝶牡丹、龍鳳呈祥、鯤鵬展翅、出水芙蓉等。

【糖碗】

又名「蜜碗」。傳統筵席席面格式之一，一般上在大菜前。有和胃提鮮、醒酒的作用，現在已不多用。

【大菜】

筵席熱菜的統稱。也稱主菜、正菜。大菜通常是由四大柱（即柱子菜）和四行菜（即四熱吃）兩部分組成。

【柱子菜】

川菜筵席中賴以支撐席面的四大菜餚，又稱「四大柱」。沒有柱子菜或柱子菜不齊，都不能成為筵席。

柱子菜包括：頭菜（體現筵席的等級）、鴨子（用鴨子烹製的菜，以整上居多，並配以席點）、魚（用魚烹製的菜）和甜菜（上在座湯之前）。四川各地的柱子菜也不盡相同，有的沒有甜菜而以雞一類的菜品代替。

【行菜】

筵席菜餚的組成部分，指大菜中除「柱子菜」之外的菜。亦泛指大菜，即行進中的菜。因筵席中的大菜不是全部一起上席，而是在筵席進行中一個一個端上席，故名。據孟元老《東京夢華錄》載，行菜又為宋代的飯店、酒樓服務員「走菜」的稱呼。

【頭菜】

筵席大菜的第一道菜稱頭菜。筵席規格的高低，多由頭菜決定，筵席亦以頭菜定名。如燕窩席、魚翅席、海參席、鮑魚席、熊掌席、魷魚席、雜燴席等名稱，便是以頭菜的主料而定名。

【甜菜】

席桌大菜的一個組成部分。列於大菜的最後、座湯之前的甜味菜品。或冷或熱，可

乾可稀。如核桃泥、八寶釀梨、蜜汁桃脯、冰糖銀耳等。

【素菜】

以蔬菜、豆製品等為主要原料烹製的菜餚總稱。川菜筵席中這類菜有的不僅要用葷油，而且還要加肉食、海產品以增其鮮，多用作席桌上的「熱吃」。如干貝菜心、火腿鳳尾、乾煸冬筍、口蘑白菜等。另又專指佛教素菜，即全用蔬菜瓜果、豆油皮、麵筋、素油等烹成的菜餚。

【湯菜】

以湯汁為主、湯多菜少的菜式。湯汁分清湯、奶湯等，可按菜式的需要選用製作成菜。如以清湯製成開水白菜；以奶湯製成奶湯素燴。古時，羹、湯同指一物。李漁言：「湯即羹的別名也。」今則湯汁濃稠者稱羹；湯汁稀淡者稱湯。

【二湯】

筵席第二道正菜後的湯菜。列於乾炸或味濃之類的菜品後面上席。

【座湯】

又稱「尾湯」。筵席正菜中押座的一道湯菜。通常在同一席間，座湯所用的湯須與二湯不同，二湯若用清湯，座湯則應用奶湯；二湯若用奶湯，座湯則當用清湯。也可以根據季節不同和客人要求，靈活運用。

【席點】

原指上筵席的點心，供客人食用和帶走。一般無餡、無味。現專指隨大菜上席的點心，如：樟茶鴨子配荷葉軟餅；開水白菜配白菠蒸餃；醉八仙配酒糧餅；香酥鴨配火夾餅等。

【飯菜】

筵席正菜上畢，隨飯上桌供下飯用的菜。飯菜一般用炒蔬菜、拌小菜和泡菜等，

也有用葷菜和俏葷菜（即為仿葷菜）。

【蠱子】

晚清時川菜筵席的席面格式之一，與席點、碟子、大菜同列。傅崇榘《成都通覽》：「蠱子，海參肚翅隨用，每蠱子一盆，配四相或三相（相為鑲的訛寫）。外配點心四包，送禮最宜。」蠱子也可以作相互饋贈的禮品。如：給某某送子去。（註：蠱為盛物的某種容器）

【雜包】

從前，無論是平民百姓，還是官宦人家，為婚冠婆嫁等事宴請賓客，都要在筵席上準備一些點心和水果之類，供客人包上帶走，這個包就叫雜包。

【水酒】

是飲食行業對各種酒和飲料的統稱。包括白酒、果酒、啤酒及各種飲料等。

【四紅】

川菜「滿漢全席」的格式之一。其上菜順序是在「八大菜」之後，「四白」之前。其內容包括叉燒奶豬、叉燒火腿、叉燒大魚、烤大填鴨四種色紅的燒烤菜餚。上菜時應隨配軟餅或燒餅佐食。

【四白】

川菜「滿漢全席」的格式之一。其上菜順序是在「四紅」之後，「隨飯菜」之前。其內容包括佛座子、箭頭雞、哈耳粑、項圈肉四種色白的菜餚。上菜時應與規定的味碟同上，供蘸食。

【檯面】

指對桌面的擺設和裝飾。在圓桌、方桌、長條桌或特製桌的桌面上，按照傳統習慣或依賓客食俗愛好鋪陳白色或有色檯布，按規格擺上所需要的餐具、飲具，將美觀大方並且折疊好的花形口布插於水杯中，並用

鮮花或其他物料進行裝飾。檯面裝飾主要用於筵宴。其作用在於增加筵席隆重、華貴、高雅、美好等氣氛。檯面分素檯面（食用檯）和花檯面（觀賞檯、看檯）兩大類。素檯面只擺檯布、餐具，用於普通筵席；只有高級筵席才將素檯面與花檯面並用。檯面裝飾，既有技術性，又有藝術性。擺檯面是服務員的一項重要的基本功。

【花檯面】

多用於高級筵席。要求做到實用性和藝術性的統一。檯面構圖，必須與宴會氣氛相吻合，構圖線條，力求省工準確、形象生動，所用顏色，可以五彩繽紛，但應協調、不落俗套。花檯面的裝飾手法通常有：鮮花裝飾法、花朵構圖法、蔬果雕花法、水果造型法、剪紙鋪檯法、米粒牽花法。

【一字檯】

原為西餐宴會的餐桌設置形式，現已用於餐館接待須在進餐前舉行的各種會議（座談會、茶話會、歡迎會和聯歡會）。視參加會議人數（30人左右為宜）和餐室大小，靈活地用若干方桌（或條桌）順一個方向臨時相連而成。此外，根據人數多少，還可在「一」字基礎上，在兩端加上對稱的餐桌，成「ㄇ」形的鎖形檯。

【鎖形檯】

見「一字檯」說明。

【丁字檯】

原為西餐宴會的餐桌設置形式，現已用於餐館接待須在進餐前舉行的各種會議（座談會、茶話會、歡迎會和聯歡會）。可根據參加會議人數（40人左右為宜）和餐室大小等條件，因地制宜用若干方桌（或條桌）順一個方向先連成一排，然後逢中再鑲接數張方桌，即成「T」形。

此外，根據人數多少，還可在「T」字基礎上，在兩端加上與逢中相等的餐桌，成「ㄒㄒ」形的「山」字檯。

【山字檯】

見「丁字檯」說明。

【三件頭】

中餐餐桌檯面上，每一食客使用小餐具的數量。三件頭通常指筷子、調羹（台灣慣稱湯匙）和味碟。

【四件頭】

同樣指的是中餐筵席檯面上，每一食客使用小餐具的數量，通常指筷子、調羹、味碟和白酒杯。

【五件頭】

通常指筷子、調羹、味碟、白酒杯和飲料杯。

【七件頭】

七件頭多用於高級筵席。餐具通常指筷子、調羹、味碟、接食盤、口湯杯、白酒杯和飲料杯。

【八件頭】

八件頭常用於高級宴會和外賓會餐。通常指筷子、調羹、味碟、接食盤、口湯杯、白酒杯、甜酒杯和飲料杯。在一些設備齊全的餐廳，筵席檯面上還有筷子架，因其不屬餐具，故不以件頭稱之。

【口布】

也稱「餐巾」、「花巾」、「席巾」，多用於宴會的筵席。其作用是：進餐者用來擺置在衣襟、領帶處，或放在膝蓋上，以防菜餚湯水弄髒衣著；進餐者用以擦嘴擦手；服務員根據宴會性質及需要，折疊出種種花卉禽鳥，以增加筵席檯面的美觀；表示宴會的規格和氣派。宴會常用的口布由白色棉布做成，少數也用蘋果綠、鵝黃色口布，規格以45公分見方為宜。

【口布花】

口布折成的花式。用洗淨熨燙平整的口布，折疊成形象生動、美觀大方的花、鳥、魚、蟲，插放在甜酒杯（或水杯）內，以增加筵席檯面的美觀。常用推拉折疊法折成一葉花、雙葉花、三葉花、四葉花、金魚花；用穿插折法折成單雞冠花、雙雞冠花、扇子花。口布花一般可折疊150餘種。

【筷子花】

用竹筷或木筷、漆筷、塑膠筷等不同質地的筷子，在餐桌上擺出各種花形圖案，故名。多用於會議用餐的檯面。

【菜單】

餐廳、飯店中用以填寫筵席菜餚名稱、印刷精緻的手帖，每客一張，便於客人瞭解筵席上菜餚名稱，也可供客人帶走作紀念。

【席卡】

宴會桌上寫有客人姓名的卡片。席卡擺放於賓客座前，引導客人入座。

【檯卡】

宴會上標明餐桌順序的卡片。檯卡一般立式擺放餐桌中間，便於賓客入座。

【公筷】

為了講究禮貌和衛生，在筵席或聚餐席桌上陳設的公用筷子。有條件的餐館，公筷用小碟托上，在筵席的上下兩方各放一雙，以便於主人給客人敬奉菜點。

【每人每】

每人一份之謂。席桌中的小吃、點心、甜羹以及部分甜菜，不是整盤整碗上席，而是客人每人一份，以減少客人分食之煩。

【味碟】

盛裝有調味品或複合調味汁的小碟子。味碟一般隨大菜上席，以增加菜餚的風味或

調合口味，如清蒸江團配毛薑醋味碟；或應顧客的要求，臨時添上一碟調味品，以備客人蘸食。

【菊花鍋】

四川火鍋的一種。因其間配置去花蒂、抽花蕊後的大白菊花一盤，故名。屬清湯火鍋類，季節性強，為秋、冬兩季時令菜餚。品級較高，常用於高級筵席，其格式包括：四生片、四油酥、四生菜、五個味碟等組合而成。

筆　記　欄

國家圖書館出版品預行編目資料

川菜烹飪事典 / 《川菜烹飪事典》編寫委員會編著；
　李新主編. -- 初版. -- 臺北市：賽尚圖文，民97.03
　冊；公分. -- （大飲食家系列；1-）

ISBN 978-986-83869-6-9（上輯：平裝）

1. 食譜　2. 中國

427.1127　　　　　　　　　　　　97002543

大飲食家 系列01

川菜烹飪事典 上輯

本書作者群
主編◎李新
作者◎《川菜烹飪事典》編寫委員會

發　行　人◎蔡名雄
企劃主編◎鄭思榕
文字編輯◎江佩君、林佳怡
封面、書名頁設計◎馬克杯企業社

出版發行◎賽尚圖文事業有限公司
106台北市大安區臥龍街267之4號1樓
（電話）02-27388115　（傳真）02-27388191
（劃撥帳號）19923978　（戶名）賽尚圖文事業有限公司
（網址）www.tsais-idea.com.tw

總經銷◎大眾雨晨實業（股）公司
（電話）02-32347887　（傳真）02-32343931
電腦排版◎帛格有限公司
製版印刷◎科億印刷股份有限公司

出版日期‧2008年（民97）3月初版
ISBN‧978-986-83869-6-9
定價‧520元

法律顧問◎統領法律事務所

大飲食家系列讀者支持卡

感謝您用行動支持賽尚圖文出版的好書！
與您做伴 是我們的幸福

讓我們認識您
姓名：_____
性別：□1.男 □2.女
年齡：□1.10~19 □2.20~29 □3.30~39 □4.40~49 □5.50~
地址：□□□ _____
電子郵件信箱：_____
電話：(日)_____ (夜)/手機_____
職業：□1.學生 _____學校_____系
　　　□2.教師 _____學校_____系
　　　□3.餐飲業者 □ 4.飯店服務業 □5.傳播業 □6.家管 □7.其他_____

關於本書
您在哪兒買到本書呢？
□1.誠品 □2.金石堂 □3.一般書店_____縣市_____書店
□4.劃撥郵購 □5.網路購書 □6.其他_____

您在哪裡得知本書的消息呢？（可複選）
□1.書店 □2.網路書店 □3.書店所發行的書訊 □4.雜誌 □5.電子報 □6.親友推薦 □7.其他_____

吸引您購買本書的原因？（可複選）
□1.主題特色 □2.內容專業性 □3.資訊豐富實用 □ 4.整體編排設計 □5.名師推薦 □6.職業需求 □7.暢銷排行
□8.賽尚之友 □9.其他_____

您最喜歡本書的哪一個單元？（可複選）
□1.烹飪文化 □2.名店名師 □3.烹飪原料 □4.技術用語 □5.行業用語
原因 _____

來交流一下吧！
您都習慣以何種方式購買專業書籍呢？（可複選）
□1.一般書店 □2.劃撥郵購 □3.書展 □4.網路書店 □5.專業書店（代理商）
□6.其他_____

您習慣從哪獲得飲食相關的專業資訊呢？（可複選）
□1.圖書館查詢 □2.網路搜尋 □3.報紙 □4.雜誌 □5.繁體中文書
□6.外文書（□英、□日、□簡體中文、其他_____）□7.電視節目
□8.教學教材 □9.其他

您期待的飲食相關專業書籍的主題有哪些呢？（可複選）
□1.飲食文化（□中式 □西式 □日式 □其他_____）
□2.烹飪技術（□中式 □西式 □日式 □其他_____）
□3.菜品示範（□中式 □西式 □日式 □其他_____）
□4.料理食材（□中式 □西式 □日式 □其他_____）
□5.餐旅管理 □6.綜合料理大全 □7.其他_____

您願意獲得來自賽尚不定期推出的飲食特訊嗎？
□願意（記得詳填上方個人資料喔！）□不願意

給我們一點建議吧！

_____

填妥後寄回，就可分享來自賽尚圖文的出版訊息與優惠好康喔！

請沿虛線剪下，謝謝！

10676
台北市大安區臥龍街267之4號1樓
賽尚圖文事業有限公司收

川菜烹飪事典 上

圖賽
文尚
Tsai's Idea

請沿虛線剪下，謝謝！